JN017138

理科年表シリーズ｜第8冊

環境年表

2023-2024

Chronological
Environmental Tables

国立天文台 編

丸善出版

Kankyo Nenpyo

(Chronological Environmental Tables 2023-2024)

https://official.rikanenpyo.jp/

Edited by

National Astronomical Observatory of Japan

https://www.nao.ac.jp/

Published by Maruzen Publishing Co., Ltd., 2023

https://www.maruzen-publishing.co.jp/

序

　地球を取り巻く環境は，これまで以上に留意が必要な状況であるかもしれません．特にヒトの健康と環境の分野では，2019年末より始まった新型コロナウィルス感染症（COVID-19）が，現時点で収束したとは言えない状況が続いています．また，大きな地震も昨今頻発しており，さらに大雨や台風による大きな被害も毎年数多く報告されています．今地球でどういったことが起こっているのかを知るためには，その状況を示す客観的なデータが必要です．本書は，地球にまつわる様々なデータが，分野ごとにわかりやすくまとめられています．

　本書（第8冊）は今回で7回目の改訂となります．今回の改訂においても新しいトピックが掲載されています．その一つは，ノーベル物理学賞受賞者である眞鍋淑郎先生が取り組んできた，数値モデルを用いた地球環境研究に関する解説です（第2章）．コンピューターを用いて環境の変化を数値によってモデル化する研究は，現在の大きなトレンドであるデータサイエンスに深く関連しているだけでなく，数値を扱う本書にもまさに適合した内容と言えます．第7章ではトンガでの噴火をはじめとする最新の海底火山噴火を紹介するトピック，第10章では宇宙デブリ問題に関するトピックがそれぞれ掲載されています．海底火山の噴火は津波や地震とのつながりが大きいです．また，宇宙デブリの問題は近年，宇宙への進出を図る国家が増える中，鉄のかたまりを宇宙に「飛ばしっ放し」にすることの問題点を浮き彫りにしています．

　データ面では，第9章に，陸，海，深部地下の生物量に関するデータが新たに掲載されました．生態系をそれぞれに分けて生物量を示すことで，炭素をはじめとする様々な物質循環のデータが読み取りやすくなりました．特に陸上生物にはもちろん人類が含まれるため，他との比較も可能となります．他にも，第6章ではサンゴ礁の分布に関するデータ，第7章では日本列島の地学的環境に関するデータ，第10章では令和5年度に実施された化学物質排出把握管理促進法（化管法）の改正に関する情報が追記・改定され，より現状にあったデータにアップデートされています．

　またこれまで同様，関連ページへのリンクを二次元コードで示すことで，スマートフォンやタブレットからのアクセスがスムーズに行えます．専用サイトに掲載されている図の数値データもさらに充実いたしました．さらには，授業や学習で手軽に利用できるよう「環境年表活用ワークシート」もwebにて用意しています．

　地球環境の変化に人類が対応するため，これまで以上に「数値をもとに考える」ことが求められているように思います．学びの観点では大学入試に思考問題が増えていることもその一端ですが，正解がないような様々な案件に対し，データに基づいて対応せねばならない局面は人間生活においてこれからも増えていくでしょう．「思考するための一冊」として本書が活用されることを期待しています．

2023年10月

編集代表　東京大学教授　道上　達男

国立天文台　台長　常田　佐久

監修者一覧

国立天文台

道 上 達 男	東京大学大学院総合文化研究科 教授
秋 元 圭 吾	公益財団法人地球環境産業技術研究機構 システム研究グループリーダー・主席研究員
浅 島 　 誠	帝京大学 学術顧問・先端総合研究機構 機構長・特任教授，東京大学名誉教授
井 口 泰 泉	基礎生物学研究所，総合研究大学院大学名誉教授，横浜市立大学生命ナノシステム科学研究科 特任教授
伊 藤 元 己	東京大学大学院総合文化研究科 教授
大 森 博 雄	東京大学名誉教授
岡 　 良 隆	東京大学名誉教授
沖 　 大 幹	東京大学大学院工学系研究科 教授
角 谷 　 拓	国立研究開発法人国立環境研究所 生物多様性領域 室長
小 池 勲 夫	東京大学名誉教授
中 西 友 子	東京大学名誉教授・特任教授，星薬科大学名誉教授
肱 岡 靖 明	国立研究開発法人国立環境研究所 気候変動適応センター センター長
藤 井 敏 嗣	特定非営利活動法人環境防災総合政策研究機構 副理事長，山梨県富士山科学研究所 所長，東京大学名誉教授

気 象 庁

　2023-2024 年版の改訂にあたり，以下の諸氏・機関により執筆および資料の提供をいただいた.

【地球環境変動の外部要因】　伊藤孝士，平松正顕(以上国立天文台)，三宅芙沙(名古屋大学宇宙地球環境研究所)，吉川　真(国立研究開発法人宇宙航空研究開発機構)，津川卓也(国立研究開発法人情報通信研究機構電磁波研究所)，越智信彰(東洋大学経営学部)，小野間 史樹，竹植　希(以上星空公団)

【気候変動・地球温暖化】　気象庁，藤井敏嗣(東京大学名誉教授)，三浦英樹(青森公

立大学），川村賢二(国立極地研究所)

【オゾン層】　気象庁

【大気汚染】　伊藤孝士(国立天文台），大泉　毅(前一般財団法人日本環境衛生センターアジア大気汚染研究センター)，村野健太郎(京都大学地球環境学堂)，徳地直子(京都大学フィールド科学教育研究センター)，久恒邦裕(全国環境研協議会酸性雨広域大気汚染調査研究部会：名古屋市環境科学調査センター)，肱岡靖明，花岡達也(以上国立研究開発法人国立環境研究所)，井口泰泉(基礎生物学研究所名誉教授)

【水循環】　環境省，気象庁，海上保安庁海洋情報部・日本海洋データセンター，東京都土木技術支援・人材育成センター，辻村真貴(筑波大学生命環境系)，大村　纂(スイス国立工科大学名誉教授)，大森博雄(東京大学名誉教授)，小元久仁夫(元日本大学大学院教授)，須貝俊彦(東京大学大学院新領域創成科学研究科)

【陸水・海洋環境】　環境省，農林水産省大臣官房統計部生産流通消費統計課漁業生産統計班，小池勲夫(東京大学名誉教授)，池田　勉(北海道大学名誉教授)，石坂丞二(名古屋大学宇宙地球環境研究所)，平譯　享(国立極地研究所)，宮崎信之(東京大学名誉教授)，茅根　創(東京大学大学院理学系研究科)，島﨑彦人(木更津工業高等専門学校)，宗林由樹(京都大学化学研究所)，宮島利宏(東京大学大気海洋研究所)，渡邊良朗(東京大学名誉教授)，宮原裕一(信州大学理学部)，加藤哲哉，原田桂太，山内洋紀，武藤岳人(以上京都大学フィールド科学教育研究センター)，幸塚久典(東京大学大学院理学系研究科附属臨海実験所)，中田　薫，堀　正和，山口峰生(以上国立研究開発法人水産研究・教育機構)，北里　洋(東京海洋大学海洋資源環境学部)，山野博哉(国立研究開発法人国立環境研究所)，藤倉克則，渡部裕美(以上国立研究開発法人海洋研究開発機構)，高田秀重(東京農工大学農学部)

【陸域環境】　国土地理院，環境省，四日市市環境部，地震調査研究推進本部，一般財団法人自然環境研究センター，井口泰泉(基礎生物学研究所名誉教授)，伊藤元己(東京大学大学院総合文化研究科)，石原和弘(京都大学名誉教授)，藤井敏嗣(東京大学名誉教授)，篠原宏志(国立研究開発法人産業技術総合研究所)，和田　勝(東京医科歯科大学名誉教授)，角谷　拓，五箇公一(以上国立研究開発法人国立環境研究所)，山野井貴浩(文教大学)，大森博雄(東京大学名誉教授)

【ヒトの健康と環境】　髙崎智彦(株式会社ビー・エム・エル BML 総合研究所)，小林睦生，駒形　修(以上国立感染症研究所)，井口泰泉(基礎生物学研究所名誉教授)，豊田賢治(金沢大学環日本海域環境研究センター臨海実験施設)，中島徹夫(国立研究開発法人量子科学技術研究開発機構放射線医学研究所)

【物質循環】　小池勲夫(東京大学名誉教授)，大森博雄(東京大学名誉教授)

【産業・生活環境】　環境省，肱岡靖明，中島大介(以上国立研究開発法人国立環境研究所)，井口泰泉(基礎生物学研究所名誉教授)，酒井伸一(京都高度技術研究所)，平井康宏，矢野順也(以上京都大学環境安全保健機構環境管理部門)，秋元圭吾，大西尚子(以上公益財団法人地球環境産業技術研究機構)，田辺信介(愛媛大学沿岸環境科学研究センター)，土肥哲也(一般財団法人小林理学研究所)，久保拓也(京都大学大学院工学研究科)，柳沢俊史(国立研究開発法人宇宙航空研究開発機構)

【環境保全に関する国際条約・国際会議】　亀山康子(東京大学大学院新領域創成科学研究科)，森田香菜子(国立研究開発法人森林研究・整備機構森林総合研究所)

(順不同)

目　　次

7　陸域環境　253

《本文中の二次元コードから出典や関連サイトへアクセスできます（2023年10月現在）.》

『環境年表　2023-2024』サポートページ

掲載図表のもとデータや未掲載の関連データ等を入手できます.
それぞれの用途にお役立てください. 情報は随時更新します.
https://www.maruzen-publishing.co.jp/contents/kankyo_nenpyo/2023_2024/index.html

【ID：Kankyo23　　パスワード：CHENTA23】

環境年表活用ワークシートサイト

授業にそのまま活用できるワークシートを提供中です.
皆様からのオリジナルワークシートや授業での使い方提案も大歓迎.
https://www.maruzen-publishing.co.jp/contents/kankyo_nenpyo/worksheet.html

理科年表オフィシャルサイト

理科年表・環境年表のデータを使いこなすためのガイドページ.
徹底解説やFAQ, バックナンバーなど読める項目も多数.
本書へのご意見・ご要望はこちらにお寄せください.
https://www.rikanenpyo.jp/

1 地球環境変動の外部要因

1.1 太陽活動，宇宙線の地球環境への影響

1.1.1 太陽活動の地球環境への影響

　太陽フレアやコロナ質量放出（CME）は，太陽大気中に蓄えられた磁場エネルギーが爆発的に解放される現象で，太陽活動度の指標の1つである．フレアやCMEが起こると，γ線から電波に至る種々の波長の電磁波や電子，陽子，中性子などの粒子が太陽表面から放出され，これが惑星間空間や地球へ影響を及ぼす．その代表例は，地球磁気圏・電離圏の擾乱や地球上層大気の変動である．

（a）太陽フレアの発生頻度

　太陽活動度は平均11年周期で変化し，太陽フレアもこれと相関して発生するが，太陽活動が低下している時期にも大フレアが起こることもある．図1はようこう衛星が観測した硬X線フレアの規模別に見た太陽フレア発生頻度の経年変化（1991〜2001年）である．フレア発生頻度の低い1996年は太陽活動の極小期であった（理科年表「太陽の黒点相対数」参照）．

（b）太陽活動の地球環境への影響

　太陽からのX線・極端紫外線などの短波長電磁波は地球大気上層部に到達すると光化学反応により中性大気を電離し，高度約300 kmを中心とした電離圏が形成される．この電離反応による放射エネルギーの吸収は生命にとって有害な短波長電磁波が地表に到達するのを防ぎ，地球上に多様な生命が存在するために不可欠である．電離圏は地球

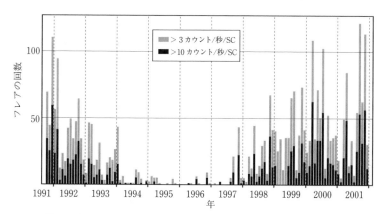

図1　ようこうの硬X線望遠鏡による太陽フレアの月別観測数
J.Sato *et al.*, Solar Physics（2006）**236**：351-368.

自転の 24 時間周期，太陽自転の 27 日周期および太陽活動度の 11 年周期の影響を受けて大きく変動する．また，太陽から吹き出している高温高速のプラズマ風（太陽風）と地球磁場との複雑な相互作用の影響を受けるほか，地上の台風や前線から発生する大気重力波の影響を受け，その厚みや密度を増減させる．北極，南極に近い高緯度の電離圏では地球磁力線に沿って侵入する荷電粒子によるオーロラが発生する．このオーロラ発生に伴う電流は超高層大気を加熱し大気波動や大気組成の変化をもたらし，極域から赤道に向けて伝搬する電離圏 擾乱や，通常よりも電子密度が増大あるいは減少する電離圏 嵐を引き起こすことが知られている．図 2 は GPS 衛星からの 2 つの周波数の電波が電離圏プラズマによって異なる伝搬遅延を示すことから計算した電離圏全電子数（衛星−受信機間の電子数の積分値）の変動であり，日本上空の電離圏を波が伝わる様子が観測されている．また，太陽活動の高い時期の夜間には赤道域電離圏でしばしばプラズマ・バブルと呼ばれる電子密度の薄い領域（泡）が発生する．図 3 は，高感度カメラを用いて撮影されたプラズマ・バブルの画像である．

　このような電離圏の擾乱はとくに電波伝搬に影響を与え，通信・放送等の障害発生に加えて，われわれの生活において近年普及している衛星測位の精度低下などの問題が知られている．

　静止軌道を飛ぶ人工衛星は高度約 36 000 km の上空にあり，高エネルギー電子が存在する放射線帯外帯に位置する．放射線帯外帯は太陽風によって大きく変動し，太陽フレアや CME の発生に伴って静止軌道に高エネルギー粒子が到来することもある．これらの高エネルギー粒子により人工衛星に搭載されている電子機器が誤動作する事故が起こることがあるほか，衛星本体の帯電により機能そのものが停止したと考えられる例もある．

　低軌道周回衛星（高度約 600 km）や国際宇宙ステーション（同 400 km）は熱圏大気の庇護のもとにあることから太陽風の影響は比較的少ない一方で，太陽活動が高い時期には熱圏大気が膨張するために空気抵抗が増加し軌道高度が低下したり，急激な大気膨張によって姿勢制御に影響が出ることが知られている．また大規模なフレアの発生時には高エネルギー粒子による人体被ばくの危険があるため，宇宙での船外活動は中止し宇宙船内への避難が必要になる．

　地上においては，とくに極地方でオーロラ・ジェット電流に伴う誘導電流が発生し，送電施設や発電所に影響を与えることが知られている．1989 年 3 月に起きた大規模な太陽フレアの際にはカナダ・ケベック州において誘導電流が原因で変電所の施設が破壊され，大停電を引き起こした．

　これらの障害を最小限に抑えるため，太陽・宇宙環境の常時監視と地球周辺宇宙や地上への影響を予報する「宇宙天気予報」が行われている．これは太陽の光学および電波観測，探査機による太陽風の観測，地磁気や電離圏の観測による現況把握と推移予測およびそのデータを用いてスーパー・コンピュータで計算された地球周辺の宇宙環境の予測情報をもとに行われる．わが国では情報通信研究機構により毎日 3 回（10 時頃，15

時頃, 22時頃) 宇宙天気予報の情報が更新され Web や電子メール等で発信されている.

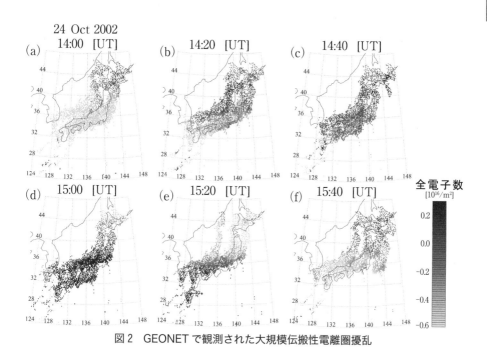

図2　GEONET で観測された大規模伝搬性電離圏擾乱

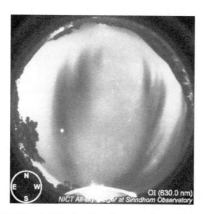

図3　酸素原子 630 nm 大気光中に現れたプラズマ・バブル（画面中の黒い縦筋の部分）
2010年9月30日, 観測地：タイ・チェンマイ

1.1.2　宇宙線の地球環境への影響

　太陽系外から到来する銀河宇宙線は荷電粒子であり，その地球大気への入射量は太陽活動による惑星間空間磁場の変動に大きく影響される．太陽活動が活発な時は地球へ到達する宇宙線強度は減少する．したがって太陽活動の 11 年周期に伴って，宇宙線強度も変化する．太陽双極子磁場の極性は 1 周期ごとに太陽活動極大期に反転するが，その効果が宇宙線強度にも見られる．図 4 は最近 60 年間の宇宙線強度と太陽黒点数の変化を示す．宇宙線強度が太陽活動と逆相関して変化しているのがわかる．太陽活動の極小における宇宙線強度のピーク値はサイクル 23 はじめの極小までほぼ一定であったが，2009，2020 年の極小の時は太陽活動が弱く，宇宙線強度が以前よりも数 % 高かった．

　宇宙線の直接測定がない過去の宇宙線強度および太陽活動は，宇宙線が地球大気と反応して生成する放射性炭素（炭素 14, ^{14}C）濃度からわかる．図 5 は過去 7000 年における樹木年輪中の炭素 14 濃度の偏差の 10 年値（単位は %），挿入図は過去 1000 年の拡大である．挿入図には対応する太陽黒点数の変化も載せた．1000 年オーダーの長期変動は地磁気強度の変化によるものであり，100 年オーダーの変動は太陽活動の変化による．炭素 14 濃度の増加は太陽活動極小期に対応している．17 世紀後半の炭素 14 濃度増加は，太陽黒点がほとんど現れず，太陽活動が極端に弱かったマウンダー極小期に対応している．1900 年以降の炭素 14 濃度の減少は化石燃料燃焼による炭素 14 の希釈効果，1950 年代の増加は大気圏内核爆発実験による中性子生成の結果である（図 5 挿入図の点線部分）．最近，775 年に年輪中の炭素 14 濃度が急激に増加していたことが明ら

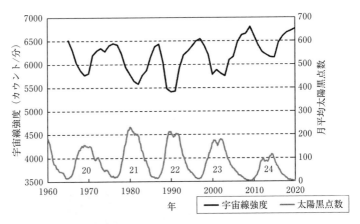

図 4　過去 60 年間の宇宙線強度^{*1}と太陽黒点数^{*2}の変化
（図中の数字は 11 年周期太陽活動のサイクル番号）

　＊1　フィンランド・オウルにおける中性子計のデータ．
　＊2　太陽黒点データは 2015 年に全面改訂された．この図のデータはベルギー王立天文台の黒点数・太陽長期観測世界データセンター（WDC-SILSO，ブリュッセル）による確定値より作成．

かになり［Miyake *et al.* 2012, Nature **486**, 240］, その原因は特大の太陽フレアによる太陽高エネルギー粒子（太陽宇宙線）である可能性が高い. その場合, 地球は前項で述べた通常の太陽フレアによるよりも重大な影響を受けるため, その発生頻度の推定が必要である.

　小氷期と呼ばれる地球寒冷気候の時期（17〜19世紀）が太陽活動極小期と一致していることから, 太陽活動が地球気候に影響していると考えられている. また1980〜2000年の宇宙線強度と地表の雲量に相関があるという解析結果が発表され, 宇宙線の大気電離によって雲生成が促進され, 地球気候に影響を与えるという仮説が提案されているが, 賛否両論があり, 検証が必要である.

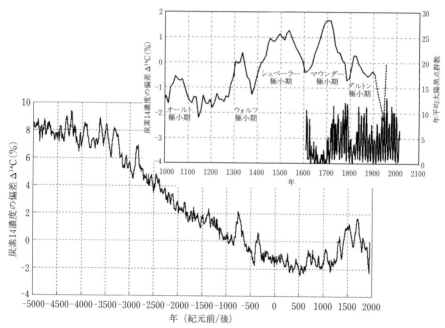

図5　過去7000年の樹木年輪中^{14}C濃度の偏差（INTCAL98）と過去1000年の拡大図
INTCAL98：Stuiver, Reimer and Braziunas. 1998, Radiocarbon **40**, 1127.
過去400年の黒点群数：WDC-SILSOのSunspot Group Numberの確定値.

1.2 氷期・間氷期サイクルと地球の軌道要素変動

　地球の大気上端に入射する日射量は地球の軌道要素の長期的な変化とともに変動する．20世紀の前半にこの現象を初めて定量的に追究した科学者の名を冠し，この変動はミランコビッチ・サイクルと呼ばれている．図1は過去100万年間における（a）北緯65度における夏至の日平均日射量（W/m^2, A. L. Berger 1978, J. Atmos. Sci., **35**, 2362-2367による定式化を用いて計算），（b）気候的歳差（離心率×sin近日点方向），（c）赤道傾角（度），（d）離心率，の変化である．（a）のような日射量の長期変動が氷期・間氷期サイクルを駆動するというのがミランコビッチの考えであった．（e）はSPECMAPと呼ばれる海底堆積物コアの時系列解析プロジェクトによる酸素同位体比 δ^{18}O の値であり，この値が大きいほど地球上には氷床が発達していたと考えられる．図1(a)の日射量変動と（e）の δ^{18}O のデータをフーリエ変換した結果が図2である．日射量変動（a）は2万年前後と約4万年に強い周期性をもつが，これはそれぞれ図1（b）の気候的歳差と（c）の赤道傾角の変動の寄与である．この2種類の周期性は図2の δ^{18}O データにも見られ，この類似こそ氷期・間氷期サイクルが日射量変動に励起さ

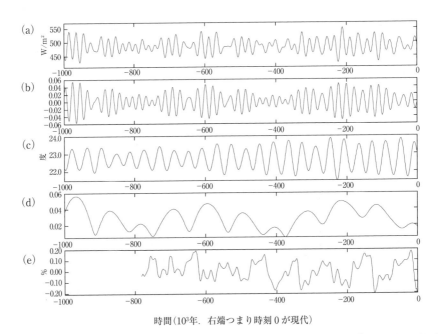

時間(10^{3}年．右端つまり時刻0が現代)

図1　過去100万年間の(a)北緯65度での夏至の1日平均日射量(W/m^2)，(b)気候的歳差，(c)赤道傾角(度)，(d)離心率，(e)SPECMAP酸素同位体比 δ^{18}O 値(%)

れる説の根拠である．しかし図2(b) を見ると，δ^{18}O の周期性には日射量変動に含まれない約10万年の周期性が卓越している．この不一致，つまり氷期・間氷期サイクルにのみ顕著な10万年の周期性の原因はまだ明らかではない．この解明を目指し，理論的な気候モデルを使った研究が活発に行われている＊．

SPECMAP データの公開場所：
https://www.ncdc.noaa.gov/access/paleo-search/study/5815（二次元コード参照）
＊論文例：Watanabe *et al.* 2023, Comm. Earth Env, 4, 113, 10.1038/s43247-023-00765-x

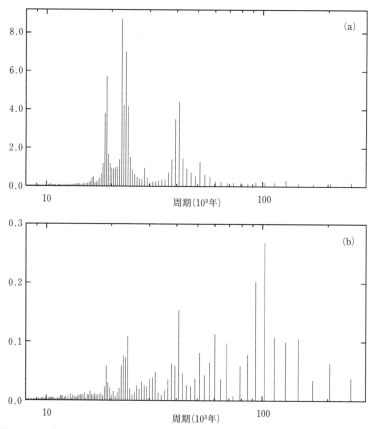

図2　図1のデータをフーリエ変換によりスペクトル解析した結果．
　　(a) 図1(a) の日射量変動値のスペクトル，(b) 図1(e) のδ^{18}O のスペクトル

1.3　地球接近天体と天体の地球衝突

　小惑星や彗星には，地球軌道に接近するものがある．そのような天体を，NEO（Near Earth Object：地球接近天体）と呼ぶ．NEO の定義は，近日点距離が 1.3 au（au: 天文単位）以下になる小惑星と彗星である．小惑星と彗星とを区別する場合には，それぞれ NEA（Near Earth Asteroid），NEC（Near Earth Comet）と呼ぶ．2023 年 4 月の時点で，NEA は約 31 600 個，NEC は約 200 個発見されている．NEA は，その軌道によって Atira 型・Aten 型・Apollo 型・Amor 型に区分される（表1，表2）．

　地球は，絶えず天体の衝突を受けている．その頻度は天体の大きさによって異なり，大きさが数 m 程度以下の天体なら毎年のように地球に衝突するが，大きさが 50 m くらいでは 1000 年に 1 回程度，さらに 1 km の大きさの天体になると，数十万年に 1 回程度の衝突頻度となる．また，大きさが 1 mm 以下の小さな粒子も地球に降り注いでおり，その総量は 1 年あたり約 4×10^7 kg ほどになる．

　直径が数百 m 以上の天体の衝突は地球環境に大きな影響を与える可能性がある．たとえば，約 6550 万年前に恐竜を含む多くの生物種が絶滅したが，その原因として，直径 10 km 程度の小天体が地球に衝突し，地球環境が変化したためという説がある．表3 に，天体の衝突や地球接近に関するおもな話題をまとめた．また図1 には小天体の地球衝突頻度を示す．

表 1　NEA の分類

型	定　　義	発見個数	型	定　　義	発見個数
Atira 型	$a < 1.0$ au, $Q < 0.983$ au	59	Apollo 型	$a > 1.0$ au, $q < 1.017$ au	16 208
Aten 型	$a < 1.0$ au, $Q > 0.983$ au	2 415	Amor 型	$a > 1.0$ au, $1.017 < q < 1.3$ au	12 938

a：軌道長半径，q：近日点距離，Q：遠日点距離（データは，国際天文学連合の Minor Planet Center の Web より．2023 年 4 月 12 日現在）．

表 2　NEO の例

種　類	天　体　名	a(au)	e	i(度)	q(au)	Q(au)	発見年
NEA	(163693) Atira	0.741	0.322	25.6	0.502	0.980	2003
Atira 型	(418265) 2008 EA32	0.616	0.305	28.3	0.428	0.804	2008
NEA	(2062) Aten	0.967	0.183	18.9	0.790	1.144	1976
Aten 型	(99942) Apophis	0.923	0.191	3.3	0.746	1.099	2004
NEA	(1862) Apollo	1.471	0.560	6.4	0.647	2.294	1932
Apollo 型	(25143) Itokawa	1.324	0.280	1.6	0.953	1.695	1998
NEA	(1221) Amor	1.919	0.436	11.9	1.083	2.755	1932
Amor 型	(433) Eros	1.458	0.223	10.8	1.133	1.783	1898
NEC	1P/Halley	17.93	0.968	162.2	0.575	35.28	-239
	2P/Encke	2.215	0.848	11.8	0.336	4.094	1786

e：軌道離心率，i：軌道傾斜角（データは，米国のジェット推進研究所の Web より．2023 年 4 月 12 日現在）．

表3　天体の衝突や地球接近に関する話題

年　月　日	出　来　事	説　明
約 6550 万年前	恐竜絶滅，中生代白亜紀から新生代第三紀へ	恐竜を含む多くの生物種が絶滅したが，その原因としては，直径 10 km 程度の天体がメキシコのユカタン半島に衝突したことによるという説が有力である．
1908 年 6 月 30 日	ツングースカ大爆発	シベリアに天体（推定される大きさは 60 〜 100 m 程度）が衝突し，約 2000 km² の森林が被害を受けた．
1994 年 7 月	シューメーカー・レビー第 9 彗星が木星に衝突	約 20 個に分裂した彗星核が木星に相次いで衝突した．
2004 年 12 月	小惑星アポフィス（2004 MN4）の地球衝突予測	小惑星アポフィスが 2029 年 4 月 13 日に地球に衝突すると予測された．その後，衝突は否定されたが，地球に約 3 万 km まで接近する．
2007 年 9 月 15 日	ペルーに隕石落下（カランカス隕石）	ペルーに隕石が落ち，直径が 10 m 程度のクレーターをつくった．
2008 年 10 月 7 日	スーダンに隕石落下（アルマハータ・シッタ隕石）	初めて事前に衝突が予測された隕石．約 1 日前に発見された小惑星 2008 TC3 が地球に衝突したが，その破片が隕石として発見された．
2013 年 2 月 15 日	ロシアに隕石落下（チェリャビンスク隕石）	衝撃波が発生し，建物や人的被害が広範囲に及んだ．

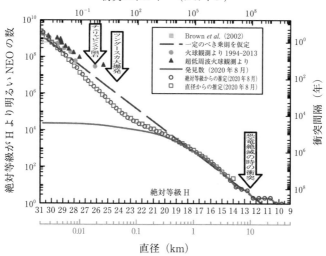

図1　NEO の数と地球衝突頻度

NEO の大きさごとの個数と地球衝突頻度を示す．ここでの絶対等級は，太陽系天体について定義されるもので，天体が地球および太陽から 1 天文単位の距離にあり，位相角（地球-天体-太陽がなす角）が 0 度と仮定したときの天体の明るさである．衝突エネルギーは，衝突速度が 20 km/s であると仮定して計算されたものである（Alan W. Harris, Paul W. Chodas, Icarus 365, 2021 より改変．Alan W. Harris 氏の厚意による）．

1.4   光害と自然環境への影響

人工衛星から撮影された夜の地球の写真を見ると，煌々と光る都市の明かりが写っている（たとえば†1）．それらの光は，街灯や商業施設などの人工照明から出た光のうち，上方に向かい，宇宙まで漏れ出てしまった光であり，エネルギーの有効利用の観点から言えば，無駄になった光である．

照明から上方に向かう光の一部は，大気中の空気分子やちり，水分などにより散乱され，夜空の明るさの増加を引き起こす．このことにより，都市部では天の川のような微かな星の輝きが見えにくくなっている．また，自然のある場所において，照明により夜間の光環境が変化すると，夜行性動物・昆虫・鳥類・植物など数多くの生物の生体リズムや行動パターンに影響が及ぶ（**下表**）．

このように，照明の不適切な使用により引き起こされる問題を光害（ひかりがい または こうがい）と呼ぶ．光害は，かつては専ら ①天体観測への影響 を指す言葉であったが，現在では，上述の ②生態系への影響 や ③エネルギーの浪費，さらには ④人への影響（安全性・快適性・人体への影響）も含めた，様々な環境問題・社会問題を包括する用語となっている[*1].

生態系への影響の例

影響を受ける種	影響の具体例
ウミガメ	夜間にふ化した子ガメが砂浜を歩いて海にかえる際，明るい方向に向かって進む習性がある．これは自然の暗闇では月光や星明かりを反射した海面の方向が最も明るいためであるが，陸側での照明の使用により子ガメが迷走し犠牲となる．フロリダ州では年間数十万匹が犠牲となっていると推計される．
渡 り 鳥	夜間の渡りの際，方角の目印として月光や星明かりを利用しているが，夜空に向けたサーチライトや高層ビルの窓明かりがあると方向感覚が乱される．サーチライトやビルの周囲を飛び続けて力尽きたり，明るい窓ガラスに激突死するなどして，北米では年間数百万羽が犠牲となっていると推計される．
ホ タ ル	ホタルの微かな発光はおもに配偶行動であるが，人工光にさらされた環境ではその行動が抑制され，個体数の減少に繋がる．
コウモリ	多くのコウモリ種が照明に群がる昆虫を捕食しているため，その生息域や行動パターンが都市化の影響を大きく受ける．さらには花粉媒介や種子散布をコウモリに依存している周囲の植物にも影響が及ぶ．
イ　ネ	短日植物であるイネは，夜間照明が当たり続けると季節変化を正しく認識できず，開花・出穂・登熟に遅れが生じ，収量や品質が低下する．

C. Rich and T. Longcore: "Ecological Consequences of Artificial Night Lighting", Island Press(2005).
山本晴彦："農作物の光害"（農林統計出版）(2013).

　夜空の明るさは大気環境の状態を知る1つの手がかりであることから，全国規模で星の見え方を調査する市民参加型の取り組みが継続的に行われている[†2,3,4]．図1はこれらの調査で得られた日本の夜空の明るさ分布である[*2]．図2はいくつかの定点における夜空の明るさの経年変化の様子である．

　光害の抑制には，地域の自然環境と社会的状況を踏まえた，適切な照明の使用が重要である．環境省は令和3年3月に「光害対策ガイドライン（改訂版）」を策定し，照明を設置・運用する際に配慮すべき事項や照明特性の指針値などを示している[†5]．

†1　Earth at Night（NASA），†2　全国星空継続観察（環境省），†3　デジカメ星空診断（星空公団），†4　夜空の明るさを測ってみよう（環境省），†5　光害対策ガイドライン（改訂版）（環境省）．二次元コードは p10 が †1，p11 は上から順に †2〜5 に対応．

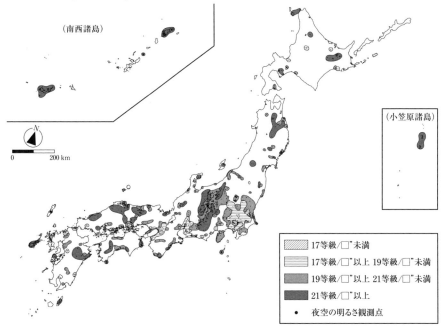

図1　日本の夜空の明るさ分布

観測点がない地域については白地で示している．
デジカメ星空診断 2020 年度〜2022 年度および環境省「星空観察」令和2年度〜令和4年度の結果より，小野間 史樹・竹植 希（星空公団）が作成．

*1　さらに近年は，巨大衛星網による太陽光反射（夜空の明るさの増加）や，町中の太陽光パネルによる反射光（眩しさ）など，人工照明が起源でない問題も光害と呼ばれるようになってきている．
*2　夜空の明るさは，縦横が角度1秒の範囲の空からやってくる光の量が何等級の星の輝きに相当するか，すなわち「1平方秒角あたりの等級」（等級／□"）という数値で表される（数値が大きいほど暗い夜空）．およそ20等級／□"前後から天の川が見えるようになる．

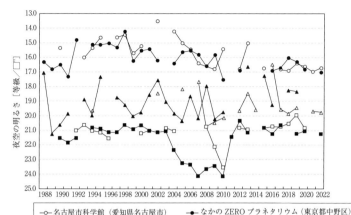

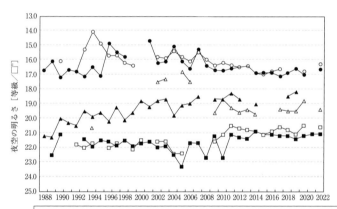

図2　夜空の明るさの変化（上：夏期，下：冬期）

【出典】

　昭和 63 年度〜平成 24 年度　スターウォッチング・ネットワーク 全国星空継続観察の実施結果報告書
（環境省）

　平成 25 年度〜平成 29 年度　デジカメ星空診断報告書（星空公団）

　平成 30 年度〜令和 4 年度　星空観察 デジタルカメラによる夜空の明るさ調査の結果（環境省）

　注）

　平成 16 年度から平成 22 年度の測定結果については，測定に用いたリバーサルフィルムの現像に起因する感度低下により，とくに暗い夜空の測定値が高く（暗く）なる傾向が確認されている．経年変化の比較の際には注意が必要である．

1.5　電磁波環境と自然科学への影響

　皆さんは星空を見ることがあるだろうか．大都会では照明などのために夜空が明るくなり，肉眼で星を見ることが難しいだろう．これを光害（ひかりがい）と呼ぶ．街灯や屋外看板照明などによる光害は以前から存在していたが，新たな光害源が認識されたのは，2019年5月にSpaceX社がスターリンクという総計42 000機もの衛星群の打ち上げを始めたときであった．スターリンク衛星は可視等級が4〜8等で，暗い空では肉眼で見える場合がある．また，より暗い天体を観測する天文研究に大きな影響が出ることが懸念されている．SpaceX社以外にも多数の衛星群の打ち上げを計画する企業はいくつもあるため，その影響を見極めることは重要である．

　可視光と同じ電磁波である電波でも人工電波により宇宙や地球の観測に障害が生じている．これを光害に対応させて電波公害と呼ぶ．携帯電話や放送機器は電波によって通信を行う．電波は，通信機器だけではなく自然現象からも放射される．最も身近な自然の電波放射は雷からの電波で，雷が光ったときにラジオにガリガリという音が入ることがある．雷はラジオという放送機器に妨害を与える例だが，逆に人工の無線機器が自然現象に伴う電波放射を隠してしまう場合もあり，電波を用いた自然科学研究に影響を与えることがある．

　自然科学の中で電波を利用した測定をするものとしては，衛星からのリモートセンシング（地球探査）や電波天文学が代表的である．地球探査では地表や海面の温度などを測定するだけでなく，気象，とくに地球温暖化関連の研究に貢献している．これらの測定に妨害が起きないよう，専用の周波数を国際電気通信連合で定めて世界中で利用している．しかし時には違法な電波利用者のためにこれらの測定データが使えなくなる事例が報告されている．

　電波天文学は天体からの電波を受信し，それを解析することで宇宙の諸現象を研究する学問である．ビッグバンの証拠である宇宙マイクロ波背景放射の検出もブラックホールの画像撮影も，電波天文学の成果である．仮に携帯電話を月面に置くとその見かけの強度が宇宙でトップクラスの電波源になってしまうほど，天体からの信号は微弱である．このように電波天文学は超微弱な信号を高感度に検出することで成り立っているが故に，皮肉にも人工電波による妨害に対して極めて弱いという側面を持っている．妨害を避けるために電波天文用の周波数帯域も指定されている．ところが最近では，無線通信の高度化に対する社会的要請から，電波天文用の周波数と重なる帯域で電波を利用する機器も多く登場している．普及しつつある5G携帯電話や車載レーダーなども，一部がこれに含まれる．

　技術は人々の生活をより安全・便利にする可能性を持っているが，可視光から電波領域に大きな問題，「電磁波公害」を起こさないようなものにしなくてはならない．そのためには，科学の発展に寄与しようとする科学者と技術を利用して社会に貢献する企業とが，共に協力して解決策を探ることが必須である．

2 気候変動・地球温暖化

2.1 気候変動

2.1.1 世界の年平均地上気温

　2022年の世界の年平均気温（陸域における地表付近の気温と海面水温の平均）の1991～2020年平均基準における偏差は＋0.24℃（20世紀平均基準における偏差は＋0.89℃）で，1891年の統計開始以降，6番目に高い値となった．世界の年平均気温は，長期的には100年あたり約0.74℃の割合で上昇している．また，最近の2014年から2022年までの値が上位9番目までを占めている．

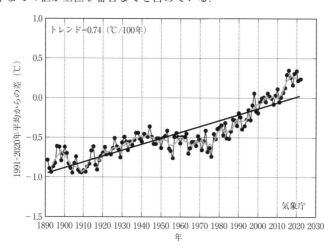

図1　世界の年平均気温偏差

　細線は各年の平均気温の基準値からの偏差，太線は偏差の5年移動平均値，直線はその長期的な変化傾向を示している．基準値は1991～2020年の30年平均値．

　（使用したデータ）
　　陸上で観測された気温データに，海面水温データを組み合わせることにより，全地表面を対象とした平均気温偏差を算出している．
　　陸上気温データは，2010年までは，米国海洋大気庁（NOAA：National Oceanic and Atmospheric Administration）が世界の気候変動の監視に供するために整備したGHCN（Global Historical Climatology Network）データをおもに使用している．使用地点数は年により異なるが，300～4800地点である．2011年以降については，気象庁に入電した月気候気象通報（CLIMAT報）のデータを使用している．使用地点数は約2300～2600地点である．海面水温データは，海面水温ならびに海上気象要素の客観解析データベースの中の海面水温解析データ（COBE-SST2）で，緯度方向1度，経度方向1度の格子点データを使用している．
　　算出方法の詳細は，気象庁ホームページの「世界の平均気温偏差の算出方法」を参照．

　人為起源の気候変動は既に気候システムの多くの側面に影響を及ぼしている．世界平均気温の上昇に加えて，多くの種類の極端な気象と気候が変化している．ほとんどの地域で極端な高温の頻度及び強度が増加しており，極端な低温の頻度及び強度が減少している．地球規模及び陸域の大部分で，大雨の頻度及び強度が増加している．

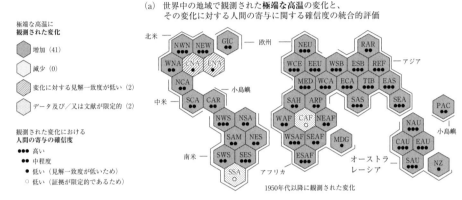

(a)　世界中の地域で観測された**極端な高温**の変化と、その変化に対する人間の寄与に関する確信度の統合的評価

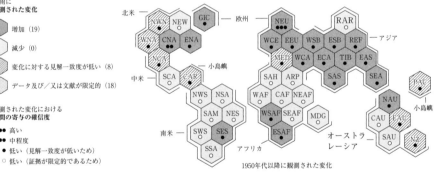

(b)　世界中の地域で観測された**大雨**の変化と、その変化に対する人間の寄与に関する確信度の統合的評価

【北米】　　NWN（北米北西部），NEN（北米北東部），WNA（北米西部），CNA（北米中部），ENA（北米東部）
【中米】　　NCA（中米北部），SCA（中米南部），CAR（カリブ地域）
【南米】　　NWS（南米北西部），NSA（南米北部），NES（南米北東部），SAM（南米モンスーン地域），SWS（南米南西部），SES（南米南東部），SSA（南米南部）
【欧州】　　GIC（グリーンランド／アイスランド），NEU（北欧），WCE（中央欧），EEU（東欧），MED（地中海地域）
【アフリカ】　MED（地中海地域），SHA（サハラ地域），WAF（西アフリカ），CAF（中部アフリカ），NEAF（東アフリカ北部），SEAF（東アフリカ南部），WSAF（南部アフリカ西部），ESAF（南部アフリカ東部），MDG（マダガスカル）
【アジア】　　RAR（ロシア極東），WSB（シベリア西部），ESB（シベリア東部），REF（ロシア極東地域），WCA（中央アジア西部），ECA（中央アジア東部），TIB（チベット高原），EAS（東アジア），ARP（アラビア半島），SAS（南アジア），SEA（南東アジア）
【オーストラレーシア】　NAU（豪州北部），CAU（豪州中部），EAU（豪州東部），SAU（豪州南部），NZ（ニュージーランド）
【小島嶼】　CAR（カリブ地域），PAC（太平洋嶼）

図2　地域の高温・大雨の変化と，その変化に対する人間活動の寄与の確信度の評価
IPCC：“IPCC第6次評価報告書”（2021）．

2.1.2　日本の年平均地上気温

　2022 年の日本の年平均気温の 1991〜2020 年平均基準における偏差は ＋0.60℃（20世紀平均基準における偏差は ＋1.51℃）で，1898 年の統計開始以降，4 番目に高い値となった．日本の年平均気温は，長期的には 100 年あたり約 1.30℃ の割合で上昇しており，とくに 1990 年代以降，高温となる年が多くなっている．

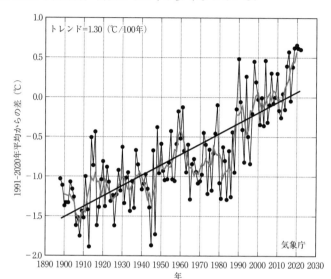

図3　日本の年平均気温偏差

　細線は各年の平均気温の基準値からの偏差，太線は偏差の 5 年移動平均値，直線はその長期的な変化傾向を示している．基準値は 1991〜2020 年の 30 年平均値．

（使用したデータ）
　1898 年以降観測を継続している気象観測所の中から，都市化による影響が比較的小さい地点を特定の地域に偏らないように選定しており，次の 15 地点を採用している．
　　　網走，根室，寿都，山形，石巻，伏木（高岡市），飯田*，銚子，境，浜田，彦根，宮崎*，
　　　多度津，名瀬，石垣島
　　　（*宮崎は 2000 年 5 月，飯田は 2002 年 5 月に観測露場を移転したため，これによる観測データへの影響を評価し，その影響を除去するための補正を行ったうえで利用している）

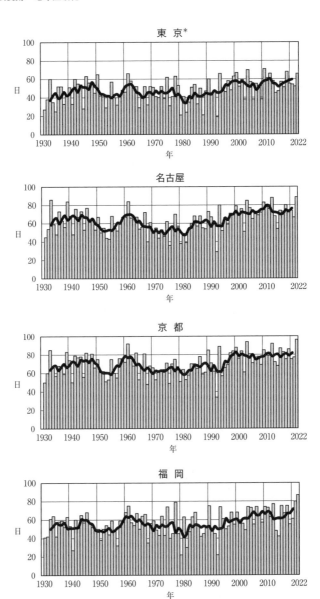

図4 各都市の日最高気温30℃以上(真夏日)の年間日数(1931〜2022年)

棒グラフは毎年の値,折線は5年移動平均を示す.

* 東京は2014年12月2日に観測地点を移転.

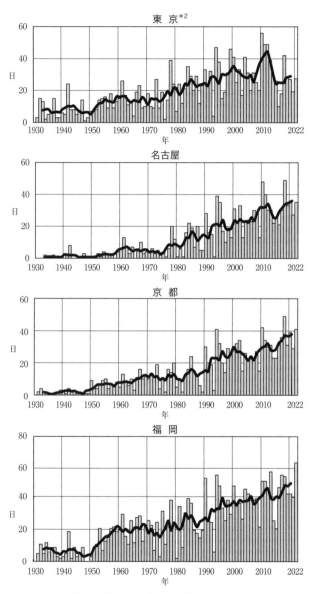

図5　各都市の日最低気温 25℃以上（熱帯夜[*1]）の年間日数（1931～2022 年）

棒グラフは毎年の値，折線は5年移動平均を示す．
*1　「熱帯夜」は夜間の気温が 25℃以上であることを指すが，ここでは日最低気温 25℃以上の
　　日を「熱帯夜」として数えている．
*2　東京は 2014 年 12 月 2 日に観測地点を移転．

2
気候変動・
地球温暖化

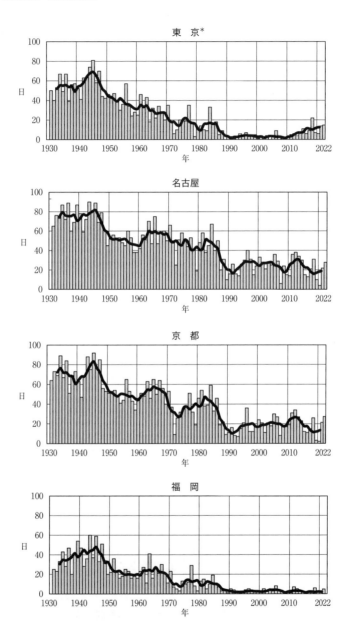

図 6　各都市の日最低気温 0℃未満（冬日）の年間日数（1931〜2022 年）

棒グラフは毎年の値，折線は 5 年移動平均を示す．

＊　東京は 2014 年 12 月 2 日に観測地点を移転．

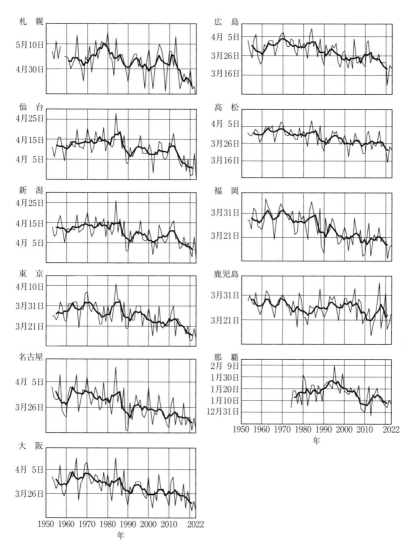

図7　サクラの開花日（1953〜2023年）

細実線：開花日，太実線：開花日の5年移動平均．

サクラの種目は「ソメイヨシノ」（那覇のみ「ヒカンザクラ」）

気象庁生物季節観測による．

2

気候変動・地球温暖化

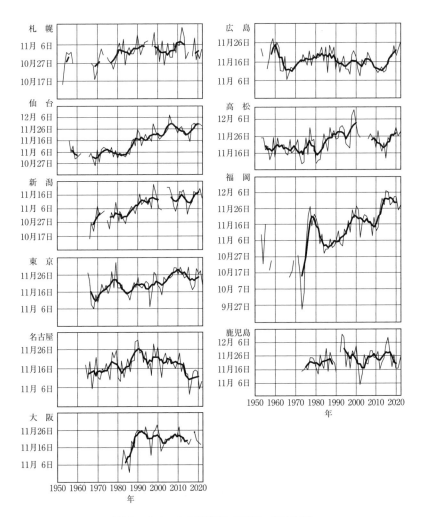

図8　イチョウの黄葉日（1953〜2022年）

細実線：黄葉日，太実線：黄葉日の5年移動平均．
那覇では「イチョウの黄葉日」を観測していない．
気象庁生物季節観測による．

2.1.3　日本における大雨の頻度と台風の接近・上陸数

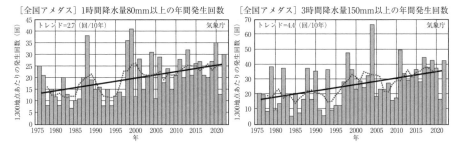

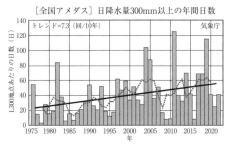

図9　全国の極端な大雨の年間発生件数（1976〜2022年）

　全国のアメダスより集計し，1300地点あたりの回数に換算している．折線は5年移動平均，直線はその長期的な変化傾向を示す．

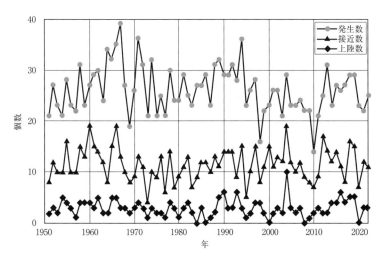

図10　台風の発生数および日本への接近・上陸数

2.1.4 エルニーニョ/ラニーニャ現象

エルニーニョ現象は太平洋赤道域の中央部（日付変更線付近）から南米のペルー沿岸にかけての広い海域で海面水温が平年に比べて高くなり，その状態が半年〜1年半程度続く現象である．これとは逆に，同じ海域で海面水温が平年より低い状態が続く現象をラニーニャ現象と呼ぶ．気象庁では，エルニーニョ監視海域（北緯5度〜南緯5度，西経150度〜西経90度）における平均海面水温の基準値（その年の前年までの30年間の各月の平均値）との差の5ヵ月移動平均値が6ヵ月以上続けて+0.5℃以上となった場合をエルニーニョ現象，6ヵ月以上続けて−0.5℃以下となった場合をラニーニャ現象と定義している．

エルニーニョ／ラニーニャ現象の発生期間（1949年以降）

エルニーニョ現象	ラニーニャ現象
	1949年秋〜1950/51年冬
1951年夏〜1951/52年冬	
1953年春〜1953年秋	1954年春〜1956年夏
1957年春〜1958年夏	
1963年夏〜1963/64年冬	1964年春〜1964/65年冬
1965年春〜1965/66年冬	1967年夏〜1968年春
1968年秋〜1969/70年冬	1970年春〜1971/72年冬
1972年春〜1973年春	1973年夏〜1974年春
	1975年春〜1976年春
1976年夏〜1977年春	
1979年秋〜1979/80年冬	
1982年春〜1983年秋	1984年夏〜1985年夏
1986年秋〜1987/88年冬	1988年春〜1989年春
1991年春〜1992年夏	
1993年春〜1993年秋	1995年秋〜1996年春
1997年春〜1998年夏	1998年秋〜1999年春
	1999年夏〜2000年春
2002年春〜2002/03年冬	2007年夏〜2008年春
2009年夏〜2010年春	2010年夏〜2011年春
2014年春〜2016年春	2017年秋〜2018年春
2018年秋〜2019年春	2020年夏〜2021年春
	2021年秋〜2022/23年冬

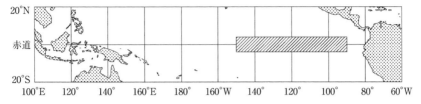

図11　エルニーニョ監視海域（北緯5度〜南緯5度，西経150度〜西経90度）（斜線部）

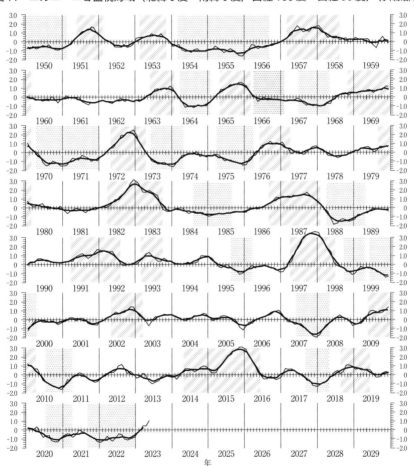

図12　エルニーニョ監視海域の海面水温の基準値（その年の前年までの30年間の各月の平均値）との差（℃）

　細い線は毎月の値，太い曲線は5ヵ月移動平均値を示し，斜線の陰影はエルニーニョ現象の発生期間を，点の陰影はラニーニャ現象の発生期間を表す．

2.1.5　海　　洋

　2022年までの，およそ100年間にわたる船舶等による観測データを用いて統計的に評価した，日本近海の各海域における海面水温の上昇率（℃/100年）.

　海域区分は，海面水温の変化傾向が類似している海域を選んで設定しており，全般に日本近海の各海域における上昇率は，世界全体で平均した海面水温の上昇率よりも大きな値となっている.

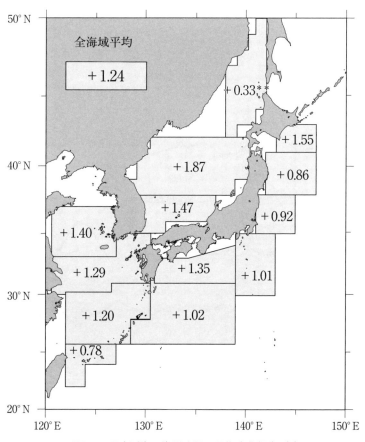

図13　日本近海の海面水温の長期変化傾向（1）

無印の値は信頼度水準99％で統計的に有意.
＊＊付きの値は信頼度水準90％で統計的に有意.

2022年までの，およそ100年間にわたる船舶等による観測データを用いて統計的に評価した，日本近海全体の海面水温の長期変化の様子．

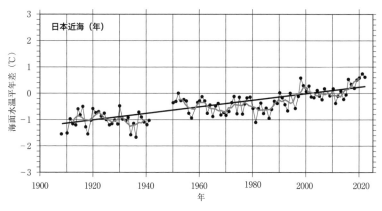

図13　日本近海の海面水温の長期変化傾向（2）

図13（1）で海面水温の上昇率を示した13海域全体を解析対象としている．

この対象海域における各年の平均海面水温を算出し，平年値（1991年から2020年までの30年間の海面水温の平均値）からの差を取り平均することで，日本近海全体としての年平均海面水温偏差を求め時系列（太線は5年移動平均）としている．近年は高水温となる年が多い傾向にあり，直近3年間の値が過去およそ100年間の期間中の上位3位を占めていることがわかる．

斜め直線は2022年までの，およそ100年間の上昇率を示しており，日本近海全体としては1.24（℃/100年）となる（各海域の上昇率は，26ページに掲載）．

日本沿岸の年平均海面水位

　日本沿岸5ヵ所の検潮所における年平均海面水位（平年からの差）の変化を示す．平年値は1991～2020年の平均値で，検潮所ごとに横軸の太線で示す（ただし，検潮所における地盤変動の影響が含まれている）．縦軸の一目盛りは5cmに相当する．

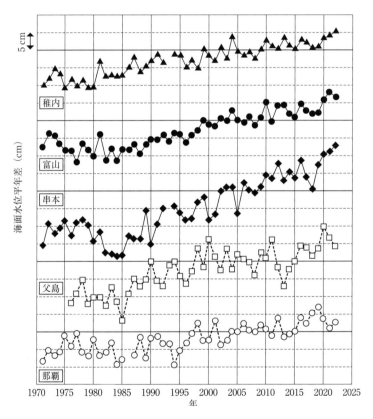

図14　日本沿岸の年平均海面水位の変化

東経137度に沿った水温・塩分鉛直断面

　日本の南（34°N）から赤道域（3°N）における水温と塩分の30年平均値の鉛直断面. 気象庁では海洋環境の長期変動の実態を把握するために，1967年からこの観測線に沿って海洋観測を行っている.

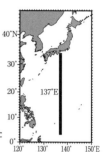

東経137度線に沿った
観測線の位置

冬　季

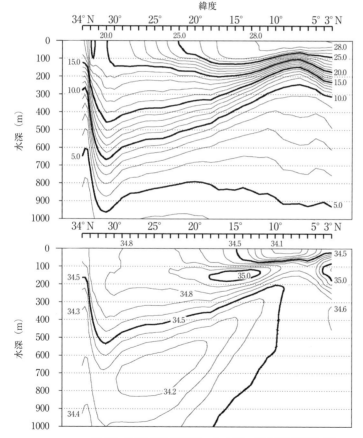

図15　東経137度に沿った水温・塩分鉛直断面（1）

気象庁の観測船による東経137度に沿った日本の南から赤道域までの水温（上図；単位：℃）および塩分（下図；単位：実用塩分単位）の鉛直断面（1991〜2020年平均値）.

　水温図において等温線の南北の大きな傾きは，北緯34度から31度にかけては黒潮に，北緯17度から7度にかけては北赤道海流によるものである．塩分図における北緯25度，水深700 m 付近の極小域は，北太平洋中層水と呼ばれる低塩分の水塊にあたり，日本の東方で親潮と黒潮が混合して形成されていると考えられる．水温，塩分ともに海面から約100 m の深さまでの表層は季節による変動が大きく，とくに北緯15度付近より北側で顕著である．気象庁ホームページの各種データ・資料「海洋の健康診断表」を参照.

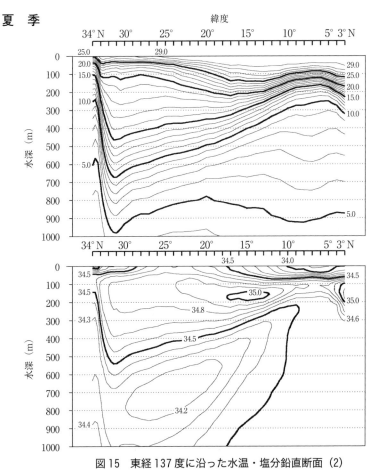

図15　東経137度に沿った水温・塩分鉛直断面（2）

気象庁の観測船による東経137度に沿った日本の南から赤道域までの水温（上図；単位：℃）および塩分（下図；単位：実用塩分単位）の鉛直断面（1991〜2020年平均値）.

北西太平洋の海洋酸性化

　表面海水の水素イオン濃度指数（pH）は，産業革命以降，大気中に放出された二酸化炭素を吸収してきたことにより低下してきた．これを，海洋酸性化という．IPCC（気候変動に関する政府間パネル）によると，産業革命前に比べて，すでに全球平均で0.1程度低下していると推定されている．海洋酸性化の進行により，海洋生態系への影響や，二酸化炭素の吸収能力の低下などが懸念されている．図は東経137度に沿った気象庁の観測線の北緯10度，20度および30度におけるpHの経年変化で，数字は10年あたりの変化率（減少率）を示す．気象庁ホームページの各種データ・資料「海洋の健康診断表」を参照．

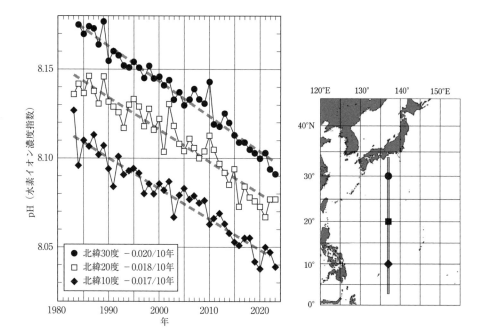

図16　東経137度線（右図）における冬季（1〜3月）の表面海水中pHの経年変化（左図）

2.1.6　オホーツク海の海氷域面積

　前年12月からその年の5月までのオホーツク海の海氷域面積の推移（1971〜2023年）．折線は各年の平均海氷域面積の変化を表す．

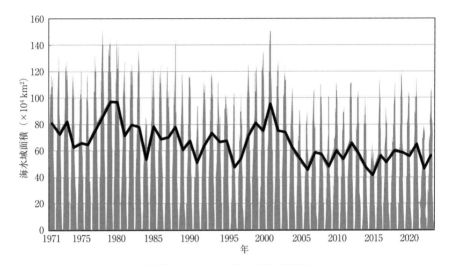

図17　オホーツク海の海氷域面積

2.2 地球温暖化

2.2.1 気候系のエネルギー収支：温室効果

　地球の気候系のエネルギー源は太陽からの放射である．地球の大気上端に達する太陽エネルギーの約3割が宇宙空間へ直接反射され，残りは地球表面に吸収される．また，一部は大気にも吸収される．地球は，平均すれば，吸収したエネルギーとほぼ同じ量のエネルギーを宇宙空間へ放射している．

　地表面から射出されるエネルギーの多くは，水蒸気や二酸化炭素などの温室効果ガスに吸収され，地球へと放射し返される．これが「温室効果」と呼ばれるものである．温室効果がない場合，地表面の平均気温は約−19℃になるが，この効果によって地球の気温は約14℃となっている．しかし，人間活動に伴う温室効果ガスの排出によって，この温室効果が強化され，「地球温暖化」が引き起こされている．

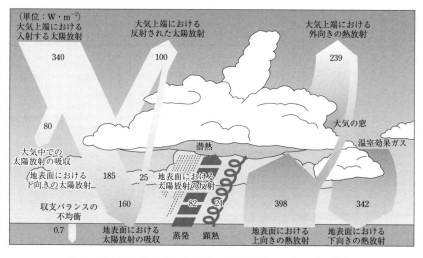

図1　現在の気候条件における，世界平均のエネルギー収支
：IPCC 第6次評価報告書（2021）による

2.2.2　地球温暖化に係る温室効果ガス

　気候変動に関する政府間パネル（IPCC）第6次評価報告書では，大気中の寿命が長く，対流圏内でよく混合された温室効果ガスとして，二酸化炭素（CO_2），メタン（CH_4），一酸化二窒素（N_2O），ハイドロフルオロカーボン（HFC），パーフルオロカーボン（PFC），六フッ化硫黄（SF_6），およびオゾン層破壊物質であるクロロフルオロカーボン（CFC），ハイドロクロロフルオロカーボン（HCFC）などを挙げている．このうち地球温暖化に及ぼす影響が大きい物質は順に二酸化炭素，メタン，一酸化二窒素である．短寿命の気体で大きな温室効果をもつものとしては，対流圏オゾン（O_3）が挙げられる．また，一酸化炭素（CO）は，それ自体は温室効果ガスではないが，大気中の化学反応を通じてほかの温室効果ガスの濃度変動に影響を与え，地球温暖化に間接的に寄与している．濃度は大気中に含まれる物質の分子数の比で表している．ppm は10^{-6}（乾燥空気中の分子100万個中に1個），ppb は10^{-9}（10億個中に1個），ppt は10^{-12}（1兆個中に1個）を表す．本書に掲載している温室効果ガスのデータは，国際的な濃度基準の変更などにより，過去にさかのぼって修正する場合がある．大気中温室効果ガスの状況や観測データの詳細は，気象庁ホームページ「温室効果ガス」および「大気・海洋環境観測年報」を参照．

温室効果ガスの例

	二酸化炭素（CO_2）	メタン（CH_4）	一酸化二窒素（N_2O）	フロン11（CFC-11）	ハイドロフルオロカーボン（HFC-23）	六フッ化硫黄（SF_6）	四フッ化炭素（CF_4）
工業化以前の大気中濃度	278.3±2.9 ppm	729.2±9.4 ppb	270.1±6.0 ppb	存在せず	存在せず	存在せず	34.05±0.33 ppt
2019年の大気中濃度	409.9±0.4 ppm	1 866.3±3.3 ppb	332.1±0.4 ppb	226.2±1.1 ppt	32.4±0.1 ppt	9.95±0.03 ppt	85.5±0.2 ppt
濃度の変化率[*1]	2.4 ppm/年	7.9 ppb/年	1.0 ppb/年	-1.4 ppt/年	1.0 ppt/年	0.33 ppt/年	0.8 ppt/年
大気中の寿命[*2]	—	11.8年	109年	52年	228年	1 000年	50 000年
地球温暖化係数[*3]　20年	1	81.2	273	8 320	12 400	18 200	5 300
地球温暖化係数[*3]　100年	1	27.9	273	6 230	14 600	24 300	7 380

IPCC 第6次評価報告書（2021）をもとに作成．
＊1　変化率は，2011〜2019年の平均値．
＊2　大気中の寿命は，メタンと一酸化二窒素については応答時間（一時的な濃度増加の影響が小さくなるまでの時間）を，その他の温室効果ガスについては滞留時間（気体総量／大気中からの除去速度）を掲載．
＊3　地球温暖化係数は，対象期間20年間と100年間について掲載．

　気候変動をもたらす要因の強さを測る尺度としては，放射強制力（RF：Radiative forcing）および地球温暖化係数（GWP：Global Warming Potential）が用いられている．放射強制力は，気候変動を引き起こす様々な人為起源および自然起源の因子の強度を，定量的に比較するための概念であり，その単位はワット毎平方メートル（W m^{-2}）で表される．地球温暖化係数は，温室効果ガスの放射強制力を，二酸化炭素に対する比率で示した値である．温室効果ガスの大気中での寿命が異なるため、対象期間によって値は変化する．

　放射強制力は，大気組成の変化，土地利用による表面反射率（アルベド）の変化および太陽放射の変化によって起こる．太陽放射を除くと，人間活動が何らかのかたちでそれぞれに関連している．棒グラフは，これらの放射強制力の寄与の見積もりで，正の値が温暖化を，負の値が寒冷化をもたらす．火山による放射強制力は，火山噴火に伴う一時的な現象という性質により，図には示されない．

　IPCC 第 6 次評価報告書（2021）によると，有効放射強制力の合計は正であり，その結果，気候システムによるエネルギーの吸収をもたらしている．有効放射強制力の合計に最大の寄与をしているのは，1750 年以降の大気中の二酸化炭素濃度の増加である．

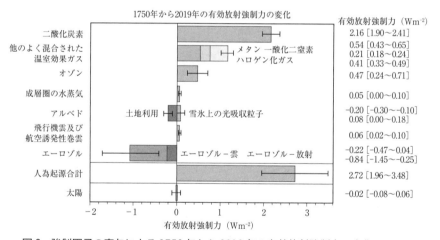

図 2　強制因子の寄与による 1750 年から 2019 年の有効放射強制力の変化
IPCC 第 6 次評価報告書（2021）をもとに作成．

南極ドームふじ深層氷床コアの分析結果

南極ドームふじ基地（南緯 77°19′01″，東経 39°42′12″，標高 3810 m）で掘削された深層氷床コアを分析することによって復元された，過去 35 万年間にわたる二酸化炭素，メタンおよび気温の変動.

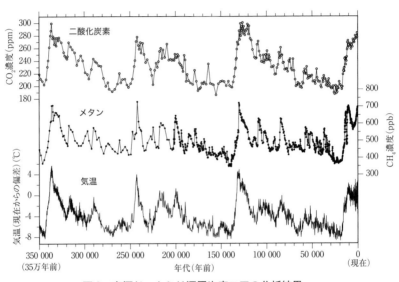

図3 南極ドームふじ深層氷床コアの分析結果

2.2.3 大気中の二酸化炭素（CO_2）

二酸化炭素（CO_2）は温室効果ガスの中で温暖化に対して最大の影響力を持っている．IPCC によると，工業化時代以降の温室効果ガスの増加による有効放射強制力のうち，二酸化炭素の寄与は 65% と評価されている．海洋は二酸化炭素の大きな吸収源の1つであるため，大気だけでなく，海洋の二酸化炭素の監視も重要である．大気中の二酸化炭素については，全世界の観測所のデータによる緯度帯別の濃度変化に加えて，気象庁の大気環境観測所（岩手県大船渡市三陸町綾里），南鳥島気象観測所（東京都小笠原村），与那国島特別地域気象観測所（沖縄県八重山郡与那国町）での濃度変化を示す．海洋の二酸化炭素については，気象庁の観測船による北西太平洋の東経 137 度に沿った濃度変化を掲載した．

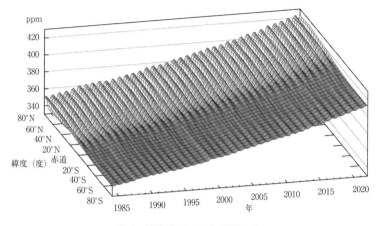

図4　緯度帯別二酸化炭素濃度

緯度帯別の大気中の二酸化炭素濃度変化の3次元表現図.
世界気象機関（WMO）温室効果ガス世界資料センター（WDCGG）のデータをもとに作成.

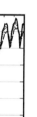

図5　日本の大気中二酸化炭素濃度

日本の大気中二酸化炭素の年平均濃度　　　　　　　　（単位：ppm）

地 点	1987	1988	1989	1990	1991	1992	1993	1994	1995	1996	1997	1998	1999	2000	2001	2002	2003	2004
綾　里	351.5	354.3	356.2	357.1	358.4	358.7	359.6	362.0	363.9	365.4	366.6	369.6	371.5	372.9	373.7	376.1	379.0	380.7
南鳥島							358.5*	360.1	361.9	363.7	364.9	367.6	369.3	370.6	372.1	374.2	377.0	378.6
与那国島											366.0	369.0	370.9	372.2	373.8	375.9	378.7	380.4

地 点	2005	2006	2007	2008	2009	2010	2011	2012	2013	2014	2015	2016	2017	2018	2019	2020	2021	2022
綾　里	382.8	385.6	386.9	388.7	390.0	393.8	394.6*	397.5	399.8	401.5	403.6	407.5	409.6	412.3	414.3	416.6	419.8	(421.8)
南鳥島	381.0	384.0*	384.9	386.8	388.2	390.8	393.0	395.2	397.8	399.7	401.7	405.2	407.9	409.7	412.5	414.8	417.1	(419.7)
与那国島	382.9	385.0	386.6	388.2	389.6	392.9	394.6	397.3	399.7	402.0	404.1*	407.3	409.9	412.0	415.1	417.5	419.4	(421.8)

　＊が付いた値は11個以下の月平均値から算出したもの，（ ）が付いた値は観測の基準となる標準ガスの濃度変化の確認が未了である速報値を表す.

　標準ガスの濃度スケール等の見直しにより年平均値が更新されることがあるため，最新の値を使用すること.

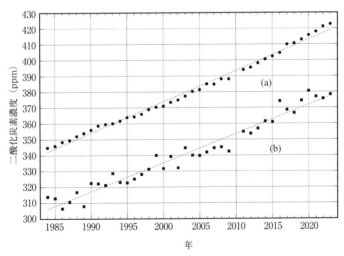

図6　気象庁の観測船による北西太平洋の東経137度に沿った大気中（a）
および表面海水中（b）の二酸化炭素濃度（ppm）
（1984～2023年の冬季（1～3月），北緯7～33度の平均）

　図中の破線は濃度増加の長期的な傾向（大気中 +2.0 ppm/年，海水中 +1.8 ppm/年）を示す. 掲載値は，二酸化炭素についての世界的な濃度基準の変更により，過去にさかのぼって修正する場合がある.

2.2.4　大気中のメタン（CH₄）

　メタン（CH₄）は，IPCC の評価によると工業化時代以降の温室効果ガスの増加による有効放射強制力のうち16%の寄与とされており，二酸化炭素に次いで温暖化への影響が大きい温室効果ガスとして重要である．全世界の観測データによる緯度帯別の濃度変化に加えて，気象庁の大気環境観測所（岩手県大船渡市三陸町綾里），南鳥島気象観測所（東京都小笠原村），与那国島特別地域気象観測所（沖縄県八重山郡与那国町）での濃度変化を示す．

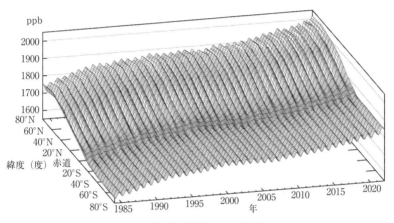

図7　緯度帯別メタン濃度

緯度帯別の大気中のメタン濃度変化の3次元表現図．
世界気象機関（WMO）温室効果ガス世界資料センター（WDCGG）のデータをもとに作成．

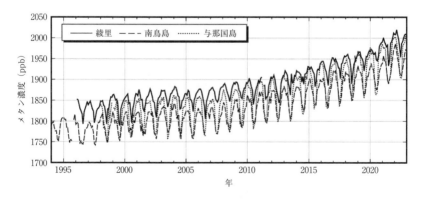

図8　日本の大気中メタン濃度

日本の大気中メタンの年平均濃度

（単位：ppb）

地　　点	1994	1995	1996	1997	1998	1999	2000	2001	2002	2003	2004	2005	2006	2007	2008
綾　　里	—	—	1831*	1829	1837	1840	1845	1853	1852	1862	1860	1857	1858	1868	1875
南 鳥 島	1784	1784*	1770	1780	1787	1790	1796	1797	1799	1808	1806	1798	1804*	1804	1813
与那国島					1806	1809*	1816	1825	1817	1825	1824	1823	1824	1824	1840

地　　点	2009	2010	2011	2012	2013	2014	2015	2016	2017	2018	2019	2020	2021	2022
綾　　里	1878	1881	1884*	1886	1901	1912	1919	1929	1939	1941	1954	1967	1983	(1997)
南 鳥 島	1822	1832	1837	1848	1850	1863	1874	1875	1889	1892	1902	1912	1931	(1947)
与那国島	1851	1852	1860	1869	1872	1879	1891*	1897	1905	1916	1928	1937	1950	(1967)

　＊が付いた値は11個以下の月平均値から算出したもの，—は機器の異常などによる欠測，（　）が付いた値は観測の基準となる標準ガスの濃度変化の確認が未了である速報値を表す．

　標準ガスの濃度スケールなどの見直しにより年平均値が更新されることがあるため，最新の値を使用すること．

2.2.5　大気中の一酸化二窒素（N₂O）

　一酸化二窒素（N_2O）は，対流圏中ではきわめて安定で，寿命を考慮した単位量あたりの温暖化への寄与（地球温暖化係数）は，二酸化炭素の約273倍と大きい．IPCCでは，工業化時代以降の温室効果ガスの増加による有効放射強制力のうち，一酸化二窒素の寄与を6％と評価している．全世界の観測データによる緯度帯別の濃度変化に加え，気象庁の大気環境観測所（岩手県大船渡市三陸町綾里）での濃度変化を示す．なお，2004年の初めに観測装置を更新したため観測精度が向上し，観測値の変動が小さくなっている．

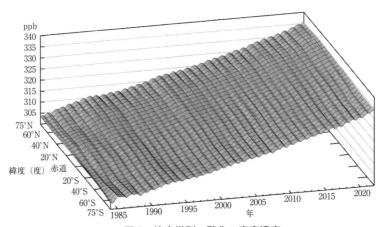

図9　緯度帯別一酸化二窒素濃度

緯度帯別の大気中の一酸化二窒素濃度変化の3次元表現図．
世界気象機関（WMO）温室効果ガス世界資料センター（WDCGG）のデータをもとに作成．

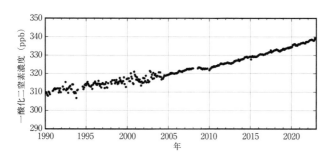

図10　日本（綾里）の大気中一酸化二窒素濃度

2.2.6　大気中の一酸化炭素（CO）

　一酸化炭素（CO）は地球表面からの赤外放射をほとんど吸収しないため，それ自体は温室効果ガスではない．しかし，ヒドロキシル（OH）ラジカルとの化学反応を通じ，メタン，ハロカーボン類，また対流圏オゾンなどほかの温室効果ガスの濃度変動に影響を与える重要な働きをする．全世界の観測データによる緯度帯別の濃度変化に加え，気象庁の大気環境観測所（岩手県大船渡市三陸町綾里），南鳥島気象観測所（東京都小笠原村），与那国島特別地域気象観測所（沖縄県八重山郡与那国町）での濃度変化を示す．

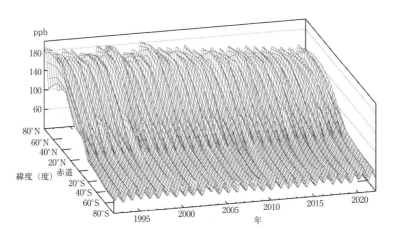

図11　緯度帯別一酸化炭素濃度

緯度帯別の大気中の一酸化炭素濃度変化の3次元表現図．
世界気象機関（WMO）温室効果ガス世界資料センター（WDCGG）のデータをもとに作成．

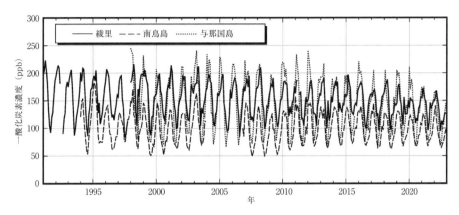

図 12　日本の大気中一酸化炭素濃度

日本の大気中一酸化炭素の年平均濃度

（単位：ppb）

地　　点	1991	1992	1993	1994	1995	1996	1997	1998	1999	2000	2001	2002	2003	2004	2005	2006
綾　　里	161	170*	152	158	158	157	141*	177	154	159	155	159	162	156	146	152
南 鳥 島				106	118	94	108	111	89	93	94	99	112	—	—	—
与那国島								161	145	142	146	156	154	152	151	152

地　　点	2007	2008	2009	2010	2011	2012	2013	2014	2015	2016	2017	2018	2019	2020	2021	2022
綾　　里	153	156	149	158	149*	149	148	156	154	149	145	146	143	136	141	(131)
南 鳥 島	93	88	88	97	101	108	101	105	105	100	99	95	99	95	95	(93)
与那国島	150	144	148	150	143	161	149	144	146*	141	133	136	144	136	126	(121)

＊が付いた値は 11 個以下の月平均値から算出したもの，—は機器の異常などによる欠測，（　）が付いた値は観測の基準となる標準ガスの濃度変化の確認が未了である速報値を表す．

南鳥島では観測装置の不具合および台風の被害により，2004 年 1 月から 2006 年 10 月まで欠測としたため，2004 年から 2006 年の年平均値を算出していない．

標準ガスの濃度スケールなどの見直しにより年平均値が更新されることがあるため，最新の値を使用すること．

2.2.7 大気中のオゾン（対流圏）

　対流圏にあるオゾン（O_3）はオゾン総量の１割に満たないが，温室効果ガスとしての性質があり，また，大気汚染の原因物質の１つ（光化学オキシダント）として光化学スモッグを引き起こし，人間の呼吸機能や皮膚に影響を与えることが知られている．対流圏オゾンは大気中のメタンや一酸化炭素などの除去に大きな役割を果たすヒドロキシル（OH）ラジカルを紫外線のもとで生成する．気象庁の大気環境観測所（岩手県大船渡市三陸町綾里），南鳥島気象観測所（東京都小笠原村），与那国島特別地域気象観測所（沖縄県八重山郡与那国町）での濃度変化を示す．

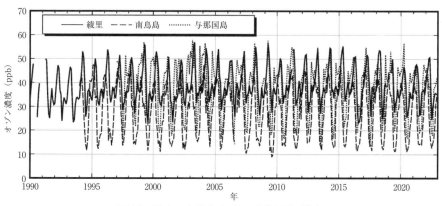

図13　日本の大気中オゾン（対流圏）濃度

日本の大気中オゾン（対流圏）の年平均濃度

（単位：ppb）

地　点	1990	1991	1992	1993	1994	1995	1996	1997	1998	1999	2000	2001	2002	2003	2004	2005	2006
綾　里	37.2*	35.4*	35.6	34.8	38.2	37.3	39.6	38.3	39.3	38.6	39.1*	35.5	38.6	41.1	41.0	39.3	39.4
南鳥島			30.0	29.6	28.8	31.1	28.3	27.2	25.9	26.0	27.2	28.3	30.6	29.1	30.4*
与那国島								40.7	39.3	41.4	38.4	39.3	39.0	43.4	42.1	35.7	38.7

地　点	2007	2008	2009	2010	2011	2012	2013	2014	2015	2016	2017	2018	2019	2020	2021	2022
綾　里	39.8	38.7	40.6	39.9	39.8*	39.1	39.3	40.9	41.1	36.8	40.1	40.6*	37.5*	36.3	38.3	(38.4)
南鳥島	25.4	25.8	23.6	26.7	27.2	29.9	28.8	29.8	28.3	25.4	28.8	28.1	27.0	24.8	26.2	(26.7)
与那国島	38.2	38.4	38.9	36.6	37.5	38.2	38.0	38.7	37.7	35.5	37.4	37.4	39.0	37.4	35.4	(35.7)

　＊が付いた値は11個以下の月平均値から算出したもの，（　）が付いた値は観測に用いているオゾン濃度計の出力の変化の確認が未了である速報値を表す．

　濃度基準などの見直しにより年平均値が更新されることがあるため，最新の値を使用すること．

2.2.8 航空機観測による上空の温室効果ガス

　地球温暖化の将来予測の精度向上を図るためには，温室効果ガスおよびその関連ガスの鉛直分布を含む，大気全体の温室効果ガスの挙動を明らかにすることが重要である．日本の南東上空（北西太平洋域）において，航空機による温室効果ガス等（二酸化炭素，メタン，一酸化二窒素，一酸化炭素）の観測が，防衛省の協力のもと気象庁により実施されている．

　毎月1回，神奈川県綾瀬市から南鳥島への飛行経路上（高度およそ6 km）で大気試料が採取され，気象庁において分析される．高度およそ6 km（対流圏中層域）における観測は世界的に見ても事例が少なく，この観測データは地球温暖化のメカニズムの理解を進めるうえでも貴重なものとなっている．日本の南東上空（北西太平洋域）約6 km における温室効果ガス等の濃度変化を示す．

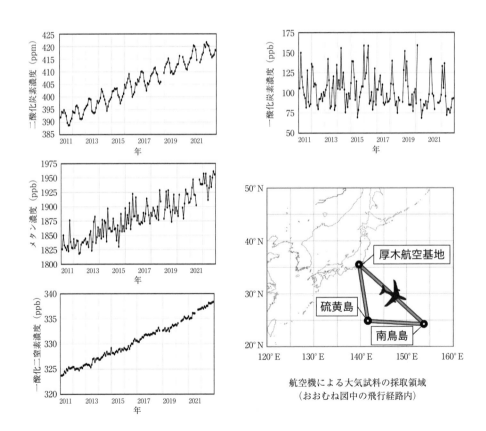

航空機による大気試料の採取領域
（おおむね図中の飛行経路内）

図14　日本の南東上空（北西太平洋域）約6 km における温室効果ガス等の濃度

2.2.9　エーロゾル

　大気には，雲粒のほかに固相，液相またはこれらの混合した相の半径 0.001 μm 程度から 10 μm 程度の粒子が浮遊しており，これをエーロゾルと呼んでいる．エーロゾルには，人為起源・自然起源のガスから粒子変換で生成される硫酸（塩），海水の波しぶきが大気中で乾燥してできる海塩，風による巻き上げで発生するダスト（黄砂），化石燃料やバイオマスの燃焼によるすす（黒色炭素および有機炭素）などがある．また，大規模な火山噴火は大量の噴煙や火山ガスを成層圏に持ち込み，成層圏で大量のエーロゾルが滞留する原因となる．

　エーロゾルは，太陽放射を散乱・吸収して直接的に放射バランスを変えるとともに，凝結核・氷晶核として雲の形成への寄与を介して間接的に放射バランスを変えることで気候へ大きな影響を及ぼしているが，その分布は時間や地域による変動が大きく，気候への影響を完全に把握することは難しい．エーロゾル変動の原因や観測の詳細は，気象庁ホームページの各種データ・資料の「地球環境・気候」の「エーロゾル」を参照．

エーロゾル光学的厚さ

　気象庁では全国 3 地点において，太陽からの光を複数の波長で測定し，エーロゾルによる大気の濁り具合を観測している．エーロゾルによる大気全層の濁り具合は，エーロゾルの全量（大気気柱内に含まれる総量）に比例するエーロゾル光学的厚さで表すことができる．

　光学的厚さとは，光の減衰を示す量であり，値が n のとき大気の上端から垂直に入射した光が大気の下端で $\exp(-n)$ に減衰していることを意味している．

　また，波長 λ におけるエーロゾル光学的厚さは $\lambda^{-\alpha}$ に比例することが経験的に知られており，この α をオングストローム指数と呼んでいる．オングストローム指数は大きいほど粒径の小さいエーロゾルが相対的に多く存在していることを示している．

　綾里・札幌，与那国島・石垣島では，春季にエーロゾル光学的厚さが大きくなる．これは，大陸から飛来する黄砂や大気汚染物質などの影響で，エーロゾルが多くなるためと考えられる．

　南鳥島では，ほぼ年間を通して他の観測地点と比較して，エーロゾル光学的厚さが小さな値となる．これは，日本の最東端の北太平洋上に位置しており，エーロゾルの主要な発生源である大陸から遠く，人間活動等の影響が少ないためと考えられる．しかしその中でも，春季にはエーロゾル光学的厚さがやや大きくなる傾向がある．この原因として，大陸から黄砂や大気汚染物質などが長距離輸送されて南鳥島に飛来した可能性が考えられる．

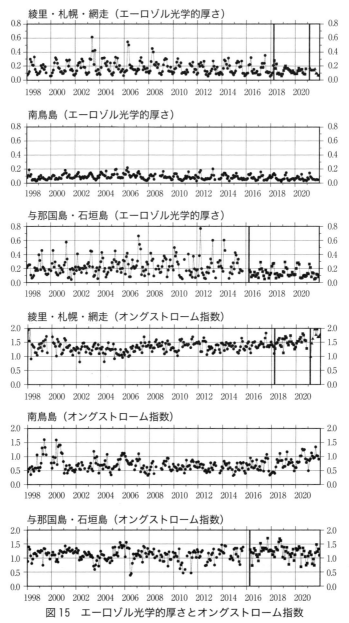

図 15　エーロゾル光学的厚さとオングストローム指数

綾里（●印）の観測は，2018 年 4 月に札幌（■印）に移転後，2021 年 3 月に網走（▲印）に移転．
与那国島（●印）の観測は，2016 年 4 月に石垣島（■印）に移転．

エーロゾル光学的厚さ（波長 500 nm）とオングストローム指数の年平均値

エーロゾル光学的厚さ（波長 500 nm）

	1998	1999	2000	2001	2002	2003	2004	2005	2006	2007	2008	2009	2010
綾　里	0.17	0.15	0.17	0.16	0.18	0.24	0.21	0.17	0.21	0.18	0.22	0.18	0.17
札　幌													
網　走													
南 鳥 島	0.08	0.07	0.08	0.11	0.09	0.09	0.11	0.12	0.13	0.08	0.10	0.09	0.08
与 那 国 島	0.17	0.23	0.21	0.21	0.21	0.22	0.22	0.26	0.23	0.30	0.23	0.25	0.24
石 垣 島													

	2011	2012	2013	2014	2015	2016	2017	2018	2019	2020	2021
綾　里	0.16	0.16	0.14	0.18	0.17	0.15	0.15	0.13			
札　幌								0.13	0.14	0.12	
網　走											0.12
南 鳥 島	0.08	0.08	0.09	0.10	0.07	0.08	0.08	0.07	0.07	0.06	0.07
与 那 国 島	0.19	0.21	0.27	0.25	0.25						
石 垣 島						0.12	0.14	0.14	0.15	0.14	0.12

オングストローム指数

	1998	1999	2000	2001	2002	2003	2004	2005	2006	2007	2008	2009	2010
綾　里	1.38	1.50	1.36	1.31	1.27	1.27	1.21	1.11	1.22	1.39	1.38	1.33	1.35
札　幌													
網　走													
南 鳥 島	0.58	1.07	1.07	0.54	0.64	0.73	0.65	0.83	0.79	0.61	0.62	0.71	0.59
与 那 国 島	1.12	1.16	1.09	1.26	1.12	0.94	1.01	1.32	1.05	1.18	1.13	1.03	0.89
石 垣 島													

	2011	2012	2013	2014	2015	2016	2017	2018	2019	2020	2021
綾　里	1.47	1.37	1.30	1.38	1.32	1.39	1.47	1.29			
札　幌								1.44	1.51	1.58	
網　走											1.70
南 鳥 島	0.72	0.60	0.63	0.62	0.63	0.69	0.69	0.70	0.76	0.95	0.97
与 那 国 島	1.09	1.02	1.15	1.17	1.17						
石 垣 島						1.12	1.34	1.33	1.13	1.14	1.12

日本の大気混濁係数

　大気混濁係数は，太陽からの直達日射が地上に到達するまでに，エーロゾル・水蒸気・オゾン等を含む地球大気によりどの程度減衰されるかを表す指標であり，それらの物質を含まない仮想的な大気による減衰の何倍であるかを示す．大気混濁係数が大きいほど，大気中の太陽光を吸収・散乱する物質の全量（気柱内に含まれる総量）が多いことになる．気象庁は，全国5地点（網走，つくば，福岡，石垣島，南鳥島，ただし，2020年までは網走ではなく札幌にて観測）において日射放射観測を行っており，観測要素の1つである直達日射量から大気混濁係数が求められる．日本における大気混濁係数の経年変化を示す．大規模な火山噴火発生後の数年間は，成層圏におけるエーロゾル濃度が高くなることにより大気混濁係数は大きくなり，地上に到達する直達日射は減少する．

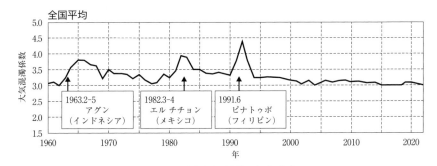

図16　大気混濁係数の経年変化

　日本における大気混濁係数の経年変化．水蒸気や黄砂等の短期的な変化の影響を少なくするため，各地点における月最小値を用いて年平均値を求めた後，5地点の平均値を算出した．図中の矢印は大規模な火山噴火を示す．

2.2.10　黄　　砂

　黄砂現象とは，大陸の砂漠や耕地の砂塵が強い風によって舞い上げられ，上空の西風によって遠くまで運ばれて徐々に降下し，天空が濁ったり，水平方向の見通せる距離（視程）が悪化したりする現象である．はなはだしいときは，砂じんが積もることや，交通障害を引き起こすことがある．

　黄砂の観測は気象台で目視によって行っている（2022年12月31日時点で11地点）．気象状況等から明らかに黄砂と判断される場合は，視程に関わらず記録する．

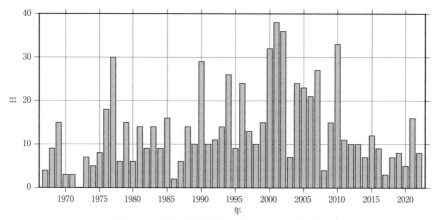

図17　年別の黄砂観測日数（国内11地点）

　黄砂観測日数とは，国内のいずれかの観測点で黄砂現象を観測した日数である（同じ日に何地点で観測しても1日とする）．

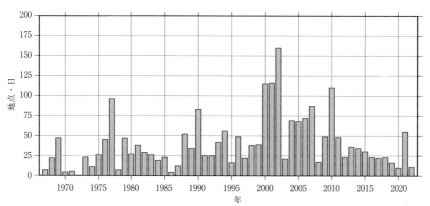

図18　年別の黄砂観測のべ日数（国内11地点）

　黄砂観測のべ日数とは，黄砂現象を観測した国内の観測点の数の合計である（例：1日に5地点で観測した場合はのべ日数は5日とする）．

月別の黄砂観測のべ日数（国内 11 地点）

年	1 月	2 月	3 月	4 月	5 月	6 月	7 月	8 月	9 月	10 月	11 月	12 月	年合計
1991		1	3	2	19								25
1992				24							1		25
1993		6	1	30	5								42
1994		13	22	21									56
1995			8	6	2								16
1996	1	18	9	12							1		49
1997			8	14									22
1998			17	21									38
1999	13	8	9	9									39
2000			41	60	14								115
2001	2		64	36	14								116
2002		1	57	82		3					17		160
2003			7	14									21
2004		5	29	30	5								69
2005		9	2	38	3						16		68
2006			16	54	2								72
2007		4	14	32	37								87
2008			17										17
2009		18	21	2	1					2		5	49
2010			25	15	35						24	11	110
2011			3	3	42								48
2012			3	17	2							1	23
2013	2		28	1						5			36
2014					29	5							34
2015		11	5	4	4	6							30
2016				16	7								23
2017					22								22
2018			2	21									23
2019				8	1					5	2		16
2020				4	6								10
2021	4		29	2	20								55
2022			8	1								2	11
平年値	0.6	3.1	13.7	19.1	8.7	0.5	0	0	0	0.4	2	0.6	48.7

平年値は，1991〜2020 年の平均値.

2.2.11　大噴火と気候変動

　火山地域でマグマが地下深部から地表に向かって移動すると，減圧のためにマグマ中に含まれていた水や二酸化炭素，二酸化硫黄などの揮発性成分が火山ガスとして放出される．とくに火山噴火時にはマグマが一挙に大気圧まで減圧されるため，揮発性成分の大部分は大気中に放出される．大噴火では，これらの揮発性成分が噴煙とともに成層圏にまで達する．このような成分のうち二酸化硫黄は成層圏に硫酸エーロゾルとしてとどまり，太陽輻射を吸収して地表温度の低下を招き，気候変動の原因となる．

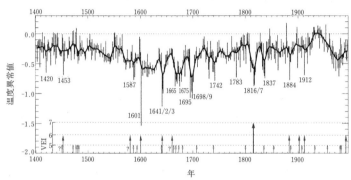

図19　年輪密度から推定された温度異常と火山噴火

　年輪密度から推定された北緯20度以北における温度（4〜9月の気温）異常値と火山噴火（下の年代軸から伸びた矢印）はよく対応する．数値は異常低温を示す年代．矢印の長さは爆発的な噴火の強さを示す火山爆発指数（VEI）に対応．？印のある噴火年代は放射年代法で求められたもので誤差を含む．Jones, P. D. *et al.* (2003)："Volcanism and the Earth's Atmosphere" Robock. A. and Oppenheimer, C. (eds), American Geophysical Union, 239–254.

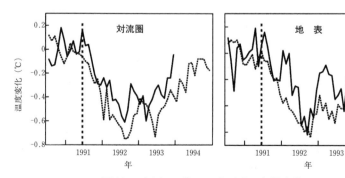

図20　ピナトゥボ1991年噴火と気温変化

　1991年のフィリピン，ピナトゥボ火山の後，地表および対流圏の平均温度の下降が観測され，噴火に伴う成層圏へのエーロゾルの添加モデルと整合的である．図の実線は観測値，点線はモデル計算値，波線は噴火を示す．Self, S. *et al.* (1996)："Fire and Mud" Newhall, C.G. and Punongbayan, R. S. (eds), University of Washington Press, 1089–1115.

2. 2. 12　グリーンランド氷床と南極氷床の最近の変化と海面水位への影響

　現在，地球上の水（$1\,384\,850\,000$ km³）のうち，97.4％が海水，1.986％が陸水の氷河として存在する．氷河の中でもグリーンランド氷床と南極氷床は，全氷河体積の9.8％と89.7％（あわせて99.5％）を占め，2つの氷床がすべて融解すると，それぞれ，7.36 m と 58.3 m の海面上昇をもたらすと見積もられている．氷床の変化は，海面水位の高さの変化や海洋への淡水流入を通じた海洋熱塩循環の変化をもたらすことから，これらの氷床が，地球温暖化に対してどのように応答しているのかが注目されている．

　気象条件が厳しい極地氷床の現地観測は調査地点が限られるため，広大な面積と複雑な消耗プロセスをもつ氷床全体の質量収支を把握することは従来容易ではなかった．この問題を解決するために，1990年代以降，人工衛星に搭載した様々な観測機器を利用した氷床質量収支の観測が行われるようになった．その手法は，①合成開口レーダ画像等を用いて氷床の流速測定から得られる消耗量を求め，これと別に気候モデル等から推定される涵養量との差から求める方法（表面質量収支法），②衛星高度計を用いて氷床高度をくり返し測定してその差から求める方法（くり返し氷床表面高度測定法），③衛星重力計を用いて氷床の質量変化を直接重力で測定する方法（重力変化測定法），の3種に大きく区分される．

　上記3種の手法を用いて得られた各年の氷床質量変化の地理的空間パターンの傾向は，手法の違いに関わらず両氷床ともにおおむね一致していた．図21は，このような異なる3種の手法で得られたデータの各年の単純平均値の推移を氷床ごとに取りまとめたものである（360 Gt の氷河の融解が，世界の海面水位 1 mm の変化に相当する）．1992～2016年の期間の質量変化の複数データを統合した値の推移をみると，グリーンランド氷床，南極氷床（東南極と西南極と南極半島をあわせたもの）ともに過去20年間に減少している．

　氷床別に期間をさらに細かく区切ってみると，グリーンランド氷床では，1992～2001年の期間の氷床質量の減少率は，34 ± 40 Gt/ 年（海面水位の上昇率に変換して 0.09 ± 0.11 mm/ 年，以下同様），2002～2011年の期間では，215 ± 59 Gt/ 年（0.59 ± 16 mm/ 年），南極氷床（東南極と西南極と南極半島をあわせたもの）では，1992～2001年の期間では，30 ± 67 Gt/ 年（0.08 ± 0.18 mm/ 年），2002～2011年の期間では，147 ± 75 Gt/ 年（0.40 ± 0.20 mm/ 年）となり，いずれの氷床でも，とくに後半の10年で明瞭に減少率が大きくなっている．

　各氷床内の変化の地域性や原因をみると，グリーンランド氷床では，西部や南東部の溢流氷河の流動が顕著に加速していることが氷床質量減少率の増加に大きく寄与している．これらの地域の氷河流動の加速は，氷床表面の融解水が増加して氷床底へ流れ込むことやフィヨルドや浮氷舌下に温暖な海水が流入することで生じていると考えられている．南極氷床では，西南極氷床の太平洋セクター東部（アムンセン海）や南極半島の北端部で氷床質量の減少が顕著である．これは，グリーンランド氷床と同様に，氷床表面の融解水の増大や，海洋からの熱の流入による棚氷の後退や崩壊が氷河の流動速度を加速しているためと考えられる．東南極氷床については，大きな年々変動があり，明確な

質量変化の傾向はみられず，均衡を保っている可能性がある.

　なお，人工衛星の重力変化測定法やくり返し氷床表面高度測定法のデータを正確に評価・解析するためには，いずれの氷床においても，約2.1万年前の最終氷期最盛期に拡大した氷床の空間分布と後氷期の氷床縮小過程で生じる荷重変化が引き起こす地下深部マントルの粘性流動やそれに伴う大陸の隆起（アイソスタティックリバウンド）を，氷床そのものの質量変化や高度変化から分離することが必要になる.そのため，過去2.1万年前以降の地質時代の氷床融解史の復元も最近の正確な氷床変化を知るうえで必要不可欠なデータとなっており，その研究調査も進められている.

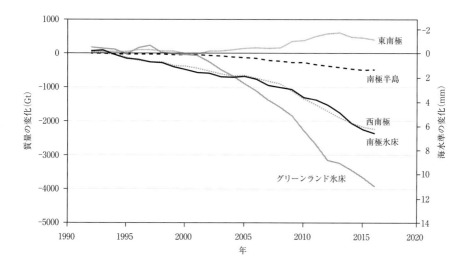

図21　1992〜2016年におけるグリーンランド氷床と南極氷床の質量の変化
（Bamber et al., Environ. Res. Lett. (2018) 13, 1-21 (https://doi.org/10.1088/1748-9326/aac2f0) および The IMBIE team, Nature (2018) 558, 219-222 (https://doi.org/10.1038/s41586-018-0179-y) に基づく IPCC (2019) IPCC Special Report on the Ocean and Cryosphere in a Changing Climate. の Figure 3.7 を改変）

2.2.13　第四紀の氷床変動と将来の地球環境変動の予測

　過去約260万年間は，地質学的に「第四紀」と呼ばれ，地球上では，暖かい「間氷期」と寒い「氷期」が周期的あるいは突発的にくり返されてきたことを特徴とする時代であった．このような地球規模の気候変動は，「氷床」の消長として現れ，氷期には，北アメリカやヨーロッパ北部にも巨大な氷床が形成され，現存する南極氷床やグリーンランド氷床も現在より拡大していた．

　地球上の水の量は一定であるため，陸上に大規模な氷床が蓄積されると海水準は低下し，逆に氷床が融解すれば海水準は上昇する．熱帯地域の海洋に生育するサンゴは海面からある一定の深さまでしか生育できないとともに年代測定が可能な放射性元素を含んでいるため，地球上の氷床量を反映する過去の海面変動の指標となる生物である．これまで陸上や海底下に存在する多くの化石サンゴの採取から，とくに約13万年前以降の最後の氷期−間氷期サイクルの海水準変動，すなわち地球上に存在したすべての氷床の総量の変動の歴史が詳しく明らかにされてきた（図22右）．

　このような地球上の気候や氷床変動は，地球が太陽の周りを楕円の形を描きながら傾きつつ回転していることで，太陽から地球への日射量に周期的な変化が生じることが有力な原因として考えられており，その提唱者の名前をとって「ミランコビッチ理論」と呼ばれている．しかし，図に示すように，これまでの海面変化の研究から，氷床量変化と北半球高緯度の日射量変化の時期はほぼ一致するが，その氷床の大きさと日射量の低下量とは必ずしも一致しない．この事実は，日射量の変化が気候変動の引き金にはなり得ても，それが地球の気候変動を直接支配するものではないことを示している．現在多くの研究者は，わずかな日射量の変化が，地球というシステムの中で，氷期−間氷期の気候変動という大きな応答をどのようにして引き起こすのかというメカニズムの解明に注目している．この応答システムとして，とくに，氷床と海洋の挙動が重要な役割を担っていると考えられている．

　氷期に巨大な氷床が存在した北米大陸とヨーロッパに挟まれた北大西洋地域では，海底堆積物コアが多数採取され，グリーンランドから採取された氷床コアが示す気温変化のイベントとの対比が行われている（図22左のハインリッヒイベント）．この地域のデータから，過去の拡大した氷床末端から北部大西洋海域への急激な氷山供給が海洋表層の淡水化をもたらし，それに伴う海洋塩分の低下，北大西洋深層水の形成・沈み込みの停止によって，中高緯度海域に熱を輸送する海洋循環が弱められ，寒冷化・氷期の出現をもたらすという考えが示されている．この寒冷化イベントは最終氷期中の短期間に突発的に何度も生じた現象であることもわかり〔図22左のダンスガード・オシュガー（DO）サイクル〕，氷床−海洋の変化を通じて，地球の気候はいつでも氷期や間氷期に移行できる非常に敏感なものであると考えられるようになった．

　過去に，個別の氷床がどの地域まで拡大し，どのように融解していったのかを具体的に明らかにするためには，氷床が存在した地域周辺で氷床そのものやその融解水が残した地形や堆積物などの痕跡を現地調査で探し出し，その形成年代を知る必要がある．北

アメリカとヨーロッパ北部の周辺から得られたこのような多くの地形地質学的なデータは, 北半球氷床のほとんどが, 約2.1万年前の最終氷期最盛期に大きく拡大し, 約7000年前には消滅したことを明らかにした.

　一方, 現在も氷に覆われている南極氷床やグリーンランド氷床は, 氷期には大陸棚まで氷床が拡大したことが推定されているが, その拡大範囲や変動・縮小の歴史は, 厳しい自然条件や地理的制約などに阻まれて十分に調査が進んでいない. とくに, 南極氷床は, 海洋で隔てられて熱的に孤立しているため, これまでは, 北半球氷床に比べて安定しており, 氷期－間氷期サイクルを通じて大きな変動は生じなかったと考えられてきたが, 近年, 進展してきた南極大陸の陸上地形地質調査から, 南極氷床も最終氷期中に大きな変動が生じていたことが明らかにされてきた. これが事実ならば, 地球規模の海水準変動・気候変動を考えるうえで, 南極氷床の変動も組み込んで考えていく必要があること, さらに地球温暖化に対して南極氷床も応答して将来変化する可能性があることを示している. また, 南極海は, 北大西洋と並び海洋深層水循環を駆動させる底層水の生成場所の1つであり, ここに南極氷床から融解水として大量の淡水が流入した場合, 底層水の形成を弱めることになり, 地球規模の海洋深層水の循環や気温に大きな影響を与えた可能性がある. また, 海洋表層の生物生産が非常に活発で水温が低い南極海は二酸化炭素分圧が低く, 大気中二酸化炭素の吸収域となっている. 氷床や海氷が拡大・縮小することに伴う水温・海洋水塊構造の変化は, 海洋生物生産の変化を通じて, 大気中二酸化炭素などの温室効果ガス濃度にも影響を与えてきたことも予想される.

　地球規模で起こる様々な環境変動現象が, どのようなメカニズムで引き起こされ, 各々の現象の因果関係がどうなっているのかを知るためには, 現在や近い過去の観測と並んで, 地質学的な記録から長い時間スケールで様々な地域と種類の気候変動記録を高精度で復元し, 各地域のイベントの時間的前後関係を明らかにすることが必要となる. このような過去に存在した地球の気候状態を示す古環境データは, 大気海洋大循環モデルに制約条件を与えることで, その精度を向上させることから, 今後の温暖化に対する将来の南極氷床とグリーンランド氷床の変動や海面変化の上昇量や上昇速度をより具体的に数値予測するうえでも, 必要不可欠なデータになっている.

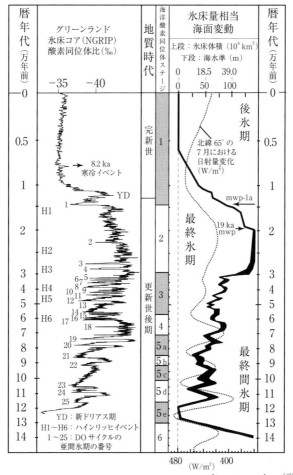

図22　最終間氷期以降のグローバルな氷床量相当海面変動（右）およびグリーンランド氷床コアの酸素同位体比（気温）の変動（左）

　右の氷床量相当海面変動は，大陸氷床から遠い地域の大陸棚や隆起サンゴ礁段丘の年代から得られた相対的海水準変動を地球の粘弾性構造を考慮し，アイソスタシーの効果を補正した値で，地球上全体の氷床量の総量の変化を示している（黒い太線に幅があるのは，過去の海水準の観測値の幅を反映している）。黒線が左側に向かうほど地球上の氷床の体積が減少して海水準が上昇し，右側に向かうほど氷床量が増加して海水準が低下したことを示す。融氷パルス（mwp: melt water pulse）とは，氷床の急激な融解によって生じた大規模かつ急激な海水準の上昇イベントを示す。

　左のグリーンランド氷床コアの酸素同位体比の変動は，氷床コアの掘削地点付近の気温変化の傾向を大局的に示す。大気の複雑な輸送過程と同位体の分別過程を考慮しなければならないため，氷の酸素同位体比を気温の絶対値に換算することは単純ではないが，黒線が左側に向かうほど相対的に気温が高く，右側に向かうほど相対的に気温が低かったことを示す。

　右：Lambeck and Chapell, Science（2001）**292**:679-686（doi: 10.1126/science.1059549），　左：NGRIP members, Nature（2004）**431**:147-151（doi: 10.1038/nature02805）をもとに作成。

眞鍋淑郎氏による気候研究とその将来

　眞鍋淑郎氏に2021年のノーベル物理学賞が授与されてから既に二年近くが経過する．眞鍋氏は米国在住であり，1975年からは米国籍もおもちだが，彼は日本生まれの日本育ちである．学校教育もすべて日本で受けている．必然的にノーベル賞の受賞時には日本でも多くの報道があり，その業績や人柄に関しておびただしい数の出版物が発行された[1,2など]．受賞直前に出版された著書の邦訳も好調な売れ行きをみせているらしい[3]．よって今頃になり眞鍋氏に関する文章をまた一つ世に出すことに特段の意義を感じない読者もいるであろう．しかし彼の専門分野は数値モデル計算による地球環境の解明であり，それは本書が目指す方向と深い関わりをもつ．このことを踏まえ，本稿では眞鍋氏の履歴と業績，研究の意義，将来への展開の可能性を簡単に記す．

　1931年生まれの眞鍋氏は愛媛県宇摩郡新立村の出身である．その一家では祖父も父も兄も医師であり，彼も大阪市立医科大学予科（旧制）に入学した．だが，やがて自分は現場の医師には向かないと感じ（ご自身の弁[4など]），東京大学（新制）に一期生として再入学した．東大では理学部物理学科の地球物理学課程へ進み，正野重方教授が率いる気象学講座に属して研究を始め，1958年に理学博士の学位を取得した．基礎科学の分野はどこも同様だが，ことに1950年代後半の日本において気象学は「喰える」学問ではなかった．科学研究で身を立てようとする若者が生きる道を見付けるためには日本国内にとどまらず，国外にも目を向けなければならない．一方，その頃の米国ではジョン・フォン・ノイマンが数値的な天気予報の実現を目指す大掛かりな研究を進めていた．このプロジェクトの推進のため地球流体力学研究所（Geophysical Fluid Dynamics Laboratory〔GFDL〕）が創設され，ジョセフ・スマゴリンスキーが先頭に立って数値的な気象モデル開発が進められた．当時の米国は気象分野に限らず世界各国から有能な人材を積極的に呼び寄せており，日本からも多くの頭脳が太平洋を渡った．眞鍋氏もその一人としてスマゴリンスキーにより米国へ招聘された[5など]．1958年秋のことである．

　眞鍋氏の業績を総括すれば以下となろう．「大気・海洋の動態を数値的なモデルで表現し，数値シミュレーションによって地球の気候の予測や解明を試みた」．この分野には先行研究[6]が存在するものの，その当時は数値計算が安定せず，一ヶ月間より長い気象予報は不可能であった．眞鍋氏はGFDLに於いてスマゴリンスキーと共にこの問題に取り組み，計算不安定の発生を回避してより長期の数値予報を実現した．眞鍋氏の初期の有名な研究に，太陽をエネルギー源とする輻射輸送をモデル化することで地球大気の熱平衡状態を再現し，大気の鉛直温度構造を説明したものがある[7]．この計算に於いて眞鍋氏はモデル内で対流が生じた際に気温の高度分布を湿潤断熱減率に瞬間的に近付け，それにより飽和する水蒸気を降水とみなす手法を採用した．これは対流調節と呼ばれる近似であり，眞鍋氏の研究の特徴を示す代名詞のひとつとなった．現在でもこの近似を使う気候モデル研究はよく見られる[8,9,10など]．

　大気の輻射平衡の計算を経て，眞鍋氏はさらに長期の気候状態の予測に着手した．

それには地上の水循環のモデル化が必要とされる．ここで眞鍋氏はいわゆるバケツモデルを開発した[11]．森林や砂漠の存在のために複雑となりがちな地表の水収支をバケツに溜まった水の深さの違いに置き換える近似である．数値モデル内の陸にある各格子に植生を反映したバケツが置かれ，それらの各々における水収支や温度から土壌の水分量やその流出量などが算出される．バケツモデルは簡易に見えるものの物理的な原理が明快であり，実装も簡単なため，21世紀の現在でもいまだに用いられている[12等]．

　GFDLにおいて眞鍋氏が気候モデルを使った数値計算を精力的に行っていた1960〜1970年代には地球の平均気温が低く，世界的に寒冷と言える時代だった．そんな中の1967年，眞鍋氏は輻射対流平衡モデルを使って大気中の二酸化炭素濃度を変える仮想的な数値シミュレーションを行った．そして，大気中の二酸化炭素濃度の上昇が大気温の上昇に直結することの定量的な予測を得た．この結果をまとめた論文[13]に掲載された図はノーベル物理学賞の業績解説でも引用され，地球温暖化の定量予測の嚆矢として人口に膾炙している．ノーベル財団が発表した眞鍋氏の授賞理由にも以下のようにある．「地球の気候を物理的にモデル化し，その変動を定量化して，地球温暖化の予測を確かなものにした」．こう書くと眞鍋氏は地球が温暖化することを当初から予見し，人類の未来を懸念して気候モデル計算を進めたかのように思われる．だが，そうではないようだ．本人の言葉によればこの研究はひとつの寄り道に過ぎず[14]，言い換えれば彼の好奇心の賜物であった．現実世界の温暖化現象は政治や経済と深く結び付くものだが，眞鍋氏自身はその方面とは意識的に距離を置くようである．

　対流調節やバケツモデルのように，眞鍋氏の研究では複雑な気候現象が往々にしてばっさり簡略化される．近頃の言い回しを使えば「ざっくりとした」モデルを使いつつ，彼は現象の本質を見事に言い当てて来た．だが無論のこと，眞鍋氏が考案した単純なモデル達が世界のすべてを説明できるわけではない．観測データの高精度化に伴い，それを説明するための数値シミュレーションも精密化を余儀なくされる．デジタル技術の発達は眞鍋氏がGFDLで活躍した頃とは比較にならないほど大規模な数値シミュレーションを可能にし，その結果，これまでは単純なモデルを用いて近似せざるを得なかった物理過程（たとえばバケツモデルで記述される地表での水収支）を原理的な方程式に則して再現できるようになった．地球温暖化の現実的な予測などはこうした大型数値シミュレーションの威力が最も強く発揮される場と言える[15など]．けれども数値シミュレーションの複雑化は研究のブラックボックス化，すなわち結果は得られるものの何を計算しているのかわからなくなる状態とも紙一重である．眞鍋氏はその危殆を避け，現象のざっくりとした理解を重視した．その根底には常に，自然に対する彼の純粋な好奇心がある[16]．眞鍋氏のこうした精神性が本人の口から語られることは稀だが，文献[5]はそれを鋭く看破しており，一読の価値がある．

　眞鍋氏が拓いた道の意義を理解できれば，将来その研究の地平を広げ，方法論を適用すべき対象が，時間的にも空間的にも現在の地球から離れた世界になることは自明だろう．時間的な側面で言えば，地球史を遡ってその形成初期からの環境変化を数値的な

モデルを使って解明する作業が挙げられる．46 億年にわたる地球史のすべてを説明できるモデルはまだ無いが，現代を含む新生代からさかのぼり，さらに古い時代の気候の解明に取り組む研究は次々と発表されている[17,18,19,20,21など]．そして空間的な側面では地球の気候の数値モデルを一般化し，地球以外の天体に適用することで，汎宇宙的な気候現象の解明を目指す試みがある．火星や金星といった私達の近傍惑星のみならず，冥王星のような最果ての天体，そして数千個が確認されている太陽系外惑星に関する気候モデル計算も続々と発表されている[22,23,24,25,26など]．米国 NASA が 2021 年に打ち上げたジェイムズ・ウェッブ宇宙望遠鏡（James Webb Space Telescope〔JWST〕）らによる惑星大気の観測はそうしたモデル計算の裏付けまたは反証をもたらし，眞鍋氏が切り拓いた数値モデルによる気候研究を拡張する際の道標となるだろう．最近のインタビュー[14]によれば眞鍋氏自身の関心も地球の気候を超えて宇宙へと広がりつつあるようである．今後もまた，彼の好奇心が科学の潮流を先導するのかもしれない．　　　　　　【伊藤孝士】

【参考文献】
1) 阿部彩子（2022）眞鍋淑郎先生による気候の過去と将来の研究，学術の動向，2022 年 2 月号，14-18
2) 特集 気候シミュレーションの展開，科学，岩波書店，2022 年 5 月号
3) 眞鍋淑郎・アンソニー J. ブロッコリー（2022）地球温暖化はなぜ起こるのか，増田耕一・阿部彩子 監訳，ブルーバックス，講談社
4) 眞鍋淑郎（2022）ノーベル賞は「論争」から，文藝春秋，2022 年 3 月号，138-147
5) 林祥介（2021）真鍋淑郎の科学と彼を育んだ人々，論座，朝日新聞，2021 年 12 月 17 日（続編あり，同年 12 月 18 日），https://webronza.asahi.com/science/articles/2021121000003.html
6) Phillips, N. A. (1956) Quarterly Journal of the Royal Meteorological Society, 82, 123-164, 10.1002/qj.49708235202
7) Manabe, S. and Strickler, R. F. (1964) Journal of the Atmospheric Sciences, 21, 361-385, 10.1175/1520-0469 (1964) 021<0361:TEOTAW>2.0.CO;2
8) Ishiwatari, M. et al. (2021) Journal of Geophysical Research (Atmospheres), 126, e2019JD031761, 10.1029/2019JD031761
9) Ding, F. and Pierrehumbert, R. T. (2016) The Astrophysical Journal, 822, 24, 10.3847/0004-637X/822/1/24
10) Jeevanjee, N. et al. (2022) Bulletin of the American Meteorological Society, 103, E2559-E2569, 10.1175/BAMS-D-21-0351.1
11) Manabe, S. (1969) Monthly Weather Review, 97, 739-774, 10.1175/1520-0493 (1969) 097<0739:CATOC>2.3.CO;2
12) Nakagawa, Y. et al. (2020) The Astrophysical Journal, 898, 95, 10.3847/1538-4357/ab9eb8

13）Manabe, S. and Wetherald, R. T.（1967）Journal of the Atmospheric Sciences, 24, 241-259, 10.1175/1520-0469（1967）024<0241:TEOTAW>2.0.CO;2

14）インタビュー 眞鍋淑郎プリンストン大学上級気象研究者，日本学士院 PJA ニュースレター，No. 15, 1-7，2023 年 3 月，https://www.japan-acad.go.jp/japanese/publishing/pjanewsletter/015-interview.html

15）IPCC 第 6 次評価報告書，気象庁，https://www.data.jma.go.jp/cpdinfo/ipcc/ar6/

16）大内彩子（1987）世界のアイドル 真鍋淑郎，天気，第 34 巻，10 号，647-650

17）Abe-Ouchi A. et al.（2013）Nature, 500, 190-193, 10.1038/nature12374

18）Benn, D. et al.（2015）Nature Geoscience, 8, 704-707, 10.1038/ngeo2502

19）Higuchi, T. et al.（2021）Geophysical Research Letters, 48, e2021GL094341, 10.1029/2021GL094341

20）Valdes, P. J. et al.（2021）Climate of the Past, 17, 1483-1506, 10.5194/cp-17-1483-2021

21）Watanabe, Y. et al.（2023）Communications Earth & Environment, 4, 113, 10.1038/s43247-023-00765-x, 10.1038/s43247-023-00765-x

22）Kashimura, H. et al.（2019）Nature Communications, 10, 23, 10.1038/s41467-018-07919-y

23）Yamamoto, M. et al.（2023）Icarus, 392, 115392, 10.1016/j.icarus.2022.115392

24）Forget, F. et al.（2017）Icarus, 287, 54-71, 10.1016/j.icarus.2016.11.038

25）Ding, F. and Wordsworth, R. D.（2019）The Astrophysical Journal, 878, 117, 10.3847/1538-4357/ab204f

26）Wolf, E. T. et al.（2022）The Planetary Science Journal, 3, 7, 10.3847/PSJ/ac3f3d

3 オゾン層

オゾンは成層圏（高度10〜50km）に多く存在し，太陽からの有害紫外線を吸収し，地上の生態系を保護している．しかし，化学的な安定性，不燃，無毒等の特性により広く利用されてきたフロン等の人工物質が，対流圏ではほとんど分解されず徐々に成層圏に広がり，そこで分解されて発生する塩素原子等がオゾンを破壊することが明らかとなった．オゾン層破壊は地球に降り注ぐ有害紫外線の増加をもたらし，人間の健康や生態系に影響を与えることがわかっている．このため，オゾン層の保護を目的として1985年には「オゾン層保護のためのウィーン条約」，1987年には「オゾン層を破壊する物質に関するモントリオール議定書」が採択され，オゾン層を破壊するおそれのある物質の製造や移動が国際的な合意に基づいて規制されている．

3.1 オゾン層の破壊につながる物質

おもなオゾン層破壊物質とそのオゾン破壊係数[*1]

物質名	化学式	大気中での寿命（年）	オゾン破壊係数	
			2022年科学評価パネル[*2]	モントリオール議定書
フロン				
フロン11	CCl_3F	52	1.0	1.0
フロン12	CCl_2F_2	102	0.75	1.0
フロン113	CCl_2FCClF_2	93	0.82	0.8
フロン114	$CClF_2CClF_2$	189	0.53	1.0
フロン115	$CClF_2CF_3$	540	0.45	0.6
ハロン				
ハロン1301	$CBrF_3$	72	17	10.0
ハロン1211	$CBrClF_2$	16	7.1	3.0
ハロン2402	$CBrF_2CBrF_2$	28	15.6	6.0
有機塩素化合物				
四塩化炭素	CCl_4	30	0.87	1.1
1,1,1-トリクロロエタン	CH_3CCl_3	5	0.12	0.1
HCFC				
HCFC-22	$CHClF_2$	11.6	0.038	0.055
HCFC-123	$CHCl_2CF_3$	1.31	0.02	0.02
HCFC-124	$CHClFCF_3$	5.9	0.022	0.022
HCFC-141b	CH_3CCl_2F	8.81	0.102	0.11
HCFC-142b	CH_3CClF_2	17.1	0.057	0.065
HCFC-225ca	$CHCl_2CF_2CF_3$	1.9	0.025	0.025
HCFC-225cb	$CHClFCF_2CClF_2$	5.77	0.033	0.033
有機臭素化合物				
臭化メチル	CH_3Br	0.8	0.57	0.6

＊1 オゾン破壊係数（ODP：Ozone Depletion Potential）とは，大気中に放出された単位質量の物質がオゾン層に与える破壊効果を，CFC-11の破壊効果を1.0として相対値で表したもの．

＊2 WMO："Scientific Assessment of Ozone Depletion: 2022, Ozone Research and Monitoring-GAW Report No.278"（2022）.

　ここでは，オゾン層破壊への寄与度が比較的高いフロン 11（CCl_3F），フロン 12（CCl_2F_2），フロン 113（CCl_2FCClF_2）1,1,1-トリクロロエタン（CH_3CCl_3）および四塩化炭素（CCl_4）について，気象庁の大気環境観測所（岩手県大船渡市三陸町綾里）および世界での大気中の濃度変化を示す．濃度は大気中に含まれる物質の分子数の比で表しており，ppt は 10^{-12}（乾燥空気中の分子 1 兆個中に 1 個）を表す．

フロン 11（月平均濃度値）

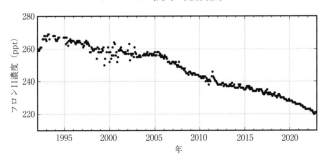

フロン 12（月平均濃度値）

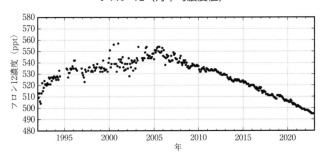

図 1　日本（綾里）の大気中フロン類等の濃度（1）

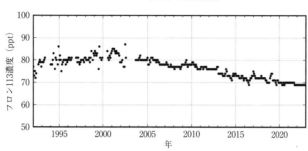

フロン113（月平均濃度値）

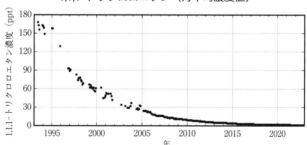

1,1,1-トリクロロエタン（月平均濃度値）

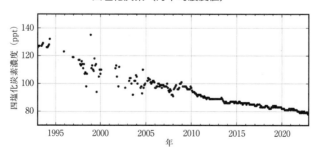

四塩化炭素（月平均濃度値）

図1 日本（綾里）の大気中フロン類等の濃度（2）

3

オゾン層

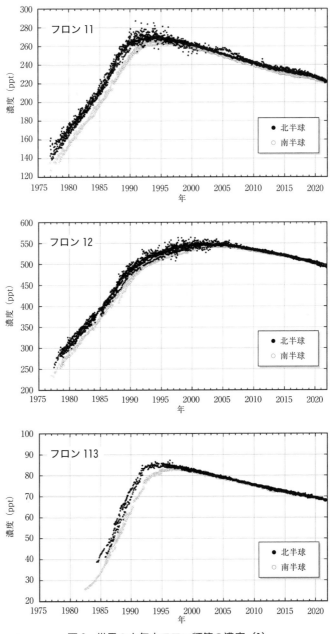

図2　世界の大気中フロン類等の濃度（1）

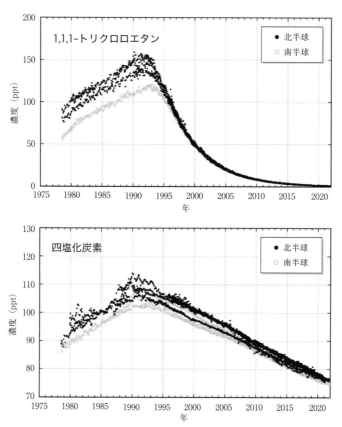

図2 世界の大気中フロン類等の濃度 (2)

3.2 オゾン層の状況

　オゾンの多くは成層圏に存在している．地上から大気上端までの気柱に含まれるすべてのオゾンを積算した量をオゾン全量と呼ぶ．一般的に，オゾン全量は低緯度域より高緯度域の方が多く，また夏に少なく，冬に多くなる季節変化を示す．オゾン層破壊により1980年代を中心に世界のオゾン全量は大きく減少し，近年はわずかに増加（回復）傾向が見られるが，依然少ない状態が続いている．国内でも，札幌とつくばは1980年代を中心に1990年代はじめまで減少した後，2000年代前半にかけて緩やかな増加傾向がみられていた．また，那覇のオゾン全量は，1990年代半ばから2000年代前半にかけて緩やかな増加傾向がみられていた．近年はいずれの地点もオゾン全量の年々の変動はあるものの，有意な長期変化傾向はみられない．

　なお，オゾン層の状況の詳細については，気象庁が毎年発表している「オゾン層・紫外線の年のまとめ」および気象庁ホームページのオゾン層に関するデータを参照．

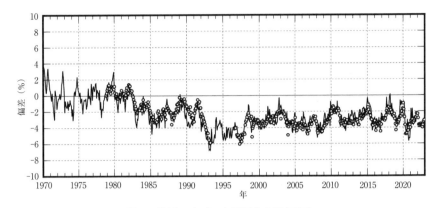

図1　世界のオゾン全量偏差の経年変化

　実線は世界の地上観測によるオゾン全量偏差（%），〇印は衛星観測データ（北緯70度～南緯70度）によるオゾン全量偏差(%)で，季節変動の影響を除去している．比較の基準は1970～1980年（オゾン層破壊現象が顕著に現れる以前）の平均値．使用した地上観測点数は114地点である．

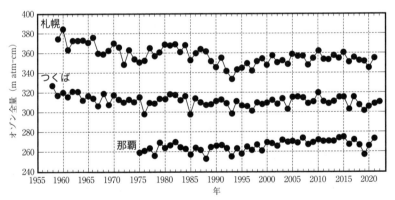

図2　日本のオゾン全量年平均値の経年変化

なお，札幌と那覇のオゾン全量観測は2022年1月をもって終了した．

オゾン全量の単位：m atm-cm（ミリアトムセンチメートル）とは
　地表から大気上端までの気柱に含まれるすべてのオゾンを1気圧，0℃の地表に集め，オゾンだけからなる層にしたときの層の厚さをセンチメートル単位で計り，この数値を1000倍したものを，m atm-cm（ミリアトムセンチメートル）の単位で表す．地球全体の平均的なオゾン全量は約300 m atm-cmで，これは地表で約3 mmの厚さに相当する．

オゾン全量月平均値（1）

（単位：m atm-cm）

年	97	98	99	00	01	02	03	04	05	06	07	08	09
札　幌													
1 月	385	399	403	385	417	377	408	395	413	400	394	389	380
2 月	401	394	411	419	397	404	411	412	413	396	398	396	396
3 月	395	417	392	417	437	414	418	420	420	433	437	382	424
4 月	375	374	398	402	404	371	380	395	405	411	423	387	398
5 月	352	358	391	373	375	361	371	364	382	370	377	369	368
6 月	344	357	348	347	359	363	342	340	355	362	356	350	354
7 月	308	323	316	310	312	310	337	311	321	330	328	317	330
8 月	290	313	285	287	298	302	307	305	299	293	296	302	303
9 月	286	289	287	281	295	298	300	291	290	296	281	297	304
10月	313	297	310	301	302	295	307	284	291	304	301	313	307
11月	311	342	336	295	325	340	310	307	326	330	324	336	320
12月	344	356	375	355	366	368	337	360	385	359	371	339	371
つくば													
1 月	312	312	302	311	329	302	335	314	330	325	317	309	312
2 月	322	345	330	353	309	320	357	303	342	303	337	321	315
3 月	317	348	312	351	365	324	364	345	350	350	352	347	352
4 月	323	334	348	358	346	330	329	338	349	367	363	346	350
5 月	323	321	343	339	345	337	341	320	345	329	353	323	338
6 月	314	330	319	325	326	345	321	315	326	341	334	327	329
7 月	297	311	300	302	299	288	318	301	311	309	309	307	302
8 月	281	299	288	293	298	292	293	295	296	300	295	299	287
9 月	274	281	281	277	282	285	284	281	278	296	274	290	286
10月	274	271	282	267	279	277	274	269	273	280	270	279	277
11月	284	284	288	255	282	290	263	268	277	296	272	281	275
12月	296	279	305	282	286	311	286	287	310	291	301	279	307
那　覇													
1 月	244	243	227	249	247	240	253	248	262	241	246	242	243
2 月	237	270	246	266	249	243	263	244	260	252	275	249	247
3 月	254	267	247	277	275	256	282	267	288	268	273	274	271
4 月	277	286	274	288	294	285	291	285	291	286	303	284	294
5 月	279	295	288	295	298	288	297	290	297	293	302	291	301
6 月	289	284	275	285	284	287	296	296	288	286	293	284	292
7 月	274	281	276	284	283	275	284	287	280	281	283	283	281
8 月	263	278	274	275	283	272	279	276	274	279	280	281	276
9 月	267	270	267	279	267	272	271	272	269	278	272	272	273
10月	265	257	262	256	261	269	270	270	257	266	262	265	263
11月	247	245	255	234	249	250	239	255	237	258	252	244	244
12月	242	228	246	244	229	253	236	246	245	243	245	238	248
昭和基地													
1 月	295	288	279	291	303	303	311	301	291	296	294	303	297
2 月	292	296	276	286	291	284	295	290	295	287	296	300	292
3 月	279	285	278	270	289	289	276	282	276	292	291	283	279
4 月	272	274	274	270	278	281	267	275	250	293	268	279	270
5 月	296	253	252	270	271	307	258	274	278	300	300	268	260
6 月	270	278	285	263	284	274	257	262	284	263	286	304	253
7 月	299	272	268	254	252	—	253	292	243	287	233	256	265
8 月	247	237	223	215	232	258	224	260	218	216	204	237	222
9 月	232	172	203	185	172	241	165	222	173	171	180	172	186
10月	164	181	171	204	158	318	159	191	194	137	170	177	160
11月	303	208	198	232	192	333	253	254	241	192	259	209	343
12月	290	251	227	316	284	327	296	309	311	262	268	260	308

オゾン全量月平均値 (2)

(単位：m atm-cm)

年	10	11	12	13	14	15	16	17	18	19	20	21	22
札　幌													
1月	408	410	388	392	389	402	394	399	405	384	390	404	416
2月	423	402	408	421	394	426	415	393	459	409	404	415	
3月	430	416	398	404	410	414	405	416	400	420	409	401	
4月	427	396	403	411	399	384	390	399	401	408	397	400	
5月	390	370	374	377	377	381	363	371	372	380	353	380	
6月	365	354	359	350	348	374	364	356	347	368	339	351	
7月	328	305	320	324	324	324	315	318	302	323	320	316	
8月	297	297	295	311	302	305	290	298	296	293	281	300	
9月	299	291	284	299	314	307	291	311	295	288	285	306	
10月	292	303	293	283	306	321	300	291	303	298	303	301	
11月	331	324	336	339	324	326	326	326	318	322	324	342	
12月	358	374	382	375	371	357	358	387	363	362	371	376	
つくば													
1月	323	316	309	305	320	320	309	312	322	295	322	300	334
2月	343	348	305	320	339	357	326	334	359	293	333	327	349
3月	340	365	332	325	350	361	341	362	347	334	356	336	343
4月	358	352	354	344	354	336	333	356	358	350	361	347	337
5月	366	324	345	348	341	337	331	342	345	347	332	333	344
6月	345	318	328	325	336	336	320	338	328	339	313	327	333
7月	314	292	304	308	307	299	302	304	295	310	300	313	307
8月	293	287	288	301	287	293	288	291	282	283	281	289	292
9月	291	274	283	284	290	295	275	291	280	270	277	293	279
10月	273	271	270	262	271	278	259	267	268	269	268	279	279
11月	289	283	287	292	274	282	269	280	273	278	282	301	277
12月	297	303	302	317	314	291	285	309	274	291	293	303	295
那　覇													
1月	249	253	241	236	255	250	249	243	257	229	247	246	261
2月	265	267	258	242	267	260	261	264	262	226	258	276	
3月	275	278	264	265	281	282	278	273	281	251	281	274	
4月	293	295	297	291	295	301	284	299	302	285	303	298	
5月	304	283	304	295	297	299	294	300	296	285	292	293	
6月	290	283	287	290	290	294	284	285	284	286	279	291	
7月	284	277	284	290	280	284	282	285	283	275	274	288	
8月	276	276	275	284	274	278	284	278	271	270	271	279	
9月	270	274	279	278	273	283	266	270	266	258	266	275	
10月	260	265	265	269	265	268	248	264	263	266	259	272	
11月	255	251	254	254	253	252	242	249	239	248	251	267	
12月	246	245	241	253	255	247	238	255	223	238	240	250	
昭和基地													
1月	302	298	302	301	301	303	289	300	306	297	315	293	285
2月	288	280	285	293	310	292	279	298	296	295	317	300	289
3月	273	272	290	292	286	284	276	281	277	290	291	272	280
4月	283	283	269	282	289	280	260	273	293	295	288	290	274
5月	279	303	244	284	304	257	303	281	281	240	270	266	—
6月	285	290	284	271	275	284	277	282	285	246	275	279	283
7月	275	300	264	295	280	275	275	282	266	260	271	261	285
8月	252	242	249	237	238	233	253	249	232	250	255	253	259
9月	201	183	217	242	195	203	198	236	176	296	206	188	188
10月	184	212	239	236	180	168	195	224	186	259	156	176	162
11月	224	217	333	308	259	219	289	266	230	342	191	203	242
12月	287	257	327	311	300	247	320	323	320	319	242	258	247

「—」は，荒天等により観測値がなく月平均値が求められないことを示す．

なお，札幌と那覇のオゾン全量観測は 2022 年 1 月をもって終了した．

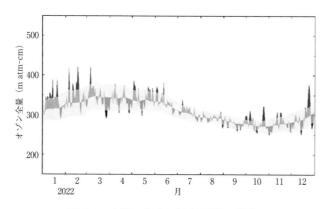

図3 つくばのオゾン全量日別値の推移

2022年の日別オゾン全量と1994〜2008年までの日別平均値の15日移動平均およびその標準偏差を示す.

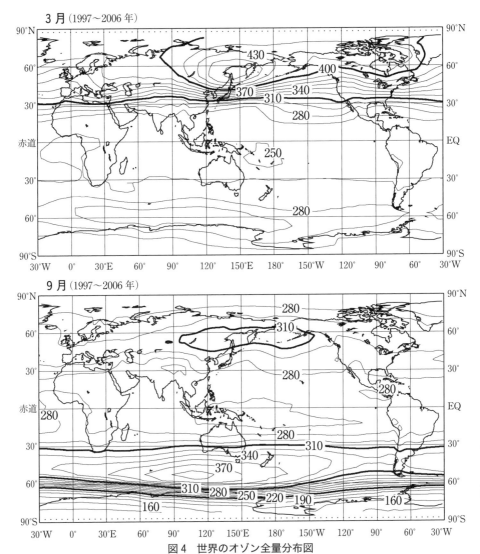

図4　世界のオゾン全量分布図

　世界のオゾン全量分布図は，米国航空宇宙局（NASA：National Aeronautics and Space Administration）によるアースプローブ衛星に搭載のオゾン全量マッピング分光計（TOMS：Total Ozone Mapping Spectrometer）およびオーラ衛星搭載のオゾン監視装置（OMI：Ozone Monitoring Instrument）の測定データをもとに気象庁が作図したものである．ここでは代表的な分布として，1997～2006年までの3月（上）と9月（下）の平均分布図を示す．等値線の間隔は15 m atm-cm.

　注）気象庁では，オゾン・紫外線の変動を表すための基準として，世界平均のオゾン全量の減少傾向が止まり，オゾン全量が少ない状態で安定していた時期である1994～2008年の平均値を用いている．このうち衛星観測によるオゾンの変動については，データの一部が存在しない等の理由により1997～2006年までの平均値を基準にしている．

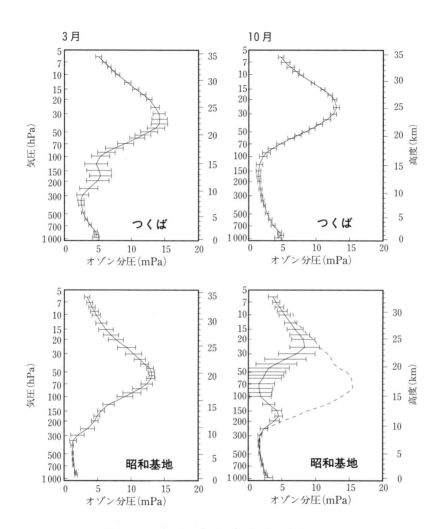

図5　つくばおよび南極昭和基地のオゾン高度分布

　つくばおよび南極昭和基地におけるオゾン分圧の高度分布（3月・10月），実線は1994～2008年の月別平均値，横実線は標準偏差．10月の昭和基地の破線は，オゾンホールが明瞭に現れる以前（1968～1980年）の月平均値である．

　注）オゾン分圧：ある高さでの大気の圧力（気圧）のうち，オゾンが占める圧力．

3.3　オゾンホールの状況

　1980年代初め頃から，9月から11月までの期間を中心に南極域上空のオゾン全量が著しく少なくなる現象が現れるようになった．南極域上空を中心にオゾン全量の著しく減少した領域が，ちょうどオゾン層に穴のあいたようになることから「オゾンホール」と呼ばれている．オゾンホールの出現は，CFC等のオゾン層破壊物質の増加が原因と考えられ，オゾンホールの規模の年々の変動からオゾン層破壊の状態の推移を知ることができる．気象庁では，オゾンホールの領域を，オゾン全量が220 m atm-cm以下（オゾンホール発生以前には広範囲に観測されなかった値）の領域と定義し，衛星観測のデータをもとにその領域面積を算出している．なお，オゾンホールの状況の詳細については，気象庁が毎年発表している「オゾン層・紫外線の年のまとめ」および気象庁ホームページのオゾン層に関するデータを参照．

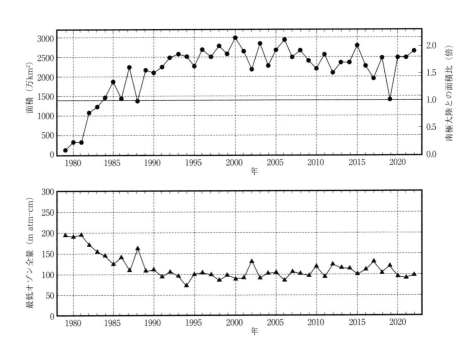

図1　オゾンホールの面積と最低オゾン全量の経年変化

　オゾンホールの面積の年最大値（上図）とオゾンホール内のオゾン全量の年最低値（下図）の経年変化．上図の横線は南極大陸の面積を示す．NASAおよびNOAA提供の衛星観測データをもとに作成．

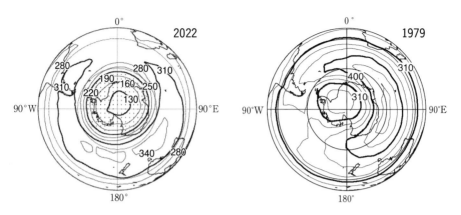

図2 10月の月平均オゾン全量の南半球分布

2022年10月(左)とオゾンホールが出現する前の1979年10月(右)の月平均オゾン全量の南半球分布図. 通常,オゾンホールは10月に最も大きく発達する. 等値線は30 m atm-cm ごと. NASA 提供の衛星観測データをもとに気象庁で作成. 点域は220 m atm-cm 以下の領域.

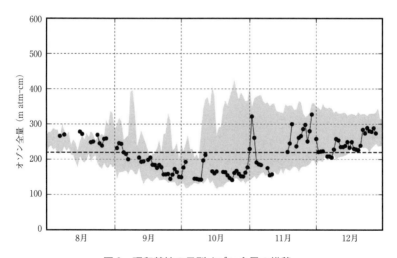

図3 昭和基地の日別オゾン全量の推移

南極昭和基地における日別オゾン全量の推移を示す. ●は2022年の観測値,陰影部の上端と下端は1994年から2008年のオゾン全量観測値(日代表値)の最大値および最小値. 破線はオゾンホールの目安である220 m atm-cm の値を示す.

3.4　紫外線（UV インデックス，紅斑紫外線量）

太陽紫外線 (UV) は波長により，A 領域（UV-A：波長 315～400 nm（nm：ナノメートル＝10 億分の 1 メートル）），B 領域（UV-B：波長 280～315 nm），C 領域（UV-C；波長 100～280 nm）に分類される．このうち，UV-C は大気中の酸素やオゾンに吸収されて地上に到達することはないが，UV-A と UV-B は，大気中ですべては吸収されずその一部が地表まで到達している．とくに UV-B は，白内障や皮膚がんの原因となることが知られている．

世界保健機関（WHO）などは，近年，オゾン層破壊により地上へ到達する UV-B が増加することを懸念し，UV インデックスを活用した紫外線対策の実施を推奨している．UV インデックスとは，紫外線が人体に及ぼす影響の度合いをよりわかりやすく示すため，紫外線の強さを指標化したものである．WHO などが作成した「UV インデックスの運用ガイド」は，UV インデックスを以下のように定義している．

$$I_{\text{CIE}} = \int_{250\,\text{nm}}^{400\,\text{nm}} E_\lambda\, S_{\text{er}}\,\mathrm{d}\lambda \qquad S_{\text{er}} = \begin{cases} 1.0 & (250\,\text{nm} < \lambda < 298\,\text{nm}) \\ 10^{0.094(298-\lambda)} & (298\,\text{nm} \leq \lambda \leq 328\,\text{nm}) \\ 10^{0.015(139-\lambda)} & (328\,\text{nm} < \lambda < 400\,\text{nm}) \end{cases}$$

E_λ は波長 λ における紫外域日射強度であり，mW/(m^2・nm)（ミリワット 毎平方メートル 毎ナノメートル）の単位で表示される．この E_λ に国際照明委員会 (CIE) が定義した皮膚に対する波長別相対影響度を表す CIE 作用スペクトル S_{er} の重みをかけて波長積分すると，紅斑紫外線量（CIE 紫外線量）I_{CIE} が得られる．これを 25 mW/m^2 で割って指標化したものが UV インデックス I_{UV} である．

$$I_{\text{UV}} = I_{\text{CIE}}/25$$

「UV インデックスの運用ガイド」では，UV インデックスが 8 以上の場合，日中の外出を控えるなどとくに配慮が必要としている．気象庁が観測しているつくばにおける毎時の UV インデックス 8 以上の出現率（％）を月別に示す．なお，紫外線の状況の詳細については，気象庁が毎年発表している「オゾン層・紫外線の年のまとめ」および気象庁ホームページの紫外線に関するデータを参照．

UVインデックスに応じた紫外線対策

UVインデックス	強　度	対　　策
11以上	極端に強い	日中の外出は出来るだけ控える．
8〜10	非常に強い	必ず長袖シャツ，日焼け止め，帽子を利用する．
6〜7	強い	日中は出来るだけ日陰を利用する．
3〜5	中程度	出来るだけ長袖シャツ，日焼け止め，帽子を利用する．
1〜2	弱い	安心して戸外で過ごせる．

WHO："Global solar UV index-A practical guide"（2002）．

UVインデックス8以上の出現率（%）

	9時	10時	11時	12時	13時	14時	15時
つくば							
1月	0	0	0	0	0	0	0
2月	0	0	0	0	0	0	0
3月	0	0	0	0	0	0	0
4月	0	0	0	1	0	0	0
5月	0	1	10	10	1	0	0
6月	0	3	12	15	7	0	0
7月	0	9	27	33	20	0	0
8月	0	6	27	33	16	0	0
9月	0	0	4	4	0	0	0
10月	0	0	0	0	0	0	0
11月	0	0	0	0	0	0	0
12月	0	0	0	0	0	0	0

1990〜2022年の毎時観測データから作成．

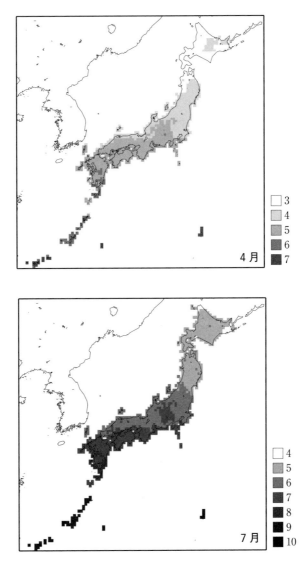

図1　月平均 UV インデックスの分布（1）

日最大 UV インデックスの月別累年平均値の分布図（1997〜2008 年）を示す．UV インデックスは，衛星による上空のオゾン量や気象台・アメダスで観測された日照時間等のデータ（1 時間積算値）を用いて，約 20 km 四方の領域に分割して推定している．なお，各月の分布図は気象庁ホームページの紫外線に関するデータにカラーで掲載している．

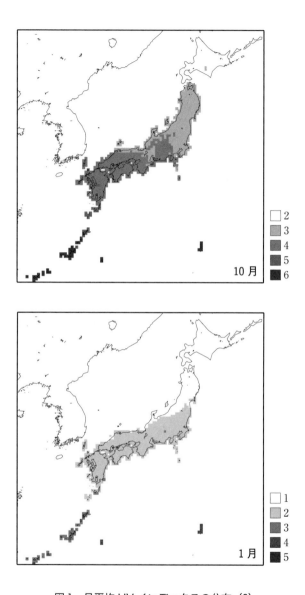

図1 月平均UVインデックスの分布（2）

紅斑紫外線量の月・時別の累年平均値

気象庁が観測したつくばにおける月・時別の紅斑紫外線量累年平均値を示す．1990〜2022年の平均値である．

（単位：mW/m²）

	4時	5時	6時	7時	8時	9時	10時	11時	12時	13時	14時	15時	16時	17時	18時	19時
つくば																
1月	—	—	—	0	5	16	29	40	43	36	23	10	2	0	—	—
2月	—	—	0	1	8	23	41	55	59	51	35	18	6	1	0	—
3月	—	—	0	5	17	37	60	76	79	69	48	27	10	2	0	—
4月	—	0	2	12	31	58	85	103	103	90	64	37	16	4	0	—
5月	0	1	6	19	43	73	102	120	121	106	79	48	23	8	1	0
6月	0	1	7	20	44	72	99	116	120	108	84	54	28	10	2	0
7月	—	1	6	20	45	79	113	135	144	127	99	65	32	12	2	0
8月	—	0	4	18	45	81	118	142	151	134	101	62	29	9	1	0
9月	—	0	2	11	32	63	90	109	106	92	66	36	14	3	0	—
10月	—	—	0	6	20	43	65	76	75	59	37	17	5	0	—	—
11月	—	—	0	2	11	26	42	51	49	38	22	8	1	0	—	—
12月	—	—	—	1	5	16	29	37	38	30	17	7	1	0	—	—

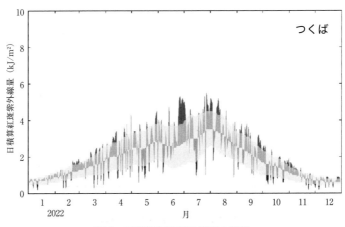

図2　日積算紅斑紫外線量の推移

2022年の日積算紅斑紫外線量と1994〜2008年までの日別平均値の15日移動平均およびその標準偏差を示す．

4 大気汚染

4.1 大気汚染

4.1.1 大気汚染に係る環境基準

以下の大気汚染物質について環境基準が定められている.

大気汚染物質	環境基準	人および環境に及ぼす影響
二酸化硫黄 (SO_2)	1時間値の1日平均値が 0.04 ppm 以下であり, かつ1時間値が 0.1 ppm 以下であること (1973/5/16 告示)	四日市喘息等のいわゆる公害病の原因物質であるほか, 森林や湖沼等に影響を与える酸性雨の原因物質ともなる.
一酸化炭素 (CO)	1時間値の1日平均値が 10 ppm 以下であり, かつ1時間値の8時間平均値が 20 ppm 以下であること (1973/5/8 告示)	血液中のヘモグロビンと結合して, 酸素を運搬する機能を阻害する等影響を及ぼすほか, 温室効果ガスである大気中のメタンの寿命を長くすることが知られている.
浮遊粒子状物質 (SPM)	1時間値の1日平均値が 0.10 mg/m^3 以下であり, かつ, 1時間値が 0.20 mg/m^3 以下であること (1973/5/8 告示)	大気中に長時間滞留し, 肺や気管等に沈着して呼吸器に影響を及ぼす.
二酸化窒素 (NO_2)	1時間値の1日平均値が 0.04 ppm から 0.06 ppm までのゾーン内またはそれ以下であること (1978/7/11 告示)	呼吸器に影響を及ぼすほか, 酸性雨および光化学オキシダントの原因物質となる.
光化学オキシダント* (Ox)	1時間値が 0.06 ppm 以下であること (1973/5/8 告示)	いわゆる光化学スモッグの原因となり, 粘膜への刺激, 呼吸器への影響を及ぼすほか, 農作物等植物への影響も観察されている.
微小粒子状物質 ($PM_{2.5}$)	1年平均値が 15 μg/m^3 以下であり, かつ, 1日平均値が 35 μg/m^3 以下であること (2009/9/9 告示)	疫学および毒性学の数多くの科学的知見から, 呼吸器疾患, 循環器疾患および肺がんの疾患に関して総体として人々の健康に一定の影響を与えていることが示されている.

注) 1. 環境基準は, 工業専用地域, 車道その他一般公衆が通常生活していない地域または場所については, 適用しない.
  2. 浮遊粒子状物質とは大気中に浮遊する粒子状物質で, その粒径が 10 μm 以下のものをいう.
  3. 二酸化窒素について, 1時間値の1日平均値が 0.04 ppm から 0.06 ppm までのゾーン内にある地域にあっては, 原則としてこのゾーン内において現状程度の水準を維持し, またはこれを大きく上回ることとならないよう努めるものとする.
  4. 光化学オキシダントは, オゾン, パーオキシアセチルナイトレート, その他の光化学反応により生成される酸化性物質 (中性ヨウ化カリウム溶液からヨウ素を遊離するものに限り, 二酸化窒素を除く) である.
  5. 微小粒子状物質とは大気中に浮遊する粒子状物質で, 粒径が 2.5 μm の粒子を 50% の割合で分離できる分粒装置を用いて, より粒径の大きい粒子を除去した後に採取される粒子をいう.
 * 光化学オキシダント注意報:光化学オキシダント濃度の1時間値が 0.12 ppm 以上で, 気象条件からみて, その状態が継続すると認められる場合に, 大気汚染防止法第23条第1項の規定により都道府県知事が発令. 警報の発令基準:各都道府県等が独自に要綱等で定めているもので, 一般的には, 光化学オキシダント濃度の1時間値が 0.24 ppm 以上で, 気象条件からみて, その状態が継続すると認められる場合に, 各都道府県等が定める要綱により発令.

環境省:"微小粒子状物質に係る環境基準について"(告示), "令和3年度大気汚染状況について"(2023).
国立環境研究所ホームページ:"大気汚染状況の常時監視結果データの説明(環境基準について)".

環境基準による大気汚染の状況の評価

環境基準による大気汚染の状況の評価については,次のとおり扱うこととされている.

評　価	評価方法
ア．短期的評価 　　（二酸化窒素を除く）	大気汚染の状態を環境基準に照らして短期的に評価する場合は,環境基準が1時間値または1時間値の1日平均値についての条件として定められているので,定められた方法により連続してまたは随時行った測定結果により,測定を行った日または時間についてその評価を行う.
イ．長期的評価	大気汚染に対する施策の効果等を的確に判断する等,年間にわたる測定結果を長期的に観察したうえで評価を行う場合は,測定時間,日における特殊事情が直接反映されること等から,次の方法により長期的評価を行う.
①　二酸化硫黄, 　　一酸化炭素, 　　浮遊粒子状物質	年間にわたる1日平均値のうち,高い方から2%の範囲にあるもの（365日分の測定値がある場合は7日分の測定値）を除外して評価を行う.ただし,人の健康の保護を徹底する趣旨から,1日平均値につき環境基準を超える日が2日以上連続した場合は,このような取扱いは行わない.
②　二酸化窒素	年間にわたる1時間値の1日平均値のうち,低い方から98%に相当するもの（1日平均値の年間98%値）で評価を行う.

環境省水・大気環境局：“環境大気常時監視マニュアル（第6版）”（2010）.

4.1.2 二酸化硫黄（SO$_2$）

二酸化硫黄濃度の年平均値（一般局・自排局）

年　度		1970	1980	1985	1986	1987	1988	1989	1990	1991	1992	1993	1994	1995
一般局	年平均	0.034	0.009	0.006	0.006	0.006	0.006	0.006	0.006	0.006	0.005	0.005	0.005	0.005
	局数	303	1 571	1 609	1 608	1 603	1 601	1 599	1 602	1 607	1 614	1 601	1 604	1 608
自排局	年平均		0.014	0.010	0.010	0.011	0.012	0.012	0.012	0.011	0.009	0.007	0.008	0.008
	局数		44	50	50	53	58	65	69	70	78	82	91	94

年　度		1996	1997	1998	1999	2000	2001	2002	2003	2004	2005	2006	2007	2008
一般局	年平均	0.005	0.005	0.004	0.004	0.005	0.005	0.004	0.004	0.004	0.004	0.003	0.003	0.003
	局数	1 612	1 595	1 579	1 551	1 501	1 489	1 468	1 395	1 361	1 319	1 265	1 236	1 171
自排局	年平均	0.008	0.006	0.006	0.005	0.006	0.006	0.005	0.004	0.004	0.004	0.004	0.003	0.003
	局数	101	104	103	101	96	95	97	92	89	85	86	82	72

年　度		2009	2010	2011	2012	2013	2014	2015	2016	2017	2018	2019	2020	2021
一般局	年平均	0.003	0.003	0.002	0.002	0.002	0.002	0.002	0.002	0.002	0.002	0.002	0.001	0.001
	局数	1 129	1 114	1 066	1 022	1 011	1 003	974	957	952	948	919	913	894
自排局	年平均	0.003	0.003	0.003	0.002	0.002	0.002	0.002	0.002	0.002	0.002	0.002	0.001	0.001
	局数	68	68	61	59	58	55	51	51	50	49	47	45	44

注）当該データは，有効測定局における年平均値の単純平均値の経年変化を表している．
一般局：一般環境大気測定局．環境大気の汚染状況を常時監視（24 時間）測定する．
自排局：自動車排出ガス測定局．自動車排出ガスによる環境大気の汚染状況を常時監視（24 時間）測定する．
令和 3 年度　大気汚染状況について（環境省水・大気環境局，別添 1 令和 3 年度大気汚染物質（有害大気汚染物質等を除く）に係る常時監視測定結果）（2023）．

二酸化硫黄濃度環境基準達成状況（一般局）

年　度	1979	1980	1981	1982	1983	1984	1985	1986	1987	1988	1989	1990	1991	1992	1993
達成局数	1 485	1 546	1 569	1 596	1 603	1 614	1 603	1 600	1 596	1 596	1 591	1 598	1 601	1 608	1 598
有効測定局数	1 532	1 571	1 585	1 603	1 612	1 623	1 609	1 608	1 603	1 601	1 599	1 602	1 607	1 614	1 601
達成率（%）	96.9	98.4	99.0	99.6	99.4	99.4	99.6	99.5	99.6	99.6	99.5	99.8	99.7	99.6	99.9

年　度	1994	1995	1996	1997	1998	1999	2000	2001	2002	2003	2004	2005	2006	2007	2008
達成局数	1 600	1 603	1 610	1 590	1 575	1 547	1 415	1 483	1 465	1 391	1 359	1 315	1 263	1 234	1 169
有効測定局数	1 604	1 608	1 612	1 595	1 579	1 551	1 501	1 489	1 468	1 395	1 361	1 319	1 265	1 236	1 171
達成率（%）	99.8	99.7	99.9	99.7	99.7	99.7	94.3	99.6	99.8	99.7	99.9	99.7	99.8	99.8	99.8

年　度	2009	2010	2011	2012	2013	2014	2015	2016	2017	2018	2019	2020	2021
達成局数	1 125	1 111	1 062	1 019	1 008	999	973	957	950	947	917	910	892
有効測定局数	1 129	1 114	1 066	1 022	1 011	1 003	974	957	952	948	919	913	894
達成率（%）	99.6	99.7	99.6	99.7	99.7	99.6	99.9	100	99.8	99.9	99.8	99.7	99.8

令和 3 年度　大気汚染状況について（環境省水・大気環境局，別添 1 令和 3 年度大気汚染物質（有害大気汚染物質等を除く）に係る常時監視測定結果）（2023）．

4

大気汚染

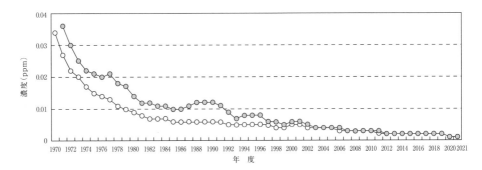

図1　二酸化硫黄濃度の年平均値

　令和3年度　大気汚染状況について（環境省水・大気環境局，別添1 令和3年度大気汚染物質（有害大気汚染物質等を除く）に係る常時監視測定結果）（2023）．

4.1.3　二酸化窒素（NO$_2$）

一般環境大気測定局

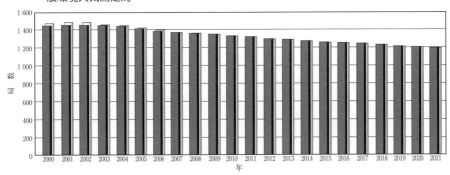

年	2000	2001	2002	2003	2004	2005	2006	2007	2008	2009	2010
■達成局数	1454	1451	1447	1453	1444	1423	1397	1379	1366	1351	1332
□有効測定局数	1466	1465	1460	1454	1444	1424	1397	1379	1366	1351	1332
達成率（％）	99.2	99.0	99.1	99.9	100	99.9	100	100	100	100	100

年	2011	2012	2013	2014	2015	2016	2017	2018	2019	2020	2021
■達成局数	1308	1285	1278	1275	1253	1243	1243	1233	1216	1208	1193
□有効測定局数	1308	1285	1278	1275	1253	1243	1243	1233	1216	1208	1193
達成率（％）	100	100	100	100	100	100	100	100	100	100	100

図2　環境基準達成状況（1）

自動車排出ガス測定局

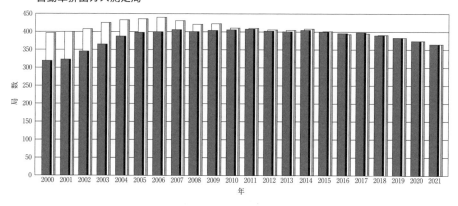

年	2000	2001	2002	2003	2004	2005	2006	2007	2008	2009	2010
■ 達成局数	316	317	345	365	387	399	400	407	402	405	407
□ 有効測定局数	395	399	413	426	434	437	441	431	421	423	416
達成率（％）	80.0	79.4	83.5	85.7	89.2	91.3	90.7	94.4	95.5	95.7	97.8

年	2011	2012	2013	2014	2015	2016	2017	2018	2019	2020	2021
■ 達成局数	409	403	401	401	401	394	396	390	383	374	365
□ 有効測定局数	411	406	405	403	402	395	397	391	383	374	365
達成率（％）	99.5	99.3	99.0	99.5	99.8	99.7	99.7	99.7	100	100	100

図 2　環境基準達成状況（2）

　令和 3 年度　大気汚染状況について（環境省水・大気環境局，別添 1 令和 3 年度大気汚染物質（有害大気汚染物質等を除く）に係る常時監視測定結果）（2023）.

二酸化窒素濃度環境基準達成状況（一般環境大気測定局）

年　度	1985	1990	1991	1992	1993	1994	1995	1996	1997	1998	1999	2000	2001	2002	2003	2004	2005
達成局数	1289	1280	1297	1369	1357	1377	1417	1407	1389	1382	1444	1454	1451	1447	1453	1444	1423
有効測定局数	1309	1367	1378	1406	1420	1439	1453	1460	1457	1466	1460	1466	1465	1460	1454	1444	1424
達成率（％）	98.5	93.6	94.1	97.4	95.6	95.7	97.5	96.4	95.3	94.3	98.9	99.2	99.0	99.1	99.9	100	99.9

年　度	2006	2007	2008	2009	2010	2011	2012	2013	2014	2015	2016	2017	2018	2019	2020	2021
達成局数	1397	1379	1366	1351	1332	1308	1285	1278	1275	1253	1243	1243	1233	1216	1208	1193
有効測定局数	1397	1379	1366	1351	1332	1308	1285	1278	1275	1253	1243	1243	1233	1216	1208	1193
達成率（％）	100	100	100	100	100	100	100	100	100	100	100	100	100	100	100	100

　令和 3 年度　大気汚染状況について（環境省水・大気環境局，別添 1 令和 3 年度大気汚染物質（有害大気汚染物質等を除く）に係る常時監視測定結果）（2023）.

一般環境大気測定局

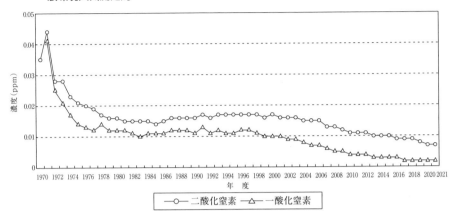

図3　全国の測定局における二酸化窒素および一酸化窒素濃度の年平均値（1）

自動車排出ガス測定局

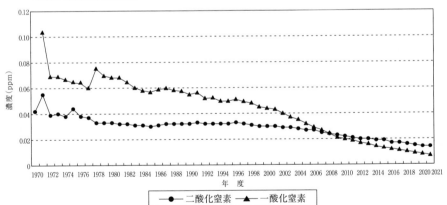

図3　全国の測定局における二酸化窒素および一酸化窒素濃度の年平均値（2）

令和3年度　大気汚染状況について（環境省水・大気環境局，別添1 令和3年度大気汚染物質（有害大気汚染物質等を除く）に係る常時監視測定結果）（2023）．

二酸化窒素および一酸化窒素濃度の年平均値
(一般環境大気測定局・自動車排出ガス測定局)

一般環境大気測定局

年　度		1970	1975	1980	1985	1990	1991	1992	1993	1994	1995	1996	1997
二酸化窒素	年平均 (ppm)	0.035	0.021	0.016	0.014	0.016	0.017	0.016	0.017	0.017	0.017	0.017	0.017
	局数	18	665	1 169	1 309	1 367	1 378	1 406	1 420	1 439	1 453	1 460	1 457
一酸化窒素	年平均 (ppm)	—	0.014	0.012	0.011	0.011	0.013	0.011	0.012	0.011	0.011	0.012	0.012
	局数	—	642	1 168	1 306	1 365	1 378	1 404	1 419	1 438	1 453	1 460	1 457

年　度		1998	1999	2000	2001	2002	2003	2004	2005	2006	2007	2008	2009
二酸化窒素	年平均 (ppm)	0.017	0.016	0.017	0.016	0.016	0.016	0.015	0.015	0.015	0.013	0.013	0.012
	局数	1 466	1 460	1 466	1 465	1 460	1 454	1 444	1 424	1 397	1 379	1 366	1 351
一酸化窒素	年平均 (ppm)	0.011	0.010	0.010	0.010	0.009	0.009	0.008	0.007	0.007	0.006	0.005	0.005
	局数	1 466	1 460	1 466	1 465	1 460	1 454	1 444	1 424	1 397	1 379	1 366	1 351

年　度		2010	2011	2012	2013	2014	2015	2016	2017	2018	2019	2020	2021
二酸化窒素	年平均 (ppm)	0.011	0.011	0.011	0.010	0.010	0.010	0.009	0.009	0.009	0.008	0.007	0.007
	局数	1 332	1 308	1 285	1 278	1 275	1 253	1 243	1 243	1 233	1 216	1 208	1 193
一酸化窒素	年平均 (ppm)	0.004	0.004	0.004	0.003	0.003	0.003	0.003	0.003	0.002	0.002	0.002	0.002
	局数	1 332	1 308	1 285	1 278	1 275	1 253	1 243	1 243	1 233	1 216	1 208	1 193

自動車排出ガス測定局

年　度		1970	1975	1980	1985	1990	1991	1992	1993	1994	1995	1996	1997
二酸化窒素	年平均 (ppm)	0.042	0.044	0.032	0.030	0.032	0.033	0.032	0.032	0.032	0.032	0.033	0.032
	局数	5	158	233	280	315	325	336	346	359	369	373	385
一酸化窒素	年平均 (ppm)	—	0.064	0.064	0.056	0.055	0.056	0.052	0.052	0.050	0.050	0.051	0.049
	局数	—	155	234	280	315	325	336	346	359	369	373	385

年　度		1998	1999	2000	2001	2002	2003	2004	2005	2006	2007	2008	2009
二酸化窒素	年平均 (ppm)	0.031	0.030	0.030	0.030	0.029	0.029	0.028	0.027	0.027	0.025	0.024	0.023
	局数	392	394	395	399	413	426	434	437	441	431	421	423
一酸化窒素	年平均 (ppm)	0.048	0.045	0.044	0.043	0.040	0.037	0.035	0.032	0.029	0.027	0.024	0.021
	局数	392	394	395	399	413	426	434	437	441	431	421	423

年　度		2010	2011	2012	2013	2014	2015	2016	2017	2018	2019	2020	2021
二酸化窒素	年平均 (ppm)	0.022	0.021	0.020	0.020	0.019	0.019	0.017	0.017	0.016	0.015	0.014	0.014
	局数	416	411	406	405	403	402	395	397	391	383	374	365
一酸化窒素	年平均 (ppm)	0.020	0.019	0.017	0.016	0.014	0.013	0.012	0.011	0.010	0.009	0.008	0.007
	局数	416	411	406	405	403	402	395	397	391	383	374	365

注）当該データは，有効測定局における年平均値の単純平均値の経年変化を表している．
　令和３年度　大気汚染状況について（環境省水・大気環境局，別添１ 令和３年度大気汚染物質（有害大気汚染物質等を除く）に係る常時監視測定結果）(2023).

4
大気汚染

4.1.4　光化学オキシダント（Ox）

一般環境大気測定局

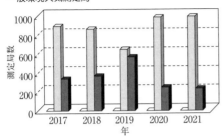

自動車排出ガス測定局

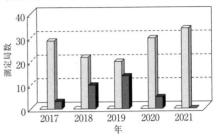

□ 0.06ppm 以下（環境基準達成）　　□0.06〜0.12ppm 未満　　■ 0.12ppm 以上

1 時間値の年間最高値

年	2017	2018	2019	2020	2021
0.06 ppm 以下 （環境基準達成）	0	1	2	2	2
0.06〜0.12 ppm 未満	855	824	606	947	954
0.12 ppm 以上	295	330	528	206	192
環境基準達成率（%）	0.0	0.1	0.2	0.2	0.2

1 時間値の年間最高値

年	2017	2018	2019	2020	2021
0.06 ppm 以下 （環境基準達成）	0	0	0	0	0
0.06〜0.12 ppm 未満	27	20	18	28	32
0.12 ppm 以上	2	8	12	3	0
環境基準達成率（%）	0.0	0.0	0.0	0.0	0.0

図 4　光化学オキシダント（昼間の日最高 1 時間値）濃度レベル別測定局数の推移

一般環境大気測定局

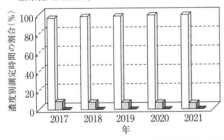

自動車排出ガス測定局

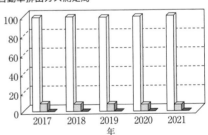

□ 0.06ppm 以下　　■ 0.06〜0.12ppm　　■ 0.12ppm 以上

年	2017	2018	2019	2020	2021
0.06 ppm 以下	92.2	93.6	93.9	95.0	95.3
0.06〜0.12 ppm	7.8	6.4	6.1	5.0	4.7
0.12 ppm 以上	0.0	0.0	0.0	0.0	0.0

年	2017	2018	2019	2020	2021
0.06 ppm 以下	94.7	95.1	95.2	95.7	96.3
0.06〜0.12 ppm	5.3	4.9	4.8	4.3	3.7
0.12 ppm 以上	0.0	0.0	0.0	0.0	0.0

図 5　光化学オキシダント（昼間の 1 時間値）の濃度レベル別割合（%）の推移

　令和 3 年度　大気汚染状況について（環境省水・大気環境局，別添 1 令和 3 年度大気汚染物質（有害大気汚染物質等を除く）に係る常時監視測定結果）（2023）.

光化学オキシダント注意報等発令日数および被害届出人数

年	注意報等の発令		被害の届出	
	都府県数	延日数	都府県数	人　数
1973	21	328 (2)	19	31 936
1974	22	288 (2)	16	14 725
1975	21	266 (5)	17	46 081
1976	21	150 (0)	15	4 215
1977	19	167 (0)	11	2 669
1978	22	169 (3)	12	5 376
1979	16	84 (0)	9	4 083
1980	16	86 (0)	9	1 420
1981	9	59 (0)	8	780
1982	13	73 (0)	9	446
1983	17	131 (0)	9	1 721
1984	16	135 (2)	6	5 822
1985	16	171 (0)	10	966
1986	15	85 (0)	3	48
1987	18	168 (0)	7	1 056
1988	16	86 (0)	5	132
1989	17	63 (0)	6	36
1990	22	242 (0)	5	58
1991	15	121 (0)	6	1 454
1992	16	164 (0)	7	307
1993	15	71 (0)	3	93
1994	19	175 (0)	6	564
1995	19	139 (0)	5	192
1996	18	99 (0)	5	64
1997	20	95 (0)	5	315
1998	22	135 (0)	9	1 270
1999	19	100 (0)	6	402
2000	22	259 (0)	12	1 479
2001	20	193 (0)	8	343
2002	23	184 (2)	9	1 347
2003	19	108 (0)	5	254
2004	22	189 (0)	9	393
2005	21	185 (1)	10	1 495
2006	25	177 (0)	8	289
2007	28	220 (0)	14	1 910
2008	25	144 (0)	10	400
2009	28	123 (0)	12	910
2010	22	182 (0)	10	128
2011	18	82 (0)	4	69
2012	17	53 (0)	3	80
2013	18	106 (0)	3	78
2014	15	83 (0)	2	33
2015	17	101 (0)	1	2
2016	16	46 (0)	2	46
2017	18	87 (0)	5	20
2018	19	80 (0)	1	13
2019	33	99 (0)	9	337
2020	15	45 (0)	2	4
2021	12	29 (0)	1	4

4

大気汚染

注）（　）内は警報発令延日数（内数）

環境省：“令和3年光化学大気汚染の概要─注意報等発令状況，被害届出状況”（2022）.

各都府県における光化学オキシダント注意報等発令日数の推移

都府県＼年度	1970	1975	1980	1985	1990	1991	1992	1993	1994	1995	1996	1997	1998	1999	2000	2001	2002	2003
宮城												1						
山形																		
福島																		
茨城		17	4	16	21	19	14	7	14	16	10	9	5	11	23	12	13	14
栃木		6	2	15	7	5	19	2	10	2	6	4	4	9	21	15	11	8
群馬		11			12	2	9	8	18	16	18	8	6	4	16	6	15	2
埼玉		44	15	28	25	14	19	4	19	13	10	16	12	18	40	30	21	19
千葉		33	13	17	17	20	19	6	14	22	6	13	8	9	18	23	21	11
東京	7	41	13	19	23	15	14	5	12	19	6	11	11	5	23	23	19	8
神奈川		27	10	12	12	12	14	9	15	13	7	4	10	4	10	13	11	6
新潟																		
富山																	1	
石川																	1	
福井																		
山梨				3	23	9	20	7	8	5	4	2	7	6	14	13	12	5
長野																4	3	
岐阜																		
静岡		6	2	5	7	6	2		3	8	2	3	6	2	9	6	4	1
愛知		6	1	6		2	1		1		2	1	1	1				1
三重					10		4		1	9	2	1			9			
滋賀																		
京都		11	5	5	6		7		1		1	1	2	3	3	1	5	
大阪		23	10	19	27	8	11	11	15	8	10	3	25	11	23	20	11	14
兵庫		11	1	13	7	4		4	13	3	4	2	4	7	17	5	8	7
奈良		9			6					3				2	5	2	5	2
和歌山				1					1		1	1		2		1		
鳥取																		
島根																		
岡山		5	1	8	8		1		6		3	4	4	2		2	3	1
広島		4	1	3	14				9		3	6	4	5	3	2	5	1
山口		1	2	2							3	2	3	2	1	5	2	
徳島		1		1	1						3	2	3	6		3	2	
香川		1					1		1									
愛媛		1																1
高知																		
福岡					4							1	1					
佐賀																		
長崎																		
熊本																		
大分																		
宮崎																		
鹿児島																		
合計	7	266	86	171	242	121	164	71	175	139	99	95	135	100	259	193	184	108

都府県＼年度	2004	2005	2006	2007	2008	2009	2010	2011	2012	2013	2014	2015	2016	2017	2018	2019	2020	2021
宮城						1												
山形																		
福島					1							1						
茨城	18	13	10	15	5	6	14	2	3	5	9	2		5	3	3	3	1
栃木	7	14	8	16	5	7	16	11	2	4	5	2	3	6	4	4		1
群馬	15	10	5	8	11	6	12	10	4	6	10	9	2	11	10	4	2	1
埼玉	23	26	16	32	18	14	25	17	7	13	13	16	1	15	10	9	7	2
千葉	28	28	11	17	12	3	15	11	8	14	12	15	2	15	9	9	5	4
東京	18	22	17	17	19	7	20	9	4	7	9	14	5	6	9	7	6	6
神奈川	16	7	14	20	11	4	10	5	5	16	9	10	6	8	8	7	6	6
新潟			1												1			
富山	2			1														
石川																1		
福井																1		
山梨	5	9	12	15	4	3	11	2	2	3	6	1	1	2	1			3
長野					1													
岐阜	3	1	4	2	4	3		1	1		1		1	1	1	1	1	
静岡	5		9	7	2	2	3	1	1	2	1		1	1	1	1	3	2
愛知	1		2	5		2		1	1	1					3	4		
三重	1		2		2		2									2		
滋賀																2		
京都	2	7	6	5	10	6	4	11		3		2		1	2	2	2	
大阪	3	7	7	17	7	4	13	12	4	4	7	2	11	7	1	5	4	1
兵庫	6	10	9	8	4	5	12	2	4	1	2	3	2	1	1	5	3	
奈良	5	2	5	3	6	3	2	2		3		1	1	1	1	1		1
和歌山			1		1		1				1					1		
鳥取																1		
島根																1		
岡山		1	8	6	6	4	9	3	5		7		9	7	8	12	4	1
広島	13	8	9	6	5	6	7	1			3		3	6	1	6	4	1
山口	3	1	2	3	2	1		1							1	2	3	
徳島	3		1	2	2	1										1	3	
香川				1			3		3	2				1	1	3	2	
愛媛	1			1		3	2									2		
高知																		
福岡				4	2	2			1				1	3		2		
佐賀			1		3	2	1	1								3	1	
長崎				4	2	1										1		
熊本				4	2	3	1									1		
大分																1		
宮崎																3		
鹿児島						1										1		
合計	189	185	177	220	144	123	182	82	53	106	83	101	46	87	80	99	45	29

環境省：“令和3年版環境統計集”（2021）．

4.1.5　浮遊粒子状物質(SPM)

一般環境大気測定局

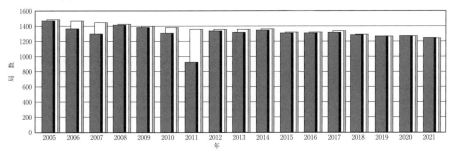

年	2005	2006	2007	2008	2009	2010	2011	2012	2013	2014	2015	2016	2017	2018	2019	2020	2021
■ 達成局数	1 426	1 363	1 295	1 416	1 370	1 278	927	1 316	1 288	1 318	1 297	1 296	1 301	1 292	1 266	1 271	1 249
□ 有効測定局数	1 480	1 465	1 447	1 422	1 386	1 374	1 340	1 320	1 324	1 322	1 302	1 296	1 303	1 294	1 266	1 272	1 249
達成率(％)	96.4	93.0	89.5	99.6	98.8	93.0	69.2	99.7	97.3	99.7	99.6	100	99.8	99.8	100	99.9	100

自動車排出ガス測定局

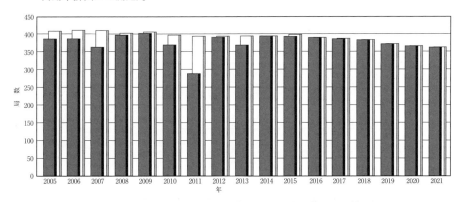

年	2005	2006	2007	2008	2009	2010	2011	2012	2013	2014	2015	2016	2017	2018	2019	2020	2021
■ 達成局数	385	388	365	400	404	371	288	393	372	393	392	390	387	384	372	367	362
□ 有効測定局数	411	418	412	403	406	399	395	394	393	393	393	390	387	384	372	367	362
達成率(％)	93.7	92.8	89.6	99.3	99.5	93.0	72.9	99.7	94.7	100	99.7	100	100	100	100	100	100

図6　環境基準達成状況（1）

令和3年度　大気汚染状況について（環境省水・大気環境局，別添1 令和3年度大気汚染物質（有害大気汚染物質等を除く）に係る常時監視測定結果）(2023).

4

大気汚染

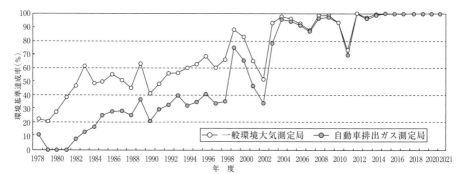

図6　環境基準達成状況（2）

令和3年度　大気汚染状況について（環境省水・大気環境局，別添1 令和3年度大気汚染物質（有害大気汚染物質等を除く）に係る常時監視測定結果）（2023）.

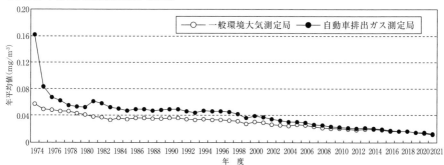

図7　浮遊粒子状物質の年平均値

令和3年度　大気汚染状況について（環境省水・大気環境局，別添1 令和3年度大気汚染物質（有害大気汚染物質等を除く）に係る常時監視測定結果）（2023）.

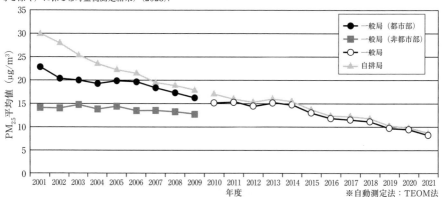

注）TEOM法は標準測定法と等価性を有していないが，2001年度から継続的に調査を行っている.
2009年度までは，PM2.5実測調査による自動車排出ガス測定局（自排局：▲），一般環境大気測定局（一般局，都市部：●，非都市部：■），2010年度からは大気環境常時測定による自排局：▲，一般局：○の全国平均を示す.

図8　PM2.5 質量濃度の年平均値

日本全国のPM2.5の現在地（全1401地点）は二次元コードのサイトで確認できる．環境基準：1年平均値15 μg/m³以下かつ1日平均値35 μg/m³以下（2009年9月設定）.
国立環境研究所：“環境儀 No.64”（2017）.

4.1.6　一酸化炭素（CO）

図9　一酸化炭素（CO）の年平均値

令和3年度　大気汚染状況について（環境省水・大気環境局，別添1 令和3年度大気汚染物質（有害大気汚染物質等を除く）に係る常時監視測定結果）(2023).

4.1.7　有害大気汚染物質

図10　非メタン炭化水素濃度の午前6時〜9時における3時間平均値の年平均値

令和3年度　大気汚染状況について（環境省水・大気環境局，別添1 令和3年度大気汚染物質（有害大気汚染物質等を除く）に係る常時監視測定結果）(2023).

非メタン炭化水素濃度（午前6時〜9時平均値）の推移
（一般環境大気測定局・自動車排出ガス測定局）

一般環境大気測定局

年　度	1990	1991	1992	1993	1994	1995	1996	1997	1998	1999	2000	2001	2002	2003	2004	2005
年平均値（ppmC）	0.32	0.32	0.29	0.27	0.27	0.26	0.27	0.26	0.26	0.24	0.24	0.23	0.22	0.22	0.21	0.21

年　度	2006	2007	2008	2009	2010	2011	2012	2013	2014	2015	2016	2017	2018	2019	2020	2021
年平均値（ppmC）	0.20	0.19	0.18	0.17	0.16	0.16	0.14	0.14	0.14	0.13	0.12	0.12	0.12	0.11	0.11	0.11

自動車排出ガス測定局

年　度	1990	1991	1992	1993	1994	1995	1996	1997	1998	1999	2000	2001	2002	2003	2004	2005
年平均値（ppmC）	0.54	0.52	0.47	0.42	0.42	0.40	0.40	0.38	0.37	0.35	0.35	0.34	0.31	0.31	0.29	0.28

年　度	2006	2007	2008	2009	2010	2011	2012	2013	2014	2015	2016	2017	2018	2019	2020	2021
年平均値（ppmC）	0.27	0.25	0.23	0.22	0.21	0.19	0.18	0.18	0.17	0.16	0.15	0.15	0.14	0.13	0.13	0.12

令和3年度　大気汚染状況について（環境省水・大気環境局，別添1 令和3年度大気汚染物質（有害大気汚染物質等を除く）に係る常時監視測定結果）（2023）.

有害大気汚染物質のうち環境基準が設定されている物質の全国の平均濃度の推移

物質名　　　年度	2008	2009	2010	2011	2012	2013	2014	2015	2016	2017	2018	2019	2020	2021
ベンゼン	1.4	1.3	1.1	1.2	1.2	1.1	1.0	1.0	0.91	0.90	0.90	0.86	0.79	0.80
トリクロロエチレン	0.65	0.53	0.44	0.53	0.50	0.53	0.51	0.48	0.40	0.42	0.46	1.2	1.3	1.1
テトラクロロエチレン	0.25	0.22	0.17	0.18	0.18	0.15	0.15	0.14	0.12	0.11	0.11	0.10	0.086	0.090
ジクロロメタン	2.3	1.7	1.6	1.6	1.6	1.6	1.5	1.7	1.3	1.5	1.6	1.6	1.3	1.5

単位：$\mu g\,m^{-3}$

令和3年度　大気汚染状況について（環境省水・大気環境局，別添1 令和3年度大気汚染物質（有害大気汚染物質等を除く）に係る常時監視測定結果）（2023）.

有害大気汚染物質のうち環境基準が設定されている物質の環境基準達成状況（％）の推移

物質名　　　年度	2008	2009	2010	2011	2012	2013	2014	2015	2016	2017	2018	2019	2020	2021
ベンゼン	99.8	99.8	100	99.5	100	99.8	100	100	99.8	100	100	100	100	100
トリクロロエチレン	100	100	100	100	100	100	100	100	100	100	100	100	100	100
テトラクロロエチレン	100	100	100	100	100	100	100	100	100	100	100	100	100	100
ジクロロメタン	100	100	100	100	100	100	100	100	100	100	100	100	100	100

令和3年度　大気汚染状況について（環境省水・大気環境局，別添3 令和2年度有害大気汚染物質等に係る常時監視結果（詳細））（2023）.

4.1.8　大気汚染物質の排出状況

大気汚染物質排出状況（固定発生源）

年度	SO_x 排出量（t）	NO_x 排出量（t）	ばいじん排出量（t）
1980	1 157 837	818 667	
1981	1 040 954	763 220	
1982	956 666	717 469	
1983	917 960	720 648	132 999
1984	853 700	721 802	
1985	795 457	699 428	
1986	684 497	661 622	100 550
1987	(597 480)	(685 550)	(97 817)
1988	(580 757)	(703 905)	(93 796)
1989	676 863	777 230	107 094
1990	(614 866)	(778 977)	(96 945)
1991	(624 154)	(812 473)	(90 922)
1992	694 689	832 655	102 989
1993	(642 966)	(788 235)	(99 186)
1994	(676 351)	(819 860)	(108 230)
1995	708 135	877 662	101 763
1996	659 743	855 787	94 606
1997	—	—	—
1998	—	—	—
1999	629 206	837 260	75 086
2000	—	—	—
2001	—	—	—
2002	595 506	869 113	60 738
2003	—	—	—
2004	—	—	—
2005	566 773	890 188	57 976
2006	—	—	—
2007	—	—	—
2008	505 590	731 094	47 660
2009	—	—	—
2010	—	—	—
2011	410 979	696 404	36 529
2012	—	—	—
2013	—	—	—
2014	406 735	631 149	35 986
2017	296 125	561 852	31 200

注）1987, 1988 年度および1900, 1991, 1993, 1994 年度については抽出調査の結果である.
　　1998, 2000, 2001, 2003, 2004, 2006, 2007, 2009, 2010, 2012, 2013 年度は調査未実施.
環境省：“令和3年版環境統計集”（2021）.

4.1.9　ばい煙・粉じん発生施設

ばい煙発生施設数の推移

年度	ばい煙発生施設数							
	ボイラー	ディーゼル機関	廃棄物焼却炉	金属加熱炉	乾燥炉	金属溶解炉	その他	合　計
1992	129 637	13 642	10 569	8 503	7 606	4 625	12 608	187 190
1993	131 314	17 170	10 809	8 415	7 570	4 631	13 525	193 434
1994	133 546	18 258	11 142	8 319	7 651	4 618	9 669	193 203
1995	136 094	18 939	11 556	8 266	7 742	4 677	14 392	201 666
1996	137 089	20 250	10 939	8 184	7 773	4 579	14 349	203 163
1997	138 803	21 223	10 924	8 367	7 813	4 658	14 657	206 445
1998	137 394	19 313	10 372	8 385	7 910	4 556	20 874	208 804
1999	141 047	25 541	10 116	8 300	7 760	4 778	16 575	214 117
2000	137 149	26 063	9 102	8 043	7 629	4 661	22 055	214 702
2001	137 191	26 684	8 861	7 761	7 536	4 622	22 165	214 820
2002	141 149	28 115	7 361	7 433	7 480	4 394	19 229	215 161
2003	140 150	29 901	6 912	7 431	7 563	4 300	17 900	214 157
2004	141 317	31 425	6 788	7 430	7 485	4 312	18 197	216 954
2005	142 070	32 722	6 584	7 438	7 430	4 270	18 188	218 702
2006	141 466	32 608	6 391	7 478	7 371	4 242	18 958	218 514
2007	140 865	32 851	6 304	7 434	7 352	4 285	19 297	218 388
2008	141 787	33 195	6 151	7 528	7 272	4 320	19 755	220 008
2009	140 132	33 633	5 985	7 597	7 185	4 264	19 899	218 695
2010	138 937	33 724	5 889	7 557	7 057	4 105	19 900	217 169
2011	137 659	35 226	5 763	7 547	6 983	4 089	20 534	217 801
2012	136 487	36 065	5 633	7 562	6 900	3 948	20 537	217 132
2013	136 154	36 965	5 461	7 445	6 889	3 853	20 788	217 555
2014	136 470	36 745	5 311	7 393	6 801	3 849	20 617	217 186
2015	134 926	37 899	5 174	7 370	6 732	3 800	20 799	216 700
2016	134 496	38 999	5 018	7 446	6 683	3 897	21 134	217 673
2017	133 799	39 051	4 816	7 457	6 668	3 862	21 267	216 920
2018	132 675	40 131	4 623	7 494	6 598	3 845	21 750	217 116
2019	131 979	40 973	4 545	7 397	6 567	3 736	21 973	217 170

注）1990年度までは大気汚染防止法対象施設数，1991〜1999年度は大気汚染防止法（電気事業法，ガス
事業法に係る施設を含む）対象施設数，2000年度以降は大気汚染防止法（電気事業法，ガス事業法，
鉱山保安法に係る施設を含む）対象施設数.
環境省：“令和3年版環境統計集”（2021）.

粉じん発生施設数の推移（一般粉じん・特定粉じん）

年度	一般粉じん発生施設数					
	コンベア	堆積場	破砕機・摩砕機	ふるい	コークス炉	合 計
1997	34 818	9 269	9 782	5 533	100	59 502
1998	35 419	9 516	9 905	5 661	106	60 607
1999	34 973	9 962	9 539	5 676	99	60 249
2000	36 234	10 306	9 852	5 884	93	62 369
2001	36 847	10 465	10 217	6 009	95	63 633
2002	37 400	10 261	10 651	6 110	92	64 514
2003	37 885	10 726	10 464	6 267	95	65 437
2004	37 666	10 746	10 728	6 321	95	65 556
2005	37 536	10 764	10 770	6 439	101	65 610
2006	37 823	10 758	10 946	6 506	101	66 134
2007	38 521	10 611	10 988	6 378	96	66 594
2008	38 935	10 596	11 126	6 528	97	67 282
2009	39 346	11 268	10 659	6 644	85	68 002
2010	39 296	10 476	11 383	6 614	86	67 855
2011	39 536	10 353	11 408	6 582	85	67 964
2012	40 290	10 382	11 607	6 691	78	69 048
2013	40 512	10 366	11 694	6 674	95	69 341
2014	41 179	10 304	11 834	6 671	96	70 084
2015	40 690	10 130	11 923	6 557	88	69 388
2016	40 745	11 979	10 023	6 493	84	69 324
2017	41 045	12 162	9 985	6 628	80	69 900
2018	41 183	12 427	10 036	6 667	86	70 399
2019	40 884	12 544	9 928	6 624	81	70 061

年度	特定粉じん発生施設数							
	研磨機	切断機	混合機	プレス	切削用機械	破砕機・摩砕機	その他	合 計
1997	558	467	303	237	194	136	224	2 119
1998	549	431	280	232	164	134	216	2 006
1999	507	414	262	223	157	133	203	1 899
2000	315	375	207	205	136	117	201	1 556
2001	199	340	157	164	107	99	170	1 236
2002	174	303	143	151	99	90	177	1 137
2003	119	250	123	137	78	72	150	929
2004	68	145	66	103	46	33	94	555
2005	4	16	2	61	0	0	11	94
2006	0	5	0	1	0	0	0	6
2007	0	0	0	0	0	0	0	0
2008	0	0	0	0	0	0	0	0
2009	0	0	0	0	0	0	0	0
2010	0	0	0	0	0	0	0	0
2011	0	0	0	0	0	0	0	0
2012	0	0	0	0	0	0	0	0
2013	0	0	0	0	0	0	0	0
2014	0	0	0	0	0	0	0	0
2015	0	0	0	0	0	0	0	0
2016	0	0	0	0	0	0	0	0
2017	0	0	0	0	0	0	0	0
2018	0	0	0	0	0	0	0	0
2019	0	0	0	0	0	0	0	0

環境省：“令和3年版環境統計集”（2021）.

4.1.10 アスベスト

29地点60ヵ所についての調査結果．総繊維数濃度は低いレベルで推移している．

アスベスト大気濃度：継続調査地域における総繊維数濃度の推移(2005〜2022年度)

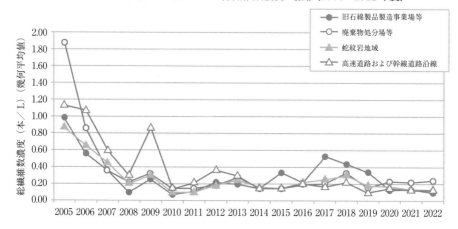

図11 発生源周辺地域

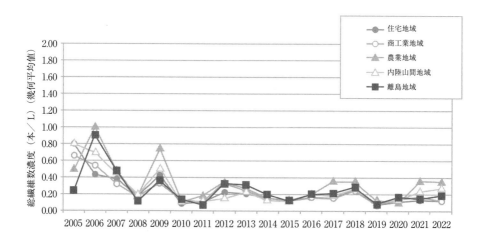

図12 バックグラウンド地域

環境省："令和4年度アスベスト大気濃度調査結果について"(2022)．

4.1.11　OECD諸国の大気汚染物質排出量（2020年）

国　名	排出総量 (1 000 t)				一人あたりの排出量 (kg/人)				GDPあたり排出量 (kg/1 000米ドル)*2			
	SO_x	NO_x	CO_x	VOC*1	SO_x	NO_x	CO_x	VOC*1	SO_x	NO_x	CO_x	VOC*1
オーストラリア	2 080	2 978	2 307	1 150	81.0	115.9	89.8	44.7	1.7	2.4	1.9	0.9
オーストリア	10	123	474	111	1.2	13.8	53.2	12.4	0.0	0.3	1.1	0.3
ベルギー	24	132	265	113	2.1	11.5	23.0	9.8	0.0	0.3	0.5	0.2
カナダ	652	1 464	4 679	1 463	17.2	38.5	123.1	38.5	0.4	0.9	2.8	0.9
チリ	—	—	—	—								
コスタリカ	—	—	—	—								
チェコ	67	154	796	199	6.2	14.4	74.4	18.6	0.2	0.4	2.1	0.5
デンマーク	9	89	192	107	1.6	15.2	32.9	18.3	0.0	0.3	0.6	0.4
エストニア	11	24	138	24	8.4	17.9	104.0	18.3	0.3	0.5	3.1	0.6
フィンランド	23	98	314	84	4.2	17.7	56.7	15.3	0.1	0.4	1.3	0.3
フランス	91	664	2 162	939	1.4	9.9	32.1	13.9	0.0	0.2	0.8	0.3
ドイツ	233	978	2 455	1 036	2.8	11.8	29.5	12.5	0.1	0.2	0.6	0.3
ギリシャ	62	222	425	132	5.7	20.7	39.7	12.4	0.2	0.8	1.6	0.5
ハンガリー	16	107	339	112	1.7	11.0	34.8	11.5	0.1	0.4	1.1	0.4
アイスランド	11	94	121	113	2.2	19.0	24.4	22.6	0.0	0.2	0.3	0.3
アイルランド	51	19	110	5	140.5	52.3	299.1	14.8	2.8	1.1	6.1	0.3
イスラエル	—	—	—	—								
イタリア	82	573	1 873	885	1.4	9.6	31.5	14.9	0.0	0.3	0.9	0.4
日本	571	1 149	2 803	836	4.5	9.1	22.3	6.6	0.1	0.2	0.5	0.2
韓国	—	—	—	—								
ラトビア	4	32	101	34	1.8	16.9	53.0	17.7	0.1	0.6	1.9	0.6
リトアニア	11	53	107	47	4.1	19.6	39.5	17.4	0.1	0.5	1.1	0.5
ルクセンブルク	1	15	16	11	1.2	24.2	25.8	16.8	0.0	0.2	0.2	0.2
メキシコ	—	—	—	—								
オランダ	19	194	451	271	1.1	11.1	25.9	15.5	0.0	0.2	0.5	0.3
ニュージーランド	69	163	658	176	13.5	31.9	129.1	34.6	0.3	0.8	3.3	0.9
ノルウェー	16	150	416	154	2.9	27.9	77.4	28.6	0.0	0.5	1.3	0.5
ポーランド	432	593	2 203	671	11.3	15.5	57.4	17.5	0.4	0.5	1.9	0.6
ポルトガル	38	133	261	158	3.7	13.0	25.3	15.4	0.1	0.4	0.8	0.5
スロバキア	13	56	279	92	2.4	10.2	51.0	16.8	0.1	0.3	1.6	0.5
スロベニア	4	25	87	30	1.9	12.0	41.5	14.3	0.1	0.3	1.2	0.4
スペイン	117	635	1 434	551	2.5	13.4	30.3	11.6	0.1	0.4	0.9	0.3
スウェーデン	15	118	287	133	1.5	11.4	27.8	12.9	0.0	0.2	0.6	0.3
スイス	4	53	152	76	0.4	6.1	17.6	8.8	0.0	0.1	0.3	0.1
トルコ	2 169	865	1 907	1 161	26.0	10.4	22.9	13.9	0.9	0.4	0.8	0.5
イギリス	136	694	1 245	783	2.0	10.3	18.6	11.7	0.1	0.3	0.5	0.3
アメリカ	1 579	7 244	40 416	10 880	4.8	22.0	122.7	33.0	0.1	0.4	2.1	0.6
OECD	8 934	21 136	70 854	23 955	7.7	18.1	60.8	20.6	0.2	0.4	1.3	0.5

＊1　非メタン揮発性有機化合物（VOC）
＊2　GDP（2015年，購買力平価）
OECD：“OECD. Stat”（2023）.

4.1.12 大気中の O_2 濃度の変化

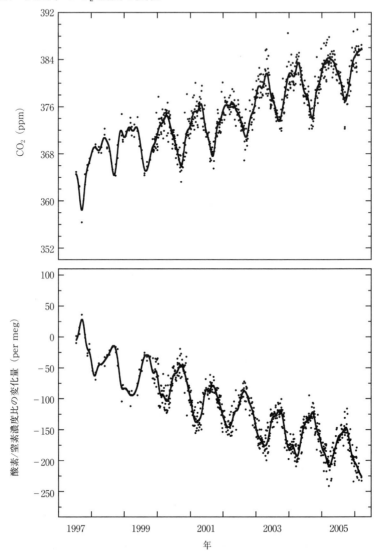

図13 波照間モニタリングステーションでの二酸化炭素（上）と
大気中での酸素と窒素濃度の比（下）の変動

per meg：酸素/窒素濃度比の変化を示す単位．1 ppm が 4.8 per meg に相当．
Tohjima *et al.* 2008, Tellus, **60B**, Fig. 2 より．

<<< **Topic** <<<<<<<<<<<<<<<<<<<<<<<<<<<<<<<<<

1.5℃目標の実現に向けて　～気候変動対策と大気汚染対策の相乗効果～

　国連気候変動枠組条約（UNFCCC）のパリ協定［2015］で「世界の平均気温上昇を産業革命前に比べて2℃未満に抑えるとともに1.5℃に抑える努力を追求する」ことが合意され，これらを「2℃目標」および「1.5℃目標」と呼ぶ．『気候変動に関する政府間パネル（IPCC）第六次評価報告書（AR6）の統合報告書［2023］』では，「人間活動が主に温室効果ガスの排出を通して気候変動を引き起こしていることには疑う余地はない」と示され，そして「1.5℃目標および2℃目標を実現するには，世界全体で正味CO_2ゼロ排出（カーボン・ニュートラル）を2050年初頭および2070年初頭までに達成する必要」があり，特に「オーバーシュートしない又は限られたオーバーシュートを伴って1.5℃目標を実現するには，2050年代前半にCO_2排出が正味ゼロになり，その後は，CO_2排出量が正味マイナスになる必要がある」と報告された．正味CO_2ゼロ排出とは，CO_2排出量を完全にゼロにすることではなく，「排出量と削減量・吸収量・除去量のバランスが釣り合い，差し引きの合計をゼロにする」ことを表すが，正味CO_2マイナス排出とは排出量よりも削減量・吸収量・除去量の方を大きくしなければならないことを意味する．また，オーバーシュートとは，例えば1.5℃の気温上昇水準の国際目標に対して，産業革命前と比べて平均気温上昇が一時的に1.5℃を超えてしまい，超えてしまった気温を下げるために大気中のCO_2を除去する対策を取ることで今世紀末までに平均気温上昇を1.5℃未満まで戻すことを意味する．すなわち，オーバーシュートしないまたは限られたオーバーシュートに留めて1.5℃目標を実現するには，この10年間の間にすべての部門において急速かつ大幅な温室効果ガス（GHGs）排出の削減が求められだけでなく，植林や森林再生，CO_2回収・貯留（CCS），直接空気回収（DAC）などのCO_2の吸収・除去対策や，CO_2マイナス排出とカウントされるCCS付バイオマス発電（BECCS）の導入も必須となる．

　2021年の国連気候変動枠組条約第26回締約国会議（COP26）では，グラスゴー気候合意が採択され，GHGsの中でも寄与の大きいCO_2に注目し，主な排出源である石炭火力発電の段階的な削減が合意された．特にアジア途上国では，発電に占める石炭火力の割合が6割を超えているため，この合意の意味は大きい．石炭の燃焼はCO_2だけでなく，硫黄酸化物（SO_x），窒素酸化物（NO_x），一酸化炭素（CO），すす（BC），揮発性有機化合物（VOC）などの大気汚染物質や，重金属である水銀（Hg）を排出する．大気汚染物質の中でも粒子状物質（PM）の大きさが2.5 μm以下のものを$PM_{2.5}$と呼び，例えばすす（BC）は主な$PM_{2.5}$の一つであり，健康影響への問題で注目を集めている．また，すす（BC）や対流圏オゾン（O_3）は大気を温める作用を持ち，大気中での滞在時間が短いため，短寿命気候強制因子（SLCFs）と呼ばれている．すなわち，気候変動対策として世界全体で石炭火力発電の段階的な削減を進めていくとCO_2排出削減に有効なだけでなく，健康影響・環境影響への対策としてSLCFs，大気汚染物質お

および水銀の排出削減にも有効である．これを気候変動対策による共便益効果と呼ぶ．

　しかし，重工業部門（例えば鉄鋼，セメント）や化学製造部門，貨物，船舶，航空などの運輸部門は，技術的に化石燃料に依存せざるを得ない部分が残るため，脱炭素化が困難な部門（Hard-to-abate sectors）と呼ばれる．これらの部門では化石燃料が消費されるため，GHGs，SLCFs，大気汚染物質および水銀が依然として排出され続ける．したがって，発電部門における石炭火力発電や需要部門における石炭消費の段階的削減による共便益効果だけでは，十分なGHGs，SLCFs，大気汚染物質および水銀の削減が得られない．そこで，CO_2や大気汚染物質，水銀などを追加的に大幅に削減するためにCO_2に関しては CCS，大気汚染物質や水銀に対しては除去装置（脱硫装置，脱硝装置，集塵装置，水銀除去装置）を導入し，残存排出量に対する除去対策が重要となる．

　また，脱炭素化が困難な部門においては水素（H_2）やアンモニア（NH_3）の利用や，発電部門においても水素やアンモニアを混焼する発電技術や CCS 付バイオマス発電（BECCS）の利用が，$1.5\,℃$目標の実現に向けて重要となる．しかし，水素の製造・供給方法やバイオマス発電のバイオマス種類や発電方式によっては，GHGs，SLCFs，大気汚染物質および水銀の排出量が逆に増えてしまうことがある．これを「気候変動対策による相殺効果」と呼ぶ．例えば，水素製造時に再生可能エネルギーを用いればカーボン・ニュートラルであるが，石炭や天然ガスなどの化石燃料を利用する場合は，GHGs，SLCFs，大気汚染物質および水銀を排出する．また，バイオマスはカーボン・ニュートラルなエネルギーであるが，燃焼時にすす（BC）や水銀などを排出するため，BECCS を大幅導入すると正味マイナスCO_2排出は実現できても，逆にすす（BC）や水銀などの排出量が増加する．したがって，特定の部門の視点のみで脱炭素化対策を検討するのではなく，エネルギーシステム全体で考えたときに脱炭素化が実現され，同時に SLCFs，大気汚染物質および水銀も削減されるような対策を考える必要がある．そのためには，気候変動対策とともに，GHGs，SLCFs，大気汚染物質および水銀の排出に対して有効的な除去対策を組み合わせることが重要であり，対策の組み合わせによる相乗効果によって，$1.5\,℃$目標の実現とともに大気汚染や水銀汚染による健康影響・環境影響の改善も同時に実現が可能と考えらる．

　IPCC AR6 の統合報告書（2023）では，「排出への寄与は国や個人の間で不均衡であり，排出への寄与が少ない脆弱なコミュニティが大きく気候変動の影響を受けている」と示され，世界各地で徐々に顕在化する温暖化の影響に対して，主な GHGs 排出国が温暖化を身近な問題として実感しにくいのが課題である．一方，大気汚染は発生源に対して影響を受ける地域が近いため，大気汚染対策を取ると大気がきれいになる効果がわかり，身近な問題として実感しやすい．そこで，気候変動だけでなく健康影響・環境影響の同時解決に着目して身近な問題として捉えれば，$1.5\,℃$目標の実現の可能性も高まっていくだろう．　　　　　　　　　　　　　　　　　　　　　　　　　　【花岡達也】

4.2　酸 性 雨

　化石燃料（石炭，石油等）の大量使用の結果，大気中に放出された硫黄酸化物（SO_x）や窒素酸化物（NO_x）が太陽光による光化学反応により酸性物質（硫酸，硝酸）に変わり雨に溶けて降ってきたものが酸性雨である．酸性雨は水素イオン濃度（pH＝$-\log[H^+]$）で評価されると同時に硫酸イオン（SO_4^{2-}），硝酸イオン（NO_3^-），アンモニウムイオン（NH_4^+）の濃度や沈着量でも評価される．また，雨だけではなく，雪，霧，ガスや粒子の形態のものも酸性雨に含めている．ヨーロッパ，北アメリカ，東アジアで広範に酸性雨が観測されている．酸性雨は湖や河川の酸性化をもたらし，森林生態系へもストレスを与えて，森林枯損の一因となっている．文化財である銅像や石像も腐食されて被害を受けている．

4.2.1　雨の酸性度と酸の沈着量

　図1〜3に環境省全国調査のモニタリング地点におけるpH，非海塩硫酸イオン沈着量および硝酸イオン沈着量の1988〜2021年度の経年変動をそれぞれ示した．図1に示すように，年平均pH（降水量をかけた加重平均値）は，ほとんどの地点が5未満で酸性雨が全国的に降り続いていることがわかるが，近年は上昇の傾向がみられる．太平洋上の小笠原は人為由来の大気汚染物質排出量が非常に少ないために，全期間を通じて極端にpHが高い．

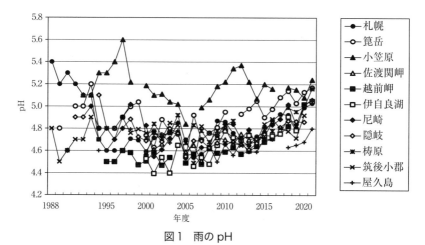

図1　雨のpH

　雨を酸性化した硫酸と硝酸は，非海塩硫酸イオンと硝酸イオンとして地表に沈着する．非海塩硫酸イオン沈着量は最も少ない小笠原を除くと概ね20〜100 meq m^{-2} 年$^{-1}$ の範囲にあり，これは硝酸イオンの倍量である．屋久島で最も多く，伊自良湖，筑後小郡が次いでいる（図2）．

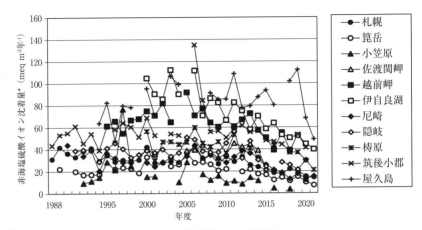

図2　非海塩硫酸イオン沈着量

　硝酸イオン沈着量は最も少ない小笠原を除くと概ね10〜50 meq m^{-2} 年$^{-1}$ の範囲にあり，伊自良湖で最も多く，屋久島，越前岬が次いでいる（図3）.

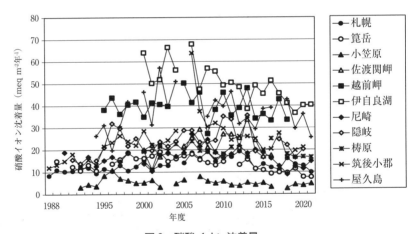

図3　硝酸イオン沈着量

＊　沈着量の単位：雨の酸性化や中和に関わった硫酸イオン，硝酸イオン，アンモニウムイオンの沈着量は，目的に応じて様々な単位（モル，当量，重量等）で集計される．おもな単位の関係は以下のとおり.

　　硫酸イオン：1 mmol m^{-2} 年$^{-1}$＝2 meq m^{-2} 年$^{-1}$＝0.96 kg ha^{-1} 年$^{-1}$

　　硝酸イオン：1 mmol m^{-2} 年$^{-1}$＝1 meq m^{-2} 年$^{-1}$＝0.62 kg ha^{-1} 年$^{-1}$

　　アンモニウムイオン：1 mmol m^{-2} 年$^{-1}$＝1 meq m^{-2} 年$^{-1}$＝0.18 kg ha^{-1} 年$^{-1}$

　環境省酸性雨対策検討会の酸性雨対策調査総合とりまとめ報告書（2004年6月）および環境省ホームページの酸性雨に関する情報を参照.

4.2.2 酸性雨モニタリング（日本）
4.2.2.1 環境省によるモニタリング

　現在は全国各地に配置された 19 測定局で酸性雨モニタリングが実施されている．採取された降水の pH や成分分析データは環境省で集計，確定され，毎年公表されている．

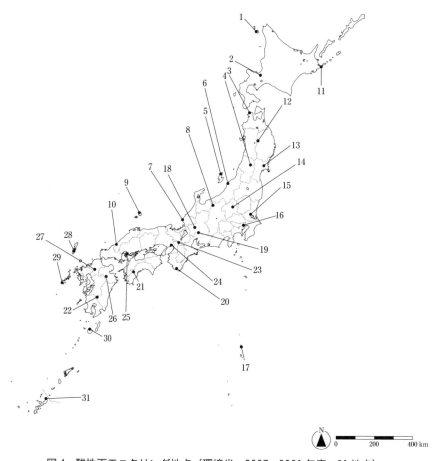

図4 酸性雨モニタリング地点（環境省，2007〜2021 年度，31 地点）

次ページからのデータは，環境省ホームページで公開されている酸性雨調査結果より作成．

環境省モニタリングによる降水pH〔年平均（年度）〕

番号	調査地点	2007	2008	2009	2010	2011	2012	2013	2014	2015	2016	2017	2018	2019	2020	2021
1	利　　尻	4.59	4.94	＊＊	4.75	4.67	4.70	4.69	4.76	4.77	4.88	4.79	4.87	4.85	＊＊	5.04
2	札　　幌	4.57	4.62	4.87	4.86	4.76	4.69	4.65	4.73	4.77	4.87	4.93	4.92	4.81	4.99	5.03
3	竜 飛 岬	4.58	4.67	4.72	4.68	4.61	4.72	4.71	4.72	4.84	4.79	—	—	—	—	—
4	尾 花 沢	4.72	4.73	—	—	—	—	—	—	—	—	—	—	—	—	—
5	佐渡関岬	4.51	＊＊	4.72	4.70	4.66	4.75	4.70	4.72	4.73	4.86	＊＊	＊＊	＊＊	＊＊	＊＊
6	新 潟 巻	4.48	4.57	4.63	4.68	4.60	4.62	4.65	4.67	4.65	4.73	4.80	4.81	4.92	4.96	4.97
7	越 前 岬	4.48	4.62	4.58	4.59	4.63	4.57	4.60	4.64	4.68	4.71	—	—	—	—	—
8	八方尾根	4.78	4.88	＊＊	5.07	5.04	4.93	5.00	5.02	＊＊	＊＊	＊＊	5.16	＊＊	5.24	5.25
9	隠　　岐	4.69	4.63	4.67	4.66	4.68	4.66	4.61	4.67	4.75	＊＊	4.81	4.87	4.86	4.86	＊＊
10	蟠 竜 湖	4.53	4.52	4.70	4.69	4.58	4.51	4.63	4.59	4.65	4.91	—	—	—	—	—
11	落 石 岬	4.79	4.89	＊＊	4.81	4.87	＊＊	5.00	＊＊	＊＊	5.19	5.13	5.14	＊＊	＊＊	＊＊
12	八 幡 平	4.81	4.77	4.92	＊＊	4.86	4.73	4.83	—	—	—	—	—	—	—	—
13	箟　　岳	4.70	4.76	4.81	4.95	＊＊	4.93	4.98	5.05	4.90	4.98	5.08	5.14	5.03	5.13	5.17
14	赤　　城	4.83	＊＊	4.76	4.82	4.84	4.74	4.85	4.85	4.75	4.93	＊＊	5.10	4.96	5.10	5.11
15	筑　　波	4.71	4.85	—	—	—	—	—	—	—	—	—	—	—	—	—
16	東 京 C	4.77	4.62	4.76	4.95	4.79	4.88	5.03	4.83	4.81	4.92	4.92	4.93	5.01	5.11	5.16
17	小 笠 原	4.99	5.06	5.18	5.22	5.34	5.37	5.22	5.07	5.20	5.16	＊＊	5.17	5.15	5.08	5.24
18	伊自良湖	4.54	4.48	4.65	4.78	4.72	4.70	4.74	4.70	4.74	4.74	4.75	4.91	4.78	5.02	5.05
19	犬　　山	4.64	4.58	—	—	—	—	—	—	—	—	—	—	—	—	—
20	潮　　岬	4.54	4.76	＊＊	＊＊	4.81	4.76	4.81	—	—	—	—	—	—	—	—
21	梼　　原	4.78	4.68	4.78	4.83	4.87	＊＊	4.77	＊＊	＊＊	4.78	＊＊	4.99	4.95	5.00	5.16
22	え び の	＊＊	4.83	4.61	＊＊	4.71	4.67	4.73	4.70	＊＊	5.02	4.86	4.73	4.76	5.01	5.11
23	京都八幡	4.60	4.64	4.68	4.73	4.73	4.66	4.77	—	—	—	—	—	—	—	—
24	尼　　崎	4.63	4.63	4.74	4.84	4.84	4.71	4.79	4.65	4.81	4.83	4.89	5.02	4.84	5.02	5.06
25	倉 橋 島	4.55	4.54	—	—	—	—	—	—	—	—	—	—	—	—	—
26	大分久住	4.79	4.69	4.66	4.66	4.66	4.69	4.66	4.40	＊＊	4.69	—	—	—	—	—
27	筑後小郡	4.82	4.76	4.74	4.80	4.67	4.65	4.66	4.69	4.84	4.89	4.80	4.78	4.71	4.92	＊＊
28	対　　馬	＊＊	4.49	4.53	4.77	4.65	4.66	4.75	4.72	4.81	＊＊	＊＊	＊＊	4.96	4.91	4.94
29	五　　島	4.60	4.67	—	—	—	—	—	—	—	—	—	—	—	—	—
30	屋 久 島	＊＊	4.65	4.50	4.66	4.56	4.68	4.59	4.59	4.71	4.70	＊＊	4.63	4.65	4.68	4.80
31	辺 戸 岬	4.98	5.07	5.03	5.21	4.91	＊＊	4.93	5.14	5.11	5.21	5.00	5.05	5.03	＊＊	＊＊

—：未測定．＊＊：無効データ（年判定基準で棄却されたもの）

環境省モニタリングによる降水中の非海塩硫酸イオン沈着量〔年間値（年度）〕

番号	調査地点	2007	2008	2009	2010	2011	2012	2013	2014	2015	2016	2017	2018	2019	2020	2021
1	利　　尻	17.1	14.9	14.2	15.1	15.5	13.6	11.4	11.3	9.18	10.6	14.6	9.75	7.46	＊＊	8.31
2	札　　幌	15.0	17.5	13.3	16.6	14.4	16.5	12.9	12.0	10.5	9.20	8.73	11.0	10.0	7.61	7.13
3	竜 飛 岬	15.0	14.5	18.7	17.1	23.3	17.2	20.4	17.7	13.0	13.9	—	—	—	—	—
4	尾 花 沢	19.9	17.5	—	—	—	—	—	—	—	—	—	—	—	—	—
5	佐渡関岬	21.9	18.7	16.1	17.9	22.7	21.1	22.4	19.5	10.9	10.5	＊＊	＊＊	＊＊	＊＊	＊＊
6	新 潟 巻	34.1	23.2	23.7	28.3	27.7	28.0	28.5	20.4	18.7	16.5	22.2	17.9	13.4	14.8	10.4
7	越 前 岬	38.5	32.2	30.2	33.2	30.4	33.5	36.3	28.7	25.3	19.6	—	—	—	—	—
8	八方尾根	26.3	21.5	＊＊	15.0	20.5	21.1	23.3	21.7	＊＊	＊＊	＊＊	13.5	＊＊	10.5	10.7
9	隠　　岐	19.1	18.6	18.6	22.7	28.1	15.9	23.6	15.1	12.2	＊＊	14.1	12.8	10.7	14.9	＊＊
10	蟠 竜 湖	31.4	23.7	25.6	20.1	25.0	21.8	27.5	24.1	20.3	16.6	—	—	—	—	—
11	落 石 岬	8.47	6.77	＊＊	8.83	5.66	7.94	＊＊	＊＊	＊＊	4.87	4.32	5.67	＊＊	＊＊	＊＊
12	八 幡 平	26.7	28.5	23.1	＊＊	22.1	29.6	27.8	—	—	—	—	—	—	—	—
13	箟　　岳	14.2	13.1	10.3	11.0	＊＊	9.83	10.9	8.82	8.41	6.11	7.18	5.64	7.52	5.02	3.62
14	赤　　城	14.0	＊＊	12.8	14.4	17.3	18.6	13.6	18.3	19.2	9.07	＊＊	7.34	16.4	8.21	9.15
15	筑　　波	20.5	18.9	—	—	—	—	—	—	—	—	—	—	—	—	—
16	東 京 C	19.3	35.5	24.4	14.9	22.3	19.7	20.1	20.1	17.2	13.4	11.7	10.1	12.9	10.3	10.9
17	小 笠 原	8.63	6.00	7.95	4.63	5.62	4.20	7.15	5.71	＊＊	2.29	＊＊	1.82	＊＊	6.11	＊＊
18	伊自良湖	35.4	43.2	41.2	33.3	41.3	37.6	29.0	35.2	29.3	32.0	26.5	25.2	26.1	22.3	19.9
19	犬　　山	21.0	25.3	—	—	—	—	—	—	—	—	—	—	—	—	—
20	潮　　岬	38.3	25.6	＊＊	＊＊	27.7	24.8	16.1	—	—	—	—	—	—	—	—
21	椿　　原	22.7	21.1	23.4	18.3	26.6	＊＊	20.3	＊＊	＊＊	21.7	＊＊	18.4	18.5	14.7	10.5
22	え び の	＊＊	43.3	31.1	＊＊	44.1	49.1	40.6	40.6	＊＊	27.9	31.7	37.1	29.7	26.3	18.9
23	京都八幡	20.9	20.2	17.7	15.1	19.4	19.7	12.1	—	—	—	—	—	—	—	—
24	尼　　崎	16.0	17.3	15.7	13.9	16.5	19.4	18.1	16.1	12.9	10.6	9.31	6.47	8.80	6.45	7.62
25	倉 橋 島	22.7	14.7	—	—	—	—	—	—	—	—	—	—	—	—	—
26	大分久住	24.7	32.0	27.3	25.0	36.8	38.3	23.8	35.0	＊＊	34.3	—	—	—	—	—
27	筑後小郡	42.3	28.0	28.4	25.3	29.6	30.9	27.9	28.5	24.0	23.3	22.2	19.0	26.7	20.7	＊＊
28	対　　馬	＊＊	35.6	29.9	18.9	26.5	35.7	30.0	28.1	35.6	＊＊	＊＊	＊＊	24.4	19.7	15.0
29	五　　島	30.1	28.8	—	—	—	—	—	—	—	—	—	—	—	—	—
30	屋 久 島	＊＊	45.7	42.8	42.8	54.3	38.9	39.7	43.8	46.8	40.2	＊＊	50.8	56.1	34.2	24.5
31	辺 戸 岬	16.7	12.5	14.7	13.2	14.9	＊＊	14.7	9.82	＊＊	7.95	＊＊	10.2	9.59	＊＊	＊＊

単位：mmol m^{-2} 年$^{-1}$

— ：未測定，＊＊：無効データ（年判定基準で棄却されたもの）

非海塩硫酸イオン：海塩粒子の寄与を除いたもの

環境省モニタリングによる降水中の硝酸イオン沈着量〔年間値（年度）〕

番号	調査地点	2007	2008	2009	2010	2011	2012	2013	2014	2015	2016	2017	2018	2019	2020	2021
1	利　　尻	13.9	15.6	16.0	15.9	18.0	16.1	13.4	10.5	11.4	14.7	22.9	15.1	10.8	＊＊	13.3
2	札　　幌	16.2	19.1	14.7	18.0	16.8	19.3	16.8	11.2	13.6	12.0	11.0	16.1	13.4	12.8	9.79
3	竜 飛 岬	22.4	17.3	20.4	22.1	25.6	22.6	29.0	23.5	16.9	21.5	—	—	—	—	—
4	尾 花 沢	21.0	17.1	—	—	—	—	—	—	—	—	—	—	—	—	—
5	佐渡関岬	29.3	21.2	19.1	27.1	27.0	25.4	33.7	24.4	17.0	17.5	＊＊	＊＊	＊＊	＊＊	＊＊
6	新 潟 巻	36.8	24.6	27.6	39.1	33.5	33.2	37.5	25.7	23.4	21.6	32.5	29.9	21.7	27.4	22.6
7	越 前 岬	46.2	27.3	38.3	46.0	35.7	39.1	48.0	34.2	36.3	33.4	—	—	—	—	—
8	八方尾根	22.9	19.7	＊＊	16.9	24.3	22.5	23.6	25.6	＊＊	＊＊	＊＊	20.1	＊＊	14.7	16.3
9	隠　　岐	23.4	23.6	24.2	35.2	33.9	20.7	35.6	19.3	16.6	＊＊	24.7	22.2	16.5	20.2	＊＊
10	蟠 竜 湖	40.5	30.3	30.5	34.7	31.3	28.6	36.5	32.2	30.8	22.7	—	—	—	—	—
11	落 石 岬	8.25	6.16	＊＊	9.87	8.09	8.43	10.0	＊＊	＊＊	6.34	5.90	8.57	＊＊	＊＊	＊＊
12	八 幡 平	26.4	27.5	23.5	＊＊	24.7	37.7	37.7	—	—	—	—	—	—	—	—
13	箆　　岳	15.5	14.2	13.1	14.7	＊＊	13.3	15.7	11.5	10.9	9.25	9.79	9.56	11.5	7.69	7.62
14	赤　　城	34.7	＊＊	19.4	22.4	28.2	33.9	25.5	28.5	25.3	17.2	＊＊	13.5	28.0	13.3	18.9
15	筑　　波	28.8	25.4	—	—	—	—	—	—	—	—	—	—	—	—	—
16	東 京 C	25.6	46.2	31.6	23.9	33.7	26.3	28.6	28.3	25.5	18.8	18.8	19.1	21.5	18.7	22.6
17	小 笠 原	7.95	5.83	4.96	5.80	4.02	3.83	5.25	4.26	5.13	3.27	＊＊	2.66	4.37	4.02	4.75
18	伊自良湖	47.5	57.0	55.6	49.3	50.5	48.5	38.6	49.2	45.5	51.4	45.6	41.2	36.7	40.2	40.4
19	犬　　山	28.0	35.2	—	—	—	—	—	—	—	—	—	—	—	—	—
20	潮　　岬	31.9	26.2	＊＊	＊＊	23.6	23.7	14.8	—	—	—	—	—	—	—	—
21	梼　　原	19.6	19.2	15.6	18.2	21.3	＊＊	16.7	＊＊	＊＊	25.1	＊＊	18.1	16.6	16.8	16.6
22	え び の	＊＊	26.6	21.8	＊＊	29.2	31.7	27.7	23.7	＊＊	28.3	20.5	19.7	19.8	22.3	14.9
23	京都八幡	30.6	29.8	23.8	21.8	27.0	30.1	16.5	—	—	—	—	—	—	—	—
24	尼　　崎	21.5	24.6	18.8	16.3	18.0	21.7	18.4	20.0	18.7	16.1	12.6	8.88	12.4	11.5	14.8
25	倉 橋 島	21.9	16.2	—	—	—	—	—	—	—	—	—	—	—	—	—
26	大分久住	16.7	18.2	19.5	20.1	21.9	27.2	18.7	16.4	＊＊	20.2	—	—	—	—	—
27	筑後小郡	37.5	30.5	32.2	29.7	24.5	26.1	26.1	25.0	20.0	20.4	27.5	16.2	19.7	21.1	＊＊
28	対　　馬	＊＊	36.4	29.0	20.5	27.0	32.5	28.3	27.2	31.6	＊＊	＊＊	＊＊	18.8	26.6	22.6
29	五　　島	27.4	25.7	—	—	—	—	—	—	—	—	—	—	—	—	—
30	屋 久 島	＊＊	35.2	42.5	39.8	46.4	31.8	34.6	29.4	38.7	39.1	＊＊	42.9	29.7	36.2	25.6
31	辺 戸 岬	16.5	14.1	16.1	12.9	15.0	＊＊	14.9	13.1	15.5	12.2	13.7	15.5	14.3	＊＊	＊＊

単位：mmol m^{-2} 年$^{-1}$

　— ：未測定，＊＊：無効データ（年判定基準で棄却されたもの）

環境省モニタリングによる降水中のアンモニウムイオン沈着量〔年間値（年度）〕

番号	調査地点	2007	2008	2009	2010	2011	2012	2013	2014	2015	2016	2017	2018	2019	2020	2021
1	利尻	22.3	23.4	15.3	17.8	17.4	13.8	14.3	13.4	12.9	15.4	28.4	16.0	13.0	**	14.7
2	札幌	22.5	22.7	19.9	24.5	22.8	22.7	20.5	15.0	17.9	16.0	17.1	21.0	16.8	14.6	12.6
3	竜飛岬	17.5	15.5	16.8	18.0	22.8	15.6	25.3	22.3	15.3	17.9	—	—	—	—	—
4	尾花沢	24.6	20.7	—	—	—	—	—	—	—	—	—	—	—	—	—
5	佐渡関岬	26.6	20.6	12.7	17.3	21.5	20.8	31.4	24.1	14.3	16.6	**	**	**	**	**
6	新潟巻	34.6	22.5	22.8	43.0	27.8	27.5	34.9	24.9	23.1	25.2	38.1	28.0	21.5	23.2	20.7
7	越前岬	50.0	29.2	29.6	37.5	28.9	31.3	40.7	28.5	28.5	21.6	—	—	—	—	—
8	八方尾根	23.6	20.8	**	14.7	17.8	22.3	26.0	23.1	**	**	**	18.6	**	15.0	16.5
9	隠岐	16.8	19.3	19.1	26.4	30.6	15.9	25.2	12.5	12.5	**	20.1	17.2	11.9	14.9	**
10	蟠竜湖	30.1	22.4	26.9	26.8	25.7	22.2	31.9	26.4	23.4	19.8	—	—	—	—	—
11	落石岬	6.67	7.39	**	10.2	9.26	10.7	11.1	**	**	5.62	5.61	7.82	**	**	**
12	八幡平	33.2	33.7	29.4	**	29.6	41.0	40.2	—	—	—	—	—	—	—	—
13	筬岳	17.2	16.2	12.3	16.8	**	15.5	18.3	14.5	12.3	10.9	14.0	12.8	14.9	11.3	8.52
14	赤城	35.8	**	19.9	21.8	30.9	36.9	25.7	34.8	28.9	19.9	**	14.8	31.5	16.8	26.6
15	筑波	35.1	28.8	—	—	—	—	—	—	—	—	—	—	—	—	—
16	東京C	36.8	56.7	44.3	29.2	40.7	34.0	41.9	37.5	32.2	27.3	25.2	26.0	30.4	30.0	32.9
17	小笠原	13.3	4.83	7.17	9.65	6.67	6.85	8.49	5.37	6.69	2.98	**	2.62	4.97	4.99	3.67
18	伊自良湖	41.9	45.2	51.4	40.4	47.1	44.8	35.0	43.7	37.2	45.2	36.4	35.8	34.6	40.8	38.2
19	犬山	28.5	29.6	—	—	—	—	—	—	—	—	—	—	—	—	—
20	潮岬	26.3	19.8	**	**	14.1	13.2	9.53	—	—	—	—	—	—	—	—
21	椿原	20.1	16.5	16.6	13.4	19.5	**	17.6	**	**	21.7	**	15.4	16.1	15.5	14.0
22	えびの		42.7	28.2	**	38.2	46.9	34.1	33.9	**	36.5	30.8	27.7	27.6	25.7	19.7
23	京都八幡	26.5	23.4	20.2	20.0	22.8	25.1	12.4	—	—	—	—	—	—	—	—
24	尼崎	19.6	20.2	18.2	16.5	17.4	20.3	20.0	18.0	19.8	17.2	13.0	9.61	12.9	12.8	15.2
25	倉橋島	19.7	10.3	—	—	—	—	—	—	—	—	—	—	—	—	—
26	大分久住	28.6	27.0	30.1	23.4	31.6	40.0	24.9	19.1	**	29.1	—	—	—	—	—
27	筑後小郡	48.0	44.5	55.0	38.4	43.6	33.2	30.9	32.1	26.4	31.0	35.1	20.9	26.1	32.0	**
28	対馬	**	30.8	32.3	20.6	27.4	32.7	29.9	30.9	31.5	**	**	**	25.0	27.3	19.0
29	五島	27.5	26.1	—	—	—	—	—	—	—	—	—	—	—	—	—
30	屋久島	**	34.2	33.7	37.2	42.5	27.8	29.7	28.2	33.0	30.7	**	37.1	25.8	26.6	19.4
31	辺戸岬	18.1	12.7	18.1	15.4	18.2	**	16.7	16.1	24.6	11.4	9.57	13.1	9.66	**	**

単位：mmol m^{-2} 年$^{-1}$

— ：未測定．＊＊：無効データ（年判定基準で棄却されたもの）

4.2.2.2　全国環境研協議会による酸性雨全国調査

　全国環境研協議会・酸性雨広域大気汚染調査研究部会では，地方自治体の環境研究所が実施した酸性雨モニタリング（全環研調査）の結果をとりまとめ公開している．2008〜2020年度には全国の約64地点でモニタリングが実施された．モニタリング地点は環境省調査に比べて人為的影響の大きい地点となっている．なお，試料採取や分析方法は環境省調査と同様である．

図5　酸性雨モニタリング地点（全国環境研協議会，2008〜2020年度，64地点）

　次ページからのデータは，全国環境研会誌および国立環境研究所ホームページ（地球環境データベースで公開されている酸性雨全国調査結果報告書）より作成．

全環研調査による降水 pH〔年平均（年度）〕

番号	調査地点	2008	2009	2010	2011	2012	2013	2014	2015	2016	2017	2018	2019	2020
1	母子里	4.94	4.87	4.77	4.82	4.79	4.70	4.85	＊＊	＊＊	＊＊	5.15	—	—
2	札幌白石	4.68	4.94	5.03	4.87	4.81	—	—	—	—	4.90	5.03	4.89	5.03
3	青森東造道	4.65	4.58	4.69	4.56	4.52	4.69	5.09	5.05	4.84	4.80	4.81	4.83	4.87
4	鰺ヶ沢舞戸	4.55	4.62	4.72	4.57	4.65	4.73	5.06	5.15	4.81	4.86	4.94	4.85	5.00
5	秋田千秋	—	4.83	4.76	4.77	4.69	4.75	4.84	4.85	4.92	4.86	4.85	4.84	4.98
6	新潟大山※	4.68	4.81	4.75	4.73	4.66	4.77	4.84	4.87	4.86	—	—	—	—
7	新潟小新	4.62	4.69	4.67	4.67	4.60	4.62	4.72	4.69	4.68	＊＊	—	—	—
8	新潟曽和	4.60	4.65	4.65	4.63	4.58	4.63	4.66	4.62	4.71	4.82	4.87	4.96	4.94
9	長岡	4.58	4.70	4.67	4.60	4.60	4.57	4.69	4.65	4.70	4.82	4.83	4.97	4.99
10	長野	4.69	4.78	4.85	4.88	4.84	＊＊	4.83	4.83	5.05	5.05	5.15	5.17	5.17
11	射水	4.56	4.70	4.61	4.56	4.55	4.60	4.61	4.70	4.71	4.82	4.89	4.83	4.93
12	金沢	4.48	4.58	4.61	4.57	4.56	4.54	4.57	4.60	4.67	4.71	4.76	4.75	4.88
13	福井	4.52	4.55	4.53	4.54	4.52	4.54	4.52	4.64	4.67	4.79	4.86	4.73	4.79
14	大津柳が崎	4.59	4.78	4.85	4.77	4.66	4.77	4.67	—	4.93	4.79	4.84	＊＊	5.14
15	京都木津	4.65	4.75	4.77	4.78	4.70	4.70	—	—	—	—	—	—	—
16	京都弥栄※	4.62	4.62	4.57	4.60	4.56	4.61	—	—	—	—	—	—	—
17	若桜	4.73	4.74	＊＊	4.78	＊＊	4.78	4.60	4.81	4.76	4.63	4.89	4.62	—
18	湯梨浜	4.60	4.65	4.64	4.70	4.61	4.77	4.52	4.67	4.62	4.60	4.82	4.60	4.89
19	松江※	4.54	4.60	4.60	4.60	4.57	4.55	4.57	4.64	4.62	4.69	4.75	4.70	4.88
20	浦谷	—	—	—	—	4.92	5.00	5.02	4.90	4.97	5.08	5.14	5.03	5.13
21	郡山朝日	4.76	4.82	4.92	5.00	4.82	4.91	5.02	＊＊	—	—	—	—	—
22	小名浜	4.55	4.82	4.91	4.81	4.79	4.83	4.91	4.77	5.36	4.98	5.17	4.98	5.05
23	前橋	4.84	4.81	4.84	5.13	4.98	5.14	5.03	4.97	5.17	5.04	5.28	5.20	5.51
24	日光	4.87	4.91	5.00	5.14	4.95	5.16	5.03	＊＊	5.29	5.06	5.58	—	—
25	宇都宮	4.60	4.66	4.76	4.79	4.86	4.82	4.98	4.89	5.06	5.04	5.19	5.33	5.84
26	小山	4.92	4.90	4.99	5.28	4.99	＊＊	5.09	5.09	5.31	5.16	5.19	5.41	—
27	土浦	4.88	5.05	5.07	4.97	4.91	5.00	4.80	5.07	5.33	5.07	5.05	—	—
28	加須	4.59	4.73	4.78	4.83	4.76	5.03	4.98	4.94	5.10	4.92	4.80	5.02	5.10
29	さいたま	4.52	4.64	4.65	4.65	4.68	4.80	4.70	4.84	4.84	4.91	4.95	5.05	4.97
30	銚子	—	5.02	—	5.24	5.48	5.32	5.35	5.51	5.68	5.49	5.63	5.87	5.57
31	旭	—	—	—	5.98	6.39	6.04	6.06	6.12	5.86	5.82	5.73	6.33	6.04
32	佐倉	—	—	—	4.79	4.79	4.95	4.89	4.89	5.23	5.23	5.28	5.17	5.25
33	市川	—	—	4.80	4.75	4.76	4.98	4.83	4.88	5.05	—	—	—	—
34	宮野木	5.04	4.76	4.98	4.98	4.97	5.23	5.08	5.59	5.18	5.19	5.51	5.43	—
35	市原	—	＊＊	＊＊	5.25	5.07	5.07	4.95	4.99	5.10	5.25	5.45	5.45	5.43
36	一宮	—	5.02	—	4.94	4.97	5.03	4.95	5.07	5.14	5.17	5.29	5.45	5.58
37	勝浦	—	—	—	—	—	—	—	5.04	5.18	5.15	5.24	5.44	5.53
38	清澄	—	—	—	—	5.15	5.17	5.20	5.21	5.31	5.24	5.29	5.74	5.67
39	川崎※	4.72	4.82	5.00	4.80	4.85	5.09	4.89	5.32	5.42	5.13	5.37	5.53	5.76
40	平塚	4.69	4.70	4.90	4.85	4.91	5.09	5.14	5.12	5.11	5.06	5.26	5.18	5.47
41	静岡小黒	＊＊	4.82	4.99	4.79	4.92	4.89	4.91	5.00	5.02	5.07	—	—	—
42	静岡北安東	4.57	4.73	4.97	4.86	4.78	4.97	4.69	5.00	5.04	—	—	—	—
43	豊橋	4.87	5.30	5.24	4.97	4.89	5.06	4.80	5.19	5.15	5.17	5.29	5.23	5.38
44	名古屋南	—	—	5.10	5.05	5.24	5.03	4.97	5.10	5.24	4.99	5.20	5.21	5.38
45	四日市桜	—	4.51	4.76	4.60	4.66	4.64	4.51	4.72	4.68	4.80	—	—	—
46	奈良	4.68	4.83	4.85	4.86	4.82	—	—	—	—	—	—	—	—
47	海南	4.75	4.85	4.80	4.86	4.69	4.77	4.73	4.81	4.82	4.98	—	—	—
48	神戸須磨	4.64	4.70	4.81	4.79	4.74	4.71	4.60	4.76	4.75	4.77	4.92	4.71	4.91
49	広島安佐南	4.42	4.56	4.63	4.69	4.61	4.68	4.39	4.73	4.60	4.54	4.68	4.57	4.81
50	山口	4.52	4.72	4.73	4.68	4.58	4.73	4.55	4.65	4.69	4.85	4.77	4.82	5.00
51	徳島	4.53	4.74	—	4.88	4.79	4.80	4.86	4.98	4.84	4.85	4.84	4.88	5.05
52	香北	4.64	4.81	4.70	4.86	＊＊	4.69	4.83	4.91	—	—	—	—	—
53	太宰府	4.61	4.69	4.56	4.69	4.69	4.70	4.68	4.63	4.82	4.85	4.89	4.74	5.01
54	福岡	4.53	4.57	4.70	4.64	4.61	4.59	4.63	4.65	4.84	4.86	4.84	4.81	5.01
55	佐賀	4.66	4.48	4.83	4.57	4.54	4.62	4.69	4.65	4.69	4.74	4.69	4.65	4.72
56	長崎	—	—	—	—	—	—	—	4.87	4.80	5.01	4.83	4.77	4.90
57	諫早	4.72	4.68	4.79	4.80	4.61	4.75	4.65	4.69	4.72	4.72	4.46	4.45	—
58	大分	—	—	—	—	—	4.55	4.52	4.64	4.65	4.70	4.67	4.64	4.80
59	阿蘇	＊＊	4.48	4.62	4.83	＊＊	4.55	4.27	4.60	4.61	4.74	—	—	—
60	画図町	＊＊	4.72	4.79	4.81	4.79	4.74	4.69	4.88	—	—	—	—	—
61	宇土	—	—	4.69	4.69	4.72	—	4.62	4.86	4.85	4.75	4.69	4.68	4.69
62	宮崎	4.73	4.74	4.73	4.79	4.83	4.72	4.71	4.85	5.04	4.90	4.93	4.87	4.96
63	鹿児島	4.51	4.64	4.72	4.52	4.33	4.33	4.34	4.64	4.71	4.47	4.41	4.40	4.61
64	大里	5.10	5.02	5.15	5.15	5.19	5.05	＊＊	＊＊	＊＊	＊＊	—	—	—

―：未測定，＊＊：無効データ（年判定基準で棄却されたもの）

※　2003年度に環境省から自治体へ移管．環境省調査では，新潟大山の地点名は「新潟」．
　　継続性の問題から調査期間が5年未満の地点は掲載していない．

全環研調査による降水中の非海塩硫酸イオン沈着量〔年間値（年度）〕 (単位：meq m^{-2} 年$^{-1}$)

番号	調査地点	2008	2009	2010	2011	2012	2013	2014	2015	2016	2017	2018	2019	2020
1	母子里	34.2	34.8	50.9	33.9	27.8	39.0	25.8	**	**	**	22.8	—	—
2	札幌白石	27.8	25.8	30.0	28.8	29.6	—	—	—	—	22.0	23.7	20.3	14.9
3	青森東造道	41.8	46.0	40.7	41.8	47.4	53.0	43.9	30.0	33.0	36.7	34.4	23.4	36.7
4	鯵ヶ沢舞戸	45.3	64.1	46.0	45.1	44.2	45.2	35.7	20.2	35.4	36.5	33.8	26.4	35.2
5	秋田千秋	—	87.6	79.8	83.0	71.7	74.5	43.2	46.1	45.6	46.9	42.9	30.4	40.0
6	新潟大山※	76.0	68.1	68.4	64.9	71.1	88.0	68.2	41.1	53.4	—	—	—	—
7	新潟小新	66.4	59.6	56.2	51.5	57.0	74.3	54.2	47.3	42.2	**	—	—	—
8	新潟曽和	64.7	59.5	63.5	62.9	71.3	79.6	52.6	43.2	31.7	47.9	37.6	33.6	37.8
9	長岡	108.5	81.1	98.8	100.3	117.2	116.5	94.9	75.9	73.8	69.9	62.6	52.9	65.0
10	長野	23.4	20.1	20.5	19.4	22.9	**	16.4	15.6	9.4	10.2	5.9	7.5	10.1
11	射水	89.8	66.7	72.7	72.7	78.7	92.7	90.6	59.1	49.3	57.0	53.2	49.2	41.4
12	金沢	90.9	84.9	101.2	96.0	98.4	105.9	102.0	69.9	66.0	74.5	59.5	50.8	45.7
13	福井	99.6	86.0	89.5	81.4	84.9	105.7	80.5	53.6	27.5	67.6	52.1	53.5	50.0
14	大津柳が崎	49.2	32.0	30.0	33.6	40.6	37.0	37.3	—	27.8	30.5	27.5	**	19.0
15	京都木津	31.5	26.4	26.5	26.6	35.6	32.9	—	—	—	—	—	—	—
16	京都弥栄※	71.5	77.4	81.2	94.9	85.5	94.0	—	—	—	—	—	—	—
17	若桜	53.6	69.0	**	57.1	**	67.2	68.8	47.8	45.6	41.4	41.3	47.7	—
18	湯梨浜	58.5	70.2	58.1	57.3	60.1	72.5	64.5	47.1	50.4	45.0	38.4	41.3	39.6
19	松江※	69.5	75.3	87.8	73.2	53.6	82.2	64.0	47.6	54.8	45.7	49.0	42.6	34.0
20	涌谷	—	—	—	—	18.5	22.9	19.7	16.9	13.2	13.1	9.7	15.0	10.7
21	郡山朝日	44.5	28.7	31.8	22.1	30.9	37.6	21.9	**	—	—	—	—	—
22	小名浜	49.2	37.1	47.7	55.2	38.8	41.1	34.3	21.7	26.1	24.1	13.9	17.3	14.6
23	前橋	46.8	40.0	51.3	32.2	36.5	23.0	26.3	31.3	20.5	21.1	13.7	22.5	17.2
24	日光	44.9	32.9	32.6	33.8	46.3	25.0	74.8	**	18.4	27.1	22.7	—	—
25	宇都宮	62.9	51.6	51.2	49.3	34.8	47.6	39.5	50.2	36.1	34.0	24.5	33.4	21.3
26	小山	43.7	37.2	38.6	34.4	29.8	**	43.3	30.2	29.3	29.1	17.6	21.5	—
27	土浦	39.6	33.8	30.3	29.8	34.9	25.0	32.2	24.3	20.4	20.9	16.2	—	—
28	加須	54.7	39.7	32.6	38.0	33.4	29.8	27.5	29.5	19.0	26.0	19.4	25.3	21.1
29	さいたま	55.0	41.6	31.4	43.6	31.2	32.9	37.1	27.1	28.3	29.4	20.9	27.9	26.7
30	銚子	—	24.5	—	45.8	42.6	27.6	35.8	26.7	24.5	23.4	15.8	18.8	18.2
31	旭	—	—	—	44.8	40.7	34.0	39.8	28.1	24.1	14.6	16.8	42.7	31.9
32	佐倉	—	—	41.5	39.3	29.6	28.2	30.1	22.9	23.4	19.4		33.7	26.7
33	市川	—	—	—	—	48.2	45.4	30.9	42.5	32.3	20.1	—	—	—
34	宮野木	32.3	47.7	33.2	40.4	31.6	20.2	28.2	17.8	18.8	18.0	12.6	14.5	—
35	市原	—	**	**	58.7	67.4	60.6	61.8	52.4	40.3	30.1	24.9	46.8	40.2
36	一宮	—	21.6	—	42.8	37.1	26.7	32.7	23.1	21.6	17.5	13.0	15.6	14.6
37	勝浦	—	—	—	—	—	—	—	22.6	19.7	19.2	19.3	19.6	15.7
38	清澄	—	—	—	98.2	55.3	45.0	58.2	31.2	33.6	34.7	31.5	34.4	30.1
39	川崎※	77.8	68.3	46.1	57.9	66.1	41.8	48.4	39.0	27.2	40.5	32.5	23.1	27.2
40	平塚	48.9	40.1	28.9	32.9	39.0	27.8	28.3	30.8	26.1	26.0	13.0	20.8	13.1
41	静岡小黒	**	59.6	49.7	51.1	41.0	34.4	34.1	40.7	28.1	24.7	—	—	—
42	静岡北安東	59.2	51.4	32.4	42.3	46.8	30.1	59.2	31.2	19.3	—	—	—	—
43	豊橋	44.5	32.0	22.1	31.8	23.0	25.6	41.8	31.1	25.7	26.1	21.2	27.3	20.5
44	名古屋南	—	—	23.8	31.5	33.6	27.3	29.3	31.1	26.4	32.6	24.5	27.4	18.3
45	四日市桜	—	73.6	59.4	48.3	80.5	48.0	75.8	46.0	46.5	33.3	—	—	—
46	奈良	24.7	24.7	24.5	27.5	33.3	—	—	—	—	—	—	—	—
47	海南	33.5	26.6	22.8	33.1	36.4	25.2	36.4	34.9	24.2	23.8	—	—	—
48	神戸須磨	41.2	41.8	34.0	45.2	36.3	38.8	29.7	32.5	28.3	26.1	25.5	25.1	18.3
49	広島安佐南	54.9	57.7	52.0	46.3	47.8	33.6	46.9	28.0	51.9	41.2	41.7	53.9	39.0
50	山口	62.5	60.7	51.6	54.9	70.3	70.8	60.6	54.2	65.6	41.7	37.2	54.0	52.6
51	徳島	38.2	31.9	—	40.5	34.9	35.8	43.5	35.2	22.8	22.9	26.2	25.1	17.7
52	香北	49.1	45.1	38.6	44.1	**	44.4	63.5	27.3	—	—	—	—	—
53	太宰府	72.3	59.2	81.8	47.9	57.2	60.9	55.4	64.6	47.1	27.9	32.4	49.6	34.6
54	福岡	60.0	69.7	68.0	60.7	76.7	84.7	72.3	75.6	53.2	45.7	45.5	—	—
55	佐賀	57.0	57.1	58.5	69.7	76.8	62.5	40.5	51.0	57.0	37.9	56.2	61.8	47.1
56	長崎	—	—	—	—	—	—	—	32.9	26.3	19.1	30.4	40.0	40.5
57	諫早	58.3	59.5	59.9	61.8	79.5	58.3	62.6	58.2	42.8	45.3	30.1	28.6	—
58	大分	—	—	—	—	—	—	63.2	51.5	163.9	60.8	58.3	52.2	35.3
59	阿蘇	**	82.0	69.5	90.2	**	94.5	106.9	81.2	111.9	63.6	—	—	—
60	画図町	**	48.7	45.5	55.6	64.8	46.7	49.4	35.1	—	—	—	—	—
61	宇土	—	—	—	48.1	56.3	56.9	—	54.8	43.0	51.4	44.1	46.9	38.9
62	宮崎	74.7	58.8	74.7	68.6	65.2	69.0	92.2	76.0	56.0	52.5	56.8	58.1	37.4
63	鹿児島	96.1	**	63.1	66.5	137.6	66.1	112.6	81.7	50.2	61.5	87.3	87.1	44.2
64	大	25.5	34.0	37.3	28.0	31.1							**	**

—：未測定，　＊＊：無効データ（年判定基準で棄却されたもの）

※　2003年度に環境省から自治体へ移管．環境省調査では，新潟大山の地点名は「新潟」．
　　継続性の問題から調査期間が5年未満の地点は掲載していない．

全環研調査による降水中の硝酸イオン沈着量〔年間値（年度）〕（単位：meq m^{-2} 年$^{-1}$）

番号	調査地点	2008	2009	2010	2011	2012	2013	2014	2015	2016	2017	2018	2019	2020
1	母 子 里	21.5	23.5	36.7	24.4	23.9	28.9	15.3	＊＊	＊＊	＊＊	19.2	—	—
2	札幌白石	14.0	12.4	14.9	15.9	16.5	—	—	—	—	14.4	17.5	13.0	12.7
3	青森東造道	23.4	26.8	24.8	24.0	32.1	36.5	25.2	20.3	23.7	26.5	28.7	18.5	33.9
4	鰺ヶ沢舞戸	23.6	26.0	28.2	30.4	25.1	32.0	18.7	15.2	25.6	27.7	28.2	22.3	35.7
5	秋田千秋	—	40.7	48.0	65.1	43.7	45.6	26.2	29.6	30.3	35.8	32.7	23.6	36.0
6	新潟大山※	34.8	34.0	40.3	36.5	42.5	54.5	37.1	24.9	32.7	—	—	—	—
7	新潟小新	35.0	34.4	38.6	33.9	37.2	49.1	33.3	30.4	28.3	＊＊	—	—	—
8	新潟曽和	33.3	34.3	43.4	38.8	39.7	51.3	32.8	28.3	20.5	35.8	33.2	27.8	32.5
9	長 岡	49.2	47.7	60.5	58.0	63.8	70.6	54.4	46.9	49.2	52.3	52.9	42.4	54.5
10	長 野	15.8	12.5	16.9	14.1	18.1	＊＊	12.4	8.4	7.5	8.0	5.9	5.9	9.2
11	射 水	51.9	45.1	48.5	50.2	55.3	62.0	62.4	40.7	36.5	45.7	50.0	39.2	35.7
12	金 沢	50.5	45.3	65.1	55.4	58.5	67.8	64.7	47.9	44.3	55.6	53.2	41.3	44.1
13	福 井	45.2	53.5	67.4	48.2	51.3	68.1	54.0	38.4	21.3	52.9	48.9	41.0	43.0
14	大津柳が崎	33.5	24.9	23.5	26.1	31.2	28.8	27.2	—	24.3	27.3	24.0	＊＊	18.0
15	京都木津	23.0	18.2	21.0	18.8	25.1	24.3	—	—	—	—	—	—	—
16	京都弥栄※	40.8	47.9	50.1	54.9	52.2	54.4	—	—	—	—	—	—	—
17	若 桜	29.2	42.9	＊＊	33.0	＊＊	38.2	40.4	28.9	33.0	26.0	36.0	33.2	—
18	湯 梨 浜	34.0	40.2	39.0	37.4	38.1	48.3	41.6	31.4	38.5	31.2	35.6	37.9	39.2
19	松 江※	46.7	50.9	70.2	51.5	38.8	60.0	46.7	40.2	40.3	46.3	44.9	33.7	34.4
20	浦 谷	—	—	—	—	12.6	16.6	12.6	11.3	10.1	9.0	8.3	11.5	8.5
21	郡山朝日	24.9	17.8	23.9	14.1	21.9	27.3	15.2	＊＊	—	—	—	—	—
22	小 名 浜	20.9	14.0	24.0	28.2	21.6	20.1	17.3	9.8	11.4	16.1	10.3	11.2	10.1
23	前 橋	51.9	44.8	58.6	35.9	40.4	25.9	29.9	28.7	26.6	21.0	16.0	27.3	20.6
24	日 光	23.5	18.3	22.5	23.3	31.6	19.3	53.1	＊＊	11.7	16.9	11.0	—	—
25	宇 都 宮	44.3	41.7	46.2	41.2	32.7	43.4	31.2	39.5	33.9	29.7	24.5	31.9	21.8
26	小 山	32.1	33.3	37.3	31.5	27.5	＊＊	37.6	27.0	26.0	28.0	20.4	20.4	—
27	土 浦	26.2	22.4	21.3	20.3	22.3	19.5	24.2	20.5	17.8	19.6	15.6	—	—
28	加 須	44.8	36.2	36.4	40.3	33.4	36.2	28.8	30.0	22.3	29.2	25.4	30.0	27.2
29	さいたま	45.2	35.3	39.6	42.1	31.7	33.1	34.2	27.8	30.9	31.6	25.2	28.8	30.8
30	銚 子	—	10.3	—	19.3	20.8	17.1	18.5	15.8	14.6	16.2	9.8	11.4	12.1
31	旭	—	—	—	19.2	21.0	22.4	23.2	20.0	24.7	10.2	12.1	24.8	24.9
32	佐 倉	—	—	—	26.4	25.2	19.4	16.8	17.5	16.7	16.5	14.8	23.3	20.0
33	市 川	—	—	22.7	28.8	30.4	22.7	27.9	21.3	14.0	—	—	—	—
34	宮 野 木 原	16.4	23.9	17.7	19.8	19.6	13.1	15.0	9.4	10.8	10.2	8.5	8.1	—
35	市 原	—	＊＊	＊＊	21.7	33.0	24.2	24.7	18.5	17.4	11.6	9.5	14.7	16.0
36	一 宮	—	8.0	—	19.0	21.9	16.7	18.7	13.0	13.3	12.5	9.2	7.8	11.0
37	勝 浦	—	—	—	—	—	—	—	11.0	10.1	10.1	11.8	9.3	14.4
38	清 澄	—	—	—	27.4	22.0	22.0	25.0	13.3	18.8	19.1	19.5	21.2	25.8
39	川 崎※	39.5	34.8	28.7	30.9	32.8	21.2	23.7	18.2	15.2	23.2	18.0	15.1	17.0
40	平 塚	30.4	27.7	21.8	22.7	26.1	24.7	23.9	27.8	26.5	26.4	16.6	21.9	13.7
41	静岡小黒	＊＊	38.6	35.7	27.6	25.2	20.0	20.7	26.1	20.8	20.4	—	—	—
42	静岡北安東	34.7	36.5	22.0	21.6	26.8	17.1	43.3	22.2	17.9	—	—	—	—
43	豊 橋	25.6	21.8	15.5	17.5	13.3	17.3	30.0	26.3	22.7	21.7	18.2	23.1	20.9
44	名古屋南	—	—	14.8	19.5	21.4	17.9	20.6	23.7	22.5	24.7	19.7	20.7	16.0
45	四日市桜	—	46.4	36.4	45.5	53.1	31.5	44.9	39.2	35.8	32.9	—	—	—
46	奈 良	24.8	19.4	22.3	21.3	25.2	—	—	—	—	—	—	—	—
47	海 南	20.1	16.2	12.9	15.6	18.1	13.5	15.0	17.7	16.5	18.5	—	—	—
48	神戸須磨	24.6	22.8	20.4	24.7	21.4	23.9	17.5	20.4	17.8	17.0	16.3	17.1	15.9
49	広島安佐南	35.3	32.2	28.6	27.8	24.3	18.8	25.5	17.7	43.3	43.7	27.8	27.4	28.3
50	山 口	36.7	34.5	36.4	32.5	39.8	45.7	35.1	30.2	44.6	28.7	23.6	27.0	32.0
51	徳 島	23.2	19.6	—	24.7	20.9	23.9	28.6	16.0	19.5	17.8	21.4	17.3	15.1
52	香 北	20.4	14.8	18.2	18.2	＊＊	18.9	24.0	19.7	—	—	—	—	—
53	太 宰 府	37.1	33.6	39.0	29.9	32.2	37.1	26.7	35.2	27.3	18.8	19.7	22.1	22.4
54	福 岡	34.7	39.4	44.1	34.7	45.2	50.0	37.5	45.4	33.7	34.1	29.8	—	—
55	佐 賀	23.8	30.8	34.0	32.4	36.2	34.6	28.1	22.0	26.9	21.4	24.7	26.2	23.9
56	長 崎	—	—	—	—	—	—	—	13.1	14.5	12.0	17.3	20.7	26.5
57	諫 早	26.1	31.7	30.6	26.4	34.4	24.5	27.1	24.0	26.6	24.1	14.6	10.6	—
58	大 分	—	—	—	—	—	29.1	24.4	25.1	26.5	26.7	26.3	21.2	17.8
59	阿 蘇	＊＊	31.3	31.2	35.8	＊＊	44.3	28.4	22.9	40.5	24.2	—	—	—
60	画 図 町	＊＊	23.6	23.9	28.0	30.1	24.9	23.6	20.9	—	—	—	—	—
61	宇 土	—	—	22.2	23.6	23.3	—	21.4	18.8	27.5	20.3	20.0	20.7	23.7
62	宮 崎	34.1	27.9	28.2	31.2	27.2	31.0	34.7	35.7	32.5	27.9	27.0	27.7	18.2
63	鹿 児 島	25.3	＊＊	18.5	9.0	18.1	14.8	17.2	22.5	21.3	19.3	18.2	19.2	17.9
64	大	14.9	16.1	17.3	17.1	16.5	＊＊	＊＊	＊＊	＊＊	＊＊	＊＊	—	—

—：未測定．＊＊：無効データ（年判定基準で棄却されたもの）
※　2003年度に環境省から自治体へ移管．環境省調査では，新潟大山の地点名は「新潟」．
　　継続性の問題から調査期間が5年未満の地点は掲載していない．

全環研調査による降水中のアンモニウムイオン沈着量〔年間値（年度）〕（単位：meq m^{-2} 年$^{-1}$）

番号	調査地点	2008	2009	2010	2011	2012	2013	2014	2015	2016	2017	2018	2019	2020
1	母子里	24.4	26.9	34.6	19.7	15.7	28.2	17.2	**	**	**	22.4	—	—
2	札幌白石	16.0	14.5	19.5	20.3	18.4	—	—	—	—	21.6	21.9	13.0	12.7
3	青森東造道	26.9	28.6	37.2	33.5	42.3	42.1	28.9	23.4	26.6	27.0	29.2	18.5	33.9
4	鰺ヶ沢舞戸	36.0	26.4	45.9	48.4	37.5	40.3	23.1	16.3	24.4	26.5	27.5	22.3	35.7
5	秋田千秋	—	43.2	60.4	68.7	54.0	59.3	40.0	39.4	37.5	45.1	38.2	23.6	36.0
6	新潟大山※	49.6	45.6	52.9	47.2	46.7	62.4	49.9	33.0	46.2	—	—	—	—
7	新潟小新	36.4	31.4	36.1	30.7	32.4	48.4	34.9	32.5	32.5	**	—	—	—
8	新潟曽和	31.1	27.9	38.2	31.9	35.8	50.7	32.2	27.6	24.3	42.5	30.3	27.8	32.5
9	長岡	54.4	42.9	56.3	53.1	60.9	72.6	54.6	50.4	57.8	63.2	53.6	42.4	54.5
10	長野	15.3	11.6	17.9	15.1	17.3	**	15.5	10.5	8.8	9.3	5.8	5.9	9.2
11	射水	51.8	39.5	44.1	45.3	47.9	62.4	57.7	45.2	37.4	52.7	49.6	39.2	35.7
12	金沢	45.9	41.3	55.0	46.6	54.2	63.1	65.7	44.4	44.4	55.4	48.5	41.3	44.1
13	福井	50.8	45.0	52.8	44.7	44.7	66.4	47.1	31.9	15.5	42.7	37.6	41.0	43.0
14	大津柳が崎	33.2	23.8	23.7	25.8	28.7	25.9	25.6	—	21.7	24.6	20.8	**	18.0
15	京都木津	20.3	16.0	17.2	16.5	20.4	19.9	—	—	—	—	—	—	—
16	京都弥栄※	34.4	34.7	39.9	42.2	44.0	48.1	—	—	—	—	—	—	—
17	若桜	32.3	32.1	**	35.1	**	38.9	32.8	27.5	24.9	16.5	28.1	33.2	—
18	湯梨浜	39.2	37.4	32.6	40.4	39.1	51.5	40.0	28.0	28.9	18.1	33.8	37.9	39.2
19	松江※	39.5	44.5	56.0	39.0	29.0	52.3	37.3	30.8	34.8	35.7	40.8	33.7	34.4
20	浦谷	—	—	—	—	14.6	19.7	15.9	12.5	11.8	12.7	11.2	11.5	8.5
21	郡山朝日	36.5	19.8	24.2	18.3	24.6	28.2	16.3	**	**	—	—	—	—
22	小名浜	27.7	19.3	31.5	36.9	24.5	26.6	19.1	12.5	14.2	17.7	9.2	11.2	10.1
23	前橋	75.6	63.7	81.0	53.2	56.5	39.1	41.4	46.4	41.8	32.2	27.8	27.3	20.6
24	日光	22.5	13.7	22.9	21.0	31.9	16.9	59.1	**	10.6	15.3	6.9	—	—
25	宇都宮	53.3	51.0	57.3	45.9	32.7	52.1	38.1	50.3	41.3	40.7	31.3	31.9	21.8
26	小山	47.5	47.7	53.6	43.7	35.2	**	50.2	40.4	37.7	38.1	25.5	20.4	—
27	土浦	41.9	31.9	33.9	26.2	32.0	25.8	34.3	22.3	25.4	26.6	22.5	—	—
28	加須	48.8	39.9	36.6	41.8	30.2	34.6	26.3	28.9	21.0	30.2	25.7	30.0	27.2
29	さいたま	52.8	43.5	38.2	45.4	28.4	36.5	39.3	31.6	33.8	33.5	26.6	28.8	30.8
30	銚子	—	15.2	—	53.5	56.7	42.4	46.1	39.6	41.7	35.2	27.6	11.4	12.1
31	旭	—	—	—	120.8	115.3	120.1	116.8	102.1	76.6	43.1	56.6	24.8	24.9
32	佐倉	—	—	—	23.0	23.8	21.5	17.8	16.7	15.8	18.3	14.7	23.3	20.0
33	市川	—	—	41.7	30.4	29.4	25.6	29.3	23.0	15.3	—	—	—	—
34	宮野木	20.9	28.9	22.8	25.4	22.4	14.4	16.8	11.6	14.3	10.7	8.0	8.1	—
35	市原	—	**	**	31.1	41.9	36.1	34.9	26.3	23.0	17.2	12.8	14.7	16.0
36	一宮	—	14.9	—	22.0	22.0	18.2	20.2	15.7	17.8	12.8	10.2	7.8	11.0
37	勝浦	—	—	—	—	—	—	—	10.4	10.1	10.1	9.9	9.3	14.4
38	清澄	—	—	—	20.1	17.1	14.8	27.0	9.8	15.0	14.5	10.9	21.2	25.8
39	川崎※	66.8	56.9	37.3	41.8	55.7	36.6	36.9	33.3	24.9	37.6	26.4	15.1	17.0
40	平塚	34.8	30.2	24.9	26.9	30.8	30.6	33.2	36.9	36.8	35.0	20.8	21.9	13.7
41	静岡小黒	**	24.9	20.5	36.6	22.1	22.2	19.8	23.3	16.5	16.2	—	—	—
42	静岡北安東	23.0	21.9	21.4	20.0	21.7	14.7	39.9	17.7	19.5	—	—	—	—
43	豊橋	25.5	24.2	18.7	19.4	14.0	16.3	26.1	25.8	22.3	19.9	17.1	23.1	20.9
44	名古屋南	—	—	21.8	28.8	30.4	21.0	22.9	30.1	27.3	29.2	23.8	20.7	16.0
45	四日市桜	—	56.7	54.2	67.0	60.6	36.6	57.2	49.3	52.6	40.9	—	—	—
46	奈良	19.8	15.3	17.8	21.7	22.8	—	—	—	—	—	—	—	—
47	海南	15.0	12.8	8.9	13.3	16.1	12.0	16.4	17.4	15.5	12.6	—	—	—
48	神戸須磨	19.8	22.8	18.4	22.5	23.1	19.6	15.2	16.6	15.4	12.9	12.1	17.1	15.9
49	広島安佐南	21.8	29.5	22.6	24.8	20.4	15.9	17.1	13.1	19.9	13.4	18.8	27.4	28.3
50	山口	28.0	28.1	24.6	25.2	29.4	40.4	29.8	25.6	40.4	20.9	20.3	27.0	32.0
51	徳島	24.3	20.0	—	30.2	25.2	28.5	27.2	11.9	17.0	17.4	18.3	17.3	15.1
52	香北	20.3	15.1	13.1	20.9	**	17.9	20.7	19.7	—	—	—	—	—
53	太宰府	37.9	28.6	45.0	28.1	39.2	45.5	33.4	34.8	27.6	20.5	18.9	22.1	22.4
54	福岡	31.5	40.3	40.2	30.8	39.8	48.9	40.7	45.7	40.3	31.0	29.6	—	—
55	佐賀	38.3	45.3	54.0	29.1	42.4	36.1	23.5	25.7	35.3	27.5	30.9	26.2	23.9
56	長崎	—	—	—	—	—	—	—	17.6	15.7	14.1	18.2	20.7	26.5
57	諫早	28.3	34.8	35.9	25.7	44.0	24.4	28.0	31.4	29.3	25.9	15.6	10.6	—
58	大分	—	—	—	—	—	27.9	21.5	19.5	23.4	25.7	20.1	21.2	17.8
59	阿蘇	**	45.1	45.6	50.7	**	67.5	43.3	38.8	61.2	32.9	—	—	—
60	画図町	**	28.3	31.8	35.6	43.0	26.5	24.7	19.1	—	—	—	—	—
61	宇土	—	—	32.1	30.3	35.1	—	25.5	23.8	33.4	20.8	21.6		23.7
62	宮崎	42.7	32.5	31.2	33.2	31.2	34.9	41.6	40.1	39.9	34.6	27.9	27.7	18.2
63	鹿児島	37.8	**	27.7	14.7	26.3	21.9	26.0	32.0	28.0	22.5	22.7	19.2	17.9
64	大里	26.4	26.4	27.0	—	44.0	32.7	**	**	**	**	**	—	—

—：未測定, **：無効データ（年判定基準で棄却されたもの）

※　2003年度に環境省から自治体へ移管. 環境省調査では, 新潟大山の地点名は「新潟」.
　　継続性の問題から調査期間が5年未満の地点は掲載していない.

4.2.3　酸性雨モニタリング（東アジア）

　東アジア地域では，近年の急速な経済発展（産業開発）に伴う膨大な大気汚染物質の排出による降水の酸性化とその生態系への影響が懸念され，環境省のリーダーシップのもとに「東アジア酸性雨モニタリングネットワーク（EANET）」が設立された．EANET は，中国，インドネシア，日本，マレーシア，モンゴル，フィリピン，韓国，ロシア，タイおよびベトナムの10ヵ国で 2001 年に本格稼働を開始し，その後，カンボジア，ラオスおよびミャンマーが加わり，現在は13ヵ国が参加している．

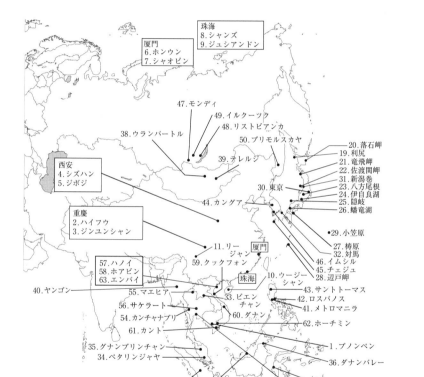

図6　EANET の湿性沈着モニタリング地点（2007〜2021 年，63ヵ所）

　参加国（アルファベット順）：カンボジア，中国，インドネシア，日本，ラオス，マレーシア，モンゴル，ミャンマー，フィリピン，韓国，ロシア，タイ，ベトナム

東アジアの降水 pH〔年平均（暦年）〕

番号	国名・地点名	2007	2008	2009	2010	2011	2012	2013	2014	2015	2016	2017	2018	2019	2020	2021
	カンボジア															
1	プノンペン	6.69	5.84	6.19	5.97	5.96	6.16	6.18	6.21	6.14	6.41	6.18	＊＊	＊＊	＊＊	＊＊
	中　国															
2	ハイフウ	—	4.20	4.22	4.15	4.18	4.24	4.52	4.92	5.42	6.18	5.83	5.29	5.43	5.47	5.53
3	ジンユンシャン	4.52	4.36	4.33	3.94	4.04	4.09	4.20	4.39	4.70	4.97	5.15	4.85	4.76	4.76	5.05
4	シズハン	5.52	6.40	6.53	6.68	6.27	6.26	6.93	6.61	6.66	6.69	6.59	6.77	6.82	6.92	7.13
5	ジボジ	6.85	6.94	＊＊	＊＊	＊＊	7.12	6.20	6.98	6.91	6.63	6.69	6.79	6.76	6.57	6.24
6	ホンウン	4.79	4.59	4.52	4.57	4.65	4.51	4.88	5.08	4.90	4.92	5.34	5.64	6.07	6.41	5.33
7	シャオビン	4.60	4.55	4.47	4.58	4.82	4.80	5.00	4.71	4.95	4.73	5.90	4.84	4.73	4.76	4.87
8	シャンズ	4.63	4.93	4.87	4.85	5.05	5.11	5.23	5.00	5.56	5.17	4.98	5.06	4.95	5.09	5.22
9	ジュシアンドン	—	4.88	4.75	4.95	4.78	—	—	—	5.48	5.16	5.07	5.16	5.02	5.17	5.45
10	ウージーシャン	—	—	—	—	—	—	—	—	—	—	—	—	5.94	5.89	6.21
11	リージャン	—	—	—	—	—	—	—	—	—	—	—	—	6.28	6.43	6.62
	インドネシア															
12	ジャカルタ	4.56	4.65	4.63	4.73	4.55	4.76	4.77	4.71	4.84	4.95	4.89	4.69	4.83	5.19	4.90
13	セルポン	4.59	4.62	4.71	4.76	4.70	4.91	5.06	5.14	4.94	5.18	5.20	5.21	4.98	5.13	5.47
14	コトタバン	5.27	5.22	4.65	4.80	5.04	5.01	4.97	4.82	4.91	5.30	5.20	5.31	5.38	5.32	5.59
15	バンドン	4.93	5.17	5.30	5.10	5.40	5.46	5.40	5.21	5.36	5.08	5.25	5.66	6.02	5.97	5.49
16	マロス	—	5.63	5.33	5.21	5.35	5.62	5.47	5.23	5.24	5.24	5.31	5.38	4.94	5.40	6.25
17	ジャンプラナ	—	—	—	—	—	—	—	—	—	—	—	—	5.36	5.16	4.91
18	ロンボク	—	—	—	—	—	—	—	—	—	—	—	—	5.59	5.39	5.29
	日　本															
19	利　尻	4.58	4.91	＊＊	4.73	4.70	4.70	4.67	4.73	4.77	4.90	4.76	4.87	4.82	＊＊	5.06
20	落 石 岬	4.78	4.87	＊＊	4.83	4.88	＊＊	5.03	＊＊	＊＊	5.19	5.13	5.14	＊＊	＊＊	＊＊
21	竜 飛 岬	4.62	4.59	4.74	4.69	4.61	4.69	4.80	4.66	4.85	4.82	4.74	4.96	＊＊	—	—
22	佐渡関岬	4.50	＊＊	4.75	4.70	4.68	4.73	4.74	4.70	4.66	4.86	＊＊	＊＊	＊＊	＊＊	＊＊
23	八方尾根	4.79	4.83	4.97	＊＊	5.04	4.88	5.00	5.01	＊＊	＊＊	＊＊	4.92	4.79	4.94	5.26
24	伊自良湖	4.53	4.45	4.64	4.76	4.75	4.69	4.75	4.71	4.70	4.76	4.74	4.92	4.79	4.84	5.06
25	隠　岐	4.64	4.60	4.71	4.66	4.73	4.58	4.61	4.65	4.72	＊＊	＊＊	4.87	4.81	＊＊	
26	蟻 竜 湖	4.49	4.53	4.66	4.70	4.66	4.48	4.64	4.55	4.65	4.81	＊＊	4.87	＊＊		
27	樺　原	4.81	4.67	4.77	4.79	4.93	4.77	4.78	4.88	＊＊	4.85	＊＊	5.00	4.97	4.94	5.15
28	辺 戸 岬	4.99	5.00	5.11	5.20	4.90	＊＊	4.96	5.02	5.14	5.17	5.00	5.10	4.98	5.07	＊＊
29	小 笠 原	＊＊	5.00	5.17	5.25	5.30	5.33	5.25	5.08	5.23	5.10	＊＊	5.23	5.23	4.97	5.29
30	東　京	＊＊	4.60	4.75	4.95	4.83	4.84	5.05	4.83	4.79	4.94	4.90	4.93	5.00	5.10	5.17
31	新 潟 巻	—	—	—	—	—	—	—	—	—	—	—	—	4.86	4.95	5.00
32	対　馬	—	—	—	—	—	—	—	—	—	—	—	—	4.99	4.92	4.89
	ラ オ ス															
33	ビエンチャン	5.67	6.01	＊＊	—	—	＊＊	—	—	6.54	5.94	6.57	＊＊	＊＊	＊＊	＊＊
	マレーシア															
34	ペタリンジャヤ	4.56	4.43	4.35	4.26	4.16	4.21	4.42	4.42	4.39	4.26	4.51	4.50	＊＊	4.65	4.68
35	グナンブリンチャン	4.95	5.10	5.08	5.06	5.01	4.96	4.95	4.86	4.72	4.85	4.86	4.86	＊＊	＊＊	5.25
36	ダナンバレー	5.10	5.22	5.22	＊＊	＊＊	5.18	5.27	5.31	5.21	5.25	＊＊	＊＊	＊＊	＊＊	5.24
37	ク チ ン	—	5.26	5.26	5.28	5.43	5.32	5.29	5.34	5.31	5.15	5.21	5.25	＊＊	＊＊	5.34
	モンゴル															
38	ウランバートル	＊＊	6.28	6.11	5.88	5.44	5.88	5.98	—	6.42	5.02	5.53	5.76	5.49	5.95	5.68
39	テレルジ	5.22	5.43	6.22	5.61	5.26	5.74	4.91	—	5.50	5.19	5.04	5.81	＊＊	6.25	5.70
	ミャンマー															
40	ヤンゴン	＊＊	6.41	6.46	6.42	6.46	6.49	6.45	6.70	6.66	6.75	6.69	6.58	6.53	＊＊	6.74
	フィリピン															
41	メトロマニラ	5.27	＊＊	＊＊	＊＊	5.64	＊＊	5.55	6.13	6.28	5.52	＊＊	＊＊	5.4	5.60	5.00
42	ロスバノス	5.54	5.49	5.58	＊＊	5.57	＊＊	＊＊	＊＊	6.29	＊＊	＊＊	＊＊	＊＊	＊＊	＊＊
43	サントトーマス	5.53	5.49	5.83	6.70	5.35	5.95	5.29	6.14	5.96	6.46	＊＊	＊＊	＊＊	＊＊	＊＊
	韓　国															
44	カングア	4.62	4.55	4.59	4.41	4.64	4.61	4.58	4.87	4.69	4.79	4.44	4.88	4.68	＊＊	5.25
45	チェジュ	4.51	4.67	5.11	5.04	5.17	5.31	5.38	5.79	5.67	5.10	5.28	5.87	5.60	＊＊	5.69
46	イムシル	5.73	4.88	5.09	4.87	5.27	5.11	5.22	5.29	5.09	5.50	5.30	5.70	5.34	＊＊	6.18
	ロ シ ア															
47	モンディ	5.52	5.17	5.48	5.55	5.54	5.62	5.32	5.33	5.45	5.37	5.31	5.19	5.41	5.40	5.63
48	リストビアンカ	4.67	4.63	4.84	4.76	4.73	4.78	4.80	4.90	4.83	4.90	4.77	4.75	4.73	4.80	4.85
49	イルクーツク	4.93	4.77	5.41	5.13	5.02	4.93	5.01	5.06	5.21	4.93	4.94	4.86	4.82	4.85	4.96
50	プリモルスカヤ	4.84	4.79	4.98	4.97	4.63	5.07	5.06	5.47	5.16	5.40	5.69	5.83	5.44	6.00	5.56
	タ　イ															
51	バンコク	5.05	5.28	5.09	5.07	5.05	5.68	5.60	7.03	5.29	5.54	5.97	6.04	6.06	5.77	＊＊
52	サントプラカン	5.61	5.29	5.13	＊＊	＊＊	6.17	5.98	6.51	5.60	5.45	5.86	5.52	5.75	6.06	＊＊
53	パタンタニ	4.81	5.03	5.15	5.24	＊＊	5.44	5.41	5.51	5.29	5.40	5.34	5.12	5.46	5.72	5.49
54	カンチャナブリ	5.78	＊＊	＊＊	5.69	5.49	6.02	5.33	5.79	5.46	5.98	5.76	5.76	6.08	—	—
55	マエヒア	5.95	5.98	5.92	6.17	5.29	6.10	6.04	6.28	5.64	5.60	5.56	5.51	5.15	—	—
56	サケラート	5.08	5.03	4.87	4.75	5.00	5.07	5.24	4.82	5.03	5.26	5.42	5.14	5.21	—	—
	ベトナム															
57	ハ ノ イ	5.58	5.84	5.67	5.93	5.30	5.62	5.66	5.74	6.19	5.60	6.53	5.52	4.95	6.19	5.64
58	ホアビン	5.06	5.49	5.29	5.37	5.44	5.63	6.04	5.44	5.29	5.64	5.22	5.26	5.31	5.73	5.46
59	クックフォン	—	—	4.99	5.23	5.04	5.43	5.42	5.52	5.32	5.81	5.07	5.45	5.45	5.25	6.13
60	ダ ナ ン	—	—	4.77	5.11	4.98	5.44	5.58	5.52	5.68	5.96	5.87	5.78	6.15	6.15	5.79
61	カ ン ト	—	—	—	—	—	—	—	6.26	5.77	5.84	5.97	5.87	5.93	5.85	5.96
62	ホーチミン	—	—	—	—	—	—	5.85	6.11	5.76	6.06	6.11	5.96	5.96	6.08	
63	エンバイ									＊＊	5.18	5.19	5.35	4.82	5.77	5.59

― ：未測定，　＊＊：無効データ（年判定基準で棄却されたもの）

東アジアの非海塩硫酸イオン沈着量〔年間値（暦年）〕（単位：mmol m⁻² 年⁻¹）

番号	国名・地点名	2007	2008	2009	2010	2011	2012	2013	2014	2015	2016	2017	2018	2019	2020	2021
	カンボジア															
1	プノンペン	30.2	15.9	14.9	13.3	11.3	16.6	10.5	9.07	7.35	6.53	15.2	＊＊	＊＊	＊＊	＊＊
	中 国															
2	ハイフウ	—	145	106	135	115	102	108	119	61.1	59.1	49.5	45.7	40.7	32.7	34.6
3	ジンユンシャン	148	145	124	148	119	125	99.5	89.6	56.4	48.5	46.1	33.8	36.5	37.9	37.2
4	シズハン	96.2	73.0	80.1	45.6	71.8	42.8	58.3	65.4	45.1	24.6	40.8	21.5	13.7	19.0	27.8
5	ジ ボ ジ	17.7	61.5	＊＊	＊＊	＊＊	35.8	29.7	35.1	11.6	69.5	17.1	13.7	33.3	6.18	14.4
6	ホンウン	99.7	28.6	18.1	39.0	25.5	28.8	29.5	29.1	17.7	37.7	15.9	15.9	46.1	8.82	8.54
7	シャオピン	28.4	55.6	30.9	39.7	37.1	29.5	43.5	39.6	25.9	24.7	9.57	10.7	12.8	8.76	9.01
8	シャンズ	29.5	40.6	31.7	34.5	17.0	18.4	38.4	20.9	12.3	34.4	20.9	16.6	17.8	13.0	11.7
9	ジュシアンドン	—	44.0	28.9	29.4	20.3	—	—	—	30.8	38.3	22.8	21.8	21.7	11.7	15.6
10	ウージーシャン	—	—	—	—	—	—	—	—	—	—	—	—	9.35	3.17	2.63
11	リージャン	—	—	—	—	—	—	—	—	—	—	—	—	0.207	36.9	1.31
	インドネシア															
12	ジャカルタ	58.5	37.9	29.3	45.4	27.7	53.9	48.8	66.3	45.7	58.9	21.8	57.7	37.2	43.0	55.4
13	セルポン	60.1	64.5	30.2	34.1	27.4	25.4	59.6	63.7	54.3	73.5	79.2	68.8	72.1	80.0	65.6
14	コトタバン	17.9	6.47	11.6	14.3	16.2	14.4	12.1	20.4	21.6	10.7	10.4	15.7	13.4	11.5	13.7
15	バンドン	51.2	64.2	76.4	68.8	46.0	53.8	70.2	77.2	59.5	84.3	65.1	53.2	68.2	42.9	53.5
16	マ ロ ス	—	13.5	20.0	26.7	26.7	18.7	21.3	17.2	14.9	11.0	8.53	16.7	9.75	6.69	7.33
17	ジャンブラナ	—	—	—	—	—	—	—	—	—	—	—	—	12.9	16.0	17.0
18	ロンボク	—	—	—	—	—	—	—	—	—	—	—	—	16.4	12.4	17.3
	日 本															
19	利 尻	17.4	12.0	＊＊	14.6	15.8	12.3	13.2	10.6	10.7	9.89	11.4	13.3	7.76	＊＊	8.60
20	落 石 岬	8.73	6.14	＊＊	10.5	5.51	7.68	7.60	＊＊	＊＊	4.98	4.07	5.63	＊＊	＊＊	＊＊
21	竜 飛 岬	16.6	13.5	15.4	22.5	21.2	16.3	18.9	20.4	12.9	15.1	12.1	12.9	＊＊	＊＊	—
22	佐渡関岬	24.7	18.7	14.2	18.3	21.2	19.9	22.0	21.2	13.1	10.9	＊＊	＊＊	＊＊	＊＊	＊＊
23	八方尾根	28.0	17.6	23.1	＊＊	20.9	22.0	22.9	18.8	＊＊	＊＊	＊＊	＊＊	＊＊	＊＊	11.6
24	伊自良湖	40.1	39.0	41.9	39.6	37.2	35.5	31.1	33.8	33.8	31.8	26.8	24.4	25.3	39.7	21.5
25	隠 岐	22.8	18.2	17.0	23.6	25.6	21.2	23.1	15.8	12.3	＊＊	11.4	14.1	12.2	21.9	＊＊
26	蟠 竜 湖	29.5	27.2	25.9	22.5	20.8	24.5	26.5	24.8	18.6	21.8	＊＊	13.7	＊＊	—	＊＊
27	梼 原	20.6	21.2	22.6	22.6	21.3	29.4	21.1	21.1	23.3	＊＊	19.5	＊＊	17.7	32.5	11.0
28	辺 戸 岬	17.8	13.2	11.0	15.3	14.6	＊＊	13.8	14.7	8.88	9.97	9.63	8.21	11.9	16.6	＊＊
29	小 笠 原	＊＊	＊＊	8.72	5.60	4.62	5.27	6.31	6.44	3.79	4.72	＊＊	1.18	3.92	17.7	3.57
30	東 京	＊＊	34.3	25.1	16.3	18.9	22.6	17.4	23.1	17.4	13.7	11.4	11.0	12.3	11.1	10.6
31	新 潟 巻	—	—	—	—	—	—	—	—	—	—	—	—	15.4	23.8	11.5
32	対 馬	—	—	—	—	—	—	—	—	—	—	—	—	21.4	28.6	18.2
	ラ オ ス															
33	ビエンチャン	6.34	8.14	＊＊	—	—	—	—	—	2.79	2.63	＊＊	＊＊	＊＊	＊＊	＊＊
	マレーシア															
34	ペタリンジャヤ	11.2	64.6	38.1	59.3	80.2	57.3	62.6	78.1	78.9	68.1	41.1	58.4	＊＊	39.6	35.0
35	グナンブリンチャン	10.2	12.6	9.80	7.78	16.2	12.8	12.8	17.4	18.0	8.93	10.2	10.6	＊＊	＊＊	1.08
36	ダナンバレー	6.11	6.89	8.36	＊＊	＊＊	6.24	9.15	6.42	6.52	4.28	＊＊	＊＊	＊＊	＊＊	7.50
37	ク チ ン	—	16.4	15.6	14.7	16.3	16.5	18.7	24.1	17.2	18.8	13.2	14.3	＊＊	＊＊	10.7
	モンゴル															
38	ウランバートル	＊＊	4.22	4.47	3.36	4.53	—	8.00	—	—	19.0	5.32	5.05	11.4	5.65	＊＊
39	テレルジ	4.53	3.26	1.78	3.86	3.34	—	4.33	—	—	13.5	1.34	3.56	＊＊	5.17	＊＊
	ミャンマー															
40	ヤンゴン	—	—	＊＊	8.88	18.0	15.8	19.7	10.1	9.94	18.0	30.0	19.9	22.7	＊＊	9.06
	フィリピン															
41	メトロマニラ	73.9	55.7	＊＊	＊＊	＊＊	＊＊	47.0	43.5	43.9	52.0	＊＊	＊＊	21.5	27.3	42.5
42	ロスバノス	22.7	＊＊	22.5	＊＊	17.6	＊＊	＊＊	＊＊	19.3	＊＊	＊＊	＊＊	＊＊	＊＊	＊＊
43	サントトーマス	18.2	16.1	21.5	16.5	20.4	38.1	32.1	15.4	21.3	20.5	＊＊	＊＊	＊＊	＊＊	＊＊
	韓 国															
44	カングア	34.0	39.5	33.6	38.8	36.9	18.3	30.8	11.4	15.7	14.3	12.9	7.77	7.71	＊＊	9.04
45	チェジュ	39.5	15.3	23.0	13.1	17.6	16.9	14.8	12.1	16.2	21.7	11.3	7.82	12.3	＊＊	17.8
46	イムシル	37.5	16.3	17.7	27.2	27.5	22.8	20.4	14.7	12.5	9.88	12.5	9.75	14.2	＊＊	6.41
	ロ シ ア															
47	モンディ	3.20	1.45	0.912	0.598	0.316	0.726	1.15	0.658	0.863	0.678	1.20	1.54	0.822	0.19	0.35
48	リストビアンカ	6.93	8.27	5.94	6.69	10.4	7.25	4.91	4.77	6.98	4.63	7.03	4.68	8.22	5.81	8.96
49	イルクーツク	15.8	20.0	12.9	12.2	11.0	16.5	9.90	8.82	12.1	11.1	12.7	13.5	11.1	10.7	15.1
50	プリモルスカヤ	29.2	21.7	18.8	20.5	8.19	17.9	20.0	20.0	23.0	20.8	20.7	29.3	15.4	19.6	14.4
	タ イ															
51	バンコク	26.5	31.0	25.1	23.3	22.4	18.6	8.46	7.96	11.2	22.0	26.6	16.5	6.95	12.2	＊＊
52	サントプラカン	＊＊	25.6	28.8	＊＊	＊＊	9.28	6.94	8.77	9.63	20.3	15.4	14.3	9.03	7.27	＊＊
53	パタンタニ	16.1	17.2	11.2	13.5	＊＊	11.1	10.7	8.37	12.0	10.4	11.8	9.09	8.32	7.68	7.72
54	カンチャナブリ	3.48	＊＊	6.05	2.61	9.06	7.49	1.40	3.13	2.19	9.73	3.59	2.16	1.70	—	—
55	マエヒア	5.46	5.48	4.36	3.69	4.93	5.04	5.49	4.31	2.87	3.74	7.23	3.06	4.97	—	—
56	サケラート	8.56	12.2	7.90	11.1	7.63	7.23	10.6	4.39	8.66	7.25	8.13	10.1	7.36	—	—
	ベトナム															
57	ハノイ	55.0	44.5	43.0	43.3	55.0	51.4	49.5	64.6	49.6	58.4	69.6	83.3	85.5	133	78.1
58	ホアビン	32.7	26.5	21.5	35.7	31.5	32.4	39.1	32.7	31.9	37.5	35.4	61.0	21.8	85.0	69.6
59	クックフォン	—	—	40.4	32.5	68.2	46.5	48.0	30.4	26.8	30.8	33.7	31.9	33.3	35.9	26.6
60	ダナン	—	—	38.7	23.4	61.3	27.1	36.0	24.0	12.6	21.1	26.1	25.6	38.8	23.8	20.8
61	カ ン ト	—	—	—	—	—	—	—	14.4	63.8	25.2	29.8	57.5	58.4	37.9	49.4
62	ホーチミン	—	—	—	—	—	—	—	43.5	64.6	46.9	76.9	61.4	69.0	57.9	55.3
63	エンバイ	—	—	—	—	—	—	—	—	＊＊	78.1	62.4	46.9	37.7	79.0	56.2

— ：未測定，＊＊：無効データ（年判定基準で棄却されたもの）

東アジアの硝酸イオン沈着量〔年間値（暦年）〕

（単位：mmol m^{-2} 年$^{-1}$）

番号	国名・地点名	2007	2008	2009	2010	2011	2012	2013	2014	2015	2016	2017	2018	2019	2020	2021
	カンボジア															
1	プノンペン	11.3	17.2	13.7	15.5	11.3	17.4	10.3	13.3	11.4	9.78	15.1	**	**	**	**
	中　国															
2	ハイフウ	—	65.6	56.7	75.9	67.4	74.6	75.8	90.8	57.8	66.4	63.1	63.5	61.4	54.9	54.1
3	ジンユンシャン	51.8	56.4	59.7	73.4	65.8	70.8	59.9	68.0	46.9	45.6	46.7	41.7	48.8	52.8	54.6
4	シズハン	40.0	15.5	34.1	18.8	11.5	19.4	15.7	61.0	42.7	26.1	14.6	18.1	11.5	10.8	10.7
5	ジボジ	6.68	44.9	**	**	**	18.5	5.69	7.84	12.8	0.25	1.30	8.25	22.0	2.16	4.08
6	ホンウン	50.6	21.6	17.2	44.3	19.9	32.5	29.3	29.8	26.6	55.6	23.5	26.5	40.4	15.9	16.8
7	シャオビン	27.3	49.2	33.2	46.0	34.6	34.4	40.9	46.3	38.0	35.7	19.0	21.3	31.7	23.2	22.3
8	シャンズ	23.9	34.7	35.5	44.3	19.8	23.1	49.3	34.9	26.9	42.6	34.5	35.3	43.0	40.3	32.9
9	ジュシアンドン	—	33.9	31.3	36.6	21.5	—	—	—	47.0	52.2	41.5	40.7	51.0	51.4	45.9
10	ウージーシャン	—	—	—	—	—	—	—	—	—	—	—	—	14.1	8.14	7.17
11	リージャン	—	—	—	—	—	—	—	—	—	—	—	—	2.25	29.6	0.54
	インドネシア															
12	ジャカルタ	67.4	24.1	23.8	36.2	29.5	44.2	50.8	63.4	42.9	67.5	24.7	75.8	38.3	48.3	52.0
13	セルポン	61.3	71.8	34.2	42.4	29.5	28.2	91.9	104	85.1	92.8	99.6	102	88.3	93.1	75.4
14	コトタバン	9.88	6.93	0.679	5.61	11.1	12.3	6.06	18.7	9.00	8.99	9.21	21.7	16.2	12.9	14.3
15	バンドン	42.4	48.4	61.3	46.8	42.8	45.0	15.1	55.3	47.5	61.0	49.7	41.8	60.4	36.9	34.9
16	マロス	—	10.7	17.4	16.9	27.3	22.2	14.7	16.8	15.6	17.3	8.00	25.1	5.26	5.20	8.19
17	ジャンブラナ	—	—	—	—	—	—	—	—	—	—	—	—	15.3	53.1	16.2
18	ロンボク	—	—	—	—	—	—	—	—	—	—	—	—	20.0	13.4	10.6
	日　本															
19	利尻	13.8	12.1	**	15.4	17.4	15.7	15.7	10.6	11.8	13.3	17.5	20.9	12.2	**	13.5
20	落石岬	8.29	6.16	**	10.3	7.83	8.54	9.36	**	**	6.40	5.71	7.92	**	**	**
21	竜飛岬	22.8	18.5	18.0	27.2	22.7	20.4	27.0	28.8	15.9	21.5	22.0	20.1	**	**	**
22	佐渡関岬	30.0	24.4	17.2	24.8	27.3	26.0	30.6	27.1	18.0	18.7	**	**	**	**	**
23	八方尾根	22.9	18.2	20.1	**	25.1	23.3	22.1	19.1	**	**	**	44.9	**	**	18.5
24	伊自良湖	49.4	54.3	57.9	57.9	46.4	47.7	40.2	44.7	52.5	51.6	44.9	38.6	37.9	38.8	42.9
25	隠岐	27.6	21.5	22.7	35.2	32.6	28.0	33.7	21.4	16.1	**	20.8	22.0	20.9	19.9	**
26	蟠竜湖	37.1	31.2	34.8	33.2	27.9	33.6	32.8	32.9	26.3	32.8	**	22.6	**	**	**
27	椿原	17.1	19.7	16.2	19.1	19.6	26.1	17.5	17.2	**	19.1	**	17.6	17.5	16.4	17.0
28	辺戸岬	17.3	13.5	12.7	16.9	13.6	**	13.8	16.8	12.4	13.5	14.2	13.1	17.0	13.3	**
29	小笠原	**	6.27	5.67	5.70	3.80	4.53	4.83	4.76	3.82	4.47	**	2.00	4.25	4.46	4.43
30	東京	**	45.5	31.3	25.4	30.1	30.7	25.9	30.4	26.7	19.0	17.9	20.0	20.9	19.4	21.5
31	新潟巻	—	—	—	—	—	—	—	—	—	—	—	—	25.7	28.7	23.9
32	対馬	—	—	—	—	—	—	—	—	—	—	—	—	16.6	27.3	25.1
	ラオス															
33	ビエンチャン	9.65	9.95	**	—	—	**	—	—	3.79	2.94	**	**	**	**	**
	マレーシア															
34	ペタリンジャヤ	80.5	135	138	174	190	150	119	133	164	151	90.1	140	**	96.1	105
35	グナンブリンチャン	12.4	17.8	16.0	10.8	7.29	10.8	10.5	13.9	20.5	14.1	23.8	15.2	**	**	2.49
36	ダナンバレー	2.02	4.11	5.61	**	**	2.83	6.32	2.10	3.81	2.65	**	17.8	20.0	**	4.01
37	クチン	—	21.3	21.2	22.8	23.1	14.5	18.6	19.4	16.0	23.5	17.8	20.0	**	**	32.8
	モンゴル															
38	ウランバートル	**	3.12	4.35	3.26	2.75	—	4.76	—	**	5.87	4.86	4.16	1.92	7.03	**
39	テレルジ	3.39	3.77	2.33	3.58	2.59	—	2.89	—	**	5.20	4.58	3.81	**	4.68	**
	ミャンマー															
40	ヤンゴン	—	—	**	11.3	19.8	21.4	18.1	13.8	20.1	32.5	51.4	29.3	65.5	**	32.6
	フィリピン															
41	メトロマニラ	49.4	50.2	**	**	52.7	**	49.0	42.0	33.5	91.8	**	**	31	28.5	33.9
42	ロスバノス	19.4	**	23.2	**	19.9	**	**	**	13.7	**	**	**	**	**	**
43	サントトーマス	18.5	19.9	18.6	15.5	11.8	34.9	37.2	18.5	21.3	25.5	**	**	**	**	**
	韓　国															
44	カングア	34.5	48.0	23.9	49.8	40.9	27.2	38.8	15.7	29.7	24.7	24.6	17.9	16.0	**	23.0
45	チェジュ	18.7	22.3	19.3	32.7	30.0	23.1	19.3	21.8	31.4	35.6	28.4	21.2	31.0	**	31.6
46	イムシル	24.4	19.3	23.9	47.6	41.3	36.7	32.0	30.8	24.3	19.0	26.5	24.6	25.1	**	13.5
	ロシア															
47	モンディ	2.99	1.54	0.938	0.732	0.316	0.841	1.66	0.573	0.718	1.28	1.86	1.92	1.40	0.20	0.19
48	リストビアンカ	8.33	6.02	5.10	6.59	14.6	6.64	4.37	3.68	5.18	4.73	6.08	3.99	6.88	4.75	5.32
49	イルクーツク	8.76	9.02	7.23	8.36	6.81	8.09	4.52	4.77	6.02	6.46	7.22	5.82	6.53	5.44	5.89
50	プリモルスカヤ	18.9	18.3	16.1	14.7	23.5	21.6	13.4	4.93	29.4	20.6	22.3	27.0	18.6	14.9	16.1
	タ　イ															
51	バンコク	44.1	55.4	58.2	54.1	44.7	49.1	17.2	15.5	25.7	51.8	32.2	43.4	18.0	40.8	**
52	サントブラカン	**	30.2	39.7	**	**	11.9	5.65	12.9	14.4	33.2	28.5	27.5	17.8	15.2	**
53	パタンタニ	31.4	35.9	21.8	36.0	**	29.3	22.0	15.6	31.2	28.1	38.8	24.2	22.6	25.4	22.2
54	カンチャナブリ	5.01	**	9.10	6.11	14.1	16.4	2.90	4.58	4.68	5.22	5.83	4.00	2.09	—	—
55	マエヒア	7.47	11.7	8.88	8.52	11.7	8.78	14.2	6.19	6.24	9.59	12.5	7.25	11.2	—	—
56	サケラート	15.1	19.8	16.0	23.7	15.0	12.6	15.0	10.5	17.8	14.6	17.9	15.4	15.2	—	—
	ベトナム															
57	ハノイ	25.8	22.1	26.7	25.7	39.5	45.3	51.2	50.9	44.7	47.3	72.1	88.0	100	120	80.8
58	ホアビン	20.4	20.2	17.5	21.3	25.4	29.5	37.7	32.8	36.0	35.7	42.1	45.9	37.3	91.8	88.2
59	クックフォン	—	—	24.6	38.4	51.5	40.5	31.6	17.4	19.6	22.1	31.4	23.2	33.4	36.3	50.5
60	ダナン	—	—	33.7	11.9	57.5	8.06	12.5	11.7	0.941	7.58	12.1	1.12	4.03	5.94	9.56
61	カント	—	—	—	—	—	—	—	15.4	25.8	5.52	7.30	8.01	39.7	6.42	10.0
62	ホーチミン	—	—	—	—	—	—	—	34.2	25.5	18.9	37.2	12.2	41.4	22.2	31.4
63	エンバイ	—	—	—	—	—	—	—	—	**	73.2	58.6	54.0	63.0	126	53.4

—：未測定，＊＊：無効データ（年判定基準で棄却されたもの）

東アジアのアンモニウムイオン沈着量〔年間値（暦年）〕(単位：mmol m^{-2} 年$^{-1}$)

番号	国名・地点名	2007	2008	2009	2010	2011	2012	2013	2014	2015	2016	2017	2018	2019	2020	2021
	カンボジア															
1	プノンペン	27.0	21.6	17.3	41.9	28.0	34.9	18.1	21.7	19.9	24.9	30.7	＊＊	＊＊	＊＊	＊＊
	中　国															
2	ハイフウ	－	149	112	137	117	118	145	164	116	125	117	115	112	95.3	96.8
3	ジンユンシャン	124	120	121	121	98.8	125	102	105	80.6	80.1	76.1	74.2	73.2	77.0	85.4
4	シズハン	109	63.3	99.7	85.6	40.0	42.7	105	106	115	49.0	85.0	59.8	63.3	70.1	57.5
5	ジ ボ ジ	1.12	13.8	＊＊	＊＊	＊＊	10.4	36.0	18.6	29.4	1.06	0.544	8.50	19.9	17.1	29.5
6	ホンウン	51.8	32.8	34.4	60.9	35.7	39.9	25.7	29.1	29.6	65.9	18.2	24.4	29.1	10.1	20.5
7	シャオビン	55.0	65.9	52.0	65.1	59.6	39.2	50.0	53.0	58.8	45.5	20.0	19.8	20.1	20.6	25.8
8	シャンズ	28.0	55.0	44.4	45.4	26.1	44.2	42.9	39.9	27.3	69.4	46.6	50.0	45.1	41.6	34.5
9	ジュシアンドン	－	42.9	40.5	42.1	28.4	－	－	－	38.9	99.8	46.7	49.8	48.4	45.7	44.1
10	ウージーシャン	－	－	－	－	－	－	－	－	－	－	－	－	22.0	16.6	15.2
11	リージャン	－	－	－	－	－	－	－	－	－	－	－	－	5.58	2.44	7.75
	インドネシア															
12	ジャカルタ	52.6	43.6	27.6	48.8	33.4	62.9	40.0	55.7	53.2	74.1	31.4	81.9	44.3	73.0	64.8
13	セルポン	89.2	112	157	74.6	51.6	63.6	193	189	112	163	161	147	148	218	156
14	コトタバン	50.5	18.7	7.15	6.72	21.9	22.4	14.7	30.2	4760	10.7	13.6	21.4	16.6	19.3	25.6
15	バンドン	94.3	105	130	83.7	93.0	112	111	113	114	157	120	108	124	91.2	94.4
16	マ ロ ス	－	26.9	41.2	27.0	33.8	34.5	27.2	19.9	51.4	106	12.0	36.5	4.33	2.71	5.64
17	ジャンブラナ	－	－	－	－	－	－	－	－	－	－	－	－	26.7	32.2	31.4
18	ロンボク	－	－	－	－	－	－	－	－	－	－	－	－	27.0	34.3	34.4
	日　本															
19	利　尻	22.9	19.5	＊＊	16.8	17.3	13.3	15.1	12.9	14.5	13.5	20.9	24.2	13.6	＊＊	15.8
20	落石岬	6.79	4.71	＊＊	11.6	8.98	10.7	10.3	＊＊	＊＊	5.70	5.24	7.40	＊＊	＊＊	＊＊
21	竜飛岬	18.7	15.0	14.0	23.3	19.4	16.3	20.4	21.2	14.5	18.8	17.9	16.9	＊＊	－	－
22	佐渡関岬	29.3	22.2	12.9	16.2	20.2	20.1	28.6	25.6	16.7	16.0	＊＊	＊＊	＊＊	＊＊	＊＊
23	八方尾根	25.8	16.6	22.9	＊＊	16.8	21.5	23.8	19.8	＊＊	＊＊	＊＊	＊＊	＊＊	＊＊	19.4
24	伊自良湖	46.8	46.0	52.4	46.9	43.4	42.2	36.6	40.8	42.3	45.1	36.4	34.0	35.2	37.4	40.7
25	隠　岐	18.3	17.4	19.1	25.8	28.6	22.0	24.4	14.7	10.2	＊＊	17.6	15.8	16.9	15.0	＊＊
26	蟠竜湖	28.4	24.3	28.3	31.8	22.5	25.9	27.9	26.2	21.8	27.4	＊＊	16.0	＊＊	－	－
27	檮　原	17.7	16.5	17.1	16.3	16.4	23.3	17.8	17.3	16.6	＊＊	12.7	16.7	16.9	13.4	
28	辺戸岬	20.2	12.0	12.7	24.6	16.1	＊＊	16.0	20.2	19.4	14.7	11.4	8.39	12.6	15.6	＊＊
29	小笠原	＊＊	5.74	8.07	9.82	5.88	11.4	7.64	5.94	4.19	5.59	＊＊	1.94	4.61	5.84	3.15
30	東　京	＊＊	55.6	45.3	31.8	35.3	39.8	36.9	41.8	33.0	27.7	23.3	28.1	28.8	30.6	32.4
31	新潟巻	－	－	－	－	－	－	－	－	－	－	－	－	24.8	26.3	21.2
32	対　馬	－	－	－	－	－	－	－	－	－	－	－	－	21.2	30.8	20.4
	ラ オ ス															
33	ビエンチャン	15.3	14.0	＊＊	－	－	－	－	－	7.17	5.04	＊＊	＊＊	＊＊	＊＊	＊＊
	マレーシア															
34	ペタリンジャヤ	57.7	77.9	22.5	16.2	17.5	4.40	57.8	102	54.5	44.6	53.3	76.0	＊＊	75.3	71.4
35	グナンブリンチャン	11.6	12.2	16.7	9.92	47.2	16.1	6.69	9.97	20.2	8.31	9.45	5.33	＊＊	＊＊	1.67
36	ダナンバレー	3.95	29.3	11.7	＊＊	＊＊	1.90	2.48	2.60	8.53	0.827	＊＊	＊＊	＊＊	＊＊	1.61
37	ク チ ン	－	19.7	23.1	9.03	23.3	23.4	11.8	34.3	24.3	13.9	13.3	19.9	＊＊	＊＊	22.0
	モンゴル															
38	ウランバートル	11.0	8.26	10.6	8.35	7.50	－	9.58	－		6.50	7.81	9.78	2.53	8.00	11.1
39	テレルジ	7.19	10.5	4.54	4.53	5.66	－	0.487	－		6.41	4.40	4.62	＊＊	2.63	10.6
	ミャンマー															
40	ヤンゴン	－	－	48.9	33.3	46.9	45.6	45.8	47.6	54.3	37.4	38.2	57.4	50.3	＊＊	39.3
	フィリピン															
41	メトロマニラ	118	148	＊＊	＊＊	＊＊	667	＊＊	145	162	215	283	＊＊	67.6	53.8	42.1
42	ロスバノス	52.1	＊＊	33.9	＊＊	70.1	＊＊	＊＊	＊＊	85.6	＊＊	＊＊	＊＊	＊＊	＊＊	＊＊
43	サントトーマス	29.4	53.3	66.7	16.8	3.79	19.6	20.7	49.0	58.4	34.5	＊＊	＊＊	＊＊	＊＊	＊＊
	韓　国															
44	カングア	51.5	54.8	38.6	41.6	63.8	36.9	70.5	25.7	58.3	48.6	49.6	24.2	21.2	＊＊	25.3
45	チェジュ	35.9	22.1	47.0	26.8	30.2	40.1	22.9	30.4	40.9	45.2	27.3	26.6	35.9	＊＊	27.7
46	イムシル	53.7	25.5	37.6	51.2	56.3	55.4	49.4	36.7	36.4	30.2	39.2	31.4	39.1	＊＊	11.8
	ロ シ ア															
47	モンディ	10.6	2.03	2.40	1.58	0.672	2.00	0.894	0.444	1.84	1.10	1.99	3.03	1.73	0.30	1.94
48	リストビアンカ	6.35	7.40	4.18	5.99	8.22	9.17	2.74	3.83	12.3	4.56	6.50	3.11	8.06	4.91	8.28
49	イルクーツク	16.2	18.1	15.7	12.9	10.8	15.1	8.15	9.28	21.3	10.7	10.3	9.29	12.0	11.5	14.8
50	プリモルスカヤ	29.2	28.0	24.9	28.8	33.6	24.9	28.6	27.2	29.8	21.0	29.7	33.8	21.0	18.5	37.3
	タ　イ															
51	バンコク	91.3	95.5	134	76.5	87.3	79.4	61.6	52.9	96.7	104	87.0	60.5	22.4	63.1	＊＊
52	サントブラカン	＊＊	91.8	81.5	＊＊	＊＊	32.5	42.1	48.2	66.3	78.4	88.1	58.9	28.4	33.3	＊＊
53	パタンタニ	47.5	49.6	43.3	49.4	＊＊	59.2	53.1	37.4	48.6	56.7	56.3	47.0	39.7	44.5	28.7
54	カンチャナブリ	23.7	＊＊	52.1	14.5	25.2	21.4	10.2	13.7	11.7	17.2	16.6	6.29	2.94	－	－
55	マエヒア	17.1	25.6	21.2	22.5	21.9	21.8	27.7	14.1	13.1	21.8	32.3	12.3	25.0	－	－
56	サケラート	25.4	36.4	28.8	40.0	36.7	29.0	34.4	18.0	43.3	36.8	39.4	71.5	78.6	－	－
	ベトナム															
57	ハ ノ イ	80.1	69.4	81.4	64.8	95.9	108	104	113	82.6	102	109	108	38.6	155	132
58	ホアビン	41.4	33.8	42.6	38.8	48.9	57.4	50.7	59.5	62.0	81.8	37.8	81.1	18.3	89.1	118
59	クックフォン	－	－	14.3	16.4	35.5	48.3	48.5	34.9	43.8	38.9	19.5	13.6	31.0	32.0	94.0
60	ダ ナ ン	－	－	40.0	14.6	78.3	35.8	57.0	32.2	16.5	14.8	46.8	36.6	89.4	65.0	48.1
61	カ ン ト	－	－	－	－	－	－	－	33.7	46.9	38.0	41.0	32.0	41.8	26.6	48.6
62	ホーチミン	－	－	－	－	－	－	－	46.6	41.8	73.6	132	51.3	51.5	76.2	69.5
63	エンバイ	－	－	－	－	－	－	－	－	＊＊	166	80.5	72.8	29.0	112	106

─：未測定． ＊＊：無効データ（年判定基準で棄却されたもの）

4.2.4　酸性雨モニタリング（アメリカ）

アメリカでは酸性雨モニタリングが「国家大気沈着プログラム（National Atmospheric Deposition Program）」として実施され，データが公表されている．

地点表記	地　域　（州）	地　点　名
CA45	太平洋岸（カリフォルニア）	Hopland
MT98	北　西　部（モンタナ）	Havre – Northern Agricultural Research Center
UT98	西　　　部（ユタ）	Green River
CO01	西　　　部（コロラド）	Las Animas Fish Hatchery
NE99	中　西　部（ネブラスカ）	North Platte Agricultural Experiment Station
TX16	南　西　部（テキサス）	Sonora
AL10	南　東　部（アラバマ）	Black Belt Research & Extension Center
IN22	中　　　部（インディアナ）	Southwest Purdue Agriculture Center
OH49	北　東　部（オハイオ）	Caldwell
NY68	北　東　部（ニューヨーク）	Biscuit Brook
MA08	北　東　部（マサチューセッツ）	Quabbin Reservoir

アメリカの代表地点（データ取得率の高い）における降水 pH〔年平均（暦年）〕

年	CA45	MT98	UT98	CO01	NE99	TX16	AL10	IN22	OH49	NY68	MA08
1992	5.50	5.48	5.90	5.92	5.47	5.13	4.72	4.36	4.20	4.29	4.33
1993	5.55	5.30	＊＊	5.72	5.57	5.72	4.55	4.36	4.20	4.33	4.39
1994	5.28	5.08	5.44	5.62	5.49	5.04	4.67	4.31	4.10	4.33	4.36
1995	5.37	5.18	5.33	5.57	5.69	4.98	4.68	4.52	4.27	4.43	4.50
1996	5.39	5.24	5.59	5.68	5.44	5.14	4.66	4.46	4.23	4.49	4.52
1997	5.35	5.27	5.22	5.66	5.57	4.96	4.67	4.40	4.26	4.38	4.43
1998	5.35	5.21	5.26	5.56	＊＊	5.11	4.72	4.43	4.28	4.43	4.48
1999	5.38	5.38	6.16	5.51	5.61	5.32	4.66	4.46	4.25	4.53	4.58
2000	5.37	5.40	5.38	5.80	5.51	4.98	4.63	4.60	4.33	4.36	4.44
2001	5.34	5.43	5.24	5.74	5.82	5.20	4.71	4.59	4.23	4.43	4.43
2002	5.35	5.48	6.20	5.77	＊＊	5.13	4.82	4.67	4.36	4.51	4.62
2003	5.32	5.53	6.07	5.88	5.98	5.15	＊＊	＊＊	4.33	4.56	4.60
2004	5.34	5.71	5.60	6.04	6.05	4.99	＊＊	4.47	4.37	4.47	4.56
2005	5.35	＊＊	5.84	5.96	＊＊	5.09	4.79	4.61	4.33	4.59	4.63
2006	5.37	5.54	5.83	5.63	5.64	5.38	＊＊	4.65	4.33	4.60	4.62
2007	5.38	＊＊	5.68	5.97	6.14	5.22	4.66	4.60	4.29	4.55	＊＊
2008	＊＊	5.57	5.43	5.94	6.12	5.24	4.87	4.82	4.44	4.62	4.64
2009	5.36	5.60	5.43	5.78	6.09	5.44	4.91	5.02	4.56	4.77	4.83
2010	5.43	5.49	5.50	5.94	6.18	5.30	＊＊	4.93	4.61	4.88	4.85
2011	5.39	＊＊	＊＊	＊＊	＊＊	5.55	4.92	5.00	4.56	4.93	4.97
2012	5.40	＊＊	5.65	6.48	＊＊	5.48	4.95	5.01	4.73	5.00	4.99
2013	5.32	5.85	5.44	＊＊	6.52	5.58	5.05	5.25	4.77	4.97	5.04
2014	5.43	5.55	6.38	6.38	6.20	5.48	5.10	5.00	4.80	4.94	5.04
2015	5.42	5.56	6.02	6.19	＊＊	5.30	5.00	5.11	4.93	5.05	5.01
2016	5.43	5.71	6.27	6.48	6.38	5.28	5.03	5.24	5.10	5.05	5.09
2017	5.16	5.46	6.19	6.13	＊＊	5.60	5.12	5.47	5.11	5.01	5.14
2018	5.46	＊＊	＊＊	6.04	＊＊	＊＊	5.08	5.28	5.03	5.15	5.08
2019	5.45	＊＊	＊＊	6.32	6.14	5.69	5.07	5.31	5.01	5.14	5.16
2020	5.40	＊＊	5.79	6.39	＊＊	5.67	5.24	5.31	5.20	5.26	＊＊
2021	5.45	＊＊	6.47	6.50	＊＊	5.70	5.26	5.53	5.13	5.28	＊＊

＊＊：データの代表性が判定基準未満

　200 地点以上で測定された pH の年平均値は，アメリカの中央部より西側では観測開始当初から多くの地点で 5 点台であり，酸性化は進んでいない．一方，東部は工業地帯の影響により多地点で低 pH が観測されていたが，近年は酸性度の低下が顕著であり，2021 年には東部においても 4 点台の pH は記録されていない．

アメリカの代表地点（データ取得率の高い）における硫酸イオン沈着量〔年間値（暦年）〕

（単位：kg ha^{-1} 年$^{-1}$）

年	CA45	MT98	UT98	CO01	NE99	TX16	AL10	IN22	OH49	NY68	MA08
1992	1.83	2.12	2.57	3.09	4.48	6.10	12.7	23.7	28.0	27.5	22.4
1993	2.14	2.64	＊＊	2.30	6.05	4.23	16.2	31.1	33.7	25.5	19.9
1994	1.09	1.54	1.60	2.98	3.63	5.45	10.4	26.0	38.3	27.6	24.2
1995	2.63	2.43	1.49	3.64	3.71	6.92	14.7	19.8	26.9	18.5	14.8
1996	2.20	1.30	1.27	2.99	4.66	5.90	16.4	24.4	38.7	27.3	19.9
1997	1.29	1.27	2.09	2.53	3.61	6.53	14.0	23.4	27.9	19.6	16.1
1998	2.74	1.46	1.75	2.44	＊＊	6.14	9.0	29.5	28.6	19.9	16.3
1999	1.38	1.30	1.48	3.49	3.71	6.14	11.7	23.1	30.7	16.7	14.2
2000	1.77	1.52	1.36	2.03	3.38	6.86	10.1	21.5	26.0	28.2	19.2
2001	2.02	0.90	1.56	2.10	4.06	6.08	13.4	17.1	29.6	15.6	16.2
2002	1.82	1.57	1.37	0.96	＊＊	5.36	11.7	21.8	27.4	20.9	12.1
2003	1.93	1.43	0.69	1.97	4.53	5.15	＊＊	＊＊	36.8	22.0	16.5
2004	1.27	1.64	1.46	1.99	3.66	6.74	＊＊	28.2	34.8	23.5	12.6
2005	2.95	＊＊	2.05	1.61	＊＊	5.75	13.0	24.2	27.7	21.2	17.0
2006	2.37	1.29	1.59	1.80	3.35	5.37	＊＊	24.6	27.9	18.6	15.5
2007	0.84	＊＊	1.86	2.89	5.00	6.48	7.99	21.7	32.5	22.1	＊＊
2008	＊＊	1.95	0.91	2.21	5.27	3.61	8.76	23.7	25.6	18.7	20.3
2009	1.34	1.79	1.07	1.81	4.37	3.95	10.7	17.3	13.0	12.8	8.88
2010	2.22	1.23	1.22	2.04	3.22	3.82	＊＊	12.7	12.6	9.48	6.51
2011	1.71	＊＊	＊＊	＊＊	＊＊	3.81	9.00	18.3	25.1	11.9	7.08
2012	1.95	＊＊	0.73	1.14	＊＊	3.95	9.33	11.9	14.6	8.29	5.89
2013	0.39	2.14	0.78	＊＊	3.91	4.83	9.11	14.3	13.7	8.33	5.95
2014	1.16	1.32	1.09	1.41	2.52	3.65	6.24	12.3	11.4	8.30	6.11
2015	1.11	1.59	1.40	2.13	＊＊	5.59	7.08	9.68	8.42	5.66	3.32
2016	1.94	1.81	2.16	2.55	3.21	4.48	7.59	8.59	7.67	4.38	3.13
2017	2.20	0.88	1.74	2.39	＊＊	3.99	6.14	7.90	7.23	4.91	2.81
2018	1.07	＊＊	＊＊	1.14	＊＊	＊＊	6.68	7.34	7.58	5.88	4.28
2019	1.78	＊＊	＊＊	1.67	4.45	5.79	5.24	9.68	7.04	5.11	3.24
2020	0.62	＊＊	0.35	1.15	＊＊	3.94	6.06	6.39	5.67	3.21	＊＊
2021	0.97	＊＊	0.71	1.54	＊＊	5.04	5.87	6.77	6.44	4.83	＊＊

＊＊：データの代表性が判定基準未満

　硫酸イオンの沈着量は中央部から西部で少なく，東部でも減少傾向が顕著であるが，2021 年の結果によると，南東部の一部には 10 kg ha^{-1} 年$^{-1}$ を超える沈着量が観測されている地点もある．

アメリカの代表地点（データ取得率の高い）における硝酸イオン沈着量〔年間値（暦年）〕

(単位：kg ha^{-1} 年$^{-1}$)

年	CA45	MT98	UT98	CO01	NE99	TX16	AL10	IN22	OH49	NY68	MA08
1992	1.75	2.53	2.50	4.02	5.68	4.58	8.15	12.7	14.5	21.1	17.4
1993	2.14	2.74	＊＊	3.15	7.30	3.04	9.46	18.2	18.5	20.6	16.2
1994	1.97	2.25	2.06	4.64	5.56	4.25	6.62	13.6	20.1	20.0	21.6
1995	3.00	2.77	1.83	5.41	5.80	5.25	9.88	11.7	17.2	16.9	14.5
1996	2.19	2.08	1.60	4.10	6.99	4.33	10.5	17.3	23.7	24.5	20.4
1997	1.76	1.90	2.74	4.25	6.25	4.69	8.64	14.8	17.7	18.3	14.7
1998	2.54	2.14	1.79	4.39	＊＊	4.28	6.21	16.8	17.2	17.1	13.3
1999	1.51	2.00	2.26	5.08	6.50	3.88	7.14	15.1	18.7	14.6	12.3
2000	1.65	2.18	2.02	3.06	6.03	3.63	6.28	15.5	16.0	22.0	17.9
2001	1.97	1.45	2.76	3.90	7.03	3.75	8.17	11.3	17.1	14.0	13.7
2002	1.51	2.27	1.58	2.05	＊＊	4.41	8.40	13.5	17.1	16.7	12.4
2003	2.27	2.26	1.19	3.15	6.76	4.05	＊＊	＊＊	20.5	17.1	13.9
2004	1.38	1.99	2.06	3.63	6.28	5.53	＊＊	14.7	17.6	16.3	12.1
2005	2.45	＊＊	2.57	2.53	＊＊	4.61	8.55	14.0	16.8	14.5	12.8
2006	1.91	1.86	1.79	3.13	4.63	3.89	＊＊	14.8	15.0	12.3	11.9
2007	0.91	＊＊	2.32	3.85	7.01	5.13	5.59	12.5	15.9	15.9	＊＊
2008	＊＊	2.31	1.42	2.76	6.91	2.74	6.15	15.8	15.3	16.1	15.9
2009	1.02	1.70	1.47	2.70	6.59	3.14	7.52	11.1	7.69	11.2	8.91
2010	1.83	2.12	2.28	2.80	4.92	3.60	＊＊	9.48	7.43	9.19	7.27
2011	1.17	＊＊	＊＊	＊＊	＊＊	3.53	6.77	14.8	15.2	14.6	9.16
2012	1.61	＊＊	1.34	2.00	＊＊	3.10	7.65	9.13	11.4	11.2	8.25
2013	0.69	3.10	1.65	＊＊	5.93	3.86	6.46	11.2	11.2	11.4	8.16
2014	1.47	2.11	1.86	2.85	4.84	3.23	4.54	9.22	8.99	11.6	9.35
2015	1.03	2.73	2.23	4.09	＊＊	4.20	5.91	7.87	9.08	9.60	6.90
2016	1.72	2.73	1.86	4.10	5.70	3.75	6.75	8.95	8.88	8.38	5.76
2017	1.63	1.95	2.26	4.23	＊＊	3.67	6.43	7.45	9.20	11.0	5.96
2018	1.04	＊＊	＊＊	2.44	＊＊	＊＊	8.51	8.80	10.7	12.4	8.39
2019	1.59	＊＊	＊＊	3.31	7.83	4.38	5.23	10.83	9.89	10.7	6.81
2020	0.62	＊＊	0.71	2.79	＊＊	3.08	5.41	7.58	7.76	6.99	＊＊
2021	0.77	＊＊	1.20	3.18	＊＊	3.98	6.27	8.32	8.38	9.54	＊＊

＊＊：データの代表性が判定基準未満

　硝酸イオンの沈着量は中央部から西部で少ないが五大湖地方の東部や南東部では比較的多く，2021 年の結果によると，いくつかの地点で 10 kg ha^{-1} 年$^{-1}$ を超える沈着量が観測されている．

アメリカの代表地点（データ取得率の高い）におけるアンモニウムイオン沈着量〔年間値（暦年）〕

（単位：kg ha^{-1} 年$^{-1}$）

年	CA45	MT98	UT98	CO01	NE99	TX16	AL10	IN22	OH49	NY68	MA08
1992	0.43	0.87	1.50	1.93	2.85	1.27	1.20	2.57	2.49	2.84	2.51
1993	0.52	0.86	＊＊	1.17	3.40	0.97	1.63	3.68	2.53	2.32	1.90
1994	0.48	0.55	0.61	1.95	2.30	1.41	1.19	3.43	3.43	3.23	3.26
1995	0.70	1.07	0.63	2.20	2.86	1.93	2.05	3.48	2.80	3.00	2.54
1996	0.41	0.61	0.45	1.60	3.27	1.55	2.31	4.24	3.83	3.69	2.80
1997	0.29	0.57	0.80	1.71	2.85	1.23	2.08	3.44	2.39	2.46	2.04
1998	0.39	0.65	0.47	1.77	＊＊	1.40	1.26	4.91	2.93	2.48	1.97
1999	0.29	0.70	0.55	2.18	3.66	1.51	1.24	3.53	2.94	1.88	1.51
2000	0.40	0.80	0.57	1.35	2.77	1.26	1.24	3.70	2.48	3.30	2.24
2001	0.37	0.55	0.69	1.59	3.20	1.39	1.46	2.67	2.91	2.12	2.30
2002	0.29	0.94	0.72	0.87	＊＊	1.35	2.10	4.04	3.36	3.30	2.05
2003	0.50	0.94	0.47	1.58	4.17	1.43	＊＊	＊＊	4.08	3.20	2.60
2004	0.30	1.55	0.72	1.94	4.02	1.37	＊＊	4.25	3.31	3.12	1.82
2005	0.41	＊＊	0.87	1.38	＊＊	1.30	1.82	4.47	3.18	3.11	2.20
2006	0.41	0.70	0.62	1.49	2.59	1.62	＊＊	4.93	3.44	2.43	2.32
2007	0.23	＊＊	0.73	2.30	5.43	1.83	1.09	4.53	3.99	3.37	＊＊
2008	＊＊	1.27	0.57	1.63	4.87	0.80	1.31	5.40	3.30	3.13	3.20
2009	0.22	1.07	0.57	1.29	4.78	1.14	1.80	5.89	1.73	2.69	1.74
2010	0.64	0.94	0.82	1.58	4.04	1.25	＊＊	3.53	1.76	2.13	1.46
2011	0.36	＊＊	＊＊	＊＊	＊＊	1.53	1.84	5.86	4.36	3.71	2.01
2012	0.35	＊＊	0.59	1.48	＊＊	1.23	1.86	4.06	3.28	2.99	2.17
2013	0.18	2.90	0.83	＊＊	5.06	1.82	1.85	6.65	3.54	3.19	2.17
2014	0.54	1.19	0.99	2.40	4.13	1.19	1.69	4.01	2.98	3.07	2.15
2015	0.34	1.89	1.24	3.25	＊＊	1.68	1.60	4.13	2.65	2.66	1.39
2016	0.71	2.16	1.04	3.16	5.77	1.49	1.96	4.65	3.08	2.24	1.57
2017	0.56	1.04	0.68	3.46	＊＊	1.64	2.55	4.28	3.41	3.42	1.57
2018	0.40	＊＊	＊＊	1.86	＊＊	＊＊	2.26	4.64	3.66	3.81	2.15
2019	0.58	＊＊	＊＊	2.82	6.76	2.25	1.60	5.92	3.58	3.54	1.90
2020	0.22	＊＊	0.42	2.35	＊＊	1.70	2.01	4.43	3.39	2.37	＊＊
2021	0.26	＊＊	0.96	2.98	＊＊	1.68	2.66	5.29	3.17	3.31	＊＊

＊＊：データの代表性が判定基準未満

　　アンモニウムイオンの沈着量は，中央部から北東部で多く，2021年の結果によると，いくつかの地点で5 kg ha^{-1} 年$^{-1}$を超える沈着量が観測されている．

4.2.5　酸性雨モニタリング（カナダ）

　カナダにおいては酸性雨モニタリングの年間値が，「カナダ大気・降水モニタリング
ネットワーク（CAPMoN: Canadian Air and Precipitation Monitoring Network）」から
公表されていたが，近年は日単位の値のみであり，年間値の公表はされていない．

カナダにおける降水 pH〔年平均（暦年）〕，降水中の非海塩硫酸イオン，
硝酸イオン，アンモニウムイオン沈着量〔年間値（暦年）〕　　　　　（単位：kg ha^{-1} 年$^{-1}$）

| 年 | Jackson | | | | Kejimkujik | | | | Longwoods | | | |
	pH	非海塩 SO$_4^{2-}$沈着量	NO$_3^-$ 沈着量	NH$_4^+$ 沈着量	pH	非海塩 SO$_4^{2-}$沈着量	NO$_3^-$ 沈着量	NH$_4^+$ 沈着量	pH	非海塩 SO$_4^{2-}$沈着量	NO$_3^-$ 沈着量	NH$_4^+$ 沈着量
1985	4.55	13.2	10.6	1.32	4.40	17.0	12.3	1.61	4.20	33.2	26.8	4.73
1989	4.58	13.1	11.7	1.34	4.44	16.7	14.3	1.84	4.21	24.1	21.1	4.11
1990	4.72	12.3	9.54	1.71	4.63	13.8	10.9	1.38	4.28	32.7	26.1	5.72
1991	4.66	13.1	9.02	1.38	4.58	14.7	11.1	1.51	4.25	22.6	19.3	4.01
1992	4.59	11.5	8.48	1.06	4.57	10.8	9.46	1.11	4.25	33.6	26.6	4.95
1993	4.70	9.68	7.92	1.16	4.66	9.63	9.15	1.13	4.26	20.3	19.2	4.07
1994	4.73	8.57	7.03	1.10	4.70	11.6	10.1	1.59	4.29	24.3	23.9	5.58
1995	4.74	9.02	8.76	1.32	4.67	8.38	8.49	1.18	4.37	22.4	21.9	4.92
1996	4.75	10.8	9.01	1.40	4.74	11.1	10.9	1.49	4.40	25.8	26.4	6.38
1997	4.58	12.2	12.0	1.59	4.55	13.0	12.1	1.60	4.38	24.1	26.1	5.87
1998	4.72	13.7	9.98	1.70	4.64	12.7	9.65	1.48	4.28	23.5	23.0	5.07
1999	4.78	12.0	9.84	1.52	4.76	9.20	8.29	1.19	4.43	18.7	19.5	4.13
2000	4.71	13.8	11.9	2.05	4.65	12.5	12.2	1.89	4.49	22.5	23.6	5.92
2001	4.72	7.76	7.60	1.31	4.69	7.48	8.50	1.07	4.38	22.4	22.3	5.21
2002	4.82	10.4	9.53	1.70	4.73	11.0	11.0	1.85	4.50	17.3	17.8	5.05
2003	4.81	9.86	9.22	1.72	4.84	8.81	9.50	1.41	4.50	21.1	19.4	5.49
2004	4.80	8.56	6.86	1.28	4.75	9.17	8.18	1.38	4.61	19.8	19.6	5.60
2005	4.84	9.57	7.73	1.59	4.84	11.1	8.96	1.86	4.57	18.2	16.4	4.63
2006	4.79	8.35	7.48	1.35	4.80	10.6	9.13	1.90	4.62	24.0	20.3	5.96
2007	4.82	7.58	6.07	1.45	4.79	8.78	7.94	1.60	4.66	15.7	14.7	4.51
2008	4.91	9.47	7.49	1.79	4.87	9.28	7.77	1.71	4.76	16.7	16.9	4.95
2009	5.02	6.60	5.74	1.43	5.00	6.25	6.31	1.35	4.89	14.4	13.1	5.29
2010	5.05	5.13	5.07	1.31	4.96	6.30	6.58	1.57	4.95	11.5	10.5	4.30
2011	5.04	5.47	5.63	1.33	5.01	5.93	7.12	1.50	4.86	16.1	16.0	6.11

非海塩硫酸イオン：海塩粒子の寄与を除いたもの．
The National Atmospheric Chemistry（NAtChem）Database.

4.2.6　酸性雨モニタリング（ヨーロッパ）

　ヨーロッパにおいては酸性雨モニタリングが「欧州モニタリング評価プログラム
（EMEP：The Cooperative Programme for Monitoring and Evaluation of the Long-
range Transmission of Air Pollutants in Europe）」で継続して実施されており，地点数
は少なくなったものの，pH やイオン成分の年間値を EMEP の Web サイトから取得す
ることができる．それらによれば，直近 5 年間の降水 pH の年間値は多くの地点で 5 点
台を示している．

地点表記	地　点　(国)	地点表記	地　点　(国)	地点表記	地　点　(国)
AT02	Illmitz（オーストリア）	FI04	Ähtäri（フィンランド）	NO15	Tustervatn（ノルウェー）
AT04	St. Koloman(オーストリア)	FI09	Utö（フィンランド）	NO39	Kårvatn（ノルウェー）
CZ01	Svratouch（チェコ）	FR08	Donon（フランス）	SE02	Rövik（スウェーデン）
DE02	Waldhof（ドイツ）	HU02	K-puszta（ハンガリー）	SE05	Bredkälen(スウェーデン)
DE04	Deuselbach（ドイツ）	NO01	Birkenes（ノルウェー）	SE11	Vavihill（スウェーデン）
ES01	San Pablo de los Montes(スペイン)	NO08	Skreådalen（ノルウェー）	SE12	Aspvreten(スウェーデン)

ヨーロッパの代表地点（データ取得率の高い）における降水 pH〔年平均（暦年）〕

年	AT02	AT04	CZ01	DE02	DE04	ES01	FI04	FI09	FR08	HU02	NO01	NO08	NO15	NO39	SE02	SE05	SE11	SE12
1991	5.39	5.01	4.34	4.49	4.55	6.07	4.58	4.41	4.89	4.70	4.33	4.61	5.04	5.14	4.33	4.71	4.41	4.45
1992	5.57	4.99	4.50	4.50	4.62	5.66	4.63	4.36	4.99	4.67	4.37	4.70	5.12	5.17	4.40	4.76	4.40	4.38
1993	5.26	4.57	4.41	4.50	4.79	6.13	4.62	4.46	5.03	4.96	4.37	4.81	5.19	5.16	4.39	4.83	4.50	4.34
1994	5.17	4.74	4.52	4.51	4.69	5.83	4.58	4.42	4.96	4.87	4.48	4.78	5.24	5.12	4.42	4.81	4.45	4.50
1995	5.06	4.61	4.54	4.59	4.75	5.97	4.61	4.37	4.95	4.83	4.48	4.75	5.22	5.17	4.39	4.81	4.45	4.59
1996	4.92	4.73	4.53	4.77	4.67	5.26	4.66	4.48	4.73	5.71	4.42	4.78	5.09	5.16	4.40	4.77	4.45	4.57
1997	5.23	4.86	4.64	4.86	4.81	5.42	4.72	4.55	4.83	5.92	4.50	4.92	5.31	5.22	4.48	4.97	4.63	4.55
1998	4.96	4.93	4.70	5.07	4.75	5.65	4.77	4.57	4.88	5.83	4.50	4.83	5.37	5.21	4.57	4.92	4.64	4.65
1999	4.85	5.14	4.74	5.27	4.85	5.89	4.68	4.60	4.82	5.66	4.59	4.93	5.38	5.22	4.56	4.88	4.62	4.59
2000	5.30	5.12	4.75	4.90	4.81	6.03	4.73	4.55	4.87	5.77	4.56	4.90	5.33	5.26	4.45	4.81	4.56	4.56
2001	4.69	4.90	4.86	4.78	4.88	—	4.81	4.63	4.88	5.92	4.63	5.10	5.36	5.31	4.62	4.93	4.69	—
2002	4.99	5.24	4.78	4.80	4.80	—	4.83	4.68	4.88	5.61	4.72	5.17	5.38	5.26	—	4.90	4.75	—
2003	5.22	5.48	4.81	4.85	4.96	—	4.73	4.55	4.85	5.93	4.59	4.89	5.32	5.19	—	4.91	4.82	—
2004	4.83	4.46	4.68	4.79	4.82	—	4.76	4.60	4.83	5.53	4.69	5.07	5.50	5.40	—	5.09	4.72	—
2005	4.95	—	4.73	4.83	4.83	—	4.78	4.66	4.77	5.62	4.68	5.20	5.39	5.33	—	5.03	4.80	—
2006	4.92	—	4.80	4.90	4.98	—	4.72	4.60	4.98	5.58	4.70	—	5.30	5.29	—	5.06	4.87	—
2007	5.09	—	4.92	4.87	4.87	—	4.79	4.67	4.99	5.53	4.75	—	5.28	5.40	—	5.09	4.96	—
2008	5.85	—	4.93	5.09	5.24	—	4.79	—	5.06	5.75	4.77	—	5.33	5.37	—	5.04	4.83	—
2009	5.47	—	4.73	5.01	5.12	5.73	4.79	—	5.11	5.49	4.72	—	5.40	5.46	—	5.04	4.98	4.64
2010	—	—	4.93	5.00	5.11	5.70	4.86	—	4.93	5.62	4.69	—	5.35	5.36	—	—	4.91	4.73
2011	—	—	5.10	5.21	5.10	5.65	4.88	—	5.13	5.82	4.86	—	5.35	5.48	—	—	5.16	4.97
2012	—	—	4.89	5.18	5.45	5.82	4.86	—	5.31	5.78	4.86	—	5.41	5.42	—	—	4.88	4.92
2013	—	—	4.92	5.08	5.17	5.62	4.86	—	5.40	5.66	4.97	—	5.39	5.45	—	5.06	4.91	4.78
2014	—	—	5.16	5.21	—	5.64	4.79	—	5.31	5.66	4.77	—	5.06	5.03	—	5.10	5.09	4.87
2015	—	—	5.29	5.25	—	5.71	4.85	—	5.43	5.99	4.91	—	5.26	5.20	—	5.22	5.30	5.21
2016	—	—	4.95	5.19	—	5.44	4.91	—	5.40	5.48	4.91	—	5.24	5.19	—	5.21	—	4.89
2017	—	—	—	5.32	—	5.80	4.79	—	5.42	6.05	4.95	—	5.34	5.26	—	5.32	—	5.33
2018	—	—	—	5.40	—	5.61	—	—	5.46	5.94	4.95	—	5.36	5.34	—	5.37	—	—
2019	—	—	—	5.34	—	5.60	—	—	5.24	5.62	4.99	—	5.18	5.30	—	5.28	—	—
2020	—	—	—	5.57	—	5.70	—	—	5.36	5.98	5.03	—	5.49	5.49	—	5.41	—	—

—：欠測

ヨーロッパの降水データは Chemical Co-ordinating Centre of EMEP（CCC）の Web サイトから
EMEP のデータをダウンロードし，改変し使用.

ヨーロッパの代表地点（データ取得率の高い）における降水中の硫酸イオン濃度〔年平均（暦年）〕

年	AT02	AT04	CZ01	DE02	DE04	ES01	FI04	FI09	FR08	HU02	NO01	NO08	NO15	NO39	SE02	SE05	SE11	SE12
1991	1.12	0.94	1.57	0.95	0.81	0.54	0.56	1.10	0.49	0.56	0.87	0.58	0.31	0.27	1.12	0.39	1.08	0.84
1992	1.26	0.56	1.28	1.03	0.73	0.53	0.43	1.14	0.67	0.39	0.83	0.49	0.40	0.23	0.84	0.29	0.96	0.78
1993	1.31	0.60	1.24	0.99	0.61	0.62	0.40	0.85	0.51	1.56	0.94	0.68	0.48	0.22	1.01	0.29	0.79	0.86
1994	1.02	0.49	0.97	0.97	0.71	0.62	0.39	0.79	0.53	1.77	0.71	0.56	0.20	0.21	0.76	0.23	0.88	0.70
1995	1.09	0.57	0.91	0.87	0.56	0.32	0.39	0.99	0.49	1.52	0.60	0.45	0.23	0.18	0.90	0.30	0.90	0.69
1996	1.13	0.55	1.01	0.77	0.67	0.30	0.33	0.62	0.36	1.24	0.70	0.38	0.20	0.15	0.93	0.23	0.88	0.56
1997	0.85	0.44	0.85	0.74	0.52	0.49	0.26	0.57	0.34	1.27	0.61	0.48	0.24	0.24	0.77	0.18	0.73	0.54
1998	0.97	0.40	0.65	0.66	0.54	0.60	0.24	0.61	0.33	0.82	0.61	0.43	0.16	0.21	0.58	0.16	0.62	0.49
1999	0.80	0.35	0.58	0.67	0.50	0.50	0.29	0.53	0.34	0.92	0.57	0.42	0.15	0.18	0.65	0.18	0.55	0.52
2000	0.90	0.33	0.65	0.71	0.46	0.53	0.27	0.59	0.29	1.25	0.52	0.38	0.23	0.25	0.56	0.19	0.54	0.49
2001	0.84	0.32	0.79	0.45	0.40	—	0.25	0.42	0.29	0.94	0.50	0.32	0.22	0.22	0.52	0.20	0.48	—
2002	0.74	0.24	0.66	0.51	0.40	—	0.29	0.61	0.30	1.44	0.43	0.37	0.21	0.18	—	0.20	0.45	—
2003	0.72	0.53	0.68	0.53	0.41	—	0.27	0.41	0.34	1.17	0.53	0.33	0.24	0.24	—	0.22	0.53	—
2004	0.56	0.29	0.50	0.57	0.33	—	0.24	0.49	0.32	0.90	0.45	0.26	0.19	0.16	—	0.14	0.51	—
2005	0.52	—	0.57	0.50	0.44	—	0.22	0.44	0.42	0.80	0.56	0.44	0.26	0.23	—	0.18	0.47	—
2006	0.54	—	0.54	0.47	0.32	—	0.26	0.46	0.31	0.67	0.42	—	0.21	0.16	—	0.15	0.45	—
2007	0.48	—	0.56	0.46	0.38	—	0.23	0.46	0.29	0.72	0.38	—	0.24	0.18	—	0.16	0.35	—
2008	0.67	—	0.55	0.44	0.28	—	0.20	—	0.23	0.80	0.39	—	0.20	0.18	—	0.19	0.38	—
2009	0.53	—	0.48	0.29	0.22	0.11	0.22	—	0.21	0.85	0.43	—	0.12	0.12	—	0.17	0.38	0.31
2010	—	—	0.41	0.29	0.23	0.16	0.23	—	0.22	0.50	0.44	—	0.17	0.13	—	—	0.39	0.29
2011	—	—	0.44	0.31	0.24	0.22	0.17	—	0.19	0.75	0.38	—	0.24	0.19	—	—	0.39	0.36
2012	—	—	0.38	0.30	0.26	0.16	0.17	—	0.20	0.70	0.31	—	0.18	0.19	—	—	0.35	0.24
2013	—	—	0.40	0.35	0.19	0.10	0.18	—	0.17	0.63	0.32	—	0.11	0.20	—	0.10	0.45	0.17
2014	—	—	0.40	0.31	—	0.16	0.24	—	0.20	0.71	0.43	—	0.31	0.28	—	0.15	0.32	0.39
2015	—	—	0.34	0.27	—	0.29	0.15	—	0.14	0.73	0.29	—	0.20	0.18	—	0.08	0.33	0.22
2016	—	—	0.42	0.26	—	0.14	0.13	—	0.13	0.67	0.28	—	0.14	0.18	—	0.07	—	0.25
2017	—	—	—	0.22	—	0.27	0.23	—	0.12	0.57	0.29	—	0.16	0.13	—	0.06	—	0.13
2018	—	—	—	0.26	—	0.14	—	—	0.13	0.65	0.33	—	0.12	0.16	—	0.12	—	—
2019	—	—	—	0.22	—	0.16	—	—	0.14	0.48	0.22	—	0.31	0.18	—	0.10	—	—
2020	—	—	—	0.39	—	0.15	—	—	0.09	0.38	0.28	—	0.18	0.18	—	0.06	—	—

単位：mgS L^{-1}，3 倍すると硫酸イオンとしての濃度（mgSO$_4^{2-}$ L^{-1}）
—：欠測

ヨーロッパの代表地点（データ取得率の高い）における
降水中の硝酸イオン濃度〔年平均（暦年）〕

年	AT02	AT04	CZ01	DE02	DE04	ES01	FI04	FI09	FR08	HU02	NO01	NO08	NO15	NO39	SE02	SE05	SE11	SE12
1991	0.54	0.52	0.65	0.62	0.56	0.18	0.27	0.62	0.35	0.55	0.57	0.27	0.10	0.06	0.70	0.17	0.66	0.46
1992	0.58	0.40	0.71	0.65	0.50	0.16	0.27	0.71	0.42	0.51	0.52	0.24	0.08	0.07	0.61	0.15	0.73	0.50
1993	0.58	0.43	0.66	0.70	0.41	0.24	0.24	0.53	0.31	0.56	0.55	0.22	0.08	0.06	0.59	0.14	0.49	0.46
1994	0.50	0.40	0.54	0.65	0.50	0.20	0.25	0.46	0.34	0.55	0.55	0.28	0.08	0.07	0.51	0.16	0.56	0.39
1995	0.48	0.45	0.44	0.60	0.39	0.13	0.25	0.73	0.34	0.52	0.47	0.24	0.06	0.05	0.56	0.17	0.60	0.39
1996	0.50	0.45	0.55	0.72	0.53	0.11	0.23	0.44	0.29	0.51	0.53	0.28	0.09	0.07	0.63	0.14	0.68	0.41
1997	0.54	0.46	0.43	0.61	0.42	0.20	0.19	0.42	0.26	0.47	0.50	0.23	0.07	0.06	0.62	0.11	0.58	0.38
1998	0.52	0.40	0.43	0.59	0.43	0.29	0.20	0.39	0.26	0.31	0.45	0.27	0.07	0.06	0.46	0.12	0.52	0.34
1999	0.50	0.43	0.46	0.69	0.43	0.24	0.26	0.41	0.29	0.35	0.43	0.23	0.08	0.07	0.50	0.13	0.50	0.40
2000	0.56	0.37	0.59	0.81	0.40	0.23	0.22	0.45	0.26	0.47	0.45	0.23	0.06	0.05	0.57	0.14	0.54	0.50
2001	0.52	0.44	0.50	0.47	0.33	—	0.19	0.34	0.28	0.40	0.42	0.23	0.07	0.05	0.50	0.14	0.47	—
2002	0.44	0.33	0.43	0.45	0.38	—	0.23	0.49	0.28	0.63	0.33	0.23	0.07	0.07	—	0.16	0.47	—
2003	0.60	0.44	0.45	0.56	0.42	—	0.22	0.39	0.35	0.54	0.50	0.26	0.07	0.08	—	0.17	0.52	—
2004	0.53	0.76	0.45	0.59	0.26	—	0.22	0.44	0.34	0.44	0.36	0.19	0.07	0.04	—	0.10	0.45	—
2005	0.38	—	0.52	0.52	0.39	—	0.21	0.40	0.41	0.66	0.47	0.07	0.08	0.05	—	0.13	0.51	—
2006	0.42	—	0.46	0.60	0.32	—	0.26	0.53	0.31	0.52	0.42	—	0.10	0.08	—	0.13	0.53	—
2007	0.38	—	0.41	0.40	0.27	—	0.22	0.42	0.29	0.46	0.33	—	0.08	0.04	—	0.11	0.34	—
2008	0.55	—	0.52	0.43	0.26	—	0.22	—	0.26	0.40	0.35	—	0.08	0.07	—	0.14	0.44	—
2009	0.49	—	0.49	0.39	0.27	0.16	0.24	—	0.28	0.43	0.44	—	0.06	0.05	—	0.14	0.41	0.36
2010	—	—	0.34	0.37	0.31	0.12	0.23	—	0.29	0.24	0.46	—	0.08	0.05	—	—	0.51	0.34
2011	—	—	0.39	0.39	0.27	0.19	0.20	—	0.23	0.39	0.39	—	0.06	0.05	—	—	0.44	0.38
2012	—	—	0.42	0.38	0.29	0.16	0.19	—	0.24	0.42	0.38	—	0.07	0.06	—	—	0.50	0.32
2013	—	—	0.36	0.40	0.26	0.09	0.21	—	0.22	0.33	0.35	—	0.05	0.06	—	0.08	0.39	0.25
2014	—	—	0.38	0.36	—	0.10	0.21	—	0.23	0.33	0.35	—	0.08	0.11	—	0.11	0.31	0.34
2015	—	—	0.38	0.33	—	0.22	0.20	—	0.18	0.43	0.29	—	0.07	0.08	—	0.10	0.56	0.23
2016	—	—	0.45	0.43	—	0.11	0.15	—	0.23	0.40	0.35	—	0.07	0.10	—	0.09	—	0.24
2017	—	—	—	0.33	—	0.22	0.24	—	0.23	0.41	0.31	—	0.05	0.04	—	0.06	—	0.14
2018	—	—	—	0.38	—	0.14	—	—	0.21	0.43	0.43	—	0.07	0.08	—	0.14	—	—
2019	—	—	—	0.33	—	0.14	—	—	0.21	0.30	0.26	—	0.07	0.07	—	0.11	—	—
2020	—	—	—	0.11	—	0.17	—	—	0.14	0.27	0.29	—	0.05	0.04	—	0.07	—	—

単位：mgN L^{-1}，4.43 倍すると硝酸イオンとしての濃度（mgNO$_3^-$ L^{-1}）
—：欠測

ヨーロッパの代表地点（データ取得率の高い）における
降水中のアンモニウムイオン濃度〔年平均（暦年）〕

年	AT02	AT04	CZ01	DE02	DE04	ES01	FI04	FI09	FR08	HU02	NO01	NO08	NO15	NO39	SE02	SE05	SE11	SE12
1991	0.93	0.78	0.81	0.68	0.51	0.23	0.31	0.49	0.69	0.76	0.50	0.25	0.14	0.11	0.62	0.15	0.90	0.45
1992	0.88	0.54	0.81	0.72	0.45	0.22	0.24	0.56	0.90	0.71	0.44	0.23	0.15	0.06	0.56	0.10	0.76	0.43
1993	1.00	0.47	0.75	0.72	0.37	0.24	0.16	0.39	0.73	0.61	0.51	0.25	0.16	0.12	0.57	0.13	0.57	0.37
1994	0.60	0.50	0.67	0.67	0.53	0.16	0.16	0.33	0.78	0.78	0.51	0.31	0.13	0.08	0.42	0.09	0.64	0.40
1995	0.71	0.56	0.57	0.68	0.39	0.19	0.19	0.49	0.62	0.64	0.42	0.24	0.12	0.06	0.52	0.14	0.67	0.38
1996	0.64	0.58	0.98	0.78	0.52	0.10	0.18	0.34	0.31	0.76	0.47	0.30	0.15	0.09	0.61	0.12	0.81	0.40
1997	0.67	0.56	0.63	0.67	0.46	0.17	0.12	0.34	0.30	0.79	0.45	0.29	0.18	0.11	0.58	0.07	0.71	0.33
1998	0.59	0.45	0.50	0.62	0.40	0.28	0.13	0.28	0.29	0.43	0.40	0.31	0.16	0.11	0.38	0.11	0.57	0.30
1999	0.66	0.49	0.73	0.68	0.35	0.17	0.18	0.30	0.31	0.57	0.36	0.24	0.16	0.07	0.47	0.12	0.55	0.38
2000	1.12	0.70	1.34	0.71	0.39	0.21	0.15	0.37	0.29	0.76	0.34	0.25	0.15	0.08	0.46	0.10	0.57	0.39
2001	0.61	0.44	0.58	0.57	0.36	—	0.15	0.26	0.30	0.42	0.39	0.33	0.15	0.07	0.48	0.19	0.52	—
2002	0.64	0.36	0.50	0.59	0.41	—	0.26	0.55	0.30	0.81	0.32	0.35	0.14	0.10	—	0.13	0.49	—
2003	0.92	0.70	0.58	0.69	0.52	—	0.17	0.30	0.40	0.56	0.47	0.28	0.18	0.12	—	0.14	0.62	—
2004	0.63	0.34	0.60	0.69	0.23	—	0.17	0.27	0.34	0.31	0.33	0.21	0.17	0.07	—	0.11	0.48	—
2005	0.45	—	0.71	0.61	0.55	—	0.14	0.26	0.46	0.45	0.42	0.05	0.19	0.08	—	0.12	0.62	—
2006	0.49	—	0.61	0.82	0.38	—	0.16	0.35	0.36	0.26	0.34	—	0.13	0.14	—	0.11	0.62	—
2007	0.49	—	0.57	0.51	0.31	—	0.13	0.26	0.31	0.50	0.28	—	0.14	0.11	—	0.11	0.38	—
2008	1.31	—	0.67	0.65	0.34	—	0.14	—	0.35	0.56	0.29	—	0.09	0.08	—	0.11	0.42	—
2009	1.11	—	0.69	0.56	0.30	0.11	0.16	—	0.31	0.50	0.36	—	0.11	0.08	—	0.13	0.51	0.35
2010	—	—	0.49	0.51	0.39	0.13	0.16	—	0.31	0.35	0.36	—	0.15	0.12	—	—	0.61	0.34
2011	—	—	0.53	0.65	0.37	0.19	0.14	—	0.29	0.53	0.42	—	0.15	0.17	—	—	0.56	0.53
2012	—	—	0.54	0.58	0.40	0.19	0.11	—	0.28	0.47	0.33	—	0.14	0.12	—	—	0.49	0.26
2013	—	—	0.51	0.63	0.31	0.13	0.15	—	0.24	0.37	0.37	—	0.14	0.13	—	0.07	0.41	0.17
2014	—	—	0.58	0.59	—	0.11	0.14	—	0.22	0.48	0.35	—	0.11	0.10	—	0.14	0.42	0.42
2015	—	—	0.51	0.57	—	0.33	0.13	—	0.22	0.57	0.28	—	0.09	0.09	—	0.12	0.60	0.31
2016	—	—	0.71	0.64	—	0.18	0.10	—	0.25	0.47	0.29	—	0.09	0.11	—	0.11	—	0.32
2017	—	—	—	0.57	—	0.26	0.21	—	0.28	0.52	0.29	—	0.10	0.06	—	0.08	—	0.18
2018	—	—	—	0.70	—	0.18	—	—	0.28	0.58	0.44	—	0.09	0.09	—	0.24	—	—
2019	—	—	—	0.56	—	0.17	—	—	0.29	0.52	0.24	—	0.13	0.09	—	0.13	—	—
2020	—	—	—	0.53	—	0.24	—	—	0.22	0.52	0.28	—	0.10	0.09	—	0.08	—	—

単位：mgN L^{-1}，1.29 倍するとアンモニウムイオンとしての濃度（mgNH$_4^+$ L^{-1}）
—：欠測

5 水循環

5.1 地球上の水循環

5.1.1 地球の水の分布

地球の水は海水（海洋の水），陸水（氷河，地下水を含む陸地の水）および天水（大気中の水）に分けられる．これらの水の存在状態は氷期・間氷期などがくり返す気候変動によって異なる．現在とほぼ同じ環境になった完新世（ここ1万年間）はほぼ同じ分布と考えられる．総量や海水の量，氷河の量などは推定値で，研究された時代や研究者によってかなり異なるので，以下の表の数値はおよその値である．

地球の水量の分布

	貯　留　量 (10^3 km^3)			割合（%）		
				対全量	対陸水	対その他
天　水	13			0.001		
海　水	1 348 850			97.4		
陸　水	35 987			2.60		
陸水の内訳	氷　河	27 500		1.986	76.42	
	地下水	8 200		0.592	22.79	
	その他	287		0.021	0.80	
その他の内訳		塩水湖	107.0	0.0077	0.297	37.28
		淡水湖	103.0	0.0074	0.286	35.89
		土壌水	74.0	0.0053	0.206	25.78
		河川水	1.7	0.0001	0.005	0.59
		動植物	1.3	0.0001	0.004	0.45
総　計	1 384 850	35 987	287.0	100.0	100.0	100.0

貯留量は賦存量ともいう．
それぞれの貯留量には10%ほどの誤差が含まれる．
Speidel and Agnew（1988），大森博雄（1993）等.

5.1.2 地球上の水の流れ

地球上には 1 384 850 000 km^3 の水が存在する．そのうち，雨となる雲・霧・水蒸気などの大気中の水は天水と呼ばれ，現存量の平均値は 13 000 km^3 で，地球の水全体の 0.001% に過ぎない．地球表面に降る1年間の降水量の平均値は 973 mm で，平均日降水量は 2.7 mm となる．大気中には10日分の水しか貯えられていないことになる．水は海から蒸発して天水となり，雨となって地上に降り，川を通って再び海へ戻るという水循環をしているので，いつまでも涸れることはない．

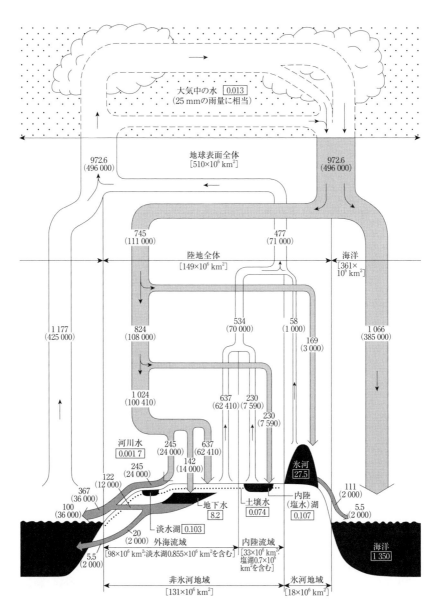

図1　地球の水の流れ

四角の枠内の数値：水の現存量，単位は100万 km³.
その他の数値：1年間の循環量，年降水量への換算値，mm（かっこ内の数値はその体積，km³）.
Speidel and Agnew（1988）等から計算. 大森博雄："水は地球の命づな"（1993）.

大気中の水の貯留量は 13 000 km^3 で，降水量に換算すると，25 mm になる．

地球の水の循環量

	面積 (10^6 km^2)	貯留量 (10^3 km^3)	循環量（10^3 km^3/年）		
			降水	蒸発	陸から海へ
大　気	510	13	496 [972.6]	-496 [972.6]	
海　洋	361	1 348 850	385 [1 066]	-425 [1 177]	40 [111]^{*1}
陸　地	149	35 987	111 [745]	-71 [477]	-40 [268]^{*2}
陸地の内訳					
氷河地域	18	27 500	3.02[169]	-1.04 [58]	-1.98 [111]
内陸流域	33	125.6	7.59[230]	-7.59 [230]	0.00
外海流域	98	8 360	100.41[1 024]	-62.41 [637]	-38.00 [387]

循環量のかっこ内は，循環量を面積で割った降水量換算値（mm）．
無印は入量，負の値（-）は出量を示す．
内陸流減：海に流出しない河川の流域．
外海流域：海に流れ出す河川の流域．
陸地の蒸発は地表面から直接大気に戻る水分と植物を通して大気に戻る水分との合計（=蒸発散量）．
＊1　海洋での降水量に換算．
＊2　陸地での降水量に換算．
Speidel and Agnew (1988)，大森博雄 (1993) 等．

滞留時間は入った水がそこから出るまでの平均時間で，「滞留時間＝貯留量／循環量」で計算する．滞留時間は水体の水が全部入れ替わるのに要する平均時間をもさし，通過時間，回転時間，更新時間，所要時間などとも呼ばれる．

水体別滞留時間

	貯留量 (10^3 km^3)	循環量* (10^3 km^3/年)	滞留時間 （年）	滞留時間 （日）		貯留量 (10^3 km^3)	循環量* (10^3 km^3/年)	滞留時間 （年）	滞留時間 （日）
天　水	13.0	496.00	0.03	10	淡水湖	103.0	24.00	4.29	1 566
海　水	1 348 850.0	425.00	3 173.8	1 158 424	塩水湖	107.0	7.59	14.10	5 146
氷　河	27 500.0	3.02	9 106.0	3 323 675	地下水	8 200.0	14.00	585.7	213 786
河川水	1.7	24.00	0.07	26	土壌水	74.0	84.00	0.88	322

＊　河川水の循環量は 1 年間に陸から海に流出する流量（地下水の合流分は除く）．
淡水湖の循環量は，河川水の循環量と同量．
塩水湖の循環量は，内陸流域の降水量（=蒸発量）と同量．
地下水の循環量は，河川水に合流する量（$12×10^3$ km^3）と地下水のまま直接海に流入する量（$2×10^3$ km^3）の合計．
土壌水の循環量は，陸地からの蒸発量（$70×10^3$ km^3）と土壌を通って地下水となる量（$14×10^3$ km^3）の合計．
Speidel and Agnew (1988)，大森博雄 (1993) 等．

5

水循環

5.1.3 大陸・海洋の水の存在量・循環量

　ある地域において，一定の時間内の水の出入りを計算したものを水収支という．R を河川流出量，R_g を基底流出量（地下水としてその土地から流れ出す量），R_d を直接流出量（雨水が直接河川水となって流れ出す量）．P を降水量．E を蒸発量．I を地中に一時的に貯留される量とすると，

$$R = R_g + R_d, \quad P = R + E, \quad I = P - R_d = R_g + E$$

となる．

大陸の水循環

	ヨーロッパ	アジア	アフリカ	北アメリカ	南アメリカ	オーストラリア	全陸地	単位
降水量(P)	734	726	686	670	1 648	736	834	
流出量(R)	319	293	139	287	583	226	294	
直接流出量(R_d)	210	217	91	203	373	172	204	mm/年
地下水流出量(R_g)	109	76	48	84	210	54	90	
蒸発散量(E)	415	433	547	383	1 065	510	540	
$I = R_g + E$	524	509	595	467	1 275	564	630	
R_g/R	34	26	35	32	36	24	31	
R_g/I	21	15	8	18	16	10	14	%
E/I	43	40	23	31	35	31	36	

Lvovich (1973). 榧根勇：“水文学”(1980).

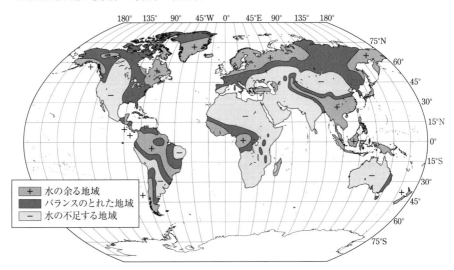

図 2　水の余る地域と不足する地域

　「余る地域」は年降水量が年蒸発量より 200 mm 以上多い地域，「不足する地域」は年蒸発量が年降水量より 200 mm 以上多い地域，年降水量と年蒸発量との差が ±200 mm 以内であればバランスのとれた地域としてある．
　Speidel and Agnew (1988) 原図，大森博雄：“水は地球の命づな”(1993).

世界のおもな海洋

海　洋　名	面　積 $(10^6\,km^2)$	体　積 $(10^6\,km^3)$	最大深度 (m)	平均深度 (m)
太　平　洋	166.241	696.189	10 920	4 188
濠亜地中海 [1]	9.082	11.366	7 440	1 252
ベーリング海	2.261	3.373	4 097	1 492
オホーツク海	1.392	1.354	3 372	973
黄海および東シナ海	1.202	0.327	2 292	272
日　本　海	1.013	1.690	3 796	1 667
カリフォルニア湾	0.153	0.111	3 700	724
太平洋および縁海，合計	181.344	714.410	10 920	3 940
大　西　洋	86.557	323.369	8 605	3 736
アメリカ地中海 [2]	4.357	9.427	7 680	2 164
地　中　海	2.510	3.771	5 267	1 502
黒　　　海	0.508	0.605	2 200	1 191
バ ル ト 海	0.382	0.038	459	101
大西洋および縁海，合計	94.314	337.210	8 605	3 575
イ　ン　ド　洋	73.427	284.340	7 125	3 872
紅　　　海	0.453	0.244	2 300	538
ペルシャ湾	0.238	0.024	170	100
インド洋および縁海，合計	74.118	284.608	7 125	3 840
北　極　海	9.485	12.615	5 440	1 330
北極多島海 [3]	2.772	1.087	2 360	392
北極海および縁海，合計	12.257	13.702	5 440	1 117
全　海　洋	362.033	1 349.929	10 920	3 729

1) スンダ列島，フィリピン，ニューギニア島，オーストラリアで囲まれる地中海.
2) カリブ海およびメキシコ湾の総称.
3) カナダ北西多島海，バフィン湾およびハドソン湾の総称.
Menard and Smith（1966）および Robert L. Fisher（1993）による.

海洋の水循環

	面　積 $(10^6\,km^2)$	貯留量 $(10^3\,km^3)$	循　環　量　$(10^3\,km^3/年)$			増　減
			降水量	河川からの流入量	蒸発量	
太平洋	181	695 000	228.50 [1 262]	12.20 [67]	213.00 [1 177]	27.70[153]
インド洋	74	295 000	81.00 [1 095]	5.70 [77]	100.50 [1 358]	-13.80[-186]
大西洋	94	350 000	74.65 [794]	19.40 [206]	111.00 [1 181]	-16.95[-180]
北極海	12	8 850	0.85 [70.8]	2.70 [225]	0.50 [42]	3.05[254]
合計	361	1 348 850	385 [1 066]	40 [111]	425 [1 177]	0

増減：(降水量＋河川からの流入量) - 蒸発量.
循環量 [ ] 内は，循環量を面積で割った降水量換算値（mm）.
Speidel and Agnew（1988），大森博雄（1993）等.

5
水
循
環

陸地から海洋への年間流入量

（単位：km³）

	ヨーロッパ	アジア	アフリカ	北アメリカ	南アメリカ	オーストラリア	南　極	グリーンランド	合計
太平洋	—	6 530	—	2 000	1 400	1 820	450	—	12 200
インド洋	—	3 600	760	—	—	590	750	—	5 700
大西洋	2 470	—	2 820	3 620	9 690	—	600	200*	19 400
北極海	40	2 340	—	320	—	—	—	0*	2 700
合　計	2 510	12 470	3 580	5 940	11 090	2 410	1 800	200	40 000

＊　グリーンランドからの流入量に関しては，北極海に 32 km³，大西洋に 231 km³ 流入しているという計算値もある〔Steger ほか（2017）〕.
Speidel and Agnew（1988），大森博雄（1993）等.

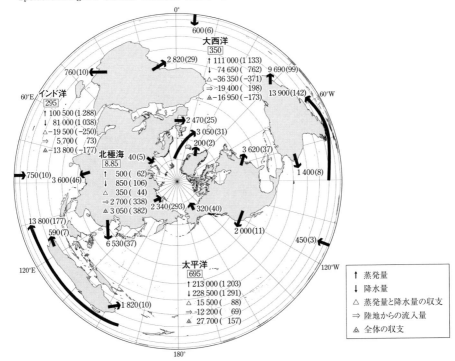

図3　各海洋の水収支

水収支からは，北極海と太平洋で水が余り，大西洋とインド洋で水が足りなくなる.
四角の枠内の数値：海水の現存量，単位は 100 万 km³
その他の数値：1 年間の循環量，単位は km³（かっこ内の数値は年降水量への換算値，mm）.
Speidel and Agnew（1988）等から計算. 大森博雄："水は地球の命づな"（1993）.

5.1.4 海洋表層の海流図

表層の海流は浅いもので200m，深いもので1000m以深に達し，おもに風のつくり出す水位分布に起因する．

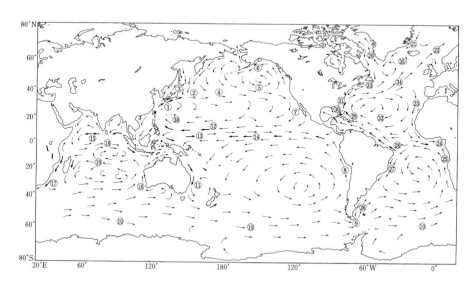

図4 世界の海流図（2月）

日本海洋データセンターの資料による.
1) ← 0.5~1.0ノット（約0.25~0.5m/sec），← 1.0ノット以上（約0.5m/s以上）.
2) ㊳は弱い東向流として存在するといわれている亜熱帯反流.
3) ㊴は4月，11月頃に3ノット以上の東向流として存在する赤道ジェット.

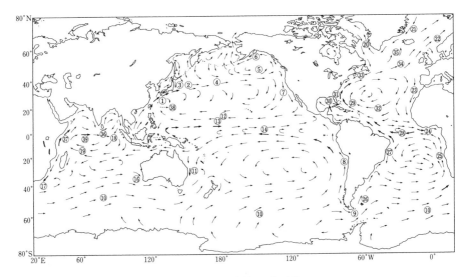

図5　世界の海流図（8月）

①黒潮
②黒潮続流
③親潮
④北太平洋海流
⑤アリューシャン海流
⑥アラスカ海流
⑦カリフォルニア海流
⑧ペルー海流
⑨ホルン岬海流
⑩南極環流（周極流）
⑪東オーストラリア海流
⑫北赤道海流
⑬赤道反流

⑭南赤道海流
⑮北東季節風海流
⑯西オーストラリア海流
⑰アグリアス（モザンビーク）海流
⑱赤道反流
⑲南赤道海流
⑳西グリーンランド海流
㉑東グリーンランド海流
㉒ノルウェー海流
㉓カナリー海流
㉔ギニア海流
㉕ベングエラ海流
㉖フォークランド海流

㉗ブラジル海流
㉘南赤道海流
㉙アンチール海流
㉚フロリダ海流
㉛メキシコ湾流
㉜北赤道海流
㉝ラブラドル海流
㉞北大西洋海流
㉟イルミンガー海流
㊱南西季節風海流
㊲ソマリー海流
㊳亜熱帯反流
㊴赤道ジェット

5.1.5　湖沼の面積と水の存在量

　ふつうの湖沼の水位は流入と流出がほぼつり合った状態で安定するが，海への流出河川をもたない閉塞湖の水位は，気候変動や流入河川の影響を受けて大きく変動する．

　たとえば，カスピ海の水位は1805年には海抜−22mであったが，1930年代−26m，1940年代−28mと1977年まで低下を続けた．しかし1978年に水位は−29mで突然上昇に転じ，1994年までに2mも上昇した．その原因として地球温暖化が疑われている．

　一方，世界第4位の面積を誇ったアラル海は，灌漑用取水による流入量の減少で，1960年以後40年間でその容積の80％を失った．

日本のおもな湖沼

名　称	都道府県 (総合振興局 ・振興局)	成　因	汽水/淡水	面　積 (km²)	標　高 (m)	周囲長 (km)	最大水 深(m)	平均水 深(m)	全面 結氷	湖沼型	透明度 (m)
琵琶湖 （びわこ）	滋　賀	断　層	淡水	669.3	85	241	103.8	41.2	しない	中栄養	6.0
霞ヶ浦 （かすみがうら）	茨　城	海跡	淡水	168.1	0	120	11.9	3.4	しない	富栄養	0.6
サロマ湖 （さろまこ）	北海道(オホーツク)	海跡	汽水	151.6	0	87	19.6	8.7	する	富栄養	9.4
猪苗代湖 （いなわしろこ）	福　島	断層他	淡水	103.2	514	50	93.5	51.5	しない	酸栄養	6.1
中　海 （なかうみ）	島根・鳥取	海跡	汽水	85.7	0	105	17.1	5.4	しない	富栄養	5.5
屈斜路湖 （くっしゃろこ）	北海道(釧路)	カルデラ	淡水	79.5	121	57	117.5	28.4	する	酸栄養	6.0
宍道湖 （しんじこ）	島　根	海跡	汽水	79.3	0	47	6.0	4.5	しない	富栄養	1.0
支笏湖 （しこつこ）	北海道(石狩)	カルデラ	淡水	78.5	248	40	360.1	265.4	しない	貧栄養	17.5
洞爺湖 （とうやこ）	北海道(胆振)	カルデラ	淡水	70.7	84	50	179.7	117.0	しない	貧栄養	10.0
浜名湖 （はまなこ）	静　岡	海跡	汽水	64.9	0	114	13.1	4.8	しない	富栄養	1.3
小川原湖 （おがわらこ）	青　森	海跡	汽水	62.0	0	47	26.5	10.5	しない	富栄養	3.2
十和田湖 （とわだこ）	青森・秋田	カルデラ	淡水	61.1	400	46	326.8	71.0	しない	貧栄養	9.0
風蓮湖 （ふうれんこ）	北海道(根室)	海跡	汽水	59.0	0	94	13.0	1.0	する	富栄養	4.0
能取湖 （のとろこ）	北海道(オホーツク)	海跡	汽水	58.2	0	33	23.1	8.6	する	富栄養	5.5
北　浦 （きたうら）	茨　城	海跡	淡水	35.0	0	64	10.0	4.5	しない	富栄養	0.6
厚岸湖 （あっけしこ）	北海道(釧路)	海跡	汽水	32.3	0	25	11.0	—	しない	中栄養	1.3
網走湖 （あばしりこ）	北海道(オホーツク)	海跡	汽水	32.3	0	39	16.3	6.1	する	富栄養	1.3
八郎潟調整池 （はちろうがたちょうせいち）	秋　田	海跡	淡水	27.8	1	35	11.3	—	する	富栄養	—
田沢湖 （たざわこ）	秋　田	カルデラ	淡水	25.8	249	20	423.4	280.0	しない	酸栄養	4.0
摩周湖 （ましゅうこ）	北海道(釧路)	カルデラ	淡水	19.2	351	20	211.4	137.5	する	貧栄養	28.0
十三湖 （じゅうさんこ）	青　森	海跡	汽水	17.8	0	28	1.5	—	しない	富栄養	1.0
クッチャロ湖 （くっちゃろこ）	北海道(宗谷)	海跡	淡水	13.4	0	30	3.3	1.0	する	富栄養	2.2
阿寒湖 （あかんこ）	北海道(釧路)	カルデラ	淡水	13.3	420	26	44.8	17.8	する	中栄養	5.0
諏訪湖 （すわこ）	長　野	断層他	淡水	12.8	759	17	7.6	4.6	する	富栄養	0.5
中禅寺湖 （ちゅうぜんじこ）	栃　木	堰堤止	淡水	11.9	1 269	22	163.0	94.6	しない	貧栄養	9.0
池田湖 （いけだこ）	鹿児島	カルデラ	淡水	10.9	66	15	233.0	125.5	しない	中栄養	6.5
桧原湖 （ひばらこ）	福　島	堰堤止	淡水	10.9	822	38	30.5	12.0	する	中栄養	4.5
印旛沼 （いんばぬま）	千　葉	海跡	淡水	9.4	2	44	4.8	1.7	しない	富栄養	0.8
涸沼 （ひぬま）	茨　城	海跡	汽水	9.3	0	20	3.0	2.1	しない	富栄養	0.8
涛沸湖 （とうふつこ）	北海道(オホーツク)	海跡	汽水	8.2	1	27	2.4	1.1	する	富栄養	0.8
万石浦 （まんごくうら）	宮　城	海跡	汽水	7.3	0	22	17.5	—	しない	中栄養	3.0
久美浜湾 （くみはまわん）	京　都	海跡	汽水	7.2	0	23	20.6	—	しない	中栄養	3.0
芦ノ湖 （あしのこ）	神奈川	カルデラ	淡水	7.0	725	19	40.6	25.0	しない	貧栄養	7.5
湖山池 （こやまいけ）	鳥　取	海跡	汽水	7.0	0	18	6.5	2.8	しない	富栄養	1.0
山中湖 （やまなかこ）	山　梨	堰堤止	淡水	6.6	981	14	12.9	9.4	する	中栄養	5.5
塘路湖 （とうろこ）	北海道(釧路)	海跡	淡水	6.3	6	18	6.9	3.1	する	富栄養	1.1
松川浦 （まつかわうら）	福　島	その他	汽水	6.2	0	23	5.5	—	しない	富栄養	1.2
外浪逆浦 （そとなさかうら）	茨城・千葉	海跡	汽水	5.9	0	12	23.3	—	しない	富栄養	0.6
温根沼 （おんねとう）	北海道(根室)	海跡	汽水	5.7	0	14	7.3	1.2	する	貧栄養	1.7
河口湖 （かわぐちこ）	山　梨	堰堤止	淡水	5.5	831	18	14.0	9.3	する	中栄養	5.2
鷹梨沼 （たかはこぬま）	青　森	海跡	淡水	5.4	0	22	7.0	2.7	しない	富栄養	1.5
猪鼻湖 （いのはなこ）	静　岡	海跡	汽水	5.4	0	14	16.1	4.4	しない	中栄養	1.0
大沼 （おおぬま）	北海道(渡島)	堰堤止	淡水	5.3	129	21	11.6	5.9	する	富栄養	2.5
長沼 （ながぬま）	宮　城	海跡	淡水	4.9	8	12	3.0	1.5	しない	富栄養	0.6
加茂湖 （かもこ）	新　潟	海跡	汽水	4.9	0	17	9.0	5.2	しない	富栄養	5.4
コムケ湖 （こむけこ）	北海道(オホーツク)	海跡	汽水	4.9	1	23	5.3	1.2	する	富栄養	1.4
阿蘇海 （あそかい）	京　都	海跡	汽水	4.8	0	16	13.0	8.4	しない	中栄養	1.7
本栖湖 （もとすこ）	山　梨	堰堤止	淡水	4.7	900	11	121.2	67.9	しない	貧栄養	11.2
倶多楽湖 （くったらこ）	北海道(胆振)	カルデラ	淡水	4.7	258	8	148.0	105.1	する	貧栄養	22.0
大沼 （おおぬま）	北海道(胆振)	堰堤止	淡水	4.7	1	10	2.2	1.6	する	貧栄養	—
野尻湖 （のじりこ）	長　野	その他	淡水	4.5	657	14	38.3	20.8	しない	中栄養	5.4
湧洞沼 （ゆうどうぬま）	北海道(十勝)	海跡	汽水	4.4	5	17	3.5	1.3	する	腐植栄養	0.7
河北潟 （かほくがた）	石　川	海跡	淡水	4.2	0	25	4.8	2.0	しない	富栄養	0.6
水月湖 （すいげつこ）	福　井	その他	汽水	4.2	0	11	33.7	—	しない	富栄養	2.2
東郷池 （とうごういけ）	鳥　取	海跡	汽水	4.1	0	13	3.6	2.1	しない	富栄養	0.9
手賀沼 （てがぬま）	千　葉	海跡	淡水	4.1	3	37	3.8	0.9	しない	富栄養	0.4
然別湖 （しかりべつこ）	北海道(十勝)	堰堤止	淡水	3.6	810	13.8	98.5	57.1	する	貧栄養	9.8
秋元湖 （あきもとこ）	福　島	堰堤止	淡水	3.5	736	20	36.0	12.8	する	貧栄養	5.0
沼沢湖 （ぬまざわこ）	福　島	カルデラ	淡水	3.0	474	7.5	96.0	60.4	する	貧栄養	9.0
パンケトー （ぱんけとー）	北海道(釧路)	堰堤止	淡水	2.9	450	12	54.0	23.9	する	貧栄養	14.0
西湖 （さいこ）	山　梨	堰堤止	淡水	2.1	900	9.6	71.5	38.5	する	中栄養	6.5
青木湖 （あおきこ）	長　野	断層山	淡水	1.7	822	6.5	58.0	29.0	しない	貧栄養	9.8
鰻池 （うなぎいけ）	鹿児島	火山	淡水	1.2	122	4.2	55.8	34.8	しない	中栄養	7.6
日向湖 （ひるがこ）	福　井	海跡	汽水	0.9	0	4.0	39.4	14.3	しない	貧栄養	8.0
菅沼 （すげぬま）	群　馬	堰堤止山	淡水	0.8	1 731	6.5	75.0	38.1	する	貧栄養	13.2
御池 （みいけ）	宮　崎	火山	淡水	0.7	305	3.9	93.5	57.7	しない	貧栄養	3.1
丸沼 （まるぬま）	群　馬	堰堤止山	淡水	0.5	1 428	3.5	47.0	31.1	する	貧栄養	9.3
大鳥池 （おおとりいけ）	山　形	堰堤止	淡水	0.4	966	3.2	68.0	30.1	する	貧栄養	9.0
ペンケトー （ぺんけとー）	北海道(釧路)	堰堤止	淡水	0.3	520	3.9	39.4	14.0	する	貧栄養	11.3
一ノ目潟 （いちのめがた）	秋　田	火山	淡水	0.3	0	87	42.0	—	しない	中栄養	2.5
大平沼 （おおたいらぬま）	福　島	堰堤止	淡水	0.2	458	2.5	35.5	13.3	する	中栄養	2.0
大沼 （おおぬま）	秋　田	堰堤止	淡水	0.1	410	2.0	31.7	11.4	する	中栄養	3.7
坊が池 （ぼうがいけ）	新　潟	堰堤止	淡水	0.1	460	1.4	33.1	15.0	しない	貧栄養	5.8
柳久保池 （やなくぼいけ）	長　野	堰堤止	淡水	0.1	630	2.2	38.0	19.2	する	貧栄養	2.4
湯釜 （ゆがま）	群　馬	火山	淡水	0.1	2 033	0.8	30.0	12.5	—	酸栄養	—

(1) 原則として面積 4 km² 以上，あるいは最大深度 30 m 以上の湖を掲載．本表のほか，4 km² 以上の湖沼として，北海道根室振興局の国後島に東沸湖 (8.1 km²)，択捉島に得茂別湖 (5.8 km²)，年萌湖 (4.4 km²) がある．

(2) 資料：「第 4 回自然環境保全基礎調査・湖沼調査報告書」（環境庁自然保護局，1993），国土地理院「令和 5 年全国都道府県市区町村別面積調」および湖沼図による．

(3) 透明度は，直径 25〜30 cm の白い円盤を水中に下し，水面からそれがみえなくなった深度をもって表すが，季節や環境の変化による変動が大きい．上表の数値は最近のものである．

世界のおもな湖沼

名 称		所 在	成 因	面積($10^3 \mathrm{km}^2$)	
				A	B
カスピ海*	(Caspian Sea)	ユーラシア	テクトニック	374.000	371.000
スペリオル湖	(L.Superior)	北アメリカ	氷河性	82.367	82.100
ビクトリア湖	(L.Victoria)	アフリカ中央部	テクトニック	68.800	68.870
アラル海*	(Aral'skoye More)	中央アジア	テクトニック	×64.100	17.158
ヒューロン湖	(L.Huron)	北アメリカ	氷河性	59.570	59.600
ミシガン湖	(L.Michigan)	北アメリカ	氷河性	58.016	57.800
タンガニーカ湖	(L.Tanganyika)	アフリカ東部	テクトニック	32.000	32.600
バイカル湖	(Ozero Baykal)	シベリア	テクトニック	31.500	30.500
グレートベア湖	(L.Great Bear)	カナダ北部	氷河性	31.153	31.328
グレートスレーブ湖	(L.Great Slave)	カナダ北部	氷河性	28.568	28.568
エリー湖	(L.Erie)	北アメリカ	氷河性	25.821	25.700
ウィニペグ湖	(L.Winnipeg)	カナダ	氷河性	23.750	24.387
ニアサ湖	(L.Nyasa)	アフリカ東部	テクトニック	22.490**	29.500
チャド湖	(L.Chad)	中央アフリカ北部	テクトニック	×20.900	—
オンタリオ湖	(L.Ontario)	北アメリカ	氷河性	19.009	18.960
バルハシュ湖*	(Oz.Balkhash)	中央アジア	テクトニック	×18.200	17.400
ラドガ湖	(Ladozhskoye Oz.)	ロシア西部	氷河性	18.135	18.390
マラカイボ湖	(L.de Maracaibo)	ベネズエラ	テクトニック	13.010	—
パトス湖	(Logoa de Patos)	ブラジル	ラグーン	10.140	—
オネガ湖	(Oz.Onezhskoye)	ロシア西部	氷河性	9.890	9.600
エーア湖*	(L.Eyre)	オーストラリア	テクトニック	×9.690	8.900
ルドルフ湖*	(L.Rudolf)	ケニア	テクトニック	8.660	—
チチカカ湖	(LagoTiticaca)	南アメリカ西部	テクトニック	8.372	8.340
ニカラグア湖	(L.Nicaragua)	ニカラグア	テクトニック	8.150	8.150
アサバスカ湖	(L.Athabasca)	カナダ	氷河性	7.935	—
ランデール湖	(L.Reindeer)	カナダ	氷河性	6.390	—
イシククル湖*	(Oz.Issyk-kul)	中央アジア	テクトニック	6.236	6.200
ウルミア湖*	(L.Urmia)	イラン	テクトニック	×5.800	5.585
ベンネルン湖	(L.Vanern)	スウェーデン	氷河性	5.648	—
ネチリング湖	(L.Nettiling)	カナダ	氷河性	5.530	—
ウィニペゴシス湖	(L.Winnipegosis)	カナダ	氷河性	5.375	—
アルベルト湖	(L.Albert)	アフリカ東部	テクトニック	5.300	—
カリバ湖	(L.Kariba)	アフリカ東部	人 造	5.400	—
洞庭湖	(Dongting-hu)	中国湖南省	テクトニック	×2.740	—
トンレサップ湖	(Tonle Sap)	カンボジア	堰 止	×2.450	—
太 湖	(Tai-hu)	中国江蘇省	堰 止	2.428	—
メラーレン湖	(L.Malaren)	スウェーデン	テクトニック・氷河性	1.140	—
ソンクラ湖	(L.Songkhla)	タ イ	ラグーン	1.082	—
死 海*	(Dead Sea)	西アジア西部	テクトニック	×1.020	—
バイ湖	(Laguna de Bay)	フィリピン	ラグーン	×0.900	—
タウポ湖	(L.taupo)	ニュージーランド	テクトニック・火山性	0.616	—
チルワ湖*	(L.Chilwa)	アフリカ南東部	テクトニック	×0.600	—
バラトン湖	(L.Balaton)	ハンガリー	テクトニック	0.593	—
レマン湖	(Lac Leman)	アルプス山脈西麓	氷河性	0.584	—
ボーデン湖	(Bodensee)	アルプス山脈北麓	氷河性	0.539	—
タホ湖	(L.Tahoe)	アメリカ合衆国	氷河性	0.499	—
スカダール湖	(Skadarsko Jez)	バルカン半島	テクトニック	0.372	—
マジョーレ湖	(Lago Maggiore)	アルプス山脈南麓	氷河性	0.213	—
ティベリアス湖	(L.Tiberias)	イスラエル	テクトニック	0.170	—
ボラペ湖	(Bung Boraphet)	タ イ	人 造	0.106	—
ワシントン湖	(L.Washington)	アメリカ合衆国	氷河性	0.088	—
シバヤ湖	(L.Sibaya)	南アフリカ	ラグーン	×0.078	—
チューリッヒ湖	(Zurichsee)	スイス	氷河性	0.065	—
ネス湖	(Loch Ness)	スコットランド	テクトニック	0.056	—
メンドータ湖	(L.Mendota)	アメリカ合衆国	氷河性	0.039	—
東 湖	(Dong-hu)	中国湖北省	堰 止	0.028	—
ジューク湖	(Tjeukemeer)	オランダ	人 造	0.021	—
ウィンダー湖	(Windermere)	イングランド	氷河性	0.015	—

(1) 面積5 000 km² 以上の同然湖沼，およびその他のおもな湖を掲載．面積のうち A は主たる出典1〜3による．B は The Times Comprehensive Atlas of the World, 14th edition. 2014 版所載の値．

(2) ＊印は塩湖（内陸盆地にある塩分の高い湖沼で，海洋に隣接する汽水湖を除く）．

(3) 内陸の乾燥地や大河の中・下流にある湖では，一般に季節や年による湖面の拡大・縮小や湖水位の上昇，下降が著しい．×印はそのとくに激しいもので，表に示した値はある時点のものである．
　＊＊　出典2(89)によれば，6.400(10³ km²)だが，出典3のデータを示した．

（続き）

標高(m)	周囲長(km)	最大水深(m)	平均水深(m)	容積(km³)	透明度(m)	出　典
-28	6 000	1 025	(209)	78 200	—	3
183	4 768	406	148	12 221	0〜15	1,2(88)
1134	3 440	84	40	2 750	0〜2	1,2(88)
53	(2 300)	68	(15)	1 020	—	3
176	5 088	228	53	3 535	12〜14	1,2(88)
176	2 656	281	84	4 871	2〜12	1,2(88)
773	1 900	1 471	572	17 800	5〜19	1,2(88)
456	2 000	1 741	740	23 000	5〜23	1,2(88)
186	2 719	446	72	2 236	10〜30	2(90)
156	(2 200)	625	(73)	2 088	—	3
174	1 369	64	18	458	2〜4	1,2(88)
217	1 750	36	12	284	0.4〜2	1,2(88)
500	245	706	292	8 400	13〜23	2(89)
282	800	10	8	72	0〜1	1,2(88)
75	1 161	244	86	1 638	2〜6	1,2(88)
343	2 385	26	6	106	1〜12	2(93)
5	1 570	230	51	908	2〜5	2(91)
1	(900)	60	(21)	280	—	3
1	—	5	(2)	20	—	3
35	(1 600)	120	30	280	3〜4	2(91)
-9	1 718	6	3	30	—	2(90)
427	(900)	73	—	251	—	3
3812	1 125	281	107	893	5〜11	1,2(88)
32	(450)	70	(13)	108	—	3
213	(900)	124	(26)	204	—	3
337	(960)	219	—	96	—	3
1606	688	668	270	1 738	13〜20	2(93)
1275	(540)	16	(8)	45	—	3
44	1 940	106	27	153	5	2(89)
30	—	1	—	1	—	3
254	(1 100)	12	(3)	16	—	3
615	(520)	58	25	280	2〜6	2(89)
485	2 164	78	31	160	3〜6	2(88)
34	—	31	7	18	0	1,2(88)
5	—	12	(4)	10	—	3
3	—	3	2	4.3	0〜1	1,2(88)
0	1 410	61	12	14	2〜3	1,2(89)
0	—	2	1	1.6	1	1,2(88)
-400	—	426	184	188	—	3
2	220	7	3	3.2	0〜1	1,2(88)
357	153	164	91	60	11〜20	1,2(88)
622	200	3	1	1.8	0	2(88)
105	236	12	3	1.9	1	1,2(88)
372	167	310	153	89	2〜15	1,2(88)
400	255	252	(100)	49	3〜15	1,2(90)
1897	120	505	313	375	28	1,2(88)
5	207	8	5	1.9	4〜18	1,2(88)
194	170	370	177	37	3〜22	1,2(88)
-209	53	43	26	4	3	1,2(88)
24	63	6	2	0.3	1〜2	1,2(88)
0	—	65	33	2.9	3〜7	1,2(88)
23	127	43	13	1	—	1,2(88)
406	—	136	51	3.3	3〜8	1,2(88)
16	86	230	132	7.5	4〜5	1,2(88)
850	35	25	12	0.5	1〜9	1,2(88)
21	92	5	2	0.06	1〜3	1,2(88)
-1	25	5	2	0.04	0.3〜1	1,2(88)
39	17	64	21	0.3	—	1,2(88)

(4)　周囲長・平均水深のかっこ内の数字は参考値.
(5)　主たる出典：1 滋賀県琵琶湖研究所・総合研究開発機構(1984)：世界湖沼データブック，2 滋賀県琵琶湖研究所・国際湖沼環境委員会(1988, 1989, 1990, 1991, 1993)：Data Book of World Lake Environments，3 C. E. Herdendorf(1990)：Distribution of the World's Large Lakes などによる．出典 2 についてはかっこ内に年度を示した．

5.1.6 湖沼の平均滞留時間

滞留時間は入った水が出て行くまでにかかる平均時間で，単位時間の総流入量（ある
いは総流出量）で貯水量を割った値となる．湖のすべての水が入れ替わるのに要する平
均時間をも示し，通過時間，回転時間，更新時間，所要時間などとも呼ばれる．現実に
は，湖底に長く滞留する水などもある．

世界のおもな湖沼の平均滞留時間

湖沼	沿岸国	湖面面積(km²)	水質区分	湖盆の起源	標高(m)	最深(m)	水量(km³)	滞留時間(年)
タホ湖	米国	499	淡水	氷河性	1 897	505	375	650
タンガニーカ湖	ブルンジなど ザンビア	32 600		テクトニック	773	1 470	18 880	440
バイカル湖	ロシア	31 500	淡水	テクトニック	456	1 637	23 600	330
トバ湖	インドネシア	1 103	淡水	火山性	904	505	240	109〜279
スペリオル湖	カナダ, 米国	82 100		氷河性	183	406	12 100	191
死海	イスラエルなど	810	塩水	テクトニック	-427	377	147	58〜116
ニアサ湖	マラウイなど	29 500	淡水	テクトニック	474	700	7 775	114
ミシガン湖	カナダ, 米国	57 800		氷河性	176	282	4 920	99
オーリッド湖	アルバニア, マケドニア	358	淡水	テクトニック	690	289	59	70
チチカカ湖	ボリビア, ペルー	8 400	淡水	テクトニック/氷河性	3 810	283	930	56
イシククル湖	キルギス	6 236	塩水	テクトニック	1 608	668	1 738	30
青海(チンハイ)湖	中国	4 396	塩水	テクトニック	3 260	33	105	27
ビクトリア湖	ケニアなど	68 800	淡水	テクトニック	1 134	80	2 760	23
ヒューロン湖	カナダ, 米国	59 600		氷河性	176	229	3 540	22
タウポ湖	ニュージーランド	616	淡水	火山性	356	186	59	10.5
興凱(シンカイ)湖/ハンカ湖	中国, ロシア	4 000〜4 400	淡水	テクトニック	69	11	18.3(平均) 22.6(最大)	10
オンタリオ湖	カナダ, 米国	18 960		氷河性	74	244	1 640	6.0
コモ湖	イタリア	146	淡水	氷河性	198	425	23	5.5
ボーデン湖	ドイツなど	572	淡水	氷河性	395	254	48.5	4.3(主湖盆) 0.07(副湖盆)
シャンプレン湖	カナダ, 米国	1 127	淡水	テクトニック/氷河性	29	120	25.8	3(主湖盆) 0.17(南湖盆)
カリバ湖	ザンビア, ジンバブエ	5 580	淡水	人造	485	97	185	3.0
滇池(ディアンチ)/昆明湖	中国	300	淡水	テクトニック	1 887	8	1.56	2.7
エリー湖	カナダ, 米国	25 700		氷河性	173	64	484	2.6
ペプシ/チュドウスコエ湖	エストニア, ロシア	3 555	淡水	テクトニック	30	13	25.1	2.0
バイ湖	フィリピン	900	淡水	テクトニック/ラグーン	2	7	2.25	0.67
ツクルイ貯水池	ブラジル	2 430	淡水	人造	78	72	45	0.12
グレートソルト湖	米国	4 400	塩水	テクトニック	1 283	10	19	0.02〜0.04

ILEC(2005), 環境省(1996)等.

日本のおもな湖沼の平均滞留時間

湖沼	湖面面積(km²)	水質区分	成因	標高(m)	最深(m)	水量(10⁶m³)	滞留時間(年)
池田湖	10.9	淡水	カルデラ	66	233	1 300	53.0
支笏湖	78.4	淡水	カルデラ	248	360.1	209	51.2
倶多楽湖	4.7	淡水	カルデラ	258	148	490	28.7
屈斜路湖	79.6	淡水	カルデラ	121	117.5	2 200	(12.0)
洞爺湖	70.7	淡水	カルデラ	180	117	8 200	(9.0)
十和田湖	61	淡水	カルデラ	400	326.8	4 190	8.5
田沢湖	25.8	淡水	カルデラ	249	423.4	7 200	7.9
本栖湖	4.7	淡水	堰止	900	121.6	320	6.5
中禅寺湖	11.8	淡水	堰止	1 268	163	1 100	6.5
琵琶湖	670	淡水	断層	86	104	27 500	5.5
猪苗代湖	103.3	淡水	断層	514	93.5	540	3.8
阿寒湖	13.3	淡水	カルデラ	420	44.8	210	1.2
野尻湖	4.4	淡水	その他	657	38.3	25.6	2.0
小川原湖	62.2	汽水	海跡	0	24.4	714	1.0
桧原湖	10.7	淡水	堰止	822	30.5	128	0.87
沼沢湖	3	淡水	カルデラ	474	96	85	0.84
霞ヶ浦	167.6	淡水	海跡	0	11.9	800	0.70
大沼池	5.3	淡水	堰止	129	11.6	32.8	0.60
湖山池	7	汽水	海跡	0	6.5	19	0.34
宍道湖	79.1	汽水	海跡	0	6	344	0.24
中海	86.2	汽水	海跡	0	17.1	533	0.16
網走湖	32.3	汽水	海跡	0	16.1	233	0.15
諏訪湖	12.9	淡水	断層	759	7.6	64	0.12
湯ノ湖	0.32	淡水	堰止	1 475	12	1.7	0.11
秋元湖	3.6	淡水	堰止	736	36	32.8	0.09
手賀沼	4.1	淡水	堰止	3	3.8	5.6	0.08
河北潟	4.1	汽水	海跡	0	4.8	14.7	0.057
印旛沼	8.9	淡水	堰止	2	4.8	19.7	0.044

西條八束ほか (1995), Ministry of the Environment (1996), 国交省河川局 (2010) 等.

5.1.7 河川の流量

　世界の河川の流域面積や長さ，流量は資料によりかなりのばらつきがある．とくに流量は，河口部での観測値が少ないこと，観測期間が異なること，流量が公表されない国があることなどから，精度が低いものが含まれる．

世界の大河の流域面積・長さ・流量

河　川　名	流域面積 (100 km²)	長　さ (km)	流　量 (m³/s)	河　口（合流河川）
ア ジ ア				
エニセイ川	25 915	4 130	19 695	カラ海
オビ川	24 000	5 200	12 240	オビ湾
レナ川	23 837	4 270	15 494	ラプテス海
アムール川	20 515	4 350	9 232	間宮海峡
長　江	11 750	6 300	18 800	東シナ海
黄　河	9 800	5 460	1 960	渤　海
インダス川	9 600	2 900	8 064	アラビア海
ガンジス川	9 560	2 510	16 061	パドマ川
メコン川	8 100	4 425	9 963	南シナ海
ユーフラテス川	7 650	2 800	2 372	シャットル-アラブ川
ブラマプトラ川	6 660	2 900	23 576	ジャムナ川
シルダリア川	6 490	2 210	604	アラル海
アムダリア川	4 650	3 540	4 139	アラル海
イラワジ川	4 300	2 090	12 900	アンダマン海
アフリカ				
コンゴ川	36 900	4 370	34 686	南大西洋
ナイル川	30 070	6 690	3 007	地中海
ニジェル川	12 000	4 030	6 240	キニア湾
ザンベジ川	13 300	2 650	6 916	モザンビーク海峡
オレンジ川	10 200	1 860	2 856	南大西洋
ヨーロッパ				
ボルガ川	13 800	3 690	8 418	カスピ海
ドナウ川	8 150	2 850	7 498	黒　海
ドニエプル川	5 105	2 290	1 991	黒　海
ドン川	4 300	1 970	1 290	アゾフ海
ドビナ川	3 620	1 750	3 511	バルト海
ペチョラ川	3 200	1 810	3 936	バレンツ海
ライン川	2 240	1 320	3 248	北　海
セーヌ川	778	780	560	イギリス海峡
テムズ川	126	405	81	北　海
北アメリカ				
ミシシッピ川	32 480	6 200	8 770	メキシコ湾
マッケンジー川	16 680	4 240	7 006	ボーフォート海
セントローレンス川	12 480	3 060	10 733	セントローレンス湾
サスカチュワン川	10 800	1 940	8 640	ウィニペグ湖
ユーコン川	8 550	3 185	5 643	ベーリング海
コロンビア川	6 550	1 850	5 764	北太平洋
コロラド川	5 900	2 320	555	カルフォルニア湾
リオ・グランデ川	5 700	3 030	177	メキシコ湾
南アメリカ				
アマゾン川	70 500	6 300	204 450	南大西洋
ラプラタ川	31 040	4 700	18 934	南大西洋
オリノコ川	9 440	2 060	17 370	南大西洋
オセアニア				
マレー川（マーレー川）	9 100	3 750	309	グレートオーストラリア湾

Speidel and Agnew（1988），阪口豊ほか（1995）等.

日本の河川の流域面積・長さ・流量

河川名	流域面積 (km²)	幹川流路延長* (km)	観測地点	観測地点の上流域面積 (km²)	2020年の流量(m³/s)**			観測期間
					年平均	最大	最小	
利根川 (とねがわ)	16 840	322	栗橋	8 588	230	1 700	75	1918～
石狩川 (いしかりがわ)	14 330	268	伊納	3 379	110	910	42	1953～
信濃川 (しなのがわ)	11 900	367	小千谷	9 719	500	3 800	170	1942～
北上川 (きたかみがわ)	10 150	249	登米	7 869	—	3 800	—	1952～
木曽川 (きそがわ)	9 100	227	犬山	4 684	380	12 000	68	1951～
十勝川 (とかちがわ)	9 010	156	帯広	2 678	75	290	26	1954～
淀川 (よどがわ)	8 240	75	枚方	7 281	—	3 100	—	1952～
阿賀野川 (あがのがわ)	7 710	210	馬下	6 997	360	4 900	67	1951～
最上川 (もがみがわ)	7 040	229	高屋	6 271	360	5 300	95	1959～
天塩川 (てしおがわ)	5 590	256	美深橋	2 899	120	1 300	21	1967～
阿武隈川 (あぶくまがわ)	5 400	239	阿久津	1 865	50	1 100	13	1951～
天竜川 (てんりゅうがわ)	5 090	213	鹿島	4 971	—	—	—	1939～
雄物川 (おものがわ)	4 710	133	椿川	4 035	250	2 200	66	1938～
米代川 (よねしろがわ)	4 100	136	鷹巣	2 109	110	1 700	38	1957～
富士川 (ふじがわ)	3 990	128	清水端	2 179	79	—	—	1952～
江の川 (ごうのかわ)	3 900	194	尾関山	1 981	81	5 200	—	1956～
吉野川 (よしのがわ)	3 750	194	池田	2 074	110	6 200	22	1954～
那珂川 (なかがわ)	3 270	150	野口	2 181	72	—	—	1949～
荒川 (あらかわ)	2 940	173	寄居	905	40	—	—	1938～
九頭竜川 (くずりゅうがわ)	2 930	116	中角	1 240	—	1 200	—	1952～
筑後川 (ちくごがわ)	2 863	143	瀬ノ下	2 295	170	6 600	38	1950～
神通川 (じんつうがわ)	2 720	120	神通大橋	2 688	190	3 800	34	1958～
高梁川 (たかはしがわ)	2 670	111	日羽	1 986	63	3 800	4	1963～
岩木川 (いわきがわ)	2 540	102	五所川原	1 740	—	540	18	1953～
斐伊川 (ひいかわ)	2 540	153	上島	895	35	1 200	7	1984～
釧路川 (くしろがわ)	2 510	154	標茶	895	24	500	14	1956～
新宮川 (しんぐうがわ)	2 360	183	相賀	2 251	—	3 900	—	1951～
四万十川 (しまんとがわ)	2 270	196	具同	1 808	190	4 200	33	1952～
大淀川 (おおよどがわ)	2 230	107	柏田	2 126	—	—	—	1961～
吉井川 (よしいがわ)	2 110	133	津瀬	1 675	63	2 200	15	1986～
馬淵川 (まべちがわ)	2 050	142	剣吉	1 751	—	1 100	23	1963～
常呂川 (ところがわ)	1 930	120	北見	1 394	19	180	6	1954～
由良川 (ゆらがわ)	1 880	146	福知山	1 344	42	660	5	1953～
球磨川 (くまがわ)	1 880	115	横石	1 837	140	—	—	1968～
矢作川 (やはぎがわ)	1 830	117	岩津	1 356	64	2 400	9	1939～
五ヶ瀬川 (ごかせがわ)	1 820	106	三輪	1 044	65	3 000	14	1949～
旭川 (あさひがわ)	1 810	142	牧山	1 587	54	1 600	11	1965～
紀の川 (きのかわ)	1 750	136	船戸	1 558	—	2 000	—	1952～
太田川 (おおたがわ)	1 710	103	矢口第一	1 527	—	4 100	12	1970～
尻別川 (しりべつがわ)	1 640	126	名駒	1 402	—	520	19	1965～
川内川 (せんだいがわ)	1 600	137	倉野橋	1 348	120	2 700	18	1971～
仁淀川 (によどがわ)	1 560	124	伊野	1 463	94	3 000	14	1957～
久慈川 (くじがわ)	1 490	124	山方	898	22	1 100	2	1958～
大野川 (おおのがわ)	1 465	107	白滝橋	1 381	71	2 800	5	1950～
網走川 (あばしりがわ)	1 380	115	美幌	824	11	90	3	1965～
沙流川 (さるがわ)	1 350	104	平取	1 253	42	650	11	1964～
大井川 (おおいがわ)	1 280	168	神座	1 160	—	—	—	1956～
鵡川 (むかわ)	1 270	135	鵡川	1 228	37	740	6	1974～
多摩川 (たまがわ)	1 240	138	石原	1 040	—	—	—	1951～
肱川 (ひじかわ)	1 210	103	大洲	984	40	1 800	6	1956～
庄川 (しょうがわ)	1 180	115	大門	1 120	45	1 100	4	1955～
那賀川 (なかがわ)	874	125	古庄	765	62	1 200	23	1956～

(1)　流域面積2 000 km² 以上，または幹川流路延長100 km 以上の一級河川でかつ，継続して流量データの得られている河川を対象とし，流量は2020年の値.

(2)　その他　　＊　大流量をもつ流路延長で，わが国では概ね本流と一致する.

　　　　　　＊＊　「―」は欠測を示す．流量値は，水位と流量の関係式に，観測水位を代入して換算した流量であり，上位2桁までの数字を表記している．また，速報値であり，今後変更の可能性がある.

　北海道・本州の日本海側は春の融雪水，太平洋側は夏から秋にかけての梅雨と秋霖・台風による雨，九州から瀬戸内海地方は梅雨の雨によりピークをもつ．太平洋に流れ出す川でも，脊梁山脈に水源をもつ川では融雪期にピークがみられるものもある．比流量は単位面積から流れ出す流量で，川を同じ大きさにしたときの流量に相当し，河川の大小に関わらず流量を相互に比較できる．

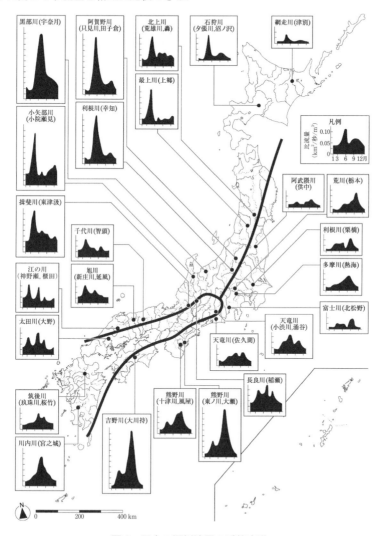

図6　日本の河川流量の季節変動

阪口豊ほか："日本の川"（1995）．

5.1.8　世界の年蒸発散量（陸域）と年蒸発量（海洋）

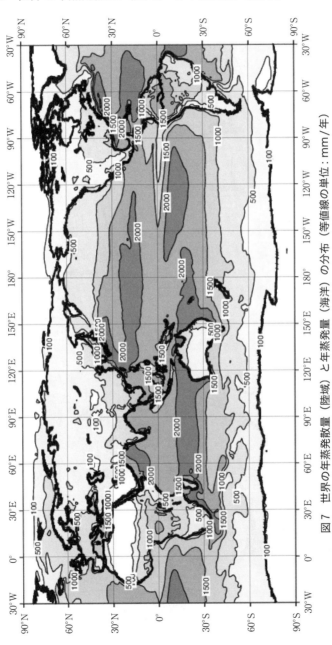

図7　世界の年蒸発散量（陸域）と年蒸発量（海洋）の分布（等値線の単位：mm/年）

気象庁第3次長期再解析（JRA-3Q）の成果に基づく．
蒸発散量（陸域）および蒸発量（海洋）は，JRA-3Qの数値予報モデルにより計算された6時間予報値から積算した値である．
1991年から2020年の期間で平均した年間の総蒸発散量（陸域）と総蒸発量（海洋）の合計で表される．海洋では蒸発だけが行われる．
水）と蒸発散量（植物の葉を通して大気中に移動する水）の合計して大気中に移動する（地表から直接大気中に移動する

5.1.9 世界の年降水量

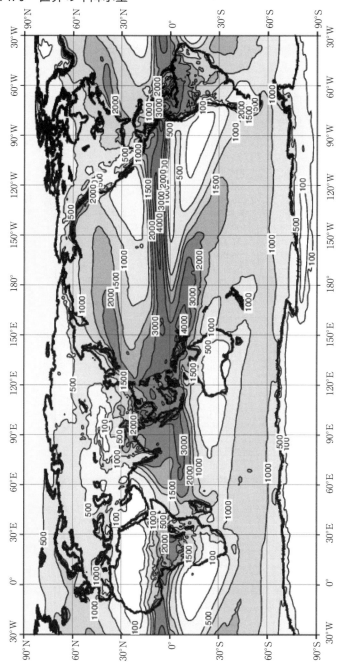

図 8 世界の年降水量の分布（等値線の単位：mm／年）

気象庁第 3 次長期再解析（JRA-3Q）の成果に基づく．
降水量は，JRA-3Q の数値予報モデルにより計算された 6 時間予報値から積算した値である．衛星観測を使った推定値などと比べると熱帯海洋上で
1 割程度多めになる場合がある．
1991 年から 2020 年の期間で平均した年間の総降水量である．

5.1.10 世界の氷河

　現在の地球上には 2 750 万 km^3 の氷河があり，そのうち 89.7%は南極，9.8%はグリーンランドの氷河が占めている．氷河が約 40 万 km^3 融けると世界の海面は約 1 m 上昇し，現在の氷河がすべて融けると海面は 70 m 上昇することになる．

地球上の氷におおわれた地域

現　　　在		最　終　氷　期	
地　　域	面積(km^2)	地　　域	面積(10^6 km^2)
南極地方	**13 985 000**	**南極地方**	**14.51**
南極氷床	12 535 000	（最大氷厚 4 500 m）	
棚氷	1 400 000		
独立した諸氷河	50 000		
北アメリカ	**2 056 467**	**北アメリカ**	**17.19**
グリーンランド	1 802 600	ローレンタイド氷床	11.18
クイーンエリザベス諸島	109 057	（最大氷厚 4 960 m）	
アラスカ	51 476	コルジエラ氷床	2.20
太平洋岸の山脈	38 099	グリーンランド氷床	2.16
バフィン島	37 903	エルズミーア・バフィン氷床	1.56
ロッキー山脈	12 428	その他の山地	0.09
バイロット島	4 869		
ラブラドル半島	24		
メキシコ	11		
ユーラシア	**260 517**	**ユーラシア**	**9.01**
スピッツベルゲン	68 425	北ヨーロッパ氷床	3.66
ヒマラヤ	33 200	（最大氷厚 3 390 m）	
ノバヤゼムリヤ	24 300	中央シベリア北部氷床	1.32
セーベルナヤゼムリヤ	17 500	東シベリア山地	1.24
ナンシャン・クンルン	16 700	中央アジア山地	0.87
カラコルム	16 000	ノバヤゼムリヤ氷床	0.43
フランツヨゼフランド	13 735	アルタイ山脈	0.32
アイスランド	12 173	ウラル山脈	0.24
アライ・パミール	9 375	カムチャカ・コリヤク山脈	0.19
チベット	9 100	スピッツベルゲン	0.16
サルウィン川上流の南西方山地	7 500	トランスバイカル	0.14
ヒンズークシュ	6 200	アイスランドとヤンマイエン島	0.12
テンシャン	6 190	東アジアと中央アジア各地	0.11
トランスヒマラヤ	4 000	ノボシビルスキー諸島	0.09
スカンジナビア	3 800	とウランゲル島	
アルプス	3 200	フランツヨゼフランド	0.05
コーカサス	1 805	アルプス山脈と周辺	0.03
ラダク・デオサイ・ルプシュ山地	1 700	シベリア各地	0.02
クンルン南・東方の山地	1 400	コーカサスと小アジア	0.01
ジュンガル山脈	956	フェローズ諸島	0.01

（続き）

現　　　在		最　終　氷　期	
地　　　域	面積(km^2)	地　　　域	面積(10^6 km^2)
カムチャツカ山脈	866		
コリヤク山脈	650		
アルタイ山脈	646		
ノボシビルスキー諸島	398		
スンタールハヤタ山脈	206		
チェルスキー山脈	162		
ヤンマイエン島	117		
ビランガ山脈	50		
エルブールズ山脈とトルコの山地	50		
サヤン山脈東部	32		
ウラル山脈	28		
ベルホヤンスキー山脈	23		
コダール山脈	15		
ピレネー山脈	15		
南アメリカ	26 500	南アメリカ	0.83
オセアニア	1 015	オセアニアとアフリカ	0.06
ニュージーランド南島	1 000		
ニューギニア	15		
アフリカ	12		
世界全体	16 329 511	世界全体	41.60
	（陸地の 11.0%）		（現在の陸地の 27.9%）

　J. Marcinek：Gletscher der Erde, (1984). 最大氷厚の推定は G. H. Denton & T. J. Hughes (ed.)：The Last Great Ice Sheets, (1981).

　最終氷期の値は，その中での最大拡大期のものであるが，いずれも 1 つの説であって確定したものではない．現在についてもたとえば，南極地方で 13 799 000 km^2 という値も出されている．

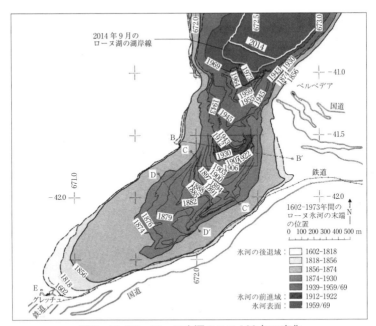

図9　スイス・ローヌ氷河のここ100年の変化

＋：直交座標系の交点．単位：km.
Schweizerische Verkehrszentrale "Die Schweiz und ihre Gletscher", Kummerly + Frey （1981） を改
変した小元久仁夫・大村纂：「急速に後退するスイスのローヌ氷河」，地学雑誌，**124** （1）：127-135 （2015）
より改変.

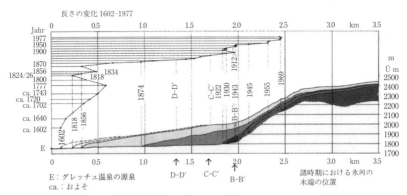

図10　スイス・ローヌ氷河のここ100年の変化

D-D', C-C', B-B'は諸時期における氷河測定のための横断線の位置.
Schweizerische Verkehrszentrale "Die Schweiz und ihre Gletscher", Kummerly + Frey （1981） を改
変した小元久仁夫・大村纂：「急速に後退するスイスのローヌ氷河」，地学雑誌，**124** （1）：127-135 （2015）
より改変.

5.1.11 世界の乾燥地と砂漠化地域

　乾燥地域の面積は乾燥の度合いの計算方法によって異なるが，ソーンスウェートの湿潤指数を用いることが多い．極乾燥地～半乾燥地が広義の砂漠で，全陸地の約3分の1を占める．内訳は，極乾燥地（極砂漠）が7%，乾燥地（真砂漠）が11%，半乾燥地（半砂漠）が15%となる．極乾燥地と乾燥地は厳しい気候のもと，植物もまばらで農牧業はほとんど営まれない．半乾燥地には草原や疎林が広がり，農牧業の限界地域ではあるが，世界の小麦の主要生産地になっている．気候変化の影響が現れやすく，人的インパクトも受けやすいため，深刻な砂漠化が進んでいる．

図11　世界の砂漠の分布

　UNEP/GRID：“Status of Desertification and Plementation of the UN Plan of Action to Combat Desertification”（1992）に基づくブリタニカ国際百科事典 “砂漠”（2005）.

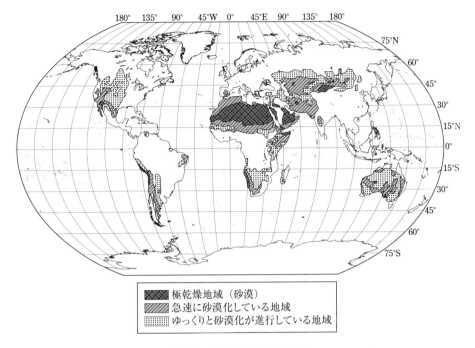

図 12　世界の砂漠化の地域

　現在，砂漠化地域は図に示される範囲より広がっており，社会的・経済的な深刻さが増しているが，最近の世界の砂漠化を網羅した図は作成されていない．

FAO／UNESCO／WMO：“World Map of Desrtification”（1977）．

5.2 地下水の循環

5.2.1 地下水の揚水量と地下水位変動，地盤沈下

　世界全体では15〜20億人が地下水に依存しており，その年間取水量は地球全体の取水量の約20%にあたる6000〜7000億 m^3 と推定されている（第3回 世界水フォーラム事務局，2002）．しかし日本の地下水については，その所有権が法的に必ずしも明確ではなく，所轄官庁も分散しているため，揚水量の正確な数値は得がたいが，総取水量の15〜20%が地下水に依存していると考えられている．

日本の地下水利用状況（用途別・水源別割合，地下水依存率）

用　　途	地　下　水		河　川　水		合計 C (A + B)（億 m^3）	地下水依存率 (A/C)(%)
	A：使用量（億 m^3）	割合 (%)	B：使用量（億 m^3）	割合 (%)		
1．生活用水[*1]	29	29.9	118	16.1	147	19.7
2．工業用水[*1]	27	27.8	75	10.2	103	26.5
3．農業用水[*2]	29	29.9	504	68.8	533	5.4
4．養魚用水[*2]	12	12.4	36	4.9	48	25.0
1〜4の合計	97	100.0	733	100.0	831	11.7

*1　生活用水，工業用水で使用された水は2019年の値で，国土交通省水資源部調べ．
*2　農業用水における河川水は2019年の値で，国土交通省水資源部調べ．
　　地下水は農林水産省「第5回農業用地下水利用実態調査」（2008年度調査）による．
　　養魚用水量は，2020年の推定量（使用後，ほとんどが河川に還元される）．
国土交通省："令和4年版日本の水資源の現況について"（2022）．

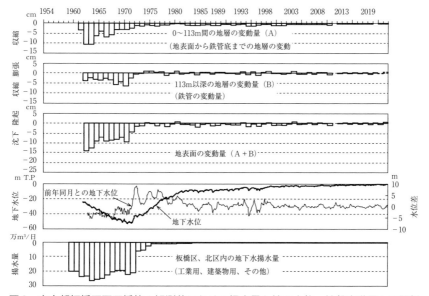

図1　東京都板橋区戸田橋第2観測井における揚水量と地下水位，地盤変動量との関係
東京都土木技術支援・人材育成センター："令和4年地盤沈下調査報告書"（2022）．

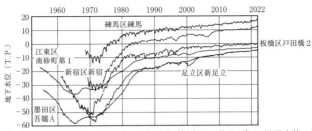

図2　東京下町（足立区，板橋区，墨田区，江東区）と山の手（新宿区，練馬区）の地下水位の経年変化

東京都土木技術支援・人材育成センター："令和4年地盤沈下調査報告書"（2022）.

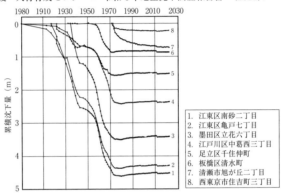

1. 江東区南砂二丁目
2. 江東区亀戸七丁目
3. 墨田区立花六丁目
4. 江戸川区中葛西三丁目
5. 足立区千住仲町
6. 板橋区清水町
7. 清瀬市旭が丘二丁目
8. 西東京市住吉町三丁目

図3　東京低地（江東区，墨田区，江戸川区，足立区，板橋区）と武蔵野台地（清瀬市，西東京市）の地盤沈下の経年変化

東京都土木技術支援・人材育成センター："令和4年地盤沈下調査報告書"（2022）.

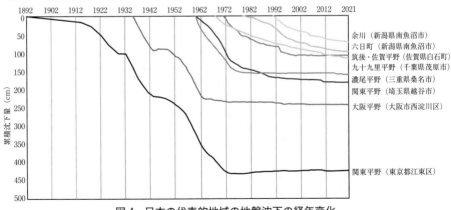

図4　日本の代表的地域の地盤沈下の経年変化

＊1　六日町は，2015年までは余川，2016年からは異積沈下が大きい六日市の値.
＊2　六日町は，令和3年より水準測量が未実施のため，近隣の南魚沼市余川を追加した.
＊3　大阪平野の2010，2011，2013〜2015年，および関東平野の2011年のデータは未集計.
環境省："令和3年度全国の地盤沈下地域の概況"（2023）.

地盤沈下は国内，国外を問わず地下水の過剰な揚水等に伴って発生する現象である．しかしその被害の程度は，帯水層や加圧層の性質や揚水の程度によって大きく異なり，岩盤地域や固い堆積層からなる地域では被害が顕在化することは少ないが，粘土層などを挟む沖積地等の軟弱な地層では顕著な被害が発生している．日本では，高度経済成長期にあたる 1960～70 年代に地盤沈下の被害が甚大だった．

世界の地下水の揚水による地盤沈下地域

地　　域	堆積環境	帯水層深度(m)	累積沈下量(m, 最終年)	沈下面積(km²)	おもな沈下時期	実施された対策
日　本						
青　森	沖積・湖底	0～600	0.45(1977)	65	1958～78	揚水規制
仙　台	沖積・浅海底	0～300	0.57(1977)	90	1966～78	揚水規制と河川水利用
長　野	沖積	0～200	0.53(1977)	80	1972～78	揚水規制
東京江東低地	沖積・浅海底	0～400	4.59(1975)	3 420	1918～78＋	揚水規制と河川水利用
新潟平野	浅海底・海底	0～1 000	2.65(1965)	430	1975～78＋	ガス水揚水規制
濃尾平野	沖積・海底	0～300	1.53(1970)	1 140	1932～78＋	揚水規制と河川水利用
大　阪	沖積・湖底	0～400	2.88(1970)	630	1935～70	揚水規制と河川水利用
佐　賀	沖積・浅海底	0～200	1.20(1977)	300	1957～78＋	地表水利用
中　国						
上　海	淡水・海底	3～300	2.63(1965)	121	1921～65	揚水規制・人工涵養他
天　津*1.2	淡水・海底	3～300	0.61(2001)	11 919	1980～2003	揚水規制，課金，河川水利用
台　湾						
台　北	淡水・海底	10～240	1.9 (1974)	235	1955～74	揚水規制
タ　イ						
バンコク	沖積・浅海底	0～200	0.93(2003)	2 844	1980～2003	揚水規制，課金，河川水利用
インドネシア						
バンドン	沖積	0～150	0.28(2003)	2 341	1990＋	揚水規制，課金
ジャカルタ	沖積・浅海底	0～200	1.6 (1997)		1990＋	揚水規制，課金
ベトナム						
ホーチミン	沖積・浅海底	0～200(?)		2 095	1990＋	揚水規制，課金
オーストラリア						
ラトロベ谷	湖底・河成	10～300	1.6 (1977)	100	1961～78	石炭坑道の水圧低下
ニュージーランド						
ワイラケイ	火山堆積物	250～800	6～7(1975)	30	1952～78	なし
アメリカ						
アラバマ州	未固結炭酸塩岩	10～100	37 (?)	崩落穴多数	1900～75	水と未固結堆積物除去
アリゾナ州						
ルーク地区	沖積・湖底	50～350	1 (1967)	400	1950(?)～78	井戸修理
クィーンクリーク地区	沖積・湖底	50～350	1.5 (1976)	600	1950(?)～78	導水路建設・揚水規制
カリフォルニア州						
サンホーキン谷	沖積・湖底	60～900	9.0 (1977)	6 200	1930～75	揚水規制・河川水利用
サンタクララ谷	沖積・浅海底	50～330	4.1 (1975)	650	1918～70	河川水利用・人工涵養
ツラレワスコ谷	沖積・浅海底	60～700	4.3 (1970)	3 680	1930～70	揚水規制・河川水利用
テキサス州						
ヒューストン地区	河成・浅海底	60～900	2.75(1973)	12 000	1943～78	
ネバダ州						
ラスベガス	沖積	60～300	1.7 (1972)	300	1935～75＋	井戸移動・河川水利用
イギリス						
ロンドン	粘土	50～100	0.35(1973)	450	1865～1932	なし
チェルシー地区	砂岩・岩塩	100～300	15 (1977)	1 500	1533～1977	塩水地下水揚水規制
イタリア						
ポー三角州	沖積・浅海底	100～600	3.2	2 600	1951～66	ガス水揚水規制
ヴェニス	沖積・浅海底	70～350	0.15(1976)	400	1952～70	自噴制御・地表水利用
ハンガリー						
デブレセン	河成	50～250	0.42(1975)	390	1920～75	なし
南アフリカ						
ファーウェストランド	風化表層・白雲岩	30～1 200	9(風化表層)	?	1959～75	白雲岩へ人工涵養

UNESCO (1984)，Institute for Global Environmental Strategies (IGES) (2006) ほか.

東京の地下水揚水量の経年変化

（単位：1000 m³/日）

	1975	1980	1985	1990	1995	2000	2001	2002	2003	2004	2005	2006	2007
区部計	206	142	118	117	111	107	47	45	45	44	43	42	43
多摩計	811	695	594	557	546	545	507	506	509	512	505	495	482
計	1017	837	712	674	657	652	554	551	553	556	549	537	525

	2008	2009	2010	2011	2012	2013	2014	2015	2016	2017	2018	2019	2020
区部計	41	39	39	37	39	40	38	37	36	34	32	31	28
多摩計	471	449	433	404	423	403	395	388	374	346	336	318	297
計	512	488	471	440	461	443	433	425	410	380	368	349	325

東京都環境局：“令和2年都内の地下水揚水の実態（地下水揚水量調査報告書）”（2022）.

<<< Topic <<<<<<<<<<<<<<<<<<<<<<<<<<<<<<<<<<<<<

東京下町における地下水位の上昇と浮き上がる巨大建造物

　最近，「地下水の漏水や巨大建造物の浮上」の問題が東京で話題になっている［「暴れる地下水，60 m 上昇も……首都高・鉄道影響」（読売新聞・YOMIURI ONLINE，2013 年 4 月 30 日），「上昇する首都の地下水――浮く東京駅，都営地下鉄は漏水2100ヵ所」（MSN 産経ニュース，2013 年 6 月 16 日）など］．品川－目黒間で建設が進められていた首都高中央環状線の五反田出入口や南品川換気所などの工事現場で大量の湧水が発生し，工期 1 年間の延伸を余儀なくされた「首都高地下工事現場での地下水の漏水」問題や都営三田線でのトンネル壁面の鉄筋が腐食し，コンクリートがはがれ落ちるなどの「地下鉄トンネル内のコンクリートの劣化や剥離，鉄筋の急速な腐食」問題などである．

　高度経済成長期（1954～1973 年），生活用水や工業用水の需要が多くなった東京では大量の地下水が汲み上げられた．膨大な揚水量に対応して地下水位は低下し，地層が収縮し，地盤沈下が発生した（5.2.1 項 図1）．地盤沈下は海抜ゼロメートル地帯を生み出し，洪水災害の危険度を増加させた．また不等沈下によってコンクリート構造物の基礎が露出したり，道路に段差が生ずるなど深刻な社会問題を引き起こした．東京都は1972 年〔東京都公害防止条例改正（1970），規制地域及び構造基準施行（1972）〕以降，地下水の汲み上げ規制を実施している．その結果，低下していた地下水位は上昇に転じて，1980 年代後半にほぼ元に戻り，現在は微変動をくり返しながらゆっくりと上昇している（図2）．地盤沈下はわずかに復元傾向を示しているが，「低値安定」の状態である（図3）．

　一方，1970 年代になると，鉄道や高速道路の建設において大深度地下開発が急速に進行した．たとえば，総武快速線東京地下駅（深さは25～26 m）は1968 年着工，1972 年総武本線が東京に乗り入れ，1976 年品川までの地下線開通，1980 年横須賀線と総武本線の直通運転開始などである．地下開発は当初，低い地下水位のもとで進められたが，1970 年代後半になると地下水位上昇による漏水問題や地下構造物への影響が指摘されるようになった．地下水の上昇による問題は「漏水」と「地下構造物の浮揚」だといわれている．

　総武快速線の両国-東京駅間を結ぶ総武トンネルでは漏水対策が行われている．総武トンネルは1965〜1972年に建設された．建設時には地下水位がトンネル下部に位置していたが，供用開始後，地下水汲み上げの規制に伴いトンネル天端まで地下水位が上昇した．そのため，1970年代後半からトンネル内部への漏水，レールや鉄筋の腐食などが発生し始めた．漏水対策として，注入による止水工や集水桶の設置などが行われたが，漏水は止められなかった．腐食がさらに広がったので，恒久的対策としてトンネルを再度被覆する工法（二次被覆）が施され現在に至っている．

　東北新幹線上野地下駅では浮揚対策が行われている．上野地下駅は高さ27 m，最大幅48 m，全延長840 mの構造物で，地表から下床までの深さは約30 mある．上野地下駅建設開始時（1975年）の地下水位は地表面下38 mほどであったが，開業時（1985年）には地表面下18 m，1994年には地表面下14 mにまで上昇した．地下水の中に浮くかたちとなった地下駅（構造物）は"浮揚（浮き上がる）"の可能性が生じたため，3.7万tもの鉄塊（おもり）をホーム下と下床の間に設置する対策が施された．しかしその後も地下水の上昇は止まらず，2003年には地表面下12 m近くまで上昇したため，第2次対策として，グラウンドアンカー工法（ピアノ線を束ねた鋼線で構造物を基盤岩につなぎ止める工法）による下床の固定が行われ，地下水位の上昇に耐えうる構造に改修された．この第二次対策として行われたグラウンドアンカーによる下床の固定工法は，その後，総武快速線東京地下駅の浮揚対策にも採用されている．　【大森博雄】

5.2.2　世界の地下水資源

　地下水の存在量は，どの深さまでの地下水を考えるかによって大きく違ってくるの
で，国内，国外ともに正確な数値は得がたい．しかしほぼすべての大陸で，多くの主要
な帯水層から自然の涵養量をはるかに上回る量の揚水が行われていることは，地下水
位の急激な低下によって確認されている．世界各地における多量の地下水揚水の結
果，それらが最終的に海洋に流出することで，現在確認されている海面上昇の主要な要
因となっていると指摘する研究もある．乾燥地域の深層地下水には，過去の降水等によ
って涵養されたものもあり，この場合再生可能な水資源とは言えない．

世界の地下水資源（1998年）

国　名	地下水の年平均涵養量 合計(km³)	地下水の年平均涵養量 1人あたり(m³)	年	年間涵養量の占める割合(%)	地下水の年間取水量 1人あたり(m³)	部門別(%) 生活	部門別(%) 工業	部門別(%) 農業
アフリカ								
チ ャ ド	11.50	1 669	1990	0.7	15.3	29.4	0.0	70.6
ガ ボ ン	62.00	52 991	1989	0	0.6	100.0	0.0	0.0
リ ビ ア	0.50	84	1985	420	554.7	13.3	4.3	82.5
マダガスカル	55.00	3 364	1984	8.7	461.2	100.0	0.0	0.0
マ　リ	20.00	1 690	1989	0.5	11.2	7.1	0.0	92.9
セ ネ ガ ル	7.60	844	1985	3.3	39.2	25.0	0.0	75.0
南アフリカ	4.80	108	1980	37.3	61.4	10.6	5.6	83.8
チュニジア	1.21	127	1985	101.7	167.7	13.6	0.0	86.4
ヨーロッパ								
オーストリア	22.30	2 716	1990	5	144.7	52.1	42.7	5.1
ベラルーシ	18.00	1 740	1985	5.9	106.1	55.6	14.1	30.3
ベ ル ギ ー	0.86	84	1980	90.7	79.2	68.3	27.0	4.8
デンマーク	30.00	5 706	1985	3.7	215.1	40.2	22.0	37.9
フィンランド	1.90	369	1990	12.4	47.3	64.9	10.8	24.3
フ ラ ン ス	100.00	1 703	1990	6.2	109.5	52.5	30.2	17.3
ド イ ツ	45.70	555	1990	16.9	97.4	48.6	47.5	3.9
ギ リ シ ャ	2.50	237	1980	74.8	193.9	12.8	2.7	84.5
ハンガリー	6.80	685	1990	15.1	99.1	35.0	47.5	17.5
アイルランド	3.46	971	1980	4.9	50.0	34.5	36.8	28.7
イ タ リ ア	30.00	524	1985	40	211.4	53.1	13.3	33.7
オ ラ ン ダ	4.50	286	1985	25.3	78.7	32.0	44.5	23.4
ノルウェー	96.00	21 923	1985	0.1	26.5	27.3	72.7	0.0
ポーランド	36.00	931	1990	6.7	63.2	70.0	30.0	0.0
ポルトガル	5.10	521	1990	60.1	310.6	38.6	22.8	38.6
ルーマニア	8.30	368	1975	14.2	55.5	61.0	38.1	0.8
スウェーデン	20.00	2 257	1990	3	69.8	91.7	8.3	0.0
ス イ ス	2.70	369	1990	35.1	138.6	94.7	5.3	0.0
ウクライナ	20.00	388	1985	21.1	82.8	30.3	17.5	52.1
イ ギ リ ス	9.80	168	1990	27.6	47.1	51.3	46.6	2.1
北アメリカ								
カ ナ ダ	369.60	12 241	1990	0.3	38.8	43.3	14.2	42.5
アメリカ	1 514.00	5 531	1990	7.3	432.9	22.7	6.1	71.1
中央アメリカ								
メ キ シ コ	139.00	1 450	1985	16.9	311.4	13.2	23.0	63.8
南アメリカ								
アルゼンチン	128.00	3 543	1975	3.7	180.4	10.6	19.1	70.2
ペ ル ー	303.00	12 219	1973	0.7	139.4	25.0	15.0	60.0
ア ジ ア								
バングラデシュ	34.00	274	1979	10.0	39.6	12.9	0.9	86.2
イ ン ド	350.00	359	1979	42.9	222.4	3.1	1.3	95.7
イ ラ ク	1.20	55	1985	16.7	13.1	55.6	44.4	0.0
日　本	185.00	1 469	1990	7.0	104.3	29.3	40.7	30.1
フィリピン	180.00	2 494	1980	2.2	82.8	0.0	50.0	50.0
サウジアラビア	2.20	109	1985	337.7	587.4	5.4	8.1	86.5
タ　イ	43.00	721	1980	1.6	15.0	60.0	25.7	14.3
ト ル コ	20.00	314	1990	31.5	112.3	42.9	0.0	57.1

世界資源研究所：”世界の資源と環境”（1998～1999），1998年のデータによる．
　世界の地下水資源の賦存状況の地図化については，ドイツの国立地球科学・天然資源研究所（BGR）が中心となって2002年に
設立されたUNESCO等の8つの国際機関や学協会等によるコンソーシアム（The World-wide Hydrogeological Mapping and
Assessment Programme（WHYMAP））により2008年に取りまとめられている．左に示した関連Webサイトより，世界全図や
大陸ごとの地下水資源賦存状況（涵養量や帯水層構成，塩水地下水地域等を含む）の地図が参照できる．

日本の平野・盆地の地下水賦存量と滞留時間

平野・盆地の名称	面積*1（km²)	地層の体積*2（km³)			地下水賦存量*3（km³)				雨水による涵養量*4(km³/年)	滞留時間*5（年)
		沖積層	第四系	第三系	沖積層	第四系	第三系	合計		
北海道										
天塩平野	546	0.722	15.501	1 032.920	0.108	2.325	1.550	3.984	0.186	21.46
美幌・斜里平野	1 224	0.000	141.434	630.136	0.000	21.215	14.143	35.359	0.416	84.96
根釧台地	6 134	3.065	508.967	1 945.153	0.460	76.345	50.897	127.702	2.086	61.23
石狩・勇払平野	3 445	16.963	755.615	6 255.172	2.544	113.342	75.562	191.448	1.171	163.45
十勝平野	4 972	2.661	537.010	2 421.140	0.399	80.552	53.701	134.652	1.690	79.65
黒松内低地	116	0.170	0.315	141.840	0.026	0.047	0.032	0.104	0.039	2.64
函館平野	200	0.246	18.782	85.417	0.037	2.817	1.878	4.732	0.068	69.59
東 北										
津軽平野	993	5.718	105.016	249.800	0.858	15.752	10.502	27.112	0.338	80.30
三本木原	1 616	1.011	54.221	580.167	0.152	8.133	5.422	13.707	0.549	24.95
能代・秋田平野	931	0.596	211.993	938.323	0.089	31.799	21.199	53.088	0.317	167.71
横手盆地	764	1.489	6.170	148.841	0.223	0.926	0.617	1.766	0.260	6.80
庄内平野	578	0.596	353.718	344.133	0.089	53.058	35.372	88.519	0.197	450.43
新庄盆地	235	0.051	9.954	115.634	0.008	1.493	0.995	2.496	0.080	31.24
石巻平野	1 054	0.033	0.000	7.662	0.005	0.000	0.000	0.005	0.358	0.01
山形盆地	384	0.340	21.542	2.676	0.051	3.231	2.154	5.437	0.131	41.64
仙台平野	372	0.543	10.081	71.496	0.081	1.512	1.008	2.602	0.126	20.57
米沢盆地	415	0.356	11.337	40.501	0.053	1.701	1.134	2.888	0.141	20.47
会津盆地	329	0.645	6.914	0.173	0.097	1.037	0.691	1.825	0.112	16.32
関 東										
関東平野	17 340	19.416	10 681.205	4 722.696	2.912	1602.181	1068.121	2673.214	5.896	453.43
中 部										
新潟平野	2 192	4.679	1 641.023	3 643.604	0.702	246.153	164.102	410.958	0.745	551.41
高田平野	385	6.717	39.944	621.696	1.008	5.992	3.994	10.994	0.131	83.98
富山平野	1 065	12.336	79.835	191.870	1.850	11.975	7.984	21.809	0.362	60.23
加賀平野	497	8.630	54.819	151.259	1.295	8.223	5.482	14.999	0.169	88.76
松本盆地	487	1.217	3.820	1.874	0.183	0.573	0.382	1.138	0.166	6.87
福井平野	615	8.329	15.839	2.795	1.249	2.376	1.584	5.209	0.209	24.91
伊那盆地	399	0.943	6.991	0.000	0.141	1.049	0.699	1.889	0.136	13.93
甲府盆地	391	0.508	84.673	41.328	0.076	12.701	8.467	21.244	0.133	159.80
濃尾平野	1 739	1.804	232.657	726.715	0.271	34.899	23.266	58.435	0.591	98.83
岡崎平野	676	1.177	2.958	241.017	0.177	0.444	0.296	0.916	0.230	3.99
静岡沿岸平野	1 373	15.394	31.158	728.513	2.309	4.674	3.116	10.099	0.467	21.63
豊橋平野	361	0.267	12.262	3.283	0.040	1.839	1.226	3.106	0.123	25.30
近 畿										
伊勢平野	1 301	1.319	6.065	336.364	0.198	0.910	0.607	1.714	0.442	3.88
京都盆地	356	1.593	38.182	3.699	0.239	5.727	3.818	9.784	0.121	80.84
奈良盆地	287	0.207	5.225	8.533	0.031	0.784	0.523	1.337	0.098	13.70
大阪平野	1 334	9.469	468.539	307.809	1.420	70.281	46.854	118.555	0.454	261.39
播磨平野	802	0.061	0.246	0.674	0.009	0.037	0.025	0.071	0.273	0.26

(続き)

平野・盆地の名称	面積*1 (km²)	地層の体積*2 (km³)			地下水賦存量*3 (km³)				雨水による涵養量*4 (km³/年)	滞留時間*5 (年)
		沖積層	第四系	第三系	沖積層	第四系	第三系	合計		
中 国										
出雲・米子平野	742	2.540	1.614	118.984	0.381	0.242	0.161	0.785	0.252	3.11
岡山平野	891	2.884	3.730	1.402	0.433	0.560	0.373	1.365	0.303	4.51
福山平野	484	0.134	0.020	0.411	0.020	0.003	0.002	0.025	0.165	0.15
西条盆地	212	0.000	0.008	0.000	0.000	0.001	0.001	0.002	0.072	0.03
広島平野	279	2.332	1.187	0.000	0.350	0.178	0.119	0.647	0.095	6.82
小郡平野	348	0.332	3.781	1.110	0.050	0.567	0.378	0.995	0.118	8.41
四 国										
讃岐平野	735	2.796	11.194	0.616	0.419	1.679	1.119	3.218	0.250	12.88
新居浜平野	253	1.347	4.967	0.036	0.202	0.745	0.497	1.444	0.086	16.78
今治平野	62	0.160	0.010	0.000	0.024	0.002	0.001	0.027	0.021	1.26
松山平野	254	1.375	3.679	0.038	0.206	0.552	0.368	1.126	0.086	13.04
高知平野	324	1.463	0.096	0.000	0.219	0.014	0.010	0.243	0.110	2.21
九 州										
小倉平野	74	0.038	0.233	0.000	0.006	0.035	0.023	0.064	0.025	2.54
直方平野	329	0.133	0.427	0.004	0.020	0.064	0.043	0.127	0.112	1.13
福岡平野	447	0.508	1.609	0.003	0.076	0.241	0.161	0.478	0.152	3.15
行橋平野	185	0.438	0.772	0.244	0.066	0.116	0.077	0.259	0.063	4.11
中津平野	270	0.405	9.240	37.290	0.061	1.386	0.924	2.371	0.092	25.83
別府低地	99	0.020	1.905	2.283	0.003	0.286	0.191	0.479	0.034	14.24
大分平野	195	0.646	7.168	1.400	0.097	1.075	0.717	1.889	0.066	28.49
筑紫平野	1 360	8.011	106.678	124.587	1.202	16.002	10.668	27.871	0.465	59.88
熊本平野	786	3.380	43.832	0.023	0.507	6.575	4.383	11.465	0.267	42.90
八代平野	181	2.068	4.934	0.000	0.310	0.740	0.493	1.544	0.062	25.08
人吉盆地	209	0.309	12.173	0.002	0.046	1.826	1.217	3.090	0.071	43.48
宮崎平野	879	2.567	8.637	252.369	0.385	1.296	0.864	2.544	0.299	8.51
大口盆地	176	0.031	21.565	25.734	0.005	3.235	2.157	5.396	0.060	90.17
笠野原	408	0.209	20.143	0.000	0.031	3.021	2.014	5.067	0.139	36.53

＊1　平野・盆地の範囲は国土交通省「20万分の1土地分類基本調査 (2007)」による.

＊2　時代ごとの地質区分は産業技術総合研究所地質調査総合センター (編) (2003) の100万分の1数値地質図の地質区分による.

＊3　地下水賦存量は, 間隙率を沖積層 0.15, 第四系 0.15, 新第三系 0.1 として計算. 可能賦存量 (最大賦存量) を示す.

＊4　雨水による涵養量は日本の平均年降水量を 1 700 mm, 地下浸透率を 20% として計算.

＊5　滞留時間は地下水賦存量/雨水による涵養量として計算. 周辺山域の河川による涵養は考慮されていない.

産業技術総合研究所:"平成20年度地下水賦存量調査報告書"(2009) 等から計算.

5.2.3 地下水の年代

地下水の年代とは，ある水分子が対象とする地下水の流動系（地下水が涵養され，流動し，湧水や河川等に流出するまでの一連のシステム）に入ってからの経過時間をいい，滞留時間とも呼ばれる．地下水の年代は流動系ごとに大きく異なり，日本の扇状地，台地，低地などでは数年〜数十年のものが多いが，海外では 10 000 年を超えるものも観測されている．

世界の地下水の年齢

地　域	帯　水　層	年　齢（年）
オーストラリア	大鑽井盆地	1 100 000（最大）
エジプト	サハラ砂漠東北部	45 000（最大）
シナイ半島	西端の泉と死海近くの井戸	約 30 000
テキサス州（アメリカ）	カリゾ砂岩	27 000（最大）
中央ヨーロッパ	深度 100〜800 m	10 000〜10 500
南アフリカ	カラハリ砂漠	430〜33 700
ベネズエラ	マラカイボ市	4 000〜35 000
ハワイ州(アメリカ)	オアフ島	100
インディアナ州(アメリカ)	氷河堆積物	25
韓　国	済　州　島	2〜9
旧チェコスロバキア	山地小流域からの地下水	2.5
ニュージーランド	ワイコロププ泉	0〜20

榧根勇：“水の循環”（1973）等.

日本の地下水の年齢

地　域	帯　水　層	年　齢（年）
黒部川扇状地	黒部川から離れた 100 m 以深	25 以上
〃	黒部川近傍の 100 m 以深	13〜25
〃	黒部川から離れた 50 m 以浅	7〜13
〃	黒部川近傍の 50 m 以浅	0〜7
〃	芦崎砂丘	0.14
那須岳周辺	低水時の河川水（流出した地下水）	2〜3 以上
関東地方の小流域	低水時の河川水（流出した地下水）	5
会津盆地	自噴井深度 30 m	13
〃	深度 50 m	21
千葉県市原市	養老川流域 150 m 以浅	0〜30
瀬戸内海の小島	花崗岩の基盤	0〜30
阿蘇地域[*1]	カルデラ内湧水	16〜35
岩手火山	山麓湧水	17〜38
熊本地域[*2]	阿蘇外輪山山麓火砕流帯水層 0〜250 m	0.5〜55 以上
八ヶ岳	山麓湧水	1〜100
東京湾岸	深度 200〜2 000 m	2 840〜36 750
富士山	山麓湧水	10〜30

榧根勇：“水の循環”（1973），利部慎（2011，2016）等.

6 陸水・海洋環境

6.1 水域環境と生物

6.1.1 水域の光環境

水域の透明度

透明度とは，水の清濁を表す指標である．直径30 cmの白板を水面から下ろし見えなくなる深さで表している．透明度が大きい場合はきれいな水域を，小さい場合は濁った水域を表す．

海域		透明度（m）	観測年月日	観測者または出典
外洋				
太平洋	台湾近海	60.0		吉村信吉："湖沼学"（増補版）
	赤道海域	17.0〜18.0	1996/12	東京海洋大学
	三陸沖	6.5〜15.0	1997/5	東京大海洋研究所（KT-97-5）
	北太平洋西部	7.5〜20.0	1997/7	東京大海洋研究所（KT-97-2）
	北太平洋東部	16.0〜22.0	1997/8	東京大海洋研究所（KT-97-2）
東シナ海	沖縄本島沖	34.0	1996/7/20	東京海洋大学
	九州沖	11.5〜15.0	1996/7/20	東京海洋大学
日本海	大和堆	27.0	1996/7/28	東京海洋大学
	能登沖	27.0	1996/7/29	東京海洋大学
	小樽沖	23.0	1996/7/31	東京海洋大学
ベーリング海	中央部	12.5〜15.0	1997/7	東京大海洋研究所（KH-97-2）
	東部	20.0	1997/7/29	東京大海洋研究所（KH-97-2）
大西洋	サルガッソ海	66.0		吉村信吉："湖沼学"（増補版）
	サルガッソ海西部	48.0	1979/6	Broenkow
	ジョージアバンク	12.0	1979/6	Broenkow
インド洋	赤道海域	21.0〜30.4	1994/1	東京海洋大学
	南半球東側	24.5〜29.8	1994/1	東京海洋大学
アラビア海	オーマン湾	13.5	1994/1/4	東京海洋大学
	インド沖	20.0〜27.0	1994/1	東京海洋大学
南大洋	ケレゲレン海台	13.0	2003/1/10	第9次海鷹丸南極海観測
	フランス基地沖	17.0	2003/2/3	第9次海鷹丸南極海観測
	南極大陸沖（オーストラリア南）	11.0〜20.0	2003/2	第9次海鷹丸南極海観測
	南極半島沖	8.0〜11.0	1987/12/24	開洋丸第5次南極海調査
沿岸域				
東京湾	千葉沿岸	3.2	2014（平均）	千葉県環境センター
	湾奥（Stn.3）	3.5	2000（平均）	東京海洋大学
		3.0	2010（平均）	
	湾口（Stn.6）	9.7	2000（平均）	東京海洋大学
		9.0	2012（平均）	
	湾外（Stn.11）	14.7	2000（平均）	東京海洋大学
		15.3	2005（平均）	
相模湾	中央（Stn.S3）	16.8	2000（平均）	東京海洋大学
		13.7	2005（平均）	
駿河湾	湾西部	5.0〜10.0	1966〜1980	日本全国沿岸海洋誌
	湾東部	15.0〜20.0		
遠州灘		1.0〜16.5	1976〜1892（平均）	日本全国沿岸海洋誌
三河湾		2.0〜4.0	1952〜1971（平均）	日本全国沿岸海洋誌
伊勢湾		4.0〜8.0	1952〜1971（平均）	日本全国沿岸海洋誌
大阪湾	北部	3.4	2000（平均）	環境省広域総合水質調査
	関西国際空港北側（A-6）	6.7	2011（平均）	大阪府環境科学センター
瀬戸内海	播磨灘	9.5	2015（平均）	香川県赤潮研究所
有明海	沿岸寄り	0.5〜3.0	1990〜2000	中田，野中（2003）
	中央部	2.0〜4.0		
	湾口	6.0〜12.0		
大村湾	中央部	5.9〜6.6	1979〜2002（平均）	長崎県衛生公害研究所
	大村市沖	3.9〜4.7		
白保	サンゴ礁	2.9〜16.7[*1]	2000/6	大見謝，満本

（続き）

海　域	透明度（m）	観測年月日	観測者または出典
沿 岸 域（続き）			
バルト海　中 央 部	8.1～10.0	1900～1999（平均）	T. Aarup
入　　口	6.5～8.6		
エルベ河口沖	0.6～2.8		
アドリア海　北　　部	7.0～14.0	1979～1985（平均）	M. Morović
南　　部	14.0～25.0		
カリフォルニア　サンディエゴ沖	7.0～25.0	1976	B. Kimor
湖沼・河川			
北 海 道　摩 周 湖	41.6	1931/8/31	北海道水産試験場
	18.0	2002/8/23	国立環境研究所
	22.6	2013/5/26	
支 笏 湖	17.5	1991/8	環境庁自然保護局
倶多楽湖	22.0	1991/8	環境庁自然保護局
洞 爺 湖	23.5	1938/8/26	田中館
	9.0～17.5	1993～1994	Nakano & Ban（2003）
阿 寒 湖	5.0	1991/8	環境庁自然保護局
屈斜路湖	6.0	1991/8	環境庁自然保護局
青　　森　小川原湖	3.2	1991/8	環境庁自然保護局
十和田湖	20.5	1930/9/7	星野
	6～14	1990～1996	Takamura et al.（1999）
秋　　田　田 沢 湖	4.0	1991/8	環境庁自然保護局
福　　島　猪苗代湖	6.1	1991/8	環境庁自然保護局
茨　　城　霞 ヶ 浦　湖心	0.96	1980（平均）	国立環境研究所
	0.80	2014（平均）	
栃　　木　中禅寺湖	9.0	1991/8	環境庁自然保護局
新　　潟　佐渡加茂湖	4.0～5.0	1997～2001	神蔵勝明・県立両津高校理科部
神 奈 川　芦 ノ 湖	7.5	1991/8	環境庁自然保護局
山　　梨　河 口 湖	5.2	1991/7	環境庁自然保護局
山 中 湖	5.5	1991/7	環境庁自然保護局
本 栖 湖	11.2	1991/8	環境庁自然保護局
長　　野　木崎湖	4.3	1991/8	環境庁自然保護局
諏 訪 湖　湖心	1.15	2006	信州大学山地水環境教育研究センター研究報告
静　　岡　浜 名 湖　湖心	3.3	2014（平均）	静岡県環境局生活環境課
滋　　賀　琵 琶 湖　北 湖	4.8～6.0	1990～2000（平均）	滋賀県琵琶湖環境部
	5.8	2012（平均）	
琵 琶 湖　南 湖	1.5～2.0	1990～2000（平均）	滋賀県琵琶湖環境部
	2.2	2012（平均）	
島　　根　宍 道 湖　湖心	1.3～2.1	2003	後藤悦郎ら
中　海　湖心	2.6	2015（平均）	米子市
鹿 児 島　池 田 湖	6.5	1991/8	環境庁自然保護局
シベリア　バイカル湖	40.5	1911/4	Schostakowitsch
バイカル湖（Bol'shie koty）	23.0	2003/8/4	Jung et al.
オレゴン　クレーター湖	39.0*2	1969/8	Larson
カリフォルニア　タ ホ 湖	23.7	2014	UC Davis
外 蒙 古　コソゴル湖	24.6	1903/7	Jelpatjewski
ス イ ス　レマン湖	9.0～11.3	1889～1891	Forel
ド イ ツ　ワルヘン湖	25.0	1903/5/19	V. Aufsess
ボーデン湖	0.8～16.0	1905/5/19	Straile & Hälbich
五 大 湖　オンタリオ湖	2.0～4.5		Bukata
エリー湖	0.9～2.8	1984～1992（平均）	Holland
ヒューロン湖	9～15		Bukata
スペリオル湖	11～20		Bukata
高　　知　四万十川	7.4*1	1998～1999（冬季平均）	堀内ら
	5.5*1	1998～1999（夏季平均）	堀内ら
アメリカ　ミシシッピ川	1.3		Broenkow

*1　水平方向の透明度．　*2　20 cm 径の透明度板による．

　透明度（D）と放射照度の消散係数（K）の間には，外洋では $KD=1.7$ の関係が成り立つ（Poole and Atkins, 1929）．沿岸・内湾や湖沼では，この関係が異なる場合が多々見出されている．

　また，外洋における透明度（Z）と植物プランクトンのクロロフィル a 濃度（Chl）の間には，$Chl=457Z^{-2.37}$ の関係が経験的に求められている（Falkowski & Wilson, 1992）．

　世界の海洋の透明度は米国の NODC，日本周辺海域の透明度は JODC のデータベースに集約され，公開されている．

外洋・沿岸・内湾

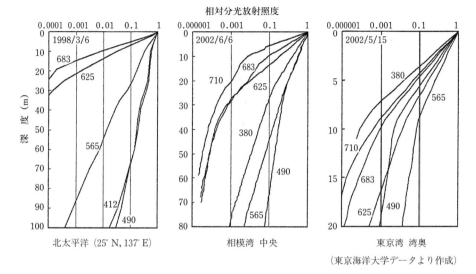

相対分光放射照度

北太平洋（25°N, 137°E）　　相模湾 中央　　東京湾 湾奥

（東京海洋大学データより作成）

6

陸水・海洋環境

湖 沼

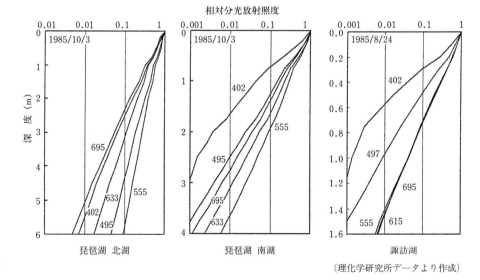

相対分光放射照度

琵琶湖 北湖　　琵琶湖 南湖　　諏訪湖

（理化学研究所データより作成）

図1　水域の相対分光放射照度の鉛直分布

図中の数値は波長（nm）を表す.

外洋・沿岸・内湾

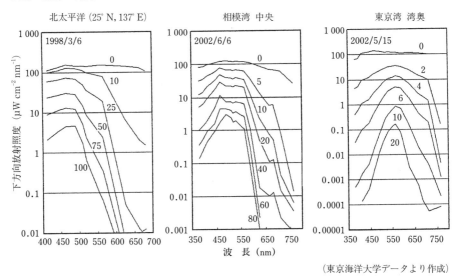

（東京海洋大学データより作成）

湖　沼

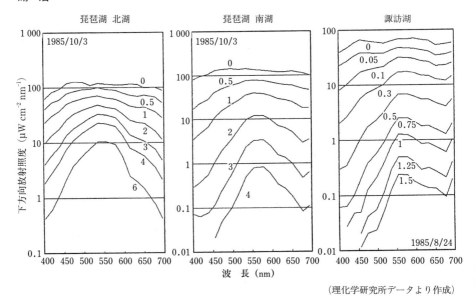

（理化学研究所データより作成）

図2　水域の分光放射照度分布

図中の数値は深度（m）を表す．

水域の補償深度と真光層

植物プランクトン・藻類・海草などが光合成により生産する有機物と自身の呼吸量がつり合う深度が補償深度である．また，海面から補償深度までの層が真光層である．補償深度は，海面直下の光（光合成有効放射）の1%が到達する深度と定義されることが多い（$Z_{1\%}$）．

海 域			K_{PAR} (m^{-1})*	$Z_{1\%}$ (m)	観測年月日	観測者または出典
外 洋						
太 平 洋	ハワイ・オアフ島沖		0.032	144		Kirk（1994）
	北太平洋		0.0601〜0.188	76.6〜24.5	1997/7	東京大学海洋研究所（KH97-2）
	ベーリング海		0.104〜0.223	44.3〜20.7	1997/7	東京大学海洋研究所（KH97-2）
	三 陸 沖		0.072〜0.113	64.0〜40.8	1998	東京大学海洋研究所（KH98-4）
	東シナ海	揚子江沖	0.759	6.1	1995/9	東京海洋大学
		沿岸域	0.289〜0.419	15.9〜11.0	1995/9	東京海洋大学
		中央部	0.057〜0.193	80.8〜23.9	1995/9	東京海洋大学
大 西 洋	サルガッソ海		0.03	153.5		Kirk（1994）
	モーリタニア湧昇域	沿岸	0.20〜0.46	23.0〜10.0		Kirk（1994）
		外洋	0.16〜0.38	28.8〜12.1		Kirk（1994）
南 極 海	ケルゲレン海台		0.121	38.1	2003/1/10	海鷹丸南極海観測
	フランス基地沖		0.121	38.1	2003/2/4	海鷹丸南極海観測
	南極大陸沖(オーストラリア南)		0.053〜0.119	86.9〜38.7	2003/2	海鷹丸南極海観測
沿岸・内湾						
日 本	東 京 湾	湾奥	0.241〜1.105	19.1〜4.2	2002	東京海洋大学
		湾口	0.114〜0.466	40.4〜9.9	2002	東京海洋大学
	相 模 湾	中央	0.0805〜0.138	57.2〜33.4	2002	東京海洋大学
	伊 勢 湾		0.45〜0.82	10.2〜5.6	1996/6	東京海洋大学
ヨーロッパ	北海 オランダ沖		0.41	11.2		Kirk（1994）
	フィヨルド，ノルウェー		0.15	30.7		Kirk（1994）
北アメリカ	カリフォルニア湾		0.17	27.1		Kirk（1994）
	チェサピーク湾		0.10〜0.25	46.1〜18.4		Kirk（1994）
	ハドソン川河口		2.02	2.3		Kirk（1994）
	サンフランシスコ湾湾口付近		〜1	〜4.6		Kirk（1994）
オーストラリア	タスマン湾		0.18	25.5		Kirk（1994）
ニュージーランド	ニュージーランド沿岸		0.3〜1.1	15.4〜4.2		Kirk（1994）
湖 沼						
日 本	諏 訪 湖		1.93〜5.14	2.4〜0.9	1985/8	理化学研究所
	琵 琶 湖	南湖	0.52〜0.84	8.9〜5.5	1985/10	理化学研究所
		北湖	1.52〜2.58	3.0〜1.8	1985/10	理化学研究所
	霞 ヶ 浦		3.51〜6.08	1.3〜0.8	1985/9	理化学研究所
五 大 湖	スペリオル湖		0.1〜0.5	46.1〜9.2		Kirk（1994）
	ヒューロン湖		0.1〜0.5	46.1〜9.2		Kirk（1994）
	エリー湖		0.2〜1.2	23.0〜3.8		Kirk（1994）
	オンタリオ湖		0.15〜1.2	30.7〜3.8		Kirk（1994）
アメリカ	クレーター湖		0.06	76.8		Kirk（1994）

＊ 光合成有効放射の消散係数

6

陸水・海洋環境

　光合成有効放射（photosynthetically available radiation, PAR）とは，植物が光合成生産に利用できる光エネルギーを指す．一般に350～700 nm の範囲の光エネルギーの光量子を積分した値である．

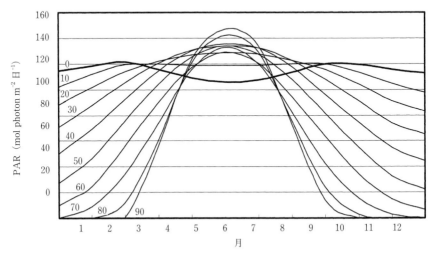

図3　可能光合成有効放射到達量（北半球の完全晴天日）

ア・イ・シュルギン（内嶋善兵衛 訳）："太陽光と植物"（1970）より計算．

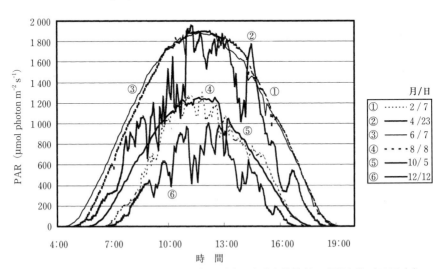

| 月/日 |
| ① ······ 2 / 7 |
| ② —— 4 / 23 |
| ③ —— 6 / 7 |
| ④ - - - 8 / 8 |
| ⑤ ——10 / 5 |
| ⑥ ——12 / 12 |

図4　相模湾中央における晴天日の海面到達光合成有効放射の時間変化（2002年）

東京海洋大学データ．

可能光合成有効放射到達量　　（単位：mol photon m^{-2} 日$^{-1}$）

緯度＼月	1	2	3	4	5	6	7	8	9	10	11	12
北緯 90	0	0	0.7	56.3	123.5	146.8	133.8	72.7	13.4	0	0	0
85	0	0	4.1	57.6	122.8	145.1	132.3	73.8	17.2	0	0	0
80	0	0	11.8	60.7	121.1	142.0	129.3	75.3	24.0	2.6	0	0
75	0	3.1	22.6	66.0	118.4	138.1	124.7	78.0	32.8	7.5	0	0
70	0.2	8.7	34.0	73.8	115.8	132.8	120.1	82.3	42.5	15.4	2.7	0
65	4.1	15.8	45.3	82.0	115.3	128.8	118.7	88.0	53.3	24.4	7.7	1.4
60	9.9	24.4	55.7	90.2	117.3	129.2	120.6	94.3	63.6	34.3	14.6	6.3
55	17.5	35.0	65.9	97.6	121.3	131.7	123.8	101.2	72.9	44.1	22.8	13.6
50	27.3	46.3	75.1	104.3	125.0	133.8	127.3	107.7	81.3	54.5	32.6	22.5
45	37.7	58.3	83.9	110.1	128.0	135.0	128.8	113.6	89.0	64.7	43.9	33.1
40	49.7	69.0	92.3	114.6	130.2	135.5	132.4	117.8	95.9	74.3	54.5	44.6
35	60.4	78.9	99.5	118.2	131.1	135.2	132.9	121.1	102.2	82.9	64.3	54.9
30	70.3	87.3	105.2	120.6	130.9	133.8	132.3	122.8	107.7	90.9	73.8	64.8
25	79.4	94.7	109.8	121.8	129.3	131.7	130.4	123.3	112.0	98.1	82.7	73.9
20	87.7	101.2	113.7	121.8	126.9	128.7	127.5	122.8	115.4	104.3	90.9	83.0
15	95.2	107.0	116.8	120.9	123.7	124.2	123.7	121.6	118.0	109.1	98.1	91.8
10	102.1	111.5	119.2	119.7	119.0	118.7	119.0	119.7	119.7	113.4	104.6	97.8
5	108.9	115.1	120.8	118.0	114.4	112.5	113.6	116.6	120.2	116.8	110.3	105.7
0	114.2	118.0	121.3	115.3	108.9	106.0	107.6	113.2	119.7	119.4	115.3	112.9
南緯 5	119.2	120.8	120.8	112.2	103.3	99.5	101.2	108.8	117.8	120.8	119.7	118.9
10	123.8	122.6	119.0	108.2	97.3	91.8	94.3	103.3	114.9	120.9	123.0	124.0
15	127.6	123.8	116.5	103.1	90.4	84.2	87.0	97.4	111.2	120.1	125.9	128.9
20	130.7	124.5	113.2	97.1	83.2	75.8	79.6	91.1	106.7	118.4	128.0	133.1
25	133.1	124.5	109.6	90.4	75.3	67.8	71.4	84.2	89.0	116.5	129.5	136.5
30	135.0	123.2	104.8	83.9	67.2	59.7	62.8	76.7	95.7	113.6	130.4	139.1
35	135.9	120.2	99.1	76.7	58.8	50.9	54.2	68.3	89.5	110.1	130.4	141.9
40	135.9	116.6	92.6	68.8	49.2	41.3	45.5	60.0	82.7	105.7	129.0	143.4
45	135.3	112.2	85.6	60.6	40.0	30.9	35.3	50.9	75.3	100.2	126.6	143.1
50	133.6	106.7	77.9	51.8	30.5	21.4	25.7	41.3	67.4	93.8	123.5	141.3
55	130.7	100.5	69.6	42.0	21.4	12.9	16.8	30.9	58.3	87.0	120.4	139.3
60	127.5	94.0	60.6	31.6	13.6	5.5	8.9	21.3	48.0	79.6	118.4	137.9
65	126.1	86.6	51.1	21.8	6.2	0.5	2.6	12.9	37.7	71.4	117.5	137.2
70	127.3	80.5	41.2	12.7	1.4	0	0.2	5.5	28.3	64.3	118.0	140.7
75	130.9	75.8	32.1	5.3	0	0	0	0.7	19.7	58.8	120.2	142.4
80	135.9	72.0	24.0	0	0	0	0	0	11.8	54.5	123.7	146.5
85	139.1	70.0	16.5	0	0	0	0	0	5.1	52.0	126.3	149.8
90	140.7	69.3	9.6	0	0	0	0	0	0.3	50.8	127.3	151.3

ア・イ・シュルギン（内嶋善兵衛 訳）："太陽光と植物"（1970）より計算.

6

陸水・海洋環境

水域の懸濁物質濃度

水　　域		懸濁物質濃度 (g m⁻³)	観測年月日	観測者または出典
外　洋				
太 平 洋	中央 0 m	0.15〜0.37	1996/12	東京海洋大学
北太平洋	0 m	0.17〜0.89	1997/7	東京大学海洋研究所(KH97-2)
	30 m	0.16〜0.75		
ベーリング海	0 m	0.2 〜0.85		
	30 m	0.39〜0.9		
東シナ海	揚子江河口沖　0 m	6.27	1995/9	東京海洋大学
	20 m	11.55		
	沿岸域 0 m	0.41〜2.11		
	20〜30 m	0.72〜4.14		
	中央 0 m	0.33〜2.77		
	20〜30 m	0.37〜1.14		
日 本 海	0〜10 m	0.24〜0.43	1996/7	東京海洋大学
インド洋	0 m	0.05〜0.49	1994/1	東京海洋大学
アラビア海	0 m	0.28〜1.98	1994/12	東京海洋大学
南 大 洋	0 m	0.18〜0.8	1996/1	東京海洋大学
	30〜50 m	0.25〜1.52		
	100〜125 m	0.28〜0.64		
沿岸・内湾				
東 京 湾	湾奥　表層	3.2〜31.1	2001/5〜12	東京海洋大学
	沖田沖　表層	3.5〜56.7		
	湾口　表層	2.2〜8.1		
相 模 湾	中央　表層	1.11〜4.66	2001/5〜12	東京海洋大学
	30 m	1.3〜3.0		
伊 勢 湾	0 m	2.8〜24	1996/6	東京海洋大学
大 阪 湾	0 m	0.15〜5.6	1997/6	東京海洋大学
沖縄阿嘉島	海岸　表層	0.33〜2.02	1992/8	阿嘉島臨海研究所
沖縄本島	砂辺	20.63	1992/8	阿嘉島臨海研究所
	昆布場	25.52		
ニューヨーク港	表　層	5.8 〜9.3	2000	ニューヨーク環境保護局
	底　層	9.5 〜21		
サンフランシスコ湾	北東部　表層	28〜94	1997	Buchann &
	北東部　底層	28〜173		Schoellhamer
	南　部　中層	26〜223		
	南　部　底層	21〜269		
	湾口　中層	13〜21		
Alfacs Bay	スペイン沿岸	0.21	1993/12〜1994/4	Duarts et al.
湖沼・河川				
摩 周 湖	0 m	0.20	1985/9/2	国立環境研究所
霞 ヶ 浦	湖心　0 m	20.1	2008 (平均)	国立環境研究所
諏 訪 湖	湖心　表層	15.4	2004 (平均)	信州大学山地水環境教育研究センター
	底層	11.9		
芦 ノ 湖	0 m	2.3	1984/11/5	神奈川県環境部
琵琶湖北湖	0 m	1.1	2009 (平均)	琵琶湖環境科学研究センター
琵琶湖南湖	0 m	2.9	2009 (平均)	琵琶湖環境科学研究センター
宍 道 湖	表　層	5.2 〜10.6	2002/9	作野ら
中　海	表　層	5.2 〜2.9	2002/9	作野ら
アルゼンチン氷河湖	上流 0 m	1.35	1997/12〜1998/4	Modenutti et al.
(Mascrdi Lake)	上流 20 m	2.5	1997/12〜1998/4	Modenutti et al.
Chiprana	スペイン　塩湖	6.34	1993/12〜1994/4	Duarts et al.
Bajaraloz	スペイン　池	21.3	1993/12〜1994/4	Duarts et al.
石 狩 川	河口平常時 0 m	3〜20	2000	山下ら
	河口融雪時 0 m	100	2000	山下ら
石垣島轟川	河口 0 m	6.88〜11.3	2000/10〜12	仲宗根ら

6.1.2 水域生物の代謝

最大量子収率

水　　　域		最大量子収率 (mol C mol photon^{-1})	観測年月日	観測者または出典
理論的最大値		0.125		Kok（1960）
太平洋	日本南方（32° 15′N, 133° 47′E）	0.033〜0.094	1982/6	Kishino *et al.*（1986）
大西洋	MLML（59° N, 21° W）	0.056〜0.085	1991/5	Carder *et al.*（1995）
湖	スペリオル湖	0.031〜0.052		Fahnenstiel *et al.*（1984）
湖	キンネレト湖	0.07	1973/7/11	Dubinsky & Berman（1976）
湖	深見池	0.126*	1980/7/23	竹松ら（1981）
		0.121*	1980/9/21	

*　O_2法による測定.

量子収率の深度変化

水　域	深度 (m)	相対光量子数 (%)	量子収率 (mol O_2 mol photon^{-1})	観測年月日	観測者または出典
深見池	0.1	85.3	0.010 9	1980/9/21	竹松ら（1981）
	0.5	36.4	0.022		
	1.0	13.5	0.025 5		
	2.0	3.34	0.051 7		
	3.0	0.748	0.121		

量子収率と光利用効率の深度変化

水　域	深度 (m)	相対光量子数 (%)	量子収率 (mol C mol photon^{-1})	光利用効率 (%)	観測年月日	観測者または出典
キンネレト湖	0.0	100	0.001 44	0.07	1973/7/11	Dubinsky & Berman（1976）
（ガラレヤ湖）	1.0	63.3	0.003 03	0.18		
	3.0	23.4	0.005 81	0.38		
	5.0	8.87	0.014 5	0.80		
	10.0	1.1	0.031 7	1.65		
	16.5	0.03	0.07	2.61		
西部太平洋	0.0	100	0.007 97	0.03	1982/6/30	Kishino *et al.*（1986）
日本南方	10.0	45.0	0.014 9	0.22		
	20.0	29.5	0.018 1	0.45		
	30.0	21.0	0.017 6	0.42		
	50.0	7.41	0.038 0	0.57		
	60.0	4.37	0.045 9	1.18		
	70.0	2.49	0.085 5	3.15		
	80.0	1.49	0.077 1	3.85		
	100.0	0.59	0.041 6	0.85		

6

陸水・海洋環境

培養植物プランクトンの最大量子収率

植物プランクトン名	最大量子収率 (mol C mol photon^{-1})
Skeletonema costatum（Grev.）Cl.	0.066 3
Ditylum brightwellii（West）Grun.	0.047 9
Gonyaulax polyedra Stein	0.074 5
Amphidinium sp.	0.045 5
Dunaliella tertiolecta Butcher	0.05
Isochrysis sp.	0.040 2
Thalasiosira pseudonana Hasie & Heimdal	
培養期間　2〜11 日	0.052 〜 0.128
培養期間 12〜18 日	0.004 〜 0.030

培養条件：蛍光灯 100 μmol photon m^{-2} s^{-1}, 20℃

Welschmyer and Lorenzen（1981）.

生物の呼吸速度（代謝速度）は単位時間あたりの酸素消費量で示される．多くの水域生物は変温動物であり，その呼吸速度（R）は水温（T）と生物の体重（W）に強く依存している．一方，恒温動物である哺乳類，海鳥などの R の変動は W のみが主要因である．同一生物でも摂餌，成長，活動状況によって R は変化するが，ここではその種が生息する野外環境またはそれに近い実験環境下で測定された R〔「術語」として，恒温動物では野外代謝速度（field metabolic rate），変温動物では平常代謝速度（routine metabolic rate）〕を示す．（淡）は淡水種，（海）は海水種，ただし深海種は含まない（6.4.10 項参照）．

水域生物の呼吸速度

細　菌（Bacteria）

培養基質，成長期により異なる．以下の2種はグルコースを培養基質とし，「成長期」の細胞の呼吸速度である（「衰退期」や基質欠乏下では細胞の呼吸速度は低下する）．

種　名	T（℃）	W_D(ng 乾重量)	R(nL O_2/細胞/時間)	文献
Vibrio anguillarum（海）	10	0.53×10^{-3}	13.7×10^{-6}	1)
Pseudomonas perfectomarinus（海）	10	0.343×10^{-3}	12.5×10^{-6}	1)

1) J. P. Christensen *et al.*, Mar. Biol., **55**：267-276（1980）.

原生動物（Protozoa）——プランクトン

すべて室内培養で増殖期の細胞の呼吸速度である．

種　名	T（℃）	W_W(ng 湿重量)	R(nL O_2/細胞/時間)	文献
Podophrya fixa（淡）	20	14.9	0.0077	2)
Tetrahymena geleii（淡）	20	54	0.27	2)
Favella ehrenbergii（海）	20	660	5.0	3)
Favella taraikaensis（海）	20	330	1.9	3)
Strobilidium spiralis（海）	20	39	0.46	4)
Laboea atrobila（海）	15	79	0.48	4)

従属栄養原生動物プランクトン（繊毛虫，鞭毛虫）の $T=20$℃における R(nL O_2/細胞/時間)$-W_W$(ng 湿重量)関係式：$R = 0.0145\, W_W^{0.75}$（適用範囲 $W_W = 0.05 \sim 12\,000$ ng，淡水種・海水種を問わない）[2]

2) T. Fenchel and B.J. Finlay, Microb. Ecol., **9**：99-122（1983）.
3) R. Kawakami *et al.*, Bull. Plankton Soc. Japan, **32**：171-172（1985）.
4) D. K. Stoecker and A. E. Michaels, Mar. Biol., **108**：441-447（1991）.

後生動物（Metazoa）——プランクトン

種　名	T（℃）	W_D(mg 乾重量)	R(μL O_2/個体/時間)	文献
輪形動物（Rotatoria）				
Brachionas rubens（淡）	20	0.13×10^{-3}	2.69×10^{-3}	5)
Brachionas plicatilis（淡）	20	0.16×10^{-3}	2.66×10^{-3}	5)
腔腸動物（Coelenterata）				
Aglantha digitale（海）	1.1	14.0	2.27	6)
有櫛動物（Ctenophora）				
Mnemiopsis leidyi（海）	20	299	30.35	6)

後生動物（続き）

種　名	T (℃)	W_D(mg 乾重量)	R(μL O$_2$/個体/時間)	文献
軟体動物（Mollusca）				
Cavolinia longirostris（海）	27	8.9	16.7	6)
Limacina helicina（海）	0.0	0.593	0.451	6)
Clione limacina（海）	-0.1	16.47	1.65	6)
節足動物（Arthropoda）				
カイアシ類（Copepoda）				
Diaptomus gracilis（淡）	20	0.008	0.061	5)
Boeckella delicata（淡）	15	0.010 1	0.050	5)
Cyclops leuckarti（淡）	20	0.003 5	0.0432	5)
Calanus finmarchicus（海）	0.1	0.387	0.328	6)
Calanus hyperboreus（海）	1.3	3.95	1.49	6)
Neocalanus cristatus（海）	6.3	1.59	1.67	6)
Metridia pacifica（海）	7.7	0.182	0.383	6)
Acartia longiremis（海）	24.5	0.009 1	0.056	6)
Euchaeta marina（海）	28.5	0.22	1.30	6)
枝角類（Cladocera）				
Daphnia pulex（淡）	20	0.028	0.194	5)
Daphnia magna（淡）	18	0.15	0.882	5)
ア　ミ　類（Mysidacea）				
Mysis relicta（淡）	4	5.0	3.70	5)
Acanthomysis pseudomacropsis（海）	14.9	2.88	4.36	6)
端脚類（Amphipoda）				
Gammarus fossarum（淡）	12	3.0	1.92	5)
Themisto libellula（海）	-0.1	2.98	2.53	6)
オキアミ類（Euphausiacea）				
Thysanoessa inermis（海）	1.9	34.78	13.77	6)
Euphausia pacifica（淡）	10.2	12.95	16.10	6)
双　翅　類（Diptera）				
Chaoborus trivittatus（淡）	20	0.8	0.751	5)
Chaoborus flavicans（淡）	18	5.0	3.2	5)
毛顎動物（Chaetognatha）				
ヤムシ類（Sagittoida）				
Sagitta elegans（海）	-0.3	4.50	1.41	6)
Sagitta enflata（海）	25	0.71	1.67	6)
原索動物（Prochordata）				
尾　虫　類（Appendiculata）				
Oikopleura dioica（海）	24	0.003 2	0.209	6)
サルパ類（Thaliacea）				
Salpa thompsoni（海）	-1.0	114.63	12.0	6)
Thalia democratica（海）	17.3	2.97	1.77	6)

各種分類群を含む動物プランクトンでは $\ln R = 0.7886 \ln W_D + 0.0490 T - 0.2512$（適用範囲：$T = -1.7$ 〜30℃，$W_D = 10^{-3} \sim 10^3$ mg，種の生息環境は淡水，海水を問わない）[7]

5) W. Lampert: "A manual on methods for the assessment of secondary production in freshwaters", J. A. Dowing and F. H. Rigler (eds.) Blackwell Scientific Publ., 413-468 (1984).
6) T. Ikeda, *et al.*: "ICES Zooplankton methodology manual", R. P. Harris *et al.* (eds.), Academic Press, p. 455-532 (2000).
7) T. Ikeda: Mar. Biol., **85**:1-11 (1985).

後生動物（Metazoa）──ベントス

種　名	T(℃)	W_W(g 湿重量) W_D(g 乾重量) W_{SFD}(g 除殻乾重量) W_{SFW}(g 除殻湿重量) W_{AFD}(mg 有機物量)	R (mL O$_2$/個体/時間)	文献
環形動物　多 毛 類（Polychaeta）				
Myxicola infundibulum　ロウトケヤリ（海）	10	0.30 W_D	0.202	7)
Nereis diversicolr　ゴカイ（海）	15	0.059 W_D	0.049	8)
貧 毛 類（Oligochaeta）				
Tubificidae sp.　イトミミズの一種（淡）	15	1.01 W_{AFD}	0.515	9)
節足動物　等 脚 類（Isopoda）				
Asellus aquaticus　ミズムシの一種（淡）	11	0.68 W_{AFD}	0.639	9)
端 脚 類（Amphipoda）				
Gammarus lacustris　ヨコエビの一種（淡）	15	0.86 W_{AFD}	1.230	9)
昆 虫 類（Insecta）				
Tinodes waeneri　トビケラの一種（淡）	11	0.95 W_{AFD}	0.646	9)
Chironomidae sp.　ユスリカの一種（淡）	11	0.26 W_{AFD}	0.231	9)
コエビ類（Caridea）				
Alpheus sp.　テッポウエビの一種（海）	24.6	0.58 W_W	0.088	10)
Palaemon pacificus　イソスジエビ（海）	24.1	0.36 W_W	0.177	10)
Saron marmoratus　フシウデサンゴエビ（海）	23.2	3.97 W_W	0.382	10)
Stenopus hispidus　オトヒメエビ（海）	22.2	0.09 W_W	0.053	10)
短 尾 類（Brachyura）				
Carpilius convexus　ユウモンガニ（海）	26.1	123.3 W_W	3.397	10)
Carpilius maculatus　アカモンガニ（海）	27	52.9 W_W	0.391	10)
Liomera sp.　ベニオウギガニの一種（海）	25.8	5.4 W_W	0.273	10)
Pilodius areolatus　ツブトゲオウギガニ（海）	23.9	4.2 W_W	0.261	10)
Platypodia eydouxii　オウギガニの一種（海）	25.3	14.1 W_W	0.850	10)
Thalamita crenata　ミナミベニツケガニ（海）	23	17.1 W_W	1.276	10)
軟体動物　腹 足 類（Gastropoda）				
Conomurex luchuanus　マガキガイ（海）	28	0.866 W_{AFD}	0.460	11)
Potamopyrgus jenkinsii　コモチカワツボ（淡）	15	0.92 W_{AFD}	0.414	11)
Theodoxus fluviatilis　カワヒメカノコ（淡）	15	4.49 W_{AFD}	3.323	11)
二枚貝類（Bivalvia）				
Crassostrea gigas　マガキ（海）	15	1.5 W_{SFD}	0.680	11)
Dreissena polymorph　ゼブラガイ（淡）	15	2.45 W_{AFD}	1.617	11)
Malleus malleus　シュモクガイの一種（海）	28	0.399 W_{AFD}	0.363	11)
Unio douglasiae　イシガイ（淡）	24	1.281 W_{SFW}	0.265	12)
頭 足 類（Cephalopoda）				
Octopus briareus　ウデブトダコ（海）	20	344.5 W_W	14.4	14)
Octopus vulgaris　マダコ（海）	20	300 W_W	1.62	15)
棘皮動物　ヒトデ類（Asteroidea）				
Linkia laevigata　アオヒトデ（海）	23	100.3 W_W	0.221	16)
Pycnopodia helianthoides　ヒマワリヒトデ（海）	13	26.2 W_W	0.257	16)
ウ ニ 類（Echinoidea）				
Echinometra mathaei　ホンナガウニ（海）	21	13.4 W_W	0.207	10)

後生動物（続き）

種　名	T(℃)	W_W(g 湿重量) W_D(g 乾重量) W_{SFD}(g 除殻乾重量) W_{SFW}(g 除殻湿重量) W_{AFD}(mg 有機物量)	R (mL O_2/個体/時間)	文献
Tripneustes gratilla　シラヒゲウニ（海）	21	168.4 W_W	0.868	10)
ナマコ類（Holothuroidea）				
Actinopyga mauritiana　クリイロナマコ（海）	21	296.4 W_W	1.593	10)
Holothuria atra　クロナマコ（海）	21	591 W_W	0.530	10)

7) S. E. Shumway *et al.*, Comp. Biochem. Physiol., **90A**：425-428 (1988).
8) A. M. Nielsen *et al.*, Mar. Ecol. Prog. Ser., **125**：149-158 (1995).
9) K. Hamburger and P. C. Dall, Hydrobiologia, **199**：117-130 (1990).
10) S. Wilson *et al.*, Mar. Biol., 160：2363-2373 (2013).
11) H. Mukai *et al.*, J. Exp Mar. Biol. Ecol., **134**：101-115 (1989).
12) K. Fujikura *et al.*, Venus, **47**：207-211 (1988).
13) S. Bougrier *et al.*, Aquaculture, **134**：143-154 (1995).
14) K. T. Borer and C. E. Lane, J. Exp. Mar. Biol. Ecol., **7**：263-269 (1971).
15) S. Katsanevakis *et al.*, Mar. Biol., **146**：725-732 (2005).
16) S. K. Webster, Biol. Bull., **148**：157-164 (1975).

魚　類（Pisces）——ベントス・ネクトン

R（mL O_2/個体/時間）$= (0.3/f)\ W_W^{0.8}$，W_W は g 湿重量，f は水温（T℃）によって変化（適用範囲：$W_W = 10^{-2} \sim 10^4$ g，種の生息環境は淡水，海水を問わない）

T（℃）	f	T（℃）	f	T（℃）	f
6	4.55	16	1.43	26	0.609
8	3.48	18	1.20	28	0.520
10	2.67	20	1.00	30	0.444
12	2.16	22	0.847		
14	1.74	24	0.717		

G. G. Winberg. Rate of metabolism and food requirements of fishes. Belorussian State Univ. (1956) [Fish. Res. Board Can., Transl. Ser. 194]

ウミガメ類（Chelonioidea）

種　名	T(℃)	W_W(kg 湿重量)	R(L O_2/個体/時間)	文献
Dermochelys coriacea　オサガメ（海）	26.6	268	19.2	17)
Chelonia mydas　アオウミガメ（海）	25.8(夏)	15.3	4.72	18)
	21.4(冬)	16.7	3.03	18)

17) B. P. Wallace *et al.*, J. Exp. Biol., **208**：3873-3884 (2005).
18) A. L. Southwood *et al.*, Can. J. Zool., **84**：125-135 (2006).

哺　乳　類（Mammalia）：オットセイ，アシカ，イルカ，シャチ

R（L O_2/個体/日）$= 84.3\ W_W^{0.756}$（W_W，kg 湿重量；適用範囲：肉食性種，$W_W = 20 \sim 5000$ kg）．T.M. Williams *et al.*, Ecology, 85：3373-3384 (2004) の R_W（W/個体/日）$= 19.65\ W_W^{0.756}$（W_W，kg 湿重量）より 1 L O_2/日 $= 0.233$ W（ワット）として再計算．

海　鳥　類（Aves）：ペンギン，ミズナギドリ，ペリカン，チドリ

R（L O_2/個体/日）$= 74.5\ W_W^{0.651}$（W_W，kg 湿重量；適用範囲：$W_W = 0.042 \sim 129$ kg）．H. I. Ellis and G. W. Gabrielsen, pp. 359-409. In：E.A. Schreiber and J. Burger (eds), Biology of Marine Birds, CRC Press (2002) の R_J（kJ/個体/日）$= 16.69\ W_W^{0.651}$（W_W，g 湿重量）より 1 L $O_2 = 20.11$ kJ として再計算．

6 陸水・海洋環境

　わが国をはじめとする多くの国で水域環境の悪化が進行しており，その1つの現れが湖沼や沿岸の底層における溶存酸素の減少である．水生生物に対するその影響を評価するために実験的に行われた魚類や甲殻類などの溶存酸素の耐性濃度をまとめた．淡水，水温20℃で飽和溶存酸素濃度は約 8.8 mg/L であるが，生物によって酸素耐性濃度にはかなりの幅があることがわかる．

水槽実験による水生動物における溶存酸素濃度に対する耐性評価

分類群	種	発達段階	実験水温（℃）	暴露時間（h）	LC50*（mg/L）
淡水産魚類	ウナギ	未成魚・成魚	27.0±0.1	1	1.2
	カマツカ	未成魚	25±1	24	1.5
	コイ	未成魚・成魚	27.1±0.1	1	1.6
	タモロコ	未成魚・成魚	26.9±0.1	1	2.3
	ドジョウ	成魚	25±1	24	0.9
	ホンモロコ	未成魚・成魚	25±1	24	1.0
	モツゴ	未成魚・成魚	25±1	24	0.9
	ヤリタナゴ	未成魚・成魚	25±1	24	1.1
海産魚類	キジハタ	稚魚	25±1	24	1.1
	シロギス	未成魚	25±1	24	2.0
	シロメバル	稚魚	25±1	24	2.5
	スズキ	未成魚	25±1	24	1.9
	トラフグ	稚魚	25±1	24	1.9
	ヒラメ	未成魚・成魚	24±1	24	1.6
	ホシガレイ	未成魚	25±1	24	1.9
	マコガレイ	稚魚	22.4～24.3	24	1.8
	マダイ	未成魚・成魚	25±1	24	2.0
淡水産甲殻類	スジエビ	未成体・成体	25±1	24	0.9
海産甲殻類	ヨシエビ	幼生（プロトゾエア期）	28	24	1.2
	ヨシエビ	幼生（ポストラーバ期）	28	24	2.1
	ヨシエビ	未成体・成体	28	24	0.5
	ガザミ	幼生（ゾエラ期）	24	24	1.0
	ガザミ	幼生（メガロパ期）	24	24	2.1
	ガザミ	稚ガニ	24	24	2.5
	クルマエビ	幼生（ノープリウス期）	24	24	2.1
	クルマエビ	幼生（ゾエラ期）	24	24	1.9
	クルマエビ	未成体・成体	25±1	24	0.8
海産棘皮動物	マナマコ	稚ナマコ	25±1	24	0.2

＊　LC50は24時間の曝露時間で50%が死亡する溶存酸素濃度．なお，曝露時間が1時間の実験では，1時間でのLC50から米国環境保護庁が出した換算式を用いて24時間のLC50に換算した．
環境省：“底層溶存酸素量及び沿岸透明度に係る目標設定に関する参考資料”（2015）．

6.1.3 水域の生態区分

海域・湖沼の鉛直生態区分

海（以下の鉛直区分名の日本語訳，各区分の深度の定義は研究者によって必ずしも一致しない）

底棲環境（Benthic environment）
海岸から沖合方向に以下のように区分される．
1. 潮　上　帯（Supralittoral zone）　：波，しぶきの影響下にある地帯
2. 潮　間　帯（Littoral zone）　：大潮の満潮線と小潮の干潮線の間の海岸地帯
3. 亜潮間帯（Sublittoral zone）　：小潮干潮線から水深約200 m まで
4. 漸深海帯（Bathyal zone）　：水深　200 m から2 000 m まで
5. 深　海　帯（Abyssal zone）　：水深2 000 m から6 000 m まで
6. 超深海帯（Hadal zone）　：水深6 000 m 以深

水柱環境（Pelagic environment）
1. 表　　　層（Epipelagic zone）　：海表面から水深200 m まで．水深が200 m 以浅の海域を"沿岸域（Neritic zone）"，以深の海域を"外洋域（Oceanic zone）"と呼ぶ．
2. 中　　　層（Mesopelagic zone）　：水深　200 m から1 000 m まで
3. 漸　深　層（Bathypelagic zone）　：水深1 000 m から4 000 m まで
4. 深　　　層（Abyssopelagic zone）：水深4 000 m から6 000 m まで
5. 超　深　層（Hadopelagic zone）　：水深6 000 m 以深

植物の光合成補償深度（海表面光強度の約1%）以浅を明光層（Euphotic zone），以深を生物が光を感知できる限界の微光層（Disphotic zone）と無光層（Aphotic zone）に分ける．明光層と微光層をあわせて有光層（Photic zone）と呼ぶ．

Friendrich, H.:"Marine Biology", Sidgwick and Jackson（1965）.
Lalli, C. M. and Parsons, T.R.（関文威監訳）："Biological Oceanography（生物海洋学入門）"，講談社サイエンティフィク（1996）.

湖　沼（以下の鉛直区分名の日本語訳，各区分の深度の定義は研究者によって必ずしも一致しない）

底棲環境（Benthic environment）
表沿岸帯（Epilittoral zone）　：水の影響がない地帯
上部沿岸帯（Supralittoral zone）　：水面上にあり水の飛沫を受ける地帯
沿　岸　帯（Littoral zone）——以下の3つに細分される．
1. 真沿岸帯（Eulittoral zone）　：季節による最高水位と最低水位の間の地帯
2. 沿　岸　帯（Infralittoral zone）　：1年を通して水面下にあり，高等顕花植物が繁茂する地帯．通常，上部から下部に向かい，挺水植物帯（Emergent vegetation），浮葉植物帯（Floating vegetation），沈水植物帯（Submerged vegetation）に分けられる．
3. 下部沿岸帯（Littoriprofundal zone）：植物が散在する移行域で，深底をもつ湖沼では水温躍層の深度とほぼ一致する．
深　底　帯（Profundal zone）　：植物プランクトン光合成の補償深度以深．この深底帯は浅い湖沼にはない．

水柱環境（Pelagic environment）
沖　　　帯（Limnetic zone）　：沿岸帯に隣接するより深い水域で，表水面から植物プランクトン光合成の補償深度まで．この沖帯は浅い湖沼にはない．

夏期に水温躍層（Thermocline）が発達する湖沼では水温躍層上部から表面までを"表水層（Epilimnion）"，水温躍層下部から湖底までを"深水層（Hypolimnion）"という．また，水温躍層を"変水層（Metalimnion）"と呼ぶこともある．

Hutchinson, G. E.: "A Treatise on Limnology", John Wiley & Sons（1967）.
吉村信吉："湖沼学"，三省堂（1937）.

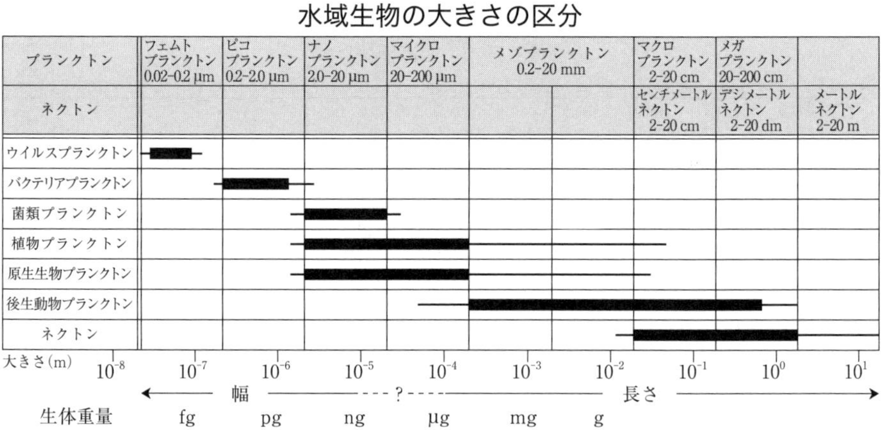

水域生物の大きさの区分

プランクトン	フェムト プランクトン 0.02-0.2 μm	ピコ プランクトン 0.2-2.0 μm	ナノ プランクトン 2.0-20 μm	マイクロ プランクトン 20-200 μm	メゾプランクトン 0.2-20 mm	マクロ プランクトン 2-20 cm	メガ プランクトン 20-200 cm	
ネクトン						センチメートル ネクトン 2-20 cm	デシメートル ネクトン 2-20 dm	メートル ネクトン 2-20 m
ウイルスプランクトン								
バクテリアプランクトン								
菌類プランクトン								
植物プランクトン								
原生生物プランクトン								
後生動物プランクトン								
ネクトン								

大きさ(m)　10^{-8}　10^{-7}　10^{-6}　10^{-5}　10^{-4}　10^{-3}　10^{-2}　10^{-1}　10^{0}　10^{1}

幅 ─────── ? ───── 長さ

生体重量　fg　pg　ng　μg　mg　g

図5　プランクトンの分類群（縦）とその大きさによる区分（横）

プランクトンは，その大きさによって生態系内での役割が異なり，また生物量を分ける上でも比較的容易なため，等価粒径を利用して分ける場合がある．

Sieburth, J. M., *et al*.: Pelagic ecosystem structure: Heterotrophic compartments of the plankton and their relationship to plankton size fractions. Limnol. Oceanogr. **23**: 1256-1263 (1978).

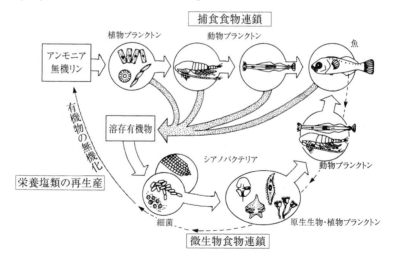

図6　水域での特徴的な食物連鎖

水圏では植物プランクトンから魚に至る食物連鎖の過程で，様々な形の溶存有機物が水中に放出されるため，このような溶存有機物を取り込むことができるサイズが1 μm 以下の細菌群集が食物連鎖のもう1つの出発点となっている．これを微生物食物連鎖と呼び，植物プランクトンに対する栄養塩の供給などの役割を果たしている．

Beers, J. R. (1986) Organisms and food web, 84-175. In: R. W. Eppley Ed., Plankton Dynamics of the Southern California Bight, Springer-Verlag.

6.2　淡水域生態系

6.2.1　陸水中の元素濃度

雨水の含有元素濃度

海塩の影響を受けている雨水中のおもな元素濃度（重量加重平均）

	単位	中央インド洋	北大西洋		北太平洋
		アムステルダム島	バミューダ	ルイス,アメリカ東海岸	大　津
pH		5.06	4.74	4.22	4.45
Na$^+$	μM	206.5	148	56.5	10.3
Mg^{2+}	μM	45.9	40	12.6	2.2
H$^+$	μM	8.8	18.4	53.4	35.0
Ca^{2+}	μM	8.6	15.3	8.53	7.0
K$^+$	μM	4.4	4.03	1.91	2.3
NH$_4^+$	μM	1.8	4.54	18.9	13.5
Cl$^-$	μM	237.7	191	46.4	17.5
SO$_4^{2-}$	μM	29.2	36.3	62.5	34.8
NO$_3^-$	μM	1.3	6.57	25.2	17.5
海塩起源 Na	%	97.7	80.3	54.1	81.1

Chester, R. : "Marine Geochemistry", 109, Table 6.8, Blackwell (2000).

Mizukami, Y., Komori, Y. and Kawashima, M. : "Chemical study of the precipitation by Lake Biwa at Otsu, Shiga, Japan. I. pH, dissolved ions and their sources." Jpn. J.Limnol, 55 : 247-255, (1994) をもとに編集.

海塩の影響を受けている雨水中の微量元素濃度（μM）

元素	北　海			北大西洋		地中海		北太平洋		南太平洋	北極海
	スコットランド北東海岸*	ドイツ北海岸*	外洋*	バミューダ*	パントリー,アイルランド*	フランス南海岸*	サルデーニャ*	マーシャル	大津*	サモア	東部
Al			0.78		0.134	5.34	32.7	0.078	0.43	0.59	
V				0.001 9				<0.001	0.008 9	<0.001	
Cr								<2×10^{-4}	0.001 5	<2×10^{-4}	
Mn	0.069	0.076	0.066	0.004 9	0.002 4		0.15	2.2×10^{-4}	0.093	3.6×10^{-4}	
Fe	1.6	0.32	0.56	0.086	0.144		9.29	0.018	0.23	0.007 5	
Ni				0.002 9					0.007 5		0.003 36
Cu	0.036	0.027	0.015	0.010	0.014	0.044	0.046	2.0×10^{-4}		3.3×10^{-4}	0.001 5
Zn	0.20	0.38	0.12	0.017 6	0.123		0.24	8.0×10^{-4}	0.21	0.024	
As									0.003 0		
Se		0.006 6	0.004 3								
Cd	0.006 0	0.004 3	7.1×10^{-4}	5×10^{-4}	4×10^{-4}			1.9×10^{-5}			4×10^{-5}
Sb		0.003 1	9.9×10^{-4}								
Pb	0.019	0.031	0.017	0.003 7	0.002 5	0.018	0.007 7	1.7×10^{-4}		6.8×10^{-5}	8.93×10^{-4}

＊　重量加重平均

Chester, R. : "Marine Geochemistry", 109, Table 6.8., Blackwell (2000).

Mito, S. et al.: "The budget of dissolved trace metals in Lake Biwa, Japan", Limnology, 5 : 7-16 (2004) をもとに編集.

世界の河川の含有元素濃度

世界の河川水中の平均的な元素濃度（μM）

原子番号	元素	溶存態	懸濁態	原子番号	元素	溶存態	懸濁態
3	Li	2	3.6	42	Mo	5×10^{-3}	3×10^{-2}
5	B	1.7	6	47	Ag	3×10^{-3}	6×10^{-4}
11	Na	2.3×10^{2}	3.1×10^{2}	48	Cd	2×10^{-4}	9×10^{-3}
12	Mg	1.3×10^{2}	4.9×10^{2}	50	Sn	1.2×10^{-5}	—
13	Al	2	3.5×10^{3}	51	Sb	8×10^{-3}	2.1×10^{-2}
14	Si	2×10^{2}	1.0×10^{4}	55	Cs	2.6×10^{-4}	5×10^{-2}
15	P	3.7	3.7×10^{1}	56	Ba	4×10^{-1}	4
19	K	3.8×10^{1}	5×10^{2}	57	La	4×10^{-4}	3.2×10^{-1}
20	Ca	3.3×10^{2}	5.4×10^{2}	58	Ce	6×10^{-4}	6.8×10^{-1}
21	Sc	9×10^{-5}	4.0×10^{-1}	59	Pr	5×10^{-5}	6×10^{-2}
22	Ti	2×10^{-1}	1.2×10^{2}	60	Nd	3×10^{-4}	2.4×10^{-1}
23	V	2×10^{-2}	3.3	62	Sm	5×10^{-5}	5×10^{-2}
24	Cr	2×10^{-2}	2	63	Eu	7×10^{-6}	9.9×10^{-3}
25	Mn	1.5×10^{-1}	1.9×10^{1}	64	Gd	5×10^{-5}	3×10^{-2}
26	Fe	7×10^{-1}	8.6×10^{2}	65	Tb	6×10^{-6}	6×10^{-3}
27	Co	3×10^{-3}	3×10^{-1}	67	Ho	6×10^{-6}	6×10^{-3}
28	Ni	9×10^{-3}	2	68	Er	2×10^{-5}	2×10^{-2}
29	Cu	2.4×10^{-2}	2	69	Tm	6×10^{-6}	2×10^{-3}
30	Zn	5×10^{-1}	3.8	70	Yb	2×10^{-5}	2.0×10^{-2}
31	Ga	1×10^{-3}	3.6×10^{-1}	71	Lu	6×10^{-6}	3×10^{-3}
32	Ge	1.1×10^{-4}	—	72	Hf	6×10^{-5}	3×10^{-2}
33	As	2.3×10^{-2}	7×10^{-2}	73	Ta	1×10^{-5}	6.9×10^{-3}
35	Br	3×10^{-1}	6×10^{-2}	79	Au	1×10^{-5}	3×10^{-1}
37	Rb	1.8×10^{-2}	1	82	Pb	5×10^{-4}	5×10^{-1}
38	Sr	7×10^{-1}	1.7	90	Th	4×10^{-4}	6.0×10^{-2}
39	Y	—	3×10^{-1}	92	U	1.0×10^{-3}	1×10^{-2}

Martin, J.-M. & Whitfield, M. : "Trace Metals in Sea Water (eds. Wong, C. S., Boyle, E. A., Bruland, K. W., Burton, J. D. & Goldberg, E. D.)", p.265-296, p.270, Table 4, John Wiley & Sons (1983) をもとに編集.

河川水中の溶存元素濃度（μM）

元素	ヨーロッパ ライン川	イェータ川	アフリカ ザイール川	北アメリカ セントローレンス川	ミシシッピ川	南アメリカ アマゾン川	アジア 長江	日本 姉川
Al			1.3	2.4		1.5		0.39
Cr				0.01				0.0036
Mn			0.15	0.11	0.18	0.35		0.40
Fe	0.54	0.36~1.3	2.3	0.98	0.088	0.54		0.10
Co				0.0025		0.001		
Ni		0.012~0.015		0.026	0.027	0.005~0.009	0.0039	0.0071
Cu	0.099	0.017~0.022	0.005	0.039	0.030	0.017~0.028	0.016~0.021	
Zn	0.83	0.09~0.11		0.13	0.15			0.013
Cd	3.5	0.08~0.22		0.99	0.80		0.22~0.34	
Pb		0.0004~0.0010						

Chester, R. : "Marine Geochemistry", 16, Table 3. 4, Blackwell (2000).

Mito, S. *et al.*: "The budget of dissolved trace metals in Lake Biwa, Japan", Limnology, **5** : 7-16 (2004) をもとに編集.

湖沼水中の溶存元素濃度（μM）

元素	バイカル湖	スペリオル湖	エリー湖	オンタリオ湖	琵琶湖 北湖 最小値	琵琶湖 北湖 最大値	琵琶湖 北湖 平均値
Li	0.30						
Na	155						
Mg	126				61.3	103	89.8
Al	0.0028				0.0016	0.38	0.051
Si	37				9.8	106	42
P					0.037	0.68	0.18
$S(SO_4^{2-})$	57.4						
Cl	12						
K	24						
Ca	402				205	311	284
V	7.8×10^{-3}				3.9×10^{-4}	4.4×10^{-3}	2.2×10^{-3}
Cr	1.4×10^{-3}		2.7×10^{-3}	6.7×10^{-3}	3.9×10^{-4}	1.6×10^{-3}	6.7×10^{-4}
Mn					5.5×10^{-4}	0.40	0.011
Fe		7.0×10^{-3}	2.5×10^{-2}	1.2×10^{-2}	1.0×10^{-3}	0.13	0.012
Ni	2.0×10^{-3}		1.5×10^{-2}	1.3×10^{-2}	1.8×10^{-3}	4.2×10^{-3}	2.6×10^{-3}
Cu	3.3×10^{-3}	1.2×10^{-2}	1.4×10^{-2}	1.3×10^{-2}	5.1×10^{-3}	0.012	7.6×10^{-3}
Zn		4.2×10^{-3}	1.3×10^{-3}	2.4×10^{-3}	2.4×10^{-4}	8.1×10^{-3}	1.7×10^{-3}
Ge	2.9×10^{-5}						
As					8.7×10^{-3}	3.6×10^{-2}	1.5×10^{-2}
Mo					2.2×10^{-3}	4.3×10^{-3}	3.7×10^{-3}
Sr	1.3				0.354	0.636	0.497
Y					4.9×10^{-5}	1.6×10^{-3}	1.4×10^{-4}
Cd			2.5×10^{-5}	2.8×10^{-5}			
Ba	7.4×10^{-2}						
W					0	1.2×10^{-4}	5.3×10^{-5}
Pb		1.5×10^{-5}	2.9×10^{-5}	4.8×10^{-5}			
U	1.8×10^{-3}				1.4×10^{-5}	7.3×10^{-5}	3.9×10^{-5}

Falkner, K. K., Church, M., Measures, C. I., LeBaron, G.,Thouron, D., Jeandel, C.,Stordal, M. C., Gill, G. A., Mortlock, R., Froelich, P. and Chan, L-H.: "Minor and trace element chemistry of Lake Baikal, its tributaries, and surrounding hot springs." Limnology and Oceanography **42**, 329-345 (1997).

Nriagu, J. O., Lawson, G., Wong, H. K. T. and Cheam, V.: "Trace Metals in Lakes Superior, Erie, and Ontario." Environmental Science and Technology **30**, 178-187 (1996).

Nakashima, Y. *et al.*: "Trace elements intluenced by environmental changes in Lake Biwa: (I)", Limnology, **17**: 151-162 (2016).

地下水中の元素濃度レベル（μg /L）

>1 000	Ca, Cl, K, Mg, Na, S, Si
100〜1 000	Al, F, Fe
10〜100	B, Ba, Br, N, P, Sr, Zn
1〜10	Cu, I, Li, Mn, Rb, Ti
0.1〜1	Ag, As, Be, Ce, Co, Cr, La, Mo, Nd, Ni, Pb, Sb, Se, U, V, Zr
0.01〜0.1	Bi, Cd, Cs, Ga, Hf, Hg, Sc, Sm, Th, W, Yb
<0.01	Au, Eu, Lu, Sn, Ta, Tb

Allard, B.: "Trace Elements in Natural Waters (eds. Salbu, B. and Steinnes, E.)", 151-176, p.152, Table 1, CRC Press (1995) を転載.

6.2.2　指定湖沼の水質

指定湖沼*1 の水質（COD）

（単位：mg/L）

湖　沼　名	類型*2	1980	1985	1990	1995	2000	2005	2010	2015	2017	2018	2019	2020	2021
釜房ダム	AA	2.1	1.9	3.8	2.3	1.9	2.3	2.5	2.8	2.1	2.2	2.5	2.4	2.5
八郎湖	A	5.9	5.7	5.6	6.9	8.5	7.5	7.5	7.9	6.5	7.4	8.6	7.6	8.2
霞ヶ浦　西浦	A	9.3	8.1	7.8	9.0	7.6	7.6	8.2	7.8	6.9	6.7	6.5	6.7	7.2
北浦	A	7.6	8.6	7.3	7.4	9.2	7.7	9.1	8.9	8.4	8.4	7.9	8.7	9.0
常陸利根川	A	8.7	8.1	7.6	8.1	8.3	7.4	9.2	8.3	7.5	7.6	7.1	7.2	7.5
印旛沼	A	11	11	9.2	12	10	8.1	8.9	11	11	12	11	10	12
千賀沼	B	23	24	18	25	14	8.2	8.9	8.1	8.6	9.2	8.9	10	9.1
諏訪湖	A	7.8	5.1	6.9	5.1	6.0	5.7	4.5	4.7	5.2	4.7	4.1	4.0	3.9
野尻湖	AA	2.0	1.7	1.4	1.4	1.8	1.6	1.9	1.9	2.2	2.0	1.9	2.1	2.2
琵琶湖　北湖	AA	2.2	2.1	2.3	2.5	2.6	2.6	2.6	2.5	2.6	2.4	2.5	2.6	2.5
南湖	AA	3.1	3.0	3.3	3.1	3.2	3.2	3.7	3.2	3.3	3.4	3.2	3.5	3.5
中　海	A	4.0	3.6	4.2	4.6	5.0	4.2	3.8	3.7	3.5	3.6	3.6	3.5	3.4
宍道湖	A	4.0	3.5	4.8	3.9	4.5	4.5	5.1	4.3	4.4	4.6	5.2	5.4	4.8
児島湖	B	8.6	10	10	11	8.2	7.5	7.6	7.0	7.5	7.9	7.4	7.3	7.4

総環境基準点の年間平均値．COD：化学的酸素要求量．

＊1　湖沼水質保全特別措置法に基づき，湖沼の水質環境基準を保つためにとくに総合的な施策が必要として指定された湖沼．水質保全のため湖沼ごとに様々な対策が実施されている．湖沼への各負荷量と水質変化の関係に着目．

＊2　環境基準値（AA：1 mg/L 以下，A：3 mg/L 以下，B：5 mg/L 以下）

環境省：“公共用水域水質測定結果”および国立環境研究所：“環境数値データベース”より作成．

指定湖沼の水質（全窒素）

（単位：mg/L）

湖　沼　名	類型*	1985	1990	1995	2000	2005	2010	2015	2017	2018	2019	2020	2021
釜房ダム	—		0.60	0.50	0.63	0.61	0.59	0.57	0.46	0.40	0.36	0.40	0.38
八郎湖	IV				1.1	1.1	1.0	0.99	1.2	1.2	1.2	1.0	1.3
霞ヶ関　西浦	III		1.08	0.96	1.0	1.1	1.3	1.1	1.0	0.88	1.1	0.82	0.82
北浦	III		0.83	0.71	0.95	1.1	1.6	1.2	1.2	1.3	1.4	1.3	0.94
常陸利根川	III		0.85	0.85	0.95	1.0	1.1	0.89	0.86	0.96	1.1	0.80	0.74
印旛沼	III	2.1	2.3	2.1	2.2	2.9	2.9	2.4	2.3	2.2	2.8	3.0	2.9
手賀沼	V	5.3	4.3	5.3	3.2	2.8	2.5	2.1	2.1	2.1	2.3	2.3	2.3
諏訪湖	IV	1.1	1.4	0.81	0.95	0.69	0.76	0.82	0.87	0.62	0.60	0.64	0.61
野尻湖	—		0.18	0.21	0.12	0.11	0.09	0.13	0.11	0.12	0.11	0.11	0.12
琵琶湖　北湖	II		0.31	0.32	0.29	0.30	0.24	0.24	0.21	0.20	0.20	0.19	0.20
南湖	II	0.36	0.49	0.42	0.39	0.36	0.28	0.24	0.23	0.32	0.22	0.24	0.27
中　海	III		0.56	0.49	0.61	0.42	0.46	0.40	0.41	0.41	0.37	0.36	0.34
宍道湖	III		0.50	0.54	0.56	0.54	0.59	0.44	0.47	0.44	0.46	0.45	0.40
児島湖	V		1.8	2.0	1.6	1.3	1.2	1.1	1.5	1.2	1.0	1.2	1.1

総環境基準点の年間平均値．

＊　環境基準値（mg/L 以下）：I：0.1，II：0.2，III：0.4，IV：0.6，V：1.0．

指定湖沼では，水質保全のため湖沼ごとに様々な対策が実施されている．湖沼への各負荷量と水質変化の関係に着目．

環境省：“公共用水域水質測定結果”および国立環境研究所“環境数値データベース”より作成．

指定湖沼の水質（全リン）

（単位：mg/L）

湖　沼　名		類型*	1985	1990	1995	2000	2005	2010	2015	2017	2018	2019	2020	2021
釜房ダム		II		0.015	0.014	0.015	0.019	0.019	0.022	0.018	0.018	0.014	0.015	0.015
八郎湖		IV				0.067	0.082	0.074	0.075	0.073	0.072	0.077	0.074	0.086
霞ヶ関	西浦	III		0.061	0.10	0.12	0.10	0.090	0.090	0.086	0.084	0.088	0.092	0.098
	北浦	III		0.057	0.093	0.12	0.092	0.13	0.11	0.11	0.12	0.11	0.13	0.11
	常陸利根川	III		0.061	0.082	0.080	0.093	0.10	0.090	0.088	0.093	0.091	0.097	0.095
印旛沼		III	0.081	0.10	0.14	0.12	0.11	0.14	0.13	0.14	0.16	0.15	0.14	0.16
手賀沼		V	0.55	0.44	0.51	0.26	0.17	0.16	0.13	0.15	0.16	0.15	0.17	0.16
諏訪湖		IV	0.083	0.13	0.064	0.051	0.053	0.042	0.049	0.052	0.042	0.036	0.037	0.038
野尻湖		I		0.006	0.006	0.005	0.005	0.006	0.006	0.005	0.005	0.005	0.005	0.005
琵琶湖	北湖	II		0.010	0.008	0.006	0.007	0.007	0.007	0.006	0.005	0.005	0.006	0.007
	南湖	II	0.020	0.033	0.021	0.020	0.018	0.016	0.012	0.014	0.017	0.011	0.015	0.016
中　海		III		0.054	0.049	0.063	0.039	0.045	0.035	0.040	0.040	0.032	0.041	0.035
宍道湖		III		0.036	0.037	0.047	0.039	0.064	0.035	0.045	0.048	0.041	0.056	0.038
児島湖		V		0.23	0.20	0.19	0.19	0.19	0.17	0.18	0.16	0.18	0.20	0.20

総環境基準点の年間平均値.

　*　環境基準値（mg/L 以下）：I：0.005，II：0.01，III：0.03，IV：0.05，V：0.10.

　指定湖沼では，水質保全のため湖沼ごとに様々な対策が実施されている．湖沼への各負荷量と水質変化の関係に着目.

　環境省："公共用水域水質測定結果" および国立環境研究所："環境数値データベース" より作成.

世界の湖沼の水質（全窒素） （単位：mg/L）

湖　沼　名	国　名	1980	1985	1990	1995	2000	2005	2010
Ennell	アイルランド	—	—	0.26	0.05	0.07	1.59	—
Owel		—	—	—	0.01	—	1.05	—
Bewl Water	イギリス	0.91	0.77	1.12	0.56	(1.29)	(3.35)	—
Lomond		0.30	0.29	0.13	0.39	(0.37)	—	—
Lough Neagh		0.48	0.48	0.77	0.42	0.40	—	—
Como	イタリア	—	0.96	0.96	0.88	0.88	1.07	0.93
Garda		—	0.43	0.41	0.32	0.03	1.17	0.35
Maggiore		0.91	0.90	0.99	0.82	0.82	—	—
Orta		9.90	7.66	4.71	2.70	1.97	—	—
Mondsee	オーストリア	0.48	0.56	0.62	0.57	—	—	—
Ossiacher See		—	0.30	0.33	0.47	—	—	—
Wallersee		—	—	—	1.10	—	—	—
Zeller See		—	—	—	0.28	—	—	—
Ijsselmeer	オランダ	4.40	4.16	3.84	3.57	3.14	2.83	2.81
Ketermee		5.43	5.89	5.26	4.46	3.59	4.00	3.21
Ontario	カナダ	0.48	0.54	0.54	—	(0.61)	1.92	1.86
Superior		—	0.42	0.40	—	(0.45)	1.68	—
Chunchonho	韓　国	—	1.05	0.60	1.20	1.30	1.26	1.29
Chungjuho		—	1.44	0.62	1.75	2.27	2.23	2.10
Constance	スイス	0.93	1.05	1.19	1.21	0.97	—	0.97
Lac Léman		0.66	0.73	0.69	0.67	0.68	—	—
Hjälmaren	スウェーデン	0.71	0.80	0.67	0.79	0.65	—	—
Mälaren		0.61	0.81	0.58	0.68	0.66	0.49	0.55
Vänern		0.87	0.92	0.79	0.80	0.82	0.78	0.60
Vättern		0.60	0.65	0.69	0.69	0.73	0.72	—
Alcántara	スペイン	2.86	—	0.91	0.11	(0.13)	—	0.73
Valdecanas		—	—	2.12	0.37	(0.45)	—	3.63
Arreso	デンマーク	—	4.08	3.50	3.39	2.61	2.62	1.63
Fureso		—	—	0.97	0.91	0.82	0.72	0.66
Bodensee	ドイツ	0.87	0.92	0.96	1.01	0.78	—	—
Altinapa	トルコ	0.94	0.62	0.37	0.17	—	—	—
Sapanca		0.43	0.36	0.28	—	—	—	—
Taupo	ニュージーランド	—	—		0.09	0.07	0.07	0.08
Mjoesa	ノルウェー	0.41	0.45	0.38	0.49	0.49	1.34	—
Randsfjorden		0.51	—	0.54	0.54	0.39	0.48	—
Balaton	ハンガリー	0.93	0.78	0.82	0.69	0.75	0.93	—
Velencei		—	—	3.55	2.08	1.70	2.10	—
Pääjänne	フィンランド	0.45	0.51	0.51	0.48	0.45	1.01	0.83
Pääjärvi		1.35	1.18	1.29	1.05	1.28	1.07	1.01
Lac d'Annecy	フランス	—	—	0.07	0.27	—	—	—
Parentis-Biscarrosse		—	—	0.86	1.00	1.10	—	—
Jasien Pólnocny	ポーランド	—	—	—	—	0.92	0.84	—
Wuksniki		—	—	—	—	0.57	0.74	—
Castero de Bode	ポルトガル	—	0.46	0.97	0.24	0.72	—	0.65
Chairel	メキシコ	—	0.17	—	0.11	0.13	(1.08)	0.38
Chapala		0.21	0.59	0.75	(0.23)	0.20	(2.58)	1.92
Remerschen	ルクセンブルク	—	—	0.29	0.02	(0.23)	(0.45)	

年平均値.
（　）内の数字は前後に1年ずれている測定値.
"OECD 環境データ要覧"（2009）より作成.
OECD Environment Statistics/Lake and river quality で補完.

世界の湖沼の水質（全リン）　（単位：mg/L）

湖 沼 名	国 名	1980	1985	1990	1995	2000	2005	2010
Ennell	アイルランド	0.027	0.032	0.017	0.020	0.015	0.023	—
Owel		0.020	0.015	0.010	0.011	0.010	0.011	0.012
Sheelin		0.049	0.023	0.013	0.032	—	0.025	0.024
Bewl Water	イギリス	—	0.023	0.081	0.030	—	—	0.048
Lomond		0.009	0.009	0.019	0.009	—	—	—
Lough Neagh		0.108	0.115	0.096	0.120	0.145	—	(0.144)
Como	イタリア	0.078	0.052	0.047	0.038	0.039	0.024	0.027
Garda		0.020	0.011	0.015	0.017	0.018	0.024	0.017
Maggiore		0.036	0.019	0.015	0.009	0.011	—	—
Orta		0.004	0.006	0.004	0.004	0.005	—	—
Mondsee	オーストリア	0.025	0.014	0.009	0.008	0.008	0.008	0.007
Ossiacher See		0.012	0.013	0.014	0.009	0.011	0.013	0.010
Wallersee		0.030	0.025	0.027	0.016	0.016	0.014	0.022
Zeller See		0.018	0.010	0.011	0.009	0.006	0.005	0.004
Ijsselmeer	オランダ	0.350	0.286	0.177	0.139	0.146	0.111	0.045
Ketermee		0.480	0.480	0.247	0.190	0.153	0.144	0.151
Ontario	カナダ	0.015	0.011	0.010	0.008	—	0.007	0.006
Superior		—	0.003	0.003	—	—	0.003	—
Chunchonho	韓 国	—	0.036	0.014	0.064	0.014	0.023	0.029
Chungjuho		—	0.012	0.044	0.023	0.025	0.022	0.017
Constance	スイス	0.083	0.066	0.039	0.024	0.014	(0.010)	0.007
Lac Léman		0.083	0.073	0.055	0.041	0.036	(0.030)	—
Hjälmaren	スウェーデン	0.042	0.044	0.046	0.062	0.051	—	—
Mälaren		0.028	0.024	0.025	0.021	0.024	0.018	0.023
Vänern		0.014	0.009	0.009	0.008	0.006	0.007	0.006
Vättern		0.009	0.007	0.007	0.006	0.003	0.005	(0.005)
Alcántara	スペイン	0.428	0.141	0.251	0.193	—	—	0.172
Valdecanas		2.60	1.457	1.478	0.828	0.555	—	0.152
Arreso	デンマーク	—	1.113	0.514	0.406	0.194	0.175	0.089
Fureso		—	—	0.169	0.174	0.097	0.063	0.087
Bodensee	ドイツ	—	0.038	0.021	0.017	0.011	(0.009)	0.007
Altinapa	トルコ	0.020	0.150	0.110	0.110	—	—	—
Sapanca		0.030	0.030	0.030	0.040	—	—	—
Taupo	ニュージーランド	—	—	—	0.004	0.007	0.006	0.006
Mjoesa	ノルウェー	0.009	0.007	0.007	0.005	0.004	0.026	—
Randsfjorden		0.004	—	0.004	0.005	0.006	0.003	—
Balaton	ハンガリー	0.010	0.020	0.030	0.069	0.077	0.041	—
Velencei		—	0.163	0.080	0.079	0.067	0.079	—
Pääjänne	フィンランド	0.010	0.010	0.008	0.006	0.005	0.017	0.010
Pääjärvi		0.011	0.015	0.013	0.012	0.011	0.028	0.026
Lac d'Annecy	フランス	—	—	0.010	0.008	0.006	—	—
Parentis-Biscarrosse		—	—	0.084	0.091	0.086	—	0.373
Jasien Pólnocny	ポーランド	—	—	—	—	0.047	0.061	—
Wuksniki		—	—	—	—	0.040	0.027	—
Castero de Bode	ポルトガル	0.150	0.110	0.022	0.012	0.035	(0.029)	(0.025)
Chairel	メキシコ	—	0.010	0.040	0.020	0.120	0.080	0.060
Chapala		0.280	0.730	0.240	—	0.460	0.660	0.550
Remerschen	ルクセンブルク	—	0.500	0.600	0.100	—	—	—

年平均値.
（　）内の数字は前後に1年ずれている測定値.
“OECD 環境データ要覧”（2009）より作成.
OECD Environment Statistics/Lake and river quality で補完.

世界と日本の河川・湖沼のケイ酸濃度

河　川

地　域	名　称[*2]	SiO₂(mg/L)	測定河川数等	測定者
北アメリカ		9.0	平均値	Livingstone (1963)
		7.2	平均値	Meybeck (1979)
	オハイオ川	5.8		Pennsylvania State Planning Board(1947)
南アメリカ		11.9	平均値	Livingstone (1963)
		10.3	平均値	Meybeck (1979)
ヨーロッパ		7.5	平均値	Livingstone (1963)
		6.8	平均値	Meybeck (1979)
	セーヌ川	24.8		H.Sainte-Claire Deville (1848)
	ローヌ川	23.8		H.S.Deville (1848)
	ドナウ川	1.8		M.Ballo (1878)
ア　ジ　ア		11.7	平均値	Livingstone (1963)
		11.0	平均値	Meybeck (1979)
インドネシア	北スラベシ	47.5〜77.0		沖野ら (1992)
・スラベシ	中央スラベシ	8.8〜29.9		沖野ら (1992)
ジャワ島	ボゴール	21.2		沖野ら (1992)
アフリカ		23.2	平均値	Livingstone (1963)
		12.0	平均値	Meybeck (1979)
オーストラリア		3.9	平均値	Livingstone (1963)
		16.3	平均値	Meybeck (1979)
日　本[*1]				
北海道地方		23.6	22	
東北地方		21.5	35	
関東地方		23.1	11	
	利根川（取手市）	23.0		
	須川（群馬県長野原町）	61.5		
中部地方		13.7	42	小林 (1960)
	信濃川（長岡市）	9.3		
近畿地方		12.1	28	
	紀の川（和歌山市）	14.4		
中国地方		14.1	25	
四国地方		9.8	19	
九州地方		32.2	43	
全国平均		19.0	225	

湖　沼

地　域	名　称	SiO₂(mg/L)	測定者
アルプス山脈西麓	レマン湖	8.6	Forel (1884)
北麓	ケニックス湖	0.2〜5.3	Otto Siebeck (1985)
北アメリカ	エリー湖	0.3	Schelske & Roth (1973)
南アメリカ西中央部	チチカカ湖	0.07〜1.1	Richardsoneら (1977)
アフリカ東部	タンガニーカ湖	0.3	Heckyら (1978)
	同上　キゴマ周辺沖合	0.35〜0.93	沖野ら (1988)
	同上　沿岸域	1.97〜13.5	沖野ら (1988)
	ビクトリア湖	4.2	Meybeck (1979)
ロシア・シベリア	バイカル湖	<3.0	Livingstone (1963)
	バイカル湖	2.9	Meybeck (1979)
インドネシア	ポソ湖	8.1〜10.7	沖野ら (1992)
	トンダノ湖	6.6〜18.7	沖野ら (1992)
	モアト湖	18.5〜28.7	沖野ら (1992)
日　本			
滋　賀	琵琶湖	1.6	小林 (1960)
茨　城	霞ヶ浦	13.8	小林 (1960)
山　梨	山中湖	9.3	小林 (1960)
長　野	諏訪湖	3.9〜36.0	沖野 (1980)

＊1　日本の河川についての数値は，小林 (1960) から引用.
＊2　日本以外の湖沼・河川についての数値の多くは，Livingstone(1963)，Benoit(1969)，Wetzel(1983)，A. J. Horne & C. R. Goldman(1994)，W. Lampert & K-O. Rothhaupt(1989)の報告から引用している.
＊3　Meybeck(1979) は"The Lakes Handbook Vol.1. Limnology and Limnetic Ecology"Eds by P. E. O'Sullivan and C. S. Reynolds, Blackwell Pub. (1988) より引用している.
＊4　珪藻類が多く繁殖している湖沼のケイ酸濃度は季節的に大きく変動するので，数値の扱いには注意が必要である.

6. 2. 3　水域の富栄養化

ヨーロッパ, 北アメリカ大陸の湖沼における窒素, リンの負荷量

地域・名称	期　間	TN	TIN	TP	TIP	表面積 (km²)	平均水深 (m)	交換率 (年)
中央ヨーロッパ								
Ägerisee	1947-1951		2.40	0.16	0.035	7.24	49	7.9
Pfäffikersee	1950-1953	14.70		1.36	0.615	3.31	18	1.5
Greifensee	1950-1953		31.1	1.56	0.825	8.56	19	2.0
Turlersee	1952-1953		7.50	0.30	0.139	0.48	14	2.1
Zurichsee	1952-1953	26.20		1.32	0.73	67.3	50	1.25
Hallwilersee	1956-1957	12.80	5.25	0.56	0.26	10.3	28	3.9
Baldeggersee	1957-1959		20.70	1.75	1.17	5.25	34	4.5
Lac Léman	1959-1961		9.50	0.70		581.4	155	12.0
Bodensee	1960	20.8		4.07	0.28	476.0	100	4.0
Zeller See	1962	4.8		1.20		4.55	37	2.7
北ヨーロッパ								
Vättern	1965	0.65		0.065		1 300		
Vänern	1965	1.50		0.15		5 560	21〜28	60
Hjälmaren	1965	2.00		0.20				
Mälaren	1965	8.00		0.70				
Norrirken	1961-1962	66.4		3.04		2.66	5.4	
Lough Neagh	1965	23.9		0.535		388	12	1
北アメリカ								
Washington	1957	31.4		1.34	0.77	87.6	33	3.2
Mendota	1942-1944	3.10	2.24	0.174	0.065	39.4	12	12.0
Menona	1942-1944		9.10	2.14	0.95	14.0	7.8	1.2
Waubesa	1942-1944		48.7	9.93	7.13	8.3	4.8	0.3
Kegonsa	1942-1944	14.65	18.1	6.64	4.24	12.7	4.6	0.35
Koshkonong	1959-1960		10.1					
Mosses	1963-1964	7.0		0.9		27.5	5.6	
Sebasticook	1964-1965	6.7		0.21		17.35	6.0	
Tahoe	1961-1962	0.23		0.04		497	303	700
Geist Reservoir	1963-1964		49.5	3.10		7.30		

TN：全窒素, TIN：無機態全窒素, TP：全リン, TIP：無機態全リン.

単位：Nkg m⁻² 年⁻¹（窒素）, Pkg m⁻² 年⁻¹（リン）

科学技術資源調査所訳："OECD 水資源管理研究報告"（1971）より改変.

指定湖沼（霞ヶ浦, 手賀沼, 諏訪湖, 琵琶湖）への
化学的酸素要求量（COD）, 全窒素（TN）, 全リン（TP）の負荷量　　（単位：kg/日）

指定湖沼		1985	1990	1995	2000	2005	2010	2015	2020
霞ヶ浦	COD	33 151	31 877	30 292	28 328	24 385	26 876	23 750	24 916
	TN	15 020	14 932	15 351	14 966	12 743	14 251	13 057	11 857
	TP	939	900	975	910	642	685	656	882
手賀沼	COD	6 102	6 286	5 459	4 331	3 525	3 013	2 862	2 782
	TN	2 730	2 748	2 357	1 786	1 403	1 261	1 198	1 140
	TP	324	358	275	221	146	132	123	113
諏訪湖*	COD	4 824	5 413	4 629	4 183	3 787	3 303	3 403	3 404
	TN	1 929	1 642	1 318	1 201	1 088	1 072	1 227	1 213
	TP	247	226	111	94	80	56	58	58
琵琶湖	COD	67 662	66 706	64 570	56 219	49 903	46 959	45 826	44 904
	TN	16 945	16 889	17 088	15 970	14 098	13 247	12 916	12 259
	TP	1 253	1 199	1 171	970	786	662	649	573

＊　諏訪湖については, 1986, 1991, 1996, 2001, 2006, 2011, 2016, 2021年の数値.
環境省："水質保全計画"より作成.
霞ヶ浦：霞ヶ浦に係る湖沼水質保全計画 令和3〜8年度（第8期）, 手賀沼：手賀沼に係る湖沼水質保全計画 令和3〜8年度（第8期）, 諏訪湖：諏訪湖に係る湖沼水質保全計画 令和4〜9年度（第8期）, 琵琶湖：琵琶湖に係る湖沼水質保全計画 令和3〜8年度（第8期）
　指定湖沼では, 水質保全のため湖沼ごとに様々な対策が実施されている. 湖沼への各負荷量と水質変化の関係に着目.

6.2.4　水域の BOD

世界の河川の生物化学要求量（BOD）

（単位：mg/L）

河　川　名	国　名	1980	1985	1990	1995	2000	2005	2010
クレア川	アイルランド	—	1.7	1.3	1.9	1.5	0.6	0.6
バロウ川		—	1.7	1.7	2.5	1.5	1.4	1.2
ブラックウォーター川		—	1.7	2.8	1.9	2.0	2.1	1.5
ボイン川		—	1.7	1.7	1.8	2.1	1.5	1.7
ミシシッピ川	アメリカ合衆国	1.7	1.2	1.9	1.2	1.5	1.9	(5.0)
クライド川	イギリス	4.1	3.2	3.5	2.9	2.3	—	—
セバーン川		2.6	1.7	2.8	2.4	(1.9)	—	—
テムズ川		2.7	2.4	2.9	1.8	1.7	(5.2)	—
イン川	オーストリア	2.2	—	1.4	2.8	0.8	0.6	0.8
ドナウ川		3.3	—	3.8	3.0	1.2	0.4	—
ライン川	オランダ	3.2	2.3	1.6	1.9	—	—	—
クム川	韓　国	—	—	—	4.5	3.5	—	—
ナクトン川		—	—	—	3.8	3.0	2.6	2.4
ハン川		—	—	3.4	3.8	2.7	3.1	3.2
ヨンサン川		—	—	—	2.6	2.1	5.3	4.3
エブロ川	スペイン	3.3	4.3	2.3	13.6	8.1	2.3	—
グアダルキブル川		11.8	8.8	7.2	39.4	5.9	3.9	—
グラデアナ川		2.7	1.6	2.3	7.7	3.7	3.5	—
ドーロ川		2.1	2.7	3.0	4.3	3.1	2.5	—
オドラ川	チェコ	12.3	10.1	5.9	7.1	5.8	4.3	3.5
モラバ川		7.8	7.8	7.9	4.2	3.0	3.0	—
ラーベ川		8.5	6.6	6.8	3.7	3.9	2.9	2.8
グーゼンオウ川	デンマーク	3.7	3.4	2.8	2.4	1.9	1.6	1.2
スキャンノ川		8.1	5.5	2.3	2.2	1.2	0.9	1.0
ドナウ川	ドイツ	3.1	3.2	2.8	2.7	2.1	1.7	1.6
ゲデイズ川	トルコ	2.4	2.3	10.6	—	3.7	—	(5.2)
サカリヤ川		2.0	3.6	2.7	4.1	3.1	(3.2)	(4.0)
セーヌ川	フランス	6.4	4.3	5.6	4.4	3.2	—	1.1
ローヌ川		7.8	5.0	1.4	1.3	2.0	—	1.0
ロワール川		6.4	6.0	7.0	4.0	4.3	—	1.7
オーデル川	ポーランド	5.9	4.6	7.0	4.5	5.2	5.5	3.1
ビスラ川		3.7	5.6	6.0	4.2	4.7	4.3	2.9
グリハルバ川	メキシコ	4.3	1.5	2.2	2.0	1.8	2.2	4.3
ブラボ川		3.1	2.5	3.6	3.1	2.2	(3.0)	8.3
レルマ川		8.0	2.6	13.5	—	30.0	4.2	10.6

BOD：生物化学的酸素要求量.

調査地点は最下流の国境あるいは海水の影響のない地点.

（　）内の数字は前後に 1 年ずれている測定値.

総務省統計局，統計研究所（2002），"OECD 環境データ要覧"（2004，2009）より作成.

OECD Environment Statistics/Lake and river quality で補完.

日本の河川の BOD

（単位：mg/L）

河川名	測定地点	1980	1985	1990	1995	2000	2005	2010	2015	2017	2018	2019	2020	2021
石狩川	石狩大橋	1.5	1.5	1.2	1.3	1.0	0.9	0.8	0.9	0.8	1.0	1.1	0.9	1.0
十勝川	茂岩橋	1.5	1.2	0.8	0.9	1.5	1.4	1.0	1.4	1.4	1.6	1.4	1.3	1.2
北上川	千歳橋	1.7	1.4	1.4	1.1	1.0	1.2	0.9	1.0	1.0	1.0	1.1	1.0	1.0
最上川	両羽橋	1.3	0.9	0.9	1.0	0.8	0.9	0.7	0.7	0.6	0.7	0.7	0.6	0.8
利根川	利根大堰	1.8	1.8	1.4	1.5	1.5	1.4	1.2	0.8	0.7	1.1	1.1	1.0	1.0
隅田川	両国橋	5.1	3.6	2.7	2.8	2.6	2.1	2.5	2.4	2.1	1.7	2.7	1.7	2.7
多摩川	調布取水堰	6.7	4.7	4.6	3.8	2.0	1.5	1.1	1.3	1.2	1.0	1.3	1.4	1.0
信濃川	平成大橋(帝石橋)	—	1.6	2.2	1.3	1.0	1.0	1.3	1.2	1.1	0.9	0.9	1.3	0.9
神通川	荻浦橋	1.2	1.4	1.3	1.5	1.7	1.4	1.1	1.0	0.7	1.6	1.2	0.8	1.3
千曲川	立ケ花橋	3.4	2.1	2.4	1.9	1.4	1.1	0.9	1.2	1.2	1.5	1.2	1.5	1.3
天竜川	鹿島橋	—	0.7	0.7	0.6	0.6	0.6	<0.5	0.6	0.8	0.9	0.8	0.6	0.7
木曽川	濃尾大橋	0.8	0.9	0.8	0.9	0.6	0.6	0.7	0.6	0.6	0.7	0.6	0.6	0.7
瀬田川	唐橋流心	1.8	1.7	1.2	1.4	0.9	1.0	0.8	0.6	0.7	0.9	0.6	0.6	0.7
淀　川	枚方大橋	3.3	3.4	2.5	2.3	1.5	1.3	1.0	1.0	1.0	1.0	0.8	0.9	1.0
紀の川	船　戸	1.3	1.9	2.1	1.7	1.8	1.8	1.2	0.7	0.9	0.7	0.7	0.7	0.7
太田川	旭　橋	1.8	1.7	2.0	3.4	1.6	1.3	1.6	1.2	1.6	1.1	1.2	1.1	1.4
江の川	江川橋	0.6	0.9	1.4	1.4	0.8	0.6	0.5	0.6	0.6	0.6	0.6	0.6	0.8
吉野川	高瀬橋	0.9	0.8	0.7	1.0	0.7	0.8	0.5	0.6	0.6	0.6	0.6	0.6	0.6
筑後川	瀬ノ下	1.9	2.2	1.7	1.5	1.5	1.4	1.7	1.0	0.9	1.1	1.2	1.3	1.7
大淀川	相生橋	1.3	1.3	2.7	1.0	1.0	0.8	0.7	0.7	0.8	0.8	0.9	0.9	0.9
比謝川	ポンプ場	5.1	3.6	3.0	1.8	2.6	1.6	0.7	1.6	2.0	1.4	0.8	0.9	0.9

環境省：“水環境総合サイト”より作成.

6.2.5　湖沼の堆積速度

世界のおもな湖沼の鉛210法による平均堆積速度

湖　沼　名	面　積 (10^3 km²)	平均堆積速度 (mg cm⁻² 年⁻¹)	測定数	文　献
カスピ海	436.0	(12〜23 mm 年⁻¹)*	2	Hoogendoorn et al.（2005）
スペリオル湖	82.1	7.0〜29.5	3	Durham & Joshi(1981)；Johnson(1984)
ビクトリア湖	68.9	10.0〜32.0	3	Hecky et al.（2010）
ヒューロン湖	59.6	4.8〜44.4	4	Durham & Joshi（1980）
ミシガン湖	57.8	12.1〜93.8	7	Robbins & Edgington（1975）
タンガニーカ湖	32.6	5〜400	7	McKee et al.（2005）
バイカル湖	31.5	3〜50	11	Johnson(1984)；Edgington et al.(1991)
グレートベア湖	31.0	14.2	1	Lockhart et al.（1998）
マラウイ湖	29.5	(1.6〜2.2 mm 年⁻¹)*	2	Pilskaln（1991）
グレートスレーヴ湖	27.0	54.1〜112.4	2	Mudroch et al.（1989）

* 重量ベース（mg cm⁻² 年⁻¹）の堆積速度のデータが得られなかったため，厚さベース（mm 年⁻¹）の堆積速度を紹介した.

日本のおもな湖沼の鉛210法による平均堆積速度

湖　沼　名	面　積 (km²)	平均堆積速度 (mg cm⁻² 年⁻¹)	測定数	文　献
琵　琶　湖	669.2	27〜115	8	太井子・奥田（1989）
霞　ヶ　浦	168.2	240	1	Naya et al.（2007）
サロマ湖	150.3	160〜540	4	菊地ら（1984）
猪苗代湖	104.8	n.d.		
中　　海	86.8	40〜740	19	金井ら（2002）
屈斜路湖	79.5	18.1	1	Tanaka et al.（1994）
宍　道　湖	79.2	30〜280	18	金井ら（1997）
支笏湖	78.8	n.d.		
洞爺湖	70.4	n.d.		
浜　名　湖	65.0	137	1	Itoh et al.（2003）

n.d.：データなし.

6.2.6　淡水域での生物種の特徴的分布

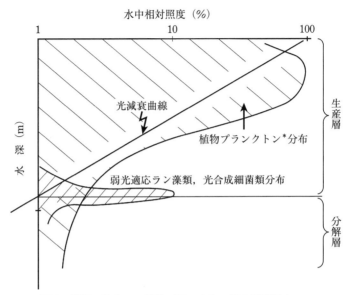

図1　湖沼の沖合での植物プランクトン等の垂直分布

＊　植物プランクトンはクロロフィル *a* 量で，鉛直分布の最大値を 100 として相対値で表示している．相対照度ほぼ1% の層を境にして，生産層（上層）と分解層（下層）に分けられる．

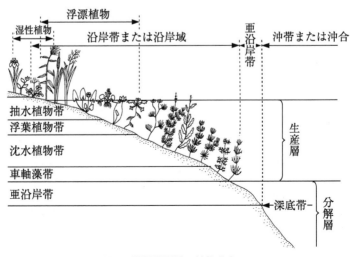

図2　湖沼沿岸域の植物分布

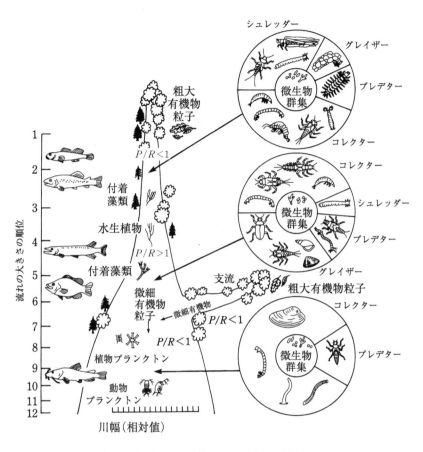

図3　河川における底生生物・水生昆虫類の地理的分布

P：基礎総生産量, R：群集呼吸量
Vannote (1980) より作成.
沖野外輝夫：“河川の生態学”, 共立出版 (2002).

6.3　沿岸域生態系

6.3.1　干潟の分布と面積

　干潟とは海岸部に発達する砂や泥で形成された低湿地で，潮汐による海水面の変動により陸地と海面下降をくり返す地形である．干潟は潮汐作用や生物活動による水質浄化作用，多様な生物群集や渡り鳥の中継地などの生態的な機能は大きいが，わが国では，平野部に土地が限られていることから，干拓や埋め立てが進み，1945 年には 82 625 ha あった干潟が 1978 年には 55 300 ha とその 30% 以上が消失した．

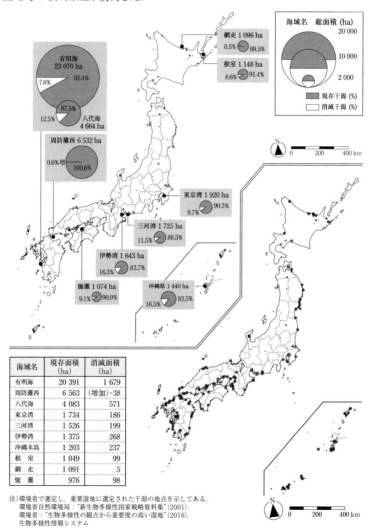

海域名	現存面積 (ha)	消滅面積 (ha)
有明海	20 391	1 679
周防灘西	6 563	(増加) -38
八代海	4 083	571
東京湾	1 734	186
三河湾	1 526	199
伊勢湾	1 375	268
沖縄本島	1 203	237
根　室	1 049	99
網　走	1 091	5
燧　灘	976	98

注) 環境省で選定し，重要湿地に選定された干潟の地点を示してある．
　　環境省自然環境局："新生物多様性国家戦略資料集"(2001).
　　環境省："生物多様性の観点から重要度の高い湿地"(2016).
　　生物多様性情報システム

6.3.2 藻場の分布と面積

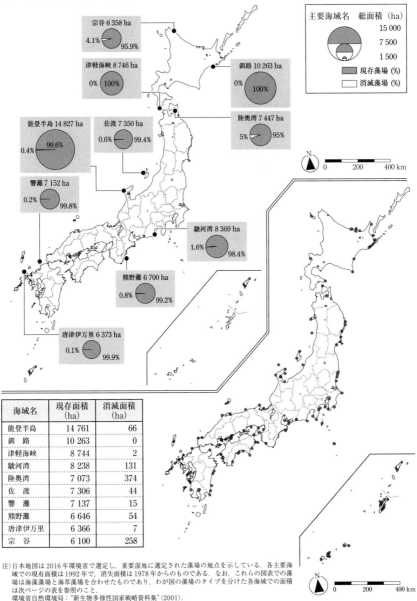

海域名	現存面積 (ha)	消滅面積 (ha)
能登半島	14 761	66
釧　路	10 263	0
津軽海峡	8 744	2
駿河湾	8 238	131
陸奥湾	7 073	374
佐　渡	7 306	44
響　灘	7 137	15
熊野灘	6 646	54
唐津伊万里	6 366	7
宗　谷	6 100	258

注)日本地図は 2016 年環境省で選定し，重要湿地に選定された藻場の地点を示している．各主要海
域での現存面積は 1992 年で，消失面積は 1978 年からのものである．なお，これらの図表での藻
場は海藻藻場と海草藻場を合わせたものであり，わが国の藻場のタイプを分けた各海域での面積
は次ページの表を参照のこと．
環境省自然環境局：“新生物多様性国家戦略資料集”(2001).
環境省：“生物多様性の観点から重要度の高い湿地”(2016).
生物多様性情報システム

　環境省では自然環境保全基礎調査の一環として，全国の主要な海草藻場，海藻藻場の面積調査を行い，その結果を 1978 年と 1992 年に出している．この表 1 は 1992 年における各海域での藻場の面積をまとめてあり，また，表 2 では 1978 年から 1992 年の間に消失した藻場の面積を示している．環境省ではそれ以降，藻場の同様な手法による面積調査を行っていないため，最近の藻場の分布状況を知るために水産庁が衛星データなどを使って行った藻場面積の推定値を表 3 に示した．なお，環境省と水産庁では藻場調査の手法が異なるため，これらのデータの直接比較は難しい．

表1　1990年代初頭の海草および主要海藻の各沿岸域における現存面積

（単位：ha）

海域名	アマモ場(海草)	ガラモ場	コンブ場	アラメ場	ワカメ場	テングサ場	アオサ・アオノリ場	その他	合計
北海道沿岸域	17 071	4 227	26 590	854	2 980	107	1 199	3 623	56 651
東北地方太平洋沿岸域	9 135	2 793	8 306	3 750	3 817	217	919	1 592	30 529
日本海沿岸域	6 393	36 741	828	13 028	6 576	3 347	973	7 247	75 133
本州太平洋沿岸域	1 868	14 918	0	22 642	10 901	10 872	401	3 757	65 359
瀬戸内海域	6 374	4 197	0	3 219	896	1 216	4 592	2 980	23 474
九州・四国外海沿岸域	1 721	22 806	0	20 984	6 211	3 263	1 025	1 810	57 820
南西諸島域	6 902	0	0	0	0	0	0	0	6 902
合計	49 464	85 682	35 724	64 477	31 381	19 022	9 109	21 009	315 868

現存の藻場面積調査は，規模が 1 以上で水深が 20 m より浅い藻場が対象．
環境省第 4 回自然環境保全基礎調査　海域生物調査報告書第 2 巻　藻場

表2　1978年から13年間での海草および主要海藻の各沿岸域における藻場の消失面積

（単位：ha）

海域名	アマモ場(海草)	ガラモ場	コンブ場	アラメ場	ワカメ場	テングサ場	アオサ・アオノリ場	その他	合計
北海道沿岸域	215	114	476	16	245	2	1	58	1 127
東北地方太平洋沿岸域	377	31	31	0	0	0	0	31	470
日本海沿岸域	73	332	0	162	284	597	9	175	1 632
本州太平洋沿岸域	191	138	0	161	71	22	51	1	635
瀬戸内海域	630	217	0	94	64	5	346	118	1 474
九州・四国外海沿岸域	560	1 483	0	1 254	886	762	82	20	5 047
南西諸島域	0	0	0	0	0	0	0	0	31
合計	2 077	2 315	507	1 687	1 550	1 388	489	403	10 416

消失藻場は 1 ha 以上の藻場で 1978 年に存在し，それ以降 1992 年までに消失したもの．
環境省第 4 回自然環境保全基礎調査　海域生物調査報告書第 2 巻　藻場

表3　2009年以降の衛星画像から求められた海草および主要海藻の各沿岸域における藻場の現存面積

（単位：ha）

海域名	アマモ場（密）	アマモ場（疎）	ガラモ場	コンブ場	アラメ場	合計
北海道沿岸域	29 020	33 970	495	17 137	0	51 602
東北地方太平洋沿岸域	1 794	2 100	1 553	3 151	1 350	8 155
日本海沿岸域	3 022	3 550	41 262	0	7 840	52 652
本州太平洋沿岸域	6 225	7 287	6 471	0	37 445	51 203
瀬戸内海域	12 556	14 698	9 956	0	4 398	29 052
九州・四国外海沿岸域	3 414	3 985	22 210	0	24 609	50 803
南西諸島域	5 636	6 578	0	0	0	6 578
合計	61 666	72 168	81 947	20 289	75 642	250 046

　水産庁で 2009 年～2014 年度に行われた調査事業で JAXA の地球観測衛星 ALOS のデータと藻場の過去の分布状況による情報から推定された各タイプの藻場面積．
堀正和ほか："藻場・干潟の炭素吸収源評価と吸収機能向上技術の開発"委託事業報告書　pp.51-59（2014）．

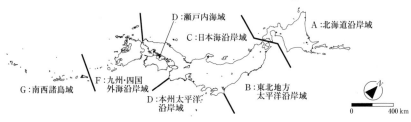

<<< Topic <<<<<<<<<<<<<<<<<<<<<<<<<<<<<<<<<<

ブルーカーボンとその隔離プロセス

　ブルーカーボンとは，地球上で生物が吸収する炭素のうち，海洋生物の作用によって大気中から海中へ貯留された炭素のことである．この言葉は，国連環境計画（UNEP）や国連食糧農業機関（FAO）などの国際連合の各組織より，共同出版物として2009年に公開された報告書「Blue Carbon」に端を発する[1]．この報告書は，これまで二酸化炭素（以下，CO_2）の吸収源として認識・評価されていなかった海洋生態系，その中でもとくにCO_2放出源とみなされていた沿岸浅海域の湿地生態系に注目し，沿岸海洋植生（塩生湿地・マングローブ林・海草藻場）がCO_2を有機炭素化して海底に閉じ込める重要なCO_2吸収源であることを示し，この機能により海洋での温暖化対策を促進することを意図して出版された．

　沿岸海洋植生による主要な炭素循環の過程は2つに大別できる（図）[2]．1つ目は，大気から海中へCO_2が吸収され，有機炭素として海洋生物に取り込まれるまでの過程である．大気・海洋間でのCO_2吸収・放出プロセスでは，原則として大気中のCO_2分圧と海中に溶存しているCO_2分圧に差が生じたとき，分圧の高い方から低い方へCO_2が取り込まれる．海中の溶存CO_2の一部は炭酸となり，炭酸水素イオン・炭酸イオンと化学平衡の状態になる．その後，海洋植物が溶存CO_2や炭酸水素イオン，炭酸イオンを吸収すれば，海中のCO_2分圧が下がり，大気からCO_2が取り込まれる．海洋植物によって吸収された溶存CO_2および炭酸水素・炭酸イオンは有機炭素となり，光合成や呼吸，食物連鎖の過程を通じて生物の体内に残る炭素，再び無機化され排出される炭素になる．

　海中で取り込まれた有機炭素には難分解性のものや，あるいは堆積物中に埋没して分解・無機化されにくい物理化学条件下にある有機炭素が存在する．また，一部は深海にまで輸送されて数百年や数千年の時間スケールで海中に貯蔵されることがある．このように有機炭素が生態系の物質循環から外れ，長期貯留される状態に移行する過程，これがもう一方の主要な過程である．地球化学的文脈では前者の過程を「固定（fixation）」，後者の過程を「隔離（sequestration）」と呼ぶ．その一方，気候変動科学の文脈では前者・後者の区別なく「隔離（sequestration）」と呼ぶことが多い．これは，国連気候変動枠組条約（UNFCCC）において温室効果ガスの排出量・吸収量のインベントリ作成と関連するようである．作成に用いられる「土地利用，土地利用変化及び林業（LULUCF）」セクターの算定手法では，大気から直接吸収する，あるいは大気へ排出する温室効果ガス量を評価し，長期貯留プロセスはこの排出・吸収プロセスの一部として暗に含めているためである．このように言葉の定義についてはまだ曖昧さが残されているが，海洋のCO_2吸収源の評価ではこの2つの過程の違いを認識し，海面でのCO_2吸収から海底への貯留まで，一環した評価を実施することが重要である．

　国連の報告書「Blue Carbon」ではブルーカーボンを堆積物中に埋没させる貯留作用

に注目し，沿岸域の重要湿地のうち砂泥域で堆積物底を有する塩生湿地，マングローブ林，海草藻場の3つの生態系を「ブルーカーボン生態系」と呼び，CO_2吸収源として重要視していた．しかしながら最新の研究では，堆積作用を有さない海藻藻場や植物プランクトンであっても，生成した有機炭素の一部が深海や別の場所の堆積物中など，少なからず異所的に貯留されることが解明されつつある[2]．また，海草・海藻類の成長過程で体表面から分泌する溶存有機炭素の一部にも難分解成分が含まれる．この難分解性溶存有機炭素の正体はいまだ明らかではないが，重要な貯留プロセスとして機能していることも解明されつつある．

　その一方で，貝殻など石灰化による炭酸塩の貯留過程も大気中CO_2の吸収に寄与すると思われがちである．しかしながら，石灰化の化学反応では炭酸塩の形成と同時にCO_2を排出するため，海中のCO_2分圧を上昇させてしまう．したがって大気中CO_2の吸収に寄与しない．

　最近ではブルーカーボンに対する国際的認知度が増加し，ブルーカーボン生態系を利用した気候変動対策が各国で進められている．2016年に採択されたパリ協定の時点では，緩和策に関して約20%，適応策に関して約40%の国々がブルーカーボンについて言及し，米国やオーストラリアでは，すでにブルーカーボンを自国の温室効果ガスインベントリに登録・算定を実施している．日本でも2023年より，自国の温室効果ガスインベントリにブルーカーボン生態系の登録が開始され，先行してマングローブ生態系の算定が実施された．他のブルーカーボン生態系も，順次検討されているところである．

　本来，沿岸浅海域の海洋植生は食料生産や防災をはじめとするさまざまな生態系サービスを有するため，気候変動対策では緩和策だけでなく本来の生態系サービスを活用した適応策も同時に実施可能である．この特徴から，ブルーカーボンの活用は国連で採択された2030年アジェンダ「持続可能な開発目標（SDGs）」などの重要な海洋政策の推進に貢献している．2019年，海洋国家の首脳で構成される「持続可能な海洋経済の構築に向けたハイレベル・パネル（High Level Panel for a Sustainable Ocean Economy：オーシャン・パネル）」から報告書が公表され[3]，海洋での気候変動対策の軸となる5つのアクションが掲げられた。そのうち2つがブルーカーボン生態系を基盤としている．また，2021年に国連ユネスコ政府間海洋学委員会が公開した報告書でも，海洋における効果的な5つのネガティブエミッション技術が上げられており[4]，ブルーカーボン生態系と大型海藻養殖が含まれている．　　　　　　　　　　　　　　【堀　正和】

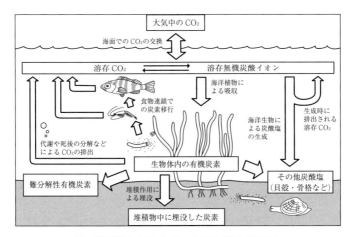

図　沿岸浅海域における主要な炭素循環図

【参考文献】

1) Nellemann, C., E. Corcoran, C. M. Duarte, L. Valdes, C. DeYoung, L. Fonseca, G. Grimsditch (2009)：Blue Carbon. A rapid response assessment. United Nation Environment Programme, GRID-Arendal (http://www.grida.no).

2) 堀正和，桑江朝比呂 (2017)："ブルーカーボン：浅海における CO_2 隔離・貯留とその活用" 地人書館.

3) Hoegh-Guldberg O, et al. (2019) The Ocean as a Solution to Climate Change: Five Opportunities for Acton. Report, World Resources Institute, Washington DC.

4) Wanninkhof, R., Sabine, C. and Arico, S. (2021) Integrated Ocean Carbon Research: A Summary of Ocean Carbon Research, and Vision of Coordinated Ocean Carbon Research and Observations for the Next Decade. Paris, UNESCO (IOC Technical Series, 158).

6.3.3　重要湿地

わが国における湿原・干潟等の湿地の減少や劣化に対する国民的な関心の高まりや，ラムサール条約における湿地定義の広がりなどを受けて，ラムサール条約登録に向けた礎とすることや生物多様性の観点から重要な湿地を保全することを目的に環境省によって「重要湿地500」として2001年に選ばれたもの．2016年に改訂され指定湿地は633ヵ所になった．

おもな湿地タイプ(・)	箇所数
高層湿原	67
中間湿原	41
低層湿原	55
雪田草原	22
河川	128
淡水湖沼	72
汽水湖沼	31
汽水域	39
干潟	105
塩性湿地	27
藻場	119
砂浜	20
浅海域	27
サンゴ礁	30
マングローブ湿地	29
水田	34
休耕田	12
ため池	62
水路	27
湧水	55
湧水湿地	25
その他湿地	102
計	1 129

*　複合する湿地タイプの箇所があるので合計数は重要湿地の633ヵ所とは一致しない．

(小笠原諸島)

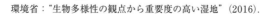

環境省：“生物多様性の観点から重要度の高い湿地”(2016).

6.3.4 サンゴ礁の分布

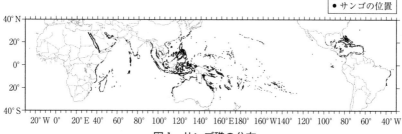

図1 サンゴ礁の分布

サンゴ礁は、南北両緯度30度以内の熱帯・亜熱帯の海岸で、とくに主要な暖流が流れる各大洋の西側に多く分布する.
Teh *et al.* (2013) PLoS ONE, 8, e65397

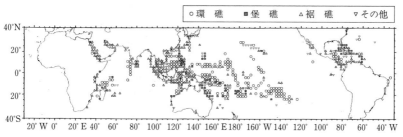

図2 サンゴ礁のタイプ

サンゴ礁の地形は、陸地とサンゴ礁とが接した裾礁（fringing reef）、陸地とサンゴ礁との間に深さ数十mの礁湖（ラグーン）をもつ堡礁（barrier reef）、中央に島がないリング状の環礁（atoll）の3つに大別される. 裾礁は、大陸や大きな島の海岸、サンゴ礁分布域の周縁部に多く分布し、環礁は、太平洋とインド洋の中央部に多く分布する.
　ReefBase が提供する"Reefs Location"のデータを2.5度四方の矩形領域で集計して、各矩形を環礁、堡礁、裾礁、その他の4種類に分類した.

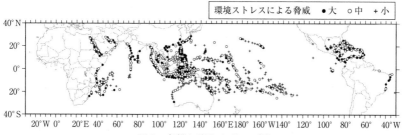

図3 危機に瀕したサンゴ礁

熱帯・亜熱帯の海岸域における急激な人口増加と開発に伴って、サンゴ礁は破壊の危機にある. 図は、サンゴ礁に対するローカルな環境ストレスによる脅威（海岸開発、海洋汚染、過剰な漁業圧力、陸源物質の流入）の程度を示したものである. 東南アジアや紅海、カリブ海アンチル諸島のサンゴ礁のほとんどが、高い脅威にさらされていることがわかる.
Burk *et al.* (2011) "Reefs at Risk Revisited"

　サンゴは様々なストレスを受けると，体内の共生藻を体外に放出して石灰質骨格が透けて白くみえる「白化」を起こす．1997〜1998 年に，エルニーニョと相前後して世界のほとんどのサンゴ礁分布域において，観測史上最大規模の白化が起こった．白化の時期と位置は，衛星によって観測されていた高水温異常域と一致しており，この時の白化は高水温によるものである．地球温暖化によって，こうした深刻で大規模な白化がより頻繁に広範囲に起こることが警告されている．

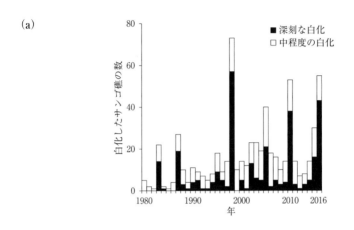

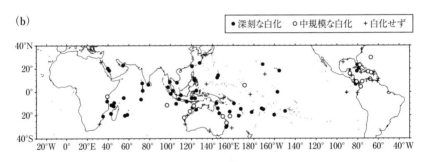

図4　サンゴ礁の白化

(a)世界の 100 のサンゴ礁のうち，1980 年から 2016 年に白化したもの．黒が深刻な白化，白が中程度の白化したサンゴ礁の数．この期間に 75% のサンゴ礁が白化し，1998 年以降，規模が大きく，数が多くなっている．(b) 2015，2016 年の地球規模白化．●が深刻な白化（30% 以上のサンゴが白化），○が中規模な白化（30% 以下のサンゴが白化），＋が白化しなかった．Hughes *et al.*, Science **359**, 80(2018) を改変．

<<< **Topic** <<<<<<<<<<<<<<<<<<<<<<<<<<<<<<<<<<<<

水温上昇にともなうサンゴ分布の北上

　南北に長い日本では，熱帯や亜熱帯に起源を発する生物の分布北限が各地で観察される．このことは，水温上昇によって日本周辺の生物分布が変化し，さらに生態系が変化しやすいことを意味している．熱帯や亜熱帯を特徴付ける代表的な生物は，サンゴ礁を造り上げる造礁サンゴ（以下，サンゴ）であろう．サンゴと聞くと，多くの方は，日本では沖縄のサンゴ礁をイメージされるのではないだろうか．しかし実際には，サンゴは，日本海側では新潟県佐渡島まで，太平洋側では千葉県まで広く分布している．サンゴを例に，近年の水温上昇が海洋生態系に与える影響を紹介しよう．

　日本周辺のサンゴ分布域の水温は最近100年間で0.7℃から1.6℃上昇している（図1）．水温上昇がサンゴに与える影響としては，熱帯や亜熱帯において高水温による白化現象*によってサンゴが衰退していることが注目を集めているが，水温上昇は温帯ではサンゴ分布の北上をもたらす可能性がある．日本においては1930年代から各地でサンゴの分布調査が行われており，この記録をたどると，代表的な4種のサンゴが分布北上しており（図2）[1]，この4種すべてが，1998年に起こった世界的な大規模白化現象の発生以降，IUCNレッドリストカテゴリーの準絶滅危惧（NT）および絶滅危惧Ⅱ類（VU）に属していた．このことは，熱帯のサンゴが高水温による白化現象で衰退している現在，温帯域がサンゴの避難地として機能している可能性を意味している．

　温帯がサンゴの避難地として機能することはサンゴの保全にとっては朗報であるが，生態系が変化していることは深刻な問題である．分布の変化が起こっているのはサンゴだけではない．千葉県館山や長崎県対馬に分布北上していると考えられるエンタクミドリイシには，サンゴにしか棲まないサンゴガニが共生していた（図3）[2]．サンゴガニの分布北限記録である．また，大型藻類に関しても，熱帯性のフタエモクの分布が北上しているという報告がある[3]．サンゴが変化しているということは沿岸の生物多様性や生態系が変化しているということを象徴しているものと考えられ，今後こうした知見を気候変動に対する適応計画に反映させていく必要がある．　　　　　【山野博哉】

---

*　サンゴの白化現象：高水温などのストレスによってサンゴに共生している褐虫藻が抜け出したり色素を失ったりしてしまうことで，サンゴの骨格の白い色が目立つようになるため白化現象と呼ばれる．その状態が長く続くと，サンゴは褐虫藻から栄養を受け取れなくなって死んでしまう．

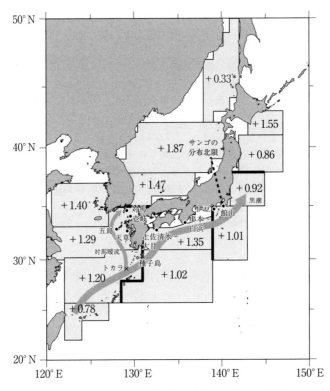

図1   温帯（・）と亜熱帯（×）のサンゴ調査地

    数字は過去100年間の冬季の水温上昇（℃）を示す．水温データは気象庁"海洋の健康診断表"より．
無印の値は信頼度水準99%で統計的に有意．＊＊付きの値は信頼度水準90%で統計的に有意．

【参考文献】
1) Yamano, H., Sugihara, K., and Nomura, K. (2011) Rapid poleward range expansion of tropical reef corals in response to rising sea surface temperatures. Geophysical Research Letters, **38**, L04601, doi: 10.1029/2010GL046474.
2) Yamano, H., Sugihara, K., Goto, K., Kazama, T., Yokoyama, K., and Okuno, J. (2012) Ranges of obligate coral-dwelling crabs extend northward as their hosts move north. Coral Reefs, **31**, 663.
3) Tanaka, K., Taino, S., Haraguchi, H., Prendergast, G., and Hiraoka, M. (2012) Warming off southwestern Japan linked to distributional shifts of subtidal canopy-forming seaweeds. Ecology and Evolution, **2**, 2854-2865.

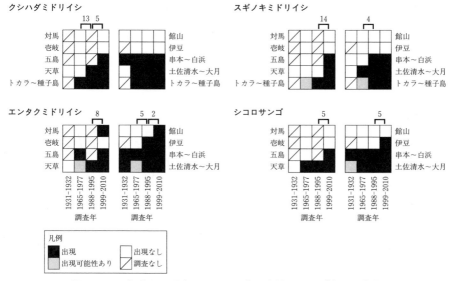

図2　1930年代から現在にかけての各調査地のサンゴ出現の変化

分布拡大を示した4種の変化を示す．数字は各調査年の間の北上速度（km/年）．
Yamano *et al.*（2011）より．

図3　千葉県館山に北上したエンタクミドリイシに共生するサンゴガニ

写真提供：中井達郎．
Yamano *et al.*（2012）より．

6.3.5　内湾における底生生物（ウニ類）の個体数密度

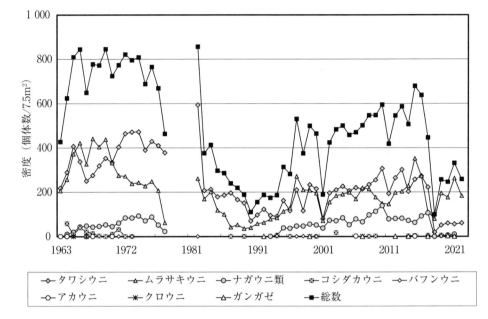

図5　和歌山県田辺湾畠島のウニ類の長期観測データ
Ohgaki *et al.*（2018）に加藤・原田・山内・武藤ほかの未発表データを追加.

　調査地では，ムラサキウニとタワシウニが優占し，両種間でたびたび優占種の交代が見られている．これらに次いで，ナガウニ類の個体数が多い．
　ウニ個体群全体として，1980年代～90年代前半に個体数と種数が激減した．これは田辺湾内の富栄養化によるものとみられる．近年は水質も改善し，ウニ個体群も回復傾向にある．2015年には，総個体数679個体と1960年代後半～70年代前半に迫る個体数密度にまで回復した．
　2017～2018年は全国的な寒冬であったのに加え，黒潮大蛇行で黒潮の温かい海水が紀伊半島から離れ，田辺湾の海水温が例年より低くなった．これにより，田辺湾周辺で南方系であるナガウニ類の多くが死亡した．畠島の調査地においても同様で，ナガウニ類は1個体もみられず，タワシウニも前年の10分の1以下に減少し，ウニの総個体数は99個体と調査開始以来もっとも少なかった．その後の回復過程が注目されたが，ムラサキウニは3年でおおよそ以前の個体数まで回復したのに対し，タワシウニとナガウニ類の個体数はいまだ以前の1/4から1/10程度にしか回復していない．今後の変動にさらに注目したい．

6.3.6　赤潮の発生件数

おもな発生海域別の赤潮発生件数，被害件数，被害金額

年	瀬戸内海および周辺海域*1							九州*2			伊勢湾*3			三河湾*4		東京湾*5
	瀬戸内海		土佐湾		熊野灘(三重県除く)		被害金額(千円)	発生件数	被害件数	被害金額(千円)	発生件数	被害件数	被害金額(千円)	発生件数	被害件数	発生件数
	発生件数	被害件数	発生件数	被害件数	発生件数	被害件数										
1980	188	8	4	1	3	1	391 414	106	6	32 727	33	0		74	2	20
1981	171	8	3	0	6	0	109 267	89	6	70 881	29	0		53	5	17
1982	166	18	6	2	5	2	1 098 221	69	6	142 040	25	3	19 512	45	1	32
1983	165	13	5	1	4	2	391 984	90	3	4 163	25	1	不明	45	6	19
1984	130	5	6	1	5	1	2 880 641	82	4	15 961	20	2	不明	68	8	12
1985	170	8	3	0	0	0	1 021 068	76	6	889 811	31	3	不明	57	6	18
1986	162	14	5	0	2	0	374 337	73	10	29 923	15	3	不明	73	3	23
1987	107	12	11	2	1	0	2 534 454	70	5	61 038	30	3	不明	43	4	18
1988	117	10	11	2	0	0	27 923	81	16	49 064	23	2	不明	54	7	16
1989	124	6	9	1	1	0	496 951	80	11	318 814	17	3	不明	39	7	14
1990	108	7	9	2	2	0	123 570	78	12	1 708 675	25	3	不明	61	9	17
1991	107	5	7	4	1	0	1 547 859	112	18	225 114	20	2	不明	41	2	15
1992	100	6	5	2	0	0	18 644	67	13	621 421	18	1	不明	33	0	12
1993	105	6	16	2	3	0	184 085	82	8	34 805	13	0	不明	18	0	15
1994	96	2	4	3	4	0	806 885	60	7	232 520	15	2	不明	18	0	15
1995	90	10	6	0	1	0	963 826	84	13	1 019 485	18	3	不明	21	5	18
1996	89	12	8	0	9	0	142 632	67	9	7 523	14	3	不明	16	3	20
1997	135	11	8	3	6	0	579 057	60	3	不明	14	2	不明	21	2	19
1998	105	11	4	0	1	0	3 899 101	88	15	14 748	17	1	不明	28	0	19
1999	112	7	4	0	4	0	不明	85	10	819 779	10	0		21	2	20
2000	106	10	8	2	1	0	62 440	105	28	4 335 702	8	1	不明	22	4	20
2001	97	7	11	5	5	0	252 683	118	13	147 004	11	1	不明	19	0	19
2002	89	8	6	2	2	0	222 784	123	19	725 300	10	1		26	0	16
2003	106	8	10	3	6	0	1 299 224	114	15	829 682	16	0		30	0	18
2004	118	13	6	2	1	0	392 342	113	11	234 084	17	1	不明	24	2	18
2005	115	7	10	0	2	0	317 388	98	8	98 117	17	1	不明	22	1	22
2006	94	11	10	3	4	1	203 421	95	7	20 934	6	0		20	0	18
2007	99	9	9	2	3	1	423 660	131	10	33 530	11	1	不明	23	2	15
2008	116	19	13	3	6	0	111 973	90	8	180 506	4	0		17	0	16
2009	104	7	8	2	2	0	55 611	98	9	3 332 171	9	0		31	1	18
2010	91	9	6	1	10	0	19 154	91	11	5 463 638	12	0		26	4	15
2011	89	11	14	4	2	0	89 983	110	7	14 190	3	0		24	2	15
2012	116	18	7	1	2	0	1 532 837	129	15	391 895	9	0		26	2	18
2013	83	15	14	5	1	0	208 500	124	18	187 647	3	0		17	2	15
2014	97	8	13	5	3	1	124 376	103	16	138 627	2	1	不明	23	2	17
2015	80	16	9	4	5	0	441 329	142	24	242 267	1	0		26	1	16
2016	28	14	14	4	2	0	33 331	96	10	425 511	0	0		28	2	14
2017	71	8	14	4	2	0	14 048	80	9	611 365	1	0		20	3	13
2018	82	9	8	0	2	0	244 568	69	9	28 707	0	0		24	2	14
2019	58	6	8	2	0	0	395 196	65	13	180 974	1	0		18	2	16

注）1. 発生・被害件数のうち空欄は調査資料なし.
　　2. 九州の被害件数には被害金額不明の件数も含む.
　　3. 伊勢湾における漁業被害のほとんどは養殖ノリの色落ち被害であり，金額不明の場合が多い.
　　4. 東京湾については，対象海域は東京都の海域のみであり，また被害件数に関する資料がない.
＊1　水産庁瀬戸内海漁業調整事務所（1981〜2019）：“瀬戸内海の赤潮”（昭和55年〜平成30年）.
＊2　水産庁九州漁業調整事務所（2019）：“九州海域の赤潮”（平成30年）.
＊3　三重県農林水産部水産事務局漁政課（1981〜1982）：“昭和55年（1月〜12月）に三重県沿岸海
　　域に発生した赤潮について”〜“昭和56年（1月〜12月）に三重県沿岸海域に発生した赤潮につい
　　て”.
　　三重県農林水産部水産事務局（1983〜1985）：“昭和57年（1月〜12月）三重県沿岸海域に発生
　　した赤潮について”〜“昭和59年（1月〜12月）三重県沿岸海域に発生した赤潮について”.
　　三重県水産技術センター（1986〜1997）：“昭和60年三重県沿岸海域に発生した赤潮”〜“平成9年
　　三重県沿岸海域に発生した赤潮”.
　　三重県科学技術振興センター水産技術センター（1998〜2001）：“平成10年三重県沿岸海域に発生
　　した赤潮”〜“平成12年三重県沿岸海域に発生した赤潮”.
　　三重県科学技術振興センター水産研究部（2002〜2008）：“平成13年三重県沿岸域に発生した赤
　　潮”〜“平成19年三重県沿岸海域に発生した赤潮”.

　　三重県水産研究所（2009〜2019）：“平成20年三重県沿岸域に発生した赤潮”〜“平成30年三重県
　　沿岸海域に発生した赤潮”.
＊4　愛知県水産試験場（1981〜2019）：“伊勢湾・三河湾の赤潮発生状況”（昭和55年〜平成30年）
＊5　東京都環境局自然環境部（2020）：“平成30年度東京湾調査結果報告書”.

月別赤潮発生件数（2010〜2019年の平均）

海　域	1月	2月	3月	4月	5月	6月	7月	8月	9月	10月	11月	12月
瀬戸内海[*1]	4	4	5	6	10	20	26	26	14	6	5	4
九　　州[*2]	3	3	3	7	10	16	19	13	10	6	8	3
伊　勢　湾[*3]	0	0	0	0	0	1	1	0	0	0	0	0
三　河　湾[*4]	2	1	1	1	3	4	3	4	3	3	1	1
東　京　湾[*5]	0	0	0	0	3	3	4	2	2	1	0	0

＊1　水産庁瀬戸内海漁業調整事務所（2010〜2020）：“平成22年瀬戸内海の赤潮”〜“令和元年瀬戸
　　内海の赤潮”.
＊2　水産庁九州漁業調整事務所（2010〜2020）：“平成22年九州海域の赤潮”〜“令和元年九州海域
　　の赤潮”.
＊3　三重県水産研究所（2010〜2020）：“平成22年三重県沿岸域に発生した赤潮”〜“令和元年三重
　　県沿岸域に発生した赤潮”.

＊4　愛知県水産試験場（2010〜2016）：“伊勢湾・三河湾の赤潮発生状況”（平成22年〜平成27年）.
　　愛知県水産試験場（2017〜2020）：“伊勢湾・三河湾の赤潮・苦潮発生状況”（平成28年〜令和
　　元年）.

＊5　東京都環境局自然環境部（2021）：“令和元年度東京湾調査結果報告書”.

原因プランクトン別の発生件数の割合（%）

瀬戸内海域[*1]

年	ノクチルカ（夜光虫） *Noctiluca scintillans*	カレニア/ギムノディニウム *Karenia* spp./*Gymnodinium* spp.	ヘテロシグマ *Heterosigma akashiwo*	スケレトネマ *Skeletonema* spp.	プロロケントルム *Prorocentrum* spp.	メソディニウム *Myrionecta rubra*（=*Mesodinium rubrum*）	カエトケロス *Chaetoceros* spp.	シャットネラ *Chattonella* spp.	その他
1984	12.9	3.0	18.0	13.3	11.6	9.0	5.6	3.4	23.2
1985	18.6	13.1	14.0	10.0	5.0	4.1	5.9	1.8	27.6
1986	11.9	11.5	16.4	7.5	9.3	5.8	1.8	4.4	31.4
1987	8.5	14.2	14.2	7.8	9.2	8.5	2.1	12.8	22.7
1988	18.3	17.8	13.3	7.2	6.7	4.4	4.4	0.0	27.8
1989	9.6	8.3	14.0	12.1	10.2	14.6	4.5	3.8	22.9
1990	25.6	3.8	20.3	8.3	6.0	4.5	6.8	0.8	24.1
1991	15.3	15.3	22.6	11.3	8.1	6.5	5.6	0.0	15.3
1992	23.0	12.6	17.8	10.4	10.4	2.2	5.2	2.2	16.3
1993	27.6	6.3	17.3	11.0	8.7	4.7	4.7	3.1	16.5
1994	18.9	14.8	13.9	9.0	8.2	4.1	5.7	0.0	25.4
1995	17.3	21.2	10.6	11.5	11.5	4.8	4.8	1.9	16.3
1996	22.0	27.5	9.2	11.9	5.5	2.8	0.9	0.0	20.2
1997	17.3	13.0	9.3	8.0	13.0	17.9	4.3	3.7	13.6
1998	18.3	4.0	12.7	11.9	4.0	7.9	6.3	0.8	34.1
1999	11.2	6.0	9.7	9.7	14.2	13.4	5.2	6.7	23.9
2000	22.8	13.4	8.7	9.4	7.9	4.7	9.4	2.4	21.3
2001	13.0	13.0	13.9	7.0	3.5	12.2	4.3	7.8	25.2
2002	7.0	12.2	10.4	9.6	7.8	11.3	8.7	9.6	23.5
2003	13.6	9.8	7.6	9.8	9.8	7.6	9.1	9.1	23.5
2004	9.9	9.9	9.3	6.8	8.6	14.2	4.9	14.2	22.2
2005	20.1	10.1	6.5	10.1	8.6	5.8	8.6	3.6	26.6
2006	11.5	13.3	15.9	11.5	6.2	5.3	9.7	3.5	23.0
2007	14.8	4.9	9.2	12.0	5.6	7.7	6.3	3.5	35.9
2008	10.7	18.9	14.1	4.9	6.3	4.4	5.3	4.9	30.6
2009	6.1	8.3	12.8	11.1	6.7	12.8	8.9	11.7	21.7
2010	4.1	8.2	17.2	8.2	11.5	7.4	8.2	8.2	27.0
2011	10.4	4.8	20.8	9.6	3.2	11.2	4.8	19.2	16.0
2012	9.7	13.2	12.5	9.0	2.8	11.8	5.6	5.6	29.9
2013	10.0	2.0	13.0	8.0	1.0	12.0	12.0	6.0	36.0
2014	8.6	25.7	17.1	8.6	3.8	9.5	5.7	3.8	17.1
2015	8.2	30.6	24.7	9.4	3.5	1.2	3.5	2.4	16.5
2016	5.8	24.4	14.0	14.0	0.0	1.2	4.7	12.8	23.3
2017	10.5	23.7	15.8	13.2	1.3	3.9	2.6	10.5	18.4
2018	8.9	21.1	16.7	6.7	2.2	3.3	4.4	10.0	26.7
2019	3.2	19.0	6.3	12.7	1.6	1.6	4.8	7.9	42.9
平均	14.0	12.7	14.1	10.2	6.8	7.1	5.5	5.5	24.1

＊1　水産庁瀬戸内海漁業調整事務所（1985〜2020）：“瀬戸内海の赤潮”（昭和59年〜令和元年）.

原因プランクトン別の発生件数の割合（%）

九州海域[*2]

年	ノクチルカ（夜光虫）Noctiluca scintillans	カレニア/ギムノディニウム Karenia spp./ Gymnodinium spp.	ヘテロシグマ Heterosigma akashiwo	スケレトネマ Skeletonema spp.	プロロケントルム Prorocentrum spp.	メソディニウム Myrionecta rubra (=Mesodinium rubrum)	カエトケロス Chaetoceros spp.	シャットネラ Chattonella spp.	コクロディニウム Cochlodinium polykrikoides	その他
1984	8.2	26.8	7.2	6.2	12.4	14.4	6.2	2.1	2.1	14.4
1985	2.1	18.1	12.8	8.5	11.7	14.9	4.3	1.1	3.2	23.4
1986	4.1	23.5	10.2	16.3	5.1	3.1	10.2	0.0	0.0	27.6
1987	4.9	9.8	8.8	9.8	16.7	13.7	9.8	1.0	1.0	24.5
1988	8.7	14.6	10.7	12.6	8.7	12.6	5.8	6.8	1.0	18.4
1989	7.5	10.8	10.8	5.4	12.9	18.3	5.4	6.5	3.2	19.4
1990	6.7	13.3	11.1	7.8	11.1	10.0	6.7	10.0	3.3	20.0
1991	5.3	12.9	5.3	9.8	11.4	15.2	3.8	0.0	4.5	31.8
1992	9.8	17.1	8.5	12.2	7.3	8.5	6.1	11.0	3.7	15.9
1993	13.9	21.3	6.5	9.3	13.9	5.6	1.9	4.6	0.9	22.2
1994	9.4	12.6	5.5	5.5	17.3	6.3	7.1	3.1	0.8	32.3
1995	14.2	12.4	10.6	8.8	2.7	6.2	8.8	3.5	1.8	31.0
1996	16.3	16.3	5.8	11.6	4.7	9.3	3.5	4.7	2.3	25.6
1997	7.5	8.8	18.8	8.8	7.5	10.0	7.5	2.5	3.8	25.0
1998	1.8	10.6	8.0	12.4	11.5	10.6	11.5	4.4	4.4	24.8
1999	7.4	17.4	6.6	11.6	11.6	7.4	2.5	5.8	5.0	24.8
2000	3.9	19.5	7.1	11.7	8.4	5.2	7.8	7.1	1.9	27.3
2001	13.2	8.2	11.9	8.8	6.9	10.1	11.3	2.5	9.4	17.6
2002	7.9	12.4	9.0	15.3	2.3	10.7	10.2	2.3	6.8	23.2
2003	9.0	7.8	9.0	10.2	3.0	11.4	8.4	9.6	9.6	22.2
2004	11.3	13.3	7.3	10.7	2.0	21.3	5.3	5.3	4.0	19.3
2005	10.3	11.5	7.9	11.5	6.7	12.1	8.5	7.9	6.7	17.0
2006	6.2	5.5	8.3	11.0	10.3	9.0	7.6	3.4	4.1	34.5
2007	9.4	4.4	7.2	10.0	3.3	17.8	5.6	5.6	5.0	31.7
2008	10.5	4.9	9.1	9.1	4.9	7.7	5.6	8.4	4.9	35.0
2009	11.5	5.8	4.3	13.7	8.6	4.3	8.6	10.1	4.3	28.8
2010	6.9	1.5	8.4	15.3	6.9	9.2	4.6	12.2	3.1	32.1
2011	11.4	2.1	15.7	13.6	3.6	18.6	7.1	0.0	3.6	24.3
2012	9.9	7.7	7.7	15.4	3.3	8.2	6.0	9.9	3.3	28.6
2013	2.8	8.4	9.6	11.2	6.2	12.9	7.9	5.1	3.4	32.6
2014	5.9	8.9	13.3	7.4	8.1	6.7	3.7	5.9	4.4	35.6
2015	7.0	13.5	13.5	9.7	4.3	3.8	1.1	6.5	6.5	34.1
2016	4.3	9.5	9.5	13.8	5.2	10.3	6.9	6.9	4.3	29.3
2017	1.7	12.0	11.1	20.5	1.7	6.8	6.8	6.0	6.0	27.4
2018	1.1	11.0	6.6	15.4	5.5	9.9	11.0	5.5	1.1	33.0
2019	1.3	16.9	11.7	19.5	1.3	0.0	10.4	7.8	2.6	28.6
平均	7.7	12.0	9.2	11.2	7.8	10.3	6.6	5.2	3.9	26.1

＊2　水産庁九州漁業調整事務所（2020）：“九州海域の赤潮”（令和元年）.

6.3.7　赤潮発生種

日本に出現する赤潮生物の分類群と種数

分　類　群	種数	分　類　群	種数
藍色植物門（CYANOPHYTA）		イソクリシス目（Isochrysidales）	
藍藻綱（Cyanophyceae）		ゲフィロカプサ科（Gephyrocapsaceae）	2
クロオコックス目（Chroococcales）		プリムネシウム目（Prymnesiales）	
クロオコックス科（Chroococcaceae）	2	プリムネシウム科（Prymnesiaceae）	1
ネンジュモ目（Nostocales）		ファエオキスチス科（Phaeocystaceae）	1
ネンジュモ科（Nostocaceae）	4		
ユレモ科（Oscillatoriaceae）	2	渦鞭毛植物門（DINOPHYTA）	
		渦鞭毛藻綱（Dinophyceae）	
クリプト植物門（CRYPTOPHYTA）		プロロケントルム目（Prorocentrales）	
クリプト藻綱（Cryptophyceae）		プロロケントルム科（Prorocentraceae）	6
クリプトモナス目（Cryptomonadales）		ディノフィシス目（Dinophysiales）	
クリプトモナス科（Cryptomonadaceae）	2	ディノフィシス科（Dinophysiaceae）	3
		ギムノディニウム目（Gymnodiniales）	
不等毛植物門（HETEROKONTOPHYTA）		ギムノディニウム科（Gymnodiniaceae）	14
黄金色藻綱（Chrysophyceae）		ポリクリコス科（Polykrikaceae）	2
オクロモナス目（Ochromonadales）		ウォルノビア科（Warnowiaceae）	2
オクロモナス科（Ochromonadaceae）	1	ノクティルカ目（Noctilucales）	
ディクチオカ藻綱（Dictyochophyceae）		ノクティルカ科（Noctilucaceae）	1
ペディネラ目（Pedinellales）		ゴニオラクス目（Gonyaulacales）	
ペディネラ科（Pedinellaceae）	1	ケラチウム科（Ceratiaceae）	2
ディクチオカ目（Dictyochales）		ゴニオドマ科（Goniodomaceae）	2
ディクチオカ科（Dictyochaceae）	2	ゴニオラクス科（Gonyaulacaceae）	15
エブリア科[*1]（Ebriaceae）	1	ペリディニウム目（Peridiniales）	
ラフィド藻綱（Raphidophyceae）		コングルエンチディニウム科（Congruentidiaceae）	1
ラフィドモナス目（Raphidomonadales）		ヘテロカプサ科（Heterocapsaceae）	1
バクオラリア科（Vacuolariaceae）	9	ペリディニウム科（Peridiniaceae）	20
珪藻綱（Bacillariophyceae）			
中心目（Centrales）		ユーグレナ植物門（EUGLENOPHYTA）	
コスキノディスクス亜目（Coscinodiscineae）		ユーグレナ藻綱（Euglenophyceae）	
タラシオシラ科（Thalassiosiraceae）	37	ユートレプチア目（Eutreptiales）	
メロシラ科（Melosiraceae）	3	ユートレプチア科（Eutreptiaceae）	1
コスキノディスクス科（Coscinodiscaceae）	5	ユーグレナ目（Euglenales）	
ヘミディスクス科（Hemidiscaceae）	2	ユーグレナ科（Euglenaceae）	7
アステロランプラ科（Asterolampraceae）	1		
ヘリオペルタ科（Heliopeltaceae）	1	緑色植物門（CHLOROPHYTA）	
リゾソレニア亜目（Rhizosoleniineae）		プラシノ藻綱（Prasinophyceae）	
リゾソレニア科（Rhizosoleniaceae）	5	プセウドスコウルフィエルディア目（Pseudoscourfieldiales）	
ビドゥルフィア亜目（Biddulphiineae）		ネフロセルミス科（Nephroselmidaceae）	2
ビドゥルフィア科（Biddulphiaceae）	4	ピラミモナス目（Pyramimonadales）	
キマトシーラ科（Cymatosiraceae）	2	プテロスペルマ科（Pterospermataceae）	1
カエトケロス科（Chaetoceraceae）	6	ピラミモナス科（Pyramimonadaceae）	2
リトデスミウム科（Lithodesmiaceae）	3	緑藻綱（Chlorophyceae）	
ユーポディスクス科（Eupodiscaceae）	2	クラミドモナス目（Chlamydomonadales）	
羽状目（Pennales）		ドゥナリエラ科（Dunaliellaceae）	1
無縦溝亜目（Araphidineae）			
ディアトマ科（Diatomaceae）	6	原生動物（Protozoa）	
縦溝亜目（Raphidineae）		繊毛虫門（CILIOPHORA）	
ナビクラ科（Naviculaceae）	1	リトストマ綱（Litostomatea）	
ニッチァ科（Nitzschiaceae）	7	シオカメウズムシ目（Haptorida）	
		メソディニウム科（Mesodiniidae）	1
ハプト植物門（HAPTOPHYTA）		有軸仮足虫門（ACTINOPODA）	
ハプト藻綱（Haptophyceae）		太陽虫綱（Heliozoea）	
プリムネシウム亜綱（Prymnesiophycidae）		ラブディオフリス目（Rotosphaerida）	1

1)　貝毒の原因種も含む.

2)　エブリア科[*1]は現在所属分類群不明とされる.

赤潮原因プランクトンは福代ほか編：“日本の赤潮生物—写真と解説—”,内田老鶴圃(1995)を基本としたが,分類体系は理科年表 第76冊 丸善(2003),千原光雄・村野正昭編：“日本産海洋プランクトン検索図説”,東海大学出版会(1997),Fensome *et al*.：A classification of living and fossil dinoflagellates. Micropaleontology. Special Publication Number 7".Sheridan Press(1993),および原生生物情報サーバに従って改訂.

世界の有害・有毒プランクトン

分類群 （綱）	プランクトン種数	赤潮原因プランクトン数	有毒プランクトン数
クロララクニオン藻綱 （Chlorarachniophyceae）	1	0	0
緑藻綱 （Chlorophyceae）	107〜122	5〜6	0
黄金色藻綱 （Chrysophyceae）	96〜126	6	1
クリプト藻綱 （Cryptophyceae）	57〜73	5〜8	0
藍藻綱 （Cyanophyceae）	7〜10	3〜4	1〜2
珪藻綱；中心目 （Bacillariophyceae；Centrales）	870〜999	30〜65	1〜2
珪藻綱；羽状目 （Bacillariophyceae；Pennales）	300	15〜18	3〜4
ディクチオカ藻綱 （Dictyochophyceae）	1〜3	1〜2	0
渦鞭毛藻綱 （Dinophyceae）	1 514〜1 880	93〜127	45〜57
ユーグレナ藻綱 （Euglenophyceae）	36〜37	6〜8	1
真正眼点藻綱 （Eustigmatophyceae）	3	0	0
プラシノ藻綱 （Prasinophyceae）	103〜136	5	0
ハプト藻綱 （Haptophyceae）	244〜303	8〜9	4〜5
ラフィド藻綱 （Raphidophyceae）	11〜12	7〜9	4〜6
紅藻綱 （Rhodophyceae）	6	0	0
黄緑藻綱〔Xanthophyceae（＝Tribophyceae）〕	9〜13	0	0
合　計	3 365〜4 024	184〜267	60〜78

Sournia, A. (1995)：Red tide and toxic marine phytoplankton of the world ocean：an inquiry into biodiversity.

Harmful Marine Algal Blooms. Lassus P., Arzul G., Erard E., Gentien P., Marcaillou C. (Eds.)

Technique et Documentation-Lavoisier, Intercept Ltd., 103-112.

ただし，分類体系は理科年表 第76冊 丸善 (2003) に従って改訂.

6.3.8　青潮の発生件数

年	東京湾[*1] 発生件数	被害件数	三河湾・伊勢湾[*2] 発生件数	年	東京湾[*1] 発生件数	被害件数	三河湾・伊勢湾[*2] 発生件数
1951	1	0		1991	3	0	5
1955	1	1		1992	6	0	7
1956	1	1		1993	6	0	5
1961	1	1		1994	7	2	15
1963	1	1		1995	2	1	7
1965	2	1		1996	3	0	5
1966	3	0		1997	2	1	2
1967	3	0		1998	4	0	8
1969	2	1		1999	2	0	9
1970	9	4		2000	3	0	7
1971			2	2001	4	0	7
1972			7	2002	3	0	9
1973			3	2003	2	0	7
1974			5	2004	1	0	5
1975	1	1	12	2005	6	0	4
1976			12	2006	1	0	10
1977	1	1	21	2007	3	0	9
1978	1	1	12	2008	3	1	8
1979	4	0	7	2009	2	0	7
1980	5	1	15	2010	3	2	7
1981	1	1	16	2011	6	0	4
1982	1	1	10	2012	3	1	2
1983	2	0	14	2013	4	0	2
1984			17	2014	2	1	2
1985	3	1	25	2015	5	0	4
1986	6	1	20	2016	2	0	14
1987	6	2	18	2017	8	0	5
1988	6	1	13	2018	4	0	6
1989	6	0	8	2019	2	0	2
1990	5		11				

注)　三河湾・伊勢湾の対象海域は，1971～1975年は三河湾奥部のみ，1976～1977年は三河湾全域，1978年以降は伊勢湾・三河湾.
　　また，海水に顕著な変色がなくとも貧酸素水塊が湧昇した場合や魚介類へい死被害が生じた場合も件数として計上.

＊1　1951～1985年　環境庁水質保全局（1988）"昭和62年度環境庁委託業務結果報告書　青潮の発生機構の解明等に関する調査".
　　1986～1990年　千葉県水産局漁業資源課資料（私信）.
　　1991～2001年　千葉県："三番瀬に関する会議等の開催結果と議事録"，第2回三番瀬"海域小委員会"（2002年5月15日）の開催結果（概要）.
　　2002～2020年　千葉県環境研究センター年報（平成14年～令和元年度）

＊2　愛知県水産試験場（2020）"令和元年伊勢湾・三河湾の赤潮・苦潮発生状況".
　　ただし，1982年以前については愛知県水産試験場（私信）.

6.3.9　広域的閉鎖性海域の水質

広域的閉鎖性海域における水質（COD）

（単位：mg/L）

海域名	地点数[1]	1994	1997	2000	2003	2006	2009	2012	2014	2016	2018	2019	2020	2021
東京湾	49	3.3	2.9	2.9	2.8	2.7	2.5	2.7	2.8	2.7	2.9	2.8	2.7	2.7
伊勢湾	32	3.1	3.4	3.5	3.2	3.3	2.9	2.8	3.2	2.9	3.4	3.2	2.8	3.2
大阪湾	28	2.9	2.8	2.6	3.0	2.7	2.8	2.7	2.4	2.4	2.7	2.8	2.7	2.9
瀬戸内海[2]	426	2.0	2.0	1.9	2.1	2.1	1.9	1.9	2.0	2.0	2.0	1.9	1.9	2.0
有明海	34	—	—	2.4	1.9	1.8	1.8	2.3	1.8	1.8	1.8	2.0	2.0	2.1
八代海	29	—	—	2.1	1.6	1.9	1.7	1.9	1.7	1.7	1.7	1.9	2.0	2.0

広域的閉鎖性海域における水質（全窒素）

（単位：mg/L）

海域名	地点数[1]	1995	1997	2000	2003	2006	2009	2012	2014	2016	2018	2019	2020	2021
東京湾	32	0.94	0.93	0.92	0.82	0.70	0.67	0.79	0.61	0.59	0.59	0.57	0.57	0.56
伊勢湾	33	—	0.48	0.45	0.44	0.41	0.40	0.36	0.36	0.36	0.35	0.40	0.35	0.34
大阪湾	23	0.73	0.52	0.57	0.43	0.38	0.33	0.35	0.34	0.32	0.31	0.29	0.30	0.27
瀬戸内海[2]	280	—	0.27	0.27	0.24	0.23	0.20	0.19	0.19	0.19	0.20	0.18	0.18	0.19
有明海	31	—	—	0.37	0.35	0.38	0.30	0.33	0.29	0.33	0.29	0.26	0.26	0.29
八代海	14	—	—	0.27	0.20	0.20	0.15	0.16	0.18	0.18	0.17	0.14	0.16	0.18

広域的閉鎖性海域における水質（全リン）

（単位：mg/L）

海域名	地点数[1]	1995	1997	2000	2003	2006	2009	2012	2014	2016	2018	2019	2020	2021
東京湾	22	0.073	0.074	0.070	0.060	0.066	0.059	0.066	0.055	0.051	0.052	0.053	0.048	0.057
伊勢湾	32	—	0.051	0.044	0.043	0.050	0.044	0.043	0.040	0.040	0.038	0.039	0.035	0.036
大阪湾	23	0.050	0.047	0.046	0.041	0.037	0.044	0.038	0.038	0.036	0.032	0.034	0.038	0.031
瀬戸内海[2]	280	—	0.025	0.023	0.022	0.023	0.022	0.021	0.021	0.022	0.022	0.022	0.023	0.022
有明海	31	—	—	0.049	0.044	0.047	0.049	0.045	0.049	0.049	0.042	0.045	0.042	0.048
八代海	14	—	—	0.025	0.019	0.024	0.028	0.021	0.025	0.023	0.025	0.025	0.022	0.024

総環境基準点の年間平均値．COD：化学的酸素要求量．
* 1　地点数は環境基準点総数．地点数は海域ごとに年度により若干の違いがある．表中の地点数は最大数．
* 2　瀬戸内海は大阪湾を除く海域の平均値で示されている．
　海域への各負荷量と水質との関係に着目．
環境省："公共用水域水質測定結果"より作成．

閉鎖性海域へのCOD, 全窒素（TN）, 全リン（TP）の負荷量　（単位：t/日）

海域名		1979	1984	1989	1994	1999	2004	2009	2014	2019
東京湾	COD	477	413	355	286	247	211	183	163	154
	TN	364	333	319	280	254	208	185	170	162
	TP	41.2	30.2	25.9	23.0	21.1	15.3	12.9	12.3	12.1
伊勢湾	COD	307	286	272	246	221	186	158	141	131
	TN	188	185	168	161	143	129	118	110	106
	TP	24.4	20.4	18.8	17.3	15.2	10.8	9.0	8.2	8.0
瀬戸内海	COD	1012	900	838	746	672	561	468	404	374
	TN	666	639	656	697	596	476	433	390	380
	TP	62.9	47.0	42.7	41.1	40.4	30.6	28.0	24.6	24.3

海域への各負荷量と水質との関係に着目.
環境省：“環境統計集”（2020）より作成.

6.3.10　海域における堆積速度と炭素貯留速度

　海域における海底への堆積速度は, 陸域からの河川や風による鉱物粒子の供給と海域における珪藻殻などの不溶性粒子の生産とに依存している. 堆積速度は概括的には水深に対応して変化することが知られており, 沿岸域（陸棚域）では深海に比べて10〜100倍程度高い（図6, 次ページの表）. 一方, 堆積粒子とともに有機炭素が海底に隔離される作用（有機炭素貯留速度；図7）はおもに当該海域の移出生産（新生産）, 堆積速度, および水深によって決まることが知られている. 図では極浅海域のブルーカーボン生態系（塩性湿地・マングローブ・海草藻場. 191ページの Topic 参照）における平均

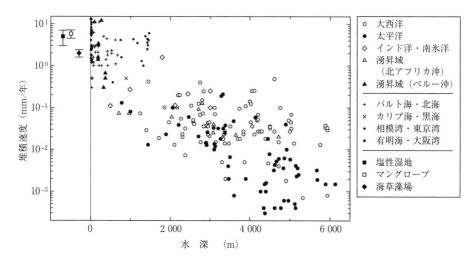

図6　世界のおもな海域における堆積速度と水深の関係（*Soetaert et al.* (1996) 等に基づく）
縦軸は対数スケールであることに注意. 比較のためにブルーカーボン生態系における平均堆積速度を左端に示した（エラーバーは標準誤差. *Alongi* (2018) による）.

値を合わせて示した. とくにこれらの生態系における有機炭素貯留速度が太平洋の平均的な値の数千倍と際立って高いことから, 地球規模での二酸化炭素吸収源として気候変動対策の観点から注目されている.

日本のおもな内湾域における平均堆積速度の測定例

海　　域	深度（m）	平均堆積速度（mm/年）	測定数	文　　献
噴火湾	95	2.2	1	本多・木村（2003）
陸奥湾	42	3.8	1	本多・木村（2003）
東京湾	44	14.0	1	本多・木村（2003）
	455	6.8	1	本多・木村（2003）
相模湾	556～1469	0.4～6.0	14	加藤ほか（2003）
瀬戸内海				
大阪湾	10～25	1.2～5.8	5	永淵ほか（1998）
播磨灘	11～43	2.7～10.0	6	永淵ほか（1998）
燧灘	11～29	4.0～9.3	12	永淵ほか（1998）
広島湾	13～38	5.2～11.8	10	永淵ほか（1998）
周防灘	9～47	2.3～6.7	8	永淵ほか（1998）
有明海	9～24	1.3～7.1	6	横瀬ほか（2005）, 児玉ほか（2008）

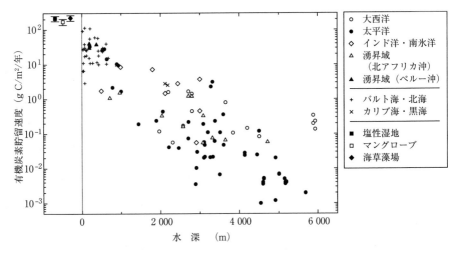

図7　世界のおもな海域における堆積物中への有機炭素貯留速度（埋没速度）と水深の関係（*Soetaert et al.*（1996）等に基づく）.
　縦軸は対数スケール. 比較のためにブルーカーボン生態系における有機炭素貯留速度の平均値を左端に示した（エラーバーは標準誤差. *Alongi*（2018）による）.

【参考文献】

Alongi, D.M. (2018) : Blue Carbon: Coastal Sequestration for Climate Change Mitigation. Springer, Cham, doi:10.1007/978-3-319-91698-9

Bakker, J.F., Helder, W. (1993) : Skagerrak (northeastern North Sea) oxygen microprofiles and porewater chemistry in sediments. Mar. Geol. 111: 299-321, doi:10.1016/0025-3227 (93) 90137-K

Bender, M.L., Heggie, D.T. (1984) : Fate of organic carbon reaching the deep sea floor: A status report. Geochim. Cosmochim. Acta 48: 977-986, doi:10.1016/0016-7037 (84) 90189-3

Helder, W. (1989) : Early diagenesis and sediment-water exchange in the Savu Basin (eastern Indonesia) . Neth. J. Sea Res. 24: 555-572, doi:10.1016/0077-7579 (89) 90133-6

Jørgensen, B.B., Bang, M., Blackburn, T.H. (1990) : Anaerobic mineralization in marine sediments from the Baltic Sea-North Sea transition. Mar. Ecol. Prog. Ser. 59: 39-54, doi:10.3354/meps059039

本多照幸・木村賢一郎 (2003) : 東京湾、陸奥湾および噴火湾海底堆積物における主要並びに微量元素の分布と挙動. 日本海水学会誌 57: 166-180, doi:10.11457/swsj1965.57.166

Kadko, D. (1980) : ^{230}Th, ^{226}Ra and ^{222}Rn in abyssal sediments. Earth Planet. Sci. Lett. 49: 360-380, doi:10.1016/0012-821X (80) 90079-5

加藤義久・中塚武・増澤敏行・白山義久・嶋永元裕・北里洋 (2003) : 鉛210 およびセシウム 137 から見た相模湾における沈降粒子の振る舞いと堆積フラックス. 日本海水学会誌 57: 150-165, doi:10.11457/swsj1965.57.150

児玉真史・皆川昌幸・田中勝久・石樋由香 (2008) : 有明海における堆積速度について. 沿岸海洋研究 45: 137-143.

永淵修・東義仁・清木徹・駒井幸雄・村上和仁・小山武信 (1998) : 最近 10 年間における瀬戸内海底質の変動評価. 水環境学会誌 21: 797-804. doi:10.2965/jswe.21.797

Reimers, C.E., Suess, E. (1983) : The partitioning of organic carbon fluxes and sedimentary organic matter decomposition rates in the ocean. Mar. Chem. 13: 141-168, doi:10.1016/0304-4203 (83) 90022-1

Reimers, C.E., Jahnke, R.A., McCorkle, D.C. (1992) : Carbon fluxes and burial rates over the continental slope and rise off central California with implications for the global carbon cycle. Global Biogeochem. Cycles 6: 199-224, doi:10.1029/92GB00105

Sarnthein, M., Winn, K. (1988) : Global variations of surface ocean productivity in low and mid latitudes: Influence on CO2 reservoirs of the deep ocean and atmosphere during the last 21,000 years. Paleoceanography 3: 361-399, doi:10.1029/PA003i003p00361

Soetaert, K., Herman, P.M.J., Middelburg, J.J. (1996) : A model of early diagenetic processes from the shelf to abyssal depths. Geochim. Cosmochim. Acta 60: 1019-1040, doi:10.1016/0016-7037 (96) 00013-0

横瀬久芳・百島則幸・松岡數充・長谷義隆・本座栄一 (2005) : 海底堆積物を用いた有明海 100 年変遷史の環境評価. 地学雑誌 114: 1-20, doi:10.5026/jgeography.114.1

6.4　海洋生態系

6.4.1　海水の含有元素濃度とその総量

海水の含有元素濃度

原子番号	元素	溶存種	鉛直分布の型	大西洋の濃度		太平洋の濃度		全海洋平均濃度	全海洋の総量
				表層水(nM)	深層水[*1](nM)	表面水(nM)	深層水[*1](nM)	(ng/L)	(t)
1	H	H_2O	c	1.11×10^{11}	1.11×10^{11}	1.11×10^{11}	1.11×10^{11}	1.11×10^{11}	1.6×10^{17}
2	He	gas	c	1.9	1.9	1.9	1.9	7.6	1.1×10^7
3	Li	Li^+	c	2.6×10^4	2.6×10^4	2.6×10^4	2.6×10^4	1.8×10^5	2.5×10^{11}
4	Be	$BeOH^+$	s + n	0.01	0.02	0.004	0.025	0.2	3×10^5
5	B	$B(OH)_3$	c	4.2×10^5	4.2×10^5	4.2×10^5	4.2×10^5	4.5×10^6	6.3×10^{12}
6	C	HCO_3^-	n	2.0×10^6	2.2×10^6	2.0×10^6	2.4×10^6	2.8×10^7	3.9×10^{13}
7	N	N_2 gas	c	3.0×10^5	3.0×10^5	3.0×10^5	3.0×10^5	8.3×10^6	1.2×10^{13}
7	N	NO_3^-	n	5	2.0×10^4	5	4.0×10^4	4.2×10^5	5.9×10^{11}
8	O	O_2 gas	n と逆	200	250	200	150	2.8×10^6	3.9×10^{12}
9	F	F	c	6.8×10^4	6.8×10^4	6.8×10^4	6.8×10^4	1.3×10^6	1.8×10^{12}
10	Ne	gas	c	7.9	7.9	7.9	7.9	1.6×10^2	2.2×10^8
11	Na	Na^+	c	4.70×10^8	4.70×10^8	4.70×10^8	4.70×10^8	1.08×10^{10}	1.5×10^{16}
12	Mg	Mg^{2+}	c	5.3×10^7	5.3×10^7	5.3×10^7	5.3×10^7	1.3×10^9	1.8×10^{15}
13	Al	$Al(OH)_3$	s	37	20	5	0.5	300	4×10^8
14	Si	H_4SiO_4	n	1 000	3.0×10^4	1 000	1.5×10^5	2.50×10^6	3.5×10^{12}
15	P	$NaHPO_4^-$	n	50	1 400	50	2 800	6.5×10^4	9.1×10^{10}
16	S	SO_4^{2-}	c	2.80×10^7	2.80×10^7	2.80×10^7	2.80×10^7	8.98×10^9	1.3×10^{15}
17	Cl	Cl^-	c	5.47×10^8	5.47×10^8	5.47×10^8	5.47×10^8	1.94×10^{10}	2.7×10^{16}
18	Ar	gas	c	1.6×10^4	1.6×10^4	1.6×10^4	1.6×10^4	6.2×10^5	8.7×10^{11}
19	K	K^+	c	1.0×10^7	1.0×10^7	1.0×10^7	1.0×10^7	3.9×10^8	5.5×10^{14}
20	Ca	Ca^{2+}	ほぼ c	1.0×10^7	1.0×10^7	1.0×10^7	1.0×10^7	4.1×10^8	5.7×10^{14}
21	Sc	$Sc(OH)_3$	s + n	0.014	0.020	0.008	0.018	0.8	1×10^6
22	Ti	$Ti(OH)_4$	s + n	0.06	0.3	0.005	0.2	10	1×10^7
23	V	$NaVO_4^-$	ほぼ c	35	35	40	49	2.1×10^3	2.9×10^9
24	Cr	$CrO_4^{2-}(VI)$	n	3.5	4.5	3	5	250	4×10^8
24	Cr	$Cr(OH)_3(III)$	s			0.2	0.05	2	3×10^6
25	Mn	Mn^{2+}	s	2	0.5	2	0.5	30	4×10^7
26	Fe	$Fe(OH)_3$	s + n	0.2	1	0.2	1	60	8×10^7
27	Co	Co^{2+}	s			0.12	0.02	4	6×10^6
28	Ni	Ni^{2+}	n	2	7	2	10	500	7×10^8
29	Cu	Cu^{2+}	s + n	1.3	2	1.3	4.5	200	3×10^8
30	Zn	Zn^{2+}	n	0.8	1.6	0.8	8.2	200	3×10^8
31	Ga	$Ga(OH)_4^-$	s + n	0.045	0.030	0.0025	0.015	2	2×10^6
32	Ge	H_4GeO_4	n	0.001	0.020	0.005	0.10	5	7×10^6
33	As	$HAsO_4^{2-}(V)$	n	20	21	20	24	2.10^3	2×10^9
33	As	$As(OH)_3(III)$	s			0.3	0.07	5	7×10^6
34	Se	$SeO_4^{2-}(VI)$	n	0.5	1.0	0.5	1.3	90	1×10^8
34	Se	$SeO_3^{2-}(IV)$	n	0.03	0.5	0.07	0.9	55	8×10^7
35	Br	Br^-	c	8.4×10^5	8.4×10^5	8.4×10^5	8.4×10^5	6.7×10^7	9.4×10^{13}
36	Kr	gas	c	3.7	3.7	3.7	3.7	310	4.3×10^8
37	Rb	Rb^+	c	1 400	1 400	1 400	1 400	1.2×10^5	1.7×10^{11}
38	Sr	Sr^{2+}	c	8.9×10^4	9.0×10^4	8.9×10^4	9.0×10^4	7.8×10^6	1.1×10^{13}
39	Y	YCO_3^+	n			0.09	0.3	20	2×10^7
40	Zr	$Zr(OH)_4$	s + n		0.2	0.02	0.3	20	2×10^7
41	Nb	$Nb(OH)_6^-$	ほぼ c			0.004	0.007	0.5	7×10^5
42	Mo	MoO_4^{2-}	c	105	105	105	105	1.0×10^{-4}	1.4×10^{10}
44	Ru	RuO_4^-	?			$<5 \times 10^{-5}$	<0.005		
45	Rh	$Rh(OH)_3$	n			4×10^{-4}	1×10^{-3}	0.08	1×10^5

（続き）

原子番号	元素	溶存種	鉛直分布の型	大西洋の濃度 表層水(nM)	大西洋の濃度 深層水[*1](nM)	太平洋の濃度 表面水(nM)	太平洋の濃度 深層水[*1](nM)	全海洋平均濃度 (ng/L)	全海洋の総量 (t)
46	Pd	$PdCl_4^{2-}$	n			2×10^{-4}	6×10^{-4}	0.04	6×10^4
47	Ag	$AgCl_2^-$	n	7×10^{-4}	7×10^{-3}	1×10^{-3}	0.023	2	3×10^6
48	Cd	$CdCl_2$	n	0.01	0.35	0.01	1.0	70	1×10^8
49	In	$In(OH)_3$	s	5×10^{-4}	2×10^{-4}	2×10^{-4}	5×10^{-5}	0.01	1×10^4
50	Sn	$SnO(OH)_3^-$	s	2.5×10^{-2}	0			0.5	7×10^5
51	Sb	$Sb(OH)_6^-$	ほぼ c	1	1	1.5	2	200	3×10^8
52	Te	$TeO_3^{2-}(VI)$	s	9×10^{-4}	4×10^{-4}	0.001	4×10^{-4}	0.05	7×10^4
52	Te	$TeO(OH)_3^-(IV)$	s	4×10^{-4}	2×10^{-4}	5×10^{-4}	1×10^{-4}	0.02	3×10^4
53	I	$IO_3^-(V)$	ほぼ c	410	450	350	460	5.8×10^4	8.1×10^{10}
53	I	$I^-(-I)$	s	0.035	0	0.1	0	1	1×10^6
54	Xe	gas	c	0.50	0.50	0.50	0.50	66	9.2×10^7
55	Cs	Cs^+	c	2.3	2.3	2.3	2.3	310	4.3×10^8
56	Ba	Ba^{2+}	n	35	70	35	150	15 000	2.1×10^{10}
57	La	$LaCO_3^+$	n	0.013	0.028	0.019	0.051	6	8×10^6
58	Ce	$Ce(OH)_4$	s	0.066	0.019	0.011	0.004	1	1×10^6
59	Pr	$PrCO_3^+$	n	3.0×10^{-3}	5.0×10^{-3}	3.2×10^{-3}	7.3×10^{-3}	0.8	1×10^6
60	Nd	$NdCO_3^+$	n	0.013	0.023	0.013	0.034	3	4×10^6
62	Sm	$SmCO_3^+$	n	2.7×10^{-3}	4.4×10^{-3}	2.7×10^{-3}	6.8×10^{-3}	0.6	8×10^5
63	Eu	$EuCO_3^+$	n	6×10^{-4}	0.0010	7×10^{-4}	0.0018	0.2	3×10^5
64	Gd	$GdCO_3^+$	n	3.4×10^{-3}	6.1×10^{-3}	4.0×10^{-3}	0.010	1	1×10^6
65	Tb	$TbCO_3^+$	n	7×10^{-4}	1.0×10^{-3}	5×10^{-4}	1.6×10^{-3}	0.2	3×10^5
66	Dy	$DyCO_3^+$	n	0.005	6.1×10^{-3}			1	1×10^6
67	Ho	$HoCO_3^+$	n	1.5×10^{-3}	1.8×10^{-3}	1.0×10^{-3}	3.6×10^{-3}	0.4	6×10^5
68	Er	$ErCO_3^+$	n	3.6×10^{-3}	5.3×10^{-3}			1	1×10^6
69	Tm	$TmCO_3^+$	n	8×10^{-3}	1.0×10^{-3}	4×10^{-4}	2.0×10^{-3}	0.2	3×10^5
70	Yb	$YbCO_3^+$	n	3.0×10^{-3}	4.5×10^{-3}	2.2×10^{-3}	0.013	1	1×10^6
71	Lu	$LuCO_3^+$	n	8×10^{-4}	1.2×10^{-3}	4×10^{-4}	2.4×10^{-3}	0.3	4×10^5
72	Hf	$Hf(OH)_4$	s + n			2×10^{-4}	8×10^{-4}	0.09	1×10^5
73	Ta	$Ta(OH)_5$	ほぼ c			1×10^{-4}	3×10^{-4}	0.04	5×10^4
74	W	WO_4^{2-}	ほぼ c			0.05	0.05	9	1×10^7
75	Re	ReO_4^-	c			0.04	0.04	8	1×10^7
76	Os	$H_3OsO_6^-$	?			3×10^{-5}	4×10^{-5}	6×10^{-3}	8×10^3
77	Ir	$IrCl_6^{3-}$	?			7×10^{-6}	1×10^{-3}	1×10^{-3}	1×10^3
78	Pt	$PtCl_4^{2-}$	?			3×10^{-4}	3×10^{-4}	0.05	7×10^4
79	Au	$AuCl_2^-$	?			5×10^{-5}	2×10^{-4}	0.02	3×10^4
80	Hg	$HgCl_4^{2-}$	s + n	2.5×10^{-3}	2.5×10^{-3}	0.002	0.001	0.2	3×10^5
81	Tl	Tl^+	c	0.07		0.06	0.07	14	2.0×10^7
82	Pb	$PbCO_3$	s	0.15	0.02	0.06	5×10^{-3}	20	2×10^7
83	Bi	$Bi(OH)_3$	s	2.5×10^{-4}		2×10^{-4}	5×10^{-5}	0.02	3×10^4
90	Th	$Th(OH)_4$	s			5×10^{-5}	1.5×10^{-4}	0.02	3×10^4
92	U	$UO_2(CO_3)_3^{4-}$	c	13.5	13.5	13.5	13.5	3 200	4.5×10^9

＊1　1000 m 以深の海水.

＊2　c：保存成分型. 表層から深層まで一定濃度. n：栄養塩型. 表層で濃度が低く, 深層で濃度が
　　高い. s：スキャベンジ型. 表層で濃度が高く, 深層で濃度が低い.

Li Y.-H.："Compendium of Geochemistry", 304-307, Table Ⅶ-1, Princeton University Press(2000).

Nozaki, Y.："Encyclopedia of Ocean Sciences"(eds. Steele, J. H., Thorpe, S. A. & Turekian, K. K.),
p.840-845, p.841-842, Table 1, Academic Press (2001).

6.4.2　海水の含有元素濃度の鉛直分布（北太平洋）

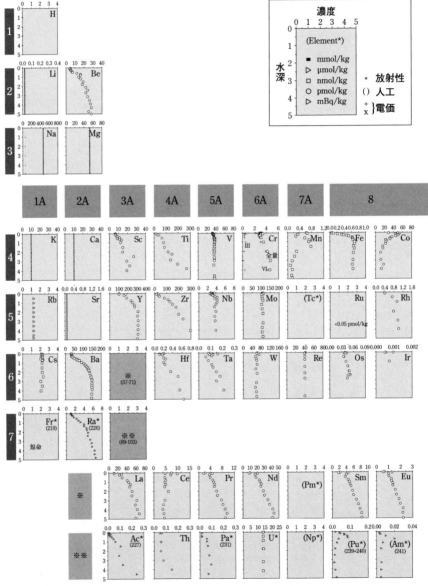

※ランタノイド　※※アクチノイド

Nozaki, Y.: "Encyclopedia of Ocean Sciences" (eds. Steele, J. H., Thorpe, S. A. & Turekian, K.

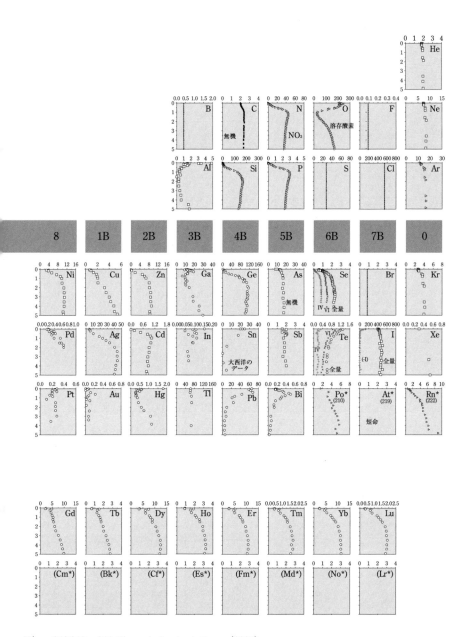

K.), p.840-845, p.844, Figure 1, Academic Press (2001).

6.4.3　海域, 深度帯別の硝酸塩, リン酸塩, ケイ酸塩の濃度および溶存酸素量

海　域	深　さ	硝酸塩 平均値 (μmol kg^{-1})	標準偏差 (μmol kg^{-1})	データの個数	リン酸塩 平均値 (μmol kg^{-1})	標準偏差 (μmol kg^{-1})	データの個数
太平洋	表層 100 m まで	4.3	7.4	31 243	0.39	0.55	37 774
	表層 200 m まで	6.8	9.5	52 015	0.55	0.68	62 409
	100 m から 1000 m	24.6	13.9	91 835	1.73	1.00	106 509
	200 m から 1000 m	28.7	11.8	71 063	2.01	0.88	81 874
	1000 m 以深	37.1	3.2	101 238	2.62	0.25	111 051
大西洋	表層 100 m まで	4.9	7.1	19 058	0.42	0.48	19 787
	表層 200 m まで	7.5	8.7	30 061	0.56	0.58	31 171
	100 m から 1000 m	20.2	10.6	52 198	1.34	0.72	53 960
	200 m から 1000 m	22.4	9.8	41 195	1.48	0.68	42 576
	1000 m 以深	22.5	5.4	80 244	1.53	0.41	79 121
インド洋	表層 100 m まで	4.5	7.6	8 529	0.46	0.50	12 780
	表層 200 m まで	8.2	10.0	13 855	0.73	0.68	20 413
	100 m から 1000 m	22.4	11.4	25 037	1.70	0.79	32 237
	200 m から 1000 m	24.6	10.6	19 711	1.86	0.74	24 604
	1000 m 以深	34.1	2.6	30 850	2.43	0.22	35 269
北極海	表層 100 m まで	6.1	5.5	8 657	0.78	0.43	13 678
	表層 200 m まで	7.9	5.8	11 659	0.86	0.45	18 930
	100 m から 1000 m	12.8	2.3	8 062	0.96	0.32	14 820
	200 m から 1000 m	12.7	1.8	5 060	0.90	0.21	9 568
	1000 m 以深	14.2	1.9	2 798	0.99	0.12	4 174
南大洋	表層 100 m まで	25.3	6.0	6 924	1.76	0.38	6 757
	表層 200 m まで	27.1	6.2	10 733	1.89	0.40	10 546
	100 m から 1000 m	31.3	3.9	16 034	2.17	0.27	15 781
	200 m から 1000 m	31.6	3.4	12 225	2.19	0.24	11 992
	1000 m 以深	32.2	0.9	17 808	2.24	0.08	17 229

海　域	深　さ	ケイ酸塩 平均値 (μmol kg^{-1})	標準偏差 (μmol kg^{-1})	データの個数	溶存酸素量 平均値 (μmol kg^{-1})	標準偏差 (μmol kg^{-1})	データの個数
太平洋	表層 100 m まで	6	11	32 991	224	51	43 815
	表層 200 m まで	8	15	54 613	211	59	72 160
	100 m から 1000 m	40	39	96 837	144	77	120 932
	200 m から 1000 m	48	39	75 215	130	75	92 587
	1000 m 以深	130	27	108 827	130	48	124 115
大西洋	表層 100 m まで	3	8	19 731	237	49	27 891
	表層 200 m まで	5	10	31 107	226	55	44 345
	100 m から 1000 m	15	18	55 091	193	58	77 390
	200 m から 1000 m	17	19	43 715	189	58	60 936
	1000 m 以深	39	31	83 681	239	36	108 838
インド洋	表層 100 m まで	5	7	10 019	200	56	17 645
	表層 200 m まで	9	10	16 197	175	73	28 683
	100 m から 1000 m	30	26	27 739	126	80	45 171
	200 m から 1000 m	34	27	21 561	123	80	34 133
	1000 m 以深	109	23	32 554	150	47	44 821
北極海	表層 100 m まで	10	12	10 910	329	41	20 919
	表層 200 m まで	12	12	14 757	319	40	29 465
	100 m から 1000 m	12	11	11 268	296	22	25 531
	200 m から 1000 m	9	9	7 421	298	20	16 985
	1000 m 以深	11	2	3 695	300	14	6 920
南大洋	表層 100 m まで	45	23	6 963	318	35	7 743
	表層 200 m まで	51	26	10 728	294	53	12 064
	100 m から 1000 m	79	28	16 060	214	43	18 404
	200 m から 1000 m	83	26	12 295	202	32	14 083
	1000 m 以深	112	17	17 934	214	24	19 524

科研費 S23221003　比較可能性がとれた海水中栄養塩濃度の全球分布および総量に関する研究　課題代表者青山道夫(気象研究所, 現・海洋研究開発機構)によるデータベースから計算. このデータベースは栄養塩の標準物質を使って比較可能性が確保された世界で最初のデータベースである.

6.4.4 海洋プランクトンの深さ方向の現存量と各グループの割合

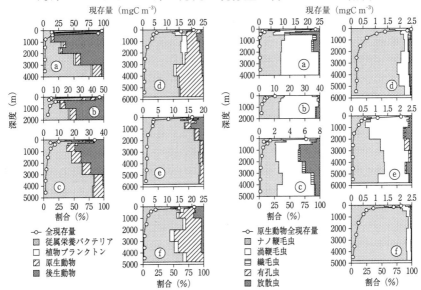

(a) 147°E 44°N（1998 年 8 月），(b) 147°E 39°N（1997 年 11 月），(c) 147°E 39°N（2001 年 8 月），
(d) 147°E 30°N（1999 年 10 月），(e) 147°E 30°N（2000 年 10 月），(f) 147°E 25°N（1999 年 9 月）

Yamaguchi, A. *et al.*：Latitudinal differences in the Planktonic Biomass and Community Structure Down to the Greater Depths in the Western North Pacific J. Oceanogr. **60**：773-787.

6.4.5　表層・中層・深層におけるプランクトンの分類群・大きさ別炭素態現存量

　6.1.3 の図 5 に示すようにプランクトン群集はサイズ別に分けられ，6.4.4 に示すように深さ方向で生物グループの割合が異なっている．ここでは，西部北太平洋の表層・中層・深層での，生物の分類群別にサイズごとの炭素量を示した.

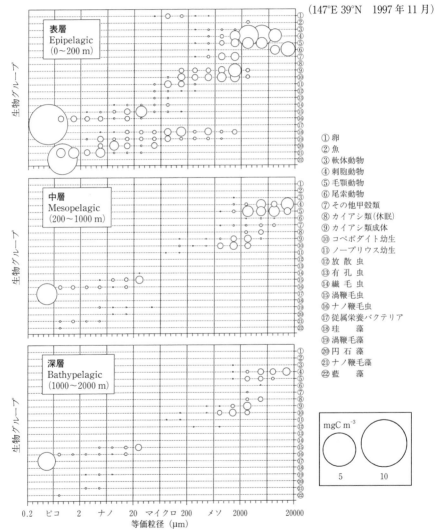

(147°E 39°N　1997 年 11 月)

① 卵
② 魚
③ 軟体動物
④ 刺胞動物
⑤ 毛顎動物
⑥ 尾索動物
⑦ その他甲殻類
⑧ カイアシ類(休眠)
⑨ カイアシ類成体
⑩ コペポダイト幼生
⑪ ノープリウス幼生
⑫ 放 散 虫
⑬ 有 孔 虫
⑭ 繊 毛 虫
⑮ 渦鞭毛虫
⑯ ナノ鞭毛虫
⑰ 従属栄養バクテリア
⑱ 珪 藻
⑲ 渦鞭毛藻
⑳ 円 石 藻
㉑ ナノ鞭毛藻
㉒ 藍 藻

山口篤ほか："西部太平洋におけるプランクトン群集の鉛直分布（WEST-COSMIC）"，日本プランクトン学会報，**47**：144-156（2000）.

6.4.6 動物プランクトン，マイクロネクトンの日周鉛直移動

海産動物プランクトンの日周鉛直移動（diel または diurnal vertical migration，DVM と略す）の例．他文献から引用した体長には＊印を付した．また，発育段階（例：カイアシ類C5＝コペポダイト5期），性別（例：F＝雌）が既知のものはそれを示した．以下の日中，夜間深度は個体群の最大が見られた深度で，移動距離はそれぞれの中央値からの概算．

種 名（体長，mm）	日中深度(m)	夜間深度(m)	移動距離(m)	調査時期	海 域	文献
刺 胞 類（Cnidaria）						
Aglantha digitale（7～17）	100	0～50	70	3月	南部日本海	1)
Periphylla periphylla（＜150）	200～400	50～200	200	12月	フィヨルド（ノルウェー）	2)
有殻翼足類（Thecosomata）						
Cavolinia globulosa（＜6＊）	500～600	0	500～600	9～12月	アラビア海	3)
Clio pyramidata（＜20＊）	400～500	0	400～500	9～12月	アラビア海	3)
Hyalocylis striata（＜10＊）	200～500	0	200～500	9～12月	アラビア海	3)
貝 虫 類（Ostracoda）						
Conchoecia bispinosa F（2）	400～500	25～50	400	3, 4月	北大西洋南東海域	4)
Conchoecia curta F（0.8）	300～400	0～50	350	3, 4月	北大西洋南東海域	4)
カイアシ類（Copepoda）						
Calanus finmarchicus C4（2）	100～120	0～20	100	7月	クライド海（英国）	5)
Calanus sinicus C6F（2～3）	50～55	5～10	45	8, 9月	瀬戸内海	6)
Metridia pacifica C6F（3＊）	200～300	0～100	200	6, 8月	親潮域（太平洋）	7)
Metridia lucens（3）	75～125	0～25	100	5月	ダボブ湾，ワシントン州	8)
Metridia gerlachei（3～4＊）	200～300	0～50	250	12月	南極半島沿岸域	9)
Pleuromamma scutulata C6（4＊）	300～400	0～100	300	6, 8月	親潮域（太平洋）	7)
Pleuromamma gracilis（2）	180	50	130	4月	東部熱帯太平洋	10)
Pleuromamma abdominalis（3）	220	100	120	4月	東部熱帯太平洋	10)
Scolecithricella minor C6F（1.2）	300～400	100～300	150	11, 12月	富山湾（日本海）	11)
端 脚 類（Amphipoda）						
Themisto japonica 幼体（3～9）	300～400	0～50	350	6, 12月	南部日本海	12)
Themisto pacifica（5～10）	100～200	0～50	150	周年	ブリストル湾	13)
Themisto libellula（19～25）	200～300	0～50	250	周年	ブリストル湾	13)
オキアミ類（Euphausiacea）						
Euphausia pacifica（10～20）	250～350	0～100	250	6, 9, 12月	南部日本海	14)
Euphausia pacifica（10～20＊）	200～300	50～150	150	9月	東北沖（太平洋）	15)
Euphausia brevis 幼体（8～10＊）	300～400	0～100	300	1, 2月	カリフォルニア沖	16)
Thysanopoda aequalis（13～20＊）	500～600	0～100	500	1, 2月	カリフォルニア沖	16)
Nematocelis atlantica（11～15＊）	500	100～200	350	1, 2月	カリフォルニア沖	16)
十 脚 類（Decapoda）						
Sergestes similis（＜60＊）	400～800	100～400	350	5, 6月	西部北太平洋	17)
Sergia prehensilis（＜65＊）	400～800	100～400	350	5, 6月	西部北太平洋	17)
Gennadas incertus（＜30＊）	700～1000	100～400	600	5, 6月	西部北太平洋	17)
Gennadas propinquus（＜30＊）	700～1000	100～400	600	5, 6月	西部北太平洋	17)
毛 顎 類（Chaetognatha）						
Sagitta elegans（10～20）	70～75	0～20	60	10月	中東部北大西洋	18)
被 嚢 類（Tunicata）						
Salpa aspera（＜90＊）	400～800	0～100	600	8月	西部北大西洋	19)
Pyrosoma atlanticum（＜600＊）	500～900	0～100	700	5, 6, 10, 11月	南部北大西洋	20)
魚 類（Pisces）						
Symbolophorus californiensis ナガハダカ（86～120）	300～600	20～100	390	6, 7月	東北沖（太平洋）	21)
Tarletonbeania taylori ホクヨウハダカ（55～70＊）	300～400	0～100	300	2～11月	オレゴン沖	22)
Tarletonbeania crenularis ホクヨウハダカの一種（20～30）	300～400	0～100	300	2～11月	オレゴン沖	22)
Diaphus theta トドハダカ（40～100）	300～500	20～100	340	6, 7月	東北沖（太平洋）	21)
Diaphus gigas ゴコウハダカ（57～132）	300～700	60～400	370	6, 7月	東北沖（太平洋）	21)
Celatoscoperus warmingi スイトウハダカ（62～90）	300～500	60～300	220	6, 7月	東北沖（太平洋）	21)

1) Ikeda. T. & Imamura, A.（1996）；2) Yougbluth, M. J. & Bamstedt, U.（2001）；3) Stubbing, H. G.（1938）；4) Angel, M. V.（1979）；5) Marshall, S. M. & Orr, A. P.（1955）；6) Uye, S. *et al.*（1990）；7) Hattori, H.（1989）；8) Bollens, S. M. *et al.*（1993）；9) Lopez, M. D. G. & Huntley. M. E.（1995）；10) Longhurst, A. R.（1985）；11) Yamaguchi, A. *et al.*（1999）；12) Ikeda, T. *et al.*（1992）；13) Wing, B. L.（1976）；14) 井口直樹ら（1993）；15) Nakagawa, Y. *et al.*（2003）；16) Brinton, E.（1967）；17) Kikuchi, T. & Omori, M.（1985）；18) Conwey, D. V. P. & Williams, R.（1986）；19) Wiebe, P. H. *et al.*（1979）；20) Angel, M. V.（1989）；21) Watanabe, H. *et al.*（1999）；22) Percy, W. G. *et al.*（1977）.

6.4.7　各種プランクトンなどの沈降速度

　プランクトンなどの沈降速度は生物体の大きさ，形状・姿勢・比重（体構成成分）や生物体が
沈降する液体の密度・粘度・温度によっても変化する．

植物プランクトン（Phytoplankton）──沈降速度の測定には主として単離培養株が使われているが，
細胞の大きさや培養の生育状況〔増殖期（G），老衰期（S），死亡（D）など〕によって沈降速度は変化
する．

種　名（生理状況）	細胞サイズ			水温	塩分	沈降速度	文献
	長軸(μm)	直径(μm)	容積(V：μm³)	(℃)	(g/kg)	(S：m/日)	
ケイ藻類（Bacillariophyceae＝diatoms）							
Asterionella japonica（G, S）			224〜240	15	31.7	0.26〜0.75	2)
Bacteriastrum hyalinum（G, S）	21〜31	16.7〜19.4	4 800〜7 500	15	32	0.4〜1.3	2)
Chaetoceros didymus（G）	8.5	4		20	33.5	0.53	2)
Coscinodiscus wailesii（G, S）	100	140	1540×10^3	20	33.5	7.0〜30	2)
Ditylum brightwelli（G, S）	85	20	265×10^2	20	33.5	0.6〜3.1	2)
Ethmodiscus rex（D）		1 500		31	34.6	465	2)
Leptocylindrus danicus（G, S）	48〜62	4〜5	656〜1 212	15	31.7	0.37〜0.46	2)
Nitzschia seriata（G, S）	43〜48	3.7〜5.4	169〜344	15	32	0.35〜0.50	2)
Rhizosolenia setigera（G, S）	303〜428	26〜41	$27 \times 10^3 \sim 57 \times 10^3$	15	32	0.1〜6.3	2)
Thalassiosira rotula（G, S）	12〜19	31〜33	2 800〜3 520	15	32	0.4〜2.1	2)
渦鞭毛藻類（Dinophyceae＝dinoflagellates）							
Ceratium balticum（D）				17.5	35.31	〜9.0	2)
Gonyaulax polyedra（G, S）	47	47	〜54 600	20	33.5	〜2.8〜6.0	2)
ハプト藻類（Prymnesiophyceae）							
Coccolithus huxleyi（G）		10.4	〜570	20	33.5	0.28	2)
Cricosphaera carterae（S）		17	〜2 600	20	33.5	1.70	2)
Cricosphaera elongata（G）	16	14	〜2 500	20	33.5	0.25	2)

動物プランクトン（Zooplankton）

原生動物（Protozoa）

有鐘繊毛虫類（Ciliata）──虫体を除いた外骨格について測定

種　名	長軸×幅 (μm)	容積 (V：μm³)	水温 (℃)	食塩水	沈降速度 (S：m/日)	文献
Acanthostomella norvegica	42×29	23 700	20	3% NaCl	0.25	4)
Favella taraikaensis	198×75	518 800	20	3% NaCl	2.08	4)
Helicostomella subulata	171×25	67 800	20	3% NaCl	0.46	4)
Parafavella spp.	149×51	227 000	20	3% NaCl	0.57	4)
Ptychocylis obtusa	85×61	208 000	20	3% NaCl	0.66	4)
Tintinnopsis ampla	132×62	311 200	20	3% NaCl	15.9	4)
Tintinnopsis beroidea	77×38	61 100	20	3% NaCl	1.9	4)

　上記7種についてのS-L関係式：$\log_{10} S = 0.87 \times \log_{10} L - 2.00$（$r = 0.92$）
　　　　　　　　　　S-V関係式：$\log_{10} S = 0.59 \times \log_{10} V - 3.23$（$r = 0.72$）

放 散 虫（Radiolaria）──海洋底に沈降したほとんど外骨格のみの沈降個体を洗浄・乾燥して測定

種　名	長軸 (μm)	乾重量 (W_D：μg)	水温 (℃)	塩分 (g/kg)	沈降速度 (S：m/日)	文献
Acrosphaera murrayana	176	0.46	3	36.1	64.1	5)
Euchitonia elegans	369	0.57	3	36.1	69.3	5)
Spongocore cylindrica	280	0.36	3	36.1	61.7	5)
Acanthodesmia vinculata	107	0.11	3	36.1	31.0	5)
Cornutella profunda	161	0.08	3	36.1	21.5	5)
Liriospyris thorax	196	0.25	3	36.1	35.1	5)
Circoporus oxycanthus	231	0.10	3	36.1	14.5	5)
Haeckeliana porcellana	407	9.73	3	36.1	416.4	5)

　上記8種を含め55種についてのS-W_D関係式：$\log_{10} S = 0.50 \times \log_{10} W_D + 1.88$（$r = 0.86$）

後生動物（Metazoa）——沈降速度の測定は麻酔した個体を用いるのが一般的．ホルマリン固定により若干沈降速度が増加するともいわれている[1]．体長は最大体軸長を示し，他文献から引用した体長には＊印を付した．発育段階（例：カイアシ類C5＝コペポダイト5期），性別（例：F＝雌）が既知のものはそれを示した．

種　名	体長 (mm)	水温 (℃)	塩　分 (g/kg)	沈降速度 (S：m/日)	文献
刺 胞 類（Cnidaria）——ホルマリンで固定した標本					
Aglantha digitale	6	16.4	35.31	240	1)
有殻翼足類（Thecosomata）					
Limacina retroversa	1	16.4	35.31	757	1)
Limacina retroversa	1〜2	4〜5	31〜32	216	6)
貝 虫 類（Ostracoda）——ウレタンで麻酔					
Conchoecia haddoni F	3.0*	8〜10	35.65〜35.75	1 102	7)
Conchoecia haddoni M	2.5*	8〜10	35.65〜35.75	1 020	7)
Conchoecia rhynchena F	2.5	8〜10	35.65〜35.75	1 028	7)
Conchoecia rhynchena M	2.4	8〜10	35.65〜35.75	1 024	7)
Conchoecia imbricata F	3.0*	8〜10	35.65〜35.75	648	7)
Conchoecia hyalophyllum F	1.7*	8〜10	35.65〜35.75	1 274	7)
Conchoecia hyalophyllum M	1.6*	8〜10	35.65〜35.75	799	7)
枝 角 類（Cladocera）——ホルマリンで固定した標本					
Podon intermedius	1	16.4	35.31	157	1)
Evadne nordmanni	1	16.4	35.31	123	1)
カイアシ類（Copepoda）——ウレタンで麻酔					
Calanus finmarchicus C4	2.3	18.5	35.01	195	8)
Calanus finmarchicus C5	2.7	18.5	35.01	218	8)
Calanus finmarchicus C6F	3.2	18.5	35.01	372	8)
Calanus tonsus C6F	4.4	1	海水	529	9)
Calanus tonsus C5	3.6	6〜10	海水	249	9)
Calanus propinquus C6	5.8	0.5	海水	677	9)
Metridia gerlachei C6F	4.1	−1	海水	448	9)
Oncaea sp.	1.2	6	海水	161	9)
端 脚 類（Amphipoda）——ホルマリンで固定した標本					
Parathemisto oblivia	8〜9	16.4	35.31	753	1)
（＝*Themisto abyssorum*）					
毛 顎 類（Chaetognatha）——ホルマリンで固定した標本					
Sagitta bipunctata	11〜12	16.4	35.31	436	1)

大型動物プランクトン（十脚類，貝虫類，オキアミ類，毛顎類等は主として麻酔個体を用いて測定）の水温20℃における自然海水中での体長（L：mm）と沈降速度（S：m/日）の関係：$S=97 \times L$（適用範囲：$L=1$〜100 mm）[10]．

動物プランクトンの糞塊 (faecal pellets)

種　名	糞塊サイズ			水温(℃)	塩分(g/kg)	沈降速度(S:m/日)	文献
	長さ(μm)	直径(μm)	容積(V:10^6 μm³)				
有殻翼足類 (Thecosomata)――糞塊の形態は帯状，またはらせん状を呈する.							
Corolla spectabilis	6 000	200	450	14	33	927	11)
Clio sp.	1 100	90		18	36.01	119	12)
カイアシ類――大小様々なソーセージ状をなす. 摂餌する餌の種類によって糞の沈降速度が変化する(カッコ内は与えた餌).							
Calanus sp. (ケイ藻)	333	61	1.10	15	29.2	123	13)
Calanus sp. (繊毛虫)	398	65	1.25	15	29.2	88	13)
Pontella meadii (ケイ藻)			8.2	22	34.5	54	14)
Pontella meadii (緑藻)			3.7	22	34.5	28	14)
Pontella meadii (渦鞭毛藻)			8.3	22	34.5	77	14)
未同定種	350	60		18	35.89	70	12)
小型種 (*Acartia, Clausocalanus, Centropages* 等)			0.1〜2	13〜15		20〜150	15)
オキアミ類 (Euphausiacea)							
Meganyctiphanes norvegica *Euphausia krohnii Nematoscelis megalops*	1 042〜7 320	48〜176		14	38.00	126〜862	16)
未同定種1	1 330	120		18	35.89	51	12)
未同定種2	1 510	100		18	35.89	122	12)
未同定種3	1 480	90		18	35.89	155	12)

オキアミ類，カイアシ類の糞塊の14℃の自然海水中におけるその沈降速度（S：m/日$^{-1}$）と大きさ（糞塊容積 V：10^6 μm³）との関係：$\log_{10} S = 0.513 \times \log_{10} V - 1.214$（適用範囲：$V = 0.1 \sim 100 \times 10^6$ μm³）[17]

サルパ類 (Salpida)――長方形の薄片状で，角同士で連結することあり.

種　名	長さ×幅×厚さ (μm)			容　積 (V：10^6 μm³)	水温(℃)	塩分(g/kg)	沈降速度(S：m/日)	文献
Salpa fusiformis	2 100	1 700	600	2 200	21	34.7	1140	11)
Salpa fusiformis	610	410			18	37.37	87.1	12)
Cyclosalpa affinis	2 270	1 210			18	37.37	357	12)
Iasis zonaria	1 580	960			18	35.89	993	12)
Pegea socia	1 900	1 500	700	2 000	21	34.7	1070	11)

ウミタル類 (Doliolida)――長球状をなす.

種　名	長径 (μm)	容　積 (V：10^6 μm³)	水温(℃)	塩分(g/kg)	沈降速度(S：m/日)	文献
Dolioletta gegenbaurii		260			116	11)
Dolioletta gegenbaurii	220〜840	1〜300	20	36	59〜405	16)

尾虫類 (Appendicularia または Larvacea) の放棄したハウス

種　名	直径 (μm)	容　積 (V：10^6 μm³)	水温(℃)	海水比重	沈降速度(S：m/日)	文献
Oikopleura dioica	1 400	1720	16	1.024 8	57	18)
Oikopleura dioica	1 500	1870	5	1.027 0	65	18)

マリン・スノー (Marine snow)――不定形の薄片

採集場所	採集水深 (m)	最大長軸 (mm)	(S：m/日)	文献
カリフォルニア州モントレー湾	5〜15	3〜17	43〜95	19)
北東大西洋	10	1〜4	60〜78	19)

1) Apstein, C. (1910)；2) Smayda, T. J. (1970)；3) Vinogradov, M. E. & Tseitlin, V. B. (1983)；4) Suzuki, T. *et al.* (1995)；5) Takahashi, K. & Honjo, S. (1983)；6) Conover, R. J. & Paranjape, M. A. (1977)；7) Goody, A. J. & Moguilevsky, A. (1975)；8) Gardiner, A. C. (1933)；9) Rudyakov, Yu. A. (1972)；10) Rudyakov, Yu. A. & Tseytlin, V. B. (1980)；11) Bruland, K. W. & Silver, M. W. (1981)；12) Yoon, W. D. *et al.* (2001)；13) Bienfang, P. K. (1980)；14) Turner, J. T. (1977)；15) Small, L. F. *et al.* (1979)；16) Deibel, D. (1990)；17) Fowler, S. W. & Small, L. F. (1972)；18) Silver, M. W. & Alldredge, A. L. (1981)；19) Shanks, A. L. & Trent, J. D. (1980).

6.4.8　海域の一次生産速度

異なった方法で推定されたおもな地球規模の年間の海洋一次生産速度

推定者	Gt.C/年	方　　法
Riley (1946)	126	溶存酸素法
Steemann Nielsen (1955)	15	^{14}C 法
Ryther (1969)	20	外洋：沿岸：湧昇 = 90：9.9：0.1%
Koblentz-Mishke *et al.* (1970)	23	7000 の観測データから
Lieth & Whittaker (1975)	18.6	Fleming (1957) の推定結果
Platt & Subba Rao (1975)	31	海域別一次生産量のまとめ
Eppley & Peterson (1979)	19.1	Koblentz-Kishke *et al.* (1979) を改変
	23.7	Platt & Subba Rao (1975) を改変
Shushkina (1985)	56	130 測点 (1968~1982) での観測データから
Berger *et al.* (1987)	26.9	8000 の鉛直分布の観測データから（大部分が 1970 年以降）
Martin *et al.* (1987)	51	Ryther (1969) の推定をもとに，クリーン法による高生産値を考慮した
Longhurst *et al.* (1995)	45~51	人工衛星 (CZCS) データの利用
Antoine *et al.* (1996)	36.5~45.6	人工衛星 (CZCS) データの利用
Field *et al.* (1998)	48.5	人工衛星(CZCS)データ (1978 ~ 1983) と Behrenfeld & Falkowski (1997) のモデルを利用
Behrenfeld *et al.* (2001)	54	人工衛星 (SeaWiFS) データの利用 (1997~1998, El Niño 時)
	59	人工衛星 (SeaWiFS) データの利用 (1999~2000, La Niña 時)

新生産速度の推定値（一次生産速度＝再生生産＋新生産）

推定者	Gt.C/年	方　　法
Eppley & Peterson (1979)	3.4	Koblentz-Mishke *et al.* (1970) の一次生産速度から
	4.7	Platt & Subba Rao (1975) の一次生産速度から
Sundquist (1985)*	7.3	Koblentz-Mishke *et al.* (1970) と Suess(1980)から
	2.4	Koblentz-Mishke *et al.* (1970) と Betzer *et al.* (1984) から
Chavez & Barger (1987)	8.3	Shushkina (1985) と Eppley & Peterson (1979) から
Martin *et al.* (1987)*	7.4	Martin *et al.* (1987) の一次生産速度から
Berger *et al.* (1987)*	4.3~5.4	Berger *et al.* (1987) の一次生産速度から
Packard *et al.* (1988)	21.9	酵素活性*から
Berger *et al.* (1989)*	6	Berger *et al.* (1987) と Eppley & Peterson (1979) から
Najjar (1992)	12~15	溶存有機炭素の三次元フラックスモデルから
Bacastow & Maier Reimer (1991)	10.8	溶存有機炭素の三次元フラックスモデルから
	8.5	溶存有機炭素の三次元フラックスモデルから
	3.0	粒状有機炭素の三次元フラックスモデルから
Bienfang & Ziemann (1992)	7.4	Berger *et al.* (1987) と Iverson (1990) から

＊　水深 100 m から下層に出ていくフラックスとして推定.

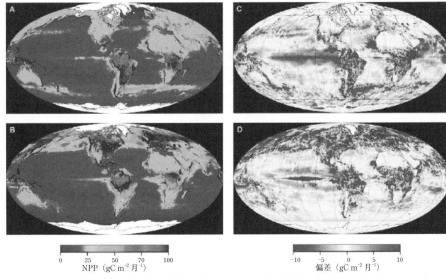

図1　人工衛星で推定した地球全体の純一次生産速度（NPP）とその変化（Anomaly）

(A) ラニーニャ期中の1998年12月から1999年2月

(B) ラニーニャ期中の1999年6月から8月

(C) エルニーニョ（1997年12月〜1998年2月）からラニーニャ（1998年12月〜1999年2月）への変化

(D) 1998年6月〜8月から1999年6月〜8月の変化（ラニーニャ期間）

Behrenfeld, M. J. *et al.*: "Biospheric primary production during an ENSO transition.", Nature **291**: 2594-2597（2001）.

6.4.9　深海化学合成生態系

光合成生態系と化学合成生態系

　地球上の生物たちの活動を支えるエネルギー源はいくつかある. 1つ目は太陽エネルギーを基幹とする生態系であり, 光合成生態系という. 植物は, 葉や茎に分布する細胞に存在する葉緑体に光エネルギーを受容して光合成を行い, 水と二酸化炭素から酸素と有機物を得ている. 昆虫や草食動物は植物を分解してエネルギーを得る. 草食動物は肉食動物に食べられ, 食物連鎖が成立している.

　もう1つの生態系がある. メタンや硫化水素をエネルギー源とする生態系で, 化学合成生態系と呼ぶ. 硫化水素とメタンを多量に含む熱水, 湧水, あるいは動物の遺骸などに生息する生物たちは, メタンや硫化水素をエネルギーに用いるバクテリアを共生させており, 共生菌がメタンや硫化水素を解毒するとともに, 有機物をつくり出し, それをホストが利用しているのである.

　熱水環境には微弱な電流が流れている. 最近, 電気エネルギーを源とする生態系がある可能性が指摘されている. 電気エネルギーに依存したこの生態系は, 3つ目のエネルギー源である.

図2　日本周辺の熱水生態系と冷湧水生態系の分布

⬭：プレートの名称，▭：地名あるいは地形に対する名称

*　初島北東沖，野間岬沖，東海丘では実験的に鯨死骸設置．

藤倉克則・奥谷喬司・丸山正 編著"潜水調査船が観た深海生物"東海大学出版会（2012）．

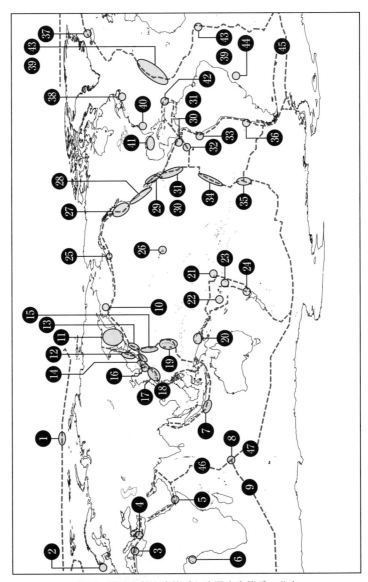

図3　世界の熱水生態系と冷湧水生態系の分布

右ページの表に，❶〜㊼の海域と群集のタイプを示す．

番号	海域	群集のタイプ	出典	番号	海域	群集のタイプ	出典
1	ガッケル海嶺	熱水噴出孔生物群集	1)	22	北フィジー海盆	熱水噴出孔生物群集	6)
2	スウェーデン沖	鯨骨生物群集	2)	23	ラウ海盆	熱水噴出孔生物群集	6)
3	ナポリ湾	熱水噴出孔生物群集	3)	24	ケルマディック島弧域	湧水生物群集	6)
3	チレニア海	熱水噴出孔生物群集	3)	25	アリューシャン海溝	湧水生物群集	4)
4	エーゲ海	熱水噴出孔生物群集	3)	26	ハワイ沖	熱水噴出孔生物群集	3)
4		湧水生物群集	4)	27	エクスプローラー海嶺	熱水噴出孔生物群集	3)
5	アデン湾	熱水噴出孔生物群集	3)	27	ファンデフーカ海嶺	熱水噴出孔生物群集	3)
6	ギニア湾	湧水生物群集	4)	27	ゴルダ海嶺	熱水噴出孔生物群集	3)
7	ジャワ海溝	湧水生物群集	5)	27	オレゴン沈み込み帯	湧水生物群集	4)
8	インド洋中央海嶺	熱水噴出孔生物群集	6)	28	北カリフォルニア大陸棚	湧水生物群集	4)
9	南西インド洋海嶺	熱水噴出孔生物群集	7)	28	モントレー湾	湧水生物群集, 鯨骨生物群集	12), 3)
10	ベーリング海	熱水噴出孔生物群集	3)	28	サンクレメント断層	鯨骨生物群集	13)
11	オホーツク海	湧水生物群集	8)	28	サンタカタリナ海盆	鯨骨生物群集	13)
12	日本海	湧水生物群集	6)	29	カリフォルニア湾	熱水噴出孔生物群集	4)
13	千島-日本海溝	湧水生物群集	6)	29		湧水生物群集	4)
14	相模湾	湧水生物群集, 鯨骨生物群集	6)	30	東太平洋海膨（北部）	熱水噴出孔生物群集	4)
14	駿河湾	湧水生物群集	6)	30	中米海溝	湧水生物群集	4)
14	南海トラフ	湧水生物群集	6)	31			
15	伊豆・小笠原諸島-北マリアナ諸島海域	熱水噴出孔生物群集, 鯨骨生物群集	6)	32	ガラパゴスリフト	熱水噴出孔生物群集	4)
16	鹿児島湾	湧水生物群集, 熱水噴出孔生物群集, 鯨骨生物群集	6)	33	ペルー海溝	湧水生物群集	4)
16	東シナ海	鯨骨生物群集	6)	34	南東太平洋海膨	熱水噴出孔生物群集	3) chapter 4
17	南西諸島（琉球）海溝域	鯨骨生物群集	6)	35	太平洋-南極海嶺	熱水噴出孔生物群集	3)
17	沖縄トラフ	熱水噴出孔生物群集	6), 16)	36	チリ海溝	湧水生物群集	3)
18	南シナ海（北部）	湧水生物群集	6)	37	ヤンマイエン海嶺	熱水噴出孔生物群集	3)
19	マリアナトラフ	熱水噴出孔生物群集	6)	38	ローレンシアン海底扇状地	湧水生物群集	3)
19	マリアナ火山フロント	湧水生物群集	6)	39, 43	大西洋中央海嶺	熱水噴出孔生物群集	3) chapter 4
19		熱水噴出孔生物群集	6)	40	北カロライナ大陸棚	湧水生物群集	4)
19		蛇紋岩生物群集	10)	41	メキシコ湾	湧水生物群集	4)
19		蛇紋岩生物群集	11)	42	バルバドス付加帯	熱水噴出孔生物群集	4), 15)
20	パプアニューギニア沖	湧水生物群集	6)	44	南大西洋ブラジル沖	鯨骨生物群集	14)
20	マヌス海盆	熱水噴出孔生物群集	6)	45	南極南スコシア海嶺	熱水噴出孔生物群集	17)
20	ニューアイルランド海盆	熱水噴出孔生物群集	3)	46	カールスバーグ海嶺	湧水生物群集	18)
21	サモア諸島沖	熱水噴出孔生物群集	3)	47	南西インド洋海嶺	熱水噴出孔生物群集	19)

1) Edmonds *et al.* 2003；2）Glover *et al.* 2005；3）Desbruéres *et al.* 2006；4）Sibuet & Olu 1998；5）Wiedick *et al.* 2002, Okutani & Soh 2005；6）藤倉ほか 2012；7）Copley 2011；8）Kamenev *et al.* 2001；9）Liu *et al.* 2008；10）Ohara *et al.* 2011；11）Fryer 1997；12）Rouse *et al.* 2004；13）Smith *et al.* 1989；14）Sumida *et al.* 2016；15）Amon *et al.* 2017；16）Miyazaki *et al.* 2017；17）Rogers *et al.* 2012；18）Wang. 2016；19）Gerdes *et al.* 2019
Biodiversity Heritage Library では生物多様性に関する文献がデジタル化されており，自由に閲覧することが可能である．

深海生物群集の代表的な環境ごとの種の組合せ

化学合成群集（熱水）
ゴエモンコシオリエビ
ユノハナガニ
ネッスイハナカゴ
アルビンガイ
スケーリーフット
シンカイヒバリガイ
シチヨウシンカイヒバリガイ
オハラエビ
カイレイツノナシオハラエビ
シマイシロウリガイ
サツマハオリムシ
ガラパゴスハオリムシ
マリアナイトエラゴカイ

化学合成群集（冷湧水）
シロウリガイ
シマイシロウリガイ
ナギナタシロウリガイ
ナラクハナシガイ

サツマハオリムシの仲間
ヘイトウシンカイヒバリガイ
シンカイヒバリガイ
サガミハイカブリナ
ツブナリシャジク（岩のうえ）
サガミマンジガイ（泥底）
スエヒロキヌタレガイ（堆積中）
オウナガイ（堆積物中）
ヨシダツキガイモドキ（堆積物中）

化学合成群集（鯨骨）
ゲイコツマユイガイ
ナンカイチヂワバイ
ヒラノマクラ
ホソヒラノマクラ
アブラキヌタレガイ
ホネクイハナムシ
ゲイコツナメクジウオ
コシオリエビの仲間※
ツバサゴカイの仲間※

普通の深海底（泥）
ユメナマコ
エボシナマコ
フクロウニの仲間
ブンブクウニの仲間
クモヒトデの仲間
イソギンチャクの仲間（硬い海底）
ダーリアイソギンチャク（堆積物底）
ホッスガイの仲間
ヤギ類
ウミユリ（硬い海底に付着）
バイガイの仲間
ヒタチオビの仲間
ゴカイ類

このほか，顕微鏡サイズのメイオベントス（有孔虫，小型甲殻類，線虫など）が多い．

※ 普通の深海底（泥）にも生息している．
藤倉克則・奥谷喬司・丸山正 編著 "潜水調査船が観た深海生物"（東海大学出版会，2012）．
Desbruyères, D. M. Segonzac and M. Bright, (Eds.). "Handbook of Deep-Sea Hydrothermal Vent Fauna" Institute Francais de Recherche Pons l' Exploration（2006）．
なお，最近では，化学合成群集を熱水と冷湧水で分けない考え方もある．

6.4.10　深海生物の呼吸速度

　同一体重（W），水温（T）に標準化した呼吸速度（R）の比較から，マイクロネクトン（小型遊泳生物）・動物プランクトン（カイアシ類，毛顎類など）では生息深度の増加に伴い急速に減少することが報告されている．一方，ベントスではこのような生息深度と呼吸速度との関係はみられない．数例を以下に示す．

マイクロネクトン（魚類，甲殻類）

調査海域：カリフォルニア周辺域

採集深度(m)	測定数	実測 W_D (mg 乾重量/個体)	標準水温 T(℃)	標準個体の W_D	標準化 R(μL O_2/個体/時間)， 平均±標準偏差
0〜400	19	4.1〜 104	5.5	1.0	0.53 ± 0.16
400〜900	53	4.9〜2 220	5.5	1.0	0.19 ± 0.10
900〜1 300	8	132 〜2 020	5.5	1.0	0.05 ± 0.01

　Childress. 1971, Limnol. Oceanogr., **16**：104-106.

マイクロネクトン（頭足類──おもにイカ）

調査海域：カリフォルニア周辺域，ハワイ周辺域

採集深度(m)	測定数	実測 W_W (g 湿重量)	標準水温 T(℃)	標準個体の W_W	標準化 R(μL O_2/個体/時間)， 平均±標準偏差
10〜100	16	0.06〜 35.39	5	10	2.11 ± 1.80
110〜500	12	0.84〜 38.88	5	10	0.93 ± 1.10
600〜957	8	0.5 〜223.4	5	10	0.30 ± 0.25

　Seibel *et al.* 1997, Biol. Bull., **192**：262-278.

動物プランクトン（カイアシ類）

調査海域：親潮周辺域（0〜100 m 資料は北極海，南極海）

採集深度(m)	測定数	実測 W_N (mg 窒素/個体)	標準水温 T(℃)	標準個体の W_N	標準化 R(μL O_2/個体/時間)， 平均±標準偏差
0〜100	90	0.08 ± 0.08	1.0	1.0	5.11 ± 1.27
500〜1 000	54	0.103 ± 0.108	1.0	1.0	2.49 ± 0.74
1 000〜2 000	57	0.212 ± 0.314	1.0	1.0	1.78 ± 0.63
2 000〜3 000	47	0.209 ± 0.241	1.0	1.0	1.80 ± 0.72

　Ikeda *et al.* 2006, Mar. Ecol. Prog. Ser., **322**：199-211.

ベントス（エビ，カニ，ウニ，ヒトデ，ナマコ類）

調査海域：ハワイ周辺域

採集深度(m)	測定数	実測 W_W (g 湿重量/個体)	標準水温 T(℃)	標準個体の W_W	標準化 R(μL O_2/個体/時間)， 平均±標準偏差
1〜25	16	89 ± 156	10	10	0.016 ± 0.014
250	11	57 ± 70	10	10	0.007 ± 0.005
500	12	48 ± 70	10	10	0.013 ± 0.013
1 000	4	104 ± 141	10	10	0.018 ± 0.017

　Wilson *et al.* 2013, Mar. Biol., **160**：2363-2373.

深海生物の生態による生息深度―呼吸速度関係の相違の説明

1. 視覚相互作用仮説（Visual interactions hypothesis）

　海底に棲むベントスは捕食者に対して隠れる遮蔽物（岩石の陰，砂泥の中など）があるのに対して，水中に棲むマイクロネクトンにはそれがない．したがって，機能的な眼を有するマイクロネクトンは，明るい表層では彼らの餌生物や捕食者（中・大型魚介類）の存在を視覚で遠くから認知し（相互認識距離が長い），よりすばやく泳いで捕捉・逃避できる種が進化の過程で選択された．しかし，光がわずかしか，あるいは全く届かない深海では餌生物も見えず，捕食者の数も激減するため，表層とは異なって高い呼吸速度を伴う強力な遊泳力は進化の過程で選択圧として働かなかった．暗黒の深海では視覚よりも生物の発する化学物質や遊泳の際に生ずる海水の振動などの刺激受容が捕食-被食関係の主役である（相互認識距離が短い）．

　Childress & Mickel. 1985, Biol. Bull. Soc. Wash., **6**: 249-260.

2. 捕食淘汰仮説（Predation-mediated selection hypothesis）

　機能的な眼をもたないカイアシ類や毛顎類の生息深度の増加に伴う呼吸速度の減少は視覚相互作用仮説では説明できない．捕食淘汰仮説は，動物プランクトン・マイクロネクトンに対する捕食圧は明るい表層で最大であり，そこでは捕食逃避のため遊泳力のある（高い呼吸速度を伴う）種が視覚の有無に関わらず進化の過程で選択されたと説明する．この捕食淘汰仮説を支持する証拠として，機能的な眼を有するアミ類，オキアミ類，十脚類，端脚類で観察されている生息深度の増加に伴う体タンパク含量（＝筋肉量）の低下がカイアシ類でも観察されている．筋肉量は運動量と密接に関連し，その減少は呼吸速度の低下を意味する．

　Ikeda *et al*. 2006, Mar. Ecol. Prog. Ser., **322**: 199-211.

6.4.11 海産魚の分布・回遊

　全世界には約29 000種の魚類が分布し，約58％が海産，41％が淡水産で，1％は海域と淡水域を行き来する通し回遊魚である．海洋環境は，水温−1.8〜＋40℃，pH4〜10，溶存酸素量0〜飽和，水深0〜8000 mの範囲で多様である．海産魚類の78％の種は，水深200 m以浅の大陸棚上の水域に生息し，なかでも熱帯の岩礁域は種多様度が高く，全魚類の30数％の種が生活史の一部あるいは全部を熱帯岩礁域で過ごす．一方，マイワシ，サンマ，クロマグロ，カツオなど，沿岸から外洋域の表層を回遊する魚類は，種数は少ないが生物量が大きい．水深200 m以深の無光層に分布する深海魚は，ハダカイワシ科魚類に代表されるように1科で約235種が世界の外洋域に分布し，大きな生物量をもつ．夜間は表層に浮上し昼間は深層へ沈むという日周鉛直移動を行う種が多い．多くの海産魚類は海水とほぼ同じ比重の卵を大量に産みっぱなしにするため，受精卵は海流や潮汐流，吹送流などによって運ばれて分散する．マイワシやマサバのように黒潮流域で産卵される卵や仔魚は，1日に数十〜100 kmも下流へと運ばれ，稚魚になって群泳するようになるまでの間に1000 km以上も北東方へ輸送される．輸送された稚魚は索餌場で活発に摂餌し，成熟すると産卵場へ戻る．成熟体長に達して以降は，数百〜千数百 km離れた産卵場と索餌場を季節的に回遊する．回遊の範囲は，資源量増加に伴って拡大し，減少に伴って縮小することが多い．

日本周辺海域に生息する回遊魚の産卵場と索餌場

魚　種	おもな産卵場	索　餌　場
マアジ[*1]	東シナ海〜西日本沿岸	西〜東北日本沖合，東シナ海
マイワシ[*1]	西〜東日本沖合	東日本〜北海道沖合
マサバ[*1]	東シナ海〜東日本沖合	東北北海道沖合
サンマ[*1]	西〜東日本沖の太平洋	千島列島沿いの親潮水域
ブリ[*1]	東シナ海〜東日本太平洋岸	日本周辺海域
ウナギ[*2]	マリアナ海域	東アジア大陸，島しょの河川
クロマグロ[*3-5]	沖縄東方海域，日本海	北太平洋全域
カツオ[*6]	熱帯太平洋	西日本〜北日本沖合

＊1　水産庁増殖推進部ほか（2002）；＊2　Kimura, *et al*.（1994）；＊3　Bayliff（1980）；＊4　Okochi, *et al*.（2016）；＊5　Ohshimo, *et al*.（2017）；＊6　Matsumoto, *et al*.（1984）.

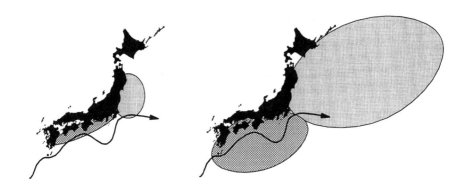

図4 日本の太平洋側における資源低水準期（1960年代，左）と高水準期（1980年代，右）
におけるマイワシの産卵場（網目）と索餌場（影付）分布域の変動

　1980年代の資源高水準期に，マイワシは北西太平洋の広い範囲を南北回遊した．図中の実線は黒潮の
流軸位置．

6.4.12　海棲哺乳動物の分布・回遊

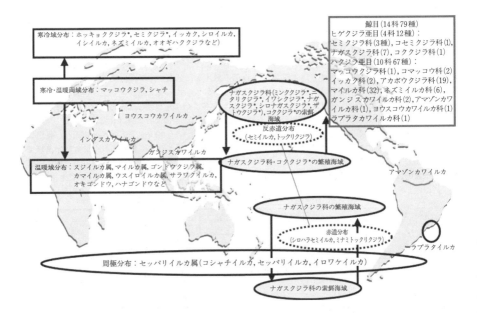

図5　鯨類の分布と回遊海域

＊　ヒゲクジラ亜目に属する種類

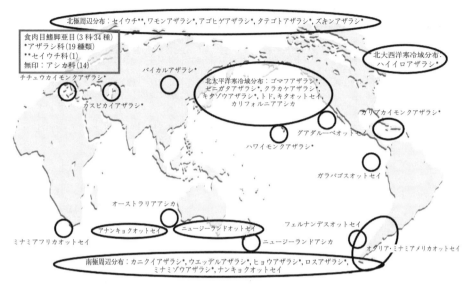

図6　鰭脚類の分布

＊　アザラシ科に属する種類
＊＊　セイウチ科に属する種類

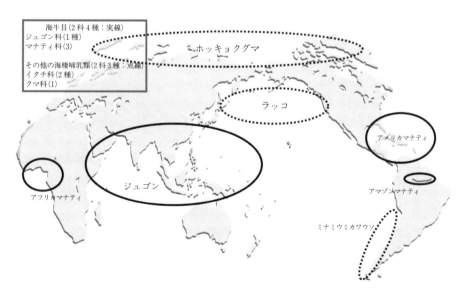

図7　海牛類とその他の海棲哺乳類の分布

6.4.13　おもな実験海産無脊椎動物の繁殖期

観測域 種名	厚岸[1] (北海道)	浅虫[2] (青森)	佐渡 (新潟)	能登[3] (石川)	館山[4] (千葉)	三崎[5] (神奈川)	下田 (静岡)	菅島 (三重)	白浜[6] (和歌山)
ムラサキウニ			7上-8下	6下-8下	6上-8下	6-7月	6上-10上	7上-8下	6上-9下
キタムラサキウニ		9下-10下	9中-10下		9上-10中	10-12月			
バフンウニ		12中-4上	1上-4中	1上-3中	1下-3下	1-3月	12下-5上	12下-3中	1上-4上
アカウニ				11下-12中	10下-12下	10-12月	10下-1下	10下-12下	10中-12下
サンショウウニ		6下-8下		6上-8下	6下-9上			6下-9中	6中-10上
ラッパウニ					6上-8上				7上-8下
タコノマクラ				6下-7上	6中-8上	5-7月	5下-9中		6上-9下
スカシカシパン					8上-8下	7-8月			
マヒトデ	5上-7上	3中-4中			12上-4中	1-3月			
イトマキヒトデ		9月		5上-10下	5上-7中	4-6月			5上-9下
マガキ	8上-10下	7上-8中	6下-8下			6-8月	5中-10中	6下-9上	
ケガキ				5下-9下	7上-8下	7-8月	5上-11上	6中-9上	7上-8中
ムラサキガイ		3上-4上			12上-3下	12-4月			
シロボヤ		4,11中-12上		7下-8下			7上-9下	6中-8下	3中-11下

観測域 種名	隠岐 (島根)	牛窓[7] (岡山)	向島 (広島)	宇佐[8] (高知)	中島 (愛媛)	合津[9] (熊本)	天草 (熊本)	瀬底[10] (沖縄)
ムラサキウニ	6中-9中	6月	7上-9下	8上-9下	6上-8下	6下-7中	5下-8下	
キタムラサキウニ								
バフンウニ	1上-4中	1-3月	1上-3下		1中-4中	1上-3下	1上-3下	
アカウニ	11下-2中	10上-12上			10上-12中			
サンショウウニ		7-8月	5下-8上	5下-7上		6下-7中	6中-8下	
ラッパウニ				6下-7下				9中-1上
タコノマクラ				5中-6下				
スカシカシパン					4下-6下			
マヒトデ		2-3月					6上-7下	
イトマキヒトデ	5上-7下	12月			6上-9中			
マガキ			7上-9下			7下-8		
ケガキ		6中-8上	7上-9下				6中-8下	
ムラサキガイ			12上-3下					
シロボヤ							6上-8下	

1) エゾバフンウニ (5中-8中), 2) エゾバフンウニ (3中-4中), キタサンショウウニ (6中-8上), ツガルウニ (3月), オカメブンブク (5下-6中), ハスノハカシパン (9中-10上), マナマコ (5中-6中), ニッポンヒトデ (3中-4上), ユウレイボヤ (5中-7中,10中-11中), マボヤ (10下-12下), ホタテガイ (2中-3中), ムラサキインコガイ (8月), アズマニシキ (7下-8下), アメフラシ (7,11月), ミズクラゲ (7上-8下), カミクラゲ (5月), 3) ニホンクモヒトデ (7中-8中), ヨツアナカシパン (6中-7中), オオブンブク (6中-7中), ミサキギボシムシ (7中-8下), 4) モミジガイ (6下-7下), マナマコ (2上-3中), テツイロナマコ (2下-4中), クロイソカイメン (7下-9上), アンドンクラゲ (8中-9上), 5) トゲバネウミシダ (1-6月), ニッポンウミシダ (10-11月), ヨツアナカシパン (7-8月), 6) ツマジロナガウニ (6-10月), コシダカウニ (7-8月), ニセクロナマコ (7-8月), ユウレイボヤ (3-7月), ヤッコカンザシ (7-8月), 7) カタユウレイボヤ (6-7月), ハスノハカシパン (11月), マナマコ (4-5月), イシコ (12月), ナガトゲクモヒトデ (6月), イイダコ (2-3月), マダコ (3-4月,8-9月), シリヤケイカ (5-6月), コウイカ (5-6月), カミナリイカ (6-7月), アオリイカ (6月), マツバガイ (7-9月), アメフラシ (6月), マダラウミウシ (6-7月), ウミフクロウ (6月), タテジマフジツボ (5-9月), スジホシムシモドキ (6-8月), サメハダホシムシ (6-8月), オオツノヒラムシ (5-6月), ウスヒラムシ (2-4月), カブトクラゲ (8月), アカクラゲ (5-6月), ユウレイクラゲ (8-9月), ミズクラゲ (6-7月), ドフラインクラゲ (4-5月), カミクラゲ (3-4月), 8) ナガウニ (7上-7下), ツバサゴカイ (8月), ベニボヤ (7下-9上), ナメクジウオ (6中-7上), ハクセンシオマネキ (7上,8上), 10) オキナワハクセンシオマネキ (5上-8下), シラヒゲウニ (9中-1上), ナガウニ (ホンナガウニ) (7上-8下), ガンガゼ (6中-8中), リュウキュウヒザラガイ (8-9上), オニヒザラガイ (8-9上), キクノハナヒザラガイ (8-9上)

(道端　齊ほか, 2001を改変)

6.4.14　おもな無脊椎動物の産卵期

種　名（学　名）	生　息　域	観　測　地	性成熟	全　長	産卵期	放卵数
マヒトデ (*Asterias amurensis*)	日本沿岸	陸奥湾	—	mm 55	3〜5月	—
マヒトデ科の一種 (*Asterias forbesi*)	メキシコ〜メーン（米）	ロングアイランド（米）	1〜2 y	60〜210	7〜10月	数　千
マヒトデ科の一種 (*Asterias rubens*)	北大西洋沿岸	プリマス（英）	—	50〜130	4〜5月	数　千
マヒトデ科の一種 (*Asterias vulgaris*)	コッド岬（米）〜 ラブラドル半島（カ）	プリンスエドワード（カ）	1 y	20	5〜6月	—
アスナロウニ (*Arbacia punctulata*)	メキシコ湾〜 コッド岬	ウッズホール（米）	1 y	30〜50	初夏	数　万
ウスヒザラガイ科の一種 (*Ischnochiton magdalenensis*)	メキシコ〜 カリフォルニア（米）	—	2 y	35〜36	—	57 970
アカネアワビ (*Haliotis rufescens*)	カリフォルニア（米）	—	6 y	100	2〜4月	100 000〜 2 500 000
ヨーロッパタマキビガイ (*Littorina littorea*)	ニュージャージー（米） 〜ラブラドル半島	ノバスコシア（カ）	1 y	20〜25	5〜8月	5 000
カキナカセ (*Urosalpinx cinerea*)	ジョージア（米） 〜カナダ	ノースカロライナ（米）	15 mo	16.5〜29.6	5〜9月	252
トゲコブシボラ (*Busycon carica*)	メキシコ〜コッド岬	ノースカロライナ（米）	—	30〜210	3〜6月, 8〜9月	4 000 〜6 000
ヨーロッパモノアラガイ (*Lymnaea stagnalis*)	全世界	ウィスコンシン（米）	4〜14 mo	50〜60	7〜10月	6 000
エスカルゴ（マイマイ） (*Helix pomatia*)	米国・欧州	—	33〜39 mo	7	5〜8月	40〜200
ヨーロッパイガイ (*Mytilus edulis*)	全世界	ノバスコシア（カ）	1〜2 y	45〜55	5〜9月	5 000 000 〜12 000 000
アメリカガキ (*Crassostrea virginica*)	テキサス（米）〜カナダ	ロングアイランド（米）	1 y	25〜50	6〜8月	500 000 〜1 000 000
ホンビノスガイ (*Mercenaria mercenaria*)	ユカタン半島（メ） 〜ノバスコシア	ニュージャージー（米）	1〜2 y	50〜70	6〜8月	約 1 000 000
アメリカウバガイ (*Spisula solidissima*)	ハッテラス岬（米） 〜カナダ	ニュージャージー（米）	1.5〜2 y	40〜70	7, 10月	数　千
オオノガイ科の一種 (*Mya arenaria*)	ハッテラス岬 〜ラブラドル半島	メーン（米）	1〜2 y	13〜19	6〜10月	1 000 000 〜4 000 000
アメリカケンサキイカ (*Loligo pealei*)	カリブ海 〜ノバスコシア	ウッズホール（米）	1〜2 y	150〜200	6〜9月	5 000 〜12 000
アメリカカブトガニ (*Limulus polyphemus*)	ユカタン半島 〜ノバスコシア	デラウェア湾（米）	9〜11 y	♂178〜258 ♀243〜251	5〜6月	3 000
ハリナガミジンコ (*Daphnia longispina*)	北米, 欧州, アジア	フロリダ（米）	75〜86 h	♂ 1.2 ♀ 1〜9	冬季を 除く	28(4〜35)
メキシコクルマエビ (*Penaeus setiferus*)	メキシコ湾〜 ニュージャージー（米）	ジョージア（米）	1 y	♂130〜170 ♀135〜190	3〜9月	500 000 〜1 000 000
アメリカウミザリガニ (*Homarus americanus*)	ノースカロライナ（米）〜 ニューファンドランド（カ）	北大西洋上	4〜5 y	♂170〜600 ♀180〜400	7〜9月	8 500
タラバガニ (*Paralithodes camtschatica*)	北太平洋	コジャック島 （アラスカ）	5 y	100	3〜5月	150 000 〜400 000
アオガニガザミ (*Callinectes sapidus*)	ウルグアイ 〜ノバスコシア	チェサピーク湾（米）	13 mo	♂135〜215 ♀134〜185	7〜8月	1 750 000

（カ）カナダ，（メ）メキシコ，（米）米国，（英）英国.　　　　　　　（Merrill, A. S. ほか, 1972 より改変）
y：年，mo：月，h：時間.

海洋のプラスチックごみ

　プラスチックの生産量は毎年5%の速度で増加し，世界生産量は4億tを越えた．この半分程度がレジ袋，ペットボトル，コンビニの弁当箱，生鮮食料品やお菓子のパッケージなどの使い捨てプラスチックである．これらのプラごみの一部は，ぽい捨てされたり，ごみ箱があふれたり，風で飛ばされ，路面や地面に落ちている．使い捨てプラスチックの半分以上は，ポリエチレンやポリプロピレンなど水よりも軽いプラスチックである．そのため，それらは雨が降ると洗い流され，川を流れて，最後は海に流れ着く．

　海を漂っているプラスチックは紫外線や波の力でだんだんにぼろぼろになり，5 mm以下に小さくなったプラスチックがマイクロプラスチックと呼ばれる．マイクロプラスチックは海流などで流されて世界中の海に漂っており，5兆個以上のマイクロプラスチックが世界の海に漂っていると推定されている．さらにプラスチックの微細化は1μm以下にも進み，ナノプラスチックの存在も海洋環境中で確認されている．

　これらのマイクロプラスチックの大半は，プラスチック製品の破片であるが，ほかにもマイクロプラスチックの発生源がある．たとえば，化粧品や洗顔剤に配合されているマイクロビーズである．大きさが数十〜数百 μm の球状のプラスチックの粒が一部の化粧品や洗顔剤にスクラブとして配合されている．それらは洗顔後に排水として放出される．さらに，家庭から出る排水には，ポリエステルなどの化学繊維の衣服の洗濯により発生する化学繊維の糸くず（繊維状のマイクロプラスチック）も含まれる．排水中のマイクロプラスチックは下水道を流れて，下水処理場へ運ばれ，ほかの固形物と一緒に沈殿して取り除かれる．95〜99%取り除かれるが，100%ではないので，流域人口数十万人の規模の下水処理場から1日数億個のマイクロプラスチックが放出される．さらに，東京や大阪など古くから下水道が普及している都市では，雨が降ると雨水と下水が，下水処理場に運ばれずに，川や海へ放流される．雨天時越流という現象である．マイクロプラスチックは雨天時越流により，川や海に運ばれる．そのほかにも，レジンペレットと呼ばれるプラスチック製品の中間材料も海のマイクロプラスチックの汚染源になっている．自動車のタイヤ，人工芝，建設資材など野外で使われるプラスチックも摩耗と紫外線による劣化により，マイクロプラスチックとなり，雨に洗われて，川や海へ流入する．このように多岐にわたる発生源からもたらされたマイクロプラスチック汚染のレベルは，都市水域では水棲生物に影響のあるレベルに近づいている．

　海を漂うプラスチックの一番の問題は，海の生物が餌と間違えて，あるいは餌と区別ができずに，食べてしまうことである．海鳥やウミガメなど大きな海洋生物によるプラスチックの摂食は1970年代から報告されてきた．より小さなプラスチックは，小さな生物に摂食される．マイクロプラスチックは，魚や貝が餌とするプランクトンと混ざって海の中を漂っていることから，二枚貝，カニ，小魚などに取り込まれる．私たちの調査では，東京湾でカタクチイワシからは1 mm前後のマイクロプラスチックが，ハゼや二枚貝からは0.1 mm前後のさらに微細なマイクロプラスチックが検出されている．魚貝類からマイクロプラスチックが検出されるということは，人間も例外ではない．ヒトの糞便中からもマイクロプラスチックは検出されている．マイクロプラスチックは物理的な異物として，生物の細胞への酸化ストレスと炎症を通して，摂食した生物に影響を

及ぼす．特に，ナノメーターサイズになると細胞膜を通過して血液やリンパに入り，免疫系に影響を与えることが懸念されている．実際にヒト血液やヒト胎盤からも微細なプラスチックの検出が報告されてきた．

さらに，マイクロプラスチックに有害な化学物質が含まれるので，それらによる影響が懸念される．有害な化学物質は，もともとプラスチック製品に加えられた添加剤であったり，プラスチックが周りの水の中から吸着してきた化学物質である．これらの化学物質は，マイクロプラスチックが生物に摂食されると，消化液の中の油分や界面活性剤等により溶かし出されて，プラスチックを食べた生物に吸収され，脂肪や肝臓に蓄積する．プラスチックからの化学物質の生物濃縮はプラスチックの微細化により促進される．プラスチックを摂食した生物への化学物質の吸収と脂肪や肝臓等への蓄積は，海鳥，海浜生物，魚，貝について，室内実験や野外の観測から明らかにされてきている．マイクロプラスチックの問題は，食物連鎖を通して人間が添加剤に間接的に暴露されることである．とくに，プラスチックの添加剤の多くが内分泌攪乱物質であるという点は注意を払う必要がある．子供の性的成熟の遅延・早熟，成人男子の精子数の減少，子宮内膜症や乳癌の増加など，生殖に関連する疾病の増加が観測されている．そして，ヒトの血液，脂肪，尿中からプラスチック添加剤が検出され，コホート研究からはプラスチック添加剤の曝露・蓄積と生殖関係の機能の異常等との関連が示されてきた．例えば，環境省が行っているエコチル調査でも，使い捨てプラスチック入り弁当や冷凍食品の摂食頻度が週2回以上の妊婦で，死産の割合が約3倍増加したという結果が出ている．プラスチックに生殖に影響を与える多種の化学物質が添加剤として含まれていることから，プラスチック添加剤のヒトへの曝露は抑える必要があり，添加剤の含有情報には透明性がない現状では，プラスチック製品全般の使用量の削減が予防原則的な観点から求められる．

世界の海へのプラスチックの流入量は何も手を打たなければ，今後20年で10倍になり，今世紀後半には，海を漂流するプラスチックの量が魚の量を超えるというという予測もある．プラスチックは大変分解しにくいため，一旦海に流入すると海に数十年以上残留する．さらに，マイクロプラスチックは小さいため回収することも不可能であり，影響が顕在化してから海への流入を止めても手遅れになる可能性があるため，諸外国では予防的な立場から対策が講じられ始めている．プラスチックのサプライチェーンのグローバルな拡大，廃棄物の越境輸送，廃棄物管理の国際的な支援の必要性，プラスチック汚染の地球規模での広がりと長距離輸送，そしてプラスチックの生産・消費・廃棄の全段階での影響を考え，プラスチック汚染に関する法的拘束力のある国際文書（プラスチック条約）の交渉を開始することが，2022年3月の国連環境総会で決定した．2024年末までに具体的な規制内容を決める方向で政府間・関連国際機関・NGOで交渉が行われている．廃棄物管理の強化や素材の変更だけでなく，物品の提供方法・物流の変革，化学物質管理なども含めた根本的な規制につながる条約になることが期待される．　　　　　　　　　　　　　　　　　　　　　　　　　　　　【高田秀重】

6.5　水産資源

6.5.1　世界の水産資源量

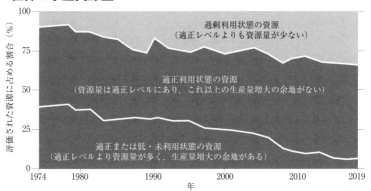

図1　1974〜2019年の世界の海洋漁業資源の状況

Food and Agriculture Organization of the United Nations（FAO）："The State of World Fisheries and Aquaculture"（2022）.

6.5.2　日本の水産資源量

魚　種	系　群	2012	2013	2014	2015	2016	2017	2018	2019	2020	2021	2022
		資源水準										
マイワシ	太平洋系群*1	中位	中位	中位	中位	中位	中位	中位	中位	—	—	—
	対馬暖流系群*1	低位	中位	中位	中位	中位	中位	中位	中位	—	—	—
マ ア ジ	太平洋系群*1	中位	低位	中位	中位	中位	中位	低位	低位	—	—	—
	対馬暖流系群*1	中位	中位	中位	中位	中位	中位	中位	中位	—	—	—
マ サ バ	太平洋系群*1	低位	中位	低位	低位	中位	中位	中位	—	—	—	—
	対馬暖流系群*1	中位	低位	低位	低位	低位	低位	低位	—	—	—	—
ゴマサバ	太平洋系群*1	高位	高位	高位	高位	高位	中位	中位	—	—	—	—
	東シナ海系群*1	中位	中位	中位	中位	中位	中位	中位	—	—	—	—
サ ン マ	太平洋北西部系群*1	中位	中位	中位	中位	中位	中位	低位	低位	—	—	—
スケトウダラ	日本海北部系群*1	低位	低位	低位	低位	低位	低位	低位	低位	—	—	—
	根室海峡*1	低位	低位	低位	低位	低位	低位	低位	低位	—	—	—
	オホーツク海南部*1	中位	中位	中位	中位	低位	中位	中位	中位	—	—	—
	太平洋系群*1	中位	中位	中位	中位	中位	中位	中位	中位	—		
ズワイガニ	オホーツク海系群*1	低位	低位	低位	低位	低位	低位	低位	低位	—	—	—
	太平洋北部系群*1	中位	中位	中位	中位	中位	中位	中位	低位	—	—	—
	日本海系群A海域(富山県以西)*1	中位	中位	中位	中位	中位	中位	中位	中位	—	—	—
	日本海系群B海域(新潟県以北)*1	高位	高位	高位	高位	高位	高位	高位	高位	—	—	—
	北海道西部系群*1	高位	高位	高位	高位	高位	高位	高位	高位	—	—	—
スルメイカ	冬季発生系群*1	中位	中位	中位	中位	中位	低位	低位	低位	低位	—	—
	秋季発生系群*1	高位	高位	高位	高位	高位	高位	中位	中位	中位	—	—
マアナゴ	伊勢・三河湾	低位	中位	低位	中位	低位	低位	中位	低位	低位	低位	低位
ウルメイワシ	太平洋系群*1	高位	中位	中位	中位	中位	中位	中位	中位	—	—	—
	対馬暖流系群*1	中位	中位	中位	中位	中位	中位	高位	中位	—	—	—
ニ シ ン	北海道・サハリン系群	低位	低位	低位	低位	低位	中位	中位	高位	高位	高位	高位
カタクチイワシ	太平洋系群*1	中位	中位	中位	中位	中位	中位	中位	中位	低位	—	—
	瀬戸内海系群*1	中位	中位	中位	中位	中位	中位	高位	中位	中位	—	—
	対馬暖流系群*1	中位	低位	中位	中位	中位	中位	中位	中位	—	—	—
ニ ギ ス	日本海系群*1	中位	中位	中位	中位	中位	中位	中位	中位	低位	低位	低位
	太平洋系群	中位	低位	低位	中位	中位	中位	中位	中位	低位	—	—
イトヒキダラ	太平洋系群	中位	中位	中位	中位	中位	中位	中位	中位	中位	中位	低位

(続き)

魚　種	系　群	2012	2013	2014	2015	2016	2017	2018	2019	2020	2021	2022
		資源水準										
マダラ*	北海道*2	高位	高位	高位	高位	高位	高位	高位	高位	—	—	—
	太平洋北部系群*2	高位	高位	高位	高位	高位	高位	中位	中位	低位	—	—
	日本海系群*2	高位	中位	高位	高位	高位	高位	高位	中位	高位	—	—
キアンコウ	太平洋北部	中位	中位	中位	中位	中位	中位	中位	高位	高位	高位	高位
キンメダイ	太平洋系群				低位	低位	低位	低位	低位	低位	低位	低位
キチジ	オホーツク海系群*2	低位	低位	低位	低位	低位	低位	低位	低位	—	—	—
	道東・道南	低位	低位	低位	低位	低位	低位	低位	低位	低位	低位	低位
	太平洋北部	中位	中位	中位	高位	高位	高位	高位	高位	高位	高位	高位
ホッケ	根室海峡・道東・日高・胆振	低位	低位	低位	低位	低位	低位	低位	低位	低位	低位	中位
	道北系群*1	低位	低位	低位	低位	低位	低位	低位	—	—	—	—
	道南系群	低位	低位	低位	低位	低位	低位	低位	—	—	低位	中位
アマダイ類*3	東シナ海	低位	低位	低位	低位	低位	低位	低位	低位	低位	低位	低位
ブ　リ		高位	高位	高位	高位	高位	高位	高位	高位	高位	高位	—
ムロアジ類	東シナ海*1	低位	低位	低位	低位	低位	低位	低位	低位	低位	低位	—
マチ類	奄美諸島・沖縄諸島・先島諸島(アオダイ)	低位	低位	低位	低位	低位	低位	低位	低位	低位	低位	低位
	奄美諸島・沖縄諸島・先島諸島(ヒメダイ)	低位	低位	低位	低位	低位	低位	低位	低位	低位	低位	低位
	奄美諸島・沖縄諸島・先島諸島(オオヒメ)	低位	低位	低位	低位	低位	低位	低位	低位	低位	低位	低位
	奄美諸島・沖縄諸島・先島諸島(ハマダイ)	低位	低位	低位	低位	低位	低位	低位	低位	低位	低位	低位
マダイ	瀬戸内海東部系群*1	高位	高位	高位	高位	高位	高位	高位	高位	高位	高位	—
	瀬戸内海中・西部系群*1	高位	中位	高位	高位	高位	中位	中位	中位	中位	—	—
	日本海西部・東シナ海系群*1	中位	中位	中位	中位	中位	中位	中位	中位	中位	中位	—
キダイ	日本海・東シナ海系群	中位	中位	中位	中位	中位	中位	中位	中位	中位	中位	中位
ハタハタ	日本海西部系群	高位	中位	中位	中位	中位	高位	高位	高位	中位	中位	高位
	日本海北部系群	中位	中位	中位	中位	中位	中位	中位	中位	中位	中位	中位
イカナゴ類	宗谷海峡	低位	低位	低位	低位	低位	低位	低位	低位	低位	低位	低位
イカナゴ	伊勢・三河湾系群	中位	中位	中位	中位	低位	低位	低位	低位	低位	低位	低位
	瀬戸内海東部系群*1					中位	中位	中位	中位	中位	中位	低位
タチウオ	日本海・東シナ海系群	低位	低位	低位	低位	低位	低位	低位	低位	低位	低位	低位
サワラ	東シナ海系群*1	中位	高位	高位	高位	高位	高位	高位	高位	高位	高位	—
	瀬戸内海系群*1	低位	中位	中位	中位	中位	中位	中位	中位	中位	中位	中位
ヒラメ	太平洋北部系群*1	中位	中位	中位	中位	中位	中位	高位	高位	高位	高位	—
	瀬戸内海系群*1	中位	中位	中位	中位	中位	中位	中位	中位	中位	—	—
	日本海北・中部系群*1	低位	低位	低位	低位	低位	中位	中位	中位	中位	—	—
	日本海西部・東シナ海系群*1	中位	中位	中位	中位	中位	中位	中位	中位	中位	低位	
サメガレイ	太平洋北部系群*1	低位	低位	低位	低位	低位	低位	低位	低位	低位	—	—
ムシガレイ	日本海系群*1	中位	中位	中位	中位	中位	中位	中位	中位	低位	—	—
ソウハチ	日本海系群*1	中位	中位	中位	中位	中位	中位	中位	中位	中位	—	—
	北海道北部系群*1	中位	中位	中位	中位	中位	中位	中位	中位	中位	中位	—
アカガレイ	日本海系群*1	中位	中位	中位	中位	中位	中位	中位	中位	中位	中位	—
ヤナギムシガレイ	大平洋北部*1	高位	高位	中位	中位	中位	高位	高位	高位	高位	中位	—
マガレイ	北海道北部系群*1	中位	中位	中位	中位	中位	中位	中位	中位	中位	低位	—
	日本海系群	低位	低位	低位	低位	低位	低位	低位	低位	低位	低位	低位
ウマヅラハギ	日本海・東シナ海系群	低位	低位	低位	低位	低位	低位	低位	低位	低位	低位	低位
トラフグ	日本海・東シナ海系群・瀬戸内海系群*1	低位	低位	低位	低位	低位	低位	低位	低位	低位	高位	—
	伊勢・三河湾系群*1	低位	低位	低位	低位	低位	低位	低位	低位	低位	—	—
東シナ海底魚類	東シナ海(ハモ)	低位	低位	低位	低位	低位	低位	低位	低位	低位	低位	低位
	東シナ海(マナガツオ類)	低位	低位	低位	低位	低位	低位	低位	低位	低位	低位	低位
	東シナ海(エソ類)	低位	低位	低位	低位	低位	低位	低位	低位	低位	低位	低位
	東シナ海(カレイ類)	低位	低位	低位	低位	低位	低位	低位	低位	低位	低位	低位
ホッコクアカエビ	日本海系群	高位	高位	高位	高位	高位	高位	高位	高位	高位	高位	高位
シャコ	伊勢・三河湾系群	中位	中位	中位	中位	中位	中位	中位	中位	中位	中位	中位
ベニズワイガニ	日本海系群*1	中位	中位	中位	中位	中位	中位	中位	中位	中位	—	—
ケンサキイカ	日本海・東シナ海系群	低位	低位	低位	低位	低位	低位	低位	低位	低位	低位	—
ヤリイカ	太平洋系群	高位	高位	高位	高位	高位	高位	高位	高位	高位	高位	高位
	対馬暖流群	低位	低位	低位	低位	低位	低位	低位	中位	中位	低位	中位

資源水準：過去20年以上にわたる資源量（漁獲量）の推移から「高位・中位・低位」の3段階に区分.
＊1　2019年以降に資源評価の方法が変更された魚種系群.　＊2　2020年度より系群分けが変更.
＊3　2019年度よりアカアマダイ.
水産庁・国立研究開発法人水産研究・教育機構：“日本周辺水域の資源評価（平成24～令和4年度）”より作成.

6.5.3　世界の種類別漁業・養殖業生産量

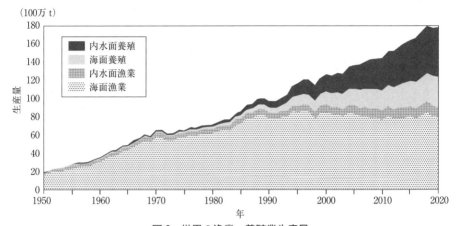

図2　世界の漁業・養殖業生産量

FAO："The State of World Fisheries and Aquaculture"（2022）より作成.

世界のおもな国（上位 10 国）と日本（11 位）の年次別生産量　　　（単位：t）

国　　　名	2017	2018	2019	2020	2021
世界合計	206 516 206	213 357 901	213 690 287	213 436 409	218 376 123
漁　業	94 341 003	97 588 607	93 591 866	90 726 352	92 342 717
（藻類）	1 125 927	953 758	1 083 242	1 163 208	1 140 334
養殖業	112 175 203	115 769 295	120 098 422	122 710 056	126 033 406
中華人民共和国	79 934 225	80 965 463	82 593 140	83 929 065	85 947 657
漁　業	15 576 685	14 831 109	14 169 893	13 445 983	13 142 837
（藻類）	203 490	183 490	174 450	219 780	204 380
養殖業	64 357 539	66 134 354	68 423 247	70 483 082	72 804 820
インドネシア	23 001 189	22 902 797	22 618 341	21 786 057	21 813 394
漁　業	6 946 132	7 155 854	7 192 714	6 941 042	7 206 879
（藻類）	46 919	44 383	67 483	64 030	56 357
養殖業	16 055 057	15 746 943	15 425 627	14 845 014	14 606 515
イ ン ド	11 763 822	12 584 085	13 410 100	13 299 483	14 433 205
漁　業	5 550 953	5 336 183	5 477 100	4 658 197	5 024 905
（藻類）	19 640	15 930	18 400	28 545	33 345
養殖業	6 212 869	7 247 902	7 933 000	8 641 286	9 408 300
ベトナム	7 146 071	7 509 002	7 941 250	8 187 492	8 289 524
漁　業	3 314 293	3 346 179	3 440 531	3 506 057	3 540 250
（藻類）	—	—	—	—	—
養殖業	3 831 778	4 162 823	4 500 719	4 681 435	4 749 274
ペ ル ー	4 285 651	7 349 862	5 014 100	5 820 795	6 726 989
漁　業	4 185 193	7 208 637	4 852 821	5 676 965	6 576 171
（藻類）	27 779	38 592	37 859	50 424	49 491
養殖業	100 458	141 224	161 279	143 830	150 818
ロ シ ア	5 060 374	5 323 509	5 231 713	5 372 211	5 487 045
漁　業	4 873 830	5 119 477	4 983 420	5 081 017	5 167 703
（藻類）	9 272	8 042	8 971	8 923	7 464
養殖業	186 544	204 032	248 293	291 194	319 342
アメリカ合衆国	5 469 768	5 264 564	5 315 022	4 716 244	4 731 048
漁　業	5 030 070	4 798 390	4 824 717	4 267 709	4 282 433
（藻類）	2 829	10 535	7	7 059	6 864
養殖業	439 698	466 174	490 305	448 535	448 615
バングラディシュ	4 134 436	4 276 641	4 384 219	4 503 371	4 621 228
漁　業	1 801 084	1 871 225	1 895 619	1 919 505	1 982 483
（藻類）	—	—	—	—	—
養殖業	2 333 352	2 405 416	2 488 600	2 583 866	2 638 745
ノルウエー	3 867 391	4 020 185	3 931 628	4 115 780	4 220 624
漁　業	2 558 757	2 665 068	2 478 586	2 625 368	2 555 512
（藻類）	164 550	170 693	163 545	152 810	159 803
養殖業	1 308 634	1 355 117	1 453 042	1 490 412	1 665 112
フィリピン	4 126 941	4 125 796	4 188 402	4 237 686	4 114 594
漁　業	1 889 154	1 821 436	1 830 164	1 914 854	1 842 067
（藻類）	352	346	365	385	377
養殖業	2 237 787	2 304 361	2 358 238	2 322 831	2 272 528
日　　本	4 296 811	4 409 374	4 199 632	4 241 160	4 114 557
漁　業	3 273 639	3 374 475	3 253 008	3 242 237	3 150 890
（藻類）	69 969	78 899	66 840	63 392	61 900
養殖業	1 023 172	1 034 899	946 624	998 923	963 667

FAO Global Fisheries Aquaculture Production Statistics v.2023.1.1. Global production by production source-Quary（1950-2021）

おもな魚種の生産量　　　　　　　　　　　　（単位：t）

	2017	2018	2019	2020	2021
世界合計	206 516 206	213 357 901	213 690 287	213 436 409	218 376 123
漁　業　計	94 341 003	97 588 607	93 591 866	90 726 352	92 342 717
内水面漁業	11 928 903	12 092 479	12 159 947	11 494 812	11 348 655
海面漁業	80 951 964	83 478 336	79 342 633	77 661 172	79 476 340
淡水性魚類	10 557 730	10 791 652	10 879 761	10 368 895	10 289 711
コイ・フナ類（コイ科魚類）	1 450 043	1 504 249	1 646 632	1 614 388	1 692 440
ティラピア類	688 185	768 034	777 473	730 376	778 367
その他の淡水性魚類	8 419 502	8 519 369	8 455 655	8 024 131	7 818 905
さく河・降海性魚類	1 931 990	1 996 743	1 910 593	1 563 753	1 985 769
ウナギ類	11 163	12 528	10 396	10 205	10 155
サケ・マス類	922 162	1 073 728	996 782	646 958	1 019 885
上記以外のさく河・降海性魚類	998 665	910 487	903 415	906 590	955 729
海水性魚類	67 070 015	70 204 251	66 080 629	65 223 795	66 058 258
ヒラメ・カレイ類	971 055	995 500	954 464	911 310	851 911
タラ・スケトウダラ類	9 440 949	9 272 553	9 257 070	8 974 781	8 642 329
ニシン・イワシ類	16 729 681	19 709 879	16 873 431	17 418 095	18 454 886
カツオ・マグロ類	7 855 653	8 016 174	8 260 314	7 882 326	7 931 851
サメ・エイ類	677 903	714 250	698 032	666 444	630 770
その他の底魚類	2 977 401	2 809 860	2 806 387	2 665 906	2 681 054
その他の沿岸性魚類	8 314 751	7 389 333	7 034 685	6 579 773	7 435 723
その他の浮魚類	10 882 712	10 940 271	9 812 580	9 597 982	10 997 956
その他の海水性魚類	9 219 907	10 356 431	10 383 667	10 527 177	8 431 778
甲　殻　類	6 811 964	6 492 153	6 352 931	5 830 809	6 052 980
淡水性甲殻類	427 021	427 524	415 776	305 371	261 351
カ　ニ　類	1 813 449	1 564 049	1 581 668	1 432 676	1 521 415
エ　ビ　類	3 935 310	3 785 210	3 550 102	3 250 699	3 537 204
上記以外の甲殻類*1	636 184	715 370	805 386	842 062	733 011
軟体動物類	6 314 705	6 220 903	6 434 317	6 131 007	6 382 923
淡水性軟体動物類	359 475	285 496	271 489	238 368	193 485
貝　　　類	1 543 329	1 648 506	1 782 399	1 571 292	1 689 613
イカ・タコ類	3 768 850	3 629 492	3 672 679	3 740 468	3 930 389
その他の海水性軟体動物類	643 050	657 409	707 751	580 880	569 437
藻　類　等	1 127 162	949 914	1 086 526	1 163 208	1 140 334
養殖業計	112 175 203	115 769 295	120 098 422	122 710 056	126 033 406
魚　介　類	79 632 242	82 491 232	85 221 567	87 632 276	90 863 706
コイ・フナ類	28 113 957	29 371 585	29 779 002	30 570 742	31 107 450
ティラピア類	5 937 310	6 051 333	6 378 325	6 038 565	6 308 073
ウナギ類	259 490	268 959	272 112	285 057	303 237
サケ・マス類	3 496 841	3 562 166	3 857 411	4 036 455	4 249 371
カ　ニ　類	407 281	408 757	550 122	425 788	427 651
エ　ビ　類	5 718 806	6 058 046	6 505 053	6 858 156	7 349 913
貝　　　類	16 120 832	16 287 610	16 168 763	16 523 182	17 099 363
上記以外の魚介類	18 771 713	19 688 749	20 926 528	22 058 455	23 108 420
藻　類　等	32 608 351	33 433 316	34 587 280	35 079 561	35 171 590

＊1　は，オキアミ類，カブトガニ類等，その他の甲殻類を計上した．

FAO Global Fisheries Aquaculture Production Statistics v.2023.1.1. Global production by production source-Quary（1950-2021）

おもな魚種の国別生産量　　　　　　　　　　（単位：t）

FAO魚種分類（属名）・国（地域）名	2017	2018	2019	2020	2021
世界合計	206 516 206	213 357 901	213 690 287	213 436 409	218 376 123
淡水性魚類	55 241 001	56 947 659	58 330 405	58 654 887	59 879 299
中　　　国	27 094 405	26 968 553	26 921 498	27 021 395	27 368 872
イ ン ド	7 037 220	8 077 219	8 748 809	9 286 544	9 973 248
インドネシア	4 985 045	5 068 566	5 371 866	4 778 336	4 985 910
バングラディシュ	3 448 222	3 564 393	3 672 506	3 783 293	3 888 670
ベトナム	2 867 235	3 134 892	3 255 204	3 412 565	3 414 026
サケ・マス類	4 364 609	4 586 749	4 809 803	4 642 384	5 230 650
ノルウェー	1 304 127	1 350 965	1 448 396	1 485 569	1 660 932
チ　　　リ	855 350	888 105	989 546	1 079 595	995 158
ロ シ ア	402 640	736 294	581 006	402 298	663 636
アメリカ合衆国	492 640	300 666	412 327	258 870	401 424
イギリス	203 903	169 026	217 874	205 514	218 882
タラ・スケトウダラ類	9 441 470	9 273 077	9 257 970	8 975 443	8 642 679
ロ シ ア	2 632 646	2 506 257	2 571 982	2 691 929	2 634 500
アメリカ合衆国	2 206 221	2 042 876	2 068 111	1 907 585	1 853 690
ノルウェー	1 171 483	1 183 932	1 081 723	1 073 676	961 754
アイスランド	575 410	693 227	670 973	634 857	587 775
フェロー諸島	442 285	438 126	438 772	428 628	360 186
ニ シ ン	2 342 843	2 271 221	2 172 896	2 067 761	1 976 881
ノルウェー	526 977	500 388	561 535	527 446	585 649
ロ シ ア	539 819	463 152	498 613	504 456	529 774
フェロー諸島	108 245	93 700	117 563	112 580	89 348
デンマーク	140 878	158 838	121 502	125 842	88 626
カ ナ ダ	125 293	115 444	92 417	92 784	82 260
マイワシ	2 188 368	2 462 694	2 438 236	2 609 390	2 571 721
モロッコ	943 288	949 543	968 477	843 308	788 174
日　　　本	500 015	522 376	556 351	698 359	681 900
モーリタニア	157 826	324 967	234 630	220 550	304 014
ロ シ ア	16 562	61 997	131 088	315 434	255 727
メキシコ	61 026	120 509	139 327	132 918	143 507
カタクチイワシ	5 543 720	8 517 649	5 834 658	6 429 510	7 305 263
ペ ル ー	3 297 049	6 194 843	3 504 610	4 394 232	5 269 216
中　　　国	703 655	658 395	625 352	609 882	615 152
チ　　　リ	625 697	850 073	744 241	501 676	606 924
ト ル コ	158 094	96 452	262 544	171 253	151 598
韓　　　国	210 943	188 684	171 677	216 748	143 413
カ ツ オ	2 784 050	3 074 676	3 293 014	2 764 474	2 788 714
インドネシア	402 449	371 188	427 804	374 288	404 358
エクアドル	198 686	193 760	230 386	198 934	202 296
韓　　　国	204 122	235 493	286 445	212 710	189 426
台　　　湾	131 616	164 618	205 305	127 167	182 303
キリバス	124 676	155 457	196 816	163 268	141 734
マグロ類	2 312 492	2 418 927	2 320 070	2 406 210	2 385 409
インドネシア	328 309	464 214	426 785	468 267	542 675
メキシコ	132 710	123 517	122 633	117 999	125 172
スペイン	110 467	110 885	100 859	105 054	109 762
日　　　本	131 840	136 235	135 987	121 820	108 065
オマーン	40 301	45 214	51 758	95 784	99 839

（続き）

（単位：t）

FAO 魚種分類（属名）・ 国（地域）名	2017	2018	2019	2020	2021
マアジ類	1 316 214	1 198 479	1 204 539	990 434	1 184 896
ナンビア	321 714	306 423	296 338	182 309	250 000
アンゴラ	81 319	48 767	68 449	79 165	128 387
日　本	146 025	118 599	97 917	98 672	90 300
ベリーズ	49 315	77 216	82 357	69 630	76 400
ジョージア	17 676	51 950	69 993	55 145	65 005
サバ類	3 284 430	3 214 368	2 986 481	3 029 414	3 521 961
中　国	445 443	432 504	479 156	392 556	490 964
日　本	517 602	541 975	450 441	389 750	434 400
ロ　シ　ア	289 590	311 467	300 608	235 717	271 551
ノルウェー	222 307	187 223	159 085	211 618	270 658
エクアドル	75 482	29 591	37 375	127 757	264 695
カ　ニ　類	2 170 350	1 928 825	2 096 121	1 819 989	1 902 054
中　国	1 009 726	963 295	941 105	891 973	929 777
インドネシア	351 360	210 117	204 039	159 379	160 046
ベトナム	112 162	61 273	249 440	131 351	132 634
アメリカ合衆国	118 278	119 010	122 083	107 762	111 559
カ　ナ　ダ	102 207	80 480	89 713	81 467	89 957
エ　ビ　類	12 510 241	13 186 676	13 866 254	14 140 966	15 194 221
中　国	5 686 202	6 195 200	6 664 643	6 907 530	7 274 115
インドネシア	1 123 041	1 140 089	1 207 431	1 257 632	1 444 491
イ　ン　ド	1 350 399	1 161 856	1 032 908	1 039 616	1 210 732
ベトナム	889 499	935 089	1 064 872	1 093 230	1 145 978
エクアドル	461 842	570 050	688 231	767 920	903 276
貝　　類	18 257 250	18 440 410	18 423 927	18 535 658	19 197 169
中　国	14 095 027	14 092 183	13 978 710	14 356 723	14 835 626
日　本	606 058	714 617	702 361	699 767	721 157
アメリカ合衆国	557 790	570 700	642 311	490 845	560 609
韓　国	486 168	511 482	523 288	499 929	511 469
チ　リ	396 068	419 026	433 235	437 699	463 173
イカ・タコ類	3 767 406	3 627 356	3 670 469	3 739 232	3 930 044
中　国	1 102 738	1 053 845	974 933	1 014 901	1 177 829
ペ　ル　ー	303 600	364 193	539 181	495 233	519 066
ベトナム	368 598	258 969	360 387	359 633	359 500
インドネシア	191 617	245 459	226 441	230 351	248 820
イ　ン　ド	251 679	220 844	217 699	161 004	156 458
藻　　類	33 735 513	34 383 230	35 673 806	36 242 768	36 311 925
中　国	17 812 239	18 797 797	20 421 429	21 158 145	21 865 344
インドネシア	10 594 471	10 364 383	9 843 468	9 682 450	9 147 664
韓　国	1 769 697	1 719 001	1 820 365	1 769 215	1 853 117
フィリピン	1 415 673	1 478 647	1 500 326	1 469 038	1 344 083
北　朝　鮮	553 000	603 000	603 000	603 000	603 000

FAO Global Fisheries Aquaculture Production Statistics v.2023.1.1. Global production by production source-Quary（1950-2021）

6.5.4 日本の種類別漁業・養殖業生産量

総生産量および部門別生産量 （単位：1 000 t）

年	総生産量*1	海面						内水面漁業*2・養殖業
		計	漁業				養殖業	
			小計	遠洋	沖合	沿岸		
1980	11 319	11 103	10 143	2 165	5 939	2 038	960	216
1982	11 967	11 756	10 697	2 132	6 428	2 137	1 060	211
1983	12 816	12 612	11 501	2 280	6 956	2 266	1 111	204
1984	12 171	11 965	10 877	2 111	6 498	2 268	1 088	206
1985	12 739	12 539	11 341	2 336	6 792	2 213	1 198	200
1986	12 465	12 267	11 129	2 344	6 634	2 151	1 137	198
1987	12 785	12 587	11 259	2 247	6 897	2 115	1 327	198
1988	11 914	11 712	10 440	1 976	6 340	2 123	1 272	202
1989	11 052	10 843	9 570	1 496	6 081	1 992	1 273	209
1990	9 978	9 773	8 511	1 179	5 438	1 894	1 262	205
1991	9 266	9 078	7 772	1 270	4 534	1 968	1 306	188
1992	8 707	8 530	7 256	1 139	4 256	1 861	1 274	177
1993	8 103	7 934	6 590	1 063	3 720	1 807	1 344	169
1994	7 489	7 322	6 007	917	3 260	1 831	1 315	167
1995	7 417	7 250	5 974	817	3 256	1 901	1 276	167
1996	7 411	7 258	5 985	863	3 343	1 779	1 273	153
1997	6 684	6 542	5 315	809	2 924	1 582	1 227	143
1998	6 626	6 492	5 239	834	2 800	1 605	1 253	134
1999	6 384	6 252	5 022	855	2 591	1 576	1 231	132
2000	6 126	6 009	4 753	749	2 459	1 545	1 256	117
2001	5 880	5 767	4 434	686	2 258	1 490	1 333	113
2002	6 083	5 973	4 722	602	2 543	1 577	1 251	110
2003	5 775	5 670	4 455	535	2 406	1 514	1 215	105
2004	5 765	5 669	4 457	548	2 444	1 465	1 212	96
2005	5 735	5 652	4 470	518	2 500	1 451	1 183	83
2006	5 720	5 639	4 397	506	2 604	1 287	1 242	81
2007	5 592	5 520	4 373	474	2 581	1 319	1 146	73
2008	5 432	5 349	4 147	443	2 411	1 293	1 202	83
2009	5 313	5 233	4 122	480	2 356	1 286	1 111	79
2010	4 766	4 693	3 824	431	2 264	1 129	869	73
2011	4 853	4 786	3 747	458	2 198	1 090	1 040	67
2012	4 853	4 786	3 747	458	2 198	1 090	1 040	67
2013	4 774	4 713	3 715	396	2 169	1 151	997	61
2014	4 765	4 701	3 713	369	2 246	1 098	988	64
2015	4 631	4 561	3 492	358	2 053	1 081	1 069	69
2016	4 359	4 296	3 264	334	1 936	994	1 033	63
2017	4 306	4 244	3 258	314	2 051	893	986	62
2018	4 421	4 364	3 359	349	2 041	968	1 005	57
2019	4 196	4 143	3 228	329	1 969	929	915	53
2020	4 236	4 185	3 215	2 984	2 046	871	970	51
2021	4 173	4 120	3 194	2 788	1 977	938	927	52

＊1 2001年から内水面漁業および内水面養殖業の調査対象を限定したことから2000年までの数値と2001年の数値の意味合いが異なる.

＊2 内水面漁業については，2000年まではすべての河川・湖沼の漁獲量であり，2001年からはマス類，アユ，コイおよびウナギの漁獲量である.

2011年の海面漁業・養殖業の生産量については，東日本大震災の影響により，岩手県，宮城県および福島県においてデータを消失した調査対象があり，消失したデータは含まない数値である.

農林水産省：“漁業養殖業生産統計” 漁業・養殖業部門別累年統計データ，年次別統計 漁業・養殖業部門別統計 生産量データ，内水面漁業・養殖業魚種別累年統計データ，全国年次別・魚種別生産量データによる.

海面漁業のおもな魚種別漁獲量

（単位：t）

年次	マグロ類	クロマグロ	カツオ類	カツオ	サケ・マス類	サケ類	ニシン
1960	389 555	65 736	94 364	78 608	146 847	86 261	15 367
1961	431 036	70 129	162 587	144 327	156 192	80 520	97 496
1962	449 844	46 978	191 348	170 284	116 467	76 779	30 828
1963	453 027	63 005	161 226	112 887	148 596	73 685	46 221
1964	427 161	61 026	193 663	166 763	117 378	78 686	56 643
1965	430 290	55 904	166 802	136 067	145 662	79 263	50 169
1966	398 330	45 179	258 816	229 076	126 629	80 564	48 617
1967	367 324	54 653	211 202	181 892	148 419	77 574	63 672
1968	352 887	56 509	191 439	168 887	113 790	67 256	67 920
1969	332 749	52 982	209 378	182 044	141 309	66 957	85 240
1970	291 017	43 899	231 901	202 870	117 896	79 434	97 374
1971	307 965	48 260	191 656	171 544	139 299	78 910	100 483
1972	318 090	46 311	253 936	222 826	119 601	84 152	62 198
1973	341 818	48 534	356 343	321 617	136 009	81 706	82 658
1974	348 950	50 460	373 573	346 895	132 531	97 197	76 273
1975	310 616	40 716	273 640	258 736	159 338	109 952	66 617
1976	367 793	41 805	351 248	331 047	126 094	92 910	66 083
1977	336 530	51 900	322 703	309 407	116 465	77 574	19 873
1978	384 674	46 555	384 621	369 530	102 760	82 120	6 706
1979	362 917	44 241	346 518	329 948	131 021	104 666	6 819
1980	378 496	49 494	376 739	354 156	122 515	99 520	11 154
1981	360 279	58 485	305 486	289 281	149 844	122 130	8 901
1982	372 143	44 206	320 106	302 982	136 309	112 826	24 197
1983	356 944	36 663	369 367	352 694	161 036	133 202	8 357
1984	365 538	35 718	467 663	446 318	157 343	135 613	6 760
1985	390 694	29 948	339 170	314 799	203 128	172 974	9 193
1986	366 930	23 455	435 292	413 975	167 414	151 577	72 741
1987	339 640	25 335	350 634	330 932	160 722	142 128	19 150
1988	317 202	18 614	460 059	434 400	167 340	151 107	5 855
1989	299 777	19 938	364 791	338 151	192 090	170 965	5 890
1990	293 273	13 798	324 863	301 231	223 179	209 260	1 550
1991	305 344	15 791	426 958	397 329	214 759	192 612	13 837
1992	345 823	16 553	349 825	322 970	179 309	156 531	2 854
1993	354 786	16 858	373 202	345 181	230 098	204 439	1 482
1994	340 422	19 257	324 302	299 995	239 885	209 694	2 146
1995	331 665	11 213	336 328	308 943	281 575	256 596	3 873
1996	281 011	11 233	295 498	275 124	318 601	287 459	2 021
1997	338 901	11 444	346 492	313 918	277 284	261 390	1 926
1998	298 006	8 465	407 060	385 448	219 463	194 483	2 531
1999	329 499	16 354	316 861	287 344	191 725	174 620	2 579
2000	286 321	16 692	368 609	341 450	179 351	153 741	2 260
2001	287 956	10 812	313 964	276 721	221 259	211 091	2 385
2002	278 339	11 792	332 898	301 915	234 608	208 036	1 366
2003	251 039	11 424	344 801	322 456	287 018	264 119	3 350
2004	249 027	14 199	318 449	296 591	258 553	245 262	4 716
2005	238 649	19 326	399 465	370 384	246 422	229 279	8 933
2006	220 331	15 207	358 089	328 044	230 888	218 907	3 343
2007	257 655	15 788	357 643	330 313	235 029	210 416	6 278
2008	216 885	21 006	335 877	307 832	180 311	167 497	3 461
2009	207 436	17 524	293 644	268 525	224 204	205 742	3 374
2010	208 059	10 361	331 417	302 851	179 530	164 616	3 208
2011	201 203	15 492	281 844	262 135	147 570	136 638	3 705
2012	208 172	8 635	314 971	287 777	134 404	128 502	4 479
2013	188 036	8 570	300 441	281 735	169 858	160 902	4 510
2014	189 705	11 272	266 141	253 027	151 320	146 641	4 608
2015	189 972	7 628	264 255	248 314	139 972	135 876	4 732
2016	168 475	9 750	240 051	227 946	111 849	96 360	7 686
2017	169 149	9 786	226 865	218 977	71 857	68 605	9 316
2018	165 185	7 884	259 833	247 716	95 473	83 952	12 386
2019	161 020	10 236	237 434	228 949	60 330	56 438	14 862
2020	177 029	10 816	195 900	187 936	62 694	55 995	14 110
2021	148 864	12 151	251 735	245 145	60 613	56 658	14 259

2011 年は，東日本大震災の影響により，岩手県，宮城県，福島県においてデータを消失した調査対象があり，消失したデータは含まない数値である．

（続き）　　　　　　　　　　　　　　　　　　　　　　　　　　　　　　　　　　　　（単位：t）

年次	イワシ類	マイワシ	ウルメイワシ	カタクチイワシ	アジ類	マアジ*1	サバ類	サンマ	ブリ類
1960	497 540	78 101	48 877	349 175	595 722	551 603	351 149	287 071	41 259
1961	544 713	127 049	26 724	366 934	542 132	510 732	337 785	473 792	51 149
1962	510 935	108 002	27 169	349 451	520 030	500 698	408 838	483 160	48 350
1963	424 074	55 861	28 908	320 609	469 029	447 338	465 128	384 548	40 992
1964	382 774	16 243	32 279	295 897	519 546	496 451	495 664	210 689	42 868
1965	477 018	9 215	29 073	405 906	560 487	526 885	668 574	231 377	43 819
1966	481 210	13 465	26 309	407 665	514 388	477 084	624 423	241 840	38 950
1967	441 040	16 801	24 023	365 240	423 352	327 878	687 474	220 087	48 623
1968	458 830	24 378	35 187	357 668	358 092	311 375	1 015 279	140 204	48 363
1969	458 896	20 561	29 156	376 801	340 588	282 817	1 011 406	63 288	51 125
1970	441 576	16 767	23 859	365 471	269 311	215 560	1 301 918	93 129	54 875
1971	495 904	57 429	47 126	350 692	315 470	270 870	1 253 892	190 288	48 102
1972	527 157	57 883	48 767	369 688	193 842	151 778	1 189 910	196 615	49 738
1973	730 962	296 864	40 422	335 425	182 720	128 054	1 134 503	406 445	52 916
1974	724 672	351 684	46 164	287 516	215 729	165 494	1 330 625	135 462	40 977
1975	862 199	526 047	43 936	245 164	235 316	185 669	1 318 210	221 573	38 316
1976	1 394 982	1 065 692	52 476	216 664	206 667	127 704	978 826	105 419	42 763
1977	1 751 593	1 419 826	44 829	244 933	185 801	87 457	1 355 298	253 465	26 915
1978	1 881 575	1 637 380	50 573	152 428	153 131	57 992	1 625 866	360 213	37 414
1979	2 056 385	1 817 034	49 461	134 577	183 883	82 515	1 414 183	277 960	44 970
1980	2 441 963	2 197 744	38 416	150 606	144 977	53 664	1 301 121	187 155	42 009
1981	3 339 183	3 089 231	36 066	160 468	122 231	61 815	908 015	160 319	37 774
1982	3 595 149	3 289 954	34 795	197 453	174 213	105 125	717 840	206 958	38 443
1983	4 082 452	3 745 148	35 596	207 601	174 200	130 230	804 849	239 658	41 822
1984	4 513 518	4 179 426	38 929	224 069	233 916	135 763	813 514	209 974	41 212
1985	4 198 083	3 866 128	30 197	205 824	224 595	152 929	772 699	245 944	33 422
1986	4 577 791	4 209 518	46 969	220 870	181 144	110 491	944 809	217 229	33 761
1987	4 610 040	4 361 526	34 130	140 509	252 047	181 422	701 406	197 084	35 350
1988	4 814 223	4 488 411	55 079	177 492	290 360	227 770	648 559	291 575	34 908
1989	4 416 272	4 098 989	50 099	182 258	279 754	181 456	527 486	246 821	39 690
1990	4 107 734	3 678 229	49 681	311 427	331 224	221 974	273 006	308 271	52 098
1991	3 466 317	3 010 498	44 803	328 870	314 800	223 005	255 165	303 567	50 995
1992	2 649 247	2 223 766	61 208	300 892	285 513	223 412	269 153	265 884	55 427
1993	2 027 967	1 713 687	60 095	194 511	361 862	311 949	664 682	277 461	43 248
1994	1 504 657	1 188 848	68 374	188 034	373 940	326 130	633 354	261 587	53 802
1995	1 016 348	661 391	47 590	251 958	385 104	312 994	469 805	273 510	61 666
1996	772 855	319 354	49 752	345 517	387 725	330 406	760 430	229 227	50 333
1997	631 829	284 054	55 043	233 113	373 239	323 142	848 967	290 812	47 211
1998	738 557	167 073	48 441	470 616	370 388	311 311	511 238	144 983	45 484
1999	943 551	351 207	28 712	484 230	258 235	211 077	381 866	141 011	54 918
2000	629 050	149 616	23 833	381 020	282 404	245 988	346 220	216 471	77 461
2001	569 403	178 423	31 525	301 168	255 669	214 434	375 273	269 797	66 925
2002	582 520	50 313	26 355	443 158	237 875	196 044	279 633	205 282	51 194
2003	685 238	52 050	30 647	534 919	279 750	241 920	329 273	264 804	60 787
2004	624 928	50 153	31 655	495 795	280 468	254 287	338 098	204 371	66 345
2005	474 174	27 601	35 418	348 647	214 234	191 335	620 393	234 451	54 890
2006	554 308	52 503	38 196	415 497	191 165	167 494	652 397	244 586	69 353
2007	567 108	79 099	60 233	362 460	196 041	170 389	456 552	296 521	72 470
2008	497 854	34 857	48 255	344 989	207 033	172 322	520 326	354 727	75 964
2009	509 967	57 429	53 642	341 934	192 122	165 166	470 904	310 744	78 334
2010	542 234	70 159	49 549	350 683	184 505	159 440	491 813	207 488	106 890
2011	570 118	175 781	84 659	261 594	193 474	168 417	392 506	215 353	110 917
2012	526 513	135 236	80 657	244 738	158 009	134 014	438 269	221 470	101 842
2013	610 940	215 000	89 350	247 427	175 090	150 884	374 954	149 853	117 175
2014	579 160	195 726	74 851	248 069	162 248	145 767	481 783	228 647	125 153
2015	642 365	311 054	97 794	168 745	166 544	151 706	529 977	116 243	122 641
2016	714 675	382 101	98 218	171 176	152 372	125 277	507 271	113 828	107 671
2017	767 569	497 963	72 669	146 082	164 471	144 955	518 848	83 803	120 348
2018	741 438	524 212	55 343	111 374	135 174	117 782	545 235	128 929	100 421
2019	812 029	560 832	61 177	130 137	113 934	97 142	451 567	45 778	109 286
2020	944 818	698 289	43 423	143 862	110 371	97 890	390 296	29 675	106 315
2021	901 018	639 927	73 203	119 206	106 413	89 615	441 837	19 513	94 608

＊1　「マアジ」には海面養殖の「マアジ」を含む．

（続き）　　（単位：t）

年次	ヒラメ	カレイ類	タラ類	スケトウダラ	タイ類	マダイ	エビ類	カニ類	ズワイガニ
1960	6 211	503 021	447 499	379 822	44 888	24 833	61 591	64 170	13 413
1961	7 281	583 323	421 068	353 371	40 464	23 140	74 610	63 199	13 048
1962	6 747	494 574	528 614	452 534	45 693	27 582	80 699	68 593	14 921
1963	9 506	223 163	613 858	531 694	38 327	24 353	88 086	71 140	16 509
1964	9 352	253 755	779 161	683 880	48 119	25 804	79 433	73 566	20 382
1965	7 104	209 162	780 983	690 895	40 105	24 660	67 863	63 568	16 380
1966	7 082	265 887	860 637	774 788	39 149	22 557	70 061	71 571	19 487
1967	8 237	291 471	1 343 073	1 247 003	40 539	24 524	62 181	86 115	31 864
1968	8 753	252 264	1 715 495	1 606 025	37 782	21 962	67 703	117 737	61 679
1969	6 834	289 533	2 048 100	1 944 320	38 137	23 020	59 485	93 268	52 311
1970	7 210	288 200	2 463 829	2 346 710	38 329	22 411	55 637	89 872	53 265
1971	7 619	340 078	2 802 763	2 707 443	29 383	16 735	51 151	74 515	42 352
1972	8 298	348 547	3 122 889	3 035 285	32 782	20 876	58 276	78 462	41 730
1973	8 954	379 593	3 129 383	3 020 870	30 317	18 689	62 316	78 008	33 381
1974	8 037	348 714	2 964 295	2 855 896	29 558	18 046	78 914	90 590	30 066
1975	7 171	341 163	2 769 741	2 677 371	28 970	16 941	69 337	76 283	24 201
1976	7 158	344 976	2 535 891	2 445 423	29 325	16 995	61 022	66 571	22 028
1977	6 446	281 579	2 016 324	1 931 072	29 664	17 020	53 427	71 619	21 070
1978	7 202	306 625	1 635 165	1 546 176	29 433	16 160	59 676	80 359	22 902
1979	6 818	282 078	1 642 945	1 551 116	28 825	15 378	52 661	80 269	23 476
1980	7 113	281 768	1 649 163	1 552 421	28 151	15 170	50 505	77 559	21 314
1981	6 322	290 250	1 697 507	1 595 302	26 567	13 709	54 048	76 226	12 484
1982	6 387	268 469	1 662 608	1 567 481	27 435	14 954	59 064	90 342	9 786
1983	6 661	250 763	1 538 560	1 434 428	27 314	14 699	63 573	100 906	8 366
1984	7 095	257 263	1 735 369	1 621 351	26 731	15 956	62 118	99 112	6 900
1985	8 184	206 107	1 649 860	1 532 311	25 645	14 723	53 486	99 980	10 322
1986	8 357	156 870	1 522 285	1 421 782	23 862	13 598	46 648	93 751	13 586
1987	6 389	93 068	1 424 262	1 312 509	23 780	13 704	46 614	76 635	9 357
1988	6 986	78 250	1 318 195	1 259 095	23 178	12 995	47 366	69 352	7 741
1989	5 718	75 650	1 211 439	1 153 750	24 544	13 206	43 458	64 953	8 500
1990	5 517	71 620	930 493	871 408	24 503	13 734	43 267	60 623	4 799
1991	6 276	72 341	589 871	540 946	23 608	13 277	41 726	64 947	7 908
1992	6 817	81 770	574 446	498 756	24 935	14 243	45 067	58 949	6 595
1993	6 464	81 613	444 794	382 308	25 593	14 160	37 046	55 811	5 612
1994	6 667	71 539	445 349	379 351	25 436	14 442	38 765	56 499	6 919
1995	7 558	75 528	395 068	338 507	26 504	15 007	35 919	57 175	9 090
1996	8 311	82 983	388 738	331 163	27 866	16 468	31 996	48 307	3 447
1997	8 361	78 164	397 262	338 785	26 867	15 611	30 367	44 968	4 870
1998	7 615	75 069	373 230	315 987	26 659	15 375	28 436	43 576	4 677
1999	7 198	71 291	437 677	382 385	26 407	15 731	28 307	40 350	4 892
2000	7 572	71 067	351 053	300 001	24 106	15 041	28 589	42 151	5 640
2001	6 729	63 853	285 431	241 881	24 177	14 633	27 168	38 135	5 355
2002	6 680	63 812	242 770	213 254	26 511	15 527	27 129	35 809	5 133
2003	6 446	61 497	252 807	219 652	25 488	14 541	25 737	33 562	5 454
2004	5 917	55 568	276 874	239 372	26 161	14 527	24 340	33 427	5 959
2005	6 095	54 213	243 077	194 049	24 970	14 635	23 783	33 984	4 849
2006	7 388	55 545	254 325	206 794	26 182	15 827	23 795	36 591	5 996
2007	8 136	55 910	262 358	216 636	25 772	15 609	24 461	35 432	5 970
2008	7 500	55 846	250 717	211 038	26 254	15 723	22 472	33 245	5 308
2009	7 218	51 097	274 919	227 261	25 900	15 743	19 957	32 184	4 717
2010	7 701	49 032	305 772	251 166	24 963	14 965	18 569	31 717	4 809
2011	6 653	48 818	286 177	238 920	27 938	17 330	19 425	30 144	4 439
2012	6 057	46 824	280 580	229 823	25 803	15 399	16 009	29 770	4 353
2013	7 509	45 857	292 813	229 577	23 403	14 155	17 303	29 509	4 191
2014	7 911	44 346	252 026	194 920	25 349	14 640	16 253	29 633	4 348
2015	7 906	41 078	230 226	180 349	24 872	14 978	15 862	28 774	4 412
2016	7 043	43 236	178 247	134 236	24 526	15 151	16 871	28 359	4 153
2017	7 084	47 301	173 539	129 969	24 764	15 343	16 898	25 738	3 995
2018	6 564	41 250	178 161	127 497	25 323	16 075	14 866	23 998	4 075
2019	6 923	41 361	207 478	154 002	25 098	15 962	13 198	22 512	3 512
2020	6 285	39 893	216 631	160 325	23 413	15 013	12 446	20 580	2 805
2021	5 790	35 507	231 475	174 525	24 289	16 138	12 626	21 350	2 544

（続き） （単位：t）

年次	貝類	アサリ類	ホタテガイ	イカ類	スルメイカ	タコ類	海藻類	コンブ類
1960	296 115	102 491	13 870	541 846	480 661	57 601	285 712	140 069
1961	297 786	108 032	10 743	456 900	383 993	56 857	277 437	121 359
1962	276 304	114 777	10 066	612 508	536 470	65 561	346 510	179 997
1963	331 608	137 470	8 956	667 122	590 647	63 902	280 637	151 820
1964	287 367	110 331	6 889	329 374	238 290	66 975	248 724	142 712
1965	293 339	121 249	5 742	499 367	396 902	78 057	252 637	126 680
1966	325 333	157 511	7 370	485 027	382 899	65 551	270 152	155 757
1967	297 653	121 618	6 819	596 848	477 012	98 130	318 017	175 883
1968	285 372	120 401	4 989	773 777	668 364	102 718	281 513	169 874
1969	309 839	116 572	14 644	589 798	478 160	92 418	249 991	147 580
1970	320 820	141 997	16 477	518 917	412 240	96 127	211 760	110 780
1971	292 723	126 414	14 439	482 518	364 349	85 507	245 899	151 725
1972	309 671	115 613	23 454	599 450	464 365	66 857	232 507	155 415
1973	260 706	114 459	22 208	486 287	347 566	63 764	221 185	130 537
1974	308 719	137 719	25 207	469 967	335 018	76 731	198 041	119 405
1975	279 726	122 052	30 274	537 838	385 255	73 962	231 019	157 760
1976	346 992	135 573	30 270	501 869	312 144	66 873	225 576	159 162
1977	346 504	155 506	43 502	512 579	264 239	67 913	206 030	132 989
1978	347 190	153 767	59 664	519 747	198 516	65 441	162 893	108 911
1979	357 490	132 641	79 734	528 831	212 841	51 986	186 495	131 546
1980	337 885	127 386	83 134	686 611	331 225	46 105	182 685	124 816
1981	355 127	137 114	91 139	516 500	196 830	52 236	166 515	112 178
1982	351 297	139 380	99 505	550 438	181 721	43 206	203 721	145 952
1983	379 508	160 424	128 136	538 595	192 060	41 648	189 968	129 043
1984	367 818	128 279	135 236	525 787	173 732	42 973	183 575	114 221
1985	355 479	133 232	118 277	531 019	132 586	40 205	183 703	132 903
1986	343 045	120 682	109 731	464 248	90 997	47 000	180 464	130 003
1987	348 867	99 517	145 358	754 635	182 517	49 976	168 604	123 146
1988	377 809	88 151	159 689	663 797	156 444	47 855	179 764	132 045
1989	378 668	80 732	189 118	733 594	211 887	49 302	207 381	156 434
1990	417 641	71 199	229 667	564 790	209 390	54 757	207 660	131 677
1991	351 733	65 353	179 077	544 916	242 002	50 603	153 820	98 212
1992	346 052	59 038	193 475	677 005	394 365	49 085	209 141	157 318
1993	378 319	57 356	223 844	583 152	315 934	51 288	167 444	134 147
1994	400 265	46 597	270 890	589 405	301 651	51 459	137 436	103 603
1995	411 787	49 466	274 879	546 964	290 273	51 874	150 741	120 957
1996	406 259	43 703	271 124	663 141	444 189	50 584	153 826	120 194
1997	381 732	39 660	261 164	635 072	365 978	56 593	149 616	122 976
1998	407 236	36 807	287 802	385 363	180 749	61 260	116 794	91 752
1999	412 150	43 088	299 628	498 128	237 346	57 427	120 794	94 371
2000	404 822	35 558	304 286	623 887	337 285	47 374	118 886	93 611
2001	379 411	31 022	290 974	520 982	298 191	45 200	122 001	97 261
2002	401 074	34 819	306 666	434 215	273 579	57 482	127 778	104 402
2003	441 278	37 688	344 150	385 803	253 840	61 091	111 398	84 274
2004	410 414	36 589	313 800	348 890	234 603	54 655	113 739	91 122
2005	380 416	34 261	287 486	329 942	222 360	55 306	104 788	78 575
2006	354 776	34 984	271 928	286 289	190 317	50 779	113 664	84 665
2007	355 959	35 822	258 303	325 689	253 494	52 564	103 601	72 767
2008	401 021	39 217	310 205	289 962	217 472	48 821	104 668	73 244
2009	400 845	31 655	319 638	295 837	218 658	45 723	104 103	80 115
2010	407 155	27 185	327 087	266 701	199 832	41 667	97 231	74 052
2011	378 916	28 793	302 990	298 379	242 262	35 186	87 779	61 339
2012	387 282	27 300	315 387	215 556	168 207	33 640	98 513	73 068
2013	414 444	23 049	347 541	227 681	180 089	33 700	84 498	56 944
2014	420 035	19 449	358 982	209 820	172 688	34 573	91 600	66 752
2015	291 605	13 810	233 885	167 122	128 838	32 568	94 084	71 619
2016	265 563	8 967	213 710	110 134	70 363	36 975	80 721	58 041
2017	284 001	7 072	235 952	103 764	64 084	35 473	69 970	45 506
2018	350 467	7 736	304 767	83 677	47 799	36 161	78 902	55 877
2019	386 413	7 976	339 435	73 493	40 106	35 175	66 842	46 543
2020	382 496	4 305	346 013	82 179	48 289	32 659	63 393	45 045
2021	388 925	4 928	355 950	63 866	32 412	27 347	61 779	45 163

農林水産省：“漁業養殖業生産統計”
海面漁業魚種別漁獲量累年統計データ，全国統計　年次別統計　魚種別漁獲量データによる．

海面養殖業のおもな魚種別生産量

（単位：t）

年	ブリ類	マダイ	貝類	ホタテガイ	カキ類（殻付き）	海藻類	コンブ類	のり類（生重量）
1971	61 743	971	205 065	11 165	193 846	339 962	666	244 946
1972	76 913	1 298	240 619	23 162	217 373	326 922	3 338	217 906
1973	80 269	2 606	269 604	39 372	229 899	432 217	7 648	311 410
1974	92 685	3 414	273 418	62 673	210 583	503 253	10 177	339 314
1975	92 352	4 303	271 573	70 256	201 173	395 881	15 696	278 127
1976	101 619	6 453	291 268	64 909	226 286	439 860	22 087	291 050
1977	114 866	8 120	296 060	83 180	212 786	432 177	27 249	279 031
1978	121 728	10 844	300 008	67 723	232 069	475 237	21 890	350 471
1979	154 872	12 253	249 301	43 614	205 509	455 929	25 291	325 686
1980	149 311	14 757	302 094	40 399	261 323	512 670	38 562	357 672
1981	150 754	17 953	294 817	59 095	235 241	481 332	44 221	340 510
1982	146 304	20 246	327 435	76 866	250 288	426 520	42 980	263 312
1983	155 879	25 000	338 753	85 111	253 247	520 200	44 345	360 694
1984	152 498	26 156	331 595	73 948	257 126	577 766	62 756	396 530
1985	150 961	28 430	360 095	108 509	251 247	522 636	53 593	351 788
1986	145 878	33 497	392 033	139 866	251 574	598 482	54 143	403 112
1987	158 867	37 838	412 419	152 407	258 776	494 232	49 582	321 238
1988	165 928	45 220	454 324	181 929	270 858	618 374	59 696	442 806
1989	153 164	45 536	438 024	180 255	256 313	585 546	64 383	403 290
1990	161 106	51 636	442 321	192 042	248 793	565 060	54 297	387 245
1991	161 077	60 127	429 391	188 834	239 217	555 454	42 619	403 363
1992	148 701	65 950	454 336	208 050	244 905	578 357	72 924	382 805
1993	141 646	72 696	478 590	241 426	235 531	526 035	59 966	362 955
1994	148 181	76 924	424 294	199 363	223 481	639 233	57 757	483 196
1995	169 765	72 185	456 767	227 823	227 319	569 114	55 056	407 005
1996	145 773	77 092	490 030	265 553	222 853	519 675	61 121	372 700
1997	138 234	80 896	473 595	254 086	218 056	533 022	60 103	392 622
1998	146 849	82 516	426 804	226 134	199 460	523 425	50 123	396 615
1999	140 411	87 232	423 061	216 017	205 345	555 806	48 251	409 850
2000	136 834	82 183	433 628	210 703	221 252	528 574	53 846	391 681
2001	153 075	71 996	468 851	235 613	231 495	511 448	63 200	373 121
2002	162 496	71 754	495 726	271 992	221 376	557 952	51 128	436 031
2003	157 568	83 002	485 221	258 339	224 861	477 705	50 978	347 354
2004	150 068	80 959	451 223	215 203	234 151	484 389	47 256	358 929
2005	159 741	76 082	424 680	203 352	218 896	507 741	44 489	386 574
2006	155 004	71 141	422 394	212 094	208 182	490 062	41 339	367 678
2007	159 749	66 663	454 013	247 516	204 474	513 965	41 356	395 777
2008	155 108	71 588	417 290	225 607	190 344	456 337	46 937	338 523
2009	154 943	70 959	468 100	256 695	210 188	456 426	40 397	342 620
2010	138 936	67 607	420 732	219 649	200 298	432 796	43 251	328 700
2011	146 240	61 186	284 929	118 425	165 910	349 738	25 095	292 345
2012	160 215	56 653	345 913	184 287	161 116	440 754	34 147	341 580
2013	150 387	56 861	332 440	167 844	164 139	418 366	35 410	316 228
2014	134 608	61 702	368 714	184 588	183 685	373 909	32 897	276 129
2015	140 292	63 605	413 028	248 209	164 380	400 181	38 671	297 370
2016	140 868	66 965	373 956	214 571	158 925	391 210	27 068	300 683
2017	138 999	62 850	309 437	135 090	173 900	407 835	32 463	304 308
2018	138 229	60 736	351 104	173 959	176 698	390 647	33 532	283 688
2019	136 367	62 301	306 561	144 466	161 646	346 389	32 812	251 362
2020	137 511	65 973	308 450	149 061	159 019	398 316	30 304	289 396
2021	133 691	69 441	323 745	164 511	158 789	335 844	31 691	237 255

注）2011 年は，東日本大震災の影響により，岩手県，宮城県，福島県においてデータを消失した調査
　　対象があり，消失したデータは含まない数値である．

農林水産省：“漁業養殖業生産統計”
養殖魚種別収穫量累年統計データ，全国統計　年次別統計　養殖業魚種別収穫量データによる．

内水面漁業・養殖業のおもな魚種別生産量 (単位：t)

年	漁業										貝類	その他の水産動植物類
	魚類										シジミ	エビ類
	さく河性サケ・マス類			1)陸封性サケ・マス類					ワカサギ	アユ		
	サケ類	カラフトマス	サクラマス	ヒメマス	ニジマス	ヤマメ	イワナ	その他				
1999	11 684	927	105	90	562	744	477	645	2 314	11 380	20 009	1 942
2000	12 326	1 947	116	52	536	740	496	640	2 124	11 172	19 295	1 676
	(8 945)	(1 008)	(108)	(19)	(501)	(696)	(467)	(625)	(2 007)	(10 848)	(19 239)	(1 629)
2001	9 599	376	97	22	484	729	465	588	1 648	11 148	17 295	1 158
2002	10 458	926	40	21	447	725	454	568	1 880	10 663	17 779	1 002
2003	13 858	896	49	44	400	708	452	515	1 991	8 420	16 940	793
2004	19 103	628	47	39	347	620	388	386	1 712	7 312	16 234	1 157
2005	16 269	852	32	33	328	597	369	364	1 937	7 149	13 455	1 035
2006	14 899	809	14	…	…	…	…	316	1 128	3 014	13 412	928
2007	13 524	1 062	10	…	…	…	…	295	1 194	3 284	10 942	976
2008	9 525	731	15	…	…	…	…	215	1 096	3 438	9 831	761
	(10 242)	(1 012)	(34)	…	…	…	…	(216)	(1 142)	(3 435)	(9 888)	(763)
2009	12 727	1 299	17	…	…	…	…	332	2 009	3 625	10 432	555
2010	12 580	973	14	…	…	…	…	307	1 967	3 422	11 189	676
2011	10 584	600	36	…	…	…	…	292	1 444	3 068	9 241	655
2012	13 105	277	18	…	…	…	…	250	1 333	2 520	7 839	448
2013	11 834	473	11	…	…	…	…	265	1 156	2 332	8 454	464
	(12 056)	(473)	(12)	…	…	…	…	(266)	(1 156)	(2 334)	(8 454)	(464)
2014	10 212	294	11	…	…	…	…	252	1 242	2 395	9 804	409
2015	12 330	237	13	…	…	…	…	237	1 417	2 407	9 819	372
2016	7 471	687	12	…	…	…	…	311	1 181	2 390	9 580	360
2017	5 802	142	8	…	…	…	…	269	943	2 168	9 868	364
2018	6 696	851	12	…	…	…	…	205	1 146	2 140	9 646	409
	(6 398)	(903)	(12)	…	…	…	…	(201)	(1 126)	(2 140)	(9 715)	(400)
2019	6 240	227	12	…	…	…	…	187	981	2 053	9 520	257
2020	6 609	683	12	…	…	…	…	153	935	2 084	8 894	198
2021	4 873	208	10	…	…	…	…	157	687	1 854	9 001	118

注)　1．内水面漁業漁獲量は，2006〜2008年までは主要106河川24湖沼，2009〜2013年までは主要108河川24湖沼，2014〜2016年については主要112河川24湖沼の値である．

　　　2．2000年の（　）内の数値は2001年からの調査対象である主要148河川および28湖沼を調査対象魚種に限定して集計した値である．2008年の（　）内の数値は，2008年に調査をした漁業権の設定等が行われているすべての河川・湖沼の漁獲量を，2009年の調査対象河川・湖沼に合わせて集計した値である．2013年の（　）内の数値は，2013年に調査をした漁業権の設定等が行われているすべての河川・湖沼の漁獲量を，2014年の調査対象河川・湖沼に合わせて集計した値である．また，2018年の（　）内の数値は，2018年に調査をした漁業権の設定等が行われているすべての河川・湖沼の漁獲量を，2019年の調査対象河川・湖沼に合わせて集計した値である．

　　　3．内水面漁業は，2006年調査から調査範囲を販売を目的として漁獲された量のみとし，遊漁者（レクリエーションをおもな目的として水産動植物を採捕するもの）による採捕量は含めないこととした．

（続き）　　（単位：t）

年	養殖業				
	魚類				
	マス類		アユ	コイ	ウナギ
	ニジマス	その他の マス類			
1999	12 006	4 401	8 971	11 115	23 211
2000	11 147	4 092	8 603	10 501	24 118
2001	10 519	3 985	8 127	9 949	23 123
2002	9 861	(4 078)	7 166	9 280	21 112
2003	9 229	4 112	6 962	8 060	21 526
2004	8 848	3 869	7 201	3 966	21 540
2005	8 148	3 584	6 527	3 845	19 495
2006	7 583	3 417	6 270	3 306	20 583
2007	7 319	3 545	5 807	2 893	22 241
2008	6 825	3 126	5 940	2 981	20 952
2009	6 310	3 330	5 837	2 910	22 406
2010	6 102	3 261	5 676	3 692	20 543
2011	5 406	2 815	5 420	3 133	22 006
2012	5 147	2 999	5 195	2 964	17 377
2013	4 962	2 934	5 279	3 019	14 204
2014	4 786	2 847	5 163	3 273	17 627
2015	4 836	2 873	5 084	3 256	20 119
2016	4 954	2 852	5 183	3 131	18 907
2017	4 731	2 908	5 053	3 015	20 979
2018	4 732	2 610	4 310	2 932	15 111
2019	4 651	2 537	4 089	2 741	17 071
2020	3 858	2 026	4 044	2 247	16 806
2021	4 161	1 977	3 909	2 064	20 673

注）4．内水面養殖業の調査対象魚種は，マス類，アユ，コイおよびウナギの4魚種である．
農林水産省：“漁業養殖業生産統計”
内水面漁業・養殖業魚種別累年統計データ，全国年次別・魚種別生産量データによる．

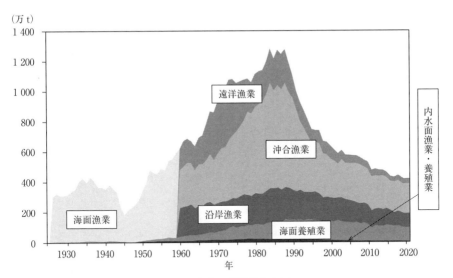

図3 漁業・養殖業生産量

農林水産省："漁業養殖業生産統計"

漁業・養殖業部門別累年統計データ，漁業・養殖業部門別生産量データ，内水面漁業・養殖業魚種別累年統計データ，全国年次別・魚種別生産量データより作成.

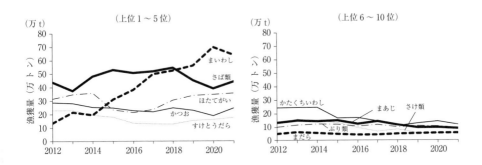

図4 おもな魚種別漁獲量（海面漁業）

農林水産省："漁業養殖業生産統計"

全国統計　年次別統計　魚種別漁獲量データより作成.

6.5.5　年次別・河川湖沼別・種別漁獲量

(単位：t)

魚種名	水系	1970	1975	1980	1985	1990	1995	2000	2005	2010	2015	2018	2019	2020	2021
サケ類	十勝川	623	779	436	600	480	608	563	1 136	x	x	x	x	242	132
	石狩川	1	—	437	493	1 296	1 708	692	993	341	672	320	621	811	787
	北上川	15	28	50	146	146	174	187	251	338	207	191	87	40	14
	阿武隈川	9	23	18	16	34	25	14	17	33	60	44	3	59	2
	最上川	8	10	12	11	19	28	23	41	17	60	27	40	32	17
	久慈川(岩手)	0	5	48	39	94	69	—	110	x	x	x	x	9	4
	久慈川(福島・茨城)	10	5	11	91	28	10	6	17	x	x	x	x	363	0
	那珂川	44	9	33	84	73	112	73	212	173	99	40	14	389	3
	利根川	17	24	4	11	5	15	7	49	10	13	5	1	3	1
	阿賀野川	17	34	33	19	17	21	32	61	59	134	44	66	59	28
	信濃川	27	44	83	50	90	70	57	88	63	114	40	53	53	18
	神通川	10	16	32	44	52	48	58	62	39	30	13	15	82	10
	九頭竜川	0	1	0	4	4	5	—	—	—	—	—	—	—	—
ワカサギ	石狩川	113	118	89	72	164	110	101	52	62	86	75	64	4	14
	筑後川	—	6	20	12	12	14	7	5	4	6	4	3	3	1
	網走湖	142	294	282	360	222	234	333	264	x	x	x	x	173	103
	小川原湖	252	532	771	467	534	638	656	512	x	x	x	x	348	192
	八郎潟	302	468	440	382	83	249	242	300	x	x	x	x	198	225
	霞ヶ浦	557	440	46	857	312	169	19	78	499	247	92	118	72	34
	北浦	216	129	353	234	151	68	32	108	21	26	6	1	1	0
	印旛沼	—	42	18	14	5	5	3	2	x	x	x	x	x	0
	諏訪湖	307	400	384	100	86	90	46	20	x	x	x	x	6	0
	宍道湖	405	34	115	180	290	5	2	1	x	x	x	x	—	—
アユ	那珂川	448	410	509	352	814	1 493	457	1 031	684	343	384	292	3	318
	利根川	1 062	857	1 157	857	801	398	249	181	7	0	0	—	—	
	相模川	133	131	278	405	457	501	490	268	318	372	360	347	322	228
	神通川	153	221	260	243	183	190	114	96	85	67	70	65	61	1
	九頭竜川	190	353	506	529	571	253	253	195	31	15	11	17	27	25
	天竜川	241	498	477	716	758	202	291	162	15	17	10	4	0	0
	矢作川	72	108	165	312	271	204	102	76	1	2	2	1	x	0
	木曽川	220	259	320	277	430	430	277	222	43	35	24	26	21	21
	揖斐川	206	210	240	188	168	140	131	59	40	2	1	2	1	1
	紀の川	139	364	406	543	578	305	301	156	1	2	2	2	2	1
	淀川	157	211	218	344	396	308	234	173	14	4	4	9	4	11
	江の川	432	591	430	150	343	156	191	123	52	33	22	30	25	25
	高梁川	171	272	125	193	249	145	132	46	19	11	9	11	9	9
	吉野川	262	436	201	92	208	257	325	61	45	65	20	4	5	19
	四万十川	176	1 603	846	877	926	373	266	222	20	25	16	15	23	32
	球磨川	110	222	450	478	213	317	432	229	x	x	x	x	9	9
	琵琶湖	678	891	1 345	965	1 832	1 258	953	390	681	476	336	375	373	315
シジミ	那珂川	1 518	3 434	2 111	2 012	1 614	2 067	1 269	861	1 047	271	555	542	532	695
	利根川	37 955	18 151	14 908	5 064	3 142	6 588	1 418	15	5	1	0	0	0	—
	揖斐川	162	258	282	708	601	337	165	260	220	212	97	60	59	53
	吉野川	215	153	227	156	118	164	185	76	44	14	17	7	6	1
	筑後川	337	75	747	812	647	453	258	207	158	50	32	33	30	30
	網走湖	403	397	443	518	671	782	732	803	x	x	x	x	588	517
	十三湖	2 969	1 296	1 079	1 371	1 747	2 363	2 747	1 642	x	x	x	x	1 485	1 521
	小川原湖	120	420	1 748	2 800	3 615	2 349	2 496	1 534	x	x	x	x	850	758
	八郎潟	548	567	93	108	10 750	58	3	1	x	x	x	x	0	0
	涸沼	1 365	2 719	2 660	2 390	2 376	1 183	605	412	x	x	x	x	815	717
	北浦	3 372	1 155	458	106	—	—	—	—	—	—	—	—	—	—
	琵琶湖	1 725	992	700	313	211	113	80	161	41	36	58	41	37	48
	宍道湖	4 191	15 597	14 300	12 320	9 100	8 400	7 500	6 100	x	x	x	x	3 880	4 100

養殖収獲量を除く.

「x」は個人，法人またはその他の団体の個々の秘密に属する事項を秘匿するため，統計数値を公表せず.

農林水産省："漁業養殖業生産統計"　魚種別・河川別漁獲量データによる.

7　陸域環境

7.1　日本列島の地学的環境

7.1.1　日本列島の地殻変動

　電子基準点（GNSS連続観測局）は，GNSS（全球測位衛星システム）衛星からの電波を観測することで，地殻変動に伴う連続的な位置の変化を正確に捉えることができる．図は国土地理院が全国に配置した電子基準点において，1年間（2022年4月〜2023年4月）の観測結果から求めた地殻変動の様子である．矢印の起点が地図上の観測局の位置に対応しており，長崎県五島市にある観測局「福江」を固定局（不動点）とした各観測局の相対的な位置変化を矢印の向きと大きさで表示している．

　東日本を中心とした広い範囲で，平成23年（2011年）東北地方太平洋沖地震後の余効変動が見られ，硫黄島では，火山活動に伴う地殻変動が見られる．その他の地域で見られる変動は，プレート運動に伴う定常的な地殻変動を示している．

　この図から，わが国の地殻変動の実態を一目で理解することができる．

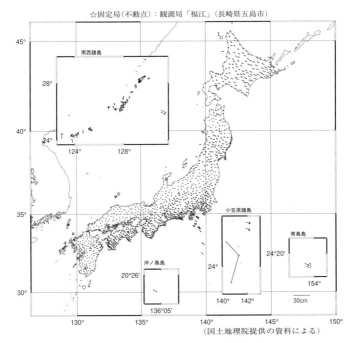

図1　GNSSによる全国水平地殻変動図

※　観測局「南鳥島」は2019年3月〜2020年3月の観測結果による．
最新の地殻変動の観測結果は，国土地理院からインターネットを通じて入手することができる．

7.1.2　日本列島の地震学的環境

　プレートの収束境界（沈み込み帯）にある日本は，内陸の活断層や海域にあるプレート境界で発生する地震（海溝型地震）による強い揺れに見舞われる地学的環境におかれている．全国で発生する様々な地震について，長期的な地震発生の可能性を考慮し，将来見舞われる強い揺れの可能性を地域ごとに評価して地図上に表現したものが，確率論的地震動予測地図である．

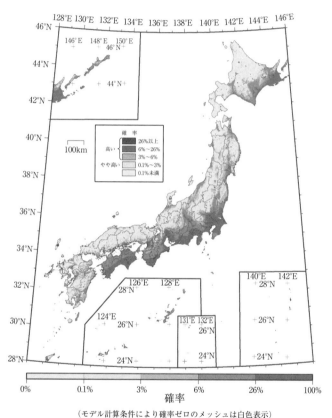

図2　確率論的地震動予測地図：確率の分布

（モデル計算条件により確率ゼロのメッシュは白色表示）

　今後30年間に震度6弱以上の揺れに見舞われる確率の分布（2020年1月1日時点の評価値）
　ランク分け数値は，26%が平均的に約100年に1回，6%は約500年に1回，3%は約1000年に1回，それぞれ見舞われる可能性があることを示す．他の震度の揺れの確率については二次元コードのサイトから，ダウンロードできる．
　地震調査研究推進本部　地震調査委員会："全国地震動予測地図2020年版"．

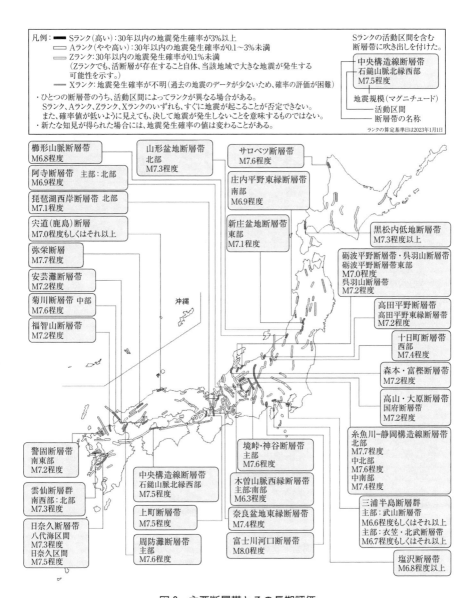

凡例：■ Sランク（高い）：30年以内の地震発生確率が3%以上
　　　□ Aランク（やや高い）：30年以内の地震発生確率が0.1〜3%未満
　　　□ Zランク：30年以内の地震発生確率が0.1%未満
　　　　（Zランクでも、活断層が存在すること自体、当該地域で大きな地震が発生する
　　　　　可能性を示す。）
　　　■ Xランク: 地震発生確率が不明（過去の地震のデータが少ないため、確率の評価が困難）

・ひとつの断層帯のうち、活動区間によってランクが異なる場合がある。
　Sランク、Aランク、Zランク、Xランクのいずれも、すぐに地震が起こることが否定できない。
　また、確率値が低いように見えても、決して地震が発生しないことを意味するものではない。
・新たな知見が得られた場合には、地震発生確率の値は変わることがある。

Sランクの活動区間を含む
断層帯に吹き出しを付けた。

中央構造線断層帯
石鎚山脈北縁西部
M7.5程度
地震規模（マグニチュード）
活動区間
断層帯の名称

ランクの算定基準日は2023年1月1日

櫛形山脈断層帯
M6.8程度

阿寺断層帯　主部：北部
M6.9程度

琵琶湖西岸断層帯 北部
M7.1程度

宍道（鹿島）断層
M7.0程度もしくはそれ以上

弥栄断層
M7.7程度

安芸灘断層帯
M7.2程度

菊川断層帯 中部
M7.6程度

福智山断層帯
M7.2程度

山形盆地断層帯
北部
M7.3程度

新庄盆地断層帯
東部
M7.1程度

沖縄

サロベツ断層帯
M7.6程度

庄内平野東縁断層帯
南部
M6.9程度

黒松内低地断層帯
M7.3程度以上

砺波平野断層帯・呉羽山断層帯
砺波平野断層帯東部
M7.0程度
呉羽山断層帯
M7.2程度

高田平野断層帯
高田平野東縁断層帯
M7.2程度

十日町断層帯
西部
M7.4程度

森本・富樫断層帯
M7.2程度

高山・大原断層帯
国府断層帯
M7.2程度

糸魚川−静岡構造線断層帯
北部
M7.7程度
中北部
M7.6程度
中南部
M7.4程度

警固断層帯
南東部
M7.2程度

雲仙断層群
南西部：北部
M7.3程度

日奈久断層帯
八代海区間
M7.3程度
日奈久区間
M7.5程度

中央構造線断層帯
石鎚山脈北縁西部
M7.5程度

上町断層帯
M7.5程度

周防灘断層帯
主部
M7.6程度

境峠・神谷断層帯
主部
M7.6程度

木曽山脈西縁断層帯
主部:南部
M6.3程度

奈良盆地東縁断層帯
M7.4程度

富士川河口断層帯
M8.0程度

三浦半島断層群
主部：武山断層帯
M6.6程度もしくはそれ以上
主部：衣笠・北武断層帯
M6.7程度もしくはそれ以上

塩沢断層帯
M6.8程度以上

7

陸域環境

図3　主要断層帯とその長期評価

陸域および沿岸域で発生する地震の震源となる活断層．2023年1月13日公表．
地震調査研究推進本部 地震調査委員会．

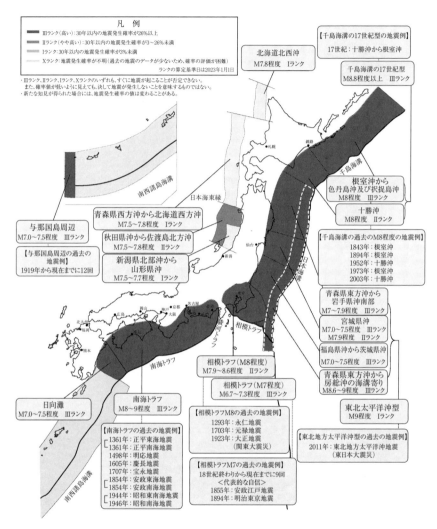

図4　海溝型地震の発生可能領域とその長期評価
海溝等のプレート境界やその近くで発生する大地震の想定震源域. 2023年1月13日公表.
地震調査研究推進本部 地震調査委員会.

7.1.3 日本の火山活動

　活火山の本来の定義としては，将来火山噴火が発生する可能性のある火山とすることが望ましいが，長期的な噴火予知の手法は確立していないため，世界の多くの火山国では，過去1万年間に噴火したことがあるか現在も活発な噴気活動の見られる火山を活火山と呼ぶことにしている．このような定義が的外れでなかったことが，2008年のチリ南部のチャイテン火山の噴火で明らかになった．地質調査によって最新の噴火は9400年前であることがわかっていたチャイテン火山の直下で突然地震活動が始まったのは

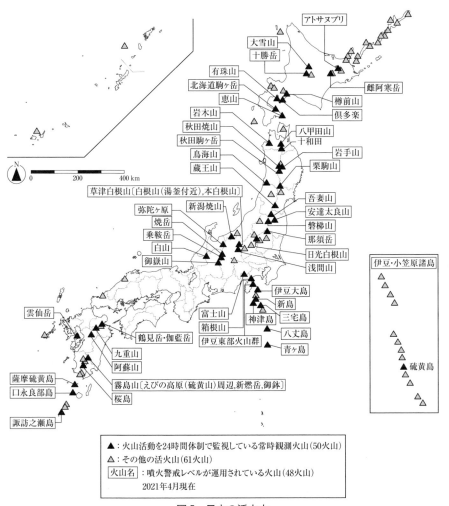

図5　日本の活火山

2008年4月30日である．27時間後の5月2日の未明には噴煙の高さが10 km以上に達する爆発的噴火が発生した．5月6日には噴煙は30 kmの高さにまで達し，その後，1年以上にわたって噴火が継続した．1万年近く休止していた火山でも噴火することがあることが示されたのである．

　このように活火山を定義すると，わが国には北方領土や海底火山を含めて111の活火山がある．この分布を図に示したが，近畿，四国と中国地方東部以外の全国に活火山が分布している．全世界では1500の活火山が知られているので，わが国には世界の約7%の活火山が集中していることになる．

過去40年間の火山噴火による住民避難

火 山 名	避難開始	期　　間	備　　考（避難規模など）
有 珠 山	1977年8月8日	約3か月	最大52 634人
三 宅 島	1983年10月3日		島内避難，2集落が溶岩流に埋没
伊豆大島	1986年11月21日	約1か月	全島避難，約1万人
十 勝 岳	1988年12月24日	約4か月	融雪泥流の恐れ，760人余
雲 仙 岳	1991年5月15日	4年5か月	約19 000人，火砕流により44人が死亡
有 珠 山	2000年3月29日	約1年	約16 000人，大半は3か月後までに帰宅
三 宅 島	2000年9月初め	約4年半	約3 900人が火砕流発生を機に全島避難，その後大量の火山ガス放出のため帰島できず
口永良部島	2014年8月上旬	約1週間	約70人自主避難
口永良部島	2015年5月29日	?	約130人，避難指示による全島避難

活火山総覧第4版（気象庁）を参考に石原和弘が作成（2015）．

わが国の死者100人以上の火山噴火

火 山 名	噴 火 年 西 暦	噴 火 年 和 暦	月　　日 西 暦	死 者 数	災害要因
那 須 岳	1410	応永17	3月5日	>180	噴火および山体崩壊
北海道駒ケ岳	1640	寛永17	7月31日	>700	山体崩壊・津波
渡島大島	1741	寛保元	8月29日	1467	噴火・津波
桜 島	1779	安永8	11月8日	150	噴火
浅 間 山	1783	天明3	8月5日	1151	噴火・岩屑なだれ・土石流
青 ヶ 島	1785	天明5	4月18日	130〜140	噴火
雲 仙 岳	1792	寛政4	5月21日	1500	山体崩壊・津波
磐 梯 山	1888	明治21	7月15日	461(477)	噴火・岩屑なだれ
伊豆鳥島	1902	明治35	8月上旬（7日〜9日のいつか）	125	噴火
十 勝 岳	1926	大正15	5月24日	144	噴火・融雪火山泥流

活火山総覧第4版（気象庁）より作成．

<<< Topic <<<<<<<<<<<<<<<<<<<<<<<<<<<<<<<<<<

活火山，休火山，死火山

　「休火山」という言葉は1960年代には理科や地学の教科書で使われなくなったが，それ以降に教育を受けた比較的若い世代でも，火山は活火山，休火山，死火山に3分類されるものと思っている人も多い．これは，この3分類が社会科地理の副読本として使われる地図帳の資料編に比較的最近まで残っていたためらしい．

　最初に誰が「活火山，休火山，死火山」という3分類を提唱したかは定かではないが，大正7年（1918年）に，震災予防調査会報告第87号として出版された『日本噴火志』（下巻）で，大森房吉がこの3分類を用いている．しかし，大森の分類は火山の分類というよりはむしろ火山の状態の分類であった．それにも関わらず，一般には火山に固有の性質による分類として受け止められたのである．

　『日本噴火志』は，古記録を精査し，日本で噴火可能性のある火山をはじめてリストアップした重要な文献ではあるが，数十年後には火山学界でも3分類は使用されなくなった．

　そのきっかけはIAV（国際火山学協会，現在はIAVCEI：国際火山学及び地球内部化学協会）によって1952年から始まった世界の活火山カタログの作成であったと思われる．このカタログでは，活火山とは将来的に噴火の可能性がある火山であり，その判断基準として，歴史時代に噴火したことがあるか，記録はないものの現在も活発な噴気活動を行っていることとしている．将来，噴火する可能性のある火山を活火山と定義した時点で，一時的に休んでいる「休火山」も当然，活火山に含まれることになる．このこともあって，日本の火山研究者の集まりである日本火山学会では「休火山」という用語を使わないことを推奨している．

　ところで，2014年9月27日に突然の水蒸気噴火を起こし，63名の犠牲者を出した御嶽山について，マスコミ等では「1979年の突然の噴火以前には御嶽山は死火山とみなされていたが，この噴火を契機に，活火山とされるようになった」などと報道するが，これは事実とは異なる．上記のIAVによる日本周辺の火山をリストアップした1962年の活火山カタログでも，また，1968年の気象庁の「火山観測指針」でも63活火山の一つとされている．御嶽山は1979年の史上初の噴火前から，活火山とみなされていたのである．

　IAVの活火山カタログ以来，日本を含め多くの国が，歴史時代に噴火した火山を活火山とみなすという基準を採用していた．しかし，歴史時代の長さは国によって異なるので，世界的に比較する際には不都合が生じる．このため，諸外国でも，将来噴火の可能性のある火山としては，およそ1万年という年代で区切るのが適当であると考えられるようになり，日本もそのトレンドにしたがって2003年から活火山の定義基準を変更した．もちろん，1万年以上の空白の後，噴火する火山もありうることは想定しておく必要がある．

　日本の活火山の定義の変遷を示した表をみると，活火山の数は増加しているが，新し

日本の活火山定義の変遷

年	定　義	活火山数
1975	噴火の記録のある火山および現在活発な噴気活動のある火山	77
1991	過去およそ 2000 年以内に噴火した火山および現在活発な噴気活動	83
1996	のある火山	86
2003	概ね過去 1 万年以内に噴火した火山および現在活発な噴気活動の	108
2011	ある火山	110
2017		111

く火山が誕生したわけではない．定義の期間が長くなったり，調査が進んで定義の期間内に噴火した事実が判明したため，活火山の数が増えたのである．今後も，調査次第で活火山の数が増える可能性がある．　　　　　　　　　　　　　　　【藤井敏嗣】

<<< **Topic** <<<<<<<<<<<<<<<<<<<<<<<<<<<<<<<

最近の日本における火山噴火

　現在，日本には 111 の活火山があり，そのうち 50 火山を常時観測火山として気象庁が 24 時間体制で監視している．そのうち 49 火山（2022 年 4 月現在）には噴火の影響がおよぶ範囲に応じた 5 段階の噴火警戒レベルが導入されている．レベル 2 以上は警報で，レベル 4 以上は特別警報とされている．2023 年 4 月時点で噴火警戒レベル 3 の火山は桜島，諏訪之瀬島，レベル 2 の火山は浅間山，薩摩硫黄島である．レベルは導入されていない火山では西之島がレベル 3 相当の入山危険，硫黄島がレベル 2 相当の火口周辺危険となっている．また，周辺海域警戒がベヨネース列岩，海徳海山，噴火浅根，福徳岡ノ場に発出されている．

　東北地方では長らく静穏の状態が続いていたが，2023 年に入って吾妻山，磐梯山，などで，火山性地震の増加に伴い，噴火警戒レベルの上げ下げが続いた．ただし 2023 年 4 月段階ではいずれもレベル 1 である．

　浅間山では，2021 年 3 月以降山体の膨張を示す傾斜変動に続き火山性地震も増えたことから，3 月 23 日に噴火警戒レベルが 2 に引き上げられたが，6 月以降活動が低下したため 8 月 6 日にレベル 1 に引き下げられた．2023 年 3 月半ばから再び傾斜変動と火山性地震の増加が見られたことから 3 月 23 日にレベル 2 に引き上げられ，現在に至っている．

　西之島では 2021 年 8 月 14 日に噴煙高度 1900 m の噴火が確認され，8 月 16 日の観測では火口底が大きく陥没していた．2022 年 10 月 1 日から 12 日まで噴火が確認され，期間中最大の噴煙高度は 3500 m であった．

　噴火浅根では気象衛星ひまわりの観測で 2022 年 3 月 27 日から 28 日にかけて噴火が発生した可能性がありとされたが，その後の観測では噴火の確認ができていない．

　海徳海山では 2022 年 8 月 23 日に変色水及び浮遊物が確認され，火山現象に関する海上警報が発出されたが，噴火との認定はなされていない．

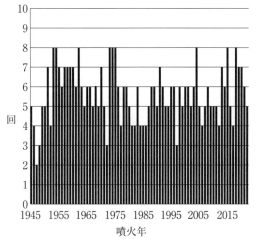

図　戦後の噴火火山数

　硫黄島では 2021 年 11 月 24 日に漂流木海岸付近の海中からのごく小規模な噴火が確認された．2022 年には 7 月上旬から 8 月上旬にかけてと，10 月前半から 12 月前半にかけて，翁浜沖で断続的に小規模な噴火が生じ，表面のひび割れによりパン皮状の構造をもつ軽石も放出された．

　福徳岡ノ場では 2021 年 8 月 13 日から 15 日にかけて比較的規模の大きな海底噴火が発生して噴煙高度は 16～19 km に達し，1986 年以来となる新島が発生した．なお，新島は波による浸食によって半年後には姿を消した．この噴火で大量の軽石が周辺に浮遊していたが，その後，台風と潮流によって沖縄をはじめ日本の沿岸で軽石の漂着が確認された．

　一方，九州の各火山は最近も活発な活動を続けている．伽藍岳では 2022 年 7 月 8 日に火山性地震の増加を受けて，噴火警戒レベルが 2 に引き上げられたが噴火に至らず，その後地震が減少したため，7 月 27 日には 1 に引き下げられた．

　阿蘇山では 2021 年 10 月 14，15，20 日に噴火が発生した．20 日の噴火では噴煙高度は 3500 m で火砕流も発生し，噴火警戒レベルは 3 に引き上げられた．11 月 18 日には警戒レベルは 2 に引き下げられた．2022 年 2 月に火山性微動の振幅が大きくなったことを受けてレベル 2 から 3 に引き上げられたが，3 月 14 日にはレベル 2 に，4 月 15 日には 1 に引き下げられた．

　1955 年以来，南岳火口を中心に活発な噴火活動を継続してきた桜島では，2018 年 4 月 3 日以降は南岳火口の噴火のみが続いていたが，2023 年 3 月に昭和火口からの噴火が 6 回確認された．その後も時折，低調化を示すことがあるものの噴火活動は活発である．

　薩摩硫黄島では2020年10月7日以降，口永良部島では2020年8月30日以降，噴火は観測されていない．諏訪之瀬島では2020年以降も活発な活動を続け，爆発的噴火のない時期でも山頂に火映現象が確認されている．

　戦後日本の噴火活動の推移を年間噴火火山数として図に示したが，終戦直後の混乱に基づく観測不備による時期を除くと，毎年3ないし8火山が噴火を行っており，特に顕著な活発化などの傾向は見られない．最近の傾向としては九州の火山は活発であるものの，北海道，東北地方や伊豆諸島北部の活動が低調である．　　　　　　　　　【藤井敏嗣】

<<<　Topic　<<<<<<<<<<<<<<<<<<<<<<<<<<<<<<<<<

海洋島の拡大：西之島火山の噴火活動

　2013年11月20日，東京の約1000 km南方の無人島，西之島の南500 mの地点で海底噴火が目撃された．当初マグマと海水が反応して激しいマグマ水蒸気噴火をくり返していたが，島が一定程度成長して，上昇してくるマグマと海水の接触が途絶えると，火口からマグマの飛沫を噴き上げ，固化したスコリアとして火口周辺に円錐状に堆積し，火砕丘を形成した．火砕丘は成長を続けるとともに，その麓から流出するマグマは溶岩流となって島の拡大に貢献した．流出するマグマによって，新島は成長を続け，やがて西之島に覆いかぶさり，さらに旧島を溶岩流で覆い尽くし，島の面積を次第に拡大していくことになった．

　その活動は2023年の時点で，休止期をはさんで4期に区分できる．第1期は2013年11月から2015年10月，第2期は2017年4月から8月，第3期は2018年7月から8月，第4期は2019年12月以降である．

　第1期から第4期の2020年6月までは，ストロンボリ式噴火による火砕丘の拡大と溶岩流の流出により島が拡大を続けた．6月以降は噴火様式が大きく変化し，ほぼ連続的に爆発的噴火が発生し，火砕丘の直径が急速に拡大するとともに，火砕丘内部の火口直径も拡大した．7月末には噴火活動は急速に衰え一旦停止した際に上空からの観測が可能になったが，溶岩流の表面は厚さ数 mの火山灰で覆われ，6月以前まで見られていた溶岩流の流下構造は見られず，のっぺりとした起伏が認められるのみであった．

　2020年8月以降，火口内からの噴気が見られるのみで噴火は休止していたが，2021年8月14日に火口上1900 mの噴煙が上がり，しばらくは火山灰の放出が続いた．福徳岡ノ場の海底噴火と時期は一致しているが，両者は距離も遠く，マグマの組成もまったく異なるなることから偶然の一致であろう．8月16日には火口底が大きく陥没していることが確認された．その後1年以上噴火は確認されなかったが，2022年10月1日に噴火が発生し，12日夕方まで継続した．期間中の最大噴煙高度は火口縁上3500 mであった．2023年1月25日に小規模な噴火が発生したが，その後3月末までは噴火は確認されていない．

　第3期までのマグマ組成は安山岩でシリカ（SiO_2）は60%程度でほぼ一定であった

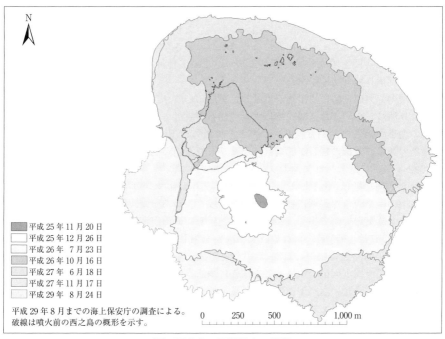

凡例（地図内）
- 平成 25 年 11 月 20 日
- 平成 25 年 12 月 26 日
- 平成 26 年 7 月 23 日
- 平成 26 年 10 月 16 日
- 平成 27 年 6 月 18 日
- 平成 27 年 11 月 17 日
- 平成 29 年 8 月 24 日

平成 29 年 8 月までの海上保安庁の調査による。
破線は噴火前の西之島の概形を示す。

0　　250　　500　　1,000 m

図　西之島，面積拡大の推移

が，2020 年 6 月以降の爆発的噴火を起こしたマグマのシリカは 55 % で玄武岩質安山岩であり，深部からの別マグマの供給が噴火様式の変化をもたらしたものと考えられる．

新島の面積は 3.8 km² に達し，マグマ噴出量も 2 億 m³ に達したと思われ，戦後の日本の噴火で放出されたマグマ量としては 1990〜95 年の雲仙普賢岳噴火に匹敵する．図は海上保安庁の航空機による定期観測に基づいて作成された 2017 年 8 月の第 2 期終了時点までの成長の記録である．　　　　　　　　　　　　　　【藤井敏嗣】

≪≪≪　Topic　≪≪≪≪≪≪≪≪≪≪≪≪≪≪≪≪≪≪≪≪≪≪≪≪≪

最近の海底火山の噴火：
「福徳岡ノ場」と「フンガ・トンガ＝フンガ・ハアパイ」

2021 年 8 月 13 日から 15 日にかけて，小笠原諸島の福徳岡ノ場で海底噴火が発生し，噴火のクライマックスは 8 月 13 日の 13 時 20 分からの 6 時間あまりで，大規模な噴煙が 16〜19 km まで立ち上った．その後は海水との反応によるマグマ水蒸気噴火などの連続的な噴火を挟みつつも次第に間欠的になり，15 日の 16 時頃を最後に噴火は確

7
陸域環境

認されなくなった．噴煙の高さが非常に高かったことから，一部の研究者からは超弩級^{ちょうどきゅう}の噴火などと称されたが，海域での噴火であったため海水がマグマで熱せられて大量の水蒸気が発生したため，その浮力によって噴煙の高さが噴出物の割には高くまで達したと考えられる．陸上噴火の噴煙高さに基づいて噴出物量は数億 km^3 と推定されているが，過剰見積りの可能性がある．

　この噴火で火口近傍に噴出物が堆積した新島が形成されたが，半年後には波による侵食により消滅した．また，噴火時に大量の軽石が放出され，周囲の海面を覆ったが，その後の台風と海流のせいで軽石いかだとして西方に漂流し，10 月頃から大東諸島や南西諸島の海岸に多量の軽石が漂着し，フェリーや漁船の航行に大きな影響を与えた．

　2022 年 1 月にはトンガ王国のフンガ・トンガ＝フンガ・ハアパイでも巨大な噴火が発生した．同島では 2021 年 12 月から噴火が発生し，フンガトンガ火山とフンガハアパイ火山の間をつなぐ砂洲に新たな火山を形成しつつあった．2022 年 1 月 14 日に激しいマグマ水蒸気爆発が発生し，砂州にあった新しい火山が消滅していることが確認された．翌 15 日には 11 時間にわたる巨大噴火が発生し，噴煙の高さは 58 km に達したと推定されている．この噴煙の高さは 20 世紀最大の噴火とみなされている 1991 年のフィリピン，ピナツボ火山の噴煙高さを遥かに凌ぐものであるが，海底噴火であったために噴火と同時に大量の水蒸気が発生し，その浮力によって噴出物量に見合う噴煙高さ以上に上昇した可能性がある．

　噴火後の海底地形調査によると直径 4 km の巨大なカルデラが形成され，カルデラ底の水深は 880 m であった．カルデラの縁は水深 40〜100 m であるのでカルデラ深さはほぼ 800 m であり，少なくとも 6.5 km^3 が 15 日の噴火で失われたことになる．

　この海底カルデラ噴火に伴い，火山から約 50〜60 km 離れたトンガ王国の諸島が津高さ数 m〜20 m の津波に襲われたが，適切な避難により犠牲者は数名にとどまった．この津波は太平洋を 200〜220 m/s の速度で伝搬して北米や日本にも到達したが，噴火で発生した「ラム波」と呼ばれる大気の波によって引き起こされた津波は 300 m/s の速度で伝搬し，北米や日本ではこのラム波に起因する津波の方が早く到達した．

　このことがきっかけとなって，気象庁では火山噴火による津波警報のあり方が議論され，海外での大規模な火山噴火が発生した場合には，津波発生の有無を検討して津波情報を出すことになった．　　　　　　　　　　　　　　　　　　　　　　　【藤井敏嗣】

7.1.4 火山活動と大気

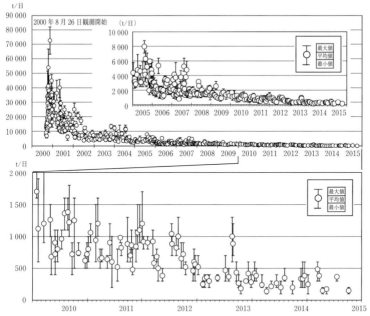

図6　三宅島の火山活動に伴う二酸化硫黄放出量（2000年8月～2015年5月）

　三宅島では2000年の噴火開始後の8月中旬以降，山頂火口から大量の二酸化硫黄を含む火山ガスの放出が観測されるようになった．これほど大量の二酸化硫黄が連続して放出した例は世界の火山観測史上初めてである．観測は，相関スペクトロメータ（COSPEC）およびCCD分光器を用いた測定器（通称DOAS）によるが，任用期間を経て2005年以降はおもにDOAS（気象庁・産総研）．

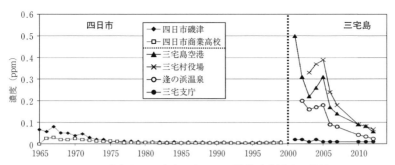

図7　三宅島と四日市における二酸化硫黄濃度の比較

　三宅島では二酸化硫黄を含む火山ガスの大量放出が続き，2005年2月の全島避難の解除後も，場所によっては依然として高濃度が観測されるため，居住ならびに立ち入り制限が行われている．呼吸器障害の患者が増え，大きな社会問題となった四日市市の二酸化硫黄濃度の変化と比べても，はるかに高い値を示している地域がある．時として，火山からの放出物が人工的な大気汚染を上回ることがあることを示す一例である（データは四日市市および東京都）．

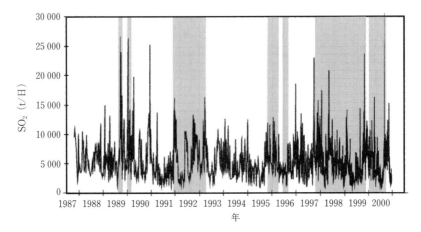

図8　エトナ火山（イタリア，シシリー島）の二酸化硫黄放出量変化

　エトナ火山では日量数千 t 以上の二酸化硫黄を放出している．三宅島のように日量数万 t の放出量が数年続くことはないが，灰色のバンドで示した噴火活動時には，日量数万 t 以上の二酸化硫黄を火山ガスとして放出することもある．
　Caltabiano, T. *et al.* (2004)："Etna Volcano Laboratory" Calvari. S, *et al.* (eds), AGU (Geophysical monograph series), 111-128.

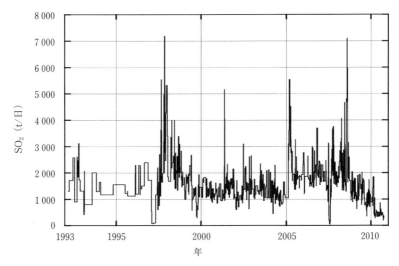

図9　ハワイ，キラウエア火山東リフトゾーンにおける二酸化硫黄放出量変化

　キラウエア火山山頂部では日量数百 t の二酸化硫黄を放出しているが，東リフトゾーンでは日量2000 t 程度である．噴火活動の活発な時期には日量5000 t 以上に達することもある．
　USGS-Hawaiian Volcano Observatory, Jeff Sutton（未公表資料）．

火山から放出される二酸化炭素および二酸化硫黄

陸上火山からの二酸化炭素の年間放出量推定値

推定放出量 (炭素換算100万t/年)	推定手法	データ源
4	島弧火山からの放出量	LeCloarec & Marty(1991)
22	7火山の放出量測定から外挿（世界で毎年60火山が噴火すると仮定）	Gerlach(1991)
17.6	火山ガスのS/C比から外挿した火口からの放出ガス	Williams *et al.*(1992)
18	C/^{3}He比からの外挿	Verekamp *et al.*(1992)
22	ホットスポット型火山からの放出量（マグマ中のCO_2量と噴出率からの推定）	Verekamp *et al.*(1992)
24～36	9火山の放出量測定からの外挿	Brantley & Koepenick(1995)

海底火山からの二酸化炭素の年間放出量推定値

推定放出量 (炭素換算100万t/年)	推定手法	データ源
16～197	C/^{3}He比と^{3}He流量からの推定	Javoy *et al.*(1982)
24～90	C/^{3}He比と^{3}He流量からの推定	Des Marais(1985)
18～55	海嶺玄武岩マグマの脱ガス量からの推定	Arthur *et al.*(1985)
25	C/^{3}He比と^{3}He流量からの推定	Marty & Jambon(1987)
2.8～10.3	地表に露出した海嶺玄武岩の放出ガスからの推定	Gerlach(1989)
18	C/^{3}He比からの推定	Gerlach(1991)

火山性二酸化硫黄の年間放出量推定値

推定放出量 (100万t/年)	推定手法	データ源
6	中央アメリカの火山のCOSPECによる測定結果を100火山に外挿	Stoiber & Jensen (1973)
51	高粘性マグマと低粘性マグマの量比からの推定	LeGuern(1982)
24	年間55火山が噴火するとしての推定値	Berresheim & Jaeschke(1983)
13	^{210}Po/SO_2比からの推定	Lambert *et al.*(1988)
19	火山ガスのCO_2/SO_2比とC放出量からの測定	Williams *et al.*(1992)
12	9火山のCO_2放出量とC/S比測定からの外挿	Brantley & Koepenick(1995)
21	SO_2放出量の時間平均と1972～97年に噴火した火山数の平均からの推定	Andres & Kasgnoc (1997)

7.2　日本の海岸線

　日本は南北に伸びた島しょからなり，国土面積に比べ海岸線が長く伸びている．1978年の調査開始以降人工的な改変を受けていない自然海岸は減少の一途をたどっている．

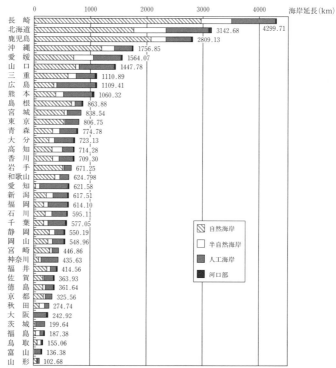

図1　都道府県別の海岸線の延長

環境省："第5回自然環境保全基礎調査　海辺調査総合報告書"（1998）.

図2　日本の海岸線の全長と自然海岸線の変化

＊　1998年の日本の海岸線全長は兵庫県南部地震（阪神・淡路大震災）のため，兵庫，徳島両県海岸線の調査資料はなく，両県の海岸線の長さは1994年の測定値で計算され示してある．

環境省："第5回自然環境保全基礎調査　海辺調査総合報告書"（1998）.

<<< *Topic* <<<<<<<<<<<<<<<<<<<<<<<<<<<<<<<<<

地殻変動と海面変動がつくり出す海岸環境

　四国の室戸岬から高知市にかけての土佐湾岸には，何段もの海岸段丘が，海から山に向かって階段状に分布している．日本の中でも，段丘面が広く，階段が明瞭に見られることで知られる．

　ところで，日本では，1880年代中頃から国道沿いに，「水準点」と呼ぶ標石を設置し，数年あるいは数十年に1回の間隔で高さを測量し，隆起・沈降の地殻変動（変位）を観測している．最近では，GPS基地を設けて，日常的に観測することも可能になった．しかし，これらの日常的な地殻変動の知見だけからでは，海岸段丘などをつくる長期的地殻変動の性質はわからない．

　たとえば，室戸岬（図1の水準点番号46）は，普段は3～7 mm/年（平均約5 mm/年）の速さで沈降している．しかし，地震時に，それまでの沈降量を上回る隆起（約850 mm）が一気に起こり，これがほぼ140年ごとにくり返されるために，長期的には隆起していることになる（図1の水準点番号46の平均速度）．逆に，安芸のように普段は隆起しているが（図1の水準点番号5167），地震時に大きく沈降する場所もある．平均速度も，室戸岬付近とは異なる（図1の水準点番号5167の平均速度）．このように，地殻変動の速度は場所（水準点）ごとに異なり，また，地震前の変動と地震時の変動では，隆起と沈降の方向が異なることがある．

　いずれにしても，地殻変動には，瞬間的な「地震時の変動」と，100年以上にわたって継続する「地震間の変動」，および，地震1周期の結果として現れる「地震時の変動と地震間の変動の合成変動」があることになる．合成変動は，計算でしか出てこないので実感がわかないが，数百年以上にわたる長期的地殻変動として現れるのは，この合成変動に他ならない．合成変動は，山や平野，階段状の段丘地形をつくり出す地殻変動なので，「地形形成にあずかる地殻変動」と呼ばれる．

　このように，急激な地殻変動を引き起こす地震は，同じ地域では100年や200年，あるいは1000年以上の間隔で発生する．しかも地震時の変動は，どのようなものか起こってみないとわからない．それゆえ，日常的な変動（地震間の変動）が高精度に観測されても，それだけでは長期的変動（合成変動）を知ることはできない．「地震時の変動」と「地震間の変動」および「地震の周期（間隔）」の3者の把握が必要である．

　土佐湾岸では，1896年の水準測量の開始後しばらくして，南海地震（1946年12月21日，M8.0）が発生した．結果として，地震前と地震時と地震後の地殻変動を測量できた．また，奈良・京都に近かったため，西暦600年代後半以降の地震の被害記録が日記などに記載されていて，室戸岬付近の地震（南海地震に類似したと推定される地震）が9回あり，120～140年の周期で発生していることがわかった．「地震1周期（約140年）の間の地殻変動」が実測されたというわけではないが，これらの資料から，土佐湾岸に設置された各水準点の長期的地殻変動の速度を推定することができた．「地震

時の変動」と「地震間の変動」および「地震の周期」の3者が，ともに信頼できる程度に知られている地域は，世界的にみても，他にはない．ただし，これで長期的地殻変動の速度が「確定」したわけではない．

　現在は，地質時代的にみると，第四紀（約260万年前～現在）という時代である．第四紀は人類が繁栄するようになった時代であるが，同時に氷期と間氷期がくり返された時代でもある．氷期は寒冷期であるが，地球全体が氷河に覆われたわけではなく，南極とグリーンランド以外に，北欧や北米に，大陸氷河（氷床）と呼ばれる大氷河が形成された．1つはスカンジナビア氷床といい，スカンジナビア半島を中心にモスクワ-ワルシャワ-ベルリン-ロンドンを結ぶ線以北のヨーロッパ北部からシベリアを覆っていた．他の1つはローレンタイド氷床といい，ローレンシア台地（ハドソン湾を中心に五大湖-セントローレンス川以北のカナダ楯状地の地域）を中心に，ニューヨーク-コロンバス-シアトルを結ぶ線以北の北米北部を覆った氷河である．間氷期は，現在と同様の温暖期で，スカンジナビア氷床とローレンタイド氷床は消滅した．ちなみに，現在は間氷期に相当するが，「後氷期」と呼ばれる．第四紀には，こうした氷期と間氷期が10数万年ごとにくり返された．

　地球の水の体積は約13億8500万 km^3 とされる．そのうち，海水が約97.4％，残り

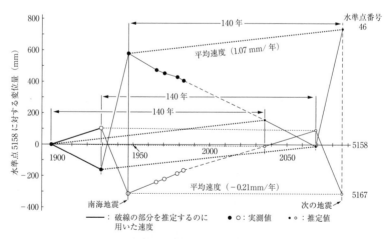

図1　四国・土佐湾岸の室戸岬（水準点番号：46）と安芸（水準点番号：5167）における地震時および地震間の地殻変動と長期的な地殻変動の関係

　地震時の変動量と地震間の変動量の合成変動量が長期的な変動量となる．地震の発生周期は140年．なお，平均速度は水準点5158に対する変動速度を示し，水準点5158は海面に対して0.68 mm/年の速度で隆起しているので，海面に対して室戸岬は1.07＋0.68＝1.75 mm/年，安芸は -0.21＋0.68＝0.47 mm/年の速度で隆起していることになる．大森（1990）.

の 2.6% のうち，南極とグリーンランドの大陸氷河の水が約 2% を占める．海水と大陸氷河の水の合計は 99% 以上にもなり，「地球の水は海水と氷河の水で占められている」といわれる．海から蒸発した水が，氷河として陸にとどまると，水は海に戻らない．そのため大陸氷河が形成されると海面が大きく低下する．逆に，大陸氷河が融けると海面は上昇する．現在の南極の氷河がすべて融けると，海面は 70 m ほど上昇すると計算される．こうした大陸氷河の消長に伴う海面変動は，偏西風などの強弱や海流の変化などに伴う海面変動などと区別して，氷河性海面変動と呼ばれる．氷期・間氷期の気候変化は，南極の氷河約 2 個分の氷河の形成と消滅（融解）を発生させ，100 m 以上の海面の低下と上昇を引き起こした（図 2 の下の曲線）．

　日本の海岸に沿って広く分布する海成段丘は，昔の河谷を埋めた堆積物が見られることなどから，海面が上昇した間氷期に形成されたことが知られている．また，段丘面を覆う火山灰の年代などから，日本各地の海岸段丘の形成年代もわかってきた．室戸岬付近の広い海岸段丘も，低い方（海抜 150 m 前後で，室戸岬面と呼ばれる）は 10 万年前頃，高い方（海抜 300 m 前後で，羽根岬面と呼ばれる）は 20 万年前頃につくられた．

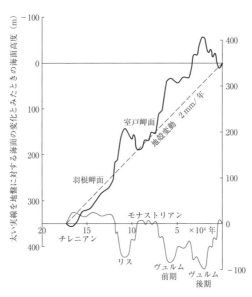

図 2　室戸岬付近における長期的地殻変動と氷河性海面変動の組み合わせによる階段状の海岸段丘の形成

　太い実線：地盤高度の変化．細い実線：海面変動．細い破線：長期的地殻変動の積算値．モナストリアン，チレニアンは間氷期の名前（現在では，異なる名前で呼ばれることも多い）．羽根岬面はチレニアン間氷期，室戸岬面はモナストリアン間氷期に対応して形成された．なお，現在では，モナストリアン間氷期は約 11〜12 万年前，チレニアン間氷期は約 20〜22 万年前とされ，隆起速度も 1.75 mm/年程度と推定されている．段丘面の高度分布は，図を逆さにしてみるとわかりやすい．吉川ほか（1964）．

　もし，推定された長期的地殻変動の速度が正しければ，それぞれの間氷期に形成された海岸段丘は，「長期的地殻変動の速度×年代」の高さに分布するはずである．室戸岬から高知市にかけて，「推定された長期的地殻変動」と「氷河性海面変動」を組み合わせたところ，推定された長期的地殻変動の速度が場所（水準点）によって異なるため，推定された段丘の高さも場所によって異なるにも関わらず，場所ごとに，実際の段丘の高さと推定された段丘の高さが一致し，推定された長期的地殻変動速度の確からしさが確認された．こうして，1960年代中頃に，「合成変動が蓄積して，長期的地殻変動になること」，「長期的地殻変動と氷河性海面変動の組み合わせによって，広い段丘面をもつ海岸段丘が，階段状に形成されたこと」がわかった（図2）．

　東北地方太平洋沖地震（2011年3月11日）時に，三陸海岸などで見られたように，海岸環境は，大規模な地震による海岸の隆起や沈降，あるいは大規模な津波や高潮による侵食と堆積によって，劇的に変化する．しかし，通常の地殻変動や海面変動では，海岸環境の変化は，目に見える形では現れにくい．日本の海岸の多くは，地殻変動や海面変動による影響よりも，ダムの建設などの影響を受ける河川からの土砂の供給量が多いか少ないか，護岸・沿岸工事などの影響を受ける波浪や沿岸流によって侵食されているか堆積しているか，あるいは，埋め立てや干拓などの土地造成が行われたかどうかなど，人為の影響の方が強く現れている．　　　　　　　　　　　　　【大森博雄】

【参考文献】
大森博雄（1990）：四国山地の第四紀地殻変動と地形，『変動地形とテクトニクス』（米倉伸之・岡田篤正・森山昭雄編），pp.60-86，古今書院．
吉川虎雄・貝塚爽平・太田陽子（1964）：土佐湾北東岸の海岸段丘と地殻変動．地理学評論，**37**：627-648．

7.3 バイオーム

おもに気候や地形によって形成される生物とその生育・生息環境のまとまりをバイオームと呼ぶ．バイオームの分類には様々なものがあるが，気候条件が最も重要な条件になっている点は共通している．

7.3.1 世界のバイオームの分布

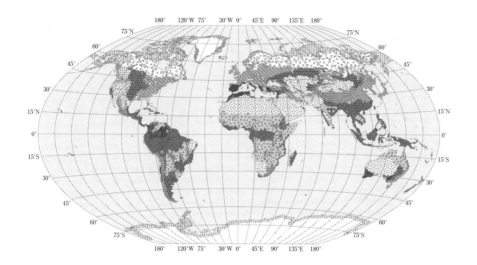

図1 陸域を14のバイオームに分類した例

WWF："Terrestrial ecoregion of the world"（2012）.

7.3.2　国別のバイオームの構成
国別のバイオーム面積

国名／バイオーム面積	熱帯・亜熱帯多雨林	熱帯・亜熱帯広葉樹林	熱帯・亜熱帯針葉樹林	温帯広葉樹林・混交林	温帯針葉樹林	タイガ
アイスランド	0	0	0	0	0	90 490
アイルランド	0	0	0	68 390	0	0
アゼルバイジャン	0	0	0	30 010	0	0
アフガニスタン	0	0	0	0	12 970	0
アメリカ	8 640	6 590	11 380	2 173 380	1 510 640	493 890
アメリカ領オセアニア諸島	10	0	0	0	0	0
アメリカ領サモア	150	0	0	0	0	0
アラブ首長国連邦	0	0	0	0	0	0
アルジェリア	0	0	0	0	9 490	0
アルゼンチン	74 540	0	0	74 820	0	0
ア ル バ	0	0	0	0	0	0
アルバニア	0	0	0	2 360	0	0
アルメニア	0	0	0	15 170	0	0
アンギラ	0	10	0	0	0	0
アンゴラ	2 280	2 950	0	0	0	0
アンティグア・バーブーダ	30	70	0	0	0	0
アンドラ	0	0	0	450	0	0
イエメン	0	0	0	0	0	0
イギリス	0	0	0	217 060	21 640	0
イギリス領インド洋地域	30	0	0	0	0	0
イギリス領バージン諸島	20	0	0	0	0	0
イスラエル	0	0	0	0	0	0
イタリア	0	0	0	59 060	52 490	0
イラク	0	0	0	29 500	0	0
イラン	0	0	0	404 300	63 400	0
インド	1 108 000	966 870	48 760	97 860	25 230	0
インドネシア	1 738 500	66 320	2 780	0	0	0
ウガンダ	24 400	0	0	0	0	0
ウクライナ	0	0	0	320 790	33 780	0
ウズベキスタン	0	0	0	0	0	0
ウルグアイ	0	0	0	0	0	0
エクアドル	199 540	24 490	0	0	0	0
エジプト	10	0	0	0	0	0
エストニア	0	0	0	44 480	0	0
エチオピア	228 560	0	0	0	0	0
エリトリア	15 750	0	0	0	0	0
エルサルバドル	1 010	8 290	10 720	0	0	0
オーストラリア	32 430	0	0	561 600	0	0
オーストリア	0	0	0	35 190	48 780	0
オマーン	0	0	0	0	0	0
オランダ	0	20	0	36 390	0	0
ガイアナ	197 760	0	0	0	0	0
ガザ地区	0	0	0	0	0	0
カザフスタン	0	0	0	0	14 640	0
カタール	0	0	0	0	0	0
ガーナ	79 960	0	0	0	0	0
カナダ	0	0	0	661 070	775 070	4 594 320
カーボベルデ	0	3 520	0	0	0	0
ガボン	211 760	0	0	0	0	0
カメルーン	244 410	0	0	0	0	0
韓 国	0	0	0	95 990	0	0
ガンビア	0	0	0	0	0	0
カンボジア	62 830	118 280	0	0	0	0
北 朝 鮮	0	0	0	122 010	0	0
北マリアナ諸島	0	380	0	0	0	0

（単位：km²）

熱帯草原・灌木林	湿帯草原・灌木林	湿生草原	高山植生	ツンドラ	硬葉樹林	砂　漠	マングローブ	その他・不明
0	0	0	0	0	0	0	—	10 460
0	0	0	0	0	0	0	—	0
0	4 790	0	0	0	0	50 750	—	790
0	3 620	0	109 830	0	0	5 166 90	—	740
77 590	2 411 260	19 950	0	896 440	109 260	1 526 550	3 029.55	198 010
0	0	0	0	0	0	0	0.52	0
0	90	0	0	0	0	70 560	68.21	0
0	0	14 270	0	0	292 750	2 000 640	—	0
654 120	1 587 380	63 950	332 470	0	0	0	—	1 390
0	0	0	0	0	0	20	0.71	0
0	0	0	0	0	25 690	0	—	0
0	14 450	0	0	0	0	0	—	0
0	0	0	0	0	0	60	0.90	0
1 087 750	0	2 560	100 020	0	0	54 240	311.72	0
0	0	0	0	0	0	300	8.43	0
0	0	0	0	0	0	0	—	0
0	0	0	0	0	0	455 260	9.27	0
0	0	0	0	0	0	0	0.11	0
0	0	0	0	0	0	90	5.87	0
0	30	0	0	0	8 350	13 470	—	0
0	0	0	0	0	187 000	0	—	0
0	38 190	28 040	0	0	1 250	341 580	—	0
0	64 950	7 640	148 290	0	0	933 280	192.34	4 610
11 180	0	24 230	103 120	0	0	744 770	4 325.92	20 130
7 770	0	0	9 740	0	0	0	31 893.59	0
185 470	0	0	1 690	0	0	0	—	32 060
0	241 080	0	0	0	0	0	—	0
0	108 230	0	690	0	0	320 180	—	19 090
177 630	70	0	0	0	0	0	—	0
0	0	2 930	15 970	0	0	7 420	1 582.61	0
0	0	71 660	0	0	3 600	928 090	5.12	0
0	0	0	0	0	0	0	—	0
577 420	0	750	263 230	0	0	64 120	—	530
56 420	0	0	7 250	0	0	42 880	101.93	0
0	0	0	0	0	0	0	252.00	0
2 139 270	577 430	0	12 020	110	803 650	3 579 300	9 910.04	0
0	0	0	0	0	0	0	—	0
0	25 530	0	0	0	0	286 740	10.88	0
0	0	0	0	0	0	120	—	0
13 970	0	0	0	0	0	0	396.44	0
0	0	0	0	0	5 200	1 100	—	0
0	1092 890	0	41 150	0	0	1 526 550	—	37 110
0	0	0	0	0	0	11 080	12.27	0
158 130	0	0	0	0	0	0	136.87	0
0	685 510	0	0	2 829 960	0	0	—	321 090
0	0	0	0	0	0	0	—	0
44 630	0	0	0	0	0	0	1 597.52	0
215 980	0	560	0	0	0	0	1 961.84	3 930
0	0	0	0	0	0	0	—	0
9 520	0	0	0	0	0	0	581.29	0
0	0	0	0	0	0	0	728.35	0
0	0	0	0	0	0	0	—	0
0	0	0	0	0	0	0	0.07	0

（続き）

国名／バイオーム面積	熱帯・亜熱帯多雨林	熱帯・亜熱帯広葉樹林	熱帯・亜熱帯針葉樹林	温帯広葉樹林・混交林	温帯針葉樹林	タイガ
ギ ニ ア	48 020	0	0	0	0	0
ギニアビサウ	0	0	0	0	0	0
キ プ ロ ス	0	0	0	0	0	0
キ ュ ー バ	21 280	65 670	6 410	0	0	0
ギ リ シ ャ	0	0	0	12 410	0	0
キ リ バ ス	90	0	0	0	0	0
キ ル ギ ス	0	0	0	0	9 990	0
グアテマラ	68 400	7 600	29 510	0	0	0
グ ア ム	0	520	0	0	0	0
ク ウ ェ ー ト	0	0	0	0	0	0
クック諸島	160	0	0	0	0	0
グリーンランド	0	0	0	0	0	0
グ レ ナ ダ	220	70	0	0	0	0
クロアチア	0	0	0	41 680	0	0
ケイマン諸島	0	120	0	0	0	0
ケ ニ ア	76 750	0	0	0	0	0
コスタリカ	43 450	6 150	0	0	0	0
コートジボワール	149 190	0	0	0	0	0
コ モ ロ	1 600	0	0	0	0	0
コロンビア	857 240	78 910	0	0	0	0
コンゴ共和国	233 920	0	0	0	0	0
コンゴ民主共和国	1 142 790	0	0	0	0	0
サウジアラビア	0	0	0	0	0	0
サウスジョージア・サウスサンドウィッチ諸島	0	0	0	0	0	0
サ モ ア	2 620	0	0	0	0	0
サントメ・プリンシペ	980	0	0	0	0	0
ザ ン ビ ア	0	35 360	0	0	0	0
サンピエール・ミクロン	0	0	0	0	0	0
サンマリノ	0	0	0	0	0	0
シエラレオネ	46 550	0	0	0	0	0
ジ ブ チ	0	0	0	0	0	0
ジブラルタル	0	0	0	0	0	0
ジャマイカ	8 270	2 270	0	0	0	0
ジョージア	0	0	0	57 020	0	0
シ リ ア	0	0	0	0	0	0
シンガポール	500	0	0	0	0	0
ジンバブエ	0	0	0	0	0	0
ス イ ス	0	0	0	17 830	23 600	0
スウェーデン	0	0	0	127 990	0	258 850
ス ー ダ ン	2 720	0	0	0	0	0
ス ペ イ ン	0	0	0	74 280	0	0
ス リ ナ ム	141 070	0	0	0	0	0
スリランカ	15 660	48 130	0	0	0	0
スロバキア	0	0	0	31 350	17 060	0
スロベニア	0	0	0	15 000	3 720	0
スワジランド	2 710	0	0	0	0	0
赤道ギニア	25 780	0	0	0	0	0
セ ー シ ェ ル	180	0	0	0	0	0
セ ネ ガ ル	0	0	0	0	0	0
セントクリストファー・ネイビス	60	0	0	0	0	0
セントビンセント	180	30	0	0	0	0
セントヘレナ	0	0	0	0	0	0
セントルシア	330	230	0	0	0	0
ソ マ リ ア	28 580	0	0	0	0	0
ソロモン諸島	26 290	0	0	0	0	0
タ イ	277 670	226 990	0	0	0	0

（単位：km²）

熱帯草原・灌木林	湿帯草原・灌木林	湿生草原	高山植生	ツンドラ	硬葉樹林	砂　漠	マングローブ	その他・不明
194 810	0	0	0	0	0	0	2 033.45	0
24 200	0	0	0	0	0	0	2 982.21	0
0	0	5 660	0	0	5 360	0	—	0
0	0	0	0	0	0	3 080	4 944.05	0
0	0	0	0	0	116 000	0	—	0
0	0	0	0	0	0	0	2.58	0
0	97 450	0	81 360	0	0	3 700	—	6 670
0	0	0	0	0	0	2 350	177.27	0
0	0	0	0	0	0	0	0.97	0
0	0	0	0	0	0	17 180	0.05	0
0	0	0	0	454 230	0	0	—	1 670 610
0	0	0	0	0	0	20	1.36	0
0	0	0	0	0	12 390	0	—	0
0	0	0	0	0	0	0	78.30	0
401 090	0	200	1 740	0	0	95 950	609.51	11 320
0	0	0	0	0	0	0	418.40	0
173 060	0	0	0	0	0	0	99.62	0
0	0	0	0	0	0	0	1.17	0
153 680	0	0	15 510	0	0	27 610	4 079.26	0
113 240	0	0	0	0	0	0	16.66	0
1 178 560	0	2 310	600	0	0	0	193.07	15 860
0	0	0	0	0	0	1 929 030	204.00	0
0	0	0	0	3 810	0	0	—	0
0	0	0	0	0	0	0	3.70	0
0	0	0	0	0	0	0	1.36	0
635 300	0	82 590	1 200	0	0	0	—	2 020
0	0	0	0	0	60	0	—	0
18 730	0	0	0	0	0	0	1 048.89	0
0	0	0	0	0	0	21 860	9.96	0
0	0	0	0	0	0	0	97.55	0
0	5 580	0	0	0	0	7 010	—	0
0	81 690	0	0	0	51 090	53 520	—	0
0	0	0	0	0	0	0	4.60	0
384 760	0	0	6 660	0	0	0	—	0
0	0	0	0	49 330	0	0	—	5 720
1 146 120	0	490	600	0	0	718 300	9.80	0
0	0	0	0	0	431 050	0	—	0
520	0	0	0	0	0	0	509.78	0
0	0	0	0	0	0	2 190	88.82	0
0	0	0	0	0	1 580	0	—	0
6 980	0	0	7 480	0	0	0	—	0
0	0	0	0	0	0	0	253.24	0
0	0	0	0	0	0	110	32.26	0
195 820	0	0	0	0	0	0	1 279.45	0
0	0	0	0	0	0	10	0.68	0
0	0	0	0	0	0	20	—	0
210	140	0	0	0	0	0	—	0
0	0	0	0	0	0	20	1.91	0
378 850	0	0	0	0	0	66 430	48.00	0
0	0	0	0	0	0	0	602.52	0
0	0	0	0	0	0	0	2 483.62	0

(続き)

国名／バイオーム面積	熱帯・亜熱帯多雨林	熱帯・亜熱帯広葉樹林	熱帯・亜熱帯針葉樹林	温帯広葉樹林・混交林	温帯針葉樹林	タイガ
台　　　湾	35 960	0	0	0	0	0
タークス・カイコス諸島	0	0	200	0	0	0
タジキスタン	0	0	0	0	0	0
タンザニア	109 180	0	0	0	0	0
チェコ	0	0	0	77 200	1 470	0
チャド	0	0	0	0	0	0
中央アフリカ共和国	64 990	0	0	0	0	0
中　　　国	1 524 770	0	0	2 313 610	523 410	310
チュニジア	0	0	0	0	2 640	0
チ　　リ	170	0	0	315 810	0	0
ツ　バ　ル	10	0	0	0	0	0
デンマーク	0	0	0	39 480	0	0
ド　イ　ツ	0	0	0	352 240	3 530	0
ト　ー　ゴ	6 490	0	0	0	0	0
ド　ミ　ニ　カ	560	0	0	0	0	0
ドミニカ共和国	28 730	9 530	8 440	0	0	0
トリニダード・トバゴ	4 610	240	0	0	0	0
トルクメニスタン	0	0	0	0	0	0
ト　ル　コ	0	0	0	305 040	101 520	0
ト　ン　ガ	480	0	0	0	0	0
ナイジェリア	126 740	0	0	0	0	0
ナ　ウ　ル	0	0	0	0	0	0
ナ　ミ　ビ　ア	0	0	0	0	0	0
南　　　極	0	0	0	0	0	0
ニ　ウ　エ	210	0	0	0	0	0
ニカラグア	69 440	24 490	22 510	0	0	0
ニジェール	0	0	0	0	0	0
日　　　本	3 810	0	0	306 370	57 190	0
ニューカレドニア	14 400	4 270	0	0	0	0
ニュージーランド	20	0	0	171 670	0	0
ネ　パ　ー　ル	29 290	0	22 960	20 230	16 960	0
ノーフォーク島	40	0	0	0	0	0
ハ　イ　チ	16 970	5 760	3 180	0	0	0
パキスタン	0	0	13 170	4 530	27 720	0
バージン諸島	110	0	0	0	0	0
バ　チ　カ　ン	0	0	0	0	0	0
ハード・マクドナルド諸島	0	0	0	0	0	0
パ　ナ　マ	65 590	5 080	0	0	0	0
バ　ヌ　ア　ツ	12 010	0	0	0	0	0
バ　ハ　マ	0	0	5 790	0	0	0
パプアニューギニア	431 660	0	0	0	0	0
バミューダ諸島	0	0	30	0	0	0
パ　ラ　オ	360	0	0	0	0	0
パラグアイ	86 330	0	0	0	0	0
バルバドス	0	0	0	0	0	0
バ　ー　レ　ー　ン	0	0	0	0	0	0
ハンガリー	0	0	0	93 160	0	0
バングラデシュ	121 640	0	0	0	0	0
ピトケアン	40	0	0	0	0	0
フィジー諸島	10 730	6 810	0	0	0	0
フィリピン	280 980	0	7 090	0	0	0
フィンランド	0	0	0	3 150	0	323 230
プエルトリコ	7 480	1 220	0	0	0	0
フェロー諸島	0	0	0	0	0	0
フォークランド（マルビナス）諸島	0	0	0	0	0	0
ブ　ー　タ　ン	4 470	0	670	16 300	9 100	0

（単位：km²）

熱帯草原・灌木林	湿帯草原・灌木林	湿生草原	高山植生	ツンドラ	硬葉樹林	砂漠	マングローブ	その他・不明
0	0	0	0	0	0	0	—	0
0	0	0	0	0	0	0	236.00	0
0	66 460	0	64 430	0	0	3 970	—	7 590
727 150	0	34 410	21 710	0	0	0	1 286.83	49 690
0	0	0	0	0	0	0	0	0
744 790	0	10 120	0	0	0	513 860	—	4 800
557 030	0	0	0	0	0	0	0	0
0	638 340	108 580	2 484 770	0	0	1734 950	207.56	57 150
0	0	10 700	0	0	79 800	63 500	—	0
0	28 140	0	109 530	0	148 560	106 840	—	15 850
0	0	0	0	0	0	0	0.40	0
0	0	0	0	0	0	0	—	0
50 740	0	0	0	0	0	0	10.89	0
0	0	0	0	0	0	160	0.10	0
0	0	480	0	0	0	0	212.15	0
0	0	0	0	0	0	0	65.72	0
0	3 590	0	34 650	0	0	432 640	—	620
0	105 010	0	0	0	268 040	0	—	0
0	0	0	0	0	0	0	3.36	0
747 910	0	5 190	13 360	0	0	0	7 355.57	3 750
0	0	0	0	0	0	0	0.02	0
242 280	0	10 590	0	0	0	573 120	—	0
0	0	0	0	3 058 790	0	0	—	9 054 890
0	0	0	0	0	0	0	30.00	0
0	0	0	0	0	0	0	670.68	8 030
554 420	0	2 990	0	0	0	629 570	—	850
0	0	0	0	0	0	0	7.44	0
0	0	0	0	0	0	0	227.14	0
0	53 550	0	40 010	650	0	0	260.50	0
23 130	0	0	29 060	0	0	0	—	6 030
0	0	0	0	0	0	0	—	0
0	0	150	0	0	0	0	135.56	0
0	0	3 290	103 570	0	0	707 640	977.34	12 290
0	0	0	0	0	0	210	—	0
0	0	0	0	380	0	0	—	0
0	0	0	0	0	0	0	1 744.44	0
0	0	0	0	0	0	0	20.51	0
0	0	0	0	0	0	0	875.05	0
18 890	0	0	5 860	0	0	0	4 264.82	0
0	0	0	0	0	0	0	0.18	0
0	0	0	0	0	0	0	48.53	0
313 200	0	2 230	0	0	0	0	—	0
0	0	0	0	0	0	410	0.04	0
0	0	0	0	0	0	560	0.65	0
0	0	0	0	0	0	0	—	0
130	0	0	0	0	0	0	4 951.36	0
0	0	0	0	0	0	0	—	0
0	0	0	0	0	0	0	424.64	0
0	0	0	0	0	0	0	2 564.82	0
0	0	0	0	3 410	0	0	—	0
0	0	0	0	0	0	0	73.94	0
0	1 040	0	0	0	0	0	—	0
0	10 670	0	0	0	0	0	—	0
200	0	0	7 620	0	0	0	—	2 160

（続き）

国名／バイオーム面積	熱帯・亜熱帯多雨林	熱帯・亜熱帯広葉樹林	熱帯・亜熱帯針葉樹林	温帯広葉樹林・混交林	温帯針葉樹林	タイガ
ブラジル	5 253 780	181 700	0	0	0	0
フランス領南極地方	0	0	0	0	0	0
フランス領ポリネシア	2 340	0	0	0	0	0
ブルガリア	0	0	0	112 060	0	0
ブルキナファソ	0	0	0	0	0	0
ブ ル ネ イ	5 590	0	0	0	0	0
ブ ル ン ジ	6 900	0	0	0	0	0
ベ ト ナ ム	220 040	93 010	0	0	0	0
ベ ナ ン	1 410	0	0	0	0	0
ベネズエラ	474 210	91 260	0	0	0	0
ベラルーシ	0	0	0	207 100	0	0
ベ リ ー ズ	16 930	0	2 830	0	0	0
ペ ル ー	880 370	49 430	0	0	0	0
ベ ル ギ ー	0	0	0	30 550	0	0
ボスニア・ヘルツェゴビナ	0	0	0	46 720	0	0
ボ ツ ワ ナ	0	0	0	0	0	0
ポーランド	0	0	0	292 940	19 630	0
ボ リ ビ ア	345 250	237 880	0	0	0	0
ポルトガル	0	0	0	17 990	0	0
香港 SAR	910	0	0	0	0	0
ホンジュラス	39 220	19 130	51 060	0	0	0
マカオ SAR	0	0	0	0	0	0
北マケドニア	0	0	0	19 740	0	0
マーシャル諸島	20	0	0	0	0	0
マダガスカル	311 910	151 380	0	0	0	0
マ ラ ウ イ	40	0	0	0	0	0
マ リ	0	0	0	0	0	0
マ ル タ	0	0	0	0	0	0
マレーシア	315 570	0	0	0	0	0
ミクロネシア	440	40	0	0	0	0
南アフリカ	29 720	0	0	0	0	0
ミャンマー	593 090	35 220	540	11 040	4 220	0
メ キ シ コ	269 950	372 760	462 850	0	3 990	0
モザンビーク	143 960	0	0	0	0	0
モ ナ コ	0	0	0	0	0	0
モーリシャス	1 620	0	0	0	0	0
モーリタニア	0	0	0	0	0	0
モルディブ	60	0	0	0	0	0
モ ル ド バ	0	0	0	26 220	0	0
モ ロ ッ コ	0	0	0	0	10 960	0
モ ン ゴ ル	0	0	0	0	131 670	38 020
モンセラット	30	40	0	0	0	0
ヨ ル ダ ン	0	0	0	0	0	0
ラ オ ス	187 770	41 580	0	0	0	0
ラ ト ビ ア	0	0	0	64 270	0	0
リトアニア	0	0	0	64 740	0	0
リ ビ ア	0	0	0	0	0	0
リヒテンシュタイン	0	0	0	50	80	0
リ ベ リ ア	94 270	0	0	0	0	0
ルクセンブルク	0	0	0	2 610	0	0
ル ワ ン ダ	11 240	0	0	0	0	0
レ ソ ト	0	0	0	0	0	0
レ バ ノ ン	0	0	0	0	0	0
ロ シ ア	0	0	0	1 698 060	442 890	9 144 130
ワリス・フテュナ諸島	100	0	0	0	0	0

WWF："Terrestrial ecoregion of the world"（2012）.

（単位：km²）

熱帯草原・灌木林	湿帯草原・灌木林	湿生草原	高山植生	ツンドラ	硬葉樹林	砂　漠	マングローブ	その他・不明
2 187 150	0	137 440	0	0	0	735 720	12 999.47	0
0	60	0	0	6 880	0	20	—	0
0	0	0	0	0	0	0	—	0
0	450	0	0	0	240	0	—	0
27 4450	0	0	0	0	0	0	—	0
0	0	0	0	0	0	0	173.10	0
18 240	0	0	0	0	0	0	—	2 090
0	0	0	0	0	0	0	1 056.08	0
115 360	0	0	0	0	0	0	65.66	0
237 570	0	6 000	3 120	0	0	93 540	3 569.11	0
0	0	0	0	0	0	0	957.53	0
0	0	0	178 350	0	0	183 030	53.12	4 910
0	0	0	0	0	5 140	0	—	0
311 420	0	46 950	0	0	0	223 460	—	0
0	0	0	0	0	0	0	—	0
254 950	0	31 890	219 810	0	0	0	—	3 110
0	0	0	0	0	72 480	0	—	0
0	0	0	0	0	0	0	628.00	0
0	0	0	0	0	5 650	0	—	0
0	0	0	0	0	0	0	—	0
0	0	0	1 290	0	0	122 900	2 991.12	0
72 770	0	4 320	21 070	0	0	0	—	2 1920
688 050	0	46 130	0	0	0	525 400	—	0
0	0	0	0	0	250	0	—	0
0	0	0	4 350	0	0	0	7 097.30	0
0	0	0	0	0	0	0	86.99	0
169 050	0	0	383 030	310	95 350	545 500	30.54	0
0	0	0	5 290	0	0	0	5 029.11	0
3 590	0	0	0	0	11 730	810 630	7 700.57	0
600 810	0	29 730	2 360	0	0	0	2 909.00	7 180
0	0	0	0	0	20	0	1.20	0
375 600	0	5 610	0	0	0	659 870	1.39	0
0	6 960	0	0	0	0	0	—	0
0	0	0	6 350	0	308 380	266 690	—	0
0	603 790	0	84 280	0	0	706 290	—	0
0	0	0	0	0	0	20	0.05	0
0	11 520	0	0	0	9 540	68070	—	0
0	0	0	0	0	0	0	—	0
0	0	0	0	0	0	0	—	0
0	0	2 290	0	0	63 970	1 562 800	—	0
0	0	0	0	0	0	0	—	0
150	0	0	0	0	0	0	109.18	0
0	0	0	0	0	0	0	—	0
13 600	0	0	640	0	0	0	—	0
0	0	0	30 210	0	0	0	—	0
0	0	0	0	0	9 810	0	—	0
0	1 503 070	88 820	87 870	3 695 550	0	108 220	—	59 000
0	0	0	0	0	0	0	0.25	0

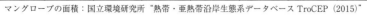
マングローブの面積：国立環境研究所 "熱帯・亜熱帯沿岸生態系データベース TroCEP（2015）"

7.3.3   エコリージョン

　おもに気候条件によって分類されるバイオームをさらに，生物種の分布や環境条件などをもとに細分した単位．14のバイオームが867のエコリージョンに分類される．それぞれのエコリージョンは特徴的な生物種や群集タイプを含むため，地球規模で生物多様性保全がくまなく行われているかどうかを評価する際の重要な単位となる．

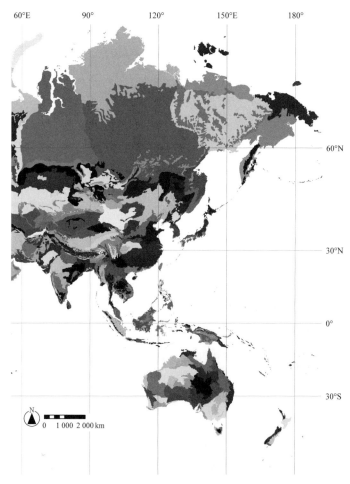

図2　アジア・オセアニア地域のエコリージョンの分布
 WWF："Terrestrial ecoregion of the world"（2012）.

7.4 生物群集

7.4.1 日本の潜在的な植生分布

　洪水や強風といった自然攪乱や, 伐採, 野焼きなどの人為攪乱を考えない潜在的な植生は, おもに気候・地形などの条件から特徴づけられる.

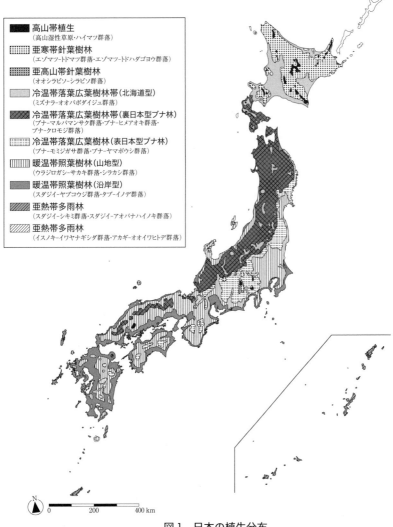

凡例

- ■ **高山帯植生**
  （高山湿性草原・ハイマツ群落）
- ▦ **亜寒帯針葉樹林**
  （エゾマツ–トドマツ群落・エゾマツ–トドハダゴヨウ群落）
- ▦ **亜高山帯針葉樹林**
  （オオシラビソ–シラビソ群落）
- ▦ **冷温帯落葉広葉樹林帯（北海道型）**
  （ミズナラ–オオバボダイジュ群落）
- ▨ **冷温帯落葉広葉樹林帯（裏日本型ブナ林）**
  （ブナ–マルバマンサク群落・ブナ–ヒメアオキ群落・ブナ–クロモジ群落）
- ▦ **冷温帯落葉広葉樹林（表日本型ブナ林）**
  （ブナ–モミジガサ群落・ブナ–ヤマボウシ群落）
- ▥ **暖温帯照葉樹林（山地型）**
  （ウラジロガシ–サカキ群落・シラカシ群落）
- ▦ **暖温帯照葉樹林（沿岸型）**
  （スダジイ–ヤブコウジ群落・タブ–イノデ群落）
- ▨ **亜熱帯多雨林**
  （スダジイ–シキミ群落・スダジイ–アオバナハイノキ群落）
- ▨ **亜熱帯多雨林**
  （イスノキ–イワヤナギシダ群落・アカギ–オオイワヒトデ群落）

N
0　　200　　400 km

図1　日本の植生分布
宮脇昭（1975）.

7.4.2　植生・土地利用分布の現状

攪乱の影響は広範囲にわたるため自然林が占める割合はごく小さい.

県別土地利用面積

都道府県	自然林の割合(%)	自然林	二次林	人工林	その他の森林	自然草地	二次草地	人工草地	その他の草地	水田	畑地	路傍	茶畑
北海道	85.4	35 578.9	4 653.8	13 615.2	14.8	957.9	1 760.1	6 619.2	2 484.6	2 638.1	6 303	1.5	0
青　森	21.7	1 683	1 897.9	2 759.5	20.3	34	198.8	249.7	34.3	1 126.1	521.2	0	0
岩　手	11.4	1 548.4	4 283.6	5 334.8	0	42.9	480.2	333.5	31.6	1 747.9	1 021.5	0	0
宮　城	11	708.9	1 669.9	1 929	2.9	11.8	110.1	104.4	2.5	1 601	366.9	0	0
秋　田	19.4	1 854.4	2 542.1	3 719	2.3	23.2	531.5	88.4	43.5	1 779.2	256.3	0	0
山　形	28	2 020.7	2 820.6	1 593.5	1.7	44.7	333.8	47.5	48.7	1 372.7	181.6	0	0
福　島	10.8	1 323.6	5 047.2	2 125.3	327.1	23.2	1 123.2	121.7	68.3	1 671.2	674.5	0	0
茨　城	0.5	27.6	420.8	1 607.3	3.4	9.1	55.8	121.2	0.7	1 301.3	1 217.2	2.6	0.2
栃　木	8.3	485	1 691	1 387.4	7.2	2.4	136.5	139.2	21.9	1 299.4	425.7	0	0
群　馬	18.5	981.3	1 244.1	2 016.1	0.8	13.7	37	102.8	55.2	462.6	515.9	11.2	0.2
埼　玉	4.3	155.4	571.1	508.7	2.2	0	68.5	72.2	15.2	817.7	370.7	26.5	17
千　葉	0.5	26.5	783	853.6	39.7	6	94.9	114.6	12.2	1 220.6	698.6	88.8	0
東　京	7.9	155.6	335.8	362.3	4	12.4	23.3	35.8	0.9	14.2	85.4	26.4	3.1
神奈川	3.8	87.4	451.2	337.7	3.3	8.3	115.6	38.6	9.2	109.6	196	5	0.5
新　潟	12.5	1 376.6	4 439.8	1 467.4	939.8	90.8	82.4	56.7	65.7	2 530	273.2	0	0
富　山	36.9	1 135.8	957.4	501.8	6.1	173.4	130.7	21.8	0.7	906.4	42.9	0	0
石　川	12.2	450.9	1 656.7	649.7	23.8	35.3	43	45.2	11.5	711.2	100.8	5.6	0.7
福　井	4.3	172.7	1 939.2	958.3	25	0.7	52.1	14.5	10.6	650.3	30.2	0	2.3
山　梨	18.6	696.2	1 197.9	1 280.9	1.7	41.3	303.8	25.4	0.1	171.3	132.3	0	4
長　野	20.8	2 317.1	4 224.9	3 380.6	9.8	112	476.2	92.3	100.3	1 072.7	733.2	0	0.2
岐　阜	15.5	1 412.7	3 639.6	2 888.2	33.7	79.9	466.8	102.7	68.1	831.3	140.3	10.1	6
静　岡	8.9	623.3	1 260.8	2 926.2	31.1	38	393.6	63.9	19.7	605	285.9	7.2	266.2
愛　知	0.6	30.6	699.7	1 569.7	8.9	0.9	36.3	46.6	0.5	983.1	400.1	1.3	2.7
三　重	3.6	198.8	1 029.2	2 616.4	16.7	6.8	75.9	54.5	5.3	848.4	163.5	0	56.4
滋　賀	2.6	82.6	1 419.6	416.5	22.1	1.5	165.1	38.8	6.5	728	23.4	19.2	8.8
京　都	1.6	70.1	2 424.8	960.8	44.8	2.6	17.5	22.5	6.8	508	57.8	0	23.1
大　阪	0.4	7.4	415.6	178.7	12.6	0	15	26.7	0.1	287.7	3.5	0.1	0
兵　庫	0.8	65.5	3 864.4	1 784.5	30.4	0	65.6	116.2	5.4	1 450.6	58.4	0	2.2
奈　良	10.4	346.6	412.1	1 938.9	3.6	0	180.7	20.7	0.7	385.4	43.4	11.1	19.1
和歌山	2.2	102.2	1 244	2364	3.1	0.2	27.5	17.2	0.4	268.2	34.3	0	0.6
鳥　取	3.2	108.8	885.1	1 476.6	3.9	8.9	94.1	37.4	5	490.7	115.6	3.2	0
島　根	0.9	60.7	3 313.8	1 769.8	53.3	0.8	109.8	28.5	3.8	805.7	106.3	0	1.7
岡　山	0.5	35.4	3 268.3	839.8	16.4	0	865.1	60.3	6.3	1 186.9	281	0	0
広　島	0.7	58.9	4 858.1	500.2	5	0	1 142.1	28.4	1.4	1 185.6	225.4	0	0
山　口	1.8	107.8	3 351.9	1 060.4	45.2	1	47.1	42.6	2.5	885.3	43.7	3	1.2
徳　島	4.1	163	14 255.4	14 698.6	33.3	0.3	64.9	7.9	10	410.8	164.2	13.4	1.3
香　川	5.2	91.9	695.8	121.9	9	1.8	17.6	15.4	0	466.8	52	0	2.7
愛　媛	2.4	134.8	14 346.5	24 693.4	2.4	0.3	31.8	24.1	8.4	551.8	189	7	0
高　知	3.3	227	2 341.3	3456	7.2	5.7	125.3	10.4	19.6	513.8	182.3	3.4	11.3
福　岡	0.9	43.2	619.2	1 605.5	68.3	1.8	70	61.3	1.4	1 110.1	66.3	39.6	22.1
佐　賀	0.8	19	320	849.3	19.4	0.5	10.2	16.5	1.2	714.2	47	0	17.8
長　崎	0.7	30.3	1 597.7	828.1	80.9	3.6	79.5	20.9	1.3	449.1	442.1	0	9.4
熊　本	2.9	209.2	1 222.4	2 999.8	38.1	0	383.4	129.3	12.2	1 163.5	547.2	0	5.2
大　分	4.5	273.3	1 124.8	2 934.4	43.4	2	314.4	57.9	8.5	816.3	186.7	0	2.3
宮　崎	13.2	909.8	1 069.1	3 640.9	32.2	4.7	502.1	37.7	10.7	615.1	478.9	9.9	12.2
鹿児島	25.4	1 885.4	709.1	3 018.1	146.2	26.5	254	75.1	101.4	768.9	1 437.5	1.1	69.3
沖　縄	76.9	1 011.8	37.8	41	38.5	8.7	171.9	67.8	5.7	16.8	650.1	0	0.7

自然林の割合は，陸域植生・土地利用の合計面積に対して計算された.

国立環境研究所：“日本全国標準土地利用メッシュデータ”（2013）.

（単位：km²）

果樹・桑その他	緑の多い住宅地等	市街地	人工裸地	自然草原(塩沼)	湿地草原	水草(淡水)	海草	マングローブ	自然裸地	石灰岩植生	火山荒原・礫気孔原	崖	サンゴ礁植生	開放水域	不明
82	655.4	490.6	532.7	18.3	622.2	4	0	0	202.6	0	0	0	0	1 130.5	4.7
335.6	109.4	279.1	83.8	1	55.5	0	0	0	41.7	0	0.7	0	0	194.6	0.6
32.5	0	222	62.8	1	12.6	0	0	0	0	3	4.9	0	0	92.2	2.5
54.6	0	481.3	58.1	0	44.4	16.1	0	0	0	0	10.7	0	0	91.9	0
81.6	140.2	199.7	86	0	64.6	2.2	0	0	7.5	0	2.4	0.5	0	198.5	1.3
266.7	301.8	43.5	85.6	0	64	0.1	0	0	12.9	0	2.3	0	0	77.2	0.5
355.2	203.4	236.1	173.5	0	25.8	0	0	0	20.3	0	7.5	0	0	242.1	0.7
69.8	402.7	251.9	256.9	0	41.4	0	0	0	7.2	0	0	0	0	287.5	0.3
50.1	149.2	302	126.1	0	20.9	0	0	0	95	0	2.2	0	0	62.1	1.6
345.9	319.2	67.2	64.2	0	32.3	0.1	0	0	11.5	0	9.9	0	0	70	1.1
259.8	213.8	492.6	110	0	37.4	0	0	0	5.6	1	0	0	0	50.6	0.7
72.2	314.5	424.6	267	1.3	35.6	0	0	0	8.1	0	0	0	0	84.7	0.3
22.9	167.4	695.6	120.9	0	9.9	0	0	0	39	0	9.3	0	0.1	42.5	0.7
74.2	57.8	705.8	145.7	0	10.1	0.4	0	0	6.7	0	0.3	0	0	43.1	1.6
47.5	454.1	262.8	125.5	0.1	19.4	0	0	0	117.6	0	0	0	0	221.8	1
5.4	80.8	140.6	57.5	0	22.1	0	0	0	29.6	0	0	0	0	46.2	0.1
40.2	245.2	30.6	57	0	20.3	0.1	0	0	23.8	0	0	0	0	39	0
26.2	17.1	203.9	28.4	0	2.5	0	0	0	15.2	0	0	0	0	48.2	0.1
309.3	8.6	157.2	54.2	0	26.1	0.3	0	0	18.9	0	0	0	0	42.6	0.2
193.3	290.2	240.1	67	0	33.5	0	0	0	114.8	0	0	0	0	108.6	0.9
58.7	178.6	437.1	70.2	0	16.9	0	0	0	69.7	0	0	0	0	135.6	0.4
313.3	78.3	479.2	93	0	11.1	0	0	0	124.1	0	0	0	0	151.9	0.6
100.1	25.9	881.5	237.1	0	18.4	0	0	0	10.3	0	0	0	0	101.6	0.6
92	73.5	289.6	127.4	0	25.8	0	0	0	7.7	0	0	0	0	97.7	0
10.9	58	206.4	85.3	0	12.9	0	0	0	12.9	0	0	0	0	714.6	0
25.2	50	296.9	59	0	14	0	0	0	2.1	0	0	0	0	49.2	0.2
67.7	37.8	594.1	183.3	0	13.5	0	0	0	0.9	0	0	0	0	54.2	0
36.4	161.1	423.7	222.2	0	36.5	18.4	0	0	1.5	0	0	0	0	100.9	0.1
52.1	13.1	183.3	42.6	0	0.9	0	0	0	9.5	0	0	0	0	44.5	0.1
346.2	55.9	122	54.8	0.1	22.7	0.1	0	0	28	0	0	0	0	52.2	0
90.5	114.4	26.3	25.7	0	8.2	0	0	0	3.2	0	0	0	0	40.9	0.2
38.6	138.4	41.7	60.4	0	14.2	0.1	0	0	40.5	0	0	0	0	205.8	0.3
83.4	177.9	107.8	114.8	0	17.7	0	0	0	6.1	0	0	0	0	106.8	0
124.3	111.2	143.9	114.2	2.1	3.9	0	0	0	0	0	0	0	0	71.7	0.2
80.6	187.2	171.7	99.2	0	6.1	0.1	0	0	2	0	0	0	0	62.9	0.2
119	74	22.7	40.4	0	6.5	0	0	0	25.8	0	0	0	0	62.9	0.1
120.4	17.3	156.7	67.3	1	9.8	0	0	0	2.6	0	0	0	0	35.8	0
455.4	87.8	100	49.6	0.1	0.6	0	0	0	3.3	0	0	0	0	50.8	0
53.5	47.6	46.5	30.4	0	8.5	0	0	0	15.2	0	0	0	0	74.6	0.1
274.5	374.2	409.6	200.8	0.3	21.5	3.8	0	0	4.6	0	0	0	0	77.9	0.4
216.3	146.5	51.7	20.4	0	4	0	0	0	0.9	0	0	0	0	40.4	0.4
259.6	57.7	218.5	53.7	0.1	0.8	0	0	0	19.8	0	0	0	0	21.2	0.2
337.4	40.1	343.2	48.8	0	6	0	0	0	15.4	0	0.5	0	0	57.6	0.4
265.1	73	182.7	86.4	0.8	15.2	0	0	0	4.9	0	0	0	0	58.9	1.7
99	210.7	66.7	55.4	0	33.1	2.7	0.3	0	7.3	0	0.9	0.1	0	78.6	5
83	323.5	271.8	52.7	0.1	11	0	0	1	32.7	0	26.5	0	25.2	61.5	0.3
26.3	4.9	194	29.1	0	9.4	0	0	9	3.4	0	0	0	15.9	13.4	0

環境省：“第4,5回環境省自然環境保全基礎調査の植生調査データ”をもとに作成.

7.4.3　過去30年の土地利用変化

　1976年から2006年の30年間に生じた主要な土地利用の変化を示す．人為的な土地利用の改変圧力が増したことを示す，森林・農地から市街地への変化や，森林から農地への変化が起こる一方で，農地からの森林への変化も各地で生じている．

図2　森林から市街地に変化した地域

環境省：“生物多様性評価の地図化”（2011）．

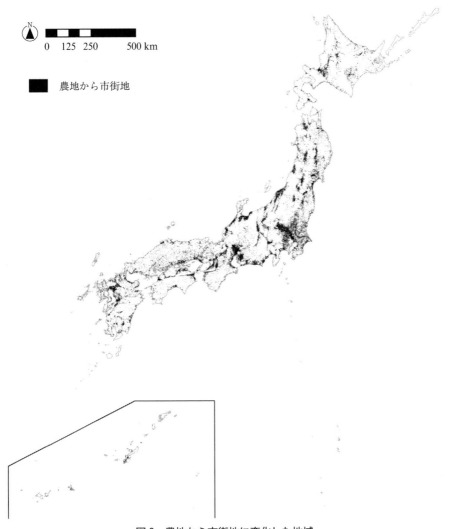

図3　農地から市街地に変化した地域
環境省："生物多様性評価の地図化"（2011）.

図4　森林から農地に変化した地域

環境省：“生物多様性評価の地図化”（2011）.

図5 農地から森林に変化した地域
環境省："生物多様性評価の地図化"(2011).

県別土地利用推移面積

(単位：km^2)

都道府県	農地から市街地	森林から市街地	森林から農地	農地から森林
北　海　道	947.8	667.8	2 335	985.7
青　　　森	198.1	102.4	192	124.8
岩　　　手	286.8	273.9	352.5	145.7
宮　　　城	227.4	183.8	140.4	90.7
秋　　　田	160	94.6	121.3	49
山　　　形	186.3	57	109.1	42.4
福　　　島	275.2	220.8	310.3	148.2
茨　　　城	281.4	243.6	139.5	64.9
栃　　　木	228.5	199	129.9	42.9
群　　　馬	224	112.7	76.9	54.9
埼　　　玉	310.9	98.1	23	20.5
千　　　葉	284.8	244.4	102.3	98.5
東　　　京	92.7	59	8	10
神　奈　川	119	111.8	19.7	19.3
新　　　潟	302.8	154.6	131.7	242.3
富　　　山	133.6	33.9	29	31.1
石　　　川	104.5	70.1	74.4	72.6
福　　　井	85.8	40.9	27.9	19.7
山　　　梨	78.8	46.2	19.3	22.7
長　　　野	257.8	163.4	108.3	156.4
岐　　　阜	176.1	160.2	60.1	46.1
静　　　岡	241.2	121.6	70.6	102.8
愛　　　知	405.5	121	65.3	54
三　　　重	153.8	136.2	71.1	70
滋　　　賀	117.1	65.6	23.1	23.3
京　　　都	77.3	68.2	45.7	34.6
大　　　阪	123.4	56.5	10.6	14.1
兵　　　庫	204.6	235.9	91.9	78.1
奈　　　良	83.4	61.2	36.2	40.5
和　歌　山	79.7	54.3	82.1	54.9
鳥　　　取	59.6	33.5	52	38.2
島　　　根	63.9	62.4	69.4	95.4
岡　　　山	164.6	100.9	110.3	136.8
広　　　島	142.4	155.4	99	141.8
山　　　口	107.6	84	56.4	97.2
徳　　　島	71.9	27	33	62.1
香　　　川	74.9	28.9	26	51.6
愛　　　媛	117.6	35.2	106.6	131.4
高　　　知	70	41	79.9	126.2
福　　　岡	233.2	130.7	77.1	68.8
佐　　　賀	83.2	27.5	53.5	67.9
長　　　崎	81.7	64.3	78.1	139.2
熊　　　本	182.4	73.5	129.4	126.6
大　　　分	101.9	71.4	85.4	102.8
宮　　　崎	146.7	78.4	136.3	203.2
鹿　児　島	213.7	149.3	349.7	595.1
沖　　　縄	83.6	52.1	100.8	76.9

環境省：“生物多様性評価の地図化”（2011）.

7.4.4 生物多様性の観点から見た土地被覆・土地利用の空間分布

　生物は，生育・生息に一定以上の広さのまとまった森林を必要としたり，水田と森林といった複数の生態系の組み合わせを必要としたりする場合がある．そのため，生物の生育・生息環境という観点からは，土地被覆・土地利用がどのような空間構造（広がり・形状・組み合わせなど）をもっているかを考慮する必要がある．

7.4.4.1 森林の連続性

　森林の分断化・孤立化にともない，そこに生息する生物の個体群が分断化・孤立化すると個体数が減少することに加えて，適切な移動・分散が妨げられることで，個体群の絶滅の危険性が大きくなる場合がある．ここでは，約半径 5 km 以内に存在する森林の割合を指標として算出された森林の連続性の現状を示す．

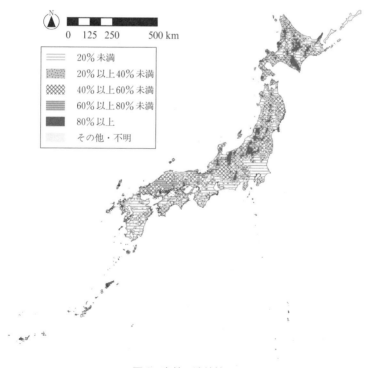

図6　森林の連続性

注）植林地を除いて算出された値.
　環境省：“生物多様性評価の地図化”（2011）.

7.4.4.2　農地と周辺土地利用の多様性

　里地里山は農地，ため池，二次林，草原などの環境がモザイク状に存在しており，この環境に生育・生息する生物のみならず，ため池－二次林といった複数の環境を利用する生物も含む多様な動植物の生息・生育の場となっている．ここでは，農地とその周辺の土地利用の多様性と農地以外の半自然的な環境の割合から算出される，さとやま指数の値を示す．

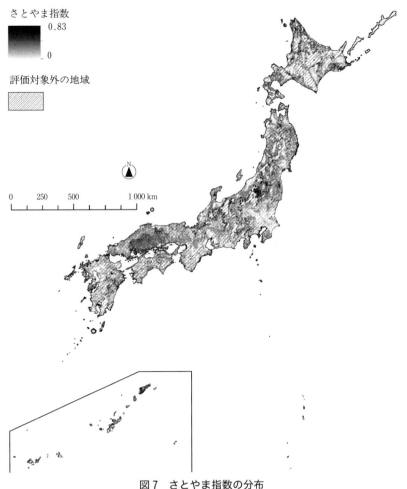

図7　さとやま指数の分布
森林の連続性：環境省“生物多様性評価の地図化”（2011）．
農地と周辺土地利用の多様性：国立環境研究所“日本全国さとやま指数メッシュデータ”（2014）．

県別森林連続性-農地多様性

都道府県	森林の連続性カテゴリー別面積（km²）					農地周辺の土地利用の多様性
	80% 以上	60% 以上 80% 未満	40% 以上 60% 未満	40% 未満	その他・不明	さとやま指数
北 海 道	13 149	18 911	20 277	25 184	5 918	0.309
青　　森	404	1 706	2 160	5 181	188	0.349
岩　　手	324	898	5 859	8 144	39	0.349
宮　　城	379	893	1 347	4 613	43	0.273
秋　　田	561	1 724	2 978	6 246	120	0.352
山　　形	1 616	2 664	2 148	2 840	55	0.349
福　　島	1 149	3 521	4 578	4 365	162	0.402
茨　　城	0	0	83	5 768	242	0.141
栃　　木	591	732	1 058	4 003	20	0.275
群　　馬	587	609	1 470	3 671	26	0.250
埼　　玉	58	317	520	2 875	26	0.199
千　　葉	0	116	544	4 407	89	0.203
東　　京	32	312	203	1 493	150	0.446
神 奈 川	64	230	360	1 708	53	0.370
新　　潟	3 117	3 115	2 740	3 080	529	0.305
富　　山	1 266	856	679	1 444	18	0.318
石　　川	423	1 026	1 784	919	46	0.314
福　　井	434	1 550	949	1 237	36	0.287
山　　梨	202	987	1 565	1 695	22	0.432
長　　野	1 301	3 141	4 953	4 137	37	0.377
岐　　阜	443	2 059	5 818	2 284	42	0.383
静　　岡	511	464	629	6 059	115	0.330
愛　　知	0	77	337	4 607	162	0.197
三　　重	0	245	825	4 686	40	0.273
滋　　賀	163	1 092	1 042	1 055	681	0.317
京　　都	140	2 378	1 700	397	23	0.278
大　　阪	7	221	283	1 319	84	0.262
兵　　庫	226	2 270	3 602	2 311	51	0.290
奈　　良	0	44	594	3 055	16	0.308
和 歌 山	0	61	883	3 790	17	0.308
鳥　　取	0	122	1 062	2 330	27	0.325
島　　根	23	2 421	3 264	909	184	0.319
岡　　山	261	2 268	2 148	2 471	37	0.381
広　　島	85	4 749	3 386	328	44	0.405
山　　口	311	2 544	2 745	566	56	0.284
徳　　島	26	553	1 197	2 390	17	0.345
香　　川	30	564	567	713	20	0.300
愛　　媛	9	230	1 120	4 351	42	0.292
高　　知	14	643	2 278	4 220	31	0.331
福　　岡	1	7	132	4 830	128	0.230
佐　　賀	0	8	191	2 136	166	0.184
長　　崎	79	773	986	2 269	137	0.294
熊　　本	0	55	898	6 577	44	0.262
大　　分	7	309	841	5 279	27	0.335
宮　　崎	0	243	1 863	5 756	29	0.421
鹿 児 島	966	697	746	6 914	92	0.327
沖　　縄	470	400	382	1 081	68	0.289

森林の連続性：環境省 "生物多様性評価の地図化"（2011）.
農地と周辺土地利用の多様性：国立環境研究所 "日本全国さとやま指数メッシュデータ"（2014）.

7.5　野生生物（種と個体群の分布）

　現在，地球上で知られている（学名が付けられている）生物種数は約190万種であり，その半数が昆虫類である．しかし，まだ地球上には私たちが知らない生物種が多数存在する．地球上の総生物種数に関しては様々な推定が行われているが，その多くは1000万種から1億種の間であり，下表の推定はやや控えめな数である．

7.5.1　地球上の生物種数

地球上の生物の既知種数と推定種数

生　物　群	既知種数	推定種数*
動　　　物	1 424 153	6 836 330
菌　　　類	98 998	1 500 000
植　　　物	310 129	390 800
原生生物	53 915	1 200 500
原核生物	10 307	1 400 000
合　　　計	1 897 502	11 327 630

＊　不明の生物群を除いた数(以下表4まで同じ)

地球上の脊索動物の既知種数と推定種数

脊索動物	既知種数	推定種数*
哺　乳　類	5 487	5 500
鳥　　　類	9 990	10 000
爬　虫　類	8 734	10 000
両　生　類	6 515	15 000
魚　　　類	31 153	40 000
無　顎　類	116	不明
ナメクジウオ類	33	不明
尾索動物	2 760	不明
合　　　計	64 788	80 500

地球上の無脊椎動物の既知種数と推定種数

無脊椎動物	既知種数	推定種数*
半索動物	108	110
棘皮動物	7 003	14 000
昆　虫　類	1 000 000	5 000 000
ク　モ　類	102 248	600 000
ウミグモ類	1 340	不明
多　足　類	16 072	90 000
甲　殻　類	47 000	150 000
有爪動物	165	220
六　脚　類	9 048	52 000
軟体動物	85 000	200 000
環形動物	16 763	30 000
線形動物	25 000	500 000
鉤頭動物	1 150	1 500
扁形動物	20 000	80 000
刺胞動物	9 795	不明
海綿動物	6 000	18 000
そ　の　他	12 673	20 000
合　　　計	1 359 365	6 755 830

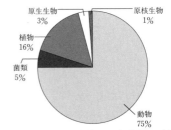

図1　地球上の生物の既知種数の割合

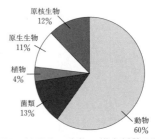

図2　地球上の生物の推定種数の割合

地球上の植物の既知種数と推定種数

植　　　物	既知種数	推定種数*
コケ植物	16 236	22 750
シダ植物	12 000	15 000
裸子植物	1 021	1 050
被子植物	268 600	352 000
緑藻・紅藻	12 272	不明
合　　　計	310 129	390 800

Chapman (2009), "Numbers of Living Species in Australia and the World", 2nd edition.

7.5.2　日本の野生生物の既知種数

日本産生物の既知種数

界	門	綱	既知種数
動　物			102 482
	脊索動物門		5 568
		魚　綱	4 206
		両生綱	63
		爬虫綱	99
		鳥　綱	700
		哺乳綱	127
		その他	373
	節足動物門		36 717
		甲殻類	5 500
		昆虫綱	30 747
		その他	470
	軟体動物門		8 045
	そ の 他		9 867
菌　類			12 974
	子嚢菌門		7 419
	担子菌門		4 160
	ツボカビ門		140
	接合菌門		264
	そ の 他		941
植　物			9 322
	被子植物		5 016
	裸子植物		46
	シダ植物		579
	ヒカゲノカズラ植物		44
	コケ植物		990
	ストレプト植物*(陸上植物を除く)		935
	緑藻植物		810
	紅色植物		898
	灰色植物		4
原生生物			6 213
細　菌			618
総　　計			131 559

*　シャジクモ類や接合藻類を含む緑藻の一群で陸上
植物の祖先群にあたる.

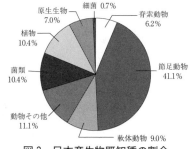

図3　日本産生物既知種の割合

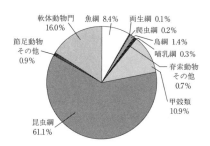

図4　日本産動物既知種の割合

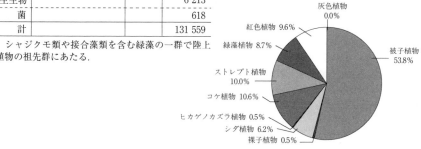

図5　日本産植物既知種の割合

日本分類学会連合：“第1回日本産生物種数調査”(2003).

7.5.3   身近な生きものの分布

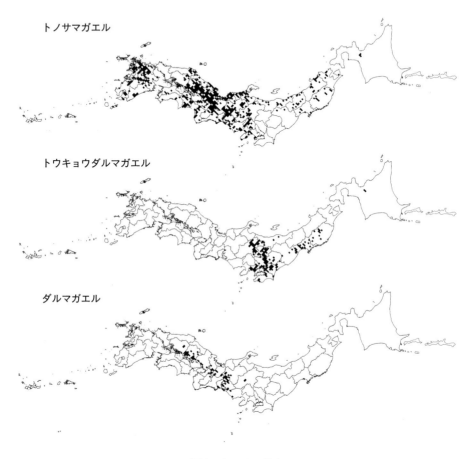

図6   カエルの分布

トノサマガエル，トウキョウダルマガエル，ダルマガエルの分布．関東地方にはトノサマガエルは分布せ
ず，よく似たトウキョウダルマガエルが分布するが，しばしばトノサマガエルと混同される．
環境省自然環境局："自然環境保全基礎調査(第3〜5回)"による分布情報 (2010) より作図．

図7 サンショウウオの分布

サンショウウオ属（*Hynobius*）に属するサンショウウオの分布．以下の種が含まれている．
アベサンショウウオ，エゾサンショウウオ，オオイタサンショウウオ，オオダイガハラサンショウウオ，
オキサンショウウオ，カスミサンショウウオ，クロサンショウウオ，コガタブチサンショウウオ，ツシ
マサンショウウオ，トウキョウサンショウウオ，トウホクサンショウウオ，ハクバサンショウウオ，ヒ
ダサンショウウオ，ブチサンショウウオ，ベッコウサンショウウオ，ホクリクサンショウウオ，ヤマサ
ンショウウオ．
環境省自然環境局："自然環境保全基礎調査(第3〜5回)"による分布情報（2010）より作図．

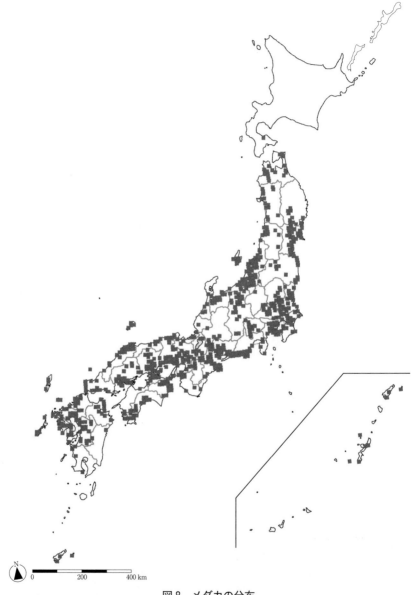

図8　メダカの分布

メダカの北日本集団と南日本集団は，遺伝的・形態的な差異により異なる2種とされ，それぞれキタメダカとミナミメダカという名前が付けられているが，ここでは区別されていない．
環境省生物多様性センター"日本動物分布図集"（2010）.

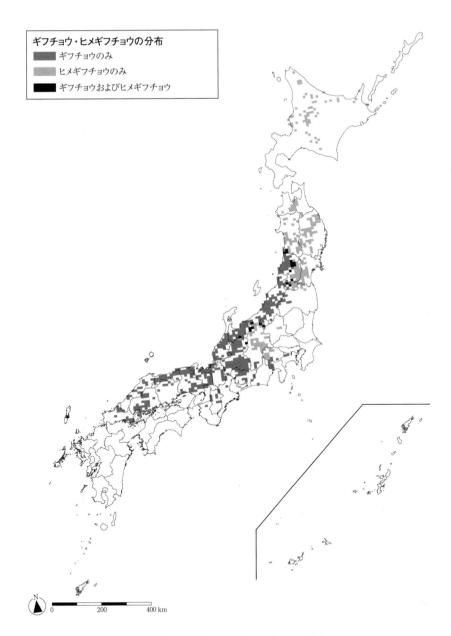

ギフチョウ・ヒメギフチョウの分布
- ギフチョウのみ
- ヒメギフチョウのみ
- ギフチョウおよびヒメギフチョウ

図9　ギフチョウ・ヒメギフチョウの分布
環境省自然環境局：“自然環境保全基礎調査（第3～5回）”による分布情報（2010）より作図.

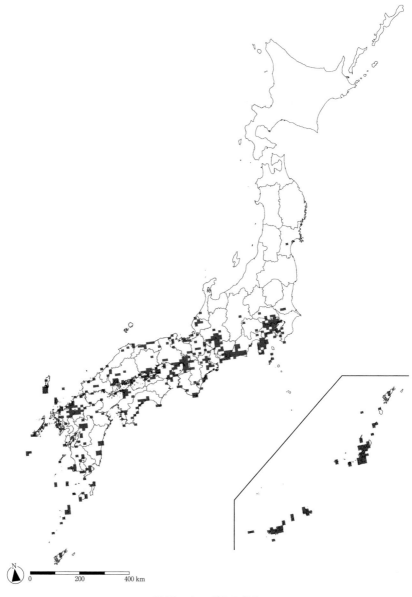

図10　クマゼミの分布

クマゼミは近年都市部を中心に分布域が広がっている.
環境省自然環境局：“自然環境保全基礎調査（第3〜5回）”による分布情報（2010）より作図.

7.5.4　渡り鳥

　繁殖地と越冬地などのように，特定の地域の間を定期的に往復する動物の移動を渡り（migration）といい，哺乳類，鳥類，魚類，昆虫類に認められるが，鳥類の渡りが規模や距離が大きく，またわれわれの目によく付くためになじみ深いので，渡りというとすぐに鳥を連想する．そのため，渡りをする鳥をとくに渡り鳥（migrant, migratory bird）と呼んでいる．日本で観察される渡り鳥は，繁殖のために春に南方から渡来する夏鳥（summer visitor），北方で繁殖し秋に越冬のために渡来する冬鳥（winter visitor），渡りの途中で餌の補給のために立ち寄る旅鳥（passage migrant）と呼んでいる．渡らない鳥は留鳥（resident, sedentary bird）と呼ぶ．しかしながら，これらの区別は，必ずしも厳密なものではない．

　多くの渡り鳥は繁殖地と越冬地の間を南北に渡るが，東西に渡る種もあり，また往復の経路が著しく異なって環状に渡る鳥もある．渡り鳥の渡りの経路は，昔からの観察，鳥類標識調査（バンディング調査），レーダーによる観察などによって，しだいに明らかになり，現在では，大型の鳥ではトランスミッターを装着し，発信される電波を衛星によって追跡することにより，渡りの経路を正確に追跡することができるようになった．

　渡り鳥がなぜ定期的に渡りを行うようになったかについては，現在でも様々な説があり，その理由はよくわかっていないが，子育てのために必要な資源量が大きな要因となっていると考えられている．そのため渡り鳥の増減は，環境の良い指標となる．渡りの航法についても多くの説があるが，遺伝的に渡りの方位を知っていて，太陽や星座などの天体とその運行をコンパスにし，地磁気や地理的目標を手がかりに，渡りの経路を決めているのだろうと考えられている．最近になって，網膜の視細胞（桿体）に含まれるクリプトクロームというタンパク質が，ロドプシンとは独立して地磁気を感知して方位による明暗のパターンフィルターをつくり出し，これを景色と重ね合わせて，飛行の方位を決めているという考えが提案されている．

　渡り鳥は，渡りの時期が近くなると落ち着かなくなり，いわゆる渡りの衝動が現れる．渡りの衝動を促す要因は，年周性に変動するホルモンによっていることが実験的に示されている．

　日本に渡来する渡り鳥の数がしだいに減少していることが指摘されている．次のグラフは夏鳥であるツバメ（図1）と冬鳥であるカシラダカ（図2）の記録からみた渡来個体数の年度による変化である．これらの結果は一地域の2つの種だけであるが，ごく普通に見られた2つの種が1990年前後から減少しているのが見てとれる．さらに多くの種で，蓄積されたデータを詳細に分析する必要がある．

　渡来数の減少の原因は，わが国の渡り鳥の生息地の環境の悪化だけでなく，多くの要因が関与していると考えられる．渡り鳥の生息地の環境を保全するだけでなく，夏鳥の越冬地である東南アジアを中心とした地域，冬鳥の繁殖地である沿海州からシベリア，カムチャッカなどの地域の生息環境の保全が必要である．さらに，衛星による追跡調査で渡りの途中に立ち寄る中継地が重要な役割を果たしていることが明らかになって

いるので，これらの中継地の保全も重要である.

　渡り鳥を保護するために，特定の国の間で二国間条約が結ばれている. 最初のものは，アメリカとの間に 1972 年に締結され 2 年後に発効した「渡り鳥及び絶滅のおそれのある鳥類並びにその環境の保護に関する日本国政府とアメリカ合衆国政府との間の条約（日米渡り鳥等保護条約）」で，その後，同様な条約が日露，日豪，日中の間で結ばれている. これらの条約によって，二国間を往復する渡り鳥と生息環境の保護のために必要な行動をとるよう努力することが義務付けられている. 韓国との間には条約はないが，保護協力会合が開催されている. 一方，ボン条約（「移動性野生動物の保全に関する条約」）のような多国間条約もあり，特定種の移動の範囲内で協定を作成することを推進する役割を果たしている. また，ラムサール条約のように湿地の保護をうたった条約もあり，旅鳥の中継地の保護が図られている. 渡り鳥の減少を食い止めるには，条約による関係国政府間の努力に加え，われわれが渡り鳥を同僚と考えて，共存の道を探る意識の改革が必要である.

　一方，近年，渡り鳥（主としてカモなどの水禽類）によって鳥インフルエンザウイルスがわが国に持ち込まれ，これが糞を介して家禽に感染してその体内で高病原性に変異し，その個体を死に至らしめるとともに感染が拡大することが起こっている. こうなると発生した場所の家禽は殺処分される. ここでも，ウイルスのモニタリングに加えて，これまで述べた渡りの経路の解明と飛来状況のモニタリングが重要な情報となる.

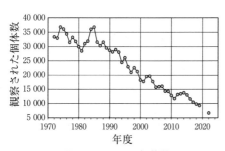

図 11　ツバメの個体数

数値は，5 月上旬の特定の調査日に，止まっているツバメの数を小学 6 年生が数えて集計したもの. 調査員数は年度によって異なるが，石川県内 225 校の 12 000 から 20 000 人である.

石川県健民運動推進本部ふるさとのツバメ総調査.

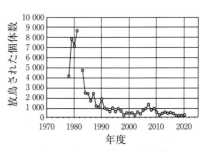

図 12　カシラダカの個体数

数値は，新潟県福島潟のモニタリングサイトで 10 月から 11 月に新規に放鳥された個体数. 2011 年までのデータは，"2011 年鳥類標識調査報告書"，2012〜2020 年のデータは，環境省・山階鳥類研究所"鳥類標識調査"より取得した.

　下記の web の標識調査結果から，他の調査地点でのデータを取得してグラフに描き，個体数の推移を調べてみよう.

7.5.5 水鳥のおもな渡来地

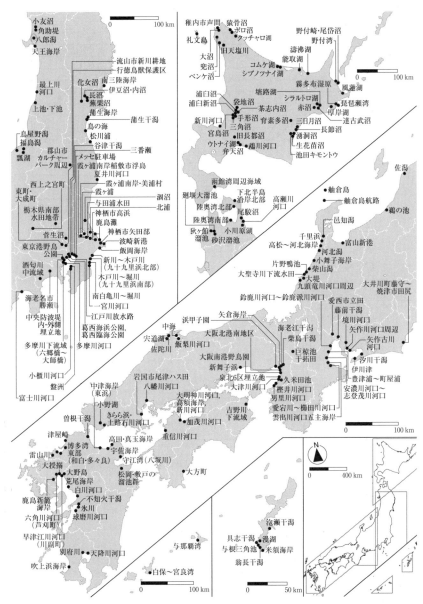

図13　環境省モニタリングサイト1000における水鳥（ガン・カモ，シギ・チドリ）
　　　の観察サイト

7.5.6　ハクチョウ類の観察数ベスト20

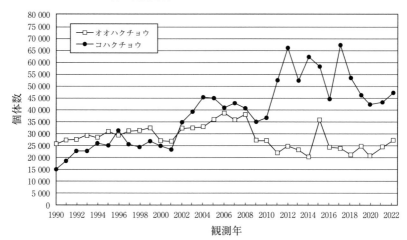

図14　ハクチョウ類の全観察個体数

オオハクチョウ

コハクチョウ

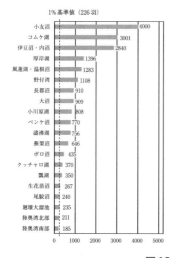

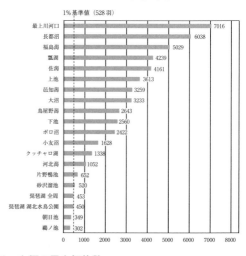

図15　ハクチョウ類の最大個体数

　環境省モニタリングサイト1000の観察サイトごとに2019年の種別の最大個体数を出し，それを上位のサイトから20サイトについて棒グラフで表してある．参考として，グラフにはラムサール条約湿地の登録基準6で用いられる1％基準値を示してある．

　環境省：“重要生態系監視地域モニタリング推進事業（モニタリングサイト1000）ガンカモ類調査第1期取りまとめ報告書”．

7.5.7 日本のおもな大型哺乳類の分布

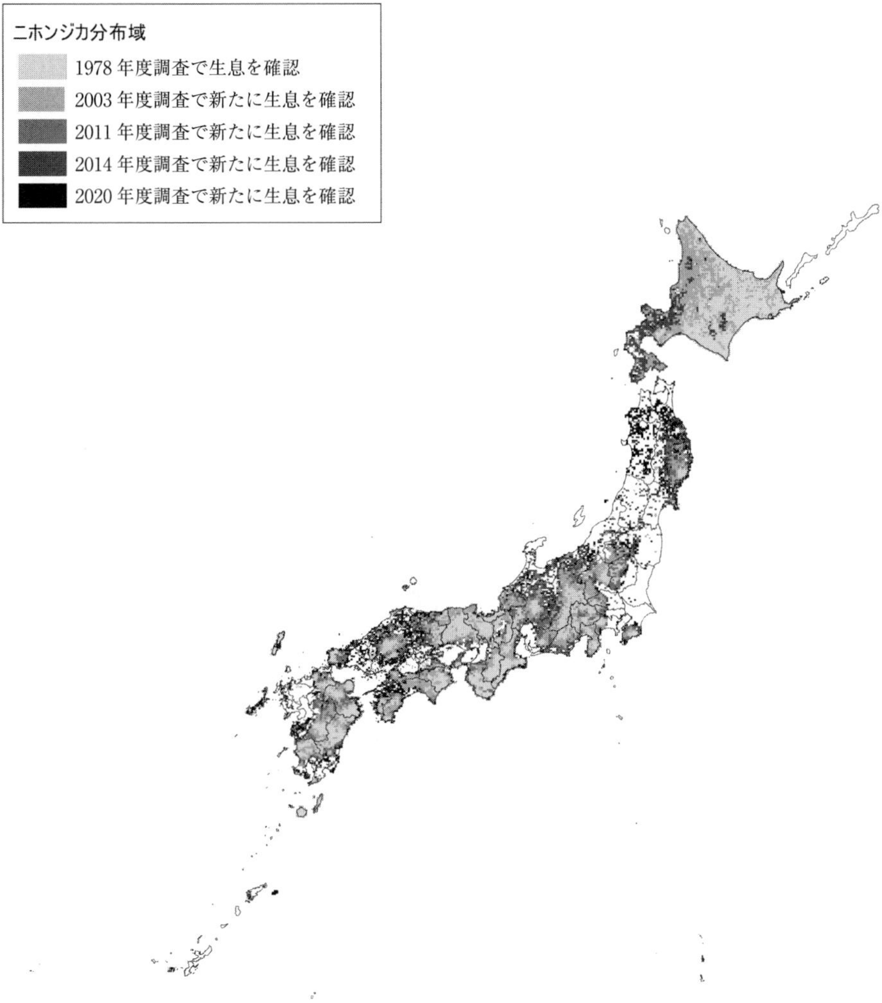

ニホンジカ分布域

1978 年度調査で生息を確認
2003 年度調査で新たに生息を確認
2011 年度調査で新たに生息を確認
2014 年度調査で新たに生息を確認
2020 年度調査で新たに生息を確認

図 16 ニホンジカの分布

環境省：自然環境保全基礎調査 "第 2 回動物分布調査 哺乳類"（1978），"第 6 回哺乳類分布調査"（2003），
環境省報道発表資料（2015，2020）のデータより作図.

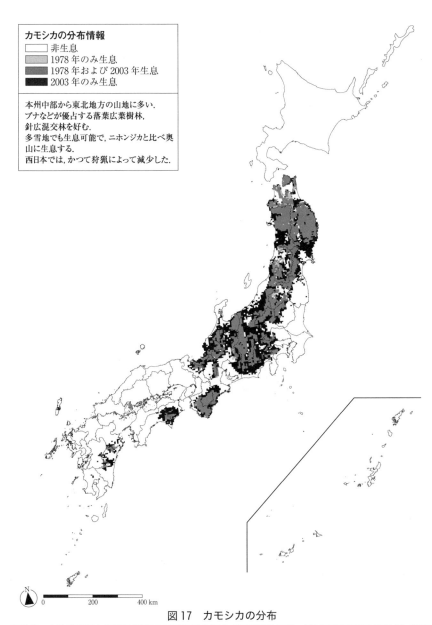

カモシカの分布情報

- ☐ 非生息
- ▨ 1978 年のみ生息
- ▨ 1978 年および 2003 年生息
- ■ 2003 年のみ生息

本州中部から東北地方の山地に多い.
ブナなどが優占する落葉広葉樹林,
針広混交林を好む.
多雪地でも生息可能で, ニホンジカと比べ奥
山に生息する.
西日本では, かつて狩猟によって減少した.

0　　　　200　　　　400 km

図 17　カモシカの分布

環境省：自然環境保全基礎調査"第 2 回動物分布調査　哺乳類"(1978),"第 6 回哺乳類分布調査"(2003)
のデータより作図.

ツキノワグマ・ヒグマの分布情報

■　環境省（2004）による分布確認地点

▨　その後の分布拡大エリア

＜ツキノワグマ＞
本州中部から東北地方に多い.
広い森林を必要とし, ブナ林を中心に生息する.
多雪地でも生息可能で, カモシカと並び奥山に生息する.
四国にはほとんど生息せず, 九州ではすでに絶滅したと
考えられる.

＜ヒグマ＞
北海道の森林原野に広く分布する.
ミズナラなどの自然林を好むが, 二次林や高山帯にも出現
する.
行動圏がきわめて広く, 平地にもしばしば現れるが, 分布
の中心は知床半島, 石狩山地(大雪山), 日高山脈である.

北海道の分布はヒグマ, 本州以南の
分布はツキノワグマを表す.

図18　ツキノワグマ・ヒグマの分布

環境省：自然環境保全基礎調査 "第6回哺乳類分布調査"（2003）, 日本クマネットワーク報告書（2014）
のデータより作図.

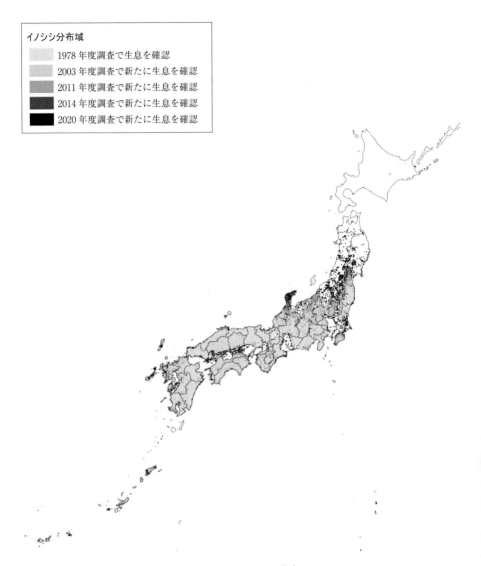

イノシシ分布域

1978 年度調査で生息を確認
2003 年度調査で新たに生息を確認
2011 年度調査で新たに生息を確認
2014 年度調査で新たに生息を確認
2020 年度調査で新たに生息を確認

図 19　イノシシの分布

環境省：自然環境保全基礎調査"第 2 回動物分布調査　哺乳類"(1978)，"第 6 回哺乳類分布調査"(2003)，環境省報道発表資料（2015, 2020）のデータより作図.

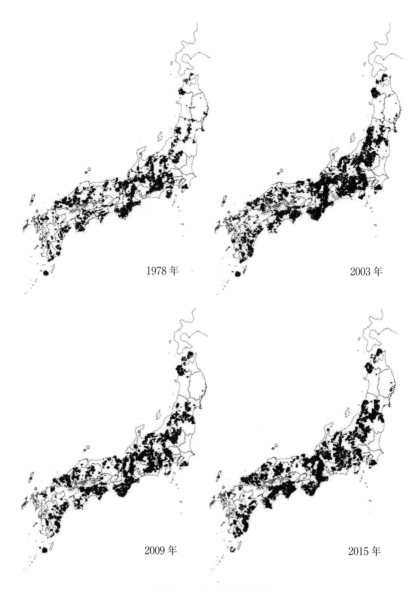

1978 年

2003 年

2009 年

2015 年

図 20 ニホンザルの分布
　環境省：自然環境保全基礎調査"第 2 回動物分布調査 哺乳類"(1978)，"第 6 回哺乳類分布調査" (2003)，
環境省生物多様性センター調査 (2011, 2015) のデータより作図.

<<< *Topic* <<<<<<<<<<<<<<<<<<<<<<<<<<<<<<<<<

野生動物による被害

近年，野生動物による被害の報告が頻繁に報道されるようになってきている．野生動物による農作物被害は増え続けていたが，2010 年の 239 億円をピークにここ数年は多少の減少傾向にある（7.8.3 項）．それでも毎年 150 億円近くの被害が出ていて，その半分以上はシカとイノシシによる被害である．7.8.3 項の図を見てみると，21 世紀に入ってからの被害額の増加はシカの害が大きな要因であることがわかる．日本列島のシカやイノシシは，1990 年頃から次第に分布を拡大していて（7.5.7 項 図16，図19），個体数もそれに伴い増加していると思われる．シカによる食害は農作物のみでなく，多くの絶滅危惧植物が，シカの食害が直接的な原因となって減少していることが最近の絶滅危惧種調査で明らかになっており（環境省 Red Data Book 2014，8. 植物Ⅰ），このまま放置すると，少なからぬ絶滅危惧植物が絶滅に至ると懸念されている．さらに，その影響は絶滅危惧種のみならず，これまで普通に見られた植物の個体数の激減も引き起こしていて，林床が都市公園内の林のように下草がほとんど見られないようになっている森林も多く見かけるようになってきている．このような食害は，単に植物に影響するだけでなく，これらの植物を餌としている昆虫類などへの影響も懸念されていて，実際，対馬のみに生息するツシマウラボシシジミは，その食草であるヌスビトハギがシカの食害でほとんど見られなくなってしまい，野生絶滅寸前の状況になっている．このような害獣の増加に伴い狩猟数も増加しているが（7.8.2 項），被害は相変わらず継続しているのが現状である．さらにシカやイノシシにはマダニ類が咬着しているため，ハイキングや登山などの野外活動中でマダニに噛まれる事例が増えており，マダニのもつウィルスやリケッチアなどによる感染症にかかる危険がある．

大型の動物以外では，ハチに刺される被害報告が多く見られるようになってきている．日本におけるハチによる被害はスズメバチ類・アシナガバチ類・ミツバチ類が大半を占める．その原因としては，アウトドアブームにより，あまりハチについての基礎知識を持たない人が不用意にハチの巣へ近づく機会が増えているのと，コガタスズメバチ，キイロスズメバチなどのスズメバチが都会に適応し，人の生活圏近くに多く巣をつくるようになってきたことが考えられる．

実際にハチに刺された被害数の統計はなかなか見つからないが，年間で数千件になると推測されている．次図は動物による死亡数の年変化である．ハチが原因である死亡数は緩やかな減少傾向ではあるが，21 世紀に入ってから毎年 20 人ほどが犠牲となっていて，クマやヘビ類などに比べて死亡数は多いため注意が必要である．ハチによる死亡の多くは，ハチの毒によるアレルギー症状であるアナフィラキシーショックにより引き起こされる．これは，ハチに刺されて，その毒に対する抗体ができた後に再びハチの毒が体内に入った時に起きやすいアレルギー反応であり，嘔吐，浮腫，呼吸困難などの症状が出て，重傷の場合は死に至るものである．　　　　　　　　　　　【伊藤元己】

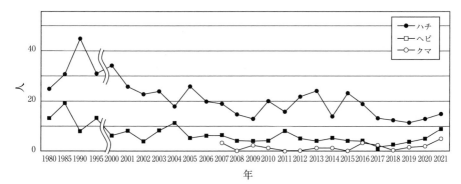

図 野生動物が原因となった死亡者数

7.6　絶滅のおそれのある日本の野生生物（RL/RDB）

7.6.1　日本の絶滅のおそれのある野生生物の種数

（①環境省レッドリスト 2020 掲載種数表）（2020 年 3 月 27 日現在）

分類	分類群	評価対象種数	絶滅	野生絶滅	絶滅危惧種（I類）	絶滅危惧I類	IA類	IB類	絶滅危惧II類	準絶滅危惧	情報不足	掲載種数合計	絶滅のおそれのある地域個体群
			EX	EW			CR	EN	VU	NT	DD		LP
動物	哺乳類	160 (160)	7 (7)	0 (0)	34 (33)	25 (24)	12 (12)	13 (12)	9 (9)	17 (18)	5 (5)	63 (63)	26 (23)
	鳥類	約700 (約700)	15 (15)	0 (0)	98 (98)	55 (55)	24 (24)	31 (31)	43 (43)	22 (21)	17 (17)	152 (151)	2 (2)
	爬虫類	100 (100)	0 (0)	0 (0)	37 (37)	14 (14)	5 (5)	9 (9)	23 (23)	17 (17)	4 (4)	57 (58)	5 (5)
	両生類	91 (76)	0 (0)	0 (0)	47 (29)	25 (17)	5 (4)	20 (13)	22 (12)	19 (22)	1 (1)	67 (52)	0 (0)
	汽水・淡水魚類	約400 (約400)	3 (3)	1 (1)	169 (169)	125 (125)	71 (71)	54 (54)	44 (44)	35 (35)	37 (37)	245 (245)	15 (15)
	昆虫類	約32 000 (約32 000)	4 (4)	0 (0)	367 (363)	182 (177)	75 (71)	107 (106)	185 (186)	351 (350)	153 (153)	875 (870)	2 (2)
	貝類	約3 200 (約3 200)	19 (19)	0 (0)	629 (616)	301 (288)	39 (33)	28 (16)	328 (328)	440 (445)	89 (89)	1 177 (1 169)	13 (13)
	その他無脊椎動物	約5 300 (約5 300)	1 (0)	0 (0)	65 (65)	22 (22)	0 (0)	2 (2)	43 (43)	42 (42)	44 (44)	152 (151)	0 (0)
	動物小計		49 (48)	1 (1)	1 446 (1 410)	749 (722)			697 (688)	943 (950)	349 (350)	2 787 (2 759)	63 (60)
植物等	維管束植物	約7 000 (約7 000)	28 (28)	11 (11)	1 790 (1 786)	1 049 (1 045)	529 (525)	520 (520)	741 (741)	297 (297)	37 (37)	2 163 (2 159)	0 (0)
	蘚苔類	約1 800 (約1 800)	0 (0)	0 (0)	240 (241)	137 (138)			103 (103)	21 (21)	21 (21)	282 (283)	0 (0)
	藻類	約3 000* (約3 000)	4 (4)	1 (1)	116 (116)	95 (95)			21 (21)	41 (41)	40 (40)	202 (202)	0 (0)
	地衣類	約1 600 (約1 600)	4 (4)	0 (0)	63 (61)	43 (41)	2 (0)	0 (0)	20 (20)	41 (41)	46 (46)	154 (152)	0 (0)
	菌類	約3 000* (約3 000)	25 (26)	1 (1)	61 (62)	37 (39)	0 (0)	0 (0)	24 (23)	21 (21)	51 (50)	159 (160)	0 (0)
	植物等小計		61 (62)	13 (13)	2 270 (2 266)	1 361 (1 358)			909 (908)	421 (421)	195 (194)	2 961 (2 956)	0 (0)
13 分類群合計			110 (110)	14 (14)	3 616 (3 676)	2 110 (2 080)			1 606 (1 596)	1 364 (1 371)	544 (544)	5 748 (5 715)	63 (60)

（②環境省版海洋生物レッドリスト掲載種数表）　　（2020 年 3 月 27 日現在）

分類群	評価対象種数	絶滅	野生絶滅	絶滅危惧種 絶滅危惧 I 類 I A 類	I B 類	絶滅危惧 II 類	準絶滅危惧	情報不足	掲載種数合計	絶滅のおそれのある地域個体群
		EX	EW	CR	EN	VU	NT	DD		LP
魚　　類	約 3 900 種	0	0	16 / 8	6	2	89	112	217	2
サンゴ類	約 690 種	1	0	6 / 0	1	5	7	1	15	0
甲　殻　類	約 3 000 種	0	0	30 / 8	11	11	43	98	171	2
軟体動物（頭足類）	約 230 種	0	0	0 / 0	0	0	3	0	3	0
その他無脊椎動物	約 2 300 種	0	0	4 / 1	2	1	20	13	37	1
合　　　計		1	0	56 / 17	20	19	162	224	443	5

①環境省レッドリスト 2020 掲載種数表 注釈

(1)　表中の括弧内の数字は，レッドリスト 2019（2019 年公表）の種数（亜種，植物等のみ変種を，さらに藻類では品種を含む）を示す．LP は対象集団数．

(2)　貝類およびその他無脊椎動物，地衣類，菌類の一部については絶滅危惧 I 類をさらに I A 類（CR）と I B 類（EN）に区分して評価を実施．

＊　肉眼的に評価ができない種等を除いた種数．

カテゴリーは以下のとおり．

　　絶滅（Extinct，EX）：わが国ではすでに絶滅したと考えられる種

　　野生絶滅（Extinct in the Wild，EW）：飼育・栽培下，あるいは自然分布域の明らかに外側で野性化した状態でのみ存続している種

　　絶滅危惧 I 類（Critically Endangered＋Endangered）：絶滅の危機に瀕している種

　　　絶滅危惧 I A 類（Critically Endangered，CR）：ごく近い将来における野生での絶滅の危険性が極めて高いもの

　　　絶滅危惧 I B 類（Endangered，EN）：I A 類ほどではないが，近い将来における野生での絶滅の危険性が高いもの

　　絶滅危惧 II 類（Vulnerable，VU）：絶滅の危険が増大している種

　　準絶滅危惧（Near Threatened，NT）：現時点での絶滅危険度は小さいが，生息条件の変化によっては「絶滅危惧」に移行する要素を有するもの

　　情報不足（Data Deficient，DD）：絶滅危惧種のカテゴリーに移行し得る属性を有しているが，評価するだけの情報が不足している種

（付属資料）

　　絶滅のおそれのある地域個体群（Threatened Local Population，LP）：地域的に孤立している個体群で，絶滅のおそれが高いもの

7.6.2 絶滅危惧種の分布

動物 RDB 種の分布状況

- ▨ 1〜5 種
- ▨ 6〜10 種
- ▨ 11〜15 種
- ▨ 16〜20 種
- ■ 21〜56 種

◎以下の調査結果を,国内の分布メッシュ数が 2 次メッ シュで 10 メッシュ以下の動物 429 種について分布種 数を集計.

◎南西諸島,小笠原諸島などの島しょ部は,地史的成立 過程などによって特徴付けられる固有種が多いた め,これらの地域は分布域の限定される絶滅危惧種 が集中. また,本州の南・北アルプス,北海道の大雪山 や日高山脈等の高山帯にも,同様の理由で集中が見 られる. 動物においては奄美大島,沖縄島,石垣島,西 表島などに,植物では南アルプス,屋久島,奄美大島 などに,それぞれ顕著な集中が認められる.

● 第 2〜6 回環境庁自然環境保全基礎調査(1981〜 2004 年)
● 農林水産省田んぼの生きもの調査(2002〜2009 年)
● 環境省絶滅危惧種分布情報公開種(2000, 2007 年)

図 1 動物 RDB 種の分布

環境省:"みんなで学ぶ, みんなで守る生物多様性",「絶滅危惧種の確認種数」データより作図.

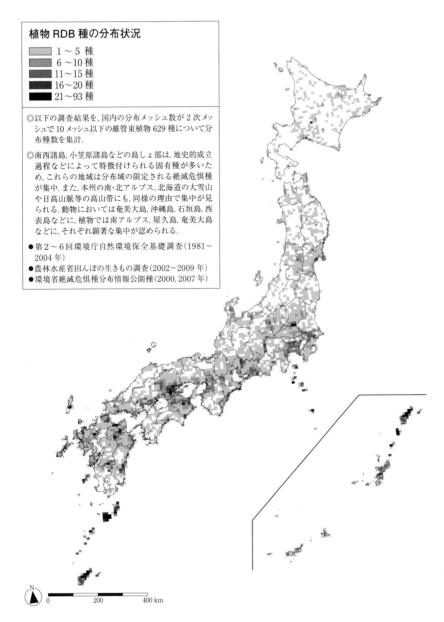

植物 RDB 種の分布状況

- 1〜5 種
- 6〜10 種
- 11〜15 種
- 16〜20 種
- 21〜93 種

◎以下の調査結果を,国内の分布メッシュ数が2次メッシュで10メッシュ以下の維管束植物629種について分布種数を集計.

◎南西諸島,小笠原諸島などの島しょ部は,地史的成立過程などによって特徴付けられる固有種が多いため,これらの地域は分布域の限定される絶滅危惧種が集中.また,本州の南・北アルプス,北海道の大雪山や日高山脈等の高山帯にも,同様の理由で集中が見られる.動物においては奄美大島,沖縄島,石垣島,西表島などに,植物では南アルプス,屋久島,奄美大島などに,それぞれ顕著な集中が認められる.

● 第2〜6回環境庁自然環境保全基礎調査(1981〜2004年)
● 農林水産省田んぼの生きもの調査(2002〜2009年)
● 環境省絶滅危惧種分布情報公開種(2000, 2007年)

N

0   200   400 km

図2 植物 RDB 種の分布

環境省:"みんなで学ぶ,みんなで守る生物多様性",「絶滅危惧種の確認種数」データより作図.

7.6.3　日本の希少野生動・植物種

　「絶滅のおそれのある野生動植物の種の保存に関する法律」（種の保存法）は，国内外の絶滅のおそれのある野生生物を保護するために，1993 年 4 月に施行された．国内希少野生動植物種に指定されている生物の生個体は，捕獲等（捕獲，採取，殺傷，損傷）が原則として禁止されている．

科　名	種　名	指定年	特定第一種国内希少野生動植物種指定年	特定国内第二種希少野生動植物種指定年	保護増殖事業計画策定年（改定年）
哺乳類 (15種)					
ネコ科	イリオモテヤマネコ	1994 年			1995 年
	ツシマヤマネコ	1994 年			1995 年
オオコウモリ科	オガサワラオオコウモリ	2009 年			2010 年
	エラブオオコウモリ	2019 年			
	ダイトウオオコウモリ	2004 年			
キクガシラコウモリ科	オキナワコキクガシラコウモリ	2020 年			
	オリイコキクガシラコウモリ	2020 年			
ヒナコウモリ科	ヤンバルホオヒゲコウモリ	2019 年			
	リュウキュウテングコウモリ	2019 年			
	リュウキュウユビナガコウモリ	2019 年			
ウサギ科	アマミノクロウサギ	2004 年			2004 年（2015 年）
ネズミ科	アマミトゲネズミ	2016 年			
	オキナワトゲネズミ	2016 年			
	ケナガネズミ	2016 年			
	トクノシマトゲネズミ	2016 年			
鳥　類 (45種)					
カモ科	シジュウカラガン	1993 年			
ウミスズメ科	エトピリカ	1993 年			2001 年
	ウミガラス	1993 年			2001 年
シギ科	アマミヤマシギ	1993 年			1999 年
	カラフトアオアシシギ	1993 年			
	ヘラシギ	2017 年			
コウノトリ科	コウノトリ	1993 年			
トキ科	クロツラヘラサギ	2020 年			
	トキ	1993 年			1993 年（2004 年）
ハト科	アカガシラカラスバト	1993 年			2006 年
	キンバト	1993 年			
	ヨナクニカラスバト	1993 年			
タカ科	イヌワシ	1993 年			1996 年
	オオワシ	1993 年			2005 年
	オガサワラノスリ	1993 年			
	オジロワシ	1993 年			2005 年
	カンムリワシ	1993 年			
	クマタカ	1993 年			
	チュウヒ	2017 年			
ハヤブサ科	ハヤブサ	1993 年			
キジ科	ライチョウ	1993 年			2012 年
ツル科	タンチョウ	1993 年			1993 年
クイナ科	シマクイナ	2020 年			
	ヤンバルクイナ	1993 年			2004 年（2015 年）
アトリ科	オガサワラカワラヒワ	1993 年			
ミツスイ科	ハハジマメグロ	1993 年			
モズ科	アカモズ	2021 年			
ヒタキ科	アカヒゲ	1993 年			
	アカコッコ	2020 年			
	オオセッカ	1993 年			
	オオトラツグミ	1993 年			1999 年（2015 年）
	ホントウアカヒゲ	1993 年			
ヤイロチョウ科	ヤイロチョウ	1993 年			
ウ科	チシマウガラス	1993 年			
キツツキ科	オーストンオオアカゲラ	1993 年			
	ノグチゲラ	1993 年			1998 年（2015 年）
	ミユビゲラ	1993 年			
アホウドリ科	アホウドリ	1993 年			1993 年（2006 年）
ウミツバメ科	クロコシジロウミツバメ	2019 年			
ミズナギドリ科	オガサワラヒメミズナギドリ	2019 年			
	セグロミズナギドリ	2020 年			
フクロウ科	シマフクロウ	1993 年			
	ワシミミズク	1997 年			1993 年
爬虫類 (11種)					
トカゲモドキ科	イヘヤトカゲモドキ	2015 年			
	オビトカゲモドキ	2015 年			
	クメトカゲモドキ	2015 年			
	クロイワトカゲモドキ	2015 年			
	ケラマトカゲモドキ	2017 年			
	マダラトカゲモドキ	2015 年			

(続き)

科　名	種　名	指定年	特定第一種国内希少野生動植物種指定年	特定国内第二種希少野生動植物種指定年	保護増殖事業計画策定年（改定年）
カナヘビ科	サキシマカナヘビ	2020年			
	ミヤコカナヘビ	2016年			2022年
ナミヘビ科	キクザトサワヘビ	1995年			
	ミヤコヒバァ	2020年			
イシガメ科	リュウキュウヤマガメ	2020年			
両 生 類(41種,うち特定第二種国内希少野生動植物種25種)					
アカガエル科	アマミイシカワガエル	2016年			
	オキナワイシカワガエル	2016年			
	オットンガエルナミエガエル	2016年			
	コガタハナサキガエル	2019年			
	ナミエガエル	2016年			
	ホルストガエル	2016年			
サンショウウオ科	アカイシサンショウウオ	2022年	2022年		
	アキサンショウウオ	2022年	2022年		
	アブサンショウウオ	2022年	2022年		
	アベサンショウウオ	1995年			1996年（2015年）
	アマクササンショウウオ	2015年			
	イズモサンショウウオ	2022年	2022年		
	イヨシマサンショウウオ	2022年	2022年		
	イワミサンショウウオ	2022年	2022年		
	オオイタサンショウウオ	2022年	2022年		
	オオスミサンショウウオ	2015年			
	オオダイガハラサンショウウオ	2022年	2022年		
	オキサンショウウオ	2022年	2022年		
	カスミサンショウウオ	2022年	2022年		
	キタサンショウウオ	2022年			
	コガタブチサンショウウオ	2022年	2022年		
	サンインサンショウウオ	2022年	2022年		
	シコクハコネサンショウウオ	2022年	2022年		
	セトウチサンショウウオ	2022年	2022年		
	ソボサンショウウオ	2015年			
	チクシブチサンショウウオ	2022年	2022年		
	チュウゴクブチサンショウウオ	2022年	2022年		
	ツクバハコネサンショウウオ	2015年			
	ツルギサンショウウオ	2022年	2022年		
	トウキョウサンショウウオ	2020年		2020年	
	トサシミズサンショウウオ	2019年			
	ハクバサンショウウオ	2022年	2022年		
	ヒガシヒダサンショウウオ	2022年	2022年		
	ヒバサンショウウオ	2022年	2022年		
	ブチサンショウウオ	2022年	2022年		
	ベッコウサンショウウオ	2022年	2022年		
	ホムラハコネサンショウウオ	2023年	2023年		
	マホロバサンショウウオ	2022年	2022年		
	ヤマグチサンショウウオ	2022年	2022年		
	ヤマトサンショウウオ	2022年	2022年		
イモリ科	イボイモリ	2016年			
魚　　類(10種,うち特定第二種国内希少野生動植物種1種)					
ドジョウ科	アユモドキ	2004年			2004年（2015年）
	タンゴスジシマドジョウ	2019年			
ドジョウ科	ハカタスジシマドジョウ	2019年			
コイ科	イタセンパラ	1995年			1996年（2015年）
	カワバタモロコ	2020年		2020年	
	スイゲンゼニタナゴ	2002年			2004年
	セボシタビラ	2020年			
	ミヤコタナゴ	1994年			1995年
ハ ゼ 科	コシノハゼ	2019年			
シラウオ科	アリアケヒメシラウオ	2020年			
昆 虫 類(60種,うち特定第二種国内希少野生動植物種8種)					
タマムシ科	オガサワラナガタマムシ	2015年			
	オガサワラツボシタマムシ父島列島亜種	2015年			
	オガサワラツボシタマムシ母島列島亜種	2015年			
	シラフオガサワラナガタマムシ	2015年			
	ツヤヒメマルタマムシ	2015年			
	ツヤベニタマムシ父島・母島列島亜種	2015年			
オサムシ科	オガサワラハンミョウ	2008年			2009年
カミキリムシ科	オガサワライカリモントラカミキリ	2015年			
	オガサワラキイロトラカミキリ	2015年			
	オガサワラトビイロカミキリ	2015年			
	オガサワラトラカミキリ	2015年			
	オガサワラモモブトコバネカミキリ	2015年			
	フサヒゲルリカミキリ	2016年			
	フタモンアメイロカミキリ父島列島亜種	2015年			

（続き）

科　名	種　名	指　定　年	特定第一種国内希少野生動植物種指定年	特定国内第二種希少野生動植物種指定年	保護増殖事業計画策定年（改定年）
ゲンゴロウ科	エゾゲンゴロウモドキ	2023 年		2023 年	
	オオイチモンジシマゲンゴロウ	2023 年		2023 年	
	オキナワスジゲンゴロウ	2023 年		2023 年	
	ゲンゴロウ	2023 年		2023 年	
	シャープゲンゴロウモドキ	2011 年			
	ヒメフチトリゲンゴロウ	2023 年		2023 年	
	フチトリゲンゴロウ	2011 年			
	マダラシマゲンゴロウ	2016 年			
	マルガタゲンゴロウ	2023 年		2023 年	
	マルコガタノゲンゴロウ	2011 年			
	ヤシャゲンゴロウ	2008 年			2005 年
ミズスマシ科	リュウキュウヒメミズスマシ	2020 年			
ホタル科	クメジマボタル	2017 年			
クワガタムシ科	ウケジママルバネクワガタ	2016 年			
	オキナワマルバネクワガタ	2016 年			
	ヨナグニマルバネクワガタ	2011 年			
ハナノミ科	オガサワラキボシハナノミ	2015 年			
	オガサワラモンハナノミ	2015 年			
	キムネキボシハナノミ	2015 年			
	クスイキボシハナノミ	2015 年			
コガネムシ科	ヒサマツサイカブト	2019 年			
	ヤンバルテナガコガネ	1996 年			1997 年（2015 年）
コオイムシ科	タガメ	2020 年		2020 年	
セミ科	イシガキニイニイ	2002 年			
コバンムシ科	コバンムシ	2023 年		2023 年	
タイコウチ科	タイワンタイコウチ	2021 年			
アリ科	ガマアシナガアリ	2020 年			
セセリチョウ科	オガサワラセセリ	2018 年			
	タカネキマダラセセリ赤石山脈亜種	2018 年			
	ヒメチャマダラセセリ	2018 年			
シジミチョウ科	アサマシジミ北海道亜種	2016 年			
	オガサワラシジミ	2008 年			2009 年
	カシワアカシジミ冠高原亜種	2020 年			
	ゴイシツバメシジミ	1996 年			1997 年
	ゴマシジミ本州中部亜種	2016 年			
	ツシマウラボシシジミ	2017 年			2017 年
タテハチョウ科	ウスイロヒョウモンモドキ	2016 年			
	コヒョウモンモドキ	2023 年	2023 年		
	ヒョウモンモドキ	2011 年			
	タカネヒカゲ八ヶ岳亜種	2021 年			
エゾトンボ科	オガサワラトンボ	2008 年			2009 年（2015 年）
アオイトトンボ科	オガサワラアオイトトンボ	〃			2009 年（2015 年）
ハナダカトンボ科	ハナダカトンボ	〃			2009 年（2015 年）
トンボ科	ハネナガチョウトンボ	2019 年			
	ベッコウトンボ	1994 年			1996 年
バッタ科	アカハネバッタ	2016 年			
陸産貝類（48種）					
カワシンジュガイ科	カワシンジュガイ	2022 年		2022 年	
	コガタカワシンジュガイ	2022 年		2022 年	
オナジマイマイ科	オオアガリマイマイ	2018 年			
	オモイガケナマイマイ	2020 年			
	サドマイマイ	2020 年			
	ナチマイマイ	2018 年			
	ヘソアキアツマイマイ	2020 年			
	ヘリトリケマイマイ	2020 年			
	ムラヤママイマイ	2020 年			
ナンバンマイマイ科	アケボノカタマイマイ	2015 年			2016 年
	アナカタマイマイ	2015 年			2016 年
	アニジマカタマイマイ	2015 年			2016 年
	アマノヤマカタマイマイ	2017 年			
	イヘヤヤマカタマイマイ	2017 年			
	ウキラヤマカタマイマイ	2017 年			
	オトメカタマイマイ	2015 年			2016 年
	カタマイマイ	2015 年			2016 年
	キノボリカタマイマイ	2015 年			2016 年
	クメジママイマイ	2021 年			
	コガネカタマイマイ	2015 年			2016 年
	コハクアナカタマイマイ	2015 年			2016 年
	サダミマイマイ	2021 年			
	チチジマカタマイマイ	2015 年			2016 年
	トクノシマビロウドマイマイ	2020 年			
	ヌノメカタマイマイ	2015 年			2016 年
	ヒシカタマイマイ	2015 年			2016 年
	ヒメカタマイマイ	2015 年			2016 年
	フタオビカタマイマイ	2015 年			2016 年
	ミスジカタマイマイ	2015 年			2016 年

（続き）

科　名	種　名	指 定 年	特定第一種国内希少野生動植物種指定年	特定国内第二種希少野生動植物種指定年	保護増殖事業計画策定年（改定年）
キセルガイ科	アズママルクチコギセル	2021 年			
	イシカワギセル	2020 年			
	イトヒキツムガタノミギセル	2021 年			
	オオイタシロギセル	2021 年			
	カザアナギセル	2020 年			
	カスガコギセル	2021 年			
	タケノコギセル	2021 年			
	トクネニヤダマシギセル	2020 年			
	ナルトギセル	2021 年			
	ニシキコギセル	2021 年			
	ハナコギセル	2021 年			
	マルクチコギセル	2021 年			
	ミヤコオキナワギセル	2020 年			
	リュウキュウギセル	2021 年			
キセルモドキ科	ハハジマキセルモドキ	2021 年			
	チチジマキセルモドキ	2021 年			
	ヒラセキセルモドキ	2021 年			
	オガサワラキセルモドキ	2021 年			
	ニシキキセルモドキ	2021 年			
オカモノアラガイ科	オガサワラオカモノアラガイ	2021 年			
	テンスジオカモノアラガイ	2021 年			
甲 殻 類（7種，うち特定第二種国内希少野生動植物1種）					
ヌマエビ科	オガサワラヌマエビ	2019 年			
スナガニ科	オガサワラベニシオマネキ	2019 年			
アジアザリガニ科	ニホンザリガニ	2023 年		2023 年	
サワガニ科	カクレサワガニ	2017 年			
	トカシキオオサワガニ	2017 年			
	ヒメユリサワガニ	2017 年			
	ミヤコサワガニ	2017 年			
シダ植物（34種）					
ヒカゲノカズラ科	ヒメヨウラクヒバ	2015 年			
	ヒモスギラン	2016 年			
メシダ科	アオイガワラビ	2016 年			
	ヒュウガシケシダ	2018 年			
	フクレギシダ	2018 年			
	ホソバシケチシダ	2016 年			
	ムニンミドリシダ	2018 年			
	ヤクシマタニイヌワラビ	2016 年			
チャセンシダ科	イエジマチャセンシダ	2017 年			
	ウスイロホウビシダ	2017 年			
	オトメシダ	2018 年			
	フサザジラン	2016 年			
	マキノシダ	2016 年			
	ヒメタニワタリ	2008 年			2009 年
コバノイシカグマ科	ホソバコウシュンシダ	2016 年			
オシダ科	アマミデンダ	1999 年	1999 年		
	キュウシュウイノデ	2020 年			
	キリシマイワヘゴ	2018 年			
	クマヤブソテツ	2017 年			
	コキンモウイノデ	2018 年			
	サクラジマイノデ	2018 年			
	シムライノデ	2021 年			
	ヒイラギデンダ	2019 年			
	ヤシャイノデ	2021 年	2021 年		
キジノオシダ科	リュウキュウキジノオ	2015 年			
ナナバケシダ科	コモチナナバケシダ	2016 年	2016 年		
	ナガバウスバシダ	〃			
ヒメシダ科	シマヤワラシダ	2016 年			
ウラボシ科	ウロコノキシノブ	2021 年	2021 年		
	オキノクリハラン	2018 年			
	キレハオオクボシダ	2019 年			
	トヨグチウラボシ	2023 年			
	ハカマウラボシ	2018 年	2018 年		
キンモウワラビ科	リュウキュウキンモウワラビ	2018 年			
被子植物（158種）					
イラクサ科	セキモンウライソウ	2018 年			
	ヨナクニトキホコリ	2017 年			
タ デ 科	アラゲタデ	2017 年			
	ダイトウサクラタデ	〃			
バンレイシ科	クロボウモドキ	2019 年			
ナデシコ科	タカネマンテマ	2023 年	2023 年		

（続き）

科　名	種　名	指定年	特定第一種国内希少野生動植物種指定年	特定国内第二種希少野生動植物種指定年	保護増殖事業計画策定年（改定年）
キンポウゲ科	イイデトリカブト	2020年			
	オンタケブシ	2020年			
	キタダケキンポウゲ	2021年	2021年		
	キタダケソウ	1994年	1994年		1995年
	キリギシソウ	2018年	2018年		
	クモマキンポウゲ	2019年			
	コウライブシ	2021年			
	タカネキンポウゲ	2021年			
	ハナカズラ	2020年	2020年		
	ムラサキカラマツ	2019年	2019年		
	ヤツガタケキンポウゲ	2020年	2020年		
スイレン科	シモツケコウホネ	2012年			
コショウ科	タイヨウフウトウカズラ	2004年		2004年	
ウマノスズクサ科	アソサイシン	2020年	2020年		
	オナガサイシン	2017年	2017年		
	サツマアオイ	2018年	2018年		
	シシキカンアオイ（シジキカンアオイ）	2018年	2018年		
	ジュウロウカンアオイ	2018年	2018年		
	ヒナカンアオイ	2017年	2017年		
	フクエジマカンアオイ	2020年	2020年		
	ホシザキカンアオイ	2018年	2018年		
	モノドラカンアオイ	2018年	2018年		
	ヤエヤマカンアオイ	2018年	2018年		
アブラナ科	シリベシナズナ	2018年	2018年		
	ハナナズナ	2020年	2020年		
ユキノシタ科	アマミチャルメルソウ	2020年			
	オキナワヒメウツギ	2018年			
	ツシマアカショウマ	2023年			
	ヤエヤマヒメウツギ	2017年			
トベラ科	コバトベラ	2004年			2004年
マメ科	エダウチタヌキマメ	2020年			
	サクヤアカササゲ	2017年			
	タシロマメ	2019年			
	ホソバフジボグサ	2017年			
フウロソウ科	ヤクシマフウロ	2021年	2021年		
トウダイグサ科	セキモンノキ	2018年			
	ヒュウガタイゲキ	2012年			
	ボロジノニシキソウ	2017年			
キントラノオ科	ササキカズラ	2017年			
ヒメハギ科	リュウキュウヒメハギ	2017年			
クロウメモドキ科	ヒメクロウメモドキ	2017年			
シナノキ科	ケナシハテルマカズラ	2019年			
	ヒシバウオトリギ（アツバウオトリギ）	2018年			
スミレ科	イシガキスミレ	2020年	2020年		
	オキナワスミレ	2020年	2020年		
	タデスミレ	2020年	2020年		
キブシ科	ナガバキブシ	2018年			
	ハザクラキブシ	2018年			
ノボタン科	ムニンノボタン	2004年			2004年
セリ科	ツシマノダケ	2021年			
ツツジ科	アマクサミツバツツジ	2021年			
	ウラジロヒカゲツツジ	2012年			
	ムニンツツジ	2012年			2004年
	ヤドリコケモモ	1999年			
ヤブコウジ科	マルバタイミンタチバナ	2018年			
サクラソウ科	オニコナスビ	2021年	2021年		
	カッコソウ	2012年			
ハイノキ科	ウチダシクロキ	2008年			2009年
リンドウ科	ヤクシマリンドウ	2016年	2016年		
	ハナヤマツルリンドウ	2017年			
	ヒメセンブリ	2023年			
アカネ科	ヒジハリノキ	2019年			
ハナシノブ科	ハナシノブ	1995年	1995年		1996年
クマツヅラ科	ウラジロコムラサキ	2004年			2004年
	タカクマムラサキ	2021年			
シソ科	シマカコソウ	2008年			2009年
	ヒメタツナミソウ	2020年			
ナス科	イラブナスビ	2020年			
	ムニンホオズキ	2018年			
ゴマノハグサ科	イスミスズカケ	2020年			
イワタバコ科	ナガミカズラ	2015年			
スイカズラ科	ウゼンベニバナヒョウタンボク	2019年			
	キタミヒョウタンボク	2021年			
	クロブシヒョウタンボク	2019年			
	ツシマヒョウタンボク	2020年	2020年		
	ホザキツキヌキソウ	2019年			
	ヤブヒョウタンボク	2020年	2020年		
オミナエシ科	シマキンレイカ	2016年			

（続き）

科　名	種　名	指定年	特定第一種国内希少野生動植物種指定年	特定国内第二種希少野生動植物種指定年	保護増殖事業計画策定年（改定年）
キク科	コウリンギク	2021 年			
	コヘラナレン	2008 年			2009 年
	シマトウヒレン	2023 年	2023 年		
	ダイトウワダン	2017 年			
	ヒナヒゴタイ	2020 年			
	ミクラジマトウヒレン	2018 年			
	ヤクシマヒゴタイ（ヤクシマトウヒレン）	2018 年	2018 年		
	ユズリハワダン	2018 年			
	ヨナクニイソノギク	2019 年	2019 年		
オモダカ科	カラフトグワイ	2019 年	2019 年		
ヒルムシロ科	ナガバエビモ	2018 年			
イバラモ科	ヒメイバラモ	2018 年			
ホンゴウソウ科	ヤクシマソウ	2018 年			
ユリ科	ウスギワニグチソウ	2021 年	2021 年		
	カイコバイモ	2019 年	2019 年		
	キバナノツキヌキホトトギス	2020 年			
	クロカミシライトソウ	2017 年	2017 年		
	サガミジョウロウホトトギス	2020 年			
	スルガジョウロウホトトギス	2020 年			
	タマボウキ	2020 年	2020 年		
	ヨナグニノシラン	2021 年			
ホシクサ科	ヒュウガホシクサ	2019 年	2019 年		
イネ科	イネガヤ	2019 年			
	ヒゲナガコメススキ	2022 年			
サトイモ科	アマギテンナンショウ	2018 年	2018 年		
	イシヅチテンナンショウ	2018 年	2018 年		
	イナヒロハテンナンショウ	2018 年	2018 年		
	オキナワテンナンショウ	2017 年	2017 年		
	オガタテンナンショウ（ツクシテンナンショウ）	2018 年	2018 年		
	オドリコテンナンショウ	2018 年	2018 年		
	サキシマハブカズラ	2016 年			
	セッピコテンナンショウ	2018 年	2018 年		
	ツルギテンナンショウ	2018 年			
	トクノシマテンナンショウ	2019 年	2019 年		
	ナギヒロハテンナンショウ	2018 年	2018 年		
	ヒメハブカズラ	2016 年			
	ヒュウガヒロハテンナンショウ	2020 年	2020 年		
	ホロテンナンショウ	2018 年	2018 年		
	ユズノハカズラ	2017 年			
カヤツリグサ科	イヘヤヒゲクサ	2021 年			
	カドハリイ	2022 年			
	センジョウスゲ	2022 年			
	ビャッコイ	2020 年			
ラン科	アサヒエビネ	2004 年			2004 年
	アツモリソウ	1997 年	1997 年		
	イリオモテトンボソウ	2015 年			
	エンレイショウキラン	2020 年	2020 年		
	オオカゲロウラン	2017 年			
	オオギミラン	2017 年	2017 年		
	オオスズムシラン	2016 年			
	オキナワセッコク	2002 年	2008 年		
	カンダヒメラン	2020 年	2020 年		
	キバナシュスラン	2016 年	2016 年		
	クニガミトンボソウ	2002 年			
	コウシュンシュスラン	2016 年			
	コゴメキノエラン	1999 年			
	コハクラン	2020 年			
	シマツレサギソウ	2018 年			
	シマホザキラン	2004 年			2004 年
	タイワンエビネ	2015 年			
	タカオオオスズムシラン	2015 年			
	タカサゴヤガラ	2020 年			
	タコガタサギソウ	2019 年			
	タブガワヤツシロラン	2020 年			
	チョウセンキバナアツモリソウ	2002 年			2002 年
	テツオサギソウ	2017 年			
	ナンバンカモメラン	2016 年	2016 年		
	ハガクレナガミラン	2016 年			
	ハチジョウツレサギ	2017 年			
	ハツシマラン	2018 年	2018 年		
	ヒメカクラン	2016 年			
	ヒメクリソラン	2016 年			
	ヒメシラヒゲラン	2020 年			
	ヒメスズムシソウ	2020 年			
	ホシツルラン	2004 年			2004 年
	ホテイアツモリ	1997 年	1997 年		
	ミスズラン	2021 年			
	ミゾボシラン	2015 年			
	ヤクシマヤツシロラン	2018 年			
	ヤブミョウガラン	2017 年			
	レブンアツモリソウ	1994 年	1994 年		1994 年

環境省：“国内希少野生動植物一覧”（2023）．

7.6.4　世界の絶滅のおそれのある野生生物の種数

主要な生物群の絶滅危惧種数（1996〜2021）

	推定既知種数	2021年に評価した種数	1996/98	2000	2002	2004	2006	2008	2010	2012	2014	2016	2018	2019	2020	2021
脊椎動物																
哺乳類	5 940	5 940	1 096	1 130	1 137	1 101	1 093	1 141	1 131	1 139	1 199	1 194	1 219	1 244	1 323	1 340
鳥類	11 158	11 158	1 107	1 183	1 192	1 213	1 206	1 222	1 240	1 313	1 373	1 460	1 492	1 486	1 481	1 400
爬虫類	10 450	8 492	253	296	293	304	341	423	594	807	927	1 079	1 307	1 409	1 458	1 842
両生類	7 728	7 212	124	146	157	1 770	1 811	1 905	1 898	1 933	1 957	2 068	2 092	2 200	2 442	2 606
魚類	33 600	22 005	734	752	742	800	1 171	1 275	1 851	2 058	2 222	2 359	2 332	2 674	3 210	3 543
小計	68 574	54 807	3 314	3 507	3 521	5 188	5 622	5 966	6 714	7 250	7 678	8 160	8 442	9 013	9 914	10 731
無脊椎動物																
昆虫類	1 000 000	10 865	537	555	557	559	623	626	733	829	993	1 268	1 537	1 647	1 926	2 349
軟体動物	85 000	8 881	920	938	939	974	975	978	1 288	1 857	1 950	1 984	2 195	2 250	2 300	2 399
甲殻類	47 000	3 189	407	408	409	429	459	606	596	596	725	732	733	733	742	728
サンゴ類	2 175	864	1	1	1	1	1	235	235	236	235	237	237	237	237	237
クモ類	102 248	393	11	11	11	11	11	18	19	20	163	166	182	197	203	251
有爪動物	165	11	6	6	6	9	9	9	9	9	9	9	9	9	9	9
カブトガニ類	4	4	0	0	0	0	0	0	0	0	0	1	1	2	2	2
その他	68 658	844	9	9	9	9	24	24	24	23	65	73	146	146	148	194
小計	1 305 250	25 051	1 891	1 928	1 932	1 992	2 102	2 496	2 904	3 570	4 140	4 470	5 040	5 218	5 489	6 169
植物																
コケ類	16 236	282	—	80		80	80	82	90	76	76	76	164	164	165	181
シダ類	12 000	678	—	—		140	139	139	148	167	194	217	261	261	265	288
裸子植物	1 052	1 016	142	141	142	305	306	323	371	374	400	400	402	402	403	436
被子植物	268 000	52 077	5 186	5 390	5 492	7 796	7 865	7 904	8 116	8 764	9 905	10 941	14 938	14 938	19 518	24 000
緑藻類	6 050	16	—	—	—	—	—	0	0	0	0	0	0	0	0	0
紅藻類	7 104	58	—	—	—	—	—	9	9	9	9	9	9	9	9	9
小計	310 442	54 127	5 328	5 611	5 714	8 321	8 390	8 457	8 724	9 390	10 584	11 643	15 774	15 774	20 360	24 914
菌類および原生動物																
地衣類	17 000	57	—	—	—	2	2	2	2	2	4	7	20	24	48	50
キノコ類	31 496	368	—	—	—	1	1	1	1	1	6	21	33	140	185	238
褐藻類	3 784	15	—	—	—	—	—	6	6	6	6	6	6	6	6	6
小計	52 280	440	—	—	—	2	3	9	9	9	11	34	59	170	239	294
合計	1 736 546	134 425	10 533	11 046	11 167	15 503	16 117	16 928	18 351	20 219	22 413	24 307	26 840	30 178	35 765	42 108

各カテゴリーの IUCN 絶滅危惧種数（1996〜2021）

絶滅危惧ⅠA類（CR）	1996/98	2000	2002	2004	2006	2008	2010	2012	2014	2016	2018	2019	2020	2021	2021
哺乳類	169	180	181	162	162	188	188	196	213	204	201	203	221	221	233
鳥類	168	182	182	179	181	190	190	197	213	225	224	225	223	223	233
爬虫類	41	56	55	64	73	86	106	144	174	237	287	309	324	324	433
両生類	18	25	30	413	442	475	486	509	518	546	550	588	650	650	722
魚類	157	156	157	171	253	289	376	415	443	461	486	592	666	666	790
昆虫類	44	45	46	47	68	70	89	119	168	226	300	311	347	347	427
軟体動物	257	222	222	265	265	268	373	549	576	586	633	667	682	682	725
その他の無脊椎動物	57	59	59	61	84	99	132	183	205	211	252	270	282	282	314
植物	909	1 014	1 046	1 490	1 541	1 575	1 619	1 821	2 119	2 506	2 879	3 229	4 337	4 337	5 330
菌類および原生生物	0	0	0	1	2	2	2	2	2	8	14	19	30	30	44

絶滅危惧ⅠB類（EN）	1996/98	2000	2002	2004	2006	2008	2010	2012	2014	2016	2018	2019	2020	2021	2021
哺乳類	315	340	339	352	348	448	450	446	477	464	482	505	539	542	550
鳥類	235	321	326	345	351	361	372	389	419	448	469	461	460	460	413
爬虫類	59	74	79	79	101	134	200	296	356	421	515	565	584	588	742
両生類	31	38	37	729	738	755	758	767	789	852	903	964	1 036	1 060	1 144
魚類	134	144	143	160	237	269	400	494	587	660	674	868	1 036	1 108	1 216
昆虫類	116	118	118	120	129	132	166	207	270	408	537	571	690	730	971
軟体動物	212	237	236	221	222	224	328	480	501	513	546	564	586	587	607
その他の無脊椎動物	76	76	77	82	96	165	183	183	307	312	344	344	347	351	314
植物	1 197	1 266	1 291	2 239	2 258	2 280	2 397	2 655	3 231	3 691	4 537	5 727	7 925	8 593	10 202
菌類および原生生物	0	0	0	1	1	1	1	1	1	12	21	60	82	87	102

絶滅危惧Ⅱ類（VU）	1996/98	2000	2002	2004	2006	2008	2010	2012	2014	2016	2018	2019	2020	2021	2021
哺乳類	612	610	617	587	583	505	499	497	509	526	536	536	557	556	557
鳥類	704	680	684	688	674	671	678	727	741	787	799	800	798	798	754
爬虫類	153	161	159	161	167	203	288	397	421	505	535	541	538	625	667
両生類	75	83	90	628	631	675	654	657	650	670	639	648	704	719	740
魚類	443	452	442	470	460	717	1 075	1 149	1 192	1 238	1 172	1 214	1 338	1 395	1 537
昆虫類	377	392	393	392	426	424	478	503	555	634	700	765	811	831	949
軟体動物	451	479	481	488	488	486	587	828	873	885	1 016	1 019	1 032	1 035	1 067
その他の無脊椎動物	300	300	300	316	323	628	568	569	685	695	708	710	712	721	732
植物	3 222	3 331	3 377	4 592	4 591	4 602	4 708	4 914	5 234	5 446	5 883	6 818	8 098	8 459	9 373
菌類および原生生物	0	0	0	0	0	0	0	0	0	14	24	91	127	134	157

7.7 外来種

7.7.1 日本の外来種

　人為的に本来の生息地から異なる地域に移動させられた生物種を外来種といい，その中でも移動先の新天地に定着して，増殖することによって在来の生物種・生態系あるいは人間社会に対して悪影響を及ぼす種を侵略的外来種（侵入種）という．現在，侵入種による生態系攪乱は生物多様性減少の重要な要因の1つと考えられており，生物多様性条約においても，侵入種の国際的管理が課題として明記されている．

　もともと生物は太古の時代より移動・分散をくり返して分布を拡大してきた．しかし，いずれの種も分布は際限なく広がるのではなく，山や川や海洋といったそれぞれの生物種の移動を妨げる地理的障壁により分布域は仕切られていた．この仕切りにより，地域ごとに独自の生物相や遺伝子組成が形成され，その結果として現在の生物多様性がつくり出されてきた．

　しかし，人間が文明を築き，自らの分布を拡大し始めた時から，この生物種の分布に関する自然の「ルール」が無効となった．船舶や飛行機，鉄道，運河，道路といった文明の利器の発達とともに様々な生物種が人間の手により山や川や海洋という地理的障壁を越え，大陸から大陸へ，島から島へと大移動を始めた．生物進化の「常識」をはるかに越えた生物種の大量移送は，長きにわたる生物進化の産物として築かれた地域固有の生態系を攪乱し，在来種の減少を招いている．

　日本でもこれまでに様々な外来種が導入され，在来種の生存を脅かしている．食用として輸入されたウシガエルやアメリカザリガニは日本の内水面で在来昆虫類や植生に深刻なダメージを与え，毒ヘビのハブを駆除するために沖縄島・奄美大島に導入されたフイリマングースは島の固有希少種であるヤンバルクイナやアマミノクロウサギを補食し，それらの個体数を減少させた．アニメの影響で大量輸入されたアライグマは，飼いきれずに逃がされた個体が続出した結果，日本中に分布を拡大し，農作物や野生動物に被害をもたらしている．近年では都市部にまで進出し，感染症のベクターとなることが懸念されている．

　また，近年，貿易の自由化が進む南米原産のヒアリやオーストラリア原産のセアカゴケグモ，中国南部原産のツマアカスズメバチなどの外来種が船舶や飛行機の積み荷に紛れて国内に持ち込まれるケースが増えている．さらには，両生類の人為移送によって，日本を含むアジア地域が起源とされる両生類感染症カエルツボカビが世界各地に侵入して，希少な両生類個体群の絶滅をもたらすなど，病原体の侵入という目に見えない外来種も問題となっている．

　こうした侵略的外来種による生態系被害を食い止めるべく，2005年環境省により「特定外来生物による生態系等に係る被害の防止に関する法律」が施行された．この法律では，日本の生態系に対して悪影響をもたらす外来種を「特定外来生物」に指定し，国の防除対象としている．本法律は2022年に改正され，港湾における水際対策強化，自治体の防除責務強化など，外来種対策の前進が図られている．官民協働の防除も進められており，南米原産アルゼンチンアリの地域個体群根絶や，奄美大島に定着したマングース個体群密度をほぼゼロにするなどの成果が上げられている．

7.7.2　特定外来生物による生態系等に係る被害の防止に関する法律に基づき規制される生物のリスト

特定外来生物：外来生物（海外起源の外来種）のなかで，生態系，人の生命・身体，農林水産業へ被害を及ぼすもの，または及ぼすおそれがあると法律で指定された生物で，その飼養，栽培，保管，運搬，輸入といった取扱いが規制される．

未判定外来生物：生態系，人の生命・身体，農林水産業へ被害を及ぼす疑いがあるか，実態がよくわかっていない海外起源の外来生物で，指定されると輸入する場合は事前に主務大臣に対して届け出る必要がある．

特定外来生物による生態系等に係る被害の防止に関する法律に基づき規制される生物のリスト

脊椎動物

分類群	目	科	属	特定外来生物	未判定外来生物	種類名証明書の添付が必要な生物
哺乳類 Mammalia	カンガルー目 Marsupialia	オポッサム科 Didelphidae	オポッサム属 *Didelphis*	なし	オポッサム属の全種	オポッサム科およびクスクス科の全種
			オポッサム科の他の全属	なし	なし	
		クスクス科 Phalangeridae	フクロギツネ属 *Trichosurus*	フクロギツネ（*T. vulpecula*）	クスクス科の全種 ただし，次のものを除く． ・フクロギツネ	
			クスクス科の他の全属	なし	なし	
	モグラ目 Insectivora	ハリネズミ科 Erinaceidae	ハリネズミ属 *Erinaceus*	ハリネズミ属の全種	なし	ハリネズミ属，アフリカハリネズミ属，オオミミハリネズミ属，メセキヌス属の全種
			アフリカハリネズミ属 *Atelerix* オオミミハリネズミ属 *Hemiechinus* メセキヌス属 *Mesechinus*	なし	アフリカハリネズミ属全種 オオミミハリネズミ属全種 メセキヌス属全種 ただし，次のものを除く． ・ヨツユビハリネズミ（*A. albiventris*）	
	霊長目（サル目） Primates	オナガザル科 Cercopithecidae	マカカ属 *Macaca*	タイワンザル（*M. cyclopis*）	マカカ属の全種 ただし，次のものを除く． ・タイワンザル ・カニクイザル ・アカゲザル ・ニホンザル	マカカ属の全種
				カニクイザル（*M. fascicularis*）		
				アカゲザル（*M. mulatta*）		
				タイワンザル×ニホンザル（*M. cyclopis* × *M. fuscata*）	マカカ属に属する種間の交雑により生じた生物 ただし，次のものを除く． ・タイワンザル×ニホンザル ・アカゲザル×ニホンザル	マカカ属に属する種間の交雑により生じた生物
				アカゲザル×ニホンザル（*M. mulatta* × *M. fuscata*）		
	ネズミ目 Rodentia	パカ科 Agoutidae	パカ科の全属	なし	なし	パカ科，フチア科，パカラナ科，ヌートリア科の全種
		フチア科 Capromyidae	フチア科の全属	なし	なし	
		パカラナ科 Dinomyidae	パカラナ科の全属	なし	なし	
		ヌートリア科 Myocastoridae	ヌートリア属 *Myocastor*	ヌートリア（*M. coypus*）	なし	
		リス科 Sciuridae	ハイガシラリス属 *Callosciurus*	クリハラリス（タイワンリス）（*C. erythraeus*）	ハイガシラリス属の全種 ただし，次のものを除く． ・クリハラリス（タイワンリス） ・フィンレイソンリス	リス科の全種
				フィンレイソンリス（*C. finlaysonii*）		
			プテロミュス属 *Pteromys*	タイリクモモンガ（*P. volans*） ただし，次のものを除く． ・エゾモモンガ（*P. volans orii*）	なし	
			リス属 *Sciurus*	トウブハイイロリス（*S. carolinensis*）	リス属の全種 ただし，次のものを除く． ・トウブハイイロリス ・ニホンリス（*S. lis*） ・キタリス（エゾリスも含む）	
				キタリス（*S. vulgaris*） ただし，次のものを除く． ・エゾリス（*S. vulgaris orientis*）		
			リス科の他の全属	なし	なし	
		ネズミ科 Muridae	マスクラット属 *Ondratra*	マスクラット（*O. zibethicus*）	なし	マスクラット属の全種
	食肉目（ネコ目） Carnivora	アライグマ科 Procyonidae	アライグマ属 *Procyon*	カニクイアライグマ（*P. cancrivorus*）	なし	アライグマ属の全種
				アライグマ（*P. lotor*）		
		イタチ科 Mustelidae	イタチ属 *Mustela*	アメリカミンク（*M. vison*）	イタチ属の全種 ただし，次のものを除く． ・オコジョ（*M. erminea*） ・ニホンイタチ（*M. itatsi*） ・イイズナ（*M. nivalis*） ・フェレット（*M. putoriusfuro*） ・チョウセンイタチ（*M. sibilica*） ・アメリカミンク	イタチ属の全種

(続き)

分類群	目	科	属	特定外来生物	未判定外来生物	種類名証明書の添付が必要な生物
哺乳類 Mammalia	食肉目 （ネコ目） Carnivora	マングース科 Herpestidae	エジプトマングース属 *Herpestes*	フイリマングース (*H. auropunctatus*) ジャワマングース (*H. javanicus*)	マングース科の全種 ただし、次のものを除く． ・フイリマングース ・ジャワマングース ・シマママングース ・スリカタ (*Suricata*) 属全種	マングース科の全種
			シママングース属 *Mungos*	シママングース (*M. mungo*)		
			マングース科の他の全属	なし		
	偶蹄目 （ウシ目） Artiodactyla	シカ科 Cervidae	アキシスジカ属 *Axis*	アキシスジカ属の全種		
			シ カ 属 *Cervus*	シカ属の全種 ただし、次のものを除く． ・ホンシュウジカ (*C. nippon centralis*) ・ケラマジカ (*C. nippon keramae*) ・マゲシカ (*C. nippon mageshimae*) ・キュウシュウジカ (*C. nippon nippon*) ・ツシマジカ (*C. nippon pulchellus*) ・ヤクシカ (*C. nippon yakushimae*) ・エゾシカ (*C. nippon yesoensis*)	なし	アキシスジカ属，シカ属，ダマシカ属の全種およびシフゾウ
			ダマシカ属 *Dama*	ダマシカ属の全種		
			シフゾウ属 *Elaphurus*	シフゾウ (*E. davidianus*)		
			ホエジカ属 *Muntiacus*	キョン (*M. reevesi*)	ホエジカ属の全種 ただし、次のものを除く． ・キョン	ホエジカ属の全種
鳥　綱 Aves	カモ目 Anseriformes	カモ科 Anatidae	ブランタ属 *Branta*	カナダガン (*B. canadensis*)	ブランタ属の全種 ただし、次のものを除く． ・カナダガン (*B. canadensis*) ・シジュウカラガン (*B. hutchinsii leucopareia*) ・ヒメシジュウカラガン (*B. hutchinsii minima*) ・コクガン (*B. bernicla*)	ブランタ属の全種
	スズメ目 Passeriformes	ヒヨドリ科 Pycnonotidae	シロガシラ属 *Pycnonotus*	シリアカヒヨドリ (*P. cafer*)	なし	シロガシラ属の全種
		チメドリ科 Timaliidae	ガビチョウ属 *Garrulax*	ガビチョウ (*G. canorus*) ヒゲガビチョウ (*G. cineraceus*) カオグロガビチョウ (*G. perspicillatus*) カオジロガビチョウ (*G. sannio*)	チメドリ科の全種 ただし、次のものを除く． ・ガビチョウ ・ヒゲガビチョウ ・カオグロガビチョウ ・カオジロガビチョウ ・ソウシチョウ	チメドリ科の全種
			ソウシチョウ属 *Leiothrix*	ソウシチョウ (*L. lutea*)		
			チメドリ科の他の全属	なし		
爬虫綱 Reptilia	カメ目 Testudinata	カミツキガメ科 Chelydridae	カミツキガメ属 *Chelydra*	カミツキガメ (*C. serpentina*)	なし	カミツキガメ科の全種
			カミツキガメ科の他の全属	なし	なし	
		イシガメ科 Geoemydidae	イシガメ属 *Mauremys*	ハナガメ（タイワンハナガメ） (*M. sinensis*) ハナガメ×ニホンイシガメ (*M. sinensis × M. japonica*) ハナガメ×ミナミイシガメ (*M. sinensis × M. mutica*) ハナガメ×クサガメ (*M. sinensis × M. reevesii*)	なし	イシガメ属の全種およびハナガメ×イシガメ科に属するその他の種間の交雑により生じた生物
	トカゲ亜目 Squamata	アガマ科 Agamidae	キノボリトカゲ属 *Japalura*	スウィンホーキノボリトカゲ (*J. swinhonis*)	なし	スウィンホーキノボリトカゲ
		タテガミトカゲ科 （イグアナ） Iguanidae (Polychrotidae)	アノール属 *Anolis*	アノリス・アルログス (*A. allogus*) アノリス・アルタケウス (*A. alutaceus*) アノリス・アングスティケプス (*A. angusticeps*) グリーンアノール (*A. carolinensis*) ナイトアノール (*A. equestris*) ガーマンアノール (*A. garmanni*) アノリス・ホモレキス (*A. homolechis*) ブラウンアノール (*A. sagrei*)	アノール属およびノロブス属の全種 ただし、次のものを除く． ・アノリス・アルログス ・アノリス・アルタケウス ・アノリス・アングスティケプス ・グリーンアノール ・ナイトアノール ・ガーマンアノール ・アノリス・ホモレキス ・ブラウンアノール	アノール属およびノロブス属の全種
			ノロブス属 *Norops*	なし		
	ヘビ亜目 Serpentes	ナミヘビ科 Colubridae	オオガシラ属 *Boiga*	ミドリオオガシラ (*B. cyanea*) イヌバオオガシラ (*B. cynodon*) マングローブヘビ (*B. dendrophila*) ミナミオオガシラ (*B. irregularis*) ボウソオオガシラ (*B. nigriceps*)	オオガシラ属の全種 ただし、次のものを除く． ・ミドリオオガシラ ・イヌバオオガシラ ・マングローブヘビ ・ミナミオオガシラ ・ボウソオオガシラ	オオガシラ属およびチャマダラヘビ属の全種

（続き）

分類群	目	科	属	特定外来生物	未判定外来生物	種類名証明書の添付が必要な生物
爬虫類 Reptilia	ヘビ亜目 Serpentes	ナミヘビ科 Colubridae	チャマダラヘビ属 *Psammodynastes*	なし	なし	オオガシラ属およびチャマダラヘビ属の全種
			ナメラ属 *Elaphe*	タイワンスジオ（*E. taeniura friesi*）	スジオナメラ（*E. taeniura*）ただし、次のものを除く.・タイワンスジオ・サキシマスジオ（*E. taeniura schmackeri*）	スジオナメラおよびホウシャナメラ
		クサリヘビ科 Viperidae	ハブ属 *Protobothrops*	タイワンハブ（*P. mucrosquamatus*）	ハブ属の全種ただし、次のものを除く.・サキシマハブ（*P. elegans*）・ハブ（*P. flavoviridis*）・タイワンハブ（*P. mucrosquamatus*）・トカラハブ（*P. tokarensis*）	ヤジリハブ属およびハブ属の全種
			ヤジリハブ属 *Bothrops*	なし	なし	
両生綱 Amphibia	無尾目（カエル目）Anura	ヒキガエル科 Bufonidae	ヒキガエル属 *Bufo*	ブレーンズヒキガエル（*B. cognatus*）キンイロヒキガエル（*B. guttatus*）オオヒキガエル（*B. marinus*）ヘリグロヒキガエル（*B. melanostictus*）アカボシヒキガエル（*B. punctatus*）オークヒキガエル（*B. quercicus*）テキサスヒキガエル（*B. speciosus*）コノハヒキガエル（*B. typhonius*）	ヒキガエル属の全種ただし、次のものを除く.・ブレーンズヒキガエル・キンイロヒキガエル・オオヒキガエル・アカボシヒキガエル・オークヒキガエル・テキサスヒキガエル・コノハヒキガエル・ヘリグロヒキガエル・ニホンヒキガエル（*B. japonicus*）・ミヤコヒキガエル（*B. gargarizans miyakonis*）・ナガレヒキガエル（*B. torrenticola*）・テキサスミドリヒキガエル（*B. debilis*）・ロココヒキガエル（*B. paracnemis*）・ナンブヒキガエル（*B. terrestris*）・ガルフコーストヒキガル（*B. valliceps*）・ヨーロッパミドリヒキガエル（*B. viridis*）	ヒキガエル属の全種（ただし、幼生についてはカエル目全種）
		アマガエル科 Hylidae	ズツキガエル属 *Osteopilus*	キューバズツキガエル（キューバアマガエル）（*O. septentrionalis*）	ズツキガエル属の全種ただし、次のものを除く.・キューバズツキガエル	ズツキガエル属の全種（ただし、幼生についてはカエル目全種）
		ユビナガガエル科 Leptodactylidae	コヤスガエル属 *Eleutherodactylus*	コキーコヤスガエル（*E. coqui*）ジョンストンコヤスガエル（*E. johnstonei*）オンシツガエル（*E. planirostris*）	なし	コヤスガエル属の全種（ただし、幼生についてはカエル目全種）
		ジムグリガエル科 Microhylidae	ジムグリガエル属 *Kaloula*	アジアジムグリガエル（*K. pulchra*）	なし	アジアジムグリガエル（ただし、幼生についてはカエル目全種）
		アカガエル科 Ranidae	アカガエル属 *Rana*	ウシガエル（*R. catesbeiana*）	・ブロンズガエル（*R. clamitans*）・ブタゴエガエル（*R. grylio*）・リバーフロッグ（*R. heckscheri*）・フロリダボッグフロッグ（*R. okaloosae*）・ミンクフロッグ（*R. septentrionalis*）・カーペンターフロッグ（*R. virgatipes*）	ウシガエル、ブロンズガエル、ブタゴエガエル、リバーフロッグ、フロリダボッグガエル、ミンクフロッグ、カーペンターフロッグ（ただし、幼生についてはカエル目全種）
		アオガエル科 Rhacorhoridae	シロアゴガエル属 *Polypedates*	シロアゴガエル（*P. leucomystax*）	シロアゴガエル属の全種ただし、次のものを除く.・シロアゴガエル	シロアゴガエル属の全種（ただし、幼生についてはカエル目全種）
条鰭亜綱（魚類）Osteichthyes	ガー目 Lepisosteiformes	ガー科 Lepisosteidae	ガー属 *Atractosteus Lepisosteus*	ガー科の全種（*Lepisosteidae* spp.）ガー科に属する種間の交雑により生じた生物	なし	ガー科の全種およびガー科に属する種間の交雑により生じた生物
	コイ目 Cypriniformes	コイ科 Cyprinidae	タナゴ属 *Acheilognathus*	オオタナゴ（*Acheilognathus macropterus*）	なし	タナゴ属の全種
	ナマズ目 Siluriformes	ギギ科 Bagridae	ギバチ属 *Tachysurus*	コウライギギ（*T. fulvidraco*）	なし	ギバチ属の全種
		イクタルルス科 Ictaluridae	アメイウルス属 *Ameiurus*	ブラウンブルヘッド（*A. nebulosus*）	アメイウルス属の全種ただし、次のものを除く.ブラウンブルヘッド	アメイウルス属およびイクタルルス属の全種
			イクタルルス属 *Ictalurus*	チャネルキャットフィッシュ（*I. punctatus*）	イクタルルス属の全種ただし、次のものを除く.・チャネルキャットフィッシュ	
			ピロディクティス属 *Pylodictis*	フラットヘッドキャットフィッシュ（*P. olivaris*）	なし	フラットヘッドキャットフィッシュ
		ナマズ科 Siluridae	ナマズ属 *Silurus*	ヨーロッパナマズ（ヨーロッパオオナマズ）（*S. glanis*）	なし	ナマズ属全種

（続き）

分類群	目	科	属	特定外来生物	未判定外来生物	種類名証明書の添付が必要な生物
条鰭亜綱（魚類）Osteichthyes	カワカマス（パイク）目 Esociformes	カワカマス（パイク）科 Esocidae	カワカマス（パイク）属 Esox	カワカマス科の全種（Esocidae） カワカマス科に属する種間の交雑により生じた生物	なし	カワカマス科の全種，カワカマス科に属する種間の交雑により生じた生物
	カダヤシ目 Cyprinodontiformes	カダヤシ科 Poeciliidae	カダヤシ属 Gambusia	カダヤシ（G. affinis） ガンブスィア・ホルブロオキ（G. holbrooki）	なし	カダヤシおよびガンブスィア・ホルブロオキ
	スズキ目 Perciformes (Percoidei)	サンフィッシュ科 Centrarchidae	ブルーギル属 Lepomis	ブルーギル（L. macrochirus）	サンフィッシュ科の全種 ただし，次のものを除く． ・オオクチバス ・コクチバス ・ブルーギル	サンフィッシュ科の全種
			オオクチバス属 Micropterus	コクチバス（M. dolomieu） オオクチバス（M. salmoides）		
			サンフィッシュ科の他の全属	なし		
		ハゼ科 Gobiidae	ネオゴビウス属 Neogobius	ラウンドゴビー（N. melanostomus）	なし	ネオゴビウス属の全種
		アカメ科 Latidae	アカメ属 Lates	ナイルパーチ（L. niloticus）	なし	アカメ属の全種
			アカメ科の他の全属	なし		
		モロネ科（狭義）Moronidae	モロネ科の他の全属	なし	モロネ科の全種	モロネ科の全種
			モロネ属 Morone	ホワイトパーチ（M. americana） ホワイトバス（M. chrysops） ストライプトバス（M. saxatilis）	ただし，次のものを除く．・ホワイトパーチ ・ストライプトバス ・ホワイトバス	
				ホワイトバス×ストライプトバス（M. saxatilis × M. chrysops）	モロネ科に属する種間の交雑により生じた生物 ただし，次のものを除く．・ストライプトバス×ホワイトバス	モロネ科に属する種間の交雑により生じた生物
		ナンダス科 Nandidae	ナンダス科全属	なし	なし	ナンダス科の全種
		ペルキクティス科（狭義）Percichthyidae	ガドプスィス属 Gadopsis	なし	ガドプスィス属の全種	ガドプスィス属，マクルロケルラ属，マククアリア属およびペルキクテュス属の全種
			マクルロケルラ属 Maccullochella	なし	マクルロケルラ属の全種 ただし，次のものを除く．・マーレーコッド（M. peelii）	
			マククアリア属 Macquaria	なし	マククアリア属の全種 ただし，次のものを除く．・ゴールデンパーチ（M. ambigua）	
			ペルキクテュス属 Percichthys	なし	ペルキクテュス属の全種	
		パーチ科 Percidae	ギュムノケファルス属 Gymnocephalus	ラッフ（G. cernua）	ギュムノケファルス属の全種 ただし，次のものを除く．ラッフ	ギュムノケファルス属，ペルカ属，サンデル属およびズィンゲル属の全種
			ペルカ属 Perca	ヨーロピアンパーチ（P. fluviatilis）	ペルカ属の全種 ただし，次のものを除く．・ヨーロピアンパーチ	
			サンデル属 Sander (Stizostedion)	パイクパーチ（S. lucioperca）	サンデル属全種 ただし，次のものを除く．・パイクパーチ	
			ズィンゲル属 Zingel	なし	ズィンゲル属全種	
		ケツギョ科 Sinipercidae	ケツギョ属 Siniperca	ケツギョ（S. chuatsi） コウライケツギョ（S. scherzeri）	ケツギョ属の全種 ただし，次のものを除く．・ケツギョ ・コウライケツギョ	ケツギョ属の全種

無脊椎動物

分類群	目	科	属	特定外来生物	未判定外来生物	種類名証明書の添付が必要な生物
昆虫綱 Insecta	チョウ目 Lepidoptera	タテハチョウ科 Nymphalidae	ゴマダラチョウ属 Hestina	アカボシゴマダラ（Hestina assimilis）ただし，次のものを除く．・アカボシゴマダラ奄美亜種（Hestina assimilis shirakii）	なし	アカボシゴマダラ
	コウチュウ目 Coleoptera	カミキリムシ科 Cerambycidae	ジャコウカミキリ属 Aromia	クビアカツヤカミキリ（Aromia bungii）	なし	クビアカツヤカミキリ

（続き）

分類群	目	科	属	特定外来生物	未判定外来生物	種類名証明書の添付が必要な生物
昆虫綱 Insecta	コウチュウ目 Coleoptera	クワガタムシ科 Lucanidae	マルバネクワガタ属 *Neolucanus*	アングラートゥスマルバネクワガタ (*Neolucanus angulatus*)	なし	ムネアカセンチコガネ科，マンマルコガネ科，ホソマグソクワガタ科，センチコガネ科，ヒゲブトハナムグリ科，ニセコブスジコガネ科，アツバネコガネ科，クワガタムシ科，アカマダラセンチコガネ科，クロツヤムシ科，フユセンチコガネ科，コガネムシ科，コブスジコガネ科の全種
				バラデバマルバネクワガタ (*Neolucanus baladeva*)	なし	
				ギガンテウスマルバネクワガタ (*Neolucanus giganteus*)	なし	
				カツラマルバネクワガタ (*Neolucanus katsuraorum*)	なし	
				マエダマルバネクワガタ (*Neolucanus maedai*)	なし	
				マキシムスマルバネクワガタ (*Neolucanus maximus*)	なし	
				ペラルマトゥスマルバネクワガタ (*Neolucanus perarmatus*)	なし	
				サンダースマルバネクワガタ (*Neolucanus saundersii*)	なし	
				タナカマルバネクワガタ (*Neolucanus tanakai*)	なし	
				ウォーターハウスマルバネクワガタ (*Neolucanus waterhousei*)	なし	
		コガネムシ科 Scarabaeidae	テナガコガネ属 *Cheirotonus*	テナガコガネ属の全種 ただし，次のものを除く． ・ヤンバルテナガコガネ (*C. jambar*)	なし	
			クモテナガコガネ属 *Euchirus*	クモテナガコガネ属の全種	なし	
			ヒメテナガコガネ属 *Propomacrus*	ヒメテナガコガネ属の全種	なし	
	ハチ目 Hymenoptera	ミツバチ科 Apidae	マルハナバチ属 *Bombus*	セイヨウオオマルハナバチ (*B. terrestris*)	マルハナバチ属の全種 ただし，次のものを除く． ・コマルハナバチ ・エゾコマルハナバチ ・ツシマコマルハナバチ ・ヒメマルハナバチ ・アイヌヒメマルハナバチ ・シコタンヒメマルハナバチ ・ナガマルハナバチ ・ハイイロマルハナバチ ・ホンシュウハイイロマルハナバチ ・トラマルハナバチ ・エゾトラマルハナバチ ・ノサップマルハナバチ ・ミヤママルハナバチ ・エゾミヤママルハナバチ ・アカマルハナバチ ・オオマルハナバチ ・エゾオオマルハナバチ ・クロマルハナバチ ・チシマルハナバチ ・ニセハイイロマルハナバチ ・シュレンクマルハナバチ ・ウルップシュレンクマルハナバチ ・クナシリシュレンクマルハナバチ ・セイヨウオオマルハナバチ ・ウスリーマルハナバチ ・エゾナガマルハナバチ	マルハナバチ属の全種
		アリ科 Formicidae	トゲフシアリ属 *Lepisiota*	ハヤトゲフシアリ (*Lepisiota frauenfeldi*)	なし	ハヤトゲフシアリ
			アルゼンチンアリ属 *Linepithema*	アルゼンチンアリ (*L. humile*)	なし	アルゼンチンアリ
			トフシアリ属 *Solenopsis*	ソレノプスィス・ゲミナタ種群の全種 [アカカミアリ(*S. geminata*)を含む]	なし	トフシアリ属の全種
				ソレノプスィス・サエヴィスィマ種群の全種[ヒアリ(*S. invicta*)を含む]	なし	
				ソレノプスィス・トゥリデンス種群の全種	なし	
				ソレノプスィス・ヴィルレンス種群の全種	なし	
				上記4種群に属する種間の交雑により生じた生物	なし	
			ワンスマニア属 *Wasmannia*	コカミアリ (*W. auropunctata*)	なし	コカミアリ
		スズメバチ科 Vespidae	ベスパ属 *Vespa*	ツマアカスズメバチ (*V. velutina*)	なし	スズメバチ属の全種
甲殻類 Crustacea	ヨコエビ目 Amphipoda	ヨコエビ科 Gammaridae	ディケロガンマルス属 *Dikerogammarus*	ディケロガンマルス・ヴィルロスス (*Dikerogammarus villosus*)	ディケロガンマルス属の全種 ただし，次のものを除く． ・ディケロガンマルス・ヴィルロスス (*Dikerogammarus villosus*)	ディケロガンマルス属の全種

（続き）

分類群	目	科	属	特定外来生物	未判定外来生物	種類名証明書の添付が必要な生物
甲殻類 Crustacea	エビ目 Decapoda	ザリガニ科 Astacidae	ザリガニ科の全属	ザリガニ科の全種［ウチダザリガニ（*Pacifastacus leniusculus*）を含む］	なし	ザリガニ科の全種
		アメリカザリガニ科 Cambaridae	アメリカザリガニ科の全属	アメリカザリガニ科の全種 ただし，次のものを除く．・アメリカザリガニ（*Procambarus clarkii*）	なし	アメリカザリガニ科の全種
		アジアザリガニ科 Cambaroididae	アジアザリガニ科の全属	アジアザリガニ科の全種 ただし，次のものを除く．・ニホンザリガニ（*Cambaroides japonicus*）	なし	アジアザリガニ科の全種
		ミナミザリガニ科 Parastacidae	ミナミザリガニ科の全属	ミナミザリガニ科の全種	なし	ミナミザリガニ科の全種
		モクズガニ科 Varunidae	モクズガニ属 *Eriocheir*	モクズガニ属の全種 ただし，次のものを除く．・モクズガニ（*Eriocheir japonica*）・オガサワラモクズガニ（*Eriocheir ogasawaraensis*）	なし	モクズガニ属の全種
クモ綱 Arachnid	サソリ目 Scorpiones	キョクトウサソリ科 Buthidae	キョクトウサソリ科の全属	キョクトウサソリ科の全種	なし	サソリ目に含まれる全科全属全種
	クモ目 Araneae	ジョウゴグモ科 Hexathelidae	アトラクス属 *Atrax*	アトラクス属の全種	なし	アトラクス属およびハドロニュケ属の全種
			ハドロニュケ属 *Hadronyche*	ハドロニュケ属の全種	なし	
		イトグモ科 Loxoscelidae	イトグモ属 *Loxosceles*	ロクソスケレス・ガウコ（*L. gaucho*）	なし	イトグモ属の全種
				ロクソスケレス・ラエタ（*L. laeta*）		
				ロクソスケレス・レクルサ（*L. reclusa*）		
		ヒメグモ科 Theridiidae	ゴケグモ属 *Latrodectus*	ゴケグモ属の全種 ただし，次のものを除く．・アカオビゴケグモ（*L. elegans*）	なし	ゴケグモ属の全種
軟体動物門 Mollusca	イガイ目 Mytiloida	イガイ科 Mytilidae	カワヒバリガイ属 *Limnoperna*	カワヒバリガイ属の全種	なし	カワヒバリガイ属の全種
	マルスダレガイ目 Veneroida	カワホトギス科 Dreissenidae	ドレイセナ属 *Dreissena*	クワッガイ（*D. bugensis*）	なし	クワッガイ
				カワホトトギスガイ（*D. polymorpha*）		カワホトトギスガイ
	マイマイ目 Stylommatophora	ハプロトレマティダエ科 Haplotrematidae	アンコトレマ属 *Ancotrema* ハプロトレマ属 *Haplotrema*	なし	ハプロトレマティダエ科の全種	ハプロトレマティダエ科，オレアキニダエ科，ヌリツヤマイマイ科，スピラクスィダエ科，ネジレガイ科，オカチョウジガイ科の全種
		オレアキニダエ科 Oleacinidae	オレアキニダエ科の全属	なし	オレアキニダエ科の全種	
		ヌリツヤマイマイ科 Rhytididae	ヌリツヤマイマイ科全属	なし	ヌリツヤマイマイ科の全種	
		スピラクスィダエ科 Spiraxidae	エウグランディナ属 *Euglandina*	ヤマヒタチオビ（オカヒタチオビ）（*E. rosea*）	スピラクスィダエ科の全種 ただし，次のものを除く．・ヤマヒタチオビ	
			スピラクスィダエ科の他の全属	なし		
		ネジレガイ科（タワラガイ）Streptaxidae	ネジレガイ（タワラガイ）科全属	なし	ネジレガイ科の全種 ただし，次のものを除く．・ソメワケダワラガイ（*Indoennea bicolor*）・コメツブダワラガイ（*Sinoennea densecostata*）・ツヤダワラガイ（*Sinoennea insularis*）・タワラガイ（*Sinoennea iwakawa*）・ミヤコダワラガイ（*Sinoennea miyakojimana*）・ヨナクニダワラガイ（*Sinoennea yonakunijimana*）	
		オカチョウジガイ科（オカクチキレガイ）Subulinidae	オカチョウジガイ（オカクチキレガイ）科の全属	なし	オカチョウジガイ科の全属 ただし，次のものを除く．・マルオカチョウジガイ（*Allopeas brevispirum*）・オカチョウジガイ（*A. clavulinum kyotoense*）・オオオカチョウジガイ（*A. gracilis*）・ユウドウオカチョウジガイ（*A. heudei*）・トサオオカチョウジガイ（*A. javanicum*）・シリプトオカチョウジガイ（*A. mauritianum obesispira*）・ホソオカチョウジガイ（*A. pyrgula*）・サツマオカチョウジガイ（*A. satsumense*）・オオクビオビガイ（*Rumina decollata*）・オカクチキレガイ（*Subulina octona*）	
扁形動物門 Platyhelminthes	三岐腸 Tricladida	ヤリガタリクウズムシ科 Rhynchodemidae	プラテュデムス属 *Platydemus*	ニューギニアヤリガタリクウズムシ（*P. manokwari*）	なし	ニューギニアヤリガタリクウズムシ

植　物

分類群	科	属	特定外来生物	未判定外来生物	種類名証明書の添付が必要な生物
維管束植物 Tracheophyte	ヒ ユ 科 Amaranthaceae	ツルノゲイトウ属 *Alternanthera*	ナガエツルノゲイトウ (*A. philoxeroides*)	なし	ツルノゲイトウ属の全種
	セ リ 科 Apiaceae	チドメグサ属 *Hydrocotyle*	ブラジルチドメグサ (*H. ranunculoides*)	ヒュドロコティレ・ボナリエンスィス (*H. bonariensis*) ヒュドロコティレ・ウンベルラタ (*H. umbellata*)	チドメグサ属の全種
	サトイモ科 Araceae	ボタンウキクサ属 *Pistia*	ボタンウキクサ (*P. stratiotes*)	なし	ボタンウキクサ
	アカウキクサ科 Azollaceae	アカウキクサ属 *Azolla*	アゾルラ・クリスタタ (*A. cristata*)	なし	アカウキクサ属の全種
	キ ク 科 Compositae	ハルシャギク属 *Coreopsis*	オオキンケイギク (*C. lanceolata*)	なし	ハルシャギク属の全種
		ミズヒマワリ属 *Gymnocoronis*	ミズヒマワリ (*G. spilanthoides*)	なし	ミズヒマワリ属の全種
		ツルギク属 *Mikania*	ツルヒヨドリ (*M. micrantha*)	なし	ツルギク属の全種
		オオハンゴンソウ属 *Rudbeckia*	オオハンゴンソウ（通称：ルドベキア, ハナガサギク, ヤエザキハンゴンソウ等）(*R. laciniata*)	なし	オオハンゴンソウ属の全種 ※輸入時は別名に注意！
		キオン（サワギク）属 *Senecio*	ナルトサワギク (*S. madagascariensis*)	なし	キオン属の全種
	ウ リ 科 Cucurbitaceae	アレチウリ属 *Sicyos*	アレチウリ (*S. angulatus*)	なし	アレチウリ属の全種
	モウセンゴケ科 Droseraceae	モウセンゴケ属 *Drosera*	ナガエモウセンゴケ (*D. intermedia*)	なし	モウセンゴケ属の全種
	アリノトウグサ科 Haloragaceae	フサモ属 *Myriophyllum*	オオフサモ (*M. aquaticum*)	なし	フサモ属の全種
	タヌキモ科 Lentibulariaceae	タヌキモ属 *Utricularia*	エフクレタヌキモ (*Utricularia* cf. *platensis*) ウトゥリクラリア・インフラタ (*Utricularia inflata*) ウトゥリクラリア・プラテンスィス (*Utricularia platensis*)	なし	タヌキモ属の全種
	アカバナ科 Onagraceae	チョウジタデ属 *Ludwigia*	ルドウィギア・グランディフロラ（※オオバナミズキンバイ等）(*L. grandiflora*)	なし	チョウジタデ属の全種
	イ ネ 科 Poaceae	オオハマガヤ属 *Ammophila*	ビーチグラス (*A. arenaria*)	なし	オオハマガヤ属
		スパルティナ属 *Spartina*	スパルティナ属全種 (*Spartina.* spp.)	なし	スパルティナ属の全種
	ゴマノハグサ科 Scrophulariaceae	クワガタソウ属 *Veronica*	オオカワヂシャ (*V. anagallis-aquatica*)	なし	クワガタソウ属の全種

※切花は除く

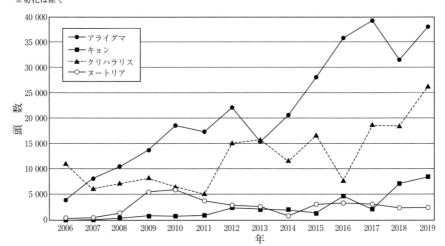

図1　外来生物法に基づく防除による捕獲特定外来生物数（哺乳類）

 環境省：“令和元年度鳥獣関係統計”.

7.7.3　世界の侵略的外来種ワースト100

　生物学的侵入の重要な問題を説明するために IUCN によって選ばれた要注意侵略的外来種のリスト．リストに載っていない種はリスクがないということではない．

和　名	学　名	特定	要注意
哺乳類			
アカギツネ	*Vulpes vulpes*		
アカシカ	*Cervus elaphus*	○	
アナウサギ	*Oryctolagus cuniculus*		
イエネコ	*Felis catus*		
オコジョ	*Mustela erminea*		
カニクイザル	*Macasa fascicularis*	○	
クマネズミ	*Rattus rattus*		
ジャワマングース	*Herpestes javanicus*	○	
トウブハイイロリス	*Sciurus carolinensis*	○	
ヌートリア	*Myocastor coypus*	○	
ハツカネズミ	*Mus musculus*		
フクロギツネ	*Trichosurus vulpecula*	○	
ヤギ	*Capra hircus*		
ヨーロッパイノシシ	*Sus scrofa*		
鳥　類			
インドハッカ	*Acridotheres trisitis*		
シリアカヒヨドリ	*Pycnonotus cafer*		○
ホシムクドリ	*Sturnus vulgaris*		
爬虫類			
ミシシッピアカミミガメ	*Trachemys scripta*		○
ミナミオオガシラヘビ	*Boiga irregularis*	○	
両生類			
ウシガエル	*Rana catesbeiana*	○	
オオヒキガエル	*Bufo marinus*	○	
コキーコヤスガエル	*Eleutherodactylus coqui*	○	
魚　類			
オオクチバス	*Micropterus salmoides*	○	
カダヤシ	*Gambusia affinis*	○	
カワスズメ	*Oreochromis mossambicus*		○
コイ	*Cyprinus carpio*		
ナイルパーチ	*Lates niloticus*		○
ニジマス	*Oncorhynchus mykiss*		○
ヒレナマズ	*Clarias batrachus*		○
（ウォーキングキャットフィッシュ）			
ブラウントラウト	*Salmo trutta*		
昆虫類			
アシナガキアリ	*Anoplolepis gracilipes*		
アノフェレス・クァドリマクラタス	*Anopheles quadrimaculatus*		
（ハマダラカの一種）			
アルゼンチンアリ	*Linepithema humile*	○	
イエシロアリ	*Coptotermes formosanus shiraki*		
キオビクロスズメバチ	*Vespula vulgaris*		
キナラ・カプレッシ（オオアブラムシの一種）	*Cinara cupressi*		
タバココナジラミ	*Bemisia tabaci*		

（続き）

和　　名	学　　名	特定	要注意
昆 虫 類（続き）			
コカミアリ（チビヒアリ）	*Wasmannia auropunctata*	○	
ツヤオオズアリ	*Pheidole megacephala*		
ツヤハダゴマダラカミキリ	*Anoplophora glabripennis*		
ヒアリ	*Solenopsis invicta*	○	
ヒトスジシマカ	*Aedes albopictus*		
ヒメアカカツオブシムシ	*Trogoderma granarium*		
マイマイガ	*Lymantria dispar*		
昆虫以外の節足動物			
チュウゴクモクズガニ	*Eriocheir sinensis*	○	
ヨーロッパミドリガニ	*Carcinus maenas*		○
軟体動物			
アフリカマイマイ	*Achatina fulica*		○
カワホトトギスガイ	*Dreissena polymorpha*	○	
スクミリンゴガイ（ジャンボタニシ）	*Pomacea caniculata*		○
ヌマコダキガイ	*Potamocorbula amurensis*		
ムラサキイガイ（チレニアイガイ）	*Mytilus galloprovincialis*		○
ヤマヒタチオビガイ	*Euglandina roses*	○	
扁形動物			
ニューギニアヤリガタリクウズムシ	*Platydemus manokwari*	○	
棘皮動物			
キヒトデ	*Asterias amurensis*		
刺胞動物			
ムネミオプシス・レイディ（ツノクラゲの一種）	*Mnemiopsis leidyi*		○
裸子植物			
フランスカイガンショウ	*inus pinaster*		○
被子植物			
カエンボク	*Spathodea campanulata*		○
モリシマアカシア	*Acacia mearensii*		○
サンショウモドキ	*Schinus terebinthifolius*		○
チガヤ	*Imperata cylindrica*		
オプンティア・ストリクタ（ウチワサボテンの一種）	*Opuntia stricta*		○
ミリカ・ファヤ（ヤマモモの一種）	*Myrica faya*		○
ダンチク	*Arundo donax*		
ハリエニシダ	*Ulex europaeus*		○
ホザキサルノオ	*Hiptage benghalensis*		
イタドリ	*Fallopia japonica*		
キバナシュクシャ	*Hedychium gardnerianum*		○
アメリカクサノボタン（ノボタン科クリデミアの一種）	*Clidemia hirta*		○
クズ	*Pueraria lobata*		

（続き）

和　　　名	学　　　名	特定	要注意
被子植物（続き）			
ランタナ	*Lantana camara*		◯
ハギクソウ	*Euphorbia esula*		
ギンネム（ギンゴウカン）	*Leucaena leucocephala*		◯
カユプテ	*Melaleuca quinquenervia*		◯
プロソピス・グランドゥロサ	*Prosopis glandulosa*		◯
（プロソピスの一種）			
ミコニア・カルヴェセンス	*Miconia calvescens*		◯
（ノボタン科の一種）			
ミカニア・ミクランサ	*Mikania micrantha*		◯
（ツルギクの一種）			
ミモザ・ピグラ（オジギソウの一種）	*Mimosa pigra*		◯
リグストルム・ロブストゥム	*Ligustrum robustrum*		◯
（イボタノキの一種）			
セクロピア（ヤツデグワ）	*Cecropia pletata*		◯
エゾミソハギ	*Lythrum salicaria*		
アカキナノキ	*Cinchona pubescens*		◯
アルディシア・エリプティカ	*Ardisia elliptica*		◯
（ヤブコウジの一種）			
クロモラエナ・オドラタ	*Chromolaena odorata*		◯
ストロベリーグアバ	*Psidium cattleianum*		◯
タマリクス・ラモシッシマ（ギョリュウの一種）	*Tamarix ramosissima*		◯
ミツバハマグルマ	*Sphagneticola trilobata*		◯
	（*Wedelia trilobata*）		
キミノヒマラヤキイチゴ	*Rubus ellipticus*		◯
ホテイアオイ	*Eichhornia crassipes*		◯
スパルティナ・アングリカ	*Spartina anglica*	◯	
菌　　類			
クリ胴枯病菌	*Cryphonectria parasitica*		
ニレ類立枯病菌	*Ophiostoma ulmi*		
カエルツボカビ	*Batrachochytrium dendrobatidis*		
藻　　類			
ワカメ（褐藻類）	*Undaria pinnatifida*		
イワヅタ（緑藻類）	*Caulerpa taxifolia*		
微 生 物			
鳥マラリア原虫	*Plasmodium relictum*		
アファノマイセス病菌	*Aphanomyces astaci*		
パイナップルの心腐病の原因菌	*Phytophthora cinnamomi*		
（エキビョウキン）			
ウイルス			
バナナ萎縮病ウイルス	Banana bunchy top virus		
牛疫ウイルス	Rinderpest virus		

注）　侵略的外来種についてのより詳しい情報は英語版グローバル侵入種データベースを参照のこと．
　　　IUCN 日本委員会のホームページも参照．

7.7.4　生態系被害防止外来種リスト

　2010年の生物多様性条約第10回締約国会議において，愛知目標が採択された．2012年に制定された「生物多様性国家戦略2012-2020」では，愛知目標を踏まえ，日本の生態系等に被害を及ぼすおそれのある外来種のリストを作成することを目標の1つとした．生態系被害防止外来種リストは，愛知目標の達成に資するとともに，外来種についての国民の関心と理解を高め，様々な主体に適切な行動を呼びかけることで，外来種対策の進展を図ることを目的としている．

生態系被害防止外来種リスト（動物）

【国外由来の外来種】
○定着を予防する外来種（定着予防外来種）
侵入予防外来種

分類群	和　名	学　名	選定理由	定着段階	備考
哺乳類	ジャワマングース	*Herpestes javanicus*	IV	未定着	特定外来
両生類	コキーコヤスガエル	*Eleutherodactylus coqui*	I	未定着	特定外来
	ジョンストンコヤスガエル	*Eleutherodactylus johnstonei*	IV	未定着	
	オンシツガエル	*Eleutherodactylus planirostris*	IV	未定着	未判定
	キューバズツキガエル（キューバアマガエル）	*Osteopilus septentrionalis*	I	未定着	特定外来
魚類	ブラウンブルヘッド	*Ameiurus nebulosus*	IV	未定着	未判定
	フラットヘッドキャットフィッシュ	*Pylodictis olivaris*	I, IV	未定着	未判定
	ホワイトパーチ	*Morone americana*	IV	未定着	
	ラッフ	*Gymnocephalus cernuus*	I	未定着	未判定
	ラウンドゴビー	*Neogobius melanostomus*	I	未定着	特定外来
昆虫類	ヒメテナガコガネ属	*Propomacrus* spp.	I	未定着	特定外来
	ヒアリ（アカヒアリ）	*Solenopsis invicta*	I, III	未定着	特定外来
	コカミアリ	*Wasmannia auropunctata*	I, III	未定着	*
	アフリカミツバチとアフリカ化ミツバチ	*Apis mellifera scutellata*	III	未定着	特定外来
	クモテナガコガネ属	*Euchirus* spp.	I	小笠原・南西諸島/未定着	特定外来
陸生節足動物	アトラクス属	*Atrax* spp.	III	未定着	特定外来
	ハドロニュケ属	*Hadronyche* spp.	III	未定着	特定外来
	イトグモ属3種	*Loxosceles* spp.	III	未定着	特定外来
	ジュウサンボシゴケグモ	*Latrodectus tredecimguttatus*	III	未定着	特定外来
その他の無脊椎動物	ムネミオプシス・レイディ	*Mnemiopsis leidyi*	I	未定着	*
	カワホトトギスガイ	*Dreissena polymorpha*	I, III	未定着	特定外来
	クワッガガイ	*Dreissena bugensis*	I, III	未定着	特定外来
	ディケロガマルス・ヴィロースス	*Dikerogammarus villosus*	I	未定着	
	ヨーロッパミドリガニ	*Carcinus maenus*	I	未定着	*

その他の定着予防外来種

分類群	和　名	学　名	選定理由	定着段階	備考
哺乳類	フクロギツネ	*Trichosurus vulpecula*	I, IV	未定着	特定外来
	カニクイザル	*Macaca fascicularis*	I, IV	未定着	特定外来
	シママングース	*Mungos mungos*	I, IV	未定着	特定外来
	フェレット	*Mustela furo*	I	未定着	*
	カニクイアライグマ	*Procyon cancrivorus*	I, III, IV	未定着	特定外来
	アキシスジカ（アクシスジカ）属	*Axis* spp.	I, IV	未定着	特定外来
	ダマシカ属	*Dama* spp.	I, IV	未定着	特定外来
	シフゾウ	*Elaphulrs davidlanus*	I, IV	未定着	特定外来
	タイリクモモンガ	*Pteromys volans*	I	未定着	特定外来
	トウブハイイロリス	*Sciurus carolinensis*	I, III	未定着	特定外来
	フィンレイソンリス	*Callosciurus finlaysonii*	I, III	未定着	特定外来
鳥類	シリアカヒヨドリ	*Pycnonotus cafer*	I	未定着	*
	外国産メジロ	*Zosterops* spp.	I	未定着	*
爬虫類	ワニガメ属	*Macrochelys* spp.	III, IV	未定着	*
	ニシキガメ属	*Chrysemys* spp.	IV	未定着	

その他の定着予防外来種（続き）

分類群	和　名	学　名	選定理由	定着段階	備考
爬虫類	チズガメ属3種〔ミシシッピチズガメ，フトマユチズガメ（サビーンチズガメを含む），ニセチズガメ〕	*Graptemys* spp.	IV	未定着	＊
	クーターガメ属	*Pseudemys* spp.	IV	未定着	＊
	チュウゴクセマルハコガメ	*Cuora flavomarginata flavomarginata*	IV	未定着	
	ハナガメ	*Mauremys sinensis*	IV	未定着	＊
	アメリカスッポン属	*Apalone* spp.	IV	未定着	＊
	ブラウンアノール	*Anolis sagrei*	I	未定着	特定外来
	特定外来生物のアノール属（グリーンアノール，ブラウンアノール除く）	*Anolis* spp.	IV	未定着	特定外来
	ヒョウモントカゲモドキ	*Eublepharis macularius*	IV	未定着	＊
	ミナミオオガシラ	*Boiga irregularis*	I	未定着	特定外来
	特定外来生物のオオガシラ属（ミナミオオガシラを除く）	*Boiga* spp.	IV	未定着	特定外来
両生類	特定外来生物のヒキガエル属（オオヒキガエルを除く）	*Bufo* spp.	IV	未定着	特定外来
	ヨーロッパミドリヒキガエルなどヒキガエル属5種〔ヨーロッパミドリヒキガエル，テキサスミドリヒキガエル，ナンブヒキガエル，ガルフコーストヒキガエル，ロココヒキガエル（キャハンヒキガエル）〕	*Bufo* spp.	IV	未定着	
	アジアジムグリガエル	*Kaloula pulchra*	IV	未定着	
	ヘリグロヒキガエル	*Bufo melanostictus*	IV	未定着	未判定
魚類	ガー科	Lepisosteidae spp.	I, IV	未定着	
	レッドホースミノー	*Cyprinella lutrensis*	I	未定着	
	ヨーロッパナマズ	*Silurus glanis*	I	未定着	＊
	ノーザンパイク	*Esox lucius*	I	未定着	特定外来
	マスキーパイク	*Esox masquinongy*	I	未定着	特定外来
	パイク科	Esocidae spp.	I	未定着	未判定
	ガンブシア・ホルブローキ	*Gambusia holbrooki*	I, IV	未定着	未判定
	ケツギョ	*Siniperca chuatsi*	I	未定着	特定外来
	コウライケツギョ	*Siniperca scherzeri*	I	未定着	特定外来
	ナイルパーチ	*Lates niloticus*	I	未定着	＊
	ストライプトバス	*Morone saxatilis*	I	未定着	特定外来
	ホワイトバス	*Morone chrysops*	I	未定着	特定外来
	ヨーロピアンパーチ	*Perca fluviatilis*	I	未定着	特定外来
	パイクパーチ	*Sander lucioperca*	I	未定着	特定外来
	スポッテッドティラピア	*Tilapia mariae*	I, IV	未定着	
	オリノコセイルフィンキャットフィッシュ	*Pterygoplichthys multiradiatus*	I	小笠原・南西諸島/未定着	
昆虫類	外国産クワガタムシ	Lucanidae spp.	I	未定着	＊
	外国産カブトムシ	Dynastinae spp.	I	未定着	
	外国産テナガコガネ属	*Cheirotonus* spp.	I	小笠原・南西諸島/未定着	特定外来
陸生節足動物	キョクトウサソリ科	Buthidae spp.	III	未定着	特定外来
その他の無脊椎動物	アスタクス属	*Astacus* spp.	I	未定着	特定外来
	ミステリークレイフィッシュ	*Procambarus fallax*	IV	未定着	
	ラスティークレイフィッシュ	*Orconectes rusticus*	I	未定着	特定外来
	ケラクス属	*Cherax* spp.	I	未定着	特定外来
	外国産モクズガニ属	*Eriocheir* spp.	I	未定着	特定外来

○**総合的に対策が必要な外来種**（総合対策外来種）
緊急対策外来種

分類群	和　名	学　名	選定理由	定着段階	備考
哺乳類	タイワンザル	*Macaca cyclopis*	I, III	定着初期/限定分布	特定外来

緊急対策外来種（続き）

分類群	和　名	学　名	選定理由	定着段階	備考
哺乳類	アカゲザル	*Macaca mulatta*	I , III	定着初期/限定分布	
	ノネコ	*Felis silvestris catus*	I , II	分布拡大期〜まん延期	
	フイリマングース	*Herpestes auropunctatus*	I	定着初期/限定分布	特定外来
	アライグマ	*Procyon lotor*	I , II	分布拡大期〜まん延期	特定外来
	キョン	*Muntiacus reevesi*	I	定着初期/限定分布	特定外来
	ノヤギ	*Capra hircus*	I , II	定着初期/限定分布	
	クリハラリス（タイワンリス）	*Callosiurus erythraeus*	I , III	分布拡大期〜まん延期	特定外来
	キタリス	*Sciurus vulgaris*	I	定着初期/限定分布	特定外来
	クマネズミ	*Rattus rattus*	I , II	分布拡大期〜まん延期	
	ヌートリア	*Myocastor coypus*	I , III	分布拡大期〜まん延期	特定外来
鳥類	インドクジャク	*Pavo cristatus*	I , II , III	分布拡大期〜まん延期	*
	カナダガン	*Branta canadensis*	I	分布拡大期〜まん延期	特定外来
爬虫類	カミツキガメ	*Chelydra serpentina*	I , III	分布拡大期〜まん延期	特定外来
	アカミミガメ	*Trachemys scripta*	I	分布拡大期〜まん延期	*
	グリーンアノール	*Anolis carolinensis*	I , II	小笠原・南西諸島	特定外来
	タイワンスジオ	*Elaphe taeniura friesei*	I	小笠原・南西諸島	特定外来
	タイワンハブ	*Protobothrops mucrosquamatus*	I , III	小笠原・南西諸島	特定外来
両生類	オオヒキガエル	*Bufo marinus* （*Rhinella marina*）	I , II	小笠原・南西諸島	特定外来
魚類	チャネルキャットフィッシュ（アメリカナマズ）	*Ictalurus punctatus*	I	分布拡大期〜まん延期	特定外来
	ブルーギル	*Lepomis macrochirus*	I , II	分布拡大期〜まん延期	特定外来
	コクチバス	*Micropterus dolomieu*	I	分布拡大期〜まん延期	特定外来
	オオクチバス	*Micropterus salmoides*	I , II	分布拡大期〜まん延期	特定外来
昆虫類	アルゼンチンアリ	*Linepithema humile*	I , III	分布拡大期〜まん延期	特定外来
	アカカミアリ	*Solenopsis geminata*	I , III	定着初期/限定分布	特定外来
	ツマアカスズメバチ	*Vespa velutina*	I , III	定着初期/限定分布	特定外来
陸生節足動物	ハイイロゴケグモ	*Latrodectus geometricus*	III	分布拡大期〜まん延期	特定外来
	セアカゴケグモ	*Latrodectus hasseltii*	III	分布拡大期〜まん延期	特定外来
	クロゴケグモ	*Latrodectus mactans*	III	定着初期/限定分布	特定外来
その他の無脊椎動物	カワヒバリガイ属	*Limnoperna* spp.	I , III	分布拡大期〜まん延期	特定外来
	ウチダザリガニ（タンカイザリガニを含む）	*Pacifastacus leniusculus*	I	定着初期/限定分布	特定外来
	アメリカザリガニ	*Procambarus clarkii*	I	分布拡大期〜まん延期	*
	ニューギニアヤリガタリクウズムシ	*Platydemus manokwari*	I , II	小笠原・南西諸島	特定外来

重点対策外来種

分類群	和　名	学　名	選定理由	定着段階	備考
哺乳類	カイウサギ（アナウサギ）	*Oryctolagus cuniculus*	I	定着初期/限定分布	
	ハリネズミ属 ［アムールハリネズミ（マンシュウハリネズミ）など］	*Erinaceus* spp.	I	定着初期/限定分布	特定外来
	ハクビシン	*Paguma larvata*	III	分布拡大期〜まん延期	
	ノイヌ（イヌの野生化したもの）	*Canis lupus*	I	分布拡大期〜まん延期	
	アメリカミンク（ミンク）	*Neovison vison*	I	分布拡大期〜まん延期	特定外来
	ノブタ・イノブタ	*Sus scrofa*	I	分布拡大期〜まん延期	
	シカ属（国内産ニホンジカを除く）	*Cervus* spp.	I , IV	定着初期/限定分布	特定外来
	シマリス（チョウセンシマリス）	*Tamias sibiricus*	I	定着初期/限定分布？	*
	ハツカネズミ	*Mus musculus*	III	分布拡大期〜まん延期	
	マスクラット	*Ondatra ziberhicus*	I	定着初期/限定分布	特定外来
	ドブネズミ	*Rattus norvegicus*	I , III	分布拡大期〜まん延期	
鳥類	ガビチョウ	*Garrulax canorus*	I	分布拡大期〜まん延期	特定外来
	カオグロガビチョウ	*Garrulax perspicillatus*	I	分布拡大期〜まん延期	特定外来

重点対策外来種（続き）

分類群	和　名	学　名	選定理由	定着段階	備考
鳥類	カオジロガビチョウ	*Garrulax sannio*	I	分布拡大期〜まん延期	特定外来
	ソウシチョウ	*Leiothrix lutea*	I	分布拡大期〜まん延期	特定外来
爬虫類	グリーンイグアナ	*Iguana iguana*	IV	小笠原・南西諸島	＊
両生類	チュウゴクオオサンショウウオ	*Andrias davidianus*	I	定着初期/限定分布	
	ウシガエル	*Rana catesbeiana* (*Lithobates catesbeianus*)	I	分布拡大期〜まん延期	特定外来
	シロアゴガエル	*Polypedates leucomystax*	I，II	小笠原・南西諸島	特定外来
魚類	タイリクバラタナゴ	*Rhodeus ocellatus ocellatus*	I，II	分布拡大期〜まん延期	＊
	カダヤシ	*Gambusia affinis*	I	分布拡大期〜まん延期	特定外来
昆虫類	ホソオチョウ（ホソオアゲハ）	*Sericinus montela*	I	分布拡大期〜まん延期	
	アカボシゴマダラ大陸亜種（名義タイプ亜種）	*Hestina assimilis assimilis*	I	分布拡大期〜まん延期	＊
	カンショオサゾウムン	*Rhabdoscelus obscurus*	I，II，III	小笠原・南西諸島	
その他の無脊椎動物	スクミリンゴガイ	*Pomacea canaliculata*	III	分布拡大期〜まん延期	
	ラブラタリンゴガイ	*Pomacea insularum*	III	分布拡大期〜まん延期	
	アフリカマイマイ	*Achatina fulica*	I，II，III	定着初期/限定分布	＊
	ヨーロッパザラボヤ	*Ascidiella aspersa*	III	定着初期/限定分布	
	ヤマヒタチオビ	*Euglandina rosea*	I，II	小笠原・南西諸島	特定外来

その他の総合対策外来種

分類群	和　名	学　名	選定理由	定着段階	備考
哺乳類	リスザル	*Saimiri sciureus*	IV	定着初期/限定分布？	＊
鳥類	コリンウズラ	*Colinus virginianus*	I	定着初期/限定分布	＊
	コウライキジ（大陸産亜種）	*Phasianus colchicus karpowi*	III	分布拡大期〜まん延期	
	コブハクチョウ	*Cygnus olor*	I	定着初期/限定分布	
	クロエリセイタカシギ	*Himantopus mexicanus*	I	分布拡大期〜まん延期	＊
	ワカケホンセイインコ	*Psittacula krameri manillensis*	I	定着初期/限定分布	
	シロガシラ	*Pycnonotus sinensis*	III	分布拡大期〜まん延期	
	ヒゲガビチョウ	*Garrulax cineraceus*	IV	分布拡大期〜まん延期	未判定
爬虫類	ミナミイシガメ	*Mauremys mutica mutica*	IV	定着初期/限定分布	
	チュウゴクスッポン	*Pelodiscus sinensis sinensis*	I	定着初期/限定分布	＊
	スインホーキノボリトカゲ	*Japalura swinhonis*	IV	定着初期/限定分布	
両生類	アフリカツメガエル	*Xenopus laevis*	IV	定着初期/限定分布	＊
魚類	オオタナゴ	*Acheilognathus macropterus*	I	定着初期/限定分布	＊
	ハクレン	*Hypophthalmichthys molitrix*	I	定着初期/限定分布	
	コクレン	*Aristichthys nobilis*	I	定着初期/限定分布	
	ソウギョ	*Ctenopharyngodon idellus*	I	定着初期/限定分布	＊
	アオウオ	*Mylopharyngodon piceus*	I，IV	定着初期/限定分布	
	カラドジョウ	*Paramisgurnus dabryanus*	I，IV	分布拡大期〜まん延期	
	コウライギギ	*Pseudobagrus fulvidraco*	IV	定着初期/限定分布	
	カワマス	*Salvelinus fontinalis*	I	定着初期/限定分布	＊
	ペヘレイ	*Odontesthes bonariensis*	I，IV	定着初期/限定分布	
	カワスズメ	*Oreochromis mossambicus*	I	定着初期/限定分布	＊
	ナイルティラピア	*Oreochromis niloticus*	I	定着初期/限定分布	
	ジルティラピア	*Tilapia zillii*	I	定着初期/限定分布	
	パールダニオ	*Danio albolineatus*	I，IV	小笠原・南西諸島	
	ゼブラダニオ	*Danio rerio*	I，IV	小笠原・南西諸島	
	アカヒレ	*Tanichthys albonubes*	I，IV	小笠原・南西諸島	
	スノープレコ	*Pterygoplichthys anisitsi*	I，IV	小笠原・南西諸島	
	マダラロリカリア	*Pterygoplichthys disjunctivus*	I	小笠原・南西諸島	＊
	アマゾンセイルフィンキャットフィッシュ	*Pterygoplichthys pardalis*	I，IV	小笠原・南西諸島	
	ウォーキングキャットフィッシュ	*Clarias batrachus*	I	小笠原・南西諸島	＊

その他の総合対策外来種（続き）

分類群	和　名	学　名	選定理由	定着段階	備考
魚類	ヒレナマズ	*Clarias fuscus*	I，Ⅳ	小笠原・南西諸島	
	ソードテール	*Xiphophorus hellerii*	I，Ⅳ	小笠原・南西諸島	
	グッピー	*Poecilia reticulata*	I	小笠原・南西諸島	＊
	インディアングラスフィッシュ	*Pseudambassis ranga*	I	小笠原・南西諸島	
	コンヴィクトシクリッド	*Cichlasoma nigrofasciatum*	I	小笠原・南西諸島	
	ブルーティラピア	*Oreochromis aureus*	I	小笠原・南西諸島	
昆虫類	シロテンハナムグリ台湾亜種（サカイシロテンハナムグリ）	*Protaetia orientalis sakaii*	I	定着初期/限定分布	＊
	クビアカツヤカミキリ（クロジャコウカミキリ）	*Aromia bungii*	Ⅳ	定着初期/限定分布	
	フェモラータオオモモブトハムシ	*Sagra femorata*	Ⅳ	定着初期/限定分布	
	チャイロネッタイスズバチ	*Delta pyriforme*	Ⅳ	小笠原・南西諸島	＊
	ナンヨウチビアシナガバチ	*Ropalidia marginata*	Ⅳ	小笠原・南西諸島	＊
陸生節足動物	ヤンバルトサカヤスデ	*Chamberlinius hualienensis*	Ⅳ	分布拡大期〜まん延期	
その他の無脊椎動物	マツノザイセンチュウ	*Bursaphelenchus xylophilus*	I，Ⅲ	分布拡大期〜まん延期	
	シマメノウフネガイ	*Crepidula onyx*	Ⅳ	分布拡大期〜まん延期	
	コモチカワツボ	*Potamopyrgus antipodarum*	Ⅳ	分布拡大期〜まん延期	
	カラムシロ	*Nassarius sinarus*	I，Ⅲ	定着初期/限定分布	＊
	ハブタエモノアラガイ	*Lymnaea columella*	Ⅳ	分布拡大期〜まん延期	
	オオクビキレガイ	*Rumina decollata*	Ⅳ	分布拡大期〜まん延期	
	マダラコウラナメクジ	*Limax maximus*	Ⅳ	定着初期/限定分布	
	ムラサキイガイ	*Mytilus galloprovincialis*	I，Ⅲ	分布拡大期〜まん延期	＊
	ミドリイガイ	*Perna viridis*	I，Ⅲ	分布拡大期〜まん延期	
	コウロエンカワヒバリガイ	*Xenostrobus securis*	I，Ⅲ	分布拡大期〜まん延期	
	タイワンシジミ	*Corbicula fluminea*	I	分布拡大期〜まん延期	
	イガイダマシ	*Mytilopsis sallei*	I，Ⅲ	分布拡大期〜まん延期	＊
	ホンビノスガイ	*Mercenaria mercenaria*	Ⅳ	定着初期/限定分布	
	シナハマグリ	*Meretrix petechialis*	I，Ⅲ	定着初期/限定分布	＊
	カニヤドリカンザシ	*Ficopomatus enigmaticus*	I，Ⅲ	分布拡大期〜まん延期	＊
	カサネカンザシ	*Hydroides elegans*	Ⅲ	分布拡大期〜まん延期	
	タテジマフジツボ	*Amphibalanus amphitrite*	Ⅲ	分布拡大期〜まん延期	＊
	アメリカフジツボ	*Amphibalanus eburneus*	Ⅳ	分布拡大期〜まん延期	
	ヨーロッパフジツボ	*Amphibalanus improvisus*	Ⅳ	分布拡大期〜まん延期	
	キタアメリカフジツボ	*Balanus glandula*	Ⅳ	分布拡大期〜まん延期	
	フロリダマミズヨコエビ	*Cragonyx floridanus*	Ⅳ	分布拡大期〜まん延期	
	チチュウカイミドリガニ	*Carcinus aestuarii*	Ⅳ	分布拡大期〜まん延期	＊

○適切な管理が必要な産業上重要な外来種（産業管理外来種）

分類群	和　名	学　名	選定理由	定着段階	備考
魚類	ニジマス	*Oncorhynchus mykiss*	I	分布拡大期〜まん延期	＊
	ブラウントラウト	*Salmo trutta*	I	分布拡大期〜まん延期	＊
	レイクトラウト	*Salvelinus namaycush*	I	定着初期/限定分布	
昆虫類	セイヨウオオマルハナバチ	*Bombus terrestris*	I	定着初期/限定分布	特定外来

【国内由来の外来種，国内に自然分布域をもつ国外由来の外来種】
○総合的に対策が必要な外来種（総合対策外来種）
緊急対策外来種

分類群	和　名	学　名	選定理由	定着段階	備考
哺乳類	伊豆諸島などのニホンイタチ	*Mustela itatsi*	I，Ⅲ	国内由来の外来種	

重点対策外来種

分類群	和　名	学　名	選定理由	定着段階	備考
哺乳類	奥尻島・屋久島のタヌキ	*Nyctereutes procyonoides*	Ⅰ，Ⅲ	国内由来の外来種	
	北海道・佐渡のテン	*Martes melampus*	Ⅰ	国内由来の外来種	
	対馬以外のチョウセンイタチ	*Mustela sibirica*	Ⅰ	国内由来の外来種	
	徳之島などのニホンイノシシ	*Sus scrofa leucomystax*	Ⅰ，Ⅲ	国内由来の外来種	
	新島などのニホンジカ	*Cervus nippon*	Ⅰ，Ⅲ	国内由来の外来種	
爬虫類・両生類	沖縄諸島のヤエヤマセマルハコガメ	*Cuora flavomarginata evelynae*	Ⅰ	国内由来の外来種	
	沖縄諸島および宮古諸島のヤエヤマイシガメ	*Mauremys mutica kami*	Ⅰ	国内由来の外来種	
	琉球列島のニホンスッポン	*Pelodiscus sinensis japonicus*	Ⅳ	国内由来の外来種	
	九州のオキナワキノボリトカゲ	*Japalura polygonata polygonata*	Ⅳ	国内由来の外来種	
	伊豆諸島のニホントカゲ	*Plestiodon japonicus*	Ⅰ	国内由来の外来種	
	伊豆諸島などのアズマヒキガエル	*Bufo japonicus formosus*	Ⅰ	国内由来の外来種	
	関東以北および島に侵入したヌマガエル	*Fejervarya kawamurai*	Ⅳ	国内由来の外来種	
その他の無脊椎動物	自然分布域外のサキグロタマツメタ	*Euspira fortunei*	Ⅰ，Ⅲ	国内に自然分布域をもつ国外由来の外来種	

その他の総合対策外来種

分類群	和　名	学　名	選定理由	定着段階	備考
魚類	琵琶湖・淀川以外のハス	*Opsarichthys uncirostris uncirostris*	Ⅰ	国内由来の外来種	
	東北地方などのモツゴ	*Pseudorasbora parva*	Ⅰ，Ⅱ	国内由来の外来種	
	九州北西部および東海・北陸地方以東のギギ	*Tachysurus nudiceps*	Ⅳ	国内由来の外来種	
	近畿地方以東のオヤニラミ	*Coreoperca kawamebari*	Ⅳ	国内由来の外来種	
昆虫類	伊豆諸島などのリュウキュウツヤハナムグリ	*Protaetia pryeri*	Ⅳ	国内由来の外来種	
	北海道・沖縄のカブトムシ本土亜種	*Trypoxylus dichotomus septentrionalis*	Ⅰ	国内由来の外来種	

選定理由
Ⅰ．生態系被害が大きいもの．
Ⅱ．生物多様性保全上重要な地域に侵入し，問題になっている，またはその可能性が高い．
Ⅲ．生態系被害のほか，人体や経済・産業に大きな影響を及ぼすもの．
Ⅳ．知見が十分でないものの，近縁種や同様の生態をもつ種が明らかに侵略的であるとの情報があるもの，または，近年の国内への侵入や分布の拡大が注目されている等の理由により，知見の集積が必要とされているもの．

生態系被害防止外来種リスト（植物）

【国外由来の外来種】
○定着を予防する外来種（定着予防外来種）
侵入予防外来種

和　名	学　名	選定理由	定着段階	備考
ビーチグラス	*Ammophila arenaria*	Ⅳ	未定着	

その他の定着予防外来種

和　名	学　名	選定理由	定着段階	備考
ヨーロッパハンノキ（オウシュウクロハンノキ）	*Alnus glutinosa*	Ⅳ	未定着	
フランスゴムノキ（コバノゴムビワ）	*Ficus rubiginosa*	Ⅳ	未定着	
クラッスラ・ヘルムシー	*Tillaea helmsii*	Ⅳ	未定着	
ノルウェーカエデ（ヨーロッパカエデ）	*Acer platanoides*	Ⅳ	未定着	
アメリカハナノキ（ベニカエデ）	*Acer rubrum*	Ⅰ	未定着	

その他の定着予防外来種（続き）

和　名	学　名	選定理由	定着段階	備考
ホソグミ（ロシアンオリーブ）	*Elaeagnus angustifolia*	IV	未定着	
タマリクス属雑種（ギョリュウ）	*Tamarix* 属雑種	IV	未定着	旧要注意
ヤツデグワ	*Cecropia peltata*	IV	小笠原・南西諸島/未定着	旧要注意
ケクロピア・シュレベリアナ	*Cecropia schreberiana*	IV	小笠原・南西諸島/未定着	
シマトベラ（トウショゴ）	*Pittosporum undulatum*	IV	小笠原・南西諸島/未定着	
タチバナアデク（ピタンガ）	*Eugenia uniflora*	IV	小笠原・南西諸島/未定着	
ムラサキフトモモ（ヨウミャクアデク，メシ ゲラック，ムレザキフトモモ）	*Syzygium cumini*	IV	小笠原・南西諸島/未定着	
アメリカクサノボタン	*Clidemia hirta*	IV	小笠原・南西諸島/未定着	
シェフレラ・アクチノフィラ （ブラッサイア，オクトパスツリー）	*Schefflera actinophylla*	IV	小笠原・南西諸島/未定着	
コウトウタチバナ（セイロンマンリョウ）	*Ardisia elliptica*	IV	小笠原・南西諸島/未定着	
オオバナアサガオ（インドゴムカズラ）	*Cryptostegia grandiflora*	IV	小笠原・南西諸島/未定着	
トラノツメ（ネコノツメ）	*Macfadyena unguis-cati*	IV	小笠原・南西諸島/未定着	
ベンガルヤハズカズラ(ウリバローレルカズラ)	*Thunbergia grandiflora*	IV	小笠原・南西諸島/未定着	
アツバチトセラン（サンスベリア）	*Sansevieria trifasciata*	IV	小笠原・南西諸島/未定着	
ダイサンチク（タイサンチク）	*Bambusa vulgaris*	IV	小笠原・南西諸島/未定着	
シマケンチャヤシ（ユスラヤシモドキ）	*Archontophoenix cunninghamiana*	IV	小笠原・南西諸島/未定着	

○総合的に対策が必要な外来種（総合対策外来種）

緊急対策外来種

和　名	学　名	選定理由	定着段階	備考
外来アゾラ類	*Azolla* spp.	I，IV	分布拡大期〜まん延期	特定外来
ナガエツルノゲイトウ	*Alternanthera philoxeroides*	II，IV，V	分布拡大期〜まん延期	
アレチウリ	*Sicyos angulatus*	IV，V	分布拡大期〜まん延期	特定外来
オオバナミズキンバイなどを含むルドウィギ ア・グランディフロラ	*Ludwigia grandiflora* （*L. grandiflora* ssp. *grandiflora*）	I，II，IV，V	定着初期/限定分布	特定外来
オオフサモ	*Myriophyllum aquaticum*	IV	分布拡大期〜まん延期	特定外来
ブラジルチドメグサ	*Hydrocotyle ranunculoides*	IV	定着初期/限定分布	特定外来
オオカワヂシャ	*Veronica anagallis-aquatica*	I，IV	分布拡大期〜まん延期	特定外来
オオキンケイギク	*Coreopsis lanceolata*	IV	分布拡大期〜まん延期	特定外来
ミズヒマワリ	*Gymnocoronis spilanthoides*	II，IV	分布拡大期〜まん延期	特定外来
オオハンゴンソウ	*Rudbeckia laciniata*	II，IV	分布拡大期〜まん延期	特定外来
ナルトサワギク	*Senecio madagascariensis*	IV	分布拡大期〜まん延期	特定外来
スパルティナ属	*Spartina* spp.	IV	定着初期/限定分布	特定外来
ボタンウキクサ	*Pistia stratiotes*	II，IV	分布拡大期〜まん延期	特定外来
ツルヒヨドリ（ツルギク，ミカニア・ミクランサ）	*Mikania micrantha*	II，IV	小笠原・南西諸島	*
アメリカハマグルマ（ミツバハマグルマ）	*Sphagneticola trilobata*	II，IV	小笠原・南西諸島	*

重点対策外来種

和　名	学　名	選定理由	定着段階	備考
バクヤギク（エデュリス，莫邪菊）	*Carpobrotus edulis*	II，IV	定着初期/限定分布	
ウチワサボテン属	*Opuntia* spp.	II，IV	分布拡大期〜まん延期	*
ハゴロモモ（フサジュンサイ，カモンバ）	*Cabomba caroliniana*	IV	分布拡大期〜まん延期	
園芸スイレン	*Nymphaea* cv.	IV	分布拡大期〜まん延期	*
ナガエモウセンゴケ(ナガエノモウセンゴケ， ドロセラ・インターメディア）などの外来 モウセンゴケ類	*Drosera intermedia*, *Drosera* spp.	I，II，IV	定着初期/限定分布	
オランダガラシ（クレソン）	*Nasturtium officinale*	IV，V	分布拡大期〜まん延期	*
ナガバアカシア	*Acacia longifolia*	IV	定着初期/限定分布	
メラノキシロンアカシア （ブラックウッドアカシア）	*Acacia melanoxylon*	IV	定着初期/限定分布	
モリシマアカシア	*Acacia mearnsii*	II，IV	分布拡大期〜まん延期	
イタチハギ（クロバナエンジュ）	*Amorpha fruticosa*	II，IV，V	分布拡大期〜まん延期	*
シュッコンルピナス（ルピナス，タヨウハウ チワマメ，ノボリフジ）	*Lupinus polyphyllus*	II，IV	定着初期/限定分布	*
ニワウルシ（シンジュ）	*Ailanthus altissima*	IV	分布拡大期〜まん延期	
アメリカミズユキノシタ （ルドウィジア・レペンス）	*Ludwigia repens*	II，IV	定着初期/限定分布	*
コマツヨイグサ	*Oenothera laciniata*	II，IV	分布拡大期〜まん延期	
ウチワゼニクサ（タテバチドメグサ）	*Hydrocotyle verticillata* var. *triradiata*	IV	分布拡大期〜まん延期	
トウネズミモチ	*Ligustrum lucidum*	II，IV	分布拡大期〜まん延期	
ツルニチニチソウ	*Vinca major*	IV	分布拡大期〜まん延期	*
外来ノアサガオ類	*Ipomoea* spp.（*Pharbitis* spp.）	IV	分布拡大期〜まん延期	
シチヘンゲ（ランタナ）	*Lantana camana*	II，IV	分布拡大期〜まん延期	*
イケノミズハコベ	*Callitriche stagnalis*	IV	分布拡大期〜まん延期	
ダイオウナスビ	*Solanum mauritianum*	IV	定着初期/限定分布	
フサフジウツギ（ニシキフジウツギ，チチブ フジウツギ，ブッドレア）	*Buddleja davidii*	II，IV	分布拡大期〜まん延期	
ハビコリハコベ（グロッソスティグマ）	*Glossostigma elatinoides*	II，IV	定着初期/限定分布	
オオバナイトタヌキモ （ウトリクラリア・ギッバ）	*Utricularia gibba*	II，IV	定着初期/限定分布	
エフクレタヌキモ	*Utricularia inflata*	IV	定着初期/限定分布	
オオブタクサ（クワモドキ）	*Ambrosia trifida*	IV	分布拡大期〜まん延期	*
セイタカアワダチソウ （セイタカアキノキリンソウ）	*Solidago altissima*	II，IV	分布拡大期〜まん延期	*

重点対策外来種（続き）

和　　名	学　　名	選定理由	定着段階	備考
オオアワダチソウ	Solidago gigantea var. leiophylla	II, IV	分布拡大期～まん延期	
外来性タンポポ種群	Taraxacum officinale, T. spp.	I, II, IV	分布拡大期～まん延期	*
ヒロハオモダカ（ジャイアントサジタリア）	Sagittaria platyphylla	IV	定着初期/限定分布	*
ナガバオモダカ（ジャイアントサジタリア）	Sagittaria weatherbiana	II, IV	分布拡大期～まん延期	
オオカナダモ（アナカリス）	Egeria densa	II, IV	分布拡大期～まん延期	
コカナダモ	Elodea nuttallii	II, IV	分布拡大期～まん延期	*
クロモモドキ（ラガロシフォン・マヨール）	Lagarosiphon major	IV	定着初期/限定分布	*
アマゾントチカガミ（アマゾンフロッグビット、リムノビウム・ラエビガータム）	Limnobium laevigatum	II, IV	定着初期/限定分布	*
外来セキショウモ〔オオセキショウモ（ジャイアントバリスネリア），セイヨウセキショウモに酷似した外来種〕	Vallisneria gigantea, Vallisneria spp.	II, IV	分布拡大期～まん延期	
アツバキミガヨラン	Yucca gloriosa	II, IV	定着初期/限定分布	
ホテイアオイ（ウォーターヒヤシンス）	Eichhornia crassipes	II, IV	分布拡大期～まん延期	*
キショウブ	Iris pseudacorus	II, IV	分布拡大期～まん延期	*
コゴメイ	Juncus sp.	IV	分布拡大期～まん延期	
ノハカタカラクサ（トキワツユクサ，トラデスカンティア・フルミネンシス）	Tradescantia fluminensis	IV	分布拡大期～まん延期	*
オオハマガヤ（アメリカハマニンニク，アメリカカイガンソウ）	Ammophila breviligulata	II, IV	分布拡大期～まん延期	
シナダレスズメガヤ（ウイーピングラブグラス，セイタカカゼクサ）	Eragrostis curvula	IV	分布拡大期～まん延期	*
チクゴスズメノヒエ	Paspalum distichum var. indutum	IV, V	分布拡大期～まん延期	
アサハタヤガミスゲ	Carex longii	IV	定着初期/限定分布	
シュロガヤツリ（カラカサガヤツリ）	Cyperus alternifolius	II, IV	分布拡大期～まん延期	
メリケンガヤツリ	Cyperus aragrostis	IV	分布拡大期～まん延期	*
オオサンショウモ	Salvinia molesta	II, IV	小笠原・南西諸島	
トクサバモクマオウ（トキワギョリュウ）	Casuarina equisetifolia	II, IV	小笠原・南西諸島	
パンノキ	Artocarpus altilis	II, IV	小笠原・南西諸島	
コゴメミズ（コメバコケミズ，ピレア・ミクロフィラ）	Pilea microphylla	II, IV	小笠原・南西諸島	
ケツメクサ（ヒメマツバボタン，ケヅメクサ）	Portulaca pilosa	II, IV	小笠原・南西諸島	
セイロンベンケイ（トウロウソウ，セイロンベンケイソウ，ハカラメ）	Bryophyllum pinnatum	II, IV	小笠原・南西諸島	
ソウシジュ（タイワンアカシア）	Acacia confusa	II, IV	小笠原・南西諸島	
ギンネム（ギンゴウカン，タマザキセンナ）	Leucaena leucocephala	II, IV	小笠原・南西諸島	*
アフリカホウセンカ	Impatiens walleriana	II, IV	小笠原・南西諸島	
テリハバンジロウ（キバンジロウ，キバンザクロ，シマフトモモ）	Psidium cattleianum	II, IV	小笠原・南西諸島	*
モミジバヒルガオ（タイワンアサガオ，モミジヒルガオ）	Ipomoea cairica	II, IV	小笠原・南西諸島	
ヒメイワダレソウ（ヒメイワダレ）	Phyla canescens	I, II, IV	小笠原・南西諸島	
アオノリュウゼツラン（リュウゼツラン）	Agave americana	II, IV	小笠原・南西諸島	
モンツキガヤ（アイダガヤ，ナンゴクヒメアブラススキ）	Bothriochloa bladhii	II, IV	小笠原・南西諸島	
ヨシススキ（サッカラムパープルピープルグリーター）	Saccharum arundinaceum	II, IV	小笠原・南西諸島	

その他の総合対策外来種

和　　名	学　　名	選定理由	定着段階	備考
ミカヅキゼニゴケ	Lunularia cruciata	IV	分布拡大期～まん延期	
ウロコハタケゴケ	Riccia lamellosa	IV	分布拡大期～まん延期	
サビイロハタケゴケ	Riccia nigrela	IV	分布拡大期～まん延期	
コンテリクラマゴケ（レインボーファーン）	Selaginella uncinata	IV	分布拡大期～まん延期	
シャクチリソバ（シュッコンソバ，ヒマラヤソバ）	Fagopyrum dibotrys	IV	分布拡大期～まん延期	
カライタドリ	Fallopia forbesii	I, IV	定着初期/限定分布	
ヒメツルソバ（カンイタドリ）	Persicaria capitata	IV	分布拡大期～まん延期	
ヒメスイバ	Rumex acetosella	IV, V	分布拡大期～まん延期	
ナガバギシギシ（チヂミスイバ）	Rumex crispus	I	分布拡大期～まん延期	
エゾノギシギシ（ヒロハギシギシ）	Rumex obtusifolius var. agrestis	I, II, IV	分布拡大期～まん延期	
ムシトリナデシコ（ハエトリナデシコ，コマチソウ）	Silene armeria	IV	分布拡大期～まん延期	
マンテマ（マンテマン）	Silene gallica var. quinquevulnera	IV	分布拡大期～まん延期	
ホコガタアカザ	Atriplex prostrata	IV	分布拡大期～まん延期	
ヒイラギナンテン	Berberis japonica	IV	分布拡大期～まん延期	
ハカマオニゲシ（ボタンゲシ）	Papaver bracteatum	IV	定着初期/限定分布	
アツミゲシ	Papaver somniferum ssp. setigerum	V	分布拡大期～まん延期	
ハルザキヤマガラシ（セイヨウヤマガラシ）	Barbarea vulgaris	II, IV	分布拡大期～まん延期	
セイヨウカラシナ（カラシナ）	Brassica juncea	IV	分布拡大期～まん延期	
オニハマダイコン	Cakile edentula	IV	分布拡大期～まん延期	
ピラカンサ類	Pyracantha spp.	IV	分布拡大期～まん延期	
エニシダ（エニスダ）	Cytisus scoparius	IV	分布拡大期～まん延期	
アレチヌスビトハギ	Desmodium paniculatum	IV	分布拡大期～まん延期	
オオキバナカタバミ（キイロハナカタバミ）	Oxalis pes-caprae	IV	分布拡大期～まん延期	
ナンキンハゼ	Triadica sebifera	IV	分布拡大期～まん延期	

その他の総合対策外来種（続き）

和　　名	学　　名	選定理由	定着段階	備考
アカボシツリフネ（アカボシツリフネソウ，ケープツリフネ，ケープツリフネソウ）	Impatiens capensis	IV	定着初期/限定分布	
カミヤツデ〔ツウソウ（通草），ツウダツボク（通脱木）〕	Tetrapanax papyrifer	IV	分布拡大期〜まん延期	
ドクニンジン	Canium maculatum	IV, V	分布拡大期〜まん延期	＊
オオフタバムグラ	Diodia teres	II, IV	分布拡大期〜まん延期	＊
アメリカネナシカズラ	Cuscuta pentagona	IV	分布拡大期〜まん延期	
ホシアサガオ	Ipomoea triloba	IV, V	分布拡大期〜まん延期	＊
アレチハナガサ類〔アレチハナガサ，ダキバアレチハナガサ，ヤナギハナガサ（サンジャクバーベナ），ヒメクマツヅラ（ハマクマツヅラ）〕	Verbena spp.　(V. brasiliensis, V. incompta, V. bonariensis, V. litoralis)	IV	分布拡大期〜まん延期	
チョウセンアサガオ属	Datura spp.（Brugmansia spp.）	V	分布拡大期〜まん延期	＊
ウキクサゼナ（バコパ・ロトンディフォリア，カラカワクサ）	Bacopa rotundifolia	IV	分布拡大期〜まん延期	
ワタゲハナグルマ，ワタゲツルハナグルマ（アークトセカ・カレンジュラ）	Arctotheca calendula, A. prostrata	IV	定着初期/限定分布	
ネバリノギク	Aster novae-angliae	IV	分布拡大期〜まん延期	＊
ユウゼンギク	Aster novi-belgii	IV	分布拡大期〜まん延期	
アメリカセンダングサ	Bidens frondosa	IV, V	分布拡大期〜まん延期	＊
栽培キク属	Chrysanthemum（Dendranthema）cv.	I	定着初期/限定分布	
アメリカオニアザミ	Cirsium vulgare	IV	分布拡大期〜まん延期	
ケナシヒメムカシヨモギ(ケナシムカシヨモギ)	Conyza parva	IV	分布拡大期〜まん延期	
ハルシャギク	Coreopsis tinctoria	IV	分布拡大期〜まん延期	
ヒメジョオン	Erigeron annuus	II, IV	分布拡大期〜まん延期	＊
ペラペラヨメナ(ペラペラヒメジョオン，メキシコヒナギク，エリゲロン・カルビンスキアヌス，源平小菊，ゲンペイコギク)	Erigeron karvinskianus	IV	分布拡大期〜まん延期	
マルバフジバカマ（ユーパトリウム・チョコレート）	Eupatorium rugosum	IV	分布拡大期〜まん延期	
コウリンタンポポ（エフデタンポポ）	Hieracium aurantiacum	II, IV	分布拡大期〜まん延期	
キバナコウリンタンポポ（ノハラタンポポ，キバナノコリンタンポポ）	Hieracium caespitosum	II, IV	定着初期/限定分布	
フランスギク	Leucanthemum vulgare	II, IV	分布拡大期〜まん延期	
アラゲハンゴンソウ（キヌガサギク，ルドベキア・ヒルタ，グロリオサ・デージー）	Rudbeckia hirta var. pulcherrima	II, IV	分布拡大期〜まん延期	
オオオナモミ	Xanthium canadense	I, IV, V	分布拡大期〜まん延期	＊
シンテッポウユリ(新鉄砲ユリ，タカサゴユリ)	Lilium × formologi	I	分布拡大期〜まん延期	
ハナニラ（セイヨウアマナ）	Ipheion uniflorum	IV	分布拡大期〜まん延期	
ヒメヒオウギズイセン（ヒメヒオオギズイセン，モントブレチア）	Crocosmia × crocosmiiflora	IV	分布拡大期〜まん延期	
メリケンカルカヤ	Andropogon virginians	IV	分布拡大期〜まん延期	
ハルガヤ（スイートバーナルグラス）	Anthoxanthum odoratum	IV	分布拡大期〜まん延期	
シロガネヨシ（パンパスグラス）	Cortaderia selloana	IV	分布拡大期〜まん延期	
オオクサキビ	Panicum dichotomiflorum	IV	分布拡大期〜まん延期	
キシュウスズメノヒエ(カリマタスズメノヒエ)	Paspalum distichum var. distichum	IV, V	分布拡大期〜まん延期	＊
セイバンモロコシ（ジョンソングラス）	Sorghum halepense	IV	分布拡大期〜まん延期	
アメリカヤガミスゲ	Carex scoparia	IV	分布拡大期〜まん延期	
ツルドクダミ（カシュウ，何首烏）	Fallopia multiflora	II, IV	小笠原・南西諸島	
ジュズサンゴ	Rivina humilis	II, IV	小笠原・南西諸島	
ツルムラサキ	Basella rubra	II, IV	小笠原・南西諸島	
コフウセンカズラ	Cardiospermum halicacabum var. microcarpum	IV	小笠原・南西諸島	
フヨウ	Hibiscus mutabilis	I	小笠原・南西諸島	
クサトケイソウ（パッシフローラ・フォエティダ，ワイルドパッションフルーツ）	Passiflora foetida	II, IV	小笠原・南西諸島	
フトモモ	Syzygium jambos	IV	小笠原・南西諸島	
ナガボソウ属	Stachytarpheta spp.	IV	小笠原・南西諸島	
ヤナギバルイラソウ（ムラサキイセハナビ，ルエリア・ブリトリアナ，リュエリア，メキシコペチュニア）	Ruellia brittoniana	IV	小笠原・南西諸島	
カッコウアザミ，ムラサキカッコウアザミ(オオカッコウアザミ)，アゲラタム（総称名）	Ageratum conyzoides, A. houstinianum	IV	小笠原・南西諸島	
タチアワユキセンダングサ（オオバナセンダングサ）	Bidens pilosa var. radiata	IV	小笠原・南西諸島	＊
ヒマワリヒヨドリ	Chromolaena odorata	IV	小笠原・南西諸島	
タワダギク	Pluchea odotata	IV	小笠原・南西諸島	
シマスズメノヒエ（ダリスグラス）	Paspalum dilatatum	IV	小笠原・南西諸島	
タチスズメノヒエ（ベイジーグラス）	PasPalum urvillei	IV, V	小笠原・南西諸島	
ムラサキタカオススキ	Saccharum formosanum var. pollinioides	IV	小笠原・南西諸島	
トウ属の一種（カラムス）	Calamus spp.	IV	小笠原・南西諸島	
ハナシュクシャ（シュクシャ，バタフライジンジャー）	Hedychium coronarium	II, IV	小笠原・南西諸島	

○適切な管理が必要な産業上重要な外来種（産業管理外来種）

和　名	学　名	選定理由	定着段階	備考
キウイフルーツ（シナサルナシ）	*Actinidia chinensis* var. *deliciosa*	Ⅳ	分布拡大期〜まん延期	
ビワ（ビワ）	*Eriobotrya japonica*	Ⅳ	分布拡大期〜まん延期	
ハリエンジュ（ニセアカシア）	*Rohinia pseudoacacia*	Ⅱ, Ⅳ	分布拡大期〜まん延期	＊
外来クサフジ類〔ビロードクサフジ（ヘアリーベッチ，シラゲクサフジ），ナヨクサフジ（スムーズベッチ）〕	*Vicia villosa* ssp. *vaillosa*, *V. villosa* ssp. *varia*	Ⅳ	分布拡大期〜まん延期	
コヌカグサ（レッドトップ），クロコヌカグサ	*Agrostis gigantea, Agrostis nigra*	Ⅰ, Ⅳ	分布拡大期〜まん延期	
カモガヤ（オーチャードグラス）	*Dactylis glomerata*	Ⅱ, Ⅳ	分布拡大期〜まん延期	＊
オニウシノケグサ（トールフェスク，ケンタッキー31フェスク）	*Festuca arundinacea*	Ⅱ, Ⅳ	分布拡大期〜まん延期	＊
ドクムギ属（イタリアンライグラス，ペレニアルライグラスなど）	*Lolium* spp.	Ⅳ	分布拡大期〜まん延期	＊
オオアワガエリ（チモシー）	*Phleum pratense*	Ⅱ, Ⅳ	分布拡大期〜まん延期	＊
モウソウチクなどの竹類	*Phyllostachys edulis, Phyllostachys* spp.	Ⅱ, Ⅳ, Ⅴ	分布拡大期〜まん延期	
ナギナタガヤ（ネズミノシッポ）	*Vulpia myuros*	Ⅳ	分布拡大期〜まん延期	
ギネアキビ（ギニアグラス，ギニアキビ，イヌキビ）	*Panicum maximum*	Ⅱ, Ⅳ	小笠原・南西諸島	
アメリカスズメノヒエ（バヒアグラス，オニスズメノヒエ）	*Paspalum notatum*	Ⅱ, Ⅳ	小笠原・南西諸島	
ナピアグラス（ネピアグラス，エレファントグラス，ペレーグラス）	*Pennisetum purpureum*	Ⅱ, Ⅳ	小笠原・南西諸島	

【国内由来の外来種・国内に自然分布をもつ国外由来の外来種】

○定着を予防する外来種（定着予防外来種）

侵入予防外来種

和　名	学　名	選定理由	定着段階	備考
変異種のイチイヅタ（キラー海藻）	*Caulerpa texifolia*	Ⅳ	国内由来の外来種	

○総合的に対策が必要な外来種（総合対策外来種）

緊急対策外来種

和　名	学　名	選定理由	定着段階	備考
小笠原諸島・奄美諸島などのアカギ	*Bischofia javanica*	Ⅱ, Ⅳ	国内由来の外来種	

重点対策外来種

和　名	学　名	選定理由	定着段階	備考
小笠原諸島などのリュウキュウマツ（オキナワマツ）	*Pinus luchuensis*	Ⅱ, Ⅳ	国内由来の外来種	
小笠原諸島などのガジュマル	*Ficus microcarpa*	Ⅱ, Ⅳ	国内由来の外来種	
小笠原諸島などのシマグワ	*Morus australis*	Ⅰ, Ⅱ, Ⅳ	国内由来の外来種	
白山などの高山帯のコマクサ	*Dicentra peregrina*	Ⅰ, Ⅱ, Ⅳ	国内由来の外来種	
屋久島などのアブラギリ（ドクエ）	*Vernicia cordata*	Ⅰ, Ⅱ, Ⅳ	国内由来の外来種	
高山帯のオオバコ	*Plantago asiatica*	Ⅰ, Ⅱ, Ⅳ	国内由来の外来種	

その他の総合対策外来種

和　名	学　名	選定理由	定着段階	備考
山地のギシギシ	*Rumex japonicus*	Ⅰ, Ⅱ, Ⅳ	国内由来の外来種	
九州北部以北の森林内などのシュロ類	*Trachycarpus* spp.	Ⅰ, Ⅳ	国内由来の外来種	

選定理由
　Ⅰ．生態系被害のうち交雑が確認されている，またはその可能性が高い．
　Ⅱ．生物多様性の保全上重要な地域で問題になっている，またはその可能性が高い．
　Ⅲ．人体に重篤な被害を引き起こす，またはその可能性が高い．
　Ⅳ．生態系被害のうち競合または改変の影響が大きく，かつ分布拡大・拡散の可能性も高い．
　Ⅴ．生態系被害のほか，人体や経済・産業へ幅広く被害を与えており，かつ分布拡大・拡散の可能性もある．
　＊　旧要注意外来生物
　環境省：“生態系被害防止外来種リスト”．

7.8　日本の野生鳥獣保護・管理

7.8.1　国指定・県指定の鳥獣保護区

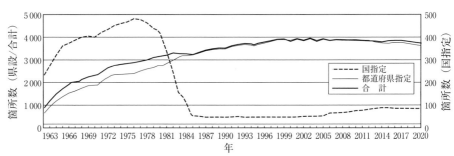

図1　鳥獣保護区の数

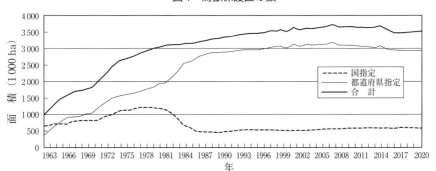

図2　鳥獣保護区の面積

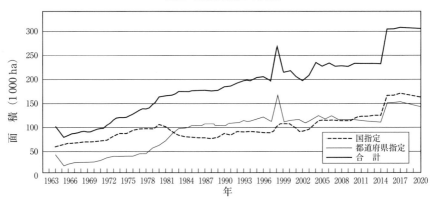

図3　鳥獣保護区特別保護区の面積

　環境省："鳥獣保護区制度の概要".

7.8.2　日本のおもな哺乳類・鳥類の捕獲数

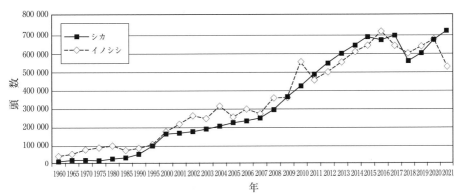

図4　日本全国のシカ・イノシシの捕獲数

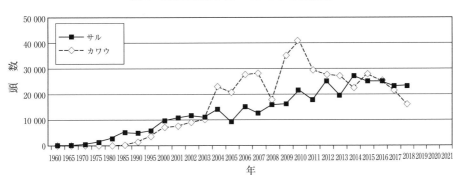

図5　日本全国のサル・カワウの捕獲数（2021年時点で2019年以降は未集計）

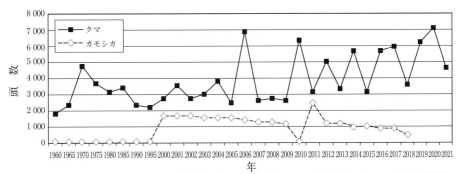

図6　日本全国のクマ・カモシカの捕獲数（2021年時点で2019年以降のカモシカは未集計）

環境省：“野生鳥獣の保護及び管理”.

7.8.3 野生鳥獣による農作物被害

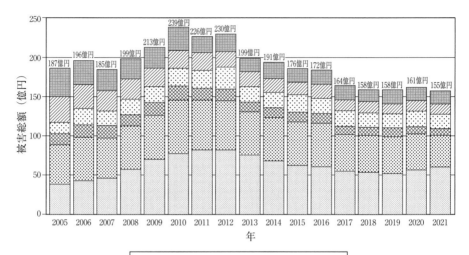

図7 野生鳥獣による農作物被害金額の推移

注）都道府県からの報告による.
農林水産省：“全国の野生鳥獣による農作物被害状況について（各年版）”.

7.8.4　日本の狩猟者数

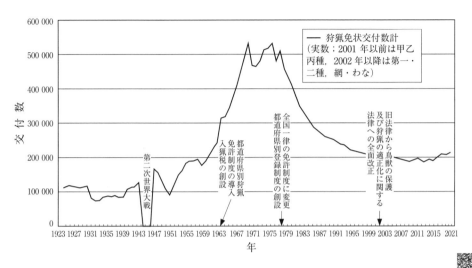

図8　日本全国の狩猟者登録証

環境省：“野生鳥獣の保護管理”.

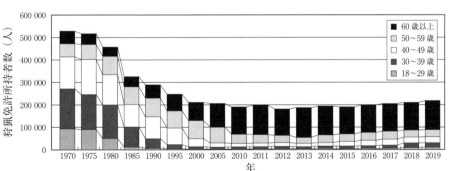

図9　日本全国の年齢別狩猟者数

環境省：“野生鳥獣の保護管理”.

7.9　日本の自然環境保全地域

7.9.1　自然環境保全に関する地域指定制度

	自然環境保全地域等	自然公園	生息地等保護区	鳥獣保護区
〔根拠法〕	自然環境保全法	自然公園法*1	種の保存法*2	鳥獣保護法*3
〔設定目的〕	自然環境を保全することがとくに必要な区域の保全	優れた自然の風景地の保護と利用の増進	国内希少野生動植物種の生息地等の保護による種の保存	鳥獣の保護のために重要と認める区域の保護による鳥獣の保護
〔行為制限の概要〕	【原生自然環境保全地域】：工作物設置，土地改変，埋立，木竹伐採・損傷，動植物の捕獲・採取等の許可制 【自然環境保全地域】 特別地区：工作物設置，土地改変，埋立，木竹伐採等の許可制 野生動植物保護地区：（上に加えて）野生動植物の捕獲・採取等の許可制 海域特別地区：工作物設置，埋立，指定植物の捕獲・採取等の許可制 普通地区：各種行為の届出制	特別地域：工作物設置，土地改変，埋立，木竹伐採，指定動植物の捕獲・採取等の許可制 特別保護地区：（上に加えて）木竹損傷・植栽，動物の捕獲・採取等の許可制 利用調整地区：立入りの認定制 海域公園地区：工作物設置，埋立，指定動物の捕獲・採取等の許可制 普通地域：各種行為の届出制	管理地区：工作物設置，土地改変，埋立，木竹伐採，指定動植物の捕獲・採取(指定区域内ではすべての野生動植物の捕獲・採取等）等の許可制 立入制限地区：定められた期間の立入の制限 監視地区：各種行為の届出制	鳥獣保護区：鳥獣（狩猟鳥獣含む）の捕獲等の許可制 特別保護地区：工作物設置，埋立，木竹伐採の許可制 特別保護指定区域：（上に加えて）動植物の捕獲・採取等，犬等の動物の移入等の許可制
〔指定の状況〕	原生自然環境保全地域 　　5 地域　5 631 ha 自然環境保全地域 　　10 地域　22 542 ha ・特別地区　17 266 ha ・うち野生動植物保護地区 　　　14 868 ha ・海域特別地区　1 077 ha 沖合海底自然環境保全地域 　4 地域　22 683 400 ha 都道府県自然環境保全地域 　546 地域　77 413 ha ・特別地区　25 492 ha ・うち野生動植物保護地区 　　　2 826 ha 合計：22 788 986 ha	国立公園 　34 公園　2 195 638 ha ・特別地域　1 327 634 ha ・うち特別保護地区 　　292 215 ha ・海域公園地区　1 401 ha 国定公園 　58 公園　1 494 468 ha ・特別地域　1 293 422 ha ・うち特別保護地区 　　66 168 ha ・海域公園地区　8 391 ha 都道府県立自然公園 　311 公園　1 928 463 ha ・特別地域　678 672 ha 合計：5 601 471 ha （国土面積の 14.9％）	生息地等保護区 　7 種 10 地区 1 489 ha ・管理地区　651 ha ・うち立入制限地区 　　39 ha 合計：1 489 ha （国土面積の 0.0％）	国指定鳥獣保護区 　86 ヵ所　593 068 ha ・うち特別保護地区 　71 ヵ所　163 873 ha 都道府県指定鳥獣保護区 3 645 ヵ所　2 923 485 ha ・うち特別保護地区 　540 ヵ所　142 492 ha 合計：3 516 553 ha （国土面積の 9.3％）

（2023 年 3 月 31 日現在）

＊1　国立公園法（1931 年制定）を廃止して，1957 年に制定された．なお，各地域指定制度の導入時期は，国立公園が 1931 年，国定公園が 1949 年，都道府県立公園が 1957 年である．
＊2　正式名称は「絶滅のおそれのある野生動植物の種の保存に関する法律」．
＊3　正式名称は「鳥獣の保護及び狩猟の適正化に関する法律」．1918 年制定の旧鳥獣保護法が，2012 年に全部改正されたもの．なお，鳥獣保護区制度の導入時期は 1949 年である．
環境省："自然環境保全にかかる地域指定制度の概要"．

7.9.2　日本の自然環境保全地域

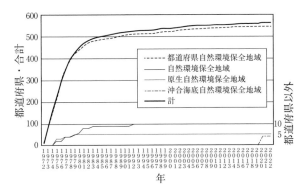

図1　日本の自然環境保全地域等数

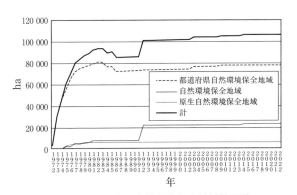

図2　日本の自然環境保全地域等面積

沖合海底自然環境保全地域は 2020 年より現在まで 22,683,400ha
環境省：自然環境保全地域等面積の推移

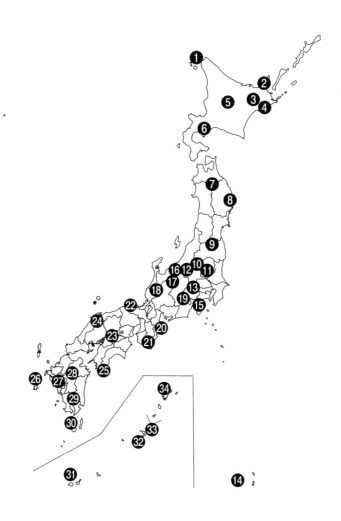

図 3   国立公園

環境省："日本の国立公園".

国立公園 (2023 年 3 月現在)

名　称	指定年月日	面積（ha）（海域を除く）	関係都道府県名	特　色
❶ 利尻礼文サロベツ	1974/ 9/20	24 166	北海道	火山，海蝕景観および湿原，沼沢，砂丘景観
❷ 知　床	1964/ 6/ 1	38 636	北海道	原始的半島景観
❸ 阿寒摩周	1934/12/ 4	91 413	北海道	2つの巨大な複式火山地形，火山と森と湖の原始的景観
❹ 釧路湿原	1987/ 7/31	28 788	北海道	日本最大の湿原国立公園（ラムサール条約登録湿地）
❺ 大 雪 山	1934/12/ 4	226 764	北海道	日本最大の原始的国立公園
❻ 支笏洞爺	1959/ 5/16	99 473	北海道	様々な型式の火山および火山地形，火山現象
❼ 十和田八幡平	1936/ 2/ 1	85 551	青森，岩手，秋田	湖水美の典型，火山性高原と温泉群
❽ 三陸復興	1955/ 5/ 2	28 537	青森，岩手，宮城	わが国最大級の海蝕崖とリアス海岸
❾ 磐梯朝日	1950/ 9/ 5	186 389	山形，福島，新潟	爆裂式火山と火山性湖沼群，山岳宗教
❿ 日　光	1934/12/ 4	114 908	福島，栃木，群馬	日本式風景の典型，東照宮等の人文景観
⓫ 尾　瀬	1997/ 8/30	37 200	福島，栃木，群馬，新潟	本州最大の高層湿原と山岳景観
⓬ 上信越高原	1949/ 9/ 7	188 072	群馬，新潟，長野	火山性高原，構造山地のアルプス的景観，温泉群
⓭ 秩父多摩甲斐	1950/ 7/10	148 194	埼玉，東京，山梨，長野	代表的水成岩山地と原生林
⓮ 小 笠 原	1972/10/16	6 629	東京	海底火山脈に属する火山列島の島しょおよび海蝕崖景観，亜熱帯地域の海洋島
⓯ 富士箱根伊豆	1936/ 2/ 1	121 695	東京，神奈川，山梨，静岡	火山景観，火山性湖沼，温泉群，火山列島
⓰ 妙高戸隠連山	2015/ 3/27	39 772	新潟，長野	火山・非火山の結集地．大地の営みとそれに寄り添う人々の暮らし・信仰が紡ぐ風景
⓱ 中部山岳	1934/12/ 4	174 323	新潟，富山，長野，岐阜	構造山地のアルプス的景観，渓谷美
⓲ 白　山	1962/11/12	49 900	富山，石川，福井，岐阜	自然性の高い火山孤峰，信仰と伝説で古来有名な名山，白山神社の本体
⓳ 南アルプス	1964/ 6/ 1	35 752	山梨，長野，静岡	日本最高標高の構造山地，アルプス的景観
⓴ 伊勢志摩	1946/11/20	55 544	三重	沈降と隆起をくり返し形成されたリアス式海岸や海蝕崖，伊勢神宮とその背後に広がる宮域林
㉑ 吉野熊野	1936/ 2/ 1	61 406	三重，奈良，和歌山	水成岩の山地を深くうがつ峡谷，歴史と伝説，山岳宗教
㉒ 山陰海岸	1963/ 7/15	8 783	京都，兵庫，鳥取	鳥取砂丘を含む日本海側の海岸を代表する景観
㉓ 瀬戸内海	1934/ 3/16	66 934	大阪，兵庫，和歌山，岡山，広島，山口，徳島，香川，愛媛，福岡，大分	世界的な多島海公園，歴史と伝統
㉔ 大山隠岐	1936/ 2/ 1	35 353	鳥取，島根，岡山	中国地方の最高峰，歴史と伝説，外海多島海景観ならびに半島景観
㉕ 足摺宇和海	1972/11/10	11 345	愛媛，高知	隆起海岸の断崖景観，沈降海岸の海蝕景観
㉖ 西　海	1955/ 3/16	24 646	長崎	外海多島海景観，切支丹遺跡
㉗ 雲仙天草	1934/ 3/16	28 279	長崎，熊本，鹿児島	雲仙岳の山岳景観と温泉，切支丹遺跡，内海多島海景観
㉘ 阿蘇くじゅう	1934/12/ 4	72 678	熊本，大分	カルデラ景観，草原美
㉙ 霧島錦江湾	1934/ 3/16	36 586	宮崎，鹿児島	集成火山景観，海域カルデラの錦江湾と活火山桜島の景観
㉚ 屋 久 島	2012/ 3/16	24 566	鹿児島	九州地方の最高峰，顕著な標高差による植生の垂直分布，巨樹が形成する原生的自然景観，多雨な気候
㉛ 西表石垣	1972/ 5/15	17 311	沖縄	亜熱帯性常緑広葉樹林と日本最大のサンゴ礁景観，マングローブ林
㉜ 慶良間諸島	2014/ 3/ 5	3 520	沖縄	海域の多様な生態系，透明度の高い海域，海から陸まで連続した多様な景観
㉝ やんばる	2016/ 9/15	13 622	沖縄	国内最大級の亜熱帯照葉樹林と多種・多様な固有・希少生物
㉞ 奄美群島国立公園	2017/ 3/ 7	42 181	鹿児島	亜熱帯の島しょの，豊かで多様な自然環境と固有で希少な動植物からなる生態系，そして人と自然の関わりから生まれた文化景観
合　計		2 175 439		

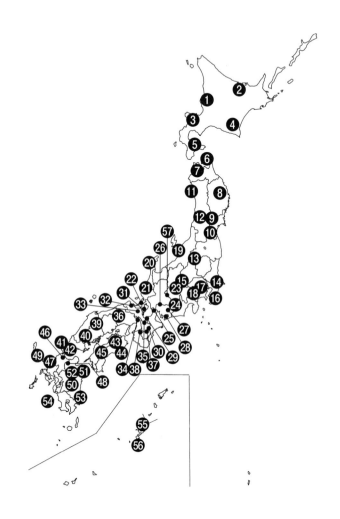

図4　国定公園

自然公園財団：“国定公園リスト”.

国定公園　　　　　　　　　　　　　　　　　　　　　　　　　　　　　　　　　（2023 年 3 月現在）

名　称	指定年月日	面積 (ha)（海域を除く）	関係都道府県名	特　色
❶ 暑寒別天売焼尻	1990/ 8/ 1	43 559	北海道	山地型湿原を含む山岳景観と，海蝕崖の海岸景観
❷ 網　走	1958/ 7/ 1	37 261	北海道	わが国北端の海跡湖群砂丘と草原（原生花園）
❸ ニセコ積丹小樽海岸	1963/ 7/24	19 009	北海道	火山連峰の景観と変化に富んだ海岸景観
❹ 日高山脈襟裳	1981/10/ 1	103 447	北海道	氷蝕地形の高山景観と海蝕崖の海岸景観
❺ 大　沼	1958/ 7/ 1	9 083	北海道	北海道における内地型の山水美
❻ 下北半島	1968/ 7/22	18 641	青森	荒涼たる海岸景観とヒバ，ブナ混交林を主体とする森林景観
❼ 津　軽	1975/ 3/31	25 966	青森	火山弧峰景観，断崖および海蝕湖群，砂丘景観，森林景観
❽ 早池峰	1982/ 6/10	5 463	岩手	早池峰山を中心とする自然性の高い山岳，民俗学の宝庫
❾ 栗　駒	1968/ 7/22	77 122	岩手, 宮城, 秋田, 山形	焼石岳と栗駒岳を中心に温泉と渓谷美の素朴な山岳公園
❿ 蔵　王	1963/ 8/ 8	39 635	山形, 宮城	火山群峰と火口湖の景観，スキー，温泉浴利用，樹氷
⓫ 男　鹿	1973/ 5/15	8 156	秋田	延長 17 km に及ぶ海蝕段丘，火山群と楯状円錐型火山（コニトロイデ）の景観
⓬ 鳥　海	1963/ 7/24	28 955	秋田, 山形	日本海に接して屹立する火山弧峰
⓭ 越後三山只見	1973/ 5/15	86 129	新潟, 福島	広大な原生林と大型哺乳類が生息する原始味豊かな公園
⓮ 水郷筑波	1959/ 3/ 3	34 956	茨城, 千葉	日本の代表的水郷風景と丘陵性独立山塊
⓯ 妙義荒船佐久高原	1969/ 4/10	13 123	群馬, 長野	妙義山塊と荒船山などの山稜部を中心とする山岳，高原景観
⓰ 南 房 総	1958/ 8/ 1	5 690	千葉	白砂青松の海浜公園
⓱ 明治の森高尾	1967/12/11	777	東京	東京郊外に残された温帯および暖帯性自然林，明治百年記念公園
⓲ 丹沢大山	1965/ 3/25	27 572	神奈川	自然豊かな山岳公園
⓳ 佐渡弥彦米山	1950/ 7/27	29 464	新潟	わが国最大の島，隆起海岸の変化に富んだ地形の景観
⓴ 能登半島	1968/ 5/ 1	9 672	石川, 富山	日本海岸式の半島の海岸景観
㉑ 越前加賀海岸	1968/ 5/ 1	9 794	石川, 福井	延長 108 km に及ぶ海蝕崖等の海岸景観
㉒ 若 狭 湾	1955/ 6/ 1	19 195	福井, 京都	リアス式海岸，総合的海岸景観美
㉓ 八ヶ岳中信高原	1964/ 6/ 1	39 857	長野, 山梨	アルプス的山岳景観と高原景観に富んだ山岳公園
㉔ 天竜奥三河	1969/ 1/10	25 720	長野, 静岡, 愛知	天竜川とその支流の渓谷，茶臼山を中心とする公園
㉕ 揖斐関ヶ原養老	1970/12/28	20 219	岐阜	濃尾平野の北西外縁部，揖斐川，関ヶ原と養老山地域からなる公園，東海自然歩道沿線の公園
㉖ 飛騨木曽川	1964/ 3/ 3	18 074	岐阜, 愛知	飛騨川の河川美
㉗ 愛知高原	1970/12/28	21 740	愛知	三河山地，愛岐丘陵南部および矢作川上流部地域の高原と河川景観を主とする公園，東海自然歩道沿線の公園
㉘ 三 河 湾	1958/ 4/10	9 457	愛知	渥美，知多両半島の海岸景観と三河湾内の内海多島景観を主とする公園
㉙ 鈴　鹿	1968/ 7/22	29 821	三重, 滋賀	伊勢湾水系と琵琶水系とを東西に分ける標高 1000 m 級の連峰
㉚ 室生赤目青山	1970/12/28	26 308	三重, 奈良	室生火山群，青山高原および高見山地帯からなる公園，東海自然歩道沿線の公園
㉛ 琵 琶 湖	1950/ 7/24	97 601	滋賀, 京都	わが国最大の淡水湖景観，近江八景，歴史と遺跡
㉜ 丹後天橋立大江山	1997/ 8/ 3	19 023	京都	丹後半島の海岸景観から大江山連峰に至る多様な景観を有する公園
㉝ 京都丹波高原	2016/ 3/25	68 851	京都	二大河川が織りなす自然と歴史・文化が一体となった文化的里山景観を有する公園
㉞ 明治の森箕面	1967/12/11	963	大阪	大阪近郊に残された暖帯性自然林，明治百年記念公園
㉟ 金剛生駒紀泉	1958/ 4/10	23 119	大阪, 奈良, 和歌山	金剛山地，生駒山地および和泉葛城山系からなる公園，奈良朝・南北朝の史跡
㊱ 氷ノ山後山那岐山	1969/ 4/10	48 803	兵庫, 岡山, 鳥取	氷ノ山を主峰とする山岳・高原と渓谷を主体とする公園
㊲ 大和青垣	1970/12/28	5 742	奈良	山辺の道の丘陵地，柳生街道および初瀬一帯からなる公園，東海自然歩道沿線の公園
㊳ 高野龍神	1967/ 3/23	19 198	奈良, 和歌山	標高 1000 m 級の牡丹期山地，山岳仏教の聖地高野山
㊴ 比婆道後帝釈	1963/ 7/24	8 416	鳥取, 島根, 広島	標高 1200 m 級の隆起準平原的山地と渓谷からなる公園
㊵ 西中国山地	1969/ 1/10	28 553	島根, 広島, 山口	中国西部の脊梁山地と渓谷からなる公園
㊶ 北長門海岸	1955/11/ 1	12 384	山口	驪幹海岸と肢節海岸の総合景観
㊷ 秋 吉 台	1955/11/ 1	4 502	山口	わが国最大の鍾乳洞窟秋芳洞とカルスト地形
㊸ 剣　山	1964/ 3/ 3	20 961	徳島, 高知	剣山を中心とする構造山地と渓谷美
㊹ 室戸阿南海岸	1964/ 6/ 1	6 230	徳島, 高知	隆起と沈降の海岸，亜熱帯植物の景観
㊺ 石 鎚	1955/11/ 1	10 683	愛媛, 高知	四国の最高峰，修験道の霊地
㊻ 北 九 州	1972/10/16	8 107	福岡	カルスト台地と岩礁の景観
㊼ 玄　海	1956/ 6/ 1	10 152	福岡, 佐賀, 長崎	白砂青松の孤状松原の連続，史跡・遺跡と伝説
㊽ 耶馬日田英彦山	1950/ 7/29	85 024	福岡, 熊本, 大分	火山活動と河川の侵食で形成された山岳，高原，盆地，渓谷からなる公園
㊾ 壱岐対馬	1968/ 7/22	11 946	長崎	玄海灘に浮ぶ壱岐，対馬の島しょ景観と遺跡
㊿ 九州中央山地	1982/ 5/15	27 096	熊本, 宮崎	九州脊梁部の森林山岳と渓谷を主とする公園
(51) 日豊海岸	1974/ 2/15	8 518	大分, 宮崎	延長約 120 km に及ぶ海岸部，半島，湾入，島しょ断崖と続くリアス海岸と多島海景観
(52) 祖 母 傾	1965/ 3/25	22 000	大分, 宮崎	九州本土最高標高の構造山地
(53) 日南海岸	1955/ 6/ 1	4 542	宮崎, 鹿児島	亜熱帯植物が豊かな海岸景観
(54) 甑　島	2015/ 3/16	5 447	鹿児島	海蝕崖が連続し連なり，太古の地球を感じる公園
㊺ 沖縄海岸	1972/ 5/15	4 872	沖縄	沖縄本島の西海岸と山岳を加えた公園
㊻ 沖縄戦跡	1972/ 5/15	3 127	沖縄	沖縄本島南端部の戦跡と沖縄の自然景観からなる公園
㊼ 中央アルプス国立公園	2020/ 3/27	35 116	長野	伊那谷，木曽谷に挟まれる木曽山脈を中心とした，氷河地形や貴重な高山植物等を有する公園
合　計		1 452 702		

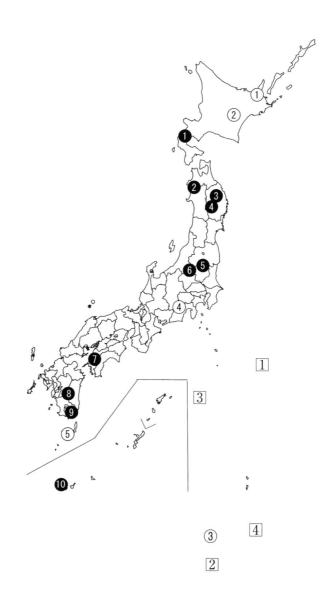

図5　自然環境保全地域一覧

　環境省："自然保護地域".

原生自然環境保全地域　(2023 年 3 月現在)

名　称	位　置	面積 (ha)	土地所有別	指定年月日	自然環境の特色	備　考
①遠音別岳	北海道斜里郡斜里町, 目梨郡羅臼町	1 895	国有地 (国有林)	1980/ 2/ 4	ハイマツを主とする高山性植生	立入制限地区なし
②十勝川源流部	北海道上川郡新得町	1 035	〃	1977/12/28	エゾマツ・トドマツを主とする亜寒帯針葉樹林	〃
③南硫黄島	東京都小笠原村	367	〃	1975/ 5/17	木生シダ, 雲霧林の発達する熱帯・亜熱帯植生, 海蝕地形, 海鳥	全域立入制限地区 (1983/ 6/ 2指定)
④大井川源流部	静岡県榛原郡川根本町	1 115	〃	1976/ 3/22	ツガを主とする温帯針葉樹林, 亜寒帯針葉樹林	立入制限地区なし
⑤屋 久 島	鹿児島県熊毛郡屋久島町	1 219	〃	1975/ 5/17	スギを主とする温帯針葉樹林, イスノキ・ウラジロガシ等を主とする照葉樹林	〃
合　計	5 地域	5 631				

自然環境保全地域　(2023 年 3 月現在)

名　称	位　置	面積 (ha)	土地所有別	指定年月日	自然環境の特色	備　考
❶大 平 山	北海道苫小牧市島牧村	674	国有地 (国有林)	1977/12/28	北限に近いブナ天然林, 石灰岩地植生	全域特別地区全域野生動植物保護地区
❷白神山地	青森県西津軽郡鰺ヶ沢町, 深浦町, 中津軽郡西目屋村 秋田県山本郡藤里町	14 043	〃	1992/ 7/10	日本最大級のブナ天然林, クマゲラ等稀少植物相	一部特別地区(9 844 ha) 一部野生動植物保護地区 (9 844 ha)
❸和 賀 岳	岩手県和賀郡西和賀町	1 451	〃	1981/ 5/21	ブナ・ミヤマナラ天然林, ハイマツ群落, 雪田植生	全域特別地区全域野生動植物保護地区
❹早 池 峰	岩手県下閉伊郡川井村	1 370	〃	1975/ 5/17	高山・亜高山性植生, 蛇紋岩地植生, アカエゾマツ天然林	全域特別地区一部野生動植物保護地区 (322 ha)
❺大佐飛山	栃木県那須塩原市	545	〃	1981/ 3/16	ブナ・オオシラビソ天然林	全域特別地区
❻利根川源流部	群馬県利根郡みなかみ町	2 318	〃	1977/12/28	高山風衝低木林, ブナ・ミヤマナラ天然林, 雪田植生	全域特別地区全域野生動植物保護地区
❼笹 ヶ 峰	愛媛県新居浜市, 西条市 高知県吾川郡いの町	537	国有地 (国有林) 民有地	1982/ 3/31	ブナ・シコクシラベ天然林	愛媛県(国有 31 ha, 民有 2 ha), 高知県 (国有 504 ha), 全域特別地区一部野生動物保護地区 (259 ha)
❽白 髪 岳	熊本県球磨郡あさぎり町	150	国有地 (国有林)	1980/ 3/21	南限に近いブナ天然林	全域特別地区
❾稲 尾 岳	鹿児島県肝属郡肝付町, 錦江町, 南大隅町	377	〃	1975/ 5/17	イスノキ・ウラジロガシを主とする照葉樹林	〃
❿崎山湾・網取湾	沖縄県八重山郡竹富町	1 077	海面	1983/ 6/28	アザミサンゴの大群落,サンゴ礁	全域海中特別地区
合　計	10 地域	22 542				

沖合海底自然環境保全地域　(2023 年 3 月現在)

名　称	位　置	面積 (km²)	指定年月日	自然環境の特色
①伊豆・小笠原海溝沖合	日本海溝の最南部及び伊豆・小笠原海溝周辺の海域	115 743	2020/12/ 3	海溝特有の高い水圧と低い水温の過酷な環境下において, 特異な生態系が成り立っている.
②中マリアナ海嶺・西マリアナ海嶺北部	中マリアナ海嶺と西マリアナ海嶺北部の海域	63 281	2020/12/ 3	中マリアナ海嶺は, 比較的山頂の水深が浅い海山が存在し, 冷水性サンゴ類や海綿動物など脆弱な固着性の種の生息環境となっている. 西マリアナ海嶺は比較的山頂水深が浅い海山が列を成して存在し, 脆弱で低回復な種の生息環境が形成されている.
③西七島海嶺	西七島海嶺を中心とする海域	36 576	2020/12/ 3	本域の海山や斜面域等には, 堆積物が堆積しづらいため固着性の種が生息しやすく, 湧昇流があることから, 懸濁物を餌とする冷水性サンゴや海綿動物などの脆弱な固着性の種が生息する.
④マリアナ海溝北部	マリアナ海溝のうち北部の海域	11 234	2020/12/ 3	海溝に特有の高い水圧と低い水温の過酷な環境下において 特異な生態系が成り立っている. 水深8,000 m 以深の海溝底は, 周囲に陸地がないために陸域由来の堆積物が少ないことで特徴づけられ, 伊豆・小笠原海溝等の他の海溝生態系から隔離されている.

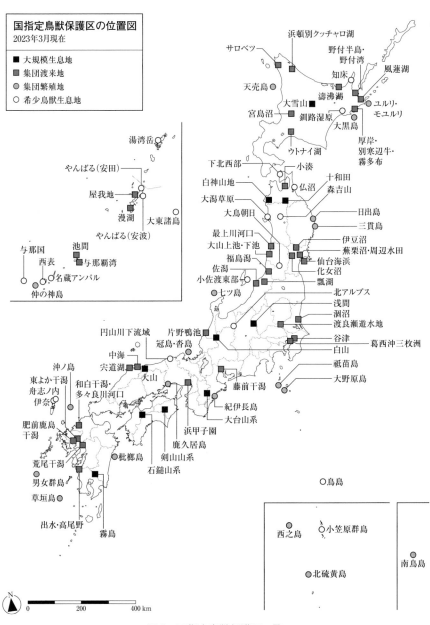

図6　国指定鳥獣保護区一覧

 環境省："野生鳥獣の保護及び管理".

国指定鳥獣保護区　　　　　　　　　　　　　　　　　　　　（2023 年 3 月現在）

No.	類別	名　称	面積（ha）			当初指定年月日	存続期間	所在地
			鳥獣保護区	特別保護地区	特別保護指定区域			
1	大規模生息地	大　雪　山	35 534			1992/ 3/ 1	2011/10/ 1 ～ 2031/ 9/30	北海道
2		十　和　田	37 674	19 366		1953/10/10	2017/11/ 1 ～ 2027/10/31	青森県, 秋田県
3		白神山地	17 157			2004/ 3/ 1	2013/11/ 1 ～ 2033/10/31	青森県, 秋田県
4		浅　　間	30 940	1 733		1951/ 5/ 1	2011/11/ 1 ～ 2031/10/31	群馬県, 長野県
5		白　　山	38 061			1969/ 3/31	2008/11/ 1 ～ 2018/10/31	石川県, 岐阜県
6		大台山系	18 572	1 403		1972/11/ 1	2012/11/ 1 ～ 2032/10/31	三重県, 奈良県
7		剣山山系	11 817	1 200		1969/11/ 1	2009/11/ 1 ～ 2029/10/31	徳島県, 高知県
8		大　　山	5 156	2 266		1957/12/ 1	2017/11/ 1 ～ 2027/10/31	鳥取県
9		石鎚山系	10 858	802		1977/11/ 1	2017/11/ 1 ～ 2037/10/31	愛媛県, 高知県
10		霧　　島	11 390	1 932		1978/11/ 1	2008/11/ 1 ～ 2018/10/31	宮崎県, 鹿児島県
1	集団渡来地	浜頓別クッチャロ湖	2 803	1 607		1983/ 3/31	2003/ 3/31 ～ 2023/ 3/30	北海道
2		サロベツ	3 739	3 739		1992/ 3/ 1	2011/10/ 1 ～ 2031/ 9/30	北海道
3		濤沸湖	2 023	1 120		1992/10/16	2012/10/ 1 ～ 2032/ 9/30	北海道
4		野付半島・野付湾	6 146	6 053		2005/11/ 1	2005/11/ 1 ～ 2025/10/31	北海道
5		風　蓮　湖	8 139	6 507		1993/ 7/24	2013/ 7/24 ～ 2033/ 7/23	北海道
6		厚岸・別寒辺牛・霧多布	13 064	9 039		1993/ 6/ 1	2012/10/ 1 ～ 2032/ 9/30	北海道
7		宮　島　沼	41	41		2002/11/ 1	2002/11/ 1 ～ 2022/10/31	北海道
8		ウトナイ湖	510	510		1982/ 3/31	2011/10/ 1 ～ 2031/ 9/30	北海道
9		小　　湊	4 518			1971/11/ 1	2001/11/ 1 ～ 2021/10/31	青森県
10		伊　豆　沼	1 455	907		1982/11/ 1	2002/11/ 1 ～ 2022/10/31	宮城県
11		仙台海浜	7 596	213		1987/ 4/ 1	2007/ 4/ 1 ～ 2027/ 3/31	宮城県
12		蕪栗沼・周辺水田	3 061	423		2005/11/ 1	2015/11/ 1 ～ 2035/10/31	宮城県
13		化　女　沼	78	34		2008/ 8/ 1	2017/11/ 1 ～ 2037/10/31	宮城県
14		最上川河口	1 537			2005/11/ 1	2015/11/ 1 ～ 2035/10/31	山形県
15		大山上池・下池	39	39		2008/10/21	2008/10/21 ～ 2027/10/31	山形県
16		福　島　潟	231			1974/11/ 1	2014/11/ 1 ～ 2034/10/31	新潟県
17		瓢　　湖	281	24		2005/11/ 1	2015/11/ 1 ～ 2035/10/31	新潟県
18		佐　　潟	251			1981/ 3/31	2010/11/ 1 ～ 2030/10/31	新潟県
19		涸　　沼	2 072	935		2014/11/ 1	2014/11/ 1 ～ 2034/10/31	茨城県
20		渡良瀬遊水地	2 861			2012/ 6/ 1	2012/ 6/ 1 ～ 2031/10/31	茨城県, 栃木県, 群馬県, 埼玉県
21		葛西沖三枚洲	380	367		2018/10/17	2018/10/17 ～ 2038/10/16	東京都
22		谷　　津	41	40		1988/11/ 1	2008/11/ 1 ～ 2028/10/31	千葉県
23		片野鴨池	10	10		1993/11/ 1	2003/11/ 1 ～ 2023/10/31	石川県
24		藤前干潟	770	323		2002/11/ 1	2012/11/ 1 ～ 2032/10/31	愛知県
25		浜甲子園	30	12		1978/11/ 1	2008/11/ 1 ～ 2018/10/31	兵庫県
26		中　　海	8 682	7 947		1974/11/ 1	2014/11/ 1 ～ 2024/10/31	鳥取県, 島根県
27		宍　道　湖	7 899	7 688		2005/11/ 1	2015/11/ 1 ～ 2025/10/31	島根県
28		和白干潟・多々良川河口	291			2003/11/ 1	2013/11/ 1 ～ 2033/10/31	福岡県
29		東よか干潟	239	218		2015/ 5/ 1	2015/ 5/ 1 ～ 2034/10/31	佐賀県
30		肥前鹿島干潟	67	57		2015/ 5/ 1	2015/ 5/ 1 ～ 2034/10/31	佐賀県
31		荒尾干潟	1 823	754		2012/ 6/ 1	2012/ 6/ 1 ～ 2031/10/31	熊本県
32		出水・高尾野	842	54		1987/11/ 1	2017/11/ 1 ～ 2027/10/31	鹿児島県
33		屋　我　地	3 217	1001		1976/11/ 1	2016/11/ 1 ～ 2026/10/31	沖縄県
34		漫　　湖	174	58		1977/11/ 1	2007/11/ 1 ～ 2027/10/31	沖縄県
35		与那覇湾	1 366	704		2011/11/ 1	2011/11/ 1 ～ 2031/10/31	沖縄県
36		池　　間	282			2011/11/ 1	2011/11/ 1 ～ 2031/10/31	沖縄県

（続き）

No.	類別	名　称	面積 (ha)			当初指定年月日	存続期間	所在地
			鳥獣保護区	特別保護地区	特別保護指定区域			
1	集団繁殖地	天 売 島	551	117		1982/ 3/31	2011/10/ 1 ～ 2031/ 9/30	北海道
2		ユルリ・モユルリ	199	31		1982/ 3/31	2011/10/ 1 ～ 2031/ 9/30	北海道
3		大 黒 島	107	107		1972/11/ 1	2012/10/ 1 ～ 2032/ 9/30	北海道
4		日 出 島	8	8		1982/11/ 1	2002/11/ 1 ～ 2022/10/31	岩手県
5		三 貫 島	25	25		1981/11/ 1	2001/11/ 1 ～ 2021/10/31	岩手県
6		祇 苗 島	593	12		2010/11/ 1	2010/11/ 1 ～ 2030/10/31	東京都
7		大 野 原 島	546	8		2010/11/ 1	2010/11/ 1 ～ 2030/10/31	東京都
8		西 之 島	29	29		2008/ 8/ 1	2008/ 8/ 1 ～ 2027/10/31	東京都
9		北 硫 黄 島	860	557		2009/11/ 1	2009/11/ 1 ～ 2029/10/31	東京都
10		南 鳥 島	395			2009/11/ 1	2009/11/ 1 ～ 2029/10/31	東京都
11		七 ツ 島	24	24		1973/11/ 1	2003/11/ 1 ～ 2023/10/31	石川県
12		紀 伊 長 島	6 131	71		1969/11/ 1	2009/11/ 1 ～ 2029/10/31	三重県
13		冠島・沓島	1 300	44		2010/11/ 1	2010/11/ 1 ～ 2030/10/31	京都府
14		鹿 久 居 島	662			1953/10/ 1	2003/11/ 1 ～ 2023/10/31	岡山県
15		沖 ノ 島	97	94		1984/ 3/31	2004/ 3/31 ～ 2023/10/31	福岡県
16		男 女 群 島	416	416		1973/11/ 1	2013/11/ 1 ～ 2033/10/31	長崎県
17		草 垣 島	21	21		1973/11/ 1	2003/11/ 1 ～ 2023/10/31	鹿児島県
18		枇 榔 島	482	4		2010/11/ 1	2010/11/ 1 ～ 2030/10/31	宮崎県
19		仲 の 神 島	18	18		1981/ 3/31	1998/11/ 1 ～ 2018/10/31	沖縄県
1	希少鳥獣生息地	知 床	44 053	23 630	1 156	1982/ 3/31	2001/11/ 1 ～ 2041/10/31	北海道
2		釧 路 湿 原	17 241	9 829		1958/11/ 1	2008/11/ 1 ～ 2038/10/31	北海道
3		下 北 西 部	4 914	1 068		1984/11/ 1	2014/11/ 1 ～ 2024/10/31	青森県
4		仏 沼	737	222		2005/11/ 1	2015/11/ 1 ～ 2035/10/31	青森県
5		大 潟 草 原	150	48		1977/ 3/31	2017/11/ 1 ～ 2037/10/31	秋田県
6		森 吉 山	6 598	1 573		1973/11/ 1	2013/11/ 1 ～ 2033/10/31	秋田県
7		大 鳥 朝 日	38 285	8 611		1984/11/ 1	2014/11/ 1 ～ 2034/10/31	山形県，新潟県
8		鳥 島	479			1954/11/ 1	2014/11/ 1 ～ 2034/10/31	東京都
9		小 笠 原 群 島	20 058	1 345	3	1980/ 3/31	2009/11/ 1 ～ 2019/10/31	東京都
10		小 佐 渡 東 部	12 620	734		1982/ 3/31	2011/11/ 1 ～ 2018/10/31	新潟県
11		北 ア ル プ ス	109 989	25 350		1984/11/ 1	2014/11/ 1 ～ 2024/10/31	富山県，長野県，岐阜県
12		円 山 川 下 流 域	1 084	361		2012/ 6/ 1	2012/ 6/ 1 ～ 2031/10/31	兵庫県
13		伊 奈	1 173			1989/11/ 1	2009/11/ 1 ～ 2029/10/31	長崎県
14		舟 志 ノ 内	340	340		2015/ 3/24	2015/ 3/24 ～ 2034/10/31	長崎県
15		湯 湾 岳	320	103		1965/11/ 1	2005/11/ 1 ～ 2025/10/31	鹿児島県
16		名 蔵 ア ン パ ル	1 145	157		2003/11/ 1	2003/11/ 1 ～ 2023/10/31	沖縄県
17		やんばる（安田）	1 279	220		2009/11/ 1	2009/11/ 1 ～ 2029/10/31	沖縄県
18		やんばる（安波）	465			2009/11/ 1	2009/11/ 1 ～ 2029/10/31	沖縄県
19		大 東 諸 島	4 251	234		2004/11/ 1	2004/11/ 1 ～ 2024/10/31	沖縄県
20		与 那 国	1 040	63		1981/ 3/31	2010/11/ 1 ～ 2030/10/31	沖縄県
21		西 表	10 218	9 999		1992/ 3/ 1	2011/11/ 1 ～ 2031/10/31	沖縄県
		合　計	592 338	164 599	1 159			

7.9.3 環境省野生生物等体験施設と自然保護事務所

野生生物等体験施設

⑨浜頓別クッチャロ湖
水鳥観察館

②北海道海鳥センター

⑩厚岸水鳥観察館

⑪ウトナイ湖野生鳥獣保護センター

①釧路湿原
野生生物保護センター

⑯白神山地世界遺産センター(西目屋館)

⑰白神山地世界遺産センター(藤里館)

⑮森吉山野生鳥獣センター

③猛禽類保護センター

④佐渡トキ保護センター

⑫佐渡水鳥・湿地センター

⑬琵琶湖水鳥・湿地センター

生物多様性センター

⑤対馬野生生物保護センター

⑥奄美野生生物
保護センター

⑭漫湖水鳥・湿地センター

⑦やんばる野生生物保護センター

⑧西表野生生物保護センター

⑱屋久島世界遺産センター

国際サンゴ礁研究・
モニタリングセンター

N
0   200   400 km

図7 環境省野生生物等体験施設の所在地

環境省:"野生生物等体験施設ガイドブック".

野生生物保護センター	名　称	役　割
種の保存法（絶滅のおそれのある野生動植物種の保存に関する法律）に基づき指定された「国内希少野生動植物種」をはじめとする地域特有の野生生物を対象として，展示や映像等により来訪者への解説や普及啓発を行うとともに，希少な野生生物の保護増殖事業，調査研究等を総合的に推進するための拠点施設．	①釧路湿原野生生物保護センター	シマフクロウ，タンチョウ等を対象
	②北海道海鳥センター	ウミガラス，エトピリカ等の海鳥を対象
	③猛禽類保護センター	イヌワシ，クマタカ等の猛禽類を対象
	④佐渡トキ保護センター	トキを対象
	⑤対馬野生生物保護センター	ツシマヤマネコ等を対象
	⑥奄美野生生物保護センター	オオトラツグミ，アマミヤマシギ，アマミノクロウサギ等を対象
	⑦やんばる野生生物保護センター	ノグチゲラ，ヤンバルテナガコガネ，ヤンバルクイナ等を対象
	⑧西表野生生物保護センター	イリオモテヤマネコ等を対象
水鳥・湿地センター		
ラムサール条約（とくに水鳥の生息地として国際的に重要な湿地に関する条約）に登録されており，とくに渡り鳥が飛来する湿地において，展示や映像等により来訪者への解説や普及啓発を行うとともに，水鳥および湿地の観察，調査研究等を推進するための拠点施設．	⑨浜頓別クッチャロ湖水鳥観察館	コハクチョウ等の渡来地
	⑩厚岸水鳥観察館	オオハクチョウ等の渡来地
	⑪ウトナイ湖野生鳥獣保護センター	ガン，カモ，ハクチョウ等の渡来地
	⑫佐潟水鳥・湿地センター	ガン，カモ類等の渡来地
	⑬琵琶湖水鳥・湿地センター	コハクチョウ，ヒシクイ等の渡来地
	⑭漫湖水鳥・湿地センター	シギ，チドリ類等の中継地
野生鳥獣保護センター		
展示や映像により来訪者への解説や普及啓発を行うとともに，鳥獣の生息に適した環境の保全・形成を行うための拠点施設．	⑮森吉山野生鳥獣センター	クマゲラを対象
世界遺産センター		
世界遺産条約（世界の文化遺産及び自然遺産の保護に関する条約）の登録地において，遺産としての価値を将来にわたって保全していくことを目的とした保全・管理，展示や映像等による来訪者への解説や普及啓発，調査研究等を推進するための拠点施設．	⑯白神山地世界遺産センター（西目屋館）	
	⑰白神山地世界遺産センター（藤里館）	
	⑱屋久島地世界遺産センター	
その他		
	⑲国際サンゴ礁研究・モニタリングセンター	
	⑳生物多様性センター	

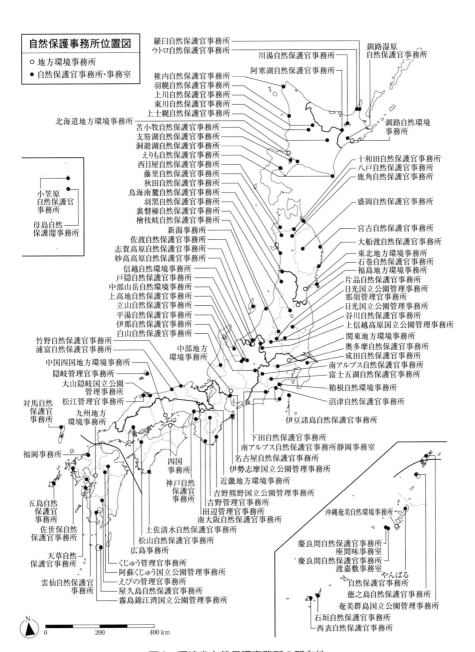

図8 環境省自然保護事務所の所在地

国立公園の事務所等一覧

国立公園名	区　域	地方環境事務所等	自然保護官事務所等
利尻礼文サロベツ	全　域	北海道地方環境事務所 北海道札幌市北区北八条西2丁目 札幌第1合同庁舎3階, 011-299-1950, E-mail：REO-HOKKAIDO@env.go.jp	稚内自然保護官事務所 北海道稚内市末広5-6-1 稚内地方合同庁舎, 0162-33-1100 E-mail：RO-WAKKANAI@env.go.jp
知　床	下記以外	釧路自然環境事務所 北海道釧路市幸町10-3 釧路地方合同庁舎4階, 0154-32-7500, E-mail：NCO-KUSHIRO@env.go.jp	ウトロ自然保護官事務所 北海道斜里郡斜里町ウトロ西186-10, 0152-24-2297 E-mail：RO-UTORO@env.go.jp
	目梨郡		羅臼自然保護官事務所 北海道目梨郡羅臼町湯の沢町6-27, 0153-87-2402 E-mail：RO-RAUSU@env.go.jp
阿寒摩周	釧路市, 津別町, 足寄郡, 白糠郡	釧路自然環境事務所	阿寒湖管理官事務所 北海道釧路市阿寒町阿寒湖温泉1-1-1, 0154-67-2624 E-mail：AKANKO01@env.go.jp
	上記区域以外	釧路自然環境事務所	阿寒摩周国立公園管理事務所 北海道川上郡弟子屈町川湯温泉2-2-2, 015-483-2335 E-mail：NPAKAN01@env.go.jp
釧路湿原	全　域	釧路自然環境事務所	釧路湿原自然保護官事務所 北海道釧路市北斗2-2101, 0154-56-2345 E-mail：WB-KUSHIRO@env.go.jp
大雪山	下記以外	北海道地方環境事務所	上川自然保護官事務所 北海道上川郡上川町中央町603, 01658-2-2574 E-mail：RO-KAMIKAWA@env.go.jp
	富良野市, 東川町, 美瑛町, 空知郡	北海道地方環境事務所	東川自然保護官事務所 北海道上川郡東川町1-13-15, 0166-82-2527 E-mail：RO-HIGASHIKAWA@env.go.jp
	河東郡, 新得町	北海道地方環境事務所	上士幌自然保護官事務所 北海道河東郡上士幌町字 上士幌東3線235-33 01564-2-3337, E-mail：RO-KAMISHIHORO@env.go.jp
支笏洞爺	下記以外	北海道地方環境事務所	支笏湖自然保護官事務所 北海道千歳市支笏湖温泉, 0123-25-2350 E-mail：RO-SHIKOTSUKO@env.go.jp
	登別市, 伊達市, ニセコ町, 真狩村, 喜茂別町, 京極町, 倶知安町, 洞爺湖, 有珠郡, 白老郡	北海道地方環境事務所	洞爺湖自然保護官事務所 北海道河東郡上士幌町字 上士幌東3線235-33 0142-73-2600, E-mail：RO-TOYAKO@env.go.jp
十和田八幡平	下記以外	東北地方環境事務所 仙台市青葉区本町3-2-23 仙台第二合同庁舎6階, 022-722-2870, E-mail：REO-TOHOKU@env.go.jp	十和田八幡平国立公園管理事務所 青森県十和田市大字奥瀬字十和田湖畔休屋486 0176-75-2728, E-mail：RO-TOWADA@env.go.jp
	鹿角市, 仙北市	東北地方環境事務所	十和田八幡平国立公園管理事務所鹿角管理官事務所 秋田県鹿角市花輪字向畑123-4, 0186-30-0330 E-mail：RO-KAZUNO@env.go.jp
	岩手県	東北地方環境事務所	十和田八幡平国立公園管理事務所盛岡管理官事務所 岩手県盛岡市内丸7-25 盛岡合同庁舎1階, 019-621-2501 E-mail：RO-MORIOKA@env.go.jp
三陸復興	青森県	東北地方環境事務所	八戸自然保護官事務所 青森県八戸市内丸1-1-2 八戸圏域水道企業団内丸庁舎1階, 0178-73-5161, E-mail：RO-HACHINOHE@env.go.jp
	その他	東北地方環境事務所	宮古自然保護官事務所 岩手県宮古市日立浜町11-30, 0193-62-3912 E-mail：RO-MIYAKO@env.go.jp
	大船渡市, 陸前高田市, 釜石市, 上閉伊郡, 気仙沼市	東北地方環境事務所	大船渡自然保護官事務所 岩手県大船渡市末崎町字大浜221-117, 0192-29-2759 E-mail：RO-OFUNATO@env.go.jp
	石巻市, 登米市, 牡鹿郡, 本吉郡	東北地方環境事務所	石巻自然保護官事務所 宮城県石巻市泉町4-1-9 石巻法務合同庁舎1階 0225-24-8217, E-mail：RO-ISHINOMAKI@env.go.jp
磐梯朝日	鶴岡市, 西村山郡, 最上郡, 西置賜郡, 東田川郡, 新潟県	東北地方環境事務所	羽黒自然保護官事務所 山形県鶴岡市羽黒町荒川字谷地堰39-4, 0235-62-4777 E-mail：RO-HAGURO@env.go.jp
	上記以外	東北地方環境事務所	裏磐梯自然保護官事務所 福島県耶麻郡北塩原村大字檜原字 剣ヶ峯1093 0241-32-2221, E-mail：RO-URABANDAI@env.go.jp

（続き）

国立公園名	区　域	地方環境事務所等	自然保護官事務所等
日　光	下記以外	関東地方環境事務所 さいたま市中央区新都心 11-2 明治安田生命さいたま新都心ビル 18 階，048-600-0516， E-mail：REO-KANTO@env.go.jp	日光国立公園管理事務所 栃木県日光市本町 9-5，0288-54-1076 E-mail：N-KANKO@env.go.jp
	栃木県矢板市那須塩原市， 塩谷郡，那須郡，福島県南会津郡，西白河郡	関東地方環境事務所	日光国立公園那須管理官事務所 栃木県那須郡那須町湯本 207-2 那須高原ビジターセンター 2 階，0287-76-7512 E-mail：RO-NASU@env.go.jp
尾　瀬	福島県，新潟県，栃木県，	関東地方環境事務所	檜枝岐自然保護官事務所 福島県南会津郡檜枝岐村下ノ原 867-1，0241-75-7301 E-mail：RO-HINOEMATA@env.go.jp
	群馬県	関東地方環境事務所	片品自然保護官事務所 群馬県利根郡片品村大字鎌田下半瀬 3885-1，0278-58-9145 E-mail：RO-KATASHINA@env.go.jp
秩父多摩甲斐	全　域	関東地方環境事務所	奥多摩自然保護官事務所 東京都西多摩郡奥多摩町氷川 171-1，0428-83-2157 E-mail：RO-OKUTAMA@env.go.jp
小笠原	下記以外	関東地方環境事務所	小笠原自然保護官事務所 東京都小笠原村父島西町（小笠原世界遺産センター内），04998-2-7174，E-mail：RO-OGASAWARA@env.go.jp
	母島列島	関東地方環境事務所	母島自然保護官事務所 東京都小笠原村母島静沢，04998-3-2577 ※許認可連絡先：小笠原自然保護官事務所
富士箱根伊豆	下記以外	関東地方環境事務所	富士箱根伊豆国立公園管理事務所 神奈川県足柄下郡箱根町元箱根 旧札場 164，0460-84-8727 E-mail：NCO-HAKONE@env.go.jp
	山梨県側	関東地方環境事務所	富士五湖自然保護官事務所 山梨県富士吉田市上吉田剣丸尾 5597-1 生物多様性センター内 0555-72-0353，E-mail：RO-FUJIGOKO@env.go.jp
	沼津市，熱海市，三島市，富士宮市，伊東市，富士市，御殿場市，裾野市，伊豆市，伊豆の国市，田方郡，駿東郡	関東地方環境事務所	沼津自然保護官事務所 静岡県沼津市場町 9-1 沼津合同庁舎 5 階，055-931-3261 E-mail：RO-NUMADU@env.go.jp
	下田，賀茂郡	関東地方環境事務所	下田管轄官事務所 静岡県下田市西本郷 2-5-33 下田地方合同庁舎 1 階 0558-22-9533，E-mail：RO-SHIMODA@env.go.jp
	青ヶ島村，大島町，神津島村，利島村，新島村，八丈町，御蔵島村，三宅村	関東地方環境事務所	伊豆諸島自然保護官事務所 東京都大島町元町字家の上 445-9 大島合同庁舎 1 階 04992-2-7115，E-mail：RO-IZUIS@env.go.jp
南アルプス	下記以外	関東地方環境事務所	南アルプス自然保護官事務所 山梨県南アルプス市芦安芦倉 516 南アルプス市芦安支所 2 階 055-280-6055，E-mail：RO-MINAMIALPS@env.go.jp （静岡事務室） 静岡県静岡市葵区追手町 5-1 静岡市静岡庁舎新館 13 階 055-280-6055
	長野県飯田市，伊那市，諏訪郡及び下伊那郡の区域	関東地方環境事務所	伊那自然保護官事務所 長野県伊那市長谷溝口 1394 伊那市長谷総合支所 2 階 055-280-6055，E-mail：RO-INA@env.go.jp
上信越高原	下記以外	信越自然環境事務所 長野県長野市旭町 1108 長野第一合同庁舎，026-231-6570，E-mail：NCO-NAGANO@env.go.jp	上信越高原国立公園管理事務所 群馬県吾妻郡嬬恋村大字三原 679-3 嬬恋村商工会館 2 階，0279-97-2083，E-mail：RO-MANNZA@env.go.jp
	みなかみ町，十日町市，南魚沼市，湯沢町，津南町	信越自然環境事務所	谷川自然保護官事務所 群馬県利根郡みなかみ町月夜野 1744-1，0278-62-0300 E-mail：RO-MANNZA@env.go.jp
	須坂市，高山村，山ノ内町，木島平村，野沢温泉村，栄村	信越自然環境事務所	志賀高原自然保護官事務所 長野県下高井郡山ノ内町大字平穏 7148，0269-34-2104 E-mail：RO-MANNZA@env.go.jp

（続き）

国立公園名	区 域	地方環境事務所等	自然保護官事務所等
妙高戸隠連山	長野市，小谷村，信濃町，飯綱町	信越自然環境事務所	戸隠自然保護官事務所 長野県長野市戸隠豊岡 9794-128，026-254-3060 E-mail：NCO-NAGANO@env.go.jp
	糸魚川市，妙高市	信越自然環境事務所	妙高高原自然保護官事務所 新潟県妙高市大字関川 2279-2，0255-86-2441 E-mail：NCO-NAGANO@env.go.jp
中部山岳	富山県	信越自然環境事務所	立山自然保護官事務所 富山県中新川郡立山町前沢新町 282，0764-62-2301 E-mail：NCO-MATSUMOTO@env.go.jp
	その他の区域	信越自然環境事務所	中部山岳自然環境事務所 長野県松本市安曇 124-7，0263-94-2024 E-mail：NCO-MATSUMOTO@env.go.jp
	安曇野市，松本市（国道 158 号線以北）	信越自然環境事務所	上高地自然保護官事務所 長野県松本市安曇 4468，0263-95-2032 E-mail：NCO-MATSUMOTO@env.go.jp ※冬期間連絡先：中部山岳国立公園管理事務所
	岐阜県	信越自然環境事務所	平湯自然保護官事務所 岐阜県高山市奥飛騨温泉郷平湯 763-12，0578-89-2353 E-mail：NCO-MATSUMOTO@env.go.jp
白 山	全 域	中部地方環境事務所 名古屋市中区三の丸 2-5-2，052-955-2135， E-mail：REO-CHUBU@env.go.jp	白山自然保護官事務所 石川県白山市白峰ホ-25-1，076-259-2902 E-mail：REO-CHUBU@env.go.jp
伊勢志摩	全 域	中部地方環境事務所	伊勢志摩国立公園管理事務所 三重県志摩市阿児町鵜方 3098-26，0599-43-2210 E-mail：REO-CHUBU@env.go.jp
吉野熊野	三重県大台町，奈良県（十津川村南部を除く）	近畿地方環境事務所 大阪市北区天満橋 1-8-75 桜ノ宮合同庁舎 4 階， 06-6881-6500，E-mail：REO-KINKI@env.go.jp	吉野管理官事務所 奈良県吉野郡吉野町上市 2294-6，07463-4-2202 E-mail：RO-YOSHINO@env.go.jp
		近畿地方環境事務所	田辺管理官事務所 和歌山県田辺市中屋敷町 24-49 田辺市社会福祉センター 3 階 0739-23-3955，E-mail：RO-TANABE@env.go.jp
	和歌山県田辺市（本宮町を除く），日高，西牟婁郡	近畿地方環境事務所	吉野熊野国立公園管理事務所 和歌山県新宮市緑ヶ丘 2-4-20，0735-22-0342 E-mail：WB-KUMANO@env.go.jp
山陰海岸	京都府京丹後市，兵庫県豊岡市，美方郡香美町	近畿地方環境事務所	竹野自然保護官事務所 兵庫県豊岡市竹野町竹野 3662-4，0796-47-0236 E-mail：RO-TAKENO@env.go.jp
	兵庫県美方郡，新温泉町，鳥取県鳥取市，岩美郡岩美町		浦富自然保護官事務所 鳥取県岩美郡岩美町浦富字出逢 1098-3，0857-73-1146 E-mail：RO-URADOME@env.go.jp
瀬戸内海	兵庫県	近畿地方環境事務所	神戸自然保護官事務所 神戸市中央区海岸通 29 神戸地方合同庁舎 7 階 078-331-1146，E-mail：RO-KOBE@env.go.jp
	大阪府，和歌山県	近畿地方環境事務所	大阪自然保護官事務所 近畿地方環境事務所内
	岡山県	中国四国地方環境事務所 岡山市北区下石井 1-4-1 岡山第 2 号合同庁舎 11 階，086-223-1577， E-mail：REO-CHUSHIKOKU@env.go.jp	岡山自然保護官事務所 中国四国地方環境事務所内，086-223-1586 E-mail：RO-OKAYAMA@env.go.jp
	広島県 山口県	中国四国地方環境事務所	広島事務所 広島市中区上八丁堀 6-30 広島合同庁舎 3 号館 1 階 082-511-0006，E-mail：MOE-HIROSHIMA@env.go.jp
	徳島県 香川県	四国事務所 香川県高松市サンポート 3-33 高松サンポート合同庁舎南館 2 階，087-811-7240， E-mail：MOE-TAKAMATSU@env.go.jp	高松自然保護官事務所 高松事務所内，087-811-6227 E-mail：MOE-SHIKOKU@env.go.jp
	愛媛県	四国事務所	松山自然保護官事務所 愛媛県松山市若草町 4-3 松山若草合同庁舎 4 階 089-931-5803，E-mail：RO-MATSUYAMA@env.go.jp

（続き）

国立公園名	区　域	地方環境事務所等	自然保護官事務所等
大山隠岐	大山，蒜山，三徳山，下記以外	中国四国地方環境事務所	大山隠岐国立公園管理事務所 鳥取県米子市東町 124-16 米子地方合同庁舎 4 階 0859-34-9331，E-mail：NCO-YONAGO@env.go.jp
	松江市，出雲市，大田市，飯石郡，邑智郡，島根半島，三瓶山	中国四国地方環境事務所	松江管理官事務所 島根県松江市向島町 134-10 松江地方合同庁舎 5 階 0852-21-7626，E-mail：RO-MATSUE@env.go.jp
	隠岐郡	中国四国地方環境事務所	隠岐管理官事務所 島根県隠岐郡隠岐の島町城北町 55，08512-2-0149 E-mail：OKI-RS@env.go.jp
足摺宇和海	全　域	四国事務所	土佐清水自然保護官事務所 高知県土佐清水市天神町 11-7，0880-82-2350 E-mail：RO-TOSASHIMIZU@env.go.jp
瀬戸内海	福岡県	九州地方環境事務所 熊本県熊本市西区春日 2-10-1 熊本地方合同庁舎 B 棟 4 階，096-322-2412， E-mail：REO-KYUSHU@env.go.jp	福岡事務所 福岡県福岡市博多区博多駅東 2-11-1 福岡合同庁舎本館 1 階， 092-437-8851，E-mail：REO-KYUSHU@env.go.jp
	大分県	九州地方環境事務所	くじゅう管理官事務所 大分県玖珠郡九重町大字田野 260-2，0973-79-2631 E-mail：REO-KYUSHU@env.go.jp
西　海	佐世保市，平戸市，西海市，北松浦郡	九州地方環境事務所	佐世保自然保護官事務所 長崎県佐世保市木場田町 2-19 佐世保合同庁舎 5 階 0956-42-1222，E-mail：REO-KYUSHU@env.go.jp
	上記以外	九州地方環境事務所	五島自然保護官事務所 長崎県五島市東浜町 2-1-1 福江地方合同庁舎 2 階 0959-72-4827，E-mail：REO-KYUSHU@env.go.jp
雲仙天草	長崎県	九州地方環境事務所	雲仙自然保護官事務所 長崎県雲仙市小浜町雲仙 320，0957-73-2423 E-mail：REO-KYUSHU@env.go.jp
	上記以外	九州地方環境事務所	天草自然保護官事務所 熊本県天草市港町 10-2，0969-23-8366 E-mail：REO-KYUSHU@env.go.jp
阿蘇くじゅう	下記以外	九州地方環境事務所	阿蘇自然保護官事務所 熊本県阿蘇市黒川 1180，0967-34-0254 E-mail：REO-KYUSHU@env.go.jp
	大分県	九州地方環境事務所	くじゅう管理官事務所 大分県玖珠郡九重町大字田野 260-2，0973-79-2631 E-mail：REO-KYUSHU@env.go.jp
霧島錦江湾	宮崎県，鹿児島県霧島市，姶良郡湧水町	九州地方環境事務所	えびの事務所 宮崎県えびの市末永 1495-5，0984-33-1108 E-mail：REO-KYUSHU@env.go.jp
	上記以外	九州地方環境事務所	霧島錦江湾国立公園管理事務所 鹿児島県鹿児島市東郡元町 4-1 鹿児島第 2 地方合同庁舎 2 階， 099-213-1811，E-mail：REO-KYUSHU@env.go.jp
屋久島	全域	九州地方環境事務所	屋久島自然保護官事務所 鹿児島県熊毛郡屋久島町安房前岳 2739-343，0997-46-2992 E-mail：REO-KYUSHU@env.go.jp
奄美群島	下記以外	沖縄奄美自然環境事務所 沖縄県那覇市樋川 1-15-15 那覇第一地方合同庁舎 1 階，098-836-6400，E-mail：nco-naha@env.go.jp	奄美群島国立公園管理事務所 鹿児島県大島郡大和村思勝字國ノ畑 551，0997-55-8620 鹿児島県奄美市住用町石原 467 番 1，0997-69-2280 E-mail：RO-AMAMI@env.go.jp
	徳之島町，天城町，伊仙町，和泊町，知名町	沖縄奄美自然環境事務所	徳之島自然保護官事務所 鹿児島県大島郡天城町平土野 2691-1 天城町役場 4 階 0997-85-2919，E-mail：RO-TOKUNOSHIMA@env.go.jp
やんばる	全　域	沖縄奄美自然環境事務所	やんばる自然保護官事務所 沖縄県国頭郡国頭村字比地 263-1，0980-50-1025 E-mail：RO-YANBARU@env.go.jp
慶良間諸島		沖縄奄美自然環境事務所	慶良間自然保護官事務所 (1) 座間味事務室 沖縄県島尻郡座間味村字座間味 109 座間味役場 2 階 (2) 渡嘉敷事務室 沖縄県島尻郡渡嘉敷村字渡嘉敷 183 渡嘉敷村役場 2 階 098-987-2662（担当：座間味事務室） E-mail：NCO-NAHA@env.go.jp
西表石垣	下記以外	沖縄奄美自然環境事務所	石垣自然保護官事務所 沖縄県石垣市八島町 2-27，0980-82-4768 E-mail：RO-ISHIGAKI@env.go.jp
	西表島	沖縄奄美自然環境事務所	西表自然保護官事務所 沖縄県八重山郡竹富町字古見，0980-84-7130 E-mail：RO-IRIOMOTE@env.go.jp

7.9.4　日本における世界自然遺産とユネスコエコパーク

　ユネスコにより登録される，世界遺産とエコパーク．ここでは，世界遺産の中で，日本国内において登録された自然遺産をリストアップした．ユネスコエコパークとは，「人間と生物圏計画」(Programme on Man and the Biosphere；MAB計画)に基づいて審査・登録がされる.

世界自然遺産

場　所 (行政区)	制定 年月	面　　積	植物群系	自然の特徴	特徴的な生物
①知床半島 (北海道)	2005年 7月	710 km²(陸域 487 km², 海域 223 km²)	針葉樹林／落葉広葉 樹林	北半球で最も低緯度の海氷域， 海洋生態系と陸上生態系の相互 関係	ヒグマ，エゾシカ，シマフ クロウ，オジロワシ
②白神山地 (青森／秋田県)	1993年 12月	170 km²	落葉広葉樹林	ブナの原生林	ブナ，クマゲラ
③屋久島 (鹿児島県)	1993年 12月	108 km²(島の 総面積の21%)	照葉樹林，落葉広葉 樹林，広葉樹針葉樹 混交林	海岸部から亜高山帯までの自然 植生，多くの固有亜種，樹齢の 大きな杉	ヤクスギ，ヤクシマシャク ナゲ，ヤクザル，ヤクシカ
④小笠原 (東京都)	2011年	7 900 ha	亜熱帯林	固有種の宝庫，現在進行形の生 物進化	ワダンノキ，オガワラオオ コウモリ，アカガシラカラ スバト，陸産貝類

ユネスコエコパーク

名　称	行政区	制定年	面　　積	植物群系	自然環境の特色
❶志賀高原	群馬県， 長野県	1980	30 300 ha	落葉広葉樹林， 針葉樹林	
❷白山	富山県， 石川県， 福井県， 岐阜県	1980	199 329 ha	落葉広葉樹林， 針葉樹林	
❸大台ヶ原・ 大峯山・ 大杉谷	三重県， 奈良県	1980	118 367 ha	落葉広葉樹林， 広葉樹針葉樹混 交林	東アジアの照葉樹林帯 の北限付近にあり，多 くの日本固有種で構成
❹綾	宮崎県	2012	4 580 ha	照葉樹林，落葉 広葉樹林	広面積の照葉樹林
❺屋久島・口 之永良部島	鹿児島県	1980	18 958 ha	照葉樹林，落葉 広葉樹林，広葉 樹針葉樹混交林	
❻只見	福島県	2014	78 032 ha	落葉広葉樹林， 広葉樹針葉樹混 交林	ブナと雪に代表される 特有の厳しい自然環境 と資源，文化
❼南アルプス	山梨県， 長野県， 静岡県	2014	302 474 ha	落葉広葉樹林， 広葉樹針葉樹混 交林，高山植生	3 000 m峰が連なる急 峻な山岳環境の中，国 有種が多く生息・生育 するわが国を代表する 自然環境
❽みなかみ	群馬県， 新潟県	2017	1 368 ha	落葉広葉樹林， 広葉樹針葉樹混 交林，高山植生	日本の脊梁山脈地域， 世界でも有数の豪雪地 帯で，利根川の最上流域
❾祖母・傾・ 大崩	大分県， 宮崎県	2017	243 672 ha	照葉樹林，落葉 広葉樹林	原生的な自然と景観美， 希少動植物の宝庫とし て知られる祖母・傾・大 崩山系とその周辺地域
❿甲武信	埼玉県， 東京都， 山梨県， 長野県	2019	190 603 ha	落葉広葉樹林， 広葉樹針葉樹混 交林	甲武信ヶ岳，金峰山， 雲取山等の日本百名山 に挙げられる山々が連 なる奥秩父主稜を中心 に，荒川，多摩川，笛 吹川（富士川），千曲 川（信濃川）源流部及 びその周辺地域

文部科学省：“生物圏保存地域”.

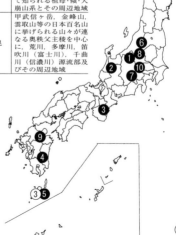

図9　ユネスコ登録自然環境保全地域一覧

7.9.5　日本のラムサール条約登録湿地

No.	登録湿地名	所在地	登録年月日	面積(ha)	湿地の特徴	保護の形態
1	宮島沼	北海道　美唄市	2002.11.18	41	大規模マガン渡来地	・国指定宮島沼鳥獣保護区宮島沼特別保護地区
2	雨竜沼湿原	北海道　雨竜町	2005.11. 8	624	高層湿原	・暑寒別天売焼尻国定公園特別保護地区
3	サロベツ原野	北海道　豊富町，幌延町	2005.11. 8	2 560	高層湿原，オオヒシクイ，コハクチョウ渡来地	・国指定サロベツ原野鳥獣保護区サロベツ特別保護地区 ・利尻礼文サロベツ国立公園特別保護地区および特別地域
4	クッチャロ湖	北海道　浜頓別町	1989. 7. 6	1 607	大規模ガンカモ渡来地	・国指定クッチャロ湖鳥獣保護区クッチャロ湖特別保護地区
5	涛沸湖	北海道　網走市，小清水町	2005.11. 8	900	低層湿原，湖沼，大規模オオハクチョウ・オオヒシクイ等渡来地	・国指定涛沸湖鳥獣保護区涛沸湖特別保護地区 ・網走国定公園特別地域
6	ウトナイ湖	北海道　苫小牧市	1991.12.12	510	大規模ガンカモ渡来地	・国指定ウトナイ湖鳥獣保護区ウトナイ湖特別保護地区
7	釧路湿原	北海道　釧路市，釧路町，標茶町，鶴居村	1980. 6.17	7 863	低層湿原，タンチョウ生息地	・国指定釧路湿原鳥獣保護区釧路湿原特別保護地区 ・釧路湿原国立公園特別保護地区および特別地域
8	厚岸湖・別寒辺牛湿原	北海道　厚岸町	1993. 6.10	5 277	低層湿原，大規模オオハクチョウ・ガンカモ渡来地，タンチョウ繁殖地	・国指定厚岸・別寒辺牛・霧多布鳥獣保護区　厚岸・別寒辺牛・霧多布特別保護地区
9	霧多布湿原	北海道　浜中町	1993. 6.10	2 504	高層湿原，タンチョウ繁殖地	・国指定厚岸・別寒辺牛・霧多布鳥獣保護区　厚岸・別寒辺牛・霧多布特別保護地区
10	阿寒湖	北海道　釧路市	2005.11. 8	1 318	淡水湖，マリモ生育地	・阿寒国立公園特別保護地区および特別地域
11	風蓮湖・春国岱	北海道　根室市，別海町	2005.11. 8	6 139	汽水湖，低層湿原，藻場，タンチョウ繁殖地，大規模キアシシギ・オオハクチョウ等渡来地	・国指定風蓮湖鳥獣保護区風蓮湖特別保護地区
12	野付半島・野付湾	北海道　別海町，標津町	2005.11. 8	6 053	塩性湿原，低層湿原，藻場，タンチョウ繁殖地，大規模コクガン・ホオジロガモ等渡来地	・国指定野付半島・野付湾鳥獣保護区野付半島・野付湾特別保護地区
13	大沼	北海道　七飯町	2012. 7. 3	1 236	淡水湖，堰止湖群	・大沼国定公園特別地域
14	仏沼	青森県　三沢市	2005.11. 8	222	オオセッカ繁殖地	・国指定仏沼鳥獣保護区仏沼特別保護地区
15	伊豆沼・内沼	宮城県　栗原市，登米市	1985. 9.13	559	大規模マガン等ガンカモ渡来地	・国指定伊豆沼鳥獣保護区伊豆沼特別保護地区
16	蕪栗沼・周辺水田	宮城県　栗原市，登米市，田尻町	2005.11. 8	423	大規模マガン等ガンカモ渡来地	・国指定蕪栗沼・周辺水田鳥獣保護区蕪栗沼特別保護地区
17	化女沼	宮城県　大崎市	2008.10.30	34	ダム湖，ヒシクイ（亜種），マガン等の渡来地	・国指定化女沼鳥獣保護区化女沼特別保護地区
18	大山上池・下池	山形県　鶴岡市	2008.10.30	39	ため池，マガモ，コハクチョウ等の渡来地	・国指定大山上池・下池鳥獣保護区大山上池・下池特別保護地区
19	尾瀬	福島県　桧枝岐村 群馬県　片品村 新潟県　魚沼市	2005.11. 8	8 711	高層湿原	・日光国立公園特別保護地区および特別地域
20	奥日光の湿原	栃木県　日光市	2005.11. 8	260	高層湿原	・日光国立公園特別保護地区および特別地域
21	渡良瀬遊水地	茨城県　古河市 栃木県　栃木市 小山市，野木町 群馬県　板倉町 埼玉県　加須市	2012. 7. 3	2 861	低層湿原および人工湿地，トネハナヤスリ，タチスミレ等の生育地，オオヨシキリ，チュウヒ等の渡来地	・国指定渡良瀬遊水地鳥獣保護区 ・国管理一級河川
22	谷津干潟	千葉県　習志野市	1993. 6.10	40	泥質干潟，シギ・チドリ渡来地	・国指定谷津鳥獣保護区谷津特別保護地区
23	佐潟	新潟県　新潟市	1996. 3.23	76	大規模ガンカモ渡来地	・国指定佐潟鳥獣保護区・佐潟弥彦米山国定公園特別地域
24	瓢湖	新潟県　阿賀野市	2008.10.30	24	ため池，コハクチョウ，オナガガモ等の渡来地	・国指定瓢湖鳥獣保護区瓢湖特別保護地区
25	立山弥陀ヶ原・大日平	富山県　立山町	2012. 7. 3	574	雪田草原	・中部山岳国立公園特別保護地区
26	片野鴨池	石川県　加賀市	1993. 6.10	10	大規模ガンカモ渡来地	・国指定片野鴨池鳥獣保護区片野鴨池特別保護地区 ・越前加賀海岸国定公園特別地域
27	中池見湿地	福井県　敦賀市	2012. 7. 3	87	低層湿原，厚く堆積した泥炭層	・越前加賀海岸国定公園特別地域
28	三方五湖	福井県　若狭町，美浜町	2005.11. 8	1 110	固有魚類生息地	・若狭湾国定公園特別地域
29	東海丘陵湧水湿地群	愛知県　豊田市	2012. 7. 3	23	非泥炭性湿地（貧栄養性湿地），シラタマホシクサ等の生育地，ヒメタイコウチ等の生息地	・愛知高原国定公園特別地域
30	藤前干潟	愛知県　名古屋市，飛島村	2002.11.18	323	河口干潟，シギ・チドリ渡来地	・国指定藤前干潟鳥獣保護区藤前干潟特別保護地区
31	琵琶湖	滋賀県　大津市，彦根市，長浜市，近江八幡市，草津市，守山市，野洲市，高島市，米原市，志賀町，能登川町，湖北町，びわ町，高月町，木之本町，西浅井町，安土町	1993. 6.10	65 984	淡水湖，大規模ガンカモ渡来地，固有魚類生息地	・琵琶湖国定公園特別地域
32	串本沿岸海域	和歌山県　串本町	2005.11. 8	574	非サンゴ礁域のサンゴ群集	・吉野熊野国立公園特別地域および普通地域
33	円山川下流域・周辺水田	兵庫県　豊岡市	2012. 7. 3	560	河川および周辺水田，コウノトリ，ヒヌマイトトンボ等の生息地	・国指定円山川下流域鳥獣保護区円山川特別保護地区 ・国指定円山川下流域鳥獣保護区円山川特別保護地区 ・山陰海岸国立公園特別地域 ・国管理一級河川
34	中海	鳥取県　米子市，境港市 島根県　松江市，安来市，東出雲町	2005.11. 8	8 043	大規模コハクチョウ・ホシハジロ・キンクロハジロ・スズガモ渡来地	・国指定中海鳥獣保護区中海特別保護地区

No.	登録湿地名	所在地	登録年月日	面積(ha)	湿地の特徴	保護の形態
35	宍道湖	島根県 松江市, 出雲市 斐川町	2005.11. 8	7 652	大規模マガン・スズガモ渡来地	・国指定宍道湖鳥獣保護区宍道湖特別保護地区
36	宮島	広島県 廿日市市	2012. 7. 3	142	砂浜海岸, 塩性湿地および河川, ミヤジマトンボの生息地	・瀬戸内国立公園特別地域
37	秋吉台地下水系	山口県 美祢市	2005.11. 8	563	地下水系・カルスト	・秋吉台国定公園特別地域
38	くじゅう坊ガツル・タデ原湿原	大分県 竹田市, 九重町	2005.11. 8	91	中間湿原	・阿蘇くじゅう国立公園特別保護地区および特別地域
39	荒尾干潟	熊本県 荒尾市	2012. 7. 3	754	干潟, クロツラヘラサギ, ツクシガモ等の渡来地	・国指定荒尾干潟鳥獣保護区荒尾干潟特別保護地区
40	藺牟田池	鹿児島県 薩摩川内市	2005.11. 8	60	ベッコウトンボ生息地	・藺牟田池ベッコウトンボ生息地保護区管理地区
41	屋久島永田浜	鹿児島県 屋久島町	2005.11. 8	10	アカウミガメ産卵地	・屋久島国立公園特別保護地区
42	漫湖	沖縄県 那覇市, 豊見城市	1999. 5.15	58	河口干潟, クロツラヘラサギ渡来地	・国指定漫湖鳥獣保護区漫湖特別保護地区
43	慶良間諸島海域	沖縄県 渡嘉敷村, 座間味村	2005.11. 8	353	サンゴ礁	・沖縄海岸国定公園海中公園地区
44	久米島の渓流・湿地	沖縄県 久米島町	2008.10.30	255	渓流およびその周辺の湿地, 森林, キクザトサワヘビの生息地	・宇江城岳キクザトサワヘビ生息地保護区管理地区
45	与那覇湾	沖縄県 宮古島市	2012. 7. 3	704	干潟, シギ・チドリ類の渡来地	・国指定与那覇湾鳥獣保護区与那覇湾特別保護地区
46	名蔵アンパル	沖縄県 石垣市	2005.11. 8	157	マングローブ林・河口干潟	・国指定名蔵アンパル鳥獣保護区名蔵アンパル特別保護地区
47	涸沼	茨城県 鉾田市, 茨城町, 大洗町	2015. 5.28	935	汽水湖	・国指定鳥獣保護区
48	芳ヶ平湿地群	群馬県 中之条町, 草津町	2015. 5.28	887	中間湿原, 淡水池沼, 強酸性火口湖	・国立公園特別地域
49	東よか干潟	佐賀県 佐賀市	2015. 5.28	218	単一の干潟としては国内有数の広さと日本最大の干満差	・国指定鳥獣保護区特別保護地区
50	肥前鹿島干潟	佐賀県 鹿島市	2015. 5.28	57	塩田川, 鹿島川の河口と海岸に発達する干潟, 東アジアにおけるシギ・チドリ類の渡りの中継地および越冬地	・国指定鳥獣保護区特別保護地区
51	志津川湾	宮城県 南三陸町	2018.10.18	5 793	藻場, コクガンの渡来地	・三陸復興国立公園海域公園地区
52	葛西海浜公園	東京都 江戸川区	2018.10.18	367	干潟, 塩性湿地, カモ類の渡来地	・国指定葛西沖三枚洲鳥獣保護区葛西沖三枚洲特別保護地区
53	出水ツルの越冬地	鹿児島県 出水市	2021.11.18	478	水田, 世界最大のナベヅル・マナヅルの越冬地	・国指定出水・高尾野鳥獣保護区, 出水・高尾野特別保護地区・河川区域

ラムサール条約湿地

登録湿地数	53 ヵ所
総 面 積	146 703 ha

環境省：“ラムサール条約と条約湿地”.

7.10 生物資源と農・畜産物

7.10.1 世界の自然林と植栽林

(単位：1 000 ha)

国名	森林面積											
	総森林面積				自然林				植栽林			
	1990	2000	2010	2020	1990*1	2000	2010	2020	1990*1	2000	2010	2020
世界*2	4 236 434	4 158 051	4 105 280	4 057 802	4 322 819	4 199 999	4 112 827	4 032 982	170 060	210 670	263 390	293 899
アジア（中東を除く）	550 941	552 187	572 339	582 755	478 129	459 618	455 690	450 809	72 774	92 531	117 642	133 038
アゼルバイジャン	945	987	1 032	1 132	652	681	743	826	293	306	289	306
アルメニア	335	333	331	328	321	322	310	310	14	11	21	18
インド	63 938	67 591	69 496	72 160	58 223	58 223	56 717	58 891	5 715	9 368	12 779	13 269
インドネシア	118 545	101 280	99 659	92 133	118 400	97 432	95 473	87 608	145	3 848	4 187	4 526
ウズベキスタン	2 549	2 961	3 350	3 690	1 356	1 416	1 497	1 423	1 193	1 545	1 852	2 267
カザフスタン	3 162	3 157	3 082	3 455	2 645	2 628	2 638	3 034	517	529	444	421
韓国	6 551	6 476	6 387	6 287	4 642	4 404	4 152	4 024	1 909	2 072	2 235	2 263
カンボジア	11 005	10 781	10 589	8 068	10 938	10 681	10 435	7 464	67	100	155	604
北朝鮮	6 912	6 455	6 242	6 030	5 782	5 399	5 222	5 043	1 130	1 055	1 021	987
北マリアナ諸島	34	32	30	24	34	32	30	24	0	0	0	0
キルギス	1 136	1 181	1 230	1 315	977	1 016	1 045	1 086	159	165	185	229
ジョージア	2 752	2 761	2 822	2 822	2 698	2 701	2 750	2 750	54	60	72	72
シンガポール	15	17	18	16	15	17	18	16	0	0	0	0
スリランカ	2 350	2 166	2 104	2 113	2 094	1 933	1 898	1 863	257	234	206	250
タイ	19 361	18 998	20 073	19 873	17 641	17 011	16 831	16 336	1 720	1 987	3 242	3 537
タジキスタン	408	410	410	424	295	297	297	307	113	113	113	117
中国*3	157 141	177 001	200 610	219 978	112 989	122 170	127 286	135 282	44 152	54 830	73 324	84 696
トルクメニスタン	4 127	4 127	4 127	4 127	4 127	4 127	4 127	4 127	0	0	0	0
日本	24 950	24 876	24 966	24 935	14 663	14 545	14 674	14 751	10 287	10 331	10 292	10 184
ネパール	5 672	5 781	5 962	5 962	5 584	5 643	5 741	5 741	88	138	221	221
パキスタン	4 987	4 511	4 094	3 726	4 733	4 257	3 840	3 472	254	254	254	254
パラオ	38	40	41	41	—	—	—	—	—	—	—	—
バングラデシュ	1 920	1 920	1 888	1 883	1 845	1 845	1 816	1 725	75	75	72	158
フィリピン	7 779	7 309	6 840	7 189	7 488	6 989	6 489	6 808	291	321	351	381
ブータン	2 507	2 606	2 705	2 725	2 487	2 586	2 686	2 704	19	20	20	21
ブルネイ・ダルサラーム	413	397	380	380	412	396	376	375	1	1	4	5
ベトナム	9 376	11 784	13 388	14 643	8 631	9 865	10 305	10 294	745	1 920	3 083	4 349
マレーシア	20 619	19 691	18 948	19 114	18 684	18 064	17 639	17 417	1 935	1 628	1 309	1 697
ミャンマー	39 218	34 868	31 441	28 544	39 187	34 837	31 135	28 118	31	31	305	427
モルディブ	1	1	1	1	1	1	1	1	0	0	0	0
モンゴル	14 352	14 264	14 184	14 173	14 348	14 255	14 174	14 165	4	9	10	8
ラオス	17 843	17 425	16 941	16 596	16 237	15 845	15 345	14 824	1 606	1 580	1 596	1 771
ヨーロッパ	994 571	1 002 534	1 014 251	1 017 735	912 869	913 054	928 698	929 036	54 426	61 974	73 161	75 239
アイスランド	17	30	45	51	11	11	11	12	7	19	33	40
アイルランド	462	630	720	782	81	81	81	108	380	549	640	674
アルバニア	789	769	782	789	—	—	712	—	—	—	70	—
アンドラ	16	16	16	16	16	16	16	16	0	0	0	0
イギリス	2 778	2 954	3 059	3 190	344	344	344	344	2 434	2 610	2 715	2 846
イタリア	7 590	8 369	9 028	9 566	7 061	7 774	8 394	8 921	529	596	634	645
ウクライナ	9 274	9 510	9 548	9 690	4 707	4 815	4 731	4 842	4 567	4 695	4 817	4 848
エストニア	2 206	2 239	2 336	2 438	2 011	2 041	2 129	2 223	195	198	207	216
オーストリア	3 776	3 838	3 863	3 899	2 037	2 154	2 184	2 228	1 739	1 684	1 679	1 672
オランダ	345	360	373	370	50	46	41	38	295	314	333	332
ガーンジー	n.s.	n.s.	n.s.	n.s.	n.s.	n.s.	n.s.	n.s.	n.s.	n.s.	n.s.	n.s.
北マケドニア	912	958	960	1 001	—	—	—	—	—	—	—	—
キプロス	161	172	173	173	137	144	142	140	24	28	31	33
ギリシャ	3 299	3 600	3 902	3 902	3 181	3 472	3 763	3 763	118	129	139	139
グリーンランド	n.s.	n.s.	n.s.	n.s.	0	0	0	0	n.s.	n.s.	n.s.	n.s.
クロアチア	1 850	1 885	1 920	1 939	1 758	1 803	1 845	1 871	92	82	75	69
サンマリノ	1	1	1	1	1	1	1	1	0	0	0	0
ジブラルタル	0	0	0	0	0	0	0	0	0	0	0	0
ジャージー	1	1	1	1	—	—	—	—	—	—	—	—
スイス	1 154	1 196	1 235	1 269	971	1 024	1 074	1 120	182	172	161	149
スヴァールバル諸島およびヤンマイエン島	0	0	0	0	0	0	0	0	0	0	0	0
スウェーデン	28 063	28 163	28 073	27 980	19 974	17 845	15 592	14 068	8 089	10 318	12 481	13 912
スペイン	13 905	17 094	18 545	18 572	11 959	14 703	15 949	15 982	1 945	2 391	2 596	2 590
スロバキア	1 902	1 901	1 918	1 926	1 164	1 146	1 177	1 177	739	755	741	749
スロベニア	1 188	1 233	1 247	1 238	1 154	1 185	1 180	1 192	34	48	67	46
セルビア	2 313	2 460	2 713	2 723	2 274	2 421	2 533	2 607	39	39	180	116
セント・マーチン島	1	1	1	1	1	1	1	1	0	0	0	0
セントヘレナ・アセンションおよびトリスタンダクーニャ	2	2	2	2	2	2	2	2	0	0	0	0

＊1　1990年については，南アフリカおよびオーストラリアを除いて，先進国の森林面積は自然林と植栽林に分けられていない．その理由は，この2つを区別するのが難しい国が多いためである．
＊2　1990年については，先進国では自然林と植栽林のデータが入手できないため，世界合計は記していない．
＊3　1990年については，台湾を含む．

（続き）　（単位：1 000 ha）

国　名	森林面積											
	総森林面積				自然林				植栽林			
	1990	2000	2010	2020	1990*1	2000	2010	2020	1990*1	2000	2010	2020
ヨーロッパ（続き）												
チェコ	2 629	2 637	2 657	2 677	31	47	88	138	2 598	2 590	2 570	2 539
デンマーク	531	572	586	628	—	—	140	216	—	—	447	412
ドイツ	11 300	11 354	11 409	11 419	5 650	5 677	5 705	5 710	5 650	5 677	5 705	5 710
ノルウェー	12 132	12 113	12 102	12 180	—	—	11 987	12 072	—	—	115	108
バチカン	0	0	0	0	0	0	0	0	0	0	0	0
ハンガリー	1 814	1 921	2 046	2 053	—	—	1 253	1 264	—	—	794	789
フィンランド	21 875	22 446	22 242	22 409	17 485	17 301	15 334	15 041	4 390	5 145	6 908	7 368
フェロー諸島	n.s.	n.s.	n.s.	n.s.	0	0	0	0	n.s.	n.s.	n.s.	n.s.
フランス	14 436	15 288	16 419	17 253	12 908	13 702	14 346	14 819	1 528	1 586	2 073	2 434
ブルガリア	3 327	3 375	3 737	3 893	2 295	2 442	2 920	3 116	1 032	933	817	777
ベラルーシ	7 780	8 273	8 630	8 768	6 576	6 413	6 484	6 556	1 204	1 861	2 146	2 212
ベルギー*4	677	667	690	689	231	259	283	251	446	408	406	438
ポーランド	8 882	9 059	9 329	9 483	—	—	—	—	—	—	—	—
ボスニア・ヘルツェゴビナ	2 210	2 112	2 103	2 188	—	—	—	—	—	—	—	—
ポルトガル	3 399	3 281	3 252	3 312	1 326	1 013	1 030	1 056	2 073	2 268	2 222	2 256
マルタ	n.s.	n.s.	n.s.	n.s.	n.s.	n.s.	n.s.	n.s.	0	0	0	n.s.
マン島	3	3	3	3	—	—	—	—	—	—	—	—
モナコ	0	0	0	0	0	0	0	0	0	0	0	0
モルドバ	325	344	375	387	179	189	163	168	146	155	212	219
モンテネグロ	626	626	827	827	618	618	819	819	8	8	8	8
ラトビア	3 173	3 241	3 372	3 411	2 859	2 919	2 964	2 945	314	322	408	465
リトアニア	1 945	2 020	2 170	2 201	1 534	1 554	1 634	1 590	411	466	536	611
リヒテンシュタイン	7	7	7	7	6	6	6	6	n.s.	1	1	1
ルクセンブルク	6 371	6 366	6 515	6 929	5 843	5 838	5 975	6 034	528	528	540	895
ルーマニア	86	87	89	89	58	59	59	59	28	28	30	30
レユニオン	88	91	94	98	77	80	83	88	11	11	11	11
ロシア	808 950	809 269	815 136	815 312	796 299	793 908	795 523	796 432	12 651	15 360	19 613	18 880
中東・北アフリカ	42 597	43 294	46 147	47 405	39 879	40 362	42 317	43 254	2 465	2 614	3 503	3 824
アフガニスタン	1 208	1 208	1 208	1 208	1 208	1 208	1 208	1 208	0	0	0	0
アラブ首長国連邦	245	309	317	317	—	—	—	—	—	—	—	—
アルジェリア	1 667	1 579	1 918	1 949	1 334	1 234	1 420	1 439	333	345	498	510
イエメン	549	549	549	549	549	549	549	549	0	0	0	0
イスラエル	132	153	154	140	66	65	66	55	66	88	88	85
イラク	804	818	825	825	743	754	758	735	61	64	67	90
イラン	9 076	9 326	10 692	10 752	8 560	8 810	9 751	9 751	516	516	941	1 001
エジプト	44	59	66	45	0	0	0	0	44	59	66	45
オマーン	3	3	3	3	2	2	2	2	1	1	1	1
カタール	0	0	0	0	0	0	0	0	0	0	0	0
クウェート	3	5	6	6	0	0	0	0	3	5	6	6
サウジアラビア	977	977	977	977	977	977	977	977	0	0	0	0
シリア	372	432	492	522	223	259	296	311	149	173	196	211
チュニジア	644	668	687	703	491	491	490	488	153	177	198	214
トルコ	19 783	20 148	21 083	22 220	19 238	19 593	20 461	21 503	546	556	622	717
西サハラ	665	669	665	665	665	669	665	665	0	0	0	0
バーレーン	n.s.	n.s.	1	1	0	0	0	0	n.s.	n.s.	1	1
パレスチナ	9	9	10	10	—	—	—	—	—	—	—	—
モーリタニア	476	422	367	313	466	400	335	269	10	21	32	44
モロッコ	5 485	5 507	5 675	5 742	5 167	5 162	5 151	5 108	318	344	523	635
ヨルダン	98	98	98	98	51	51	51	51	47	47	47	47
リビア	217	217	217	217	0	0	0	0	217	217	217	217
レバノン	140	138	137	143	139	138	137	143	1	1	n.s.	n.s.
サハラ以南のアフリカ	733 515	700 837	666 324	626 908	726 102	693 092	657 247	617 192	7 418	7 748	9 083	9 716
アンゴラ	79 263	77 709	72 158	66 607	78 302	76 767	71 284	65 800	961	942	874	807
ウガンダ	3 575	3 163	2 750	2 338	3 406	2 895	2 384	1 873	170	268	367	465
エスワティニ	461	473	485	498	297	330	363	396	164	143	123	102
エチオピア*5	19 259	18 529	17 799	17 069	18 919	18 189	17 058	15 865	340	340	741	1 203
エリトリア	1 150	1 118	1 087	1 055	1 140	1 097	1 058	1 012	10	21	29	43
ガーナ	9 924	8 849	7 943	7 986	9 874	8 799	7 723	7 689	50	50	220	297
カーボベルデ	15	40	43	46	14	14	14	14	2	26	29	32
ガボン	23 762	23 700	23 649	23 531	23 731	23 670	23 619	23 501	30	30	30	30
カメルーン	22 500	21 597	20 900	20 340	22 482	21 576	20 859	20 279	18	21	41	61
ガンビア	415	357	300	243	413	356	298	241	2	2	2	2
ギニア	7 276	6 929	6 569	6 189	7 236	6 884	6 517	6 132	40	45	52	57
ギニアビサウ	2 233	2 149	2 064	1 980	2 233	2 149	2 064	1 979	n.s.	n.s.	1	1
ケニア	3 859	3 961	3 616	3 611	3 706	3 808	3 464	3 458	153	153	153	153
コートジボワール	7 851	5 094	3 966	2 837	7 844	5 081	3 951	2 823	7	14	14	14
コモロ	46	42	37	33	43	39	36	33	4	2	1	n.s.
コンゴ共和国	22 315	22 195	22 075	21 946	22 256	22 136	22 016	21 887	60	60	60	60
コンゴ民主共和国	150 629	143 899	137 169	126 155	150 574	143 842	137 111	126 098	56	57	58	58
サントメ・プリンシペ	59	58	58	52	59	58	58	52	0	0	0	0

＊4　ベルギーの総森林面積に関する数値はルクセンブルクを含む．
＊5　1990年について，エチオピアの植栽林に関する数値は，エリトリアを含む．

（続き） （単位：1 000 ha）

国名	森林面積											
	総森林面積				自然林				植栽林			
	1990	2000	2010	2020	1990[*1]	2000	2010	2020	1990[*1]	2000	2010	2020
サハラ以南のアフリカ(続き)												
ザンビア	47 412	47 054	46 696	44 814	47 355	46 999	46 642	44 762	57	55	54	52
シエラレオネ	3 127	2 929	2 732	2 535	3 120	2 922	2 718	2 514	7	8	15	21
ジブチ	6	6	6	6	6	6	6	6	0	0	0	n.s.
ジンバブエ	18 827	18 366	17 905	17 445	18 673	18 246	17 797	17 337	154	120	108	108
スーダン	23 570	21 826	20 081	18 360	23 450	21 701	19 954	18 230	120	125	127	130
赤道ギニア	2 699	2 616	2 532	2 448	2 699	2 491	2 407	2 323	0	125	125	125
セーシェル	34	34	34	34	29	29	29	29	5	5	5	5
セネガル	9 303	8 853	8 468	8 068	9 271	8 821	8 436	8 036	32	32	32	32
ソマリア	8 283	7 515	6 748	5 980	8 280	7 512	6 745	5 977	3	3	3	3
タンザニア	57 390	53 670	49 950	45 745	56 837	53 117	49 397	45 192	553	553	553	553
チャド	6 730	6 353	5 530	4 313	6 719	6 339	5 513	4 293	11	14	18	20
中央アフリカ	23 203	22 903	22 603	22 303	23 201	22 901	22 601	22 301	2	2	2	2
トーゴ	1 362	1 268	1 239	1 209	1 341	1 234	1 192	1 149	21	34	47	61
ナイジェリア	26 526	24 893	23 260	21 627	26 260	24 644	23 027	21 411	265	249	233	216
ナミビア	8 769	8 059	7 349	6 639	8 769	8 059	7 349	6 639	0	0	0	0
ニジェール	1 945	1 328	1 204	1 080	1 897	1 255	1 106	957	48	73	98	123
ブルキナファソ	7 717	7 217	6 717	6 216	7 703	7 148	6 594	6 039	14	68	123	177
ブルンジ	276	194	194	280	115	81	81	167	161	113	113	113
ベナン	4 835	4 135	3 635	3 135	4 823	4 119	3 615	3 112	13	16	20	23
ボツワナ	18 804	17 621	16 438	15 255	18 804	17 621	16 438	15 255	0	0	0	0
マダガスカル	13 693	13 031	12 562	12 430	13 462	12 759	12 147	12 118	231	272	415	312
マヨット	19	16	14	14	20	16	14	13	n.s.	n.s.	n.s.	1
マラウイ	3 502	3 082	2 662	2 242	3 363	2 964	2 565	2 166	139	118	97	76
マリ	13 296	13 296	13 296	13 296	13 291	13 241	12 766	12 728	5	55	530	568
南アフリカ	18 142	17 778	17 414	17 050	14 998	14 634	14 270	13 906	3 144	3 144	3 144	3 144
南スーダン	7 157	7 157	7 157	7 157	6 969	6 969	6 969	6 969	188	188	188	188
モザンビーク	43 378	41 188	38 972	36 744	43 340	41 150	38 918	36 669	38	38	55	74
モーリシャス	41	42	38	39	24	24	20	20	17	18	18	18
リベリア	8 525	8 223	7 920	7 617	8 524	8 213	7 902	7 590	1	10	18	27
ルワンダ	317	287	265	276	204	161	126	126	113	127	138	150
レソト	35	35	35	35	26	26	26	26	9	9	9	9
北アメリカ	650 749	651 364	656 067	656 752	628 193	619 418	616 487	611 068	22 556	31 946	39 580	45 684
アメリカ	302 450	303 536	308 720	309 795	284 512	280 976	283 156	282 274	17 938	22 560	25 564	27 521
カナダ	348 273	347 802	347 322	346 928	343 655	338 416	333 306	328 765	4 618	9 386	14 016	18 163
グアム	24	24	24	28	24	24	24	28	0	0	0	0
サンピエール島・ミクロン島	2	2	1	1	2	2	1	1	0	0	0	0
中央アメリカ・カリブ海沿岸	33 961	32 626	31 201	30 294	317 865	312 917	313 307	311 272	553	635	999	1 243
アメリカ領ヴァージン諸島	25	20	18	20	284 512	280 976	283 156	282 274	0	0	0	0
アルバ	n.s.	n.s.	n.s.	n.s.	n.s.	n.s.	n.s.	n.s.	0	0	0	0
アンギラ	6	6	6	6	—	—	—	—	—	—	—	—
アンティグア・バーブーダ	10	9	9	8	—	—	—	—	—	—	—	—
イギリス領ヴァージン諸島	4	4	4	4	0	0	0	0	—	—	—	—
エルサルバドル	719	674	629	584	709	661	614	566	10	12	15	18
キューバ	2 058	2 435	2 932	3 242	1 711	2 093	2 436	2 709	347	342	496	533
キュラソー	n.s.	n.s.	n.s.	n.s.	n.s.	n.s.	n.s.	n.s.	0	0	0	0
グアテマラ	4 781	4 209	3 723	3 528	4 757	4 172	3 611	3 376	24	37	112	152
グアドループ	73	72	72	72	73	72	71	71	1	1	1	1
グレナダ	18	18	18	18	17	17	17	17	n.s.	n.s.	n.s.	n.s.
ケイマン諸島	13	13	13	13	13	13	13	13	0	0	0	0
コスタリカ	2 907	2 857	2 871	3 035	2 881	2 811	2 804	2 948	27	47	67	87
サン・バルテルミー島	n.s.	n.s.	n.s.	n.s.	n.s.	n.s.	n.s.	n.s.	0	0	0	0
ジャマイカ	521	521	558	597	512	513	550	589	9	8	8	8
シント・マールテン	n.s.	n.s.	n.s.	n.s.	n.s.	n.s.	n.s.	n.s.	0	0	0	0
セントクリストファー・ネイビス	11	11	11	11	—	—	—	—	—	—	—	—
セントビンセント・グレナディーン	28	29	29	29	28	29	28	28	n.s.	n.s.	n.s.	n.s.
セントルシア	21	21	21	21	19	18	17	17	3	3	3	3
タークス・カイコス諸島	11	11	11	11	11	11	11	11	0	0	0	0
ドミニカ共和国	1 595	1 972	2 073	2 144	1 574	1 929	1 963	1 954	21	43	110	190
ドミニカ国	50	48	48	48	50	47	47	47	1	1	1	1
トリニダード・トバゴ	242	237	232	228	159	156	151	147	83	81	81	81
ニカラグア	6 399	5 399	4 188	3 408	6 399	5 397	4 172	3 341	n.s.	2	16	66
ハイチ	383	381	378	347	371	361	350	315	12	20	28	32
パナマ	4 607	4 442	4 328	4 214	4 596	4 409	4 272	4 148	11	33	56	66
バハマ	510	510	510	510	510	510	510	510	0	0	0	0
バミューダ諸島	1	1	1	1	—	—	—	—	0	0	0	0
バルバドス	6	6	6	6	6	6	6	6	0	0	0	0
プエルトリコ	320	429	491	496	320	429	491	496	0	0	0	0
ベリーズ	1 600	1 459	1 391	1 277	1 598	1 457	1 389	1 275	2	2	2	2
ボネール，シント・ユースタティウスおよびサバ	2	2	2	2	2	2	2	2	0	0	0	0
ホンジュラス	6 988	6 778	6 575	6 359	6 988	6 779	6 575	6 359	0	0	0	0
マルティニーク	48	49	50	52	45	46	48	50	2	3	3	3
モントセラト	4	3	3	3	4	3	3	3	0	0	0	0

（続き）　　　　　　　　　　　　　　　　　　　　　　　　　　　　　　　　（単位：1 000 ha）

国　名	森林　面　積											
	総森林面積				自　然　林				植　栽　林			
	1990	2000	2010	2020	1990*1	2000	2010	2020	1990*1	2000	2010	2020
南アメリカ	1044 259	991 027	937 098	909 878	1037 174	981 580	922 165	889 534	7 084	9 447	14 932	20 345
アルゼンチン	35 204	33 378	30 214	28 573	34 438	32 302	29 027	27 137	766	1 076	1 187	1 436
ウルグアイ	798	1 369	1 731	2 031	597	740	752	849	201	629	979	1 182
エクアドル	14 632	13 731	13 028	12 498	14 588	13 660	12 943	12 387	44	70	85	111
ガイアナ	18 602	18 564	18 520	18 415	18 602	18 564	18 520	18 415	0	0	0	0
コロンビア	64 958	62 736	60 808	59 142	64 861	62 570	60 426	58 715	97	166	381	427
スリナム	15 378	15 341	15 300	15 196	15 365	15 327	15 286	15 182	13	14	14	14
チ　リ	15 246	15 817	16 725	18 211	13 600	13 539	13 895	15 026	1 646	2 278	2 830	3 185
パラグアイ	25 546	22 992	19 570	16 102	25 536	22 961	19 519	15 947	10	31	51	156
フォークランド諸島*	0	0	0	0	0	0	0	0	0	0	0	0
ブラジル	588 898	551 089	511 581	496 620	585 340	547 436	504 252	485 396	3 558	3 652	7 328	11 224
フランス領ギアナ	8 125	8 079	8 037	8 003	8 124	8 079	8 036	8 002	1	1	1	1
ベネズエラ	52 026	49 151	47 505	46 231	51 600	48 411	46 516	44 873	426	740	989	1 358
ペ ルー	76 449	75 298	74 050	72 330	76 186	74 583	73 080	71 242	263	715	970	1 088
ボリビア	57 805	55 101	53 086	50 834	57 785	55 066	53 036	50 771	20	35	50	63
メキシコ	70 592	68 381	66 943	65 692	70 552	68 342	66 877	65 592	39	40	67	100
オセアニア*6	185 841	184 182	181 853	186 075	182 608	179 958	176 916	180 817	2 784	3 775	4 490	4 810
アメリカ領サモア	18	18	17	17	18	18	17	17	0	0	0	0
ウォリス・フツナ	6	6	6	6	6	5	5	5	n.s.	n.s.	1	1
オーストラリア	133 882	131 814	129 546	134 005	132 859	130 329	127 378	131 615	1 023	1 485	2 168	2 390
キリバス	1	1	1	1	—	—	—	—	1	1	1	1
クック諸島	15	16	16	16	14	14	14	14	1	1	1	1
サ モ ア	176	171	166	162	171	166	161	157	5	5	5	5
ソロモン諸島	2 545	2 538	2 530	2 523	2 503	2 505	2 504	2 499	41	33	27	24
ツ バ ル	1	1	1	1	1	1	1	1	0	0	0	0
トケラウ	0	0	0	0	0	0	0	0	0	0	0	0
ト ン ガ	9	9	9	9	8	8	8	8	1	1	1	1
ナ ウ ル	0	0	0	0	0	0	0	0	0	0	0	0
ニ ウ エ	19	19	19	19	19	19	19	19	n.s.	n.s.	n.s.	n.s.
ニューカレドニア	831	838	839	838	822	828	829	828	9	10	10	10
ニュージーランド	9 372	9 850	9 848	9 893	7 841	7 825	7 824	7 808	1 531	2 025	2 024	2 084
ノーフォーク島	n.s.	n.s.	n.s.	n.s.	n.s.	n.s.	n.s.	n.s.	n.s.	n.s.	n.s.	n.s.
バヌアツ	442	442	442	442	—	—	—	—	—	—	—	—
パプアニューギニア	36 400	36 278	36 179	35 856	36 339	36 217	36 118	35 796	61	61	61	61
東ティモール	963	949	935	921	963	949	935	921	0	0	0	0
ピトケアン諸島	4	4	4	4	—	—	—	—	—	—	—	—
フィジー	940	1 006	1 073	1 140	855	881	907	933	85	125	166	207
フランス領ポリネシア	144	149	149	149	140	140	140	140	4	9	9	9
マーシャル諸島	9	9	9	9	6	6	6	6	3	3	3	3
ミクロネシア連邦	64	64	64	64	43	47	50	50	20	17	14	14

＊6　1990 年の植林地の数値は，オーストラリアのデータを含む.
FAO．World Resources Institute：“World Resources 1990-2020”（2020）.

7.10.2　日本の森林資源

年次別・地域別・広葉樹林面積

（単位：1 000 ha）

地域	1960 人工林	1960 天然林	1970 人工林	1970 天然林	1980 人工林	1980 天然林	1990 人工林	1990 天然林	2000 人工林	2000 天然林	2005 人工林	2005 天然林
北海道	27	3 499	27	3 240	30	3 155	43	3 052	47	2 767	41	2 757
青森	1	346	4	320	1	358	1	268	2	261	2	263
岩手	6	753	6	705	3	653	3	548	5	542	5	541
宮城	7	287	3	244	2	208	2	189	3	185	3	181
秋田	5	475	4	456	4	424	4	383	9	381	11	381
山形	1	511	1	477	1	436	1	425	2	424	3	421
福島	14	673	7	615	6	543	11	516	9	511	16	509
茨城	15	58	7	60	2	57	2	62	2	61	2	61
栃木	16	226	1	192	3	161	3	150	2	145	4	145
群馬	6	233	5	206	5	193	8	185	7	184	10	184
埼玉	5	69	0[1]	61	0[8]	56	0[12]	52	0[14]	51	0[16]	45
千葉	13	51	2	63	1	64	1	70	1	77	1	75
東京	8	38	8	37	3	38	2	38	2	37	2	37
神奈川	8	50	3	50	1	45	1	52	1	50	1	49
新潟	1	624	2	574	3	549	4	533	3	547	4	546
富山	1	173	0[2]	177	1	164	1	158	1	154	1	153
石川	2	193	1	184	2	167	2	152	2	147	1	131
福井	2	216	1	213	1	182	1	179	1	170	2	169
山梨	7	180	1	159	1	136	3	130	4	126	4	128
長野	3	417	2	406	1	373	1	362	2	354	2	360
岐阜	2	482	3	447	4	392	5	365	4	356	11	348
静岡	14	188	3	160	4	146	4	142	5	147	5	146
愛知	1	69	0[3]	62	0[9]	56	1	55	1	58	1	57
三重	5	157	2	134	1	119	1	120	2	120	2	119
滋賀	1	109	0[4]	104	0[10]	87	0[13]	77	1	76	1	75
京都	5	172	1	161	0[11]	148	1	139	0[15]	136	1	133
大阪	3	14	4	13	2	12	2	13	2	13	2	13
兵庫	5	271	2	252	3	218	4	214	4	214	4	221
奈良	9	112	5	106	3	97	3	90	2	93	2	92
和歌山	3	163	1	143	2	121	2	127	1	126	1	126
鳥取	1	143	2	123	1	105	1	97	2	97	3	98
島根	2	340	1	340	1	293	1	265	2	265	3	265
岡山	11	197	2	187	2	167	3	159	3	159	3	158
広島	3	246	0[5]	215	1	202	2	191	4	213	5	212
山口	3	171	1	177	1	159	2	161	3	167	4	166
徳島	3	133	1	120	1	100	3	95	3	99	3	99
香川	2	17	1	20	1	20	1	29	1	35	1	37
愛媛	21	130	0[6]	114	1	95	3	112	3	113	4	113
高知	1	288	1	238	4	168	7	176	7	180	9	179
福岡	8	62	4	52	4	49	4	51	4	51	4	50
佐賀	3	35	1	30	1	26	1	27	1	26	1	26
長崎	3	147	0[7]	137	1	123	1	120	2	123	2	122
熊本	3	184	3	154	6	137	9	143	9	141	9	142
大分	25	155	4	163	8	155	11	156	11	165	12	163
宮崎	18	308	16	252	16	214	22	198	23	205	25	201
鹿児島	13	275	10	242	8	225	13	219	15	230	17	231
沖縄	—	—	—	—	4	76	4	74	4	71	5	72

1) 45 ha, 2) 367 ha, 3) 192 ha, 4) 396 ha, 5) 413 ha, 6) 245 ha, 7) 435 ha,
8) 178 ha, 9) 425 ha, 10) 312 ha, 11) 191 ha, 12) 206 ha, 13) 400 ha,
14) 182 ha, 15) 398 ha, 16) 218 ha
農林水産省："世界農林業センサス".

年次別・地域別・針葉樹林面積

(単位：1 000 ha)

地　域	1960		1970		1980		1990		2000		2005	
	人工林	天然林	人工林	天然林	人工林	天然林	人工林	天然林	人工林	天然林	人工林	天然林
北海道	528	1 104	877	964	1 341	655	1 467	677	1 477	891	1 465	823
青　森	140	117	175	103	240	25	266	81	269	82	269	78
岩　手	190	72	291	69	424	50	490	70	500	67	499	66
宮　城	109	17	148	15	187	10	200	15	199	14	198	14
秋　田	209	52	273	34	354	28	400	26	400	24	398	24
山　形	112	11	139	13	171	18	180	19	181	17	180	19
福　島	170	59	234	71	307	68	329	66	334	65	329	65
茨　城	121	14	134	11	137	7	119	3	115	3	114	2
栃　木	104	32	133	41	147	39	154	36	155	33	153	33
群　馬	122	40	153	29	173	28	177	28	176	28	172	28
埼　玉	44	15	54	14	58	10	60	10	60	9	59	9
千　葉	92	3	98	0[1]	85	0[2]	78	1	62	0[3]	61	0[4]
東　京	27	2	32	3	33	2	33	2	33	2	33	2
神奈川	36	2	40	1	37	1	35	1	36	1	35	1
新　潟	103	24	119	24	141	24	158	22	161	17	160	17
富　山	28	19	33	15	44	16	49	16	52	17	52	17
石　川	51	29	64	22	81	21	94	19	100	18	100	33
福　井	56	20	66	15	107	10	115	10	123	9	123	9
山　梨	84	58	107	49	143	46	148	45	150	45	149	45
長　野	289	240	349	214	419	192	436	184	442	188	442	180
岐　阜	195	141	257	114	329	103	361	95	371	93	376	88
静　岡	236	48	271	43	283	42	283	41	279	38	277	38
愛　知	112	39	135	27	141	22	144	18	141	15	140	14
三　重	179	32	218	22	234	18	234	16	231	14	230	14
滋　賀	38	57	46	51	67	45	79	40	82	38	82	37
京　都	69	86	89	81	111	76	123	71	128	67	128	65
大　阪	27	19	25	21	25	17	25	14	26	14	26	13
兵　庫	136	145	173	139	213	125	231	106	237	92	235	85
奈　良	128	31	145	24	161	18	171	14	171	13	170	13
和歌山	161	28	191	20	217	20	220	11	220	10	219	10
鳥　取	63	27	93	23	125	20	135	17	137	11	137	11
島　根	83	56	108	44	164	45	194	42	203	35	203	35
岡　山	87	148	118	146	165	135	190	120	194	112	194	111
広　島	74	271	122	259	158	244	182	230	190	192	193	189
山　口	81	151	127	106	168	88	183	71	188	57	190	56
徳　島	126	36	151	26	182	22	190	17	191	13	190	13
香　川	24	48	23	43	26	38	27	26	26	19	26	17
愛　媛	180	55	207	62	232	58	243	27	244	25	243	25
高　知	203	48	289	32	381	24	379	20	381	16	380	16
福　岡	136	12	138	14	142	9	141	6	139	5	138	5
佐　賀	57	4	62	3	68	1	71	1	72	1	72	1
長　崎	67	13	75	10	95	5	103	4	103	3	103	3
熊　本	201	5	232	10	267	7	276	7	277	6	274	6
大　分	174	22	211	17	229	14	235	11	227	7	228	7
宮　崎	196	26	265	22	326	14	340	13	335	9	331	11
鹿児島	198	37	252	27	287	26	294	22	292	20	285	22
沖　縄	—	—	—	—	8	13	8	12	8	11	8	12

1) 187 ha, 2) 211 ha, 3) 187 ha, 4) 195 ha
農林水産省："世界農林業センサス".

林種別の森林面積

年　　次 ・ 都道府県	面　　積（1 000 ha）					蓄　　積（1 000 m³）			
	総　数	人工林	天然林	無立 木地	竹林	総　数	人工林	天然林	無立 木地
2012	25 081	10 289	13 429	1 201	161	4 900 511	3 041 874	1 858 187	450
2017	25 048	10 204	13 481	1 197	167	5 241 502	3 308 416	1 932 450	635
北海道	5 538	1 475	3 755	308	—	817 725	273 582	544 019	124
青　森	633	269	337	26	—	124 507	65 827	58 678	2
岩　手	1 171	489	612	70	0	250 958	148 292	102 665	1
宮　城	417	198	201	16	2	85 182	55 424	29 756	2
秋　田	839	410	406	24	0	180 005	123 223	56 766	16
山　形	669	186	441	43	0	109 582	60 783	48 764	35
福　島	974	341	584	47	1	210 238	134 936	75 257	45
茨　城	187	111	67	6	2	39 304	33 670	5 629	5
栃　木	349	156	180	13	1	74 387	47 491	26 894	2
群　馬	423	177	220	25	1	95 952	65 497	30 440	15
埼　玉	120	59	59	1	0	34 598	23 827	10 769	2
千　葉	157	61	74	16	6	28 387	21 274	7 113	0
東　京	79	35	39	5	0	15 985	11 044	4 940	0
神奈川	95	36	54	4	1	21 117	13 570	7 547	0
新　潟	855	162	564	127	2	130 608	65 565	64 889	154
富　山	285	55	169	61	1	47 235	22 887	24 348	—
石　川	286	102	165	17	2	70 567	45 843	24 722	2
福　井	312	124	178	8	1	64 720	43 098	21 623	—
山　梨	348	154	172	21	1	72 535	41 713	30 725	96
長　野	1 069	445	557	66	2	196 641	115 083	81 463	96
岐　阜	862	385	430	46	1	179 103	113 418	65 685	0
静　岡	497	280	189	23	4	115 235	88 145	27 086	4
愛　知	218	140	72	3	2	50 096	40 703	9 392	—
三　重	372	230	133	7	2	79 694	64 764	14 929	1
滋　賀	203	85	111	6	1	37 776	22 208	15 568	—
京　都	342	132	200	5	5	78 107	39 827	38 280	—
大　阪	57	28	26	2	2	8 096	5 498	2 598	—
兵　庫	560	238	306	12	3	120 536	85 188	35 348	0
奈　良	284	172	107	3	1	77 783	60 571	17 210	1
和歌山	361	220	136	4	1	105 405	83 588	21 817	—
鳥　取	259	140	110	5	3	66 451	52 604	13 846	0
島　根	524	205	298	10	11	153 373	95 785	57 588	—
岡　山	483	205	261	12	5	75 088	52 315	22 773	—
広　島	611	201	396	12	2	110 405	52 958	57 448	—
山　口	437	195	225	5	12	128 106	94 438	33 667	2
徳　島	315	190	116	5	4	99 187	85 305	13 881	—
香　川	88	23	58	3	3	6 759	3 585	3 174	—
愛　媛	401	245	141	11	4	112 875	91 689	21 186	0
高　知	595	388	195	7	5	193 648	167 389	26 246	14
福　岡	222	140	62	7	14	65 361	59 443	5 918	—
佐　賀	110	74	27	7	3	34 020	28 912	5 107	1
長　崎	243	105	124	10	4	51 653	34 795	16 858	—
熊　本	463	280	149	23	10	140 181	114 318	25 861	1
大　分	453	233	178	27	14	122 431	96 288	26 142	1
宮　崎	586	333	231	16	6	188 084	146 972	41 104	8
鹿児島	588	279	276	16	18	157 898	113 139	44 755	3
沖　縄	107	12	88	6	0	13 915	1 941	11 974	0

林野庁計画課調べ．（森林・林業統計要覧 2022）

注：1）　本表は，森林法第2条第1項に規定する森林の数値である．

　　2）　「無立木地」は，伐採跡地，未立木地である．

　　3）　都道府県別は平成29年3月31日現在であり，蓄積の総数には竹林の蓄積を含んでいない．

樹種別の人工造林面積

総　数

(単位：1 000 ha)

年度・都道府県	総数	針　葉　樹					広葉樹
		スギ	ヒノキ	マツ類	カラマツ	その他	
2019	22 788	7 189	1 821	311	6 466	5 046	1 954
2020	22 777	7 571	1 894	309	6 681	4 412	1 910
北海道	9 025	115	—	0	5 202	3 414	294
青　森	468	267	—	2	115	60	25
岩　手	1 087	144	0	6	851	15	70
宮　城	250	182	5	14	16	26	8
秋　田	428	312	—	—	39	27	50
山　形	117	98	3	1	6	8	0
福　島	289	82	3	59	23	12	111
茨　城	150	97	27	6	—	2	19
栃　木	442	353	47	—	3	2	38
群　馬	161	95	18	0	26	11	11
埼　玉	79	22	6	0	—	—	51
千　葉	105	9	14	27	—	—	55
東　京	38	21	12	—	—	—	6
神奈川	31	10	12	—	—	—	9
新　潟	49	19	0	8	—	8	13
富　山	74	32	—	14	1	2	24
石　川	116	29	1	7	1	4	74
福　井	58	30	6	0	8	11	3
山　梨	195	3	41	0	111	10	30
長　野	286	5	24	4	198	8	47
岐　阜	250	100	36	—	61	47	7
静　岡	172	38	72	9	4	22	26
愛　知	35	9	12	4	—	1	8
三　重	139	65	39	—	—	26	9
滋　賀	45	8	20	2	—	—	16
京　都	126	59	26	—	—	20	21
大　阪	1	—	—	—	—	—	1
兵　庫	103	58	9	—	0	25	10
奈　良	54	28	5	2	—	14	5
和歌山	245	99	82	1	—	19	44
鳥　取	321	37	70	77	15	40	83
島　根	582	106	308	20	—	127	20
岡　山	174	6	134	5	—	17	13
広　島	372	19	240	19	—	92	1
山　口	234	66	97	1	—	32	38
徳　島	271	216	14	1	—	29	11
香　川	41	2	28	—	—	—	11
愛　媛	359	147	102	—	—	11	98
高　知	288	113	127	4	—	24	20
福　岡	384	223	51	12	—	10	89
佐　賀	54	33	6	—	—	2	13
長　崎	78	4	60	1	—	2	11
熊　本	859	706	73	—	—	38	43
大　分	1 142	990	39	—	—	64	49
宮　崎	2 165	1 791	3	2	—	101	268
鹿児島	806	726	20	1	—	27	32
沖　縄	29	—	—	—	—	3	27

林野庁整備課調べ（森林・林業統計要覧 2022）.
注：1)　総数には国有林野を含まない.
　　2)　樹下植栽等面積を含む.

（続き）

民有林

（単位：1 000 ha）

年度 ・ 都道府県	総数	針 葉 樹					広葉樹
		スギ	ヒノキ	マツ類	カラマツ	その他	
2019	19 540	6 111	972	311	6 224	3 967	1 954
2020	19 560	6 482	1 076	307	6 432	3 353	1 910
北海道	8 673	115	—	0	5 049	3 215	294
青　森	393	212	—	2	112	42	25
岩　手	1 025	138	0	6	810	1	70
宮　城	151	110	5	13	16	—	8
秋　田	325	235	—	—	39	1	50
山　形	89	78	3	1	6	—	0
福　島	250	57	1	59	23	—	111
茨　城	150	97	27	6	—	2	19
栃　木	433	349	47	—	—	—	38
群　馬	137	82	18	0	26	—	11
埼　玉	79	22	6	0	—	—	51
千　葉	105	9	14	27	—	—	55
東　京	38	21	12	—	—	—	6
神奈川	31	10	12	—	—	—	9
新　潟	32	9	0	8	—	1	13
富　山	68	29	—	14	—	—	24
石　川	98	16	0	7	—	1	74
福　井	25	9	4	0	8	—	3
山　梨	180	2	35	0	107	6	30
長　野	258	5	18	4	183	2	47
岐　阜	111	36	31	—	36	2	7
静　岡	113	23	47	9	4	4	26
愛　知	31	8	11	4	—	—	8
三　重	73	42	22	—	—	1	9
滋　賀	45	8	20	2	—	—	16
京　都	73	31	16	—	—	6	21
大　阪	1	—	—	—	—	—	1
兵　庫	29	17	2	—	0	—	10
奈　良	13	3	4	2	—	0	5
和歌山	197	92	59	1	—	2	44
鳥　取	196	12	5	77	12	7	83
島　根	199	85	64	20	—	9	20
岡　山	125	6	102	5	—	—	13
広　島	111	13	67	19	—	10	1
山　口	153	64	42	1	—	9	38
徳　島	173	148	10	1	—	3	11
香　川	41	2	28	—	—	—	11
愛　媛	320	130	93	—	—	—	98
高　知	204	112	67	4	—	1	20
福　岡	356	206	49	12	—	0	89
佐　賀	50	33	4	—	—	0	13
長　崎	60	3	45	1	—	—	11
熊　本	735	628	61	—	—	3	43
大　分	947	879	17	0	—	3	49
宮　崎	1 879	1 604	3	2	—	2	268
鹿児島	754	693	6	1	—	22	32
沖　縄	29	—	—	—	—	3	27

林野庁整備課調べ（森林・林業統計要覧 2022）.

注：1）　樹下植栽等面積を含む.
　　2）　国立研究開発法人　森林研究・整備機構は含まない.

（続き）

森林研究・整備機構

（単位：1 000 ha）

年度・都道府県	総数	針葉樹					広葉樹
		スギ	ヒノキ	マツ類	カラマツ	その他	
2019	3 248	1 078	849	0	242	1 079	—
2020	3 217	1 089	818	2	249	1 059	—
北海道	352	—	—	—	153	199	—
青　森	76	55	—	—	2	18	—
岩　手	62	7	—	—	41	14	—
宮　城	98	72	—	1	—	26	—
秋　田	103	77	—	—	—	26	—
山　形	28	20	—	—	—	8	—
福　島	39	25	2	—	—	12	—
茨　城	—	—	—	—	—	—	—
栃　木	9	5	—	—	3	2	—
群　馬	24	13	—	—	—	11	—
埼　玉	—	—	—	—	—	—	—
千　葉	—	—	—	—	—	—	—
東　京	—	—	—	—	—	—	—
神奈川	—	—	—	—	—	—	—
新　潟	17	10	—	—	—	8	—
富　山	6	3	—	—	1	2	—
石　川	18	12	1	—	1	3	—
福　井	33	21	2	—	—	11	—
山　梨	15	1	6	—	5	4	—
長　野	28	—	6	—	16	6	—
岐　阜	139	63	5	—	25	46	—
静　岡	59	15	25	—	—	19	—
愛　知	4	1	2	—	—	1	—
三　重	66	23	17	—	—	25	—
滋　賀	—	—	—	—	—	—	—
京　都	53	28	11	—	—	14	—
大　阪	—	—	—	—	—	—	—
兵　庫	74	41	8	—	—	25	—
奈　良	40	25	1	—	—	14	—
和歌山	48	7	23	—	—	18	—
鳥　取	125	24	65	—	3	33	—
島　根	383	21	244	—	—	118	—
岡　山	48	—	32	—	—	17	—
広　島	261	5	173	—	—	83	—
山　口	81	3	55	0	—	23	—
徳　島	98	67	4	—	—	26	—
香　川	—	—	—	—	—	—	—
愛　媛	38	18	9	—	—	11	—
高　知	84	2	60	—	—	23	—
福　岡	29	17	2	—	—	9	—
佐　賀	4	—	2	—	—	2	—
長　崎	18	0	16	—	—	2	—
熊　本	124	78	11	—	—	35	—
大　分	195	111	22	—	—	61	—
宮　崎	286	186	—	—	—	99	—
鹿児島	52	33	14	0	—	5	—
沖　縄	—	—	—	—	—	—	—

林野庁整備課調べ（森林・林業統計要覧 2022）.
　注：樹下植栽等面積を含む.

7.10.3　日本の森林に対する公益的利用面積

（単位：1 000 ha）

年次・都道府県	保安林	砂防指定地	自然公園	史跡名勝天然記念物	鳥獣保護区	保護林	レクリエーションの森	分収造林	共用林野	貸付使用地
2019	6 856 270	71 696	2 213 275	119 267	1 254 598	978 207	273 931	102 234	1 173 530	71 564
2020	6 856 442	71 665	2 213 950	119 267	1 255 316	978 363	267 581	99 691	1 156 053	71 382
北海道	352	2 856 824	1 807	612 261	39 139	361 821	112 071	6 964	29 147	14 446
青　森	76	336 025	3 871	77 699	6 278	24 933	9 666	11 194	171 269	7 183
岩　手	62	332 517	1 309	46 634	2 731	43 110	8 944	12 599	132 960	6 487
宮　城	98	114 197	257	79 709	203	14 074	1 969	2 554	12 731	1 236
秋　田	103	365 820	3 833	98 083	3 695	38 133	8 739	4 656	286 307	2 711
山　形	28	341 754	3 768	116 966	1 222	79 365	11 555	3 762	206 941	2 397
福　島	39	281 253	3 920	110 767	3 006	100 349	8 160	8 413	151 994	4 565
茨　城	—	38 025	13	25 933	113	222	1 421	1 861	—	574
栃　木	9	114 717	607	75 710	73	12 261	6 473	2 177	7 790	1 982
群　馬	24	139 479	49	55 155	672	12 248	12 836	3 270	19 285	3 127
埼　玉	—	11 864	—	11 987	3	2 145	—	52	—	4
千　葉	—	6 793	—	1 480	445	176	—	979	—	59
東　京	—	2 625	1	6 418	487	5 584	937	82	—	498
神奈川	—	8 821	13	8 461	—	1 306	1 781	31	—	80
新　潟	17	260 105	407	188 976	5 743	62 080	11 731	547	93 410	2 462
富　山	6	103 181	9 171	81 390	18 437	12 892	391	—	—	543
石　川	18	33 823	335	18 566	145	9 740	1 277	2	—	101
福　井	33	36 384	1 744	6 145	36	408	226	28	—	223
山　梨	15	3 477	2	123	24	31	1 000	9	—	23
長　野	28	342 385	22 530	183 951	12 801	76 549	20 834	3 743	40 619	3 710
岐　阜	139	171 227	6 514	59 001	198	22 794	6 646	536	—	1 317
静　岡	59	81 950	124	18 637	4 089	6 153	4 570	501	—	1 173
愛　知	4	10 303	1 983	7 798	55	14	3 231	242	—	141
三　重	66	20 775	3 041	8 084	565	1 438	80	82	—	110
滋　賀	—	16 018	2 527	8 501	—	635	1 551	27	603	249
京　都	53	4 302	182	183	178	71	250	33	—	52
大　阪	—	908	182	871	—	—	878	4	—	49
兵　庫	74	20 428	1 136	13 630	91	766	1 750	219	60	588
奈　良	40	11 021	—	4 468	146	1 416	79	395	—	35
和歌山	48	14 751	26	3 243	54	1 105	376	806	—	123
鳥　取	125	29 009	54	14 859	320	3 777	373	245	—	202
島　根	383	26 588	76	2 737	131	296	1 268	226	—	115
岡　山	48	30 925	22	13 671	4 616	62	258	196	—	280
広　島	261	43 262	64	9 165	2 457	1 443	3 119	587	508	525
山　口	81	7 254	2	2 532	51	263	278	19	—	31
徳　島	98	16 187	—	6 498	355	—	1 484	29	—	60
香　川	—	6 278	—	1 615	416	476	472	1 376	—	104
愛　媛	38	34 346	—	12 792	661	3 865	4 235	776	—	344
高　知	84	113 780	1 787	14 635	110	1 713	3 790	4 197	—	322
福　岡	29	22 589	4	16 116	111	366	1 546	894	—	348
佐　賀	4	13 144	4	8 788	219	126	779	951	—	365
長　崎	18	20 555	18	12 779	2 305	1 516	122	589	84	216
熊　本	124	57 433	72	23 995	85	5 038	2 696	2 171	—	506
大　分	195	41 285	44	22 615	1 044	3 180	2 465	686	—	345
宮　崎	286	160 093	73	50 776	164	13 192	2 196	11 094	71	1 557
鹿児島	52	134 320	93	41 609	5 129	25 857	1 025	9 420	2 272	1 208
沖　縄	—	17 648	—	27 938	461	25 378	2 052	465	—	8 608

林野庁「国有林野事業統計書」（森林・林業統計要覧 2022）.
注：1)　各種台帳，国有林野施業実施計画書等により作成した.
　　2)　分収造林，共用林野，貸付使用地は各年 3 月 31 日現在，その他は各年 4 月 1 日現在である.
　　3)　各種類間の重複する面積は，これに区分せず，各々の種類にそのまま表示した.

7. 10. 4　世界の農地利用状況

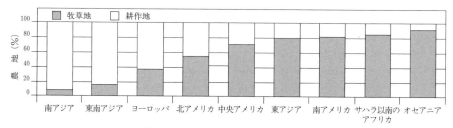

図1　各地域の牧草地と農地の比率

World Resources Institute："World Resources 2000-2001"（2002）.

7. 10. 5　世界の米作

世界のおもな国の米（もみ）の収穫量と収穫面積

国　　名	1995 収穫量	1995 収穫面積	2000 収穫量	2000 収穫面積	2005 収穫量	2005 収穫面積	2010 収穫量	2010 収穫面積	2015 収穫量	2015 収穫面積	2021 収穫量	2021 収穫面積
中　　国*	187 298	31 107	189 814	30 301	182 055	29 116	197 212	30 117	213 724	31 036	213 611	30 342
イ　ン　ド	115 440	42 800	127 465	44 712	137 690	43 660	143 963	42 862	156 540	43 390	186 500	45 070
インドネシア	49 744	11 439	51 898	11 793	54 151	11 839	59 283	11 797	61 031	11 389	54 649	10 657
バングラデシュ	26 399	9 952	37 628	10 801	39 796	10 524	50 061	11 529	51 805	11 381	54 906	11 418
ベトナム	24 964	6 766	32 530	7 666	35 833	7 329	40 006	7 489	45 091	7 829	42 765	7 222
タ　　イ	22 015	9 113	25 844	9 891	30 648	10 225	35 703	11 932	27 702	9 718	30 231	10 402
フィリピン	10 541	3 759	12 389	4 038	14 603	4 070	15 772	4 354	18 150	4 656	19 295	4 719
ブラジル	11 226	4 374	11 135	3 665	13 193	3 916	11 236	2 722	12 301	2 138	11 091	1 678
パキスタン	5 950	2 162	7 204	2 377	8 321	2 621	7 235	2 365	10 202	2 739	12 630	3 335
アメリカ	7 887	1 252	8 658	1 230	10 108	1 361	11 027	1 463	8 725	1 042	10 320	1 208
カンボジア	3 448	1 924	4 026	1 903	5 986	2 415	8 245	2 777	9 335	2 799	11 248	3 323
日　　本	13 435	2 118	11 863	1 770	11 342	1 706	10 692	1 643	10 925	1 589	10 469	1 462
ナイジェリア	2 920	1 796	3 298	2 199	3 567	2 494	4 473	2 433	6 256	3 122	8 172	4 195
韓　　国	6 389	1 056	7 197	1 072	6 435	980	5 811	892	5 771	799	4 713	726
ネパール	3 579	1 497	4 216	1 560	4 290	1 542	4 024	1 481	4 789	1 425	5 551	1 459
スリランカ	2 810	890	2 860	832	3 246	915	4 301	1 060	4 819	1 243	5 121	1 066
マダガスカル	2 450	1 150	2 480	1 209	3 392	1 250	4 738	1 307	3 722	841	4 228	1 675
ミャンマー	17 670	6 033	20 987	6 302	27 246	7 384	32 065	8 011	26 210	6 769	25 983	6 830
世　界　計	547 162	149 579	598 668	154 002	634 226	155 267	694 035	160 257	731 952	160 207	711 483	146 787

収穫量：1000t，収穫面積：1000ha．
もみ換算による数値．公式数値，準公式数値または推定値を含む．
　*　香港，マカオおよび台湾を含む．
　FAO："FAOSTAT-Production-Crops"による（2023年5月20日現在）.

7.10.6　日本の稲の作付面積と収穫量

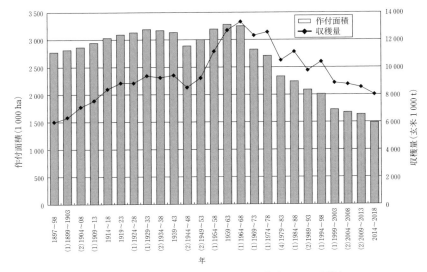

図2　日本の稲の作付面積と収穫量（5年ごとの平均）

注）最初と最後の値はそれぞれ2年間の平均を示してある.
　　（　）内の数字は5年間のうちに起こった凶作年数を示す.
農林水産省大臣官房統計部：“農林水産統計”（2019）より作図.

7.10.7　世界のおもな農作物
地域別おもな作物の収穫量と収穫面積（2021年）

作物種類	世界計		アフリカ		北中米		南米		アジア		ヨーロッパ		ロシア		オセアニア	
	収穫量	面積	収穫量	面積	収穫量	面積	収穫量	面積	収穫量	面積	収穫量	面積	収穫量	面積	収穫量	面積
穀　物　計	59 222	8 437	3 453	837	1 518	120	12 459	1 221	25 417	3 719	8 241	1 273	1 802	482	857	199
小　　　麦	7 709	2 208	292	96	33	6	293	104	3 405	1 004	2 692	628	761	279	323	127
大　　　麦	1 456	490	68	38	10	0	58	15	182	114	894	225	180	78	150	55
ラ　イ　麦	132	43	1	1	0	0	2	1	8	4	114	35	17	10	0	0
え　ん　麦	226	96	2	1	0	1	22	10	12	6	136	54	38	22	19	11
とうもろこし	12 102	2 059	966	425	316	90	1 623	305	3 789	678	1 418	197	152	29	5	0
米（もみ）	7 873	1 653	372	158	14	3	262	41	7 081	1 431	38	6	11	2	4	0
ばれいしょ	3 761	181	281	19	28	1	182	9	1 975	103	1 025	43	183	11	18	0
か　ん　しょ	887	74	300	43	1	0	14	1	546	27	—	—	—	—	9	2
大　　　豆	3 717	1 295	47	32	4	2	1 967	617	312	218	116	55	48	30	0	11
葉た ばこ	59	31	6	5	0	0	9	4	39	20	2	0	0	11		
さとうきび	18 594	263	943	16	1 112	14	8 019	114	7 703	107	—	—	0	0	329	4
て　ん　さい	2 706	44	175	3	0	0	8	0	365	7	1 806	30	412	10	—	—

収穫量：10万t，面積：10万ha
公式数値，準公式数値または推定値を含む.
FAO：“FAOSTAT-Production-Crops”による（2023年5月20日現在）.

7.10.8　日本のおもな農作物

麦種類別・田畑別作付面積と収穫量

年　産	作　付　面　積　(1 000 ha)				収　穫　量　(玄麦 1 000 t)			
	小麦	二条大麦	六条大麦	裸麦	小麦	二条大麦	六条大麦	裸麦
1960 田，畑	262, 341	39, 44	95, 224	258, 178	693, 838	101, 130	273, 702	667, 428
1970 田，畑	104, 125	39, 60	7, 39	48, 32	185, 289	104, 166	22, 127	90, 65
1980 田，畑	114, 77	67, 18	12, 7	14, 4	316, 266	214, 55	37, 26	42, 12
1990 田，畑	150, 110	63, 11	21, 4	7, 0	493, 458	218, 36	57, 13	21, 1
2000 田，畑	93, 91	32, 5	10, 1	5, 0	323, 365	139, 15	33, 5	21, 1
2002 田，畑	115, 92	37, 4	16, 2	6, 0	380, 449	121, 15	54, 8	19, 1
2003 田，畑	120, 92	36, 3	16, 2	6, 0	387, 469	112, 12	49, 8	18, 1
2004 田，畑	120, 93	34, 3	16, 2	5, 0	389, 471	120, 12	46, 6	15, 0
2005 田，畑	118, 96	31, 4	13, 2	4, 0	411, 464	113, 12	40, 7	12, 0
2006 田，畑	119, 99	31, 4	13, 2	4, 0	389, 448	106, 12	38, 4	13, 0
2007 田，畑	114, 96	31, 3	14, 2	4, 0	910	129	53	14
2008 田，畑	115, 94	32, 3	15, 2	4, 0	881	145	56	16
2009 田，畑	115, 94	33, 3	16, 2	4, 0	674	116	52	11
2010 田，畑	114, 93	33, 3	16, 2	5, 0	571	104	45	12
2011 田，畑	116, 96	34, 3	16, 2	5, 0	746	119	39	14
2012 田，畑	113, 96	35, 3	15, 2	5, 0	858	112	48	12
2013 田，畑	112, 98	34, 3	15, 2	5, 0	812	117	52	15
2014 田，畑	114, 99	34, 3	16, 2	5, 0	852	108	47	15
2015 田，畑	115, 98	35, 3	16, 2	5, 0	1 004	113	52	11
2016 田，畑	214	38	18	5	791	107	54	10
2017 田，畑	212	38	18	5	907	120	52	13
2018 田，畑	212	38	17	5	765	122	39	14
2019 田，畑	212	38	18	6	1 037	147	56	20
2020 田，畑	213	39	18	6	949	145	57	20
2021 田，畑	213	39	18	6	1 171	145	57	20

注）2007 年産から田畑別の収穫量調査は行っていない．2016 年からは作付面積は田，畑の合計．
農林水産省大臣官房統計部：“農林水産省統計表”（2022）．

かんしょの作付面積と収穫量

年産	作付面積(ha)	収量(kg/10 a)	収穫量(t)	年産	作付面積(ha)	収量(kg/10 a)	収穫量(t)
1960	329 800	1 900	6 277 000	2012	38 800	2 260*	875 900*
1970	128 700	1 990	2 564 000	2013	38 600	2 440*	942 300*
1980	64 800	2 030	1 317 000	2014	38 000	2 330	886 500
1990	60 600	2 310	1 402 000	2015	36 600	2 220	814 200
2000	43 400	2 470	1 073 000	2016	36 000	2 390	860 700
2002	40 500	2 540	1 030 000	2017	35 600	2 270	807 100
2003	39 700	2 370	941 100	2018	35 700	2 230	796 500
2004	40 300	2 500	1 009 000	2019	34 300	2 180	748 700
2005	40 800	2 580	1 053 000	2020	33 100	2 080	687 600
2006	40 800	2 420	988 900	2021	32 400	2 070	671 900
2007	40 700	2 380	968 400				
2008	40 700	2 480	1 011 000				
2009	40 500	2 530	1 026 000				
2010	39 700	2 180*	863 600*				
2011	38 900	2 280	885 900				

＊　主産県の調査結果にもとづき推計した．
農林水産省大臣官房統計部：“農林水産省統計表”（2022）．

ばれいしょの作付面積と収穫量

年　産	春植えばれいしょ			秋植えばれいしょ		
	作付面積(ha)	収量(kg/10 a)	収穫量(t)	作付面積(ha)	収量(kg/10 a)	収穫量(t)
1985	124 800		3 649 000	5 350		77 700
1990	111 300		3 478 000	4 530		73 900
2000	91 300	3 120	2 844 000	3 310	1 650	54 500
2005	84 000	3 230	2 712 000	2 890	1 400	40 600
2007	84 500	3 350	2 828 000	2 890	1 540	44 400
2008	82 000	3 290	2 697 000	2 870	1 610	46 100
2009	80 300	3 000	2 412 000	2 820	1 660	46 700
2010	79 600	2 810	2 237 000	2 910	1 800	52 500
2011	78 000	3 000	2 339 000	2 950	1 640	48 500
2012	78 300	3 130	2 447 000	2 950	1 800	53 200
2013	76 900	3 070	2 360 000	2 800	1 690	47 300
2014	75 500	3 190	2 409 000	2 780	1 680	46 700
2015	74 600	3 170	2 365 000	2 370	1 530	41 800
2016	74 600	2 892	2 158 000	2 670	1 530	40 800
2017	74 500	3 160	2 355 000	2 640	1 520	40 100
2018	74 000	2 990	2 215 000	2 510	1 820	45 600
2019	72 000	3 270	2 357 000	2 410	1 730	41 800
2020	69 600	3 110	2 167 000	2 310	1 680	38 900
2021	68 500	3 120	2 139 000	2 400	1 510	36 300
2022	69 100	3 250	2 245 000	—	—	—

農林水産省大臣官房統計部：“作物統計”(2022).

豆類の作付面積と収穫量

年次	大　豆			小　豆			らっかせい			いんげん			そ　ば		
	作付面積	10 a あたり収量*	収穫量*	作付面積	10 a あたり収量	収穫量	作付面積	10 a あたり収量	収穫量	作付面積	10 a あたり収量	収穫量	作付面積	10 a あたり収量	収穫量
1960	306 900	136	417 600	138 700	122	169 700	54 800	230	126 200	89 300	159	142 200	47 300	110	52 200
1970	95 500	132	126 000	90 000	121	109 000	60 100	207	124 200	73 600	168	123 700	18 500	93	17 200
1980	142 200	122	173 900	55 900	100	56 000	33 200	165	54 800	23 400	143	33 400	24 200	67	16 100
1990	145 900	151	220 400	66 300	178	117 900	18 400	218	40 100	22 700	143	32 400	27 800	…	…
2000	122 500	192	235 000	43 600	202	88 200	10 800	247	26 700	12 900	119	15 300	37 400	…	…
2005	134 000	168	225 000	38 300	206	78 900	8 990	238	21 400	11 200	229	25 700	44 700	73	31 200
2006	142 100	161	229 200	32 200	198	63 900	8 600	233	20 000	10 000	191	19 100	44 800	77	33 000
2007	138 300	164	226 700	32 700	201	65 600	8 310	226	18 800	10 400	211	21 900	46 100	69	26 300
2008	147 100	178	261 700	32 100	216	69 300	8 070	240	19 400	10 900	225	24 500	47 300	58	23 200
2009	145 400	158	229 900	31 700	167	52 800	7 870	258	20 300	11 200	142	15 900	45 400	…	…
2010	137 700	162	222 500	30 700	179※	54 900※	7 720	210※	16 200※	11 600	190※	22 000※	47 700	62	29 700
2011	136 700	160	218 800	30 600	196※	60 000※	7 440	273※	20 300※	10 200	97※	9 870※	56 400	57	32 000
2012	131 100	180	235 900	30 700	222	68 200	7 180	241	17 300	9 650	187	18 000	61 000	73	44 600
2013	128 800	155	199 900	32 300	211※	68 000※	6 970	232※	16 200※	9 120	168※	15 300※	61 400	54	33 400
2014	131 600	176	231 800	32 000	240※	76 800※	6 840	235※	16 100※	9 260	221※	20 500※	59 900	52	31 100
2015	142 000	171	243 100	27 300	233	63 700	6 700	184	12 300	10 200	250	25 500	58 200	60	34 800
2016	142 000	166	248 600	21 300	138	29 500	6 550	237	15 500	8 560	66	5 650	62 900	55	34 400
2017	150 200	168	253 000	22 700	235	53 400	6 420	240	15 400	7 150	236	16 900	62 900	55	34 400
2018	146 600	144	211 300	23 700	178	42 100	6 370	245	15 600	7 350	133	9 760	63 900	45	29 000
2019	143 500	152	217 800	25 500	232	59 100	6 330	196	12 400	6 860	195	13 400	65 400	65	42 600
2020	141 700	154	218 900	26 600	195	51 900	6 220	212	13 200	7 370	67	4 920	66 600	67	44 800
2021	146 200	169	246 500	23 300	181	42 200	6 020	246	14 800	7 130	101	7 200	65 500	62	40 900

作付面積：ha, 10 a あたり収量：kg, 収穫量：t, …：未調査
＊　2001～2006 年産は，作付面積が 500 ha 以上の都道府県および事業実施県による（27 都道府県），2007 年産からは，前年産の作付面積が全国の作付面積の概ね 80% を占めるまでの都道府県および事業実施県による（11 都道府県）．
※主産県の調査結果に基づき集計．
農林水産省大臣官房統計部：“作物統計”(2022).

7.10.9　世界のおもな畜産物

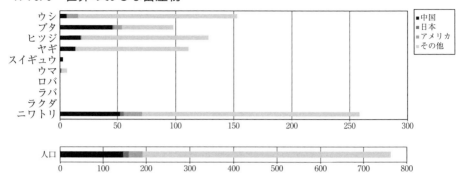

図3　世界のおもな家畜の飼養頭羽数

　　ニワトリ以外の家畜は 1000 万頭，ニワトリは 1 億羽，人口は 1000 万人．公式数値，準公式数値または推定値を含む．

　　2018 年の世界人口は 76.3 億人，ウシは 14.9 億頭，ブタは 9.7 億頭，ヒツジは 12.2 億頭，ヤギは 10.6 億頭などで他の大きな家畜を合わせると 76.4 億頭．

　　世界の人口の 3/4 は 15 歳以上の大人なので，大人 1 人あたり約 1 頭家畜を飼っていることになる．ニワトリは 254 億羽飼育されているので，大人 1 人あたり約 3 羽となる．イスラム教国ではブタを食べることがタブーとなっているので，中東・北アフリカでのブタの飼育数は少ない．

　　FAO：“FAOSTAT-Production-Live Animals”；“FAOSTAT-Population-Annual Population”．（2023 年 5 月 20 日参照）

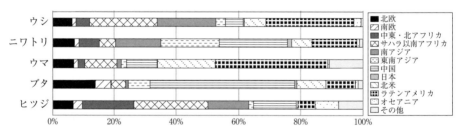

図4　世界のおもな畜産の地域分布

　　FAO の地域区分による．北欧は南欧を除くヨーロッパ，ラテンアメリカは中米・カリブ海を含む．中東・北アフリカは西アジアと北アフリカ．サハラ以南アフリカは北アフリカを除くアフリカ．中国は香港・マカオ・台湾を含む．公式数値，準公式数値または推定値を含む．

　　FAO：“FAOSTAT-Production-Live Animals”（2023 年 5 月 20 日参照）．

おもな肉類の生産量の変化

(単位：1 000 t)

国名	豚 1995	豚 2007	鳥 1995	鳥 2007	牛 1995	牛 2007	羊 1995	羊 2007
世界	80 123	115 454	54 602	86 772	54 191	61 881	10 436	14 038
先進国	35 990	39 457	27 746	36 956	30 774	29 398	3 498	3 233
以前の中央計画経済	8 407	7 742	2 917	5 135	6 968	5 078	948	774
アジア（中東を除く）								
アゼルバイジャン	2	1	14	49	41	76	23	46
アルメニア	5	12	7	6	30	43	7	10
ウズベキスタン	16	19	16	25	392	586	83	89
カザフスタン	113	218	53	52	548	384	206	125
キルギス	28	19	3	6	85	92	54	47
ジョージア	44	35	10	15	53	49	8	9
タジキスタン	1	3	1	1	32	27	11	29
トルクメニスタン	3	0	4	13	51	102	50	97
ヨーロッパ								
アルバニア	14	10	4	8	31	42	18	20
ウクライナ	807	650	235	670	1 186	563	40	15
エストニア	35	35	6	12	26	14	1	1
クロアチア	56	56	39	46	26	32	2	2
スロバキア	243	130	31	87	59	25	2	1
スロベニア	61	57	67	54	51	36	1	2
セルビア	—	560	—	96	—	80	—	21
セルビア・モンテネグロ	644	—	107	—	227	—	29	—
チェコ共和国	502	360	152	236	170	80	4	2
ハンガリー	578	490	387	379	58	34	2	1
ブルガリア	256	75	106	105	63	23	45	24
ベラルーシ	263	368	69	155	316	290	4	1
ポーランド	1 962	2 100	384	878	386	355	6	1
ボスニア・ヘルツェゴビナ	11	11	11	24	16	25	1	2
北マケドニア	9	9	5	4	7	7	10	7
モルドバ	60	54	25	35	47	17	3	3
モンテネグロ	—	2	—	—	—	—	—	—
ラトビア	63	40	11	21	48	23	1	1
リトアニア	93	114	26	73	87	60	2	1
ルーマニア	673	526	286	318	202	186	75	61
ロシア	1 865	1 788	859	1 769	2 733	1 828	261	160
その他の先進国	27 583	31 716	24 830	31 820	23 806	24 320	2 550	2 459
アジア（中東を除く）								
日本	1 300	1 165	1 252	1 290	601	491	0	0
ヨーロッパ								
オーストリア	566	515	99	114	196	210	7	8
アイスランド	3	5	2	6	3	3	9	9
アイルランド	212	210	100	139	477	560	89	72
イギリス	1 017	700	1 405	1 523	1 002	850	394	330
イタリア	1 346	1 600	1 097	947	1 180	1 100	76	62
オランダ	1 622	1 296	641	666	580	382	16	16
カナダ	1 276	1 894	870	1 207	928	1 279	10	18
ギリシャ	137	110	163	148	72	73	143	153
スイス	251	250	40	54	147	135	6	7
スウェーデン	309	270	82	99	143	140	3	4
スペイン	2 175	3 222	924	1 087	508	705	242	236
デンマーク	1 494	1 750	173	175	182	130	2	2
ドイツ	3 602	4 670	642	1 026	1 408	1 190	42	47
ノルウェー	96	120	29	62	84	88	27	26
フィンランド	168	210	43	100	96	90	2	1
フランス	2 144	1 982	2 071	1 473	1 683	1 450	148	102
ベルギー	—	1 000	—	454	—	262	—	2
ベルギー－ルクセンブルク	1 043	—	315	—	357	—	5	—

（続き）　　　　　　　　　　　　　　　　　　　　　　　　　　　　　　（単位：1 000 t）

国名	豚		鳥		牛		羊	
	1995	2007	1995	2007	1995	2007	1995	2007
ヨーロッパ（続き）								
ポルトガル	305	332	217	252	104	106	27	24
マルタ	9	9	5	4	2	1	0	0
ルクセンブルク	—	9	—	0	—	18	—	0
中東・北アフリカ								
イスラエル	11	16	253	513	41	120	7	10
北アメリカ								
アメリカ	8 097	9 953	13 827	19 481	11 585	12 044	130	105
オセアニア								
オーストラリア	351	378	489	850	1 803	2 261	631	652
ニュージーランド	51	51	91	151	623	632	535	575
開発途上国	44 133	75 996	26 855	49 817	23 417	32 483	6 938	10 805
東南アジア	37 793	68 355	12 522	22 158	4 530	8 768	2 007	5 202
インドネシア	572	597	876	1 356	312	418	94	148
韓国	799	915	402	596	221	237	3	3
カンボジア	82	140	20	25	40	63	—	—
北朝鮮	115	169	24	45	31	21	4	12
シンガポール	86	19	86	81	0	0	0	0
タイ	489	700	1 007	1 136	254	198	1	1
フィリピン	805	1 501	419	649	97	170	31	35
ブルネイ・ダルサラーム	0	0	4	18	1	2	0	0
ベトナム	1 007	2 500	176	428	83	166	4	11
マレーシア	283	226	707	1 042	16	22	1	1
ミャンマー	116	380	117	726	95	122	8	24
モンゴル	1	0	0	0	69	52	112	111
ラオス	29	47	10	21	13	23	0	1
中国	32 000	60 000	8 000	15 320	3 265	7 250	1 745	4 850
中国，マカオ特別行政区	9	—	5	7	1	1	0	0
中国，香港特別行政区	159	185	59	41	25	15	0	0
中国，台湾省	1 233	965	610	666	5	6	4	4
東ティモール	9	10	1	2	1	1	1	0
アジア（中東を除く）	509	515	1 103	2 988	1 929	2 105	1 490	1 545
インド	495	497	624	2 273	1 365	1 282	663	770
スリランカ	2	2	54	65	27	27	3	2
ネパール	11	16	10	15	46	50	34	46
パキスタン	—	—	313	519	342	562	683	529
バングラデシュ	—	—	103	116	148	184	107	198
ラテンアメリカ・カリブ海	5 044	6 149	8 894	17 249	12 595	15 773	439	456
アンティグア・バーブーダ	0	0	0	0	1	1	0	0
アルゼンチン	211	230	817	1 204	2 688	2 830	88	62
ウルグアイ	22	19	41	46	338	570	52	32
エクアドル	89	165	105	210	149	210	7	13
エルサルバドル	11	17	40	109	29	34	0	0
オランダ領アンティル	0	0	1	0	0	0	0	0
ガイアナ	1	1	7	24	4	2	1	1
キューバ	107	100	57	31	67	56	4	10
グアテマラ	9	27	105	160	54	65	3	2
グレナダ	0	0	0	1	0	0	0	0
コスタリカ	24	39	60	97	94	82	0	0
コロンビア	133	130	553	760	702	790	14	14
ジャマイカ	7	9	45	102	17	14	0	1
スリナム	1	2	4	6	2	2	0	0
セントクリストファー・ネイビス	0	0	0	0	0	0	0	0

（続き） （単位：1 000 t）

国名	豚		鳥		牛		羊	
	1995	2007	1995	2007	1995	2007	1995	2007
ラテンアメリカ・カリブ海（続き）								
セントビンセントおよびグレナディーン諸島	1	1	0	0	0	0	0	0
セントルシア	1	1	1	1	1	1	0	0
チリ	172	470	321	614	258	240	15	17
ドミニカ	0	0	0	0	0	1	0	0
ドミニカ	62	79	137	297	80	74	1	2
トリニダード・トバゴ	2	3	30	60	1	1	0	0
ニカラグア	5	7	29	88	49	90	0	0
ハイチ	23	33	7	8	24	42	4	7
パナマ	17	22	59	85	61	57	—	—
バハマ	0	0	7	8	0	0	0	0
パラグアイ	130	99	34	39	226	220	3	4
バルバドス	3	2	11	15	1	0	0	0
ブラジル	2 800	3 130	4 154	8 907	5 710	7 900	125	120
ベネズエラ	139	138	445	740	316	430	7	10
ベリーズ	1	1	7	15	1	3	0	0
ペルー	80	108	355	800	107	165	26	42
ボリビア	62	108	97	134	140	170	20	24
ホンジュラス	8	10	50	145	64	75	0	0
メキシコ	922	1 200	1 315	2 543	1 412	1 650	68	95
中東・北アフリカ	51	54	2 901	5 291	1 370	1 832	1 811	1 963
アフガニスタン	—	—	12	16	130	175	132	115
アラブ首長国連邦	—	—	22	36	11	10	51	30
アルジェリア	0	0	208	260	101	121	178	196
イエメン	—	—	47	123	41	73	38	60
イラク	—	—	37	97	40	50	31	28
イラン	0	—	660	1 444	255	354	377	496
エジプト	3	2	407	666	215	320	91	61
オマーン	—	—	4	6	3	4	17	35
キプロス	43	50	30	24	5	4	8	7
クウェート	—	—	26	42	2	2	38	31
サウジアラビア	—	—	310	560	26	24	88	99
シリア	—	—	93	133	34	57	137	205
チュニジア	0	0	68	124	50	58	54	66
トルコ	0	—	506	915	292	351	372	317
バーレーン	—	—	5	5	1	1	10	7
パレスチナ自治区	—	—	—	69	—	5	—	18
モロッコ	1	1	197	410	122	160	132	137
ヨルダン	—	—	108	133	4	4	12	7
リビア	—	—	103	100	22	6	36	34
レバノン	4	1	58	130	18	53	11	17
サハラ以南のアフリカ	634	805	1 336	2 031	2 941	3 962	1 176	1 630
アンゴラ	26	28	7	9	65	85	6	11
ウガンダ	66	60	36	38	86	106	26	35
エチオピア	1	2	36	48	235	350	61	124
エリトリア	—	—	4	2	10	17	10	11
ガーナ	11	4	12	30	21	24	11	22
カーボベルデ	8	8	1	0	0	0	0	1
ガボン	2	3	4	3	1	1	1	1
カメルーン	12	16	21	30	73	92	28	32
ガンビア	0	1	1	1	3	3	1	1
ギニア	1	2	3	6	25	41	6	12
ギニアビサウ	10	12	1	2	4	5	1	2
ケニア	8	12	20	17	239	390	59	75
コートジボワール	13	12	24	69	37	52	11	9
コモロ	—	—	0	1	1	1	0	0
コンゴ	2	2	6	5	1	2	1	1

（続き）   （単位：1 000 t）

国名	豚		鳥		牛		羊	
	1995	2007	1995	2007	1995	2007	1995	2007
サハラ以南のアフリカ（続き）								
コンゴ民主共和国	28	24	13	11	16	13	23	21
サントメ・プリンシペ	0	0	0	1	0	0	0	0
ザンビア	10	11	25	37	44	42	3	5
シエラレオネ	2	2	9	11	6	5	1	3
ジブチ	—	—	—	—	3	6	4	5
ジンバブエ	13	28	19	40	73	97	11	14
スーダン	—	—	25	28	225	340	237	334
スワジランド	1	1	1	5	14	13	3	2
セイシェル	1	1	1	1	0	0	0	0
セネガル	4	11	17	31	44	49	23	29
ソマリア	0	0	3	4	50	66	57	90
タンザニア	10	13	35	47	246	247	37	41
チャド	0	1	4	5	63	86	24	38
トーゴ	5	5	7	13	6	6	3	8
ナイジェリア	130	212	169	233	267	287	180	254
ナミビア	2	2	3	8	48	42	7	12
ニジェール	1	1	24	29	25	45	35	44
ブルキナファソ	12	40	22	33	67	116	33	46
ブルンジ	5	4	6	6	10	6	5	4
ベナン	7	4	11	17	15	23	6	8
ボツワナ	0	0	8	5	46	31	9	7
マダガスカル	65	70	48	72	146	147	10	9
マラウイ	16	21	14	15	15	16	3	7
マリ	2	2	26	38	85	134	48	89
モーリシャス	1	1	19	37	3	2	0	0
モーリタニア	0	0	4	4	10	23	21	39
モザンビーク	12	13	30	40	37	38	3	3
リベリア	4	6	5	10	1	1	1	2
ルワンダ	2	5	1	2	10	22	2	5
レソト	3	3	2	2	11	11	6	6
中央アフリカ	10	13	3	4	48	74	8	13
南アフリカ	127	150	604	982	508	805	146	155

注） 発展途上国と世界の合計には，各国の集計には含まれていないいくつかの国が含まれる．
FAO："THE STATE OF FOOD AND AGRICULTURE 2009".

7.11　化学肥料，農薬，遺伝子組換え作物

7.11.1　化学肥料

日本の化学肥料の生産量

(単位：t)

肥料年度	硫　安	石灰窒素	尿　素	硝　安	塩　安	過リン酸石灰	重過リン酸石灰	重焼成リン肥	よう成リン肥	高度化成*
2005	1 419 512	60 187	427 150	39 319	91 938	186 831	19 223	79 804	68 410	1 034 520
2007	1 479 520	51 019	453 487	29 400	67 147	185 479	30 243	71 183	70 738	939 907
2008	1 208 438	46 466	403 417	30 400	77 744	165 332	22 465	52 788	61 388	721 445
2009	1 351 078	49 439	366 955	—	70 611	137 534	7 839	45 962	48 724	718 235
2010	1 320 726	42 969	412 670	—	74 293	149 328	8 672	62 677	49 666	791 827
2011	1 270 308	52 511	352 344	—	73 976	139 312	8 819	55 295	46 654	790 627
2012	1 224 963	47 913	358 338	—	79 284	124 298	6 783	50 135	41 075	785 899
2013	1 215 016	46 251	347 536	—	74 508	106 035	8 587	46 520	36 578	774 394
2014	1 125 979	37 957	304 768	—	65 685	107 076	9 035	47 017	31 270	720 239
2015	934 631	43 818	382 269	—	—	84 628	4 216	39 615	34 053	698 838
2016	943 633	39 780	424 466	—	—	101 540	8 831	34 124	28 091	736 875

注）肥料年度は，7月1日〜翌年の6月30日までである．
＊　リン安を含み，高度配合を除く．
農林水産省大臣官房統計部：“農林水産統計”（2020）．

日本の肥料の輸出入

品　　目		2017		2018		2019		2020	
		数　量	価　額	数　量	価　額	数　量	価　額	数　量	価　額
輸出	肥料	658	14 028	613	13 493	664	14 077	629	12 693
	窒素肥料	488	8 030	430	6 903	437	6 898	401	5 614
	硫安	444	4 704	402	4 498	407	4 415	357	3 261
	尿素	28	1 609	14	894	16	911	38	1 716
輸入	肥料	1 924	81 438	1 902	86 847	1 874	83 998	1 815	73 084
	カリ肥料	663	25 689	599	24 067	596	25 942	566	21 919
	塩化カリウム	547	19 700	492	18 697	489	20 382	437	16 279
	硫酸カリウム	90	4 950	81	4 465	81	4 624	74	3 708

数量：1 000 t．価額：100万円．
注）主要なもののみ記載したので，積み上げても計とは一致しない．
＊　過リン酸石灰を含む．
農林水産省大臣官房統計部：“農林水産統計”（2020）日本関税協会「外国貿易概況」．

世界のおもな国の肥料生産量

(単位：1 000 t)

窒素肥料				リン酸肥料				カリ肥料			
国　名	2009	2010	2011	国　名	2009	2010	2011	国　名	2009	2010	2011
中　国	46 977 Qm	45 316 Qm	41 890 Qm	中　国	14 871 Qm	17 108 Qm	14 706 Qm	カナダ	7 037 Qm	10 289 Qm	9 919 Qm
インド	11 377 W	12 052 W	14 456 W	アメリカ	12 938 Qm	12 919 Qm	13 429 Qm	ロシア	4 666 W	7 197 W	7 088 Qm
アメリカ*	7 893 Qm	8 494 Qm	8 808 Qm	インド	3 215 W	3 443 W	4 561 W	ベラルーシ	2 435 Qm	5 209 Qm	5 293 Qm
ロシア	7 402 W	7 624 W	7 774 Qm	ロシア	2 575 W	3 137 W	2 343 Qm	中　国	3 628 Qm	2 113 Qm	3 856 Qm
インドネシア	3 591 W	3 537 W	3 600 W	モロッコ	1 178 W	1 757 W	2 098 W	ドイツ	1 875 Fb	2 466 Fb	2 622 Fb
カナダ	3 129 Qm	3 272 Qm	3 337 Qm	ブラジル	1 820 Qm	2 004 Qm	2 019 Qm	イスラエル	2 100 W	1 960 W	2 000 W
ウクライナ	2 069 Qm	2 079 Qm	2 754 Qm	チュニジア	855 Qm	934 Qm	790 W	ヨルダン	683 W	1 200 P	1 400 P
エジプト	2 724 W	2 300 W	2 681 W	チリ	540 Fb	412 Fb	573 Fb	アメリカ	525 Qm	749 Qm	825 Qm
パキスタン	2 586 Qm	2 710 Qm	2 625 Qm	ポーランド	241 Qm	486 Qm	538 Qm	チ　リ	760 Qm	800 W	800 W
日　本	622 Qm	650 Qm	611 Qm	日　本	236 Qm	256 Qm	250 Qm	日　本	0 Fm	0 Fm	0 Fm
世　界　計	114 398 A	115 263 A	115 624 A	世　界　計	44 556 A	49 787 A	48 654 A	世　界　計	25 003 A	33 284 A	35 260 A

注）中国は，香港およびマカオを除き，台湾を含む．インドは，肥料年度（4月〜3月）の数値である．日本は，肥料年度（7月〜6月）の数値で，工業用およびオーストラリアは肥料年度（7月〜6月）の数値である．
＊　アンモニアが二重計上されている場合がある．
FAO：“FAOSTAT-Input-Fertilizers”．
W：国の公式刊行，（公式）ウェブサイトまたは国のファイルの記録数値．
A：公式数値，準公式数値または推計値を含む．
Fb：収支（差）により得られた数値．
Qm：公式数値（報告・反映）．
Fm：暫定値（集計上暫定的に定めた数値）．
農林水産省大臣官房統計部：“農林水産統計”（2015）．

7.11.2　農　　薬

登録農薬数の推移

区分	農薬年度				
	2015	2016	2017	2018	2019
殺虫剤	1 097	1 088	1 062	1 069	1 059
殺菌剤	911	885	896	888	888
殺虫殺菌剤	527	498	481	475	458
除草剤	1 509	1 515	1 551	1 526	1 558
農薬肥料	68	68	69	68	68
殺そ剤	24	23	23	23	23
植物成長調整剤	92	92	93	91	93
殺虫・殺菌植調剤	1	1	1	1	1
その他	146	144	141	141	142
合　　計	4 375	4 314	4 317	4 282	4 290

農薬出荷量

区分	農薬年度				
	2015	2016	2017	2018	2019
殺虫剤	76 202	73 381	73 340	73 174	71 727
殺菌剤	41 722	41 753	41 852	39 287	39 763
殺虫殺菌剤	19 053	18 001	17 543	16 648	16 130
除草剤	78 766	83 001	82 955	81 713	81 570
農薬肥料	4 677	4 721	4 925	5 347	5 590
殺そ剤	315	336	324	309	291
植物成長調整剤	1 457	1 477	1 532	1 496	1 562
殺虫・殺菌植調剤	6	9	10	10	8
その他	5 480	5 371	5 200	5 245	5 203
合　　計	227 779	228 050	227 680	223 230	221 844

農林水産統計（2022）

殺虫剤，殺菌剤，除草剤等の日本の輸出入

年	殺虫剤		殺菌剤		除草剤		その他	
	数 量	価 額	数 量	価 額	数 量	価 額	数 量	価 額
輸 入								
2013	11 692	25 209	12 850	24 549	21 448	35 769	488	959
2014	12 439	26 370	16 168	27 852	22 265	41 600	240	691
2015	14 361	29 901	12 429	23 986	24 402	44 032	296	833
2016	12 107	25 825	11 684	23 921	24 169	43 044	382	1 029
2017	11 954	27 197	13 314	25 013	25 054	39 281	249	1 004
2018	12 748	31 482	9 461	19 929	27 303	39 857	378	1 096
2019	11 708	29 732	9 957	21 768	23 210	43 748	372	966
2020	11 168	28 594	7 637	20 675	27 179	48 023	322	992
輸 出								
2013	8 856	43 922	20 072	45 258	14 019	45 945	649	1 634
2014	10 982	62 585	20 248	46 783	15 001	46 230	329	1 497
2015	9 581	63 448	21 597	45 434	15 666	53 525	290	2 151
2016	8 303	52 931	22 494	45 105	18 769	54 874	134	1 449
2017	8 511	51 006	22 151	40 084	17 508	53 479	244	1 790
2018	9 749	50 942	15 786	37 959	18 841	52 944	421	3 094
2019	9 339	49 364	12 927	32 338	17 863	52 039	330	2 423
2020	10 266	49 345	15 520	35 289	19 537	47 285	212	1 121

数量：t，kl（t=kl として集計），価額：100 万円
農林水産省大臣官房統計部：“農林水産統計”（2022）．
農林水産省消費・安全局資料による．

7.11.3　世界の遺伝子組換え作物栽培

　現在，遺伝子組換え作物で主流になっている導入機能は除草剤耐性と害虫抵抗性であり，その両者をあわせもつ遺伝子組換え作物もつくられている（図1）．世界中で栽培されている主要な遺伝子組換え作物は，ダイズ，ワタ，ナタネ，トウモロコシの4種であり，遺伝子組換え作物の作付面積割合は年々増加している（図2）．

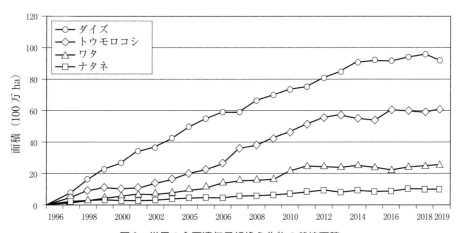

図1　世界の主要遺伝子組換え作物の栽培面積

Clive James：“2019 ISAAA Report on Global Status of Biotech/GM Crops”，ISAAA（2021）．

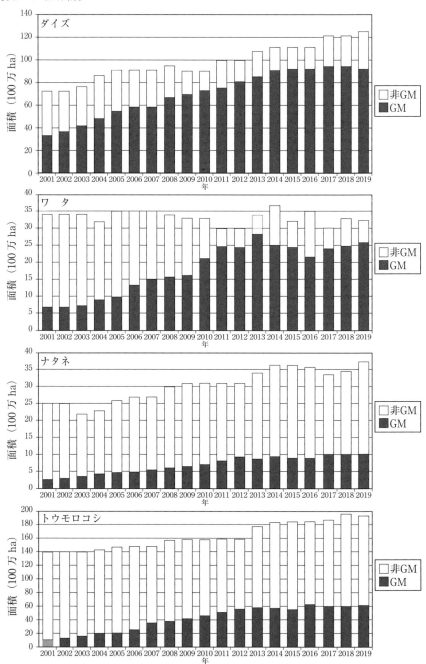

図2　世界の主要遺伝子組換え作物の栽培面積の変化
ISAAA："Global Status of Commecialized Biotech/GM Crops：2019"（2021）.

8 ヒトの健康と環境

8.1 熱中症

　夏の暑さによる暑熱（熱中症）の被害が社会問題になっている．記録的な猛暑となった 2010 年には全国の死者が 1 731 人に，2018 年には 1 581 人に達した．盛夏期の高温は深刻な気象災害という様相を持っている．暑熱の被害と気象状態との関連については，人口動態統計や救急搬送数等のデータに基づき，年々あるいは日々の被害件数と高温指標（気温，真夏日日数など）との相関が示されてきている．

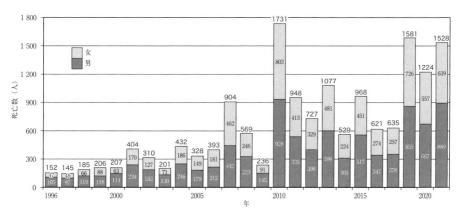

図1　熱中症による死亡数の年次推移
厚生労働省大臣官房統計情報部：“熱中症による死亡数 人口動態統計（確定数）”（2020）．

年齢階級別にみた熱中症の死亡数

年 / 年齢	1995	2000	2005	2010	2015	2017	2018	2019	2020	2021
総数	318	207	328	1 731	968	635	1 581	1 224	1 528	755
0～4	8	4	5	2	—	—	—	—	—	2
5～9	1	—	1	—	—	—	—	—	—	—
10～14	2	2	1	—	1	—	—	—	—	—
15～19	3	2	2	3	1	—	—	—	—	2
20～24	3	2	1	7	3	—	—	—	—	—
25～29	2	6	4	7	1	—	—	—	2	—
30～34	10	6	9	12	7	—	—	—	—	5
35～39	10	10	13	20	10	4	11	—	3	3
40～44	14	7	8	29	17	11	19	—	17	7
45～49	19	12	8	42	17	14	42	37	29	10
50～54	24	21	20	50	22	28	45	44	48	28
55～59	19	16	28	68	42	28	77	47	49	30

年 / 年齢	1995	2000	2005	2010	2015	2017	2018	2019	2020	2021
総数	318	207	328	1 731	968	635	1 581	1 224	1 528	755
60～64	20	14	20	118	65	39	83	63	55	26
65～69	12	10	21	141	81	59	150	93	134	43
70～74	18	16	31	155	82	59	175	148	211	92
75～79	28	20	31	267	144	80	208	155	220	105
80～84	37	25	43	321	188	102	278	212	266	127
85～89	54	19	43	274	170	110	283	216	268	167
90～94	22	9	24	149	81	65	150	139	160	76
95～99	6	5	14	57	29	15	37	30	49	29
100 歳以上	2	—	1	8	6	—	—	—	8	2
不詳	4	1	1	1	—	—	—	—	—	—

厚生労働省大臣官房統計情報部：“熱中症による死亡数 人口動態統計（確定数）”（2021）．

8.2　各種感染症の発生

　地球温暖化による健康への影響が懸念されている．途上国では下痢性の疾患による小児の死亡や，マラリアやデング熱といった動物媒介性感染症が大きな問題となっているが，日本の場合は上水道が整備されているため，不衛生な水が原因となる下痢性疾患の心配はない．しかし，日本でもデング熱やデング出血熱の発生が増加傾向にある．あわせて，西アフリカのエボラ出血熱，日本の感染症の動向，鳥インフルエンザ，世界中の中東呼吸器症候群（MERS）の発生動向についてもまとめられている．

日本におけるデング熱，デング出血熱の発生状況

年	デング熱	デング出血熱	合　　計
2000	18	0	18
2001	48	2	50
2002	49	3	52
2003	30	2	32
2004	48	1	49
2005	71	3	74
2006	54	4	58
2007	84	5	89
2008	100	5	105
2009	89	3	92
2010	238	7	245
2011	109	4	113
2012	208	13	221
2013	237	11	249*
2014	332	9	341
2015	287	5	292
2016	331	12	343
2017	239	6	245
2018	197	4	201
2019	456	7	463

国立感染症研究所："感染症発生動向調査週報（IDWR）"．2020年4月8日現在届出数.
＊　無症状病原体保有者1例を含む.

アフリカにおけるエボラ出血熱の発生状況

国　名	発生年	症例数	死亡者数	致命率
ギ ニ ア	2014-2016	3 814*	2 544*	67%
リベリア	2014-2016	10 675*	4 809*	45%
シエラレオネ	2014-2016	14 124*	3 956*	28%

＊　出典：英国CDC，WHO

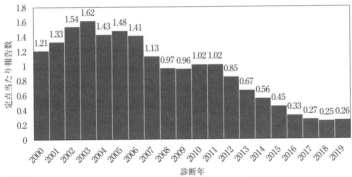

図1 薬剤耐性緑膿菌感染症の年別定点当たり報告数

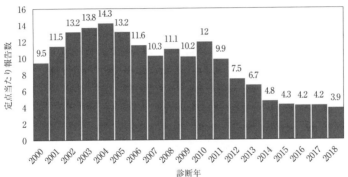

図2 ペニシリン耐性肺炎球菌感染症の年別定点当たり報告数

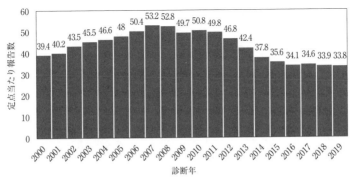

図3 メチシリン耐性黄色ブドウ球菌感染症の年別定点当たり報告数

8

ヒトの健康と
環境

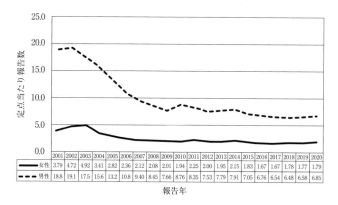

	2001	2002	2003	2004	2005	2006	2007	2008	2009	2010	2011	2012	2013	2014	2015	2016	2017	2018	2019	2020
女性	3.79	4.72	4.92	3.41	2.82	2.36	2.12	2.08	2.01	1.94	2.25	2.00	1.95	2.15	1.83	1.67	1.67	1.78	1.77	1.79
男性	18.8	19.1	17.5	15.6	13.2	10.8	9.40	8.45	7.66	8.76	8.35	7.53	7.79	7.91	7.05	6.76	6.54	6.48	6.58	6.85

報告年

図4　淋菌感染症の定点当たり報告数

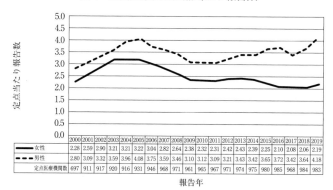

	2000	2001	2002	2003	2004	2005	2006	2007	2008	2009	2010	2011	2012	2013	2014	2015	2016	2017	2018	2019
女性	2.28	2.59	2.90	3.21	3.21	3.22	3.04	2.82	2.64	2.38	2.32	2.31	2.42	2.43	2.39	2.25	2.10	2.08	2.06	2.19
男性	2.80	3.09	3.32	3.59	3.96	4.08	3.75	3.59	3.46	3.10	3.12	3.09	3.21	3.43	3.42	3.65	3.72	3.42	3.64	4.18
定点医療機関数	697	911	917	920	916	931	946	968	971	961	965	967	971	974	975	980	985	968	984	983

報告年

図5　尖圭コンジローマの定点当たり報告数

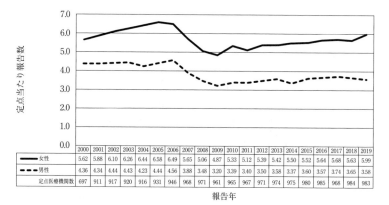

	2000	2001	2002	2003	2004	2005	2006	2007	2008	2009	2010	2011	2012	2013	2014	2015	2016	2017	2018	2019
女性	5.62	5.88	6.10	6.26	6.44	6.58	6.49	5.65	5.06	4.87	5.33	5.12	5.39	5.42	5.50	5.52	5.64	5.68	5.63	5.99
男性	4.36	4.34	4.44	4.43	4.23	4.44	4.56	3.88	3.48	3.20	3.39	3.40	3.50	3.58	3.37	3.60	3.57	3.74	3.65	3.58
定点医療機関数	697	911	917	920	916	931	946	968	971	961	965	967	971	974	975	980	985	968	984	983

報告年

図6　性器ヘルペスウイルス感染症の定点当たり報告数

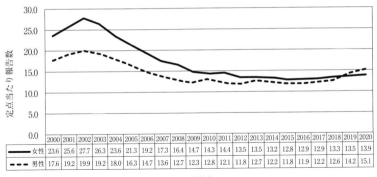

図7　性器クラミジア感染症の定点当たり報告数

	2000	2001	2002	2003	2004	2005	2006	2007	2008	2009	2010	2011	2012	2013	2014	2015	2016	2017	2018	2019	2020
女性	23.6	25.6	27.7	26.3	23.6	21.3	19.2	17.3	16.4	14.7	14.3	14.4	13.5	13.5	13.2	12.8	12.9	12.9	13.3	13.5	13.9
男性	17.6	19.2	19.9	19.2	18.0	16.3	14.7	13.6	12.7	12.3	12.8	12.1	11.8	12.7	12.2	11.8	11.9	12.2	12.6	14.2	15.1

報告年

*　患者数が多く，全数を把握する必要がない感染症は，都道府県が指定した医療機関（定点）からの報告により発生動向を把握している．

図1〜7の出典：国立感染症研究所"感染症発生動向調査".

ヒトの鳥インフルエンザＡ（H5N1）の発生状況

	2003〜2012		2013		2014		2015		2016		2017		2018		2019		2020		合計	
	症例	死亡	症例	死亡	症例	死亡	症例	死亡	症例	死亡	症例	死亡	症例	死亡	症例	死亡	症例	死亡	症例	死亡
アゼルバイジャン	8	5	0	0	0	0	0	0	0	0	0	0	0	0	0	0	0	0	8	5
バングラデシュ	6	0	1	1	0	0	1	0	0	0	0	0	0	0	0	0	0	0	8	1
カンボジア	21	19	26	14	9	4	0	0	0	0	0	0	0	0	0	0	0	0	56	37
カ　ナ　ダ	0	0	1	1	0	0	0	0	0	0	0	0	0	0	0	0	0	0	1	1
中　　　国	43	28	2	2	2	0	6	1	0	0	0	0	0	0	0	0	0	0	53	31
ジ ブ チ	1	0	0	0	0	0	0	0	0	0	0	0	0	0	0	0	0	0	1	0
エジプト	169	60	4	3	37	14	136	39	10	3	3	1	0	0	0	0	0	0	359	120
インドネシア	192	160	3	3	2	2	2	2	0	0	1	1	0	0	0	0	0	0	200	168
イ ラ ク	3	2	0	0	0	0	0	0	0	0	0	0	0	0	0	0	0	0	3	2
ラ オ ス	2	2	0	0	0	0	0	0	0	0	0	0	0	0	1	0	0	0	3	2
ミャンマー	1	0	0	0	0	0	0	0	0	0	0	0	0	0	0	0	0	0	1	0
ナイジェリア	1	1	0	0	0	0	0	0	0	0	0	0	0	0	0	0	0	0	1	1
パキスタン	3	1	0	0	0	0	0	0	0	0	0	0	0	0	0	0	0	0	3	1
タ　　イ	25	17	0	0	0	0	0	0	0	0	0	0	0	0	0	0	0	0	25	17
ト ル コ	12	4	0	0	0	0	0	0	0	0	0	0	0	0	0	0	0	0	12	4
ベトナム	123	61	2	1	2	2	0	0	0	0	0	0	0	0	0	0	0	0	127	64
ネパール	0	0	0	0	0	0	0	0	0	0	0	0	0	0	1	1	0	0	1	1
合　　　計	610	360	39	25	52	22	145	42	10	3	4	2	0	0	1	1	1	0	862	455

* 2021 年は発生報告なし（2023 年 4 月 25 日現在）

注：確定症例数は死亡例数を含む．また，WHO は検査で確定された症例のみ報告する．

8
ヒトの健康と環境

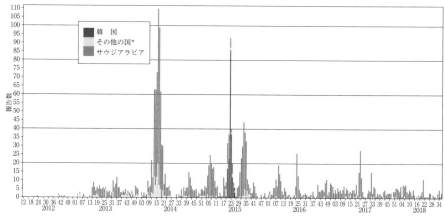

図8　MERS（中東呼吸器症候群）の発生状況

＊　その他の国：アメリカ，アラブ首長国連邦，アルジェリア，イエメン，イギリス，イタリア，イラ
ン，エジプト，オーストリア，オマーン，オランダ，カタール，ギリシャ，クウェート，タイ，チュニ
ジア，中国，ドイツ，トルコ，フィリピン，フランス，マレーシア，ヨルダン，レバノン．
注）2016年9月23日現在WHOに報告されている症例（$n=1\,806$）．
　現在調査中につき，報告数は変わる可能性がある．発症の開始週が不明な症例は推定週を使用している．
WHO："Middle East respiratory syndrome coronavirus（MERS-CoV）"．

<<< **Topic** <<<<<<<<<<<<<<<<<<<<<<<<<<<<<<

ジカウイルス感染症　―風土病のグローバル化―

　ジカウイルスは1947年に，ウガンダのジカの森にある研究所で発熱したアカゲザルから初めて分離された．このアカゲザルは，ウガンダ・ウイルス研究所の野外実験場で黄熱研究のために飼育されていたサルであった．その後，ナイジェリアやウガンダで発熱患者からジカウイルスが分離され，非致死性の発熱性疾患を引き起こすことが明らかになった．その病態は，発熱，発疹，関節痛，筋肉痛，頭痛などデング熱とよく似た症状を呈するが，総じて軽症である．ジカウイルスはフラビウイルス科フラビウイルス属のウイルスで，日本脳炎ウイルス，デングウイルス，ウエストナイルウイルス，黄熱ウイルスと近縁なウイルスである．

　このジカウイルス感染症はもともとアフリカでの風土病ともいえる感染症であったものが，グローバル化に伴って東南アジアに飛び火し，デング熱の流行拡大に隠れるように小流行を起こしていたが，2007年に太平洋の島しょ国ミクロネシアのヤップ島で流行が確認された．2013年10月にはフランス領ポリネシアで最初のジカ熱患者が確認され，流行は拡大し報告患者数は5万人以上に達した．このポリネシアの流行で，感染者にギラン・バレー症候群*が多発した．ポリネシアでの流行は，ニューカレドニア，クック諸島，イースター島に波及した．2015年南米に侵入したジカウイルスはブラジルやコロンビアなどで大きな流行を起こし，妊婦がジカウイルスに感染した場合に，胎児に小頭症など先天性障害を引き起こすことが明らかになった．

媒 介 蚊

　蚊が媒介する感染症として，日本には日本脳炎が存在するが，日本脳炎ウイルスの媒介蚊はコガタアカイエカというイエカ属の蚊である．日本脳炎は予防接種の普及で1992年以降，報告患者数は12人未満であるが，夏季には日本脳炎ウイルスはコガタアカイエカと増幅動物であるブタの間で感染環を形成し活発に活動している．日本では，ブタの日本脳炎抗体価を測定することでその活動をモニターしている（図1）．

　ジカウイルスの媒介蚊は，ネッタイシマカ，ヒトスジシマカといったヤブカ属（*Aedes*）の蚊である．これらの蚊は，デングウイルスやチクングニアウイルスの媒介蚊でもある．流行地によっては，ミクロネシアの流行では*Aedes henselli*が，ポリネシアの流行では*Aedes polynesiensis*が媒介したと考えられており，近縁の別種のヤブカが媒介した流行もあるが，基本的に媒介蚊はヤブカ属の蚊である．ヒトスジシマカやネッタイシマカは人間の住環境近くに生息することが多い．公園などの植え込み，低い灌木，草むらなどに生息する．産卵場所は，比較的小さな「たまり水」で，古タイヤ，植木鉢の受け皿，お墓の花生け，大きな木の樹洞，雨水升などである．

───────────────

＊　筋力が進行性に低下する自己免疫性疾患．70％の患者に明らかな何らかの先行感染が認められる．

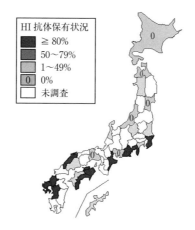

図1　ブタの日本脳炎ウイルス HI 抗体保有状況：2022 年
地図の色分けは調査期間中の抗体陽性率（HI 抗体価1：10 以上）の最高値を示す.
国立感染症研究所：感染症流行予測調査.

　ネッタイシマカは家の中にも生息し，家の中の冷蔵庫の下の水受け，花瓶，水瓶，飲料用の給水装置の水受け，水洗トイレの貯水タンクなどに産卵する．また，ベトナムやカンボジアのネッタイシマカは，約70％がピレスロイド系殺虫剤耐性となっており，媒介蚊対策に影響することが危惧される．ネッタイシマカは日本国内に生息しないが，ヒトスジシマカは北海道を除く国内で，夏季には活発に活動している．

ヒトスジシマカの分布域拡大

　ヒトスジシマカの分布域は 1950 年代と比較して，確実に北に拡大している（図2）．2000 年には宮城県から秋田市，能代市を含む秋田県の日本海沿岸がその北限となったが，2009 年には岩手県盛岡市で，2010 年には秋田県の八峰町で定着が確認された．ヒトスジシマカの定着とは，2 年続けて夏季に同じ場所で生息が確認され，それ以降の年も頻繁に観察されるようになった場合である．2016 年の夏には青森でもヒトスジシマカの定着が確認されて，それ以降，生息域は本州全域まで広がった．2022 年においては，北海道にヒトスジシマカが定着したという報告はない．ヒトスジシマカの定着地域と年平均気温11℃以上の地域がよく相関することがわかっている．

　世界的にもヒトスジシマカの生息域は拡大している．ヒトスジシマカの卵は乾燥に強く，アジアから欧米に輸出された古タイヤに付いていた卵が，輸出先で水を得ると孵化して成虫になる．その地域の年平均気温が11℃以上であれば定着することになる．実際に北アメリカの東部を中心にヒトスジシマカの分布域は拡大し，ヨーロッパでもイタリアのほぼ全域およびスペイン，フランスなどの地中海沿岸地域に定着している（図3）．

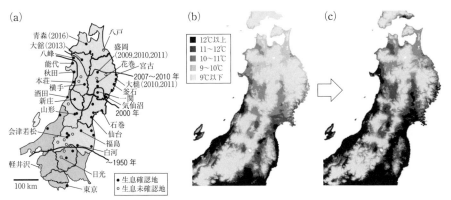

図2 ヒトスジシマカ分布域調査結果および
年平均気温から推定された分布可能域の拡大

(a)東北地方におけるヒトスジシマカの分布域の拡大（2020年現在）．●○は調査地を示す．(b)年平均
気温の平年値（1981～2010年の平均値）による分布域の予測．(c)2015年平均気温による分布可能域
の予測（定着に必要な温度は年平均気温11℃以上であると推定されている）．
提供：国立感染症研究所昆虫医科学部

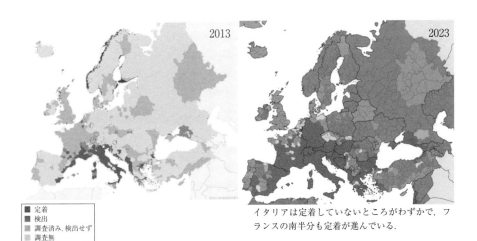

イタリアは定着していないところがわずかで，フ
ランスの南半分も定着が進んでいる．

図3 ヨーロッパにおけるヒトスジシマカの定着域

European Centre for Disease Prevention and Control

温暖化，都市化，グローバリゼーション

　ヒトスジシマカ，ネッタイシマカは人間の住環境近くで生息するヤブカである．その活動は，温暖化だけでなく，都市への人口集中や基盤整備によるところも大きい．ヒトスジシマカやネッタイシマカの産卵場所として重要である雨水升は，都市の基盤整備が未熟な時代や地域では生活用水も流れ込むなどの状況もあり，産卵場所として適さない状態であったが，都市の基盤整備が進み雨水以外の水が流れ込まないようになると最適な産卵場所となった．また，航空機による人の移動が活発になった現在，ヒトスジシマカ，ネッタイシマカを媒介として都市部や人口密集地で流行するジカ熱，デング熱，チクングニア熱などの流行が非流行地に拡大する可能性は高い．したがって，媒介蚊対策，ワクチン開発，治療薬の開発が重要である．　　　　　　　　　　【髙崎智彦】

8.3　放射線と健康影響

　放射線の健康への影響を考えるうえで放射線についてよく知ることが必要である. 放射線は医療に使われる場合を含めてわれわれの周囲に身近に存在するものでもある. 関連する単位としては, 人体が受けた影響の度合いを示す単位として Sv (シーベルト), 放射性物質が放射線を出す能力を表す単位として Bq (ベクレル) が使用される.

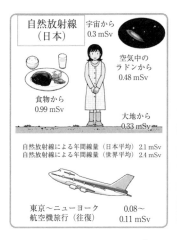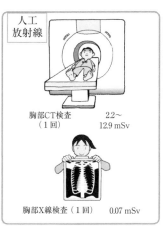

＊ mSv：ミリシーベルト　　　　図１　身のまわりの放射線
復興庁："放射線リスクに関する基礎的情報"（2023）をもとに作成.

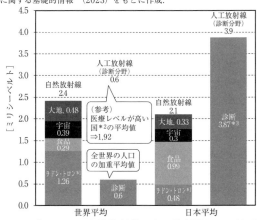

図２　日常における自然放射線と人工放射線からの被ばく

注）1.　これらの線量の平均値は限られた情報から求めた推定値であるので, 用いる情報や推定方法により異なる平均値が算出される可能性がある.
　　 2.　日本のデータには, 歯科検診, 核医学検診等も含む.
＊1　ラドン (²²²Rn) とトロン (²²⁰Rn) は天然に存在する放射性希ガス. 岩石や土壌などに含まれるウランやトリウムが壊変して大気中に散逸する.
＊2　人口 1000 人あたり少なくとも１名の医師を有するレベルの国として UNSCEAR が割り当てている国.
復興庁："放射線リスクに関する基礎的情報"（2023）をもとに作成.

8
ヒトの健康と環境

世界の自然放射線と被ばく線量

各国の自然放射線レベルに対する人口分布（外部被ばく，内部被ばくを含む）　　　　　　　　（単位：万人）

地　　域	国	実効線量（mSv/年）					
		1.5 未満	1.5～3.0	3.0～5.0	5.0～7.0	7.0～10.0	10 以上
東アジア	日　　本	6 021	6 455				
	中国（香港）		550	93	6	1	
	マレーシア	1 249	424				
北ヨーロッパ	デンマーク		360	130	25	8	2
	フィンランド	22	341	100	24	15	12
	リトアニア	168	162	36	4	2	1
西ヨーロッパ	ベルギー	28	780	184	22	5	3
	オランダ	1 402	148	8			
東ヨーロッパ	ブルガリア		704	184			
	ハンガリー	56	543	269	102	35	15
	ルーマニア		1 337	826	107		
	ロ シ ア	8 094	5 203	971	271	147	124
ヨーロッパ	アルバニア	5	270	60	15		
	イ タ リ ア	15	4 093	1 200	320	80	20
	ポルトガル	365	407	156	15		
割　　合		39%	48%	9%	2%	1%	1%

高自然放射線の地域例

地域／都市	屋外の平均空間線量（mSv/年）	地域の特徴
インド／ケララ，チェンナイ（旧マドラス）	9.2 (5.2～32.3)	モザナイト砂海岸地域
中国／広東省陽江	2.3	モザナイト砂海岸地域
イラン／ラムサール	4.7 (0.49～613)	泉　　水

注）1. 空間線量への換算には，0.7 Sv/グレイを使用.
　　2. 各地域の線量は，UNSCEAR が個別の文献等から引用しているものであり，時点が異なるなど厳密な地域間比較を行うことは適当ではない.
復興庁：“放射線リスクに関する基礎的情報”（2023）をもとに作成.

屋内ラドン濃度が高い地域例

国	屋内ラドン濃度（Bq/m³）	年間実効線量（mSv/年）
モンテネグロ	184	4.6
フィンランド	120	3
チ ェ コ	118	3
ルクセンブルク	110	2.7
スウェーデン	108	2.7

注）1. 屋内ラドン濃度は各国の平均値. トロンは含まない.
　　2. 年間実効線量は，UNSCEAR が採用している平衡係数 0.4, 居住係数 0.8, 線量換算係数「9 nSv/（Bq 時間/m³）」を適用して算出.

放射線の健康へのリスク

放射線と生活習慣によってがんになるリスク

放射線の線量（mSv/短時間 1 回）	がんの相対リスク* （倍）		生活習慣因子
1 000～2 000	1.8		
		1.6	喫煙者
		1.6	大量飲酒（毎日 3 合以上）
500～1 000	1.4		
		1.4	大量飲酒（毎日 2 合以上）
200～500	1.19	1.29	やせ（BMI＜19）
		1.22	肥満（BMI≧30）
		1.15～1.19	運動不足
		1.11～1.15	高塩分食品
100～200	1.08		
		1.06	野菜不足
		1.02～1.03	受動喫煙（非喫煙女性）
100 以下	検出不可能		

＊相対リスクとは，図にある生活習慣因子を持たない人に比べて持っている人ががんに罹る割合が何倍高いかという数値.
注）この表は，成人を対象にアンケートを実施した後，10 年間の追跡調査を行い，がんの発生率を調べたもの. たとえば，アンケート時に「タバコを吸っている」と回答した集団では，10 年間にがんに罹った人の割合が「吸っていない」と答えた集団の 1.6 倍であることを意味している.
復興庁：“放射線リスクに関する基礎的情報”（2023）をもとに作成.

<<< **Topic** <<<<<<<<<<<<<<<<<<<<<<<<<<<<<<<<

福島原発事故後の放射能汚染と現状

　2011 年 3 月 11 日に生じた東日本大震災は，地震に続いて津波，福島第一原子力発電所の事故（福島原発事故）が発生したことで，未曾有の災害になった．福島原発事故は放射性物質の拡散を引き起こし，大気中の汚染，さらには海洋の汚染も生じさせた．

放射性物質の放出

　下の表は，IAEA 報告書等での発表データから，福島事故とチョルノービリ（チェルノブイリ）事故の放射性核種の放出量を比較したものである．UNSCEAR 報告書の中では，（総）放出量について発表されている多くの推定値は概ね合致するものの不確かさを含むので注意が必要としたうえで，大気への放出量は，ヨウ素 131 は約 100〜500 PBq〔1 PBq（ペタベクレル）＝ 10^{15} Bq〕，セシウム 137 は 6〜20 PBq の範囲と推定されている．一方で海洋中に直接放出されたヨウ素 131 は 10〜20 PBq，セシウム 137 は 3〜6 PBq の範囲であると考えられている．〔UNSCEAR 報告書（2013）〕．

公衆の被ばく線量と健康影響

　福島県の避難区域地区，避難区域外における成人の事故後 1 年間の平均実効線量は UNSCEAR 報告書（2013）では約 1〜10 mSv と推定されていたが，2020／2021 年の報告書での推定は，より現実的な評価として，推定の不確かさは大きいとしながらも，それよりも低い推定値を提示している．福島県の住民における健康への悪影響については，福島第一原発事故による放射線被ばくに直接に起因すると文書に記述された報告はなく，線量推定値の評価からは，放射線が関連した将来の健康影響が識別できそうにない程度であると報告している〔UNSCEAR 報告書（2013），（2020／2021）〕．

福島事故とチョルノービリ事故の放射性物質放出量の比較

放出した放射性物質 【 】内は物理学的半減期	福島第一 原子力発電所	チョルノービリ 原子力発電所	チョルノービリ原子力発電所 ／福島第一原子力発電所
総放出量（ヨウ素換算）*1	77*2	〜520	〜6.8
ヨウ素 131【8 日】	16	180	11.3
セシウム 134【2 年】	1.8	〜4.7	〜2.6
セシウム 137【30 年】	1.5	〜8.5	〜5.7
ストロンチウム 90【29 年】	0.014	〜1.0	〜71
プルトニウム 239【2.4 万年】	0.000 000 32	0.0013	4.1×10^3

単位：京ベクレル（＝10^{16}Bq）
*1　ヨウ素 131 とセシウム 137 のみを対象にしている．〔例：180 京ベクレル ＋ 8.5 京ベクレル × 40（換算係数）
　　＝520 京ベクレル〕
*2　2012 年 2 月に原子力安全保安院（当時）から 48 京ベクレルという数字も報告されているが，現実に生じた事象かどうかは確定できていない仮定に基づく試算であるため，本資料では上記の数字を掲載．
復興庁：“放射線リスクに関する基礎的情報”（2023）をもとに作成．

環境放射線モニタリングと環境への影響

　福島県のホームページには，福島原発事故による放射性物質の影響のあった地域における空間線量率の変化を確認するために継続的にモニタリングを実施した結果が提示されている（図）．空間線量率が時間とともに減少していることがわかる．

　人間以外の生物相が受ける放射線被ばくの線量は管理することができないため，被ばく線量が潜在的に大きくなる個体が存在する可能性がある．生物相の集団や生態系への放射線による影響について評価手法を改善して理解を深めることで生物相に対する放射線被ばくの影響に関する知見を強固にする必要があること，また環境中への放射性核種の大規模な放出が発生した後には，農業，林業，漁業および観光業の持続可能性と天然資源利用の持続可能性を確かなものにするために統合的な視点を採る必要があることが，IAEA報告書〔福島第一原子力発電所事故・事務局長報告書（2015）〕で述べられている．福島原発事故後の動植物に関する影響評価には多くの潜在的なストレス要因を検討することが必要で放射線は多くのストレス要因のうちの1つであること，また環境中での長寿命放射性核種の集積と蓄積の可能性とこれが複数の世代にわたってどのように動植物に影響し得るかも検討する必要があることを同報告書では指摘している．

　一方で，福島第一原発での燃料デブリを冷やした水など（汚染水）を処理した水（処理水）のタンクでの保存が満杯になる見込みを踏まえ，IAEAも技術的に実現可能としている海洋放出も実施されようとしている．

　今後も地域の線量評価や農産物，水産物のモニタリングを行い，状況をきめ細かく精査していく必要がある*.　　　　　　　　　　　　　　　　　　　　　　　【中島徹夫】

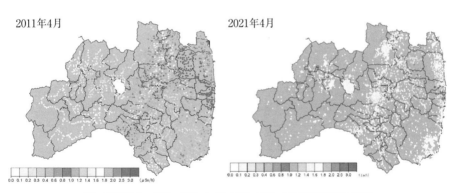

2011年4月　　　　　　　　　　　　　2021年4月

図　事故後1ヵ月後（左）と10年後（右）の空間線量率の状況

福島県：“福島県放射能測定マップ”（2023）．

＊　農林水産省：“食品中の放射性物質について知りたい方へ（消費者向け情報）”

9 物質循環

9.1 生物圏の生物と物質循環

9.1.1 地球上での一次生産者（植物）の生物量と純一次生産速度

　地球上のどの地域にどのような規模の植生があり，またどのくらいの生物生産があるかに関しては，古くから現地調査を基に推定がなされており，これらの推定値は生物が駆動する炭素や窒素の循環の基礎データとして重要である．なお，植物に関しては衛星によるクロロフィルの測定が可能になってから，その生物量や生産速度に関するデータの精度は大きく向上した．

生　態　系	面積 ($10^{12}m^2$)	一次生産速度 ($10^{15}gC/$年)	生　態　系	一次生産速度 ($10^{15}gC/$年)
陸　域			**陸　域**	
熱帯雨林と湿潤林	10.4	8.3	熱帯雨林	17.8
熱帯乾燥林	7.7	4.8	広葉落葉樹林	1.5
温帯林	9.2	6	広葉と針葉の混合林	3.1
寒帯林	15	6.4	サバンナ	16.8
熱帯低木林とサバンナ	24.6	11.1	針葉常緑樹林	3.1
温帯ステップ	15.1	4.9	針葉落葉樹林	1.4
砂　漠	18.2	1.4	多年性草原	2.4
ツンドラ	11	1.4	広葉灌木	1
湿　地	2.9	3.8	ツンドラ	1
耕　地	15.9	12.1	砂　漠	0.5
岩およびアイス	15.2	0	耕　地	8
陸域総計	145.2	60.2	合　　計	56.4
海　洋			**海　洋**	
外洋域	326	42	熱帯・亜熱帯域	13
沿岸域	36	9	温帯域	16.3
湧昇域	0.36	0.15	極域	6.4
			沿岸域	10.7
			塩性湿地・汽水域・海藻・海草	1.2
			サンゴ礁	0.7
海洋総計	362.36	51.15	合　　計	48.3

陸域生態系：Houghton and Skole（1990）.　　　　Geider ほか（2001）.
海洋生態系：Martin ほか（1987）.

9.1.2 地球上での植物と動物の生物量

生　態　系	面　積 ($10^{12}m^2$)	植物量 (kg乾重$/m^2$)	植物の全生物量 (10^9乾重 t)	動物の全生物量 (10^6乾重 t)
陸　域				
熱帯雨林	17.0	45	765	330
熱帯季節林	7.5	35	260	90
温帯常緑林	5.0	35	175	50
温帯落葉樹林	7.0	30	210	110
北方針葉樹林	12.0	20	240	57
疎林と低木林	8.5	6	50	45
サバンナ	15.0	4	60	220
温帯イネ科草原	9.0	1.6	14	60
ツンドラと高山荒原	8.0	0.6	5	3.5
砂漠と半砂漠	18.0	0.7	13	8
岩質・砂質砂漠と氷原	24.0	0.02	0.5	0.02
耕　地	14.0	1	14	6
沼沢と湿地	2.0	15	30	20
湖沼と河川	2.0	0.02	0.05	10
陸域総計	149	12.3	1 837	1 010
海　洋				
外洋域	332.0	0.003	1.0	800
湧昇域	0.4	0.02	0.008	4
大陸棚	26.6	0.01	0.27	160
藻場とサンゴ礁	0.6	2	1.2	12
入り江	1.4	1	1.4	21
海洋総計	361	0.01	3.878	997

Whittaker and Likens（1973），Woodwell and Pecan（1973）.

9.1.3　地球上での各生態系における分類別の生物量

陸域生態系		海域生態系		地球深部地下生態系	
分類群	生物量	分類群	生物量	分類群	生物量
	(Gt C)		(Gt C)		(Gt C)
植物	450	海洋細菌	1.3	陸域深部地下細菌	60
土壌菌類	12	海洋原生生物	2	海域深部地下細菌	7
土壌細菌	7	海洋節足動物	1	陸域深部地下古細菌	4
陸域原生動物	1.6	魚類	0.7	海域深部地下古細菌	3
土壌古細菌	0.5	海洋菌類	0.3		
陸域節足動物	0.2	海洋古細菌	0.3		
環形動物	0.2	海洋軟体動物	0.2		
家畜	0.1	刺胞動物	0.1		
人類	0.06	海洋線虫類	0.01		
野生哺乳類	0.007				
陸域線虫類	0.006				
野生鳥類	0.002				
合計*	470		6		70

＊　有効数字を考慮して算出した値である
Y. M. Bar-On, R. Phillips, R. Milo（2018）PNAS.

9.1.4　地球表層（生物圏）における炭素の循環

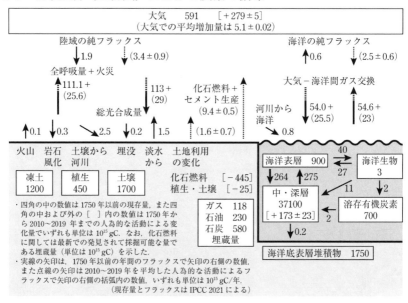

9.1.5 地球表層（生物圏）における窒素の循環

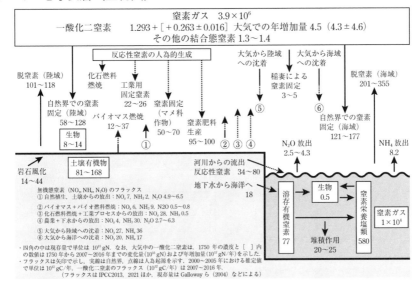

9.1.6 地球表層（生物圏）におけるリンの循環

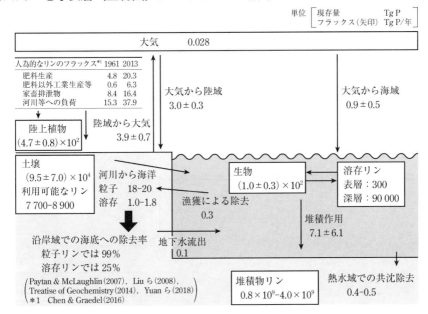

9

物質循環

9.1.7　地球表層（生物圏）におけるケイ素の循環

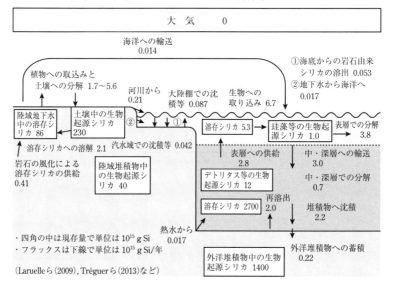

9.1.8　地球表層（生物圏）における硫黄の循環

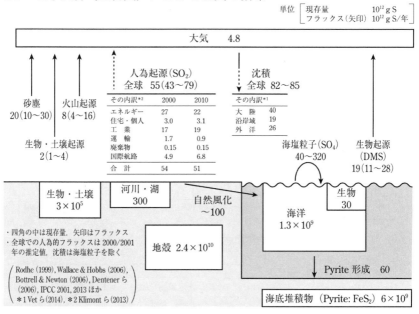

9.2 無機圏における物質循環

9.2.1 河川水質に影響を与える大気・海洋・地殻中の化学物質

大気中の化学物質 (単位：10^{-9} g/m³)

	ナトリウム Na^+	カリウム K^+	アンモニア NH_4^+	塩素 Cl^-	硝酸 NO_3^-	硫酸 SO_4^{2-}	硫酸メチル $CH_3SO_4^-$
自由大気	51.00	13.00	8.00	69.00	3.00	22.00	0.91
割合(%)	26.2	6.7	4.1	35.4	1.5	11.3	0.5
森林上空	162.00	20.00	105.00	74.00	13.00	256.00	27.00
割合(%)	18.9	2.3	12.3	8.6	1.5	29.9	3.2

	リン酸 PO_4^{3-}	フッ素 F^-	シュウ酸 $C_2O_4^{2-}$	ギ酸 $HCOO^-$	酢酸 CH_3COO^-	計
自由大気	20.00	0.74	4.00	1.00	2.00	194.65
割合(%)	10.3	0.4	2.1	0.5	1.0	100.0
森林上空	157.00	5.10	25.00	0.50	11.00	855.60
割合(%)	18.3	0.6	2.9	0.1	1.3	100.0

海水中の化学物質 (単位：mg/kg)

	Na^+	K^+	Mg^{2+}	Ca^{2+}	Cl^-	SO_4^{2-}	HCO_3^-	計
化学物質量	10 762.0	399.0	1 293.0	411.0	19 353.0	2 709.0	142.0	35 069.0
割合(%)	30.7	1.1	3.7	1.2	55.2	7.7	0.4	100.0

地殻中の化学物質 （%）

	SiO_2	Na_2O	K_2O	MgO	CaO	FeO	Al_2O_3	TiO_2	計
Poldervaart（1955）	55.2	2.9	1.9	5.2	8.8	8.6	15.3	1.6	99.6
Taylor（1964）	60.5	3.2	2.5	3.9	5.8	7.2	15.6	1.0	99.7
Clarke&Washington（1924）	59.1	3.7	3.1	3.5	5.1	6.8	15.2	1.0	97.5

小野ほか（1975），Smith（1976），Summerfield（1991），大森博雄（1993）などによる.

9.2.2 河川水中の化学物質と供給源

(単位：mg/kg＝ppm)

	SiO_2	Na^+	K^+	Mg^{2+}	Ca^{2+}	Cl^-	SO_4^{2-}	HCO_3^-	計
化学物質量	10.4	7.4	1.4	3.6	13.5	9.6	8.8	52.1	106.8
割合(%)	9.7	6.9	1.3	3.4	12.6	9.0	8.2	48.8	100.0
大気からの供給量	0.0	0.0	0.0	0.0	0.0	0.0	0.0	29.7	29.7
地殻から供給量	10.4	3.5	0.2	3.1	13.2	2.7	7.1	22.4	62.6
雨水から供給量	0.0	3.9	1.2	0.5	0.3	6.9	1.7	0.0	14.5
計	10.4	7.4	1.4	3.6	13.5	9.6	8.8	52.1	106.8

Smith（1976），Summerfield（1991），大森博雄（1993）による.

9

物質循環

9.2.3　河川による海水中への化学物質の供給量と供給年数*

海水中の化学物質	Na$^+$	K$^+$	Mg^{2+}	Ca^{2+}	Cl$^-$	SO$_4{}^{2-}$	HCO$_3{}^-$	計
海水中の溶存化学物質濃度(mg/kg)	10 762.0	399.0	1 293.0	411.0	19 353.0	2 709.0	142.0	35 069.0
溶存化学物質量(Gt)	14 819 274	549 423	1 780 461	565 947	26 649 081	3 730 293	195 534	48 290 013
河川からの年流入量(kt)	177 600	33 600	86 400	324 000	230 400	211 200	1 250 400	2 313 600
河川からの供給年数(百万年)	83.4	16.4	20.6	1.7	115.7	17.7	0.2	20.9

　＊　(溶存化学物質量)／(河川からの年間流入量) より計算.
　　海水の全量：1 377 000 兆 m^3
　　河川水の年間流量：24 兆 m^3
　　陸地から流出する土砂量：200 億 t
　　Smith (1976), Summerfield (1991), 大森博雄 (1993) による.

9.2.4　世界のおもな河川の侵蝕（侵食）速度

河　川　名	地域・国	侵蝕速度	河　川　名	地域・国	侵蝕速度
寒冷・乾燥地域（更新世永久凍土地帯）			**温暖・乾燥地域**（半乾燥・乾燥地帯）		
マッケンジー川	カナダ北部	30	ウラル川	カザフスタン南部	13
スレーブ川	カナダ北部	12	チグリス川	イ　ラ　ク	0.05
サスカチェワン川	カナダ北部	5	ユーフラテス川	イ　ラ　ク	6
（サスカチュワン川）			インダス川	パキスタン	182
ユーコン川	アラスカ	16	黄　　　河	中国北部	1160
インジギルカ川	ロシア北東部	14	ホワイト川	アメリカ南西部	59
ヤ　ナ　川	ロシア北東部	6	オレンジ川	ボツワナ	56
レ　ナ　川	ロシア北東部	18	マレー川	オーストラリア	12
寒冷・乾燥地域（中緯度大陸森林地帯）			（マーレー川）	南東部	
アムール川	ロシア南東部	24	**熱帯・乾燥地域**		
エニセイ川	ロシア中北部	15	ナイル川	エジプト	13
オ　ビ　川	ロシア中北部	29	青ナイル川	スーダン	15
北ドヴィナ川	ロシア北西部	18	シャリ川	チャド	3
ボルガ川	ロシア北西部	21	ロゴン川	チャド	13
ドニエプル川	ウクライナ	8	ザンベジ川	モザンビーク	30
セントローレンス川	カナダ南東部	18	パラナ川	アルゼンチン	32
ミズーリ川	アメリカ中部	55	ウルグアイ川	ウルグアイ	14
オハイオ川	アメリカ中部	85	**熱帯・湿潤地域**		
コロンビア川	アメリカ北西部	14	コンゴ川	ザイール	22
温暖・湿潤地域（中緯度海岸森林地帯）			ソンコイ川	ベトナム北部	431
西ドヴィナ川	ロシア西部	12	メコン川	ベトナム南部	174
テムズ川	イギリス	17	チャオプラヤ川	タ　　イ	42
ライン川	オランダ	32	エーヤワデイ川	ミャンマー	328
セーヌ川	フランス	18	ダモダル川	インド東部	560
サバンナ川	アメリカ南東部	50	マハナジ川	インド東部	187
ミシシッピ川	アメリカ南部	59	オリノコ川	ベネズエラ	36
長　　　江	中国中東部	216	アマゾン川	ブラジル	58

　侵蝕速度：河川流域からの土砂流出量（単位：m^3/km^2/年）
　侵蝕速度は同じ地域でも流域の地形や気候によって大きく異なる. また, 河口部における浮流物質によっ
て計測されているものが多い.
　Ohmori (1983), Summerfield (1991), 大森博雄 (1993) などによる.

10 産業・生活環境

10.1 エネルギー

　世界のエネルギー消費は，経済成長や人口増加に伴って1971〜2020年の間に約2.3倍へ（COVID-19パンデミックの影響を受けない1971〜2019年では約2.4倍へ）増加した．一方，日本のエネルギー消費は2005年前後をピークに減少傾向にある．

　石油，天然ガス，石炭を総称して化石燃料と呼ぶ．エネルギー消費に占める化石燃料の比率は依然として高い状況にある．化石燃料比率は，世界平均で80%（2020年）である．日本は福島第一原子力発電所事故に伴う原子力の稼働率低下によって化石燃料比率が上昇し2020年時点で89%となっている．

　エネルギーは，われわれの経済・社会活動にとって欠くことのできない非常に重要な

世界の人口・GDP

年	人口 (100万人)	GDP (MER) (10億 US $)		年	人口 (100万人)	GDP (MER) (10億 US $)	
		名 目	実 質*			名 目	実 質*
1960	3 032	1 392	10 903	1991	5 383	23 763	36 482
1961	3 073	1 449	11 316	1992	5 470	25 410	37 237
1962	3 127	1 551	11 918	1993	5 557	25 826	37 910
1963	3 194	1 672	12 536	1994	5 642	27 877	39 163
1964	3 261	1 830	13 358	1995	5 727	31 048	40 374
1965	3 328	1 994	14 099	1996	5 812	31 742	41 825
1966	3 399	2 164	14 905	1997	5 896	31 628	43 447
1967	3 468	2 303	15 524	1998	5 980	31 546	44 671
1968	3 540	2 485	16 446	1999	6 062	32 745	46 258
1969	3 615	2 741	17 402	2000	6 144	33 840	48 347
1970	3 690	2 997	18 093	2001	6 226	33 624	49 318
1971	3 768	3 311	18 867	2002	6 308	34 918	50 455
1972	3 844	3 817	19 926	2003	6 389	39 152	52 024
1973	3 920	4 657	21 203	2004	6 471	44 124	54 350
1974	3 996	5 368	21 584	2005	6 553	47 784	56 527
1975	4 070	5 979	21 721	2006	6 635	51 780	59 025
1976	4 143	6 499	22 872	2007	6 718	58 349	61 612
1977	4 216	7 351	23 810	2008	6 801	64 121	62 887
1978	4 290	8 657	24 795	2009	6 885	60 804	62 043
1979	4 366	10 054	25 831	2010	6 970	66 606	64 860
1980	4 442	11 337	26 315	2011	7 054	73 857	67 007
1981	4 521	11 728	26 824	2012	7 141	75 500	68 822
1982	4 603	11 610	26 929	2013	7 229	77 606	70 755
1983	4 685	11 840	27 643	2014	7 318	79 733	72 942
1984	4 767	12 272	28 935	2015	7 405	75 186	75 186
1985	4 850	12 862	30 005	2016	7 492	76 469	77 296
1986	4 936	15 208	31 038	2017	7 578	81 409	79 913
1987	5 024	17 310	32 197	2018	7 662	86 467	82 540
1988	5 113	19 341	33 690	2019	7 743	87 654	84 679
1989	5 203	20 197	34 955	2020	7 821	85 116	82 041
1990	5 294	22 784	35 957	2021	7 888	96 527	86 860

＊　実質GDPはある基準年（本表では2015年）比での物価変動の影響を取り除いた価格に基づく．名目GDP，実質GDPともに市場為替レート（MER）換算．
World Bank：World Development Indicators（2023）．

10

産業・生活環境

資源である. とくに, 経済成長（GDP）とエネルギー供給量はこれまでのところ密接な関係が見られる. 過去約50年間（1971〜2021年）の間に, 名目GDPは約29倍へ（実質GDPは約4.6倍へ）増加し, 世界の一次エネルギー供給量は約3.0倍へ増加した.

化石燃料の資源量は有限であり, そのため枯渇性資源とも呼ばれる. ただし, 在来型の石油や天然ガスのみに注目しても, 将来商業的に生産可能な可採埋蔵量, さらに現在は商業的には生産できないものの追加されうる資源量が, 比較的大きな量と推定されている（とくに天然ガスの場合）. また, 石炭の追加されうる資源量も膨大である.

シェールガス, シェールオイルは, 従来, 生産が技術的に難しいとされてきた非在来型資源である. ただし, その後の技術革新により北米を中心に商業的な生産が拡大している. 非在来型天然ガスの可採埋蔵量, 追加されうる資源量は在来型天然ガスと比較し, かなり大きい.

世界の化石燃料の資源量   （単位：石油換算10億t）

	2005年までの累積生産量	2005年の生産量	可採埋蔵量[*3]	追加されうる資源量[*4]
在来型石油	145	3.5	117〜182	100〜147
非在来型石油[*1]	12	0.5	90〜134	269〜353
在来型天然ガス	74	2.1	119〜170	172〜213
非在来型天然ガス[*2]	3	0.2	480〜1 603	960〜2 912
石　炭	89	3.0	413〜502	6 950〜10 390

＊1　従来から開発対象とされ商業生産されてきた在来型石油とは異なり, 従来の技術では採掘できない石油. 具体的にはオイルサンド・重質油・超重質油・シェールオイルなど.
＊2　具体的にはシェールガス・炭層メタン・タイトサンドガス・地球深層ガス・水溶性ガス・メタンハイドレートなど.
＊3　存在が確認され商業的に生産可能な量（可採埋蔵量と過去の累積生産量を合わせたものを埋蔵量と呼ぶ）.
＊4　上記「＊3」とは別に追加されうる推定資源量（商業的に生産できない）.
IIASA：Global Energy Assessment 2012, Chapter 7.

世界全体の一次エネルギー供給量の推移を燃料種別にみると, 化石燃料（石炭, 石油, 天然ガス）が多く用いられてきた. 石油は長期にわたり最も消費量の大きい燃料である. ただし二度の石油危機（1970年代）以降, 天然ガスや原子力の利用も拡大してきた. 近年では, 地球温暖化問題への懸念などにより, 二酸化炭素を排出しない再生可能エネルギー（バイオ燃料, 太陽光, 風力, その他）の増加も目立ち, 総発電電力量に占める比率は2020年では28%となっている.

世界の一次エネルギー供給量（燃料種別） （単位：石油換算 100 万 t）

年	石 炭	石 油	天然ガス	原子力*1	水力*1	バイオ燃料*2 廃棄物	地熱太陽光風力その他	合 計
1971	1 437	2 437	893	29	104	600	4	5 504
1972	1 447	2 619	942	40	109	612	5	5 773
1973	1 496	2 818	977	53	110	624	6	6 084
1974	1 502	2 779	1 003	71	122	637	6	6 120
1975	1 534	2 755	999	100	124	647	7	6 165
1976	1 597	2 941	1 058	114	123	661	8	6 503
1977	1 645	3 059	1 082	139	127	675	8	6 735
1978	1 693	3 174	1 132	162	138	690	8	6 996
1979	1 762	3 214	1 204	169	145	705	10	7 208
1980	1 783	3 105	1 231	185	148	719	12	7 185
1981	1 802	2 968	1 241	219	151	732	14	7 127
1982	1 827	2 904	1 245	236	155	750	15	7 131
1983	1 867	2 863	1 268	269	162	766	17	7 211
1984	1 936	2 897	1 359	326	167	792	19	7 496
1985	2 006	2 903	1 409	387	170	806	21	7 702
1986	2 022	2 980	1 431	416	173	818	24	7 863
1987	2 100	3 055	1 511	451	173	841	26	8 157
1988	2 164	3 154	1 575	490	179	851	27	8 441
1989	2 161	3 205	1 639	503	178	866	32	8 585
1990	2 215	3 240	1 662	526	184	883	37	8 747
1991	2 156	3 253	1 719	550	190	898	37	8 803
1992	2 118	3 271	1 721	554	190	915	39	8 809
1993	2 127	3 289	1 752	571	201	918	40	8 898
1994	2 146	3 311	1 752	585	203	931	42	8 968
1995	2 203	3 378	1 803	608	213	948	43	9 196
1996	2 239	3 465	1 867	630	216	963	45	9 428
1997	2 221	3 554	1 888	624	218	974	46	9 527
1998	2 214	3 567	1 905	638	219	980	49	9 573
1999	2 224	3 643	1 991	660	220	994	54	9 787
2000	2 312	3 684	2 067	675	225	997	60	10 022
2001	2 347	3 719	2 081	688	220	990	62	10 108
2002	2 427	3 760	2 147	694	226	1 008	59	10 323
2003	2 612	3 843	2 228	687	227	1 029	63	10 689
2004	2 822	3 981	2 289	714	242	1 050	67	11 166
2005	2 987	4 020	2 355	722	252	1 070	70	11 478
2006	3 168	4 071	2 413	728	261	1 095	75	11 812
2007	3 335	4 107	2 518	709	265	1 115	82	12 133
2008	3 380	4 096	2 584	713	276	1 135	89	12 274
2009	3 378	4 019	2 533	703	281	1 140	100	12 156
2010	3 650	4 148	2 732	719	297	1 177	110	12 833
2011	3 819	4 151	2 781	673	302	1 180	127	13 035
2012	3 852	4 197	2 837	642	316	1 211	141	13 197
2013	3 900	4 213	2 896	647	327	1 240	164	13 391
2014	3 948	4 293	2 896	661	334	1 252	182	13 569
2015	3 837	4 360	2 921	670	335	1 256	204	13 586
2016	3 724	4 423	3 022	680	347	1 277	227	13 702
2017	3 786	4 507	3 099	687	350	1 303	260	13 994
2018	3 865	4 519	3 270	707	361	1 336	291	14 351
2019	3 850	4 541	3 347	727	364	1 365	321	14 519
2020	3 739	4 118	3 306	697	373	1 374	354	13 963

＊1 一次エネルギーへの換算値はそれぞれ異なる．たとえば，原子力は33％，水力，太陽光，風力は
　　100％にて換算している．

＊2 非商用バイオマスも一部含む．

IEA：World Energy Balances（2022）.

10

産業・生活環境

　世界の一次エネルギー供給量を地域別にみると，20 世紀には OECD 加盟国を中心に増加してきた．2000 年以降は，経済発展が著しいアジア地域での供給量が急激に拡大する一方，OECD 加盟国での供給量は頭打ち傾向がみられる．OECD 非加盟のアジア地域等におけるエネルギー需要の増大が大きな要因であるが，OECD 加盟国から OECD 非加盟のアジア地域等へとエネルギー多消費の産業（鉄鋼・化学等）が移転していることも理由の 1 つである．

世界の一次エネルギー供給量（地域別） （単位：石油換算 100 万 t）

年	OECD 加盟国			OECD 非加盟国					国際海運・空運	合計
	北中南アメリカ	ヨーロッパ	アジア太平洋	北中南アメリカ	ヨーロッパユーラシア	アジア	中東	アフリカ		
1971	1 795	1 243	349	175	854	686	41	194	167	5 504
1972	1 891	1 297	371	182	898	716	42	201	175	5 773
1973	1 965	1 376	415	196	943	746	51	210	184	6 084
1974	1 933	1 358	419	207	989	768	56	217	174	6 120
1975	1 903	1 326	405	210	1 043	827	61	226	164	6 165
1976	2 026	1 411	429	219	1 086	860	70	235	168	6 503
1977	2 096	1 421	444	230	1 128	922	77	245	173	6 735
1978	2 163	1 469	450	240	1 175	983	85	256	176	6 996
1979	2 175	1 530	477	250	1 213	1 013	103	266	182	7 208
1980	2 120	1 494	472	258	1 240	1 027	113	280	179	7 185
1981	2 073	1 449	464	254	1 254	1 039	133	290	171	7 127
1982	1 997	1 426	470	257	1 284	1 074	150	311	163	7 131
1983	1 992	1 435	471	263	1 304	1 117	151	320	158	7 211
1984	2 079	1 472	503	270	1 345	1 173	159	333	162	7 496
1985	2 107	1 530	508	274	1 387	1 213	169	344	171	7 702
1986	2 106	1 557	522	284	1 415	1 264	174	356	184	7 863
1987	2 195	1 592	536	294	1 471	1 323	189	369	188	8 157
1988	2 280	1 602	573	298	1 511	1 396	207	377	197	8 441
1989	2 320	1 614	599	302	1 498	1 443	225	381	202	8 585
1990	2 290	1 644	640	303	1 514	1 552	211	391	203	8 747
1991	2 312	1 664	651	307	1 478	1 559	225	402	205	8 803
1992	2 359	1 634	675	315	1 334	1 617	252	406	216	8 809
1993	2 404	1 637	698	315	1 238	1 701	274	418	214	8 898
1994	2 454	1 632	731	337	1 091	1 776	298	426	222	8 968
1995	2 481	1 679	759	344	1 058	1 896	305	444	231	9 196
1996	2 537	1 740	789	362	1 034	1 961	310	458	237	9 428
1997	2 569	1 733	812	376	990	2 000	331	471	246	9 527
1998	2 592	1 749	791	391	967	2 014	335	480	253	9 573
1999	2 660	1 742	818	404	974	2 081	349	492	266	9 787
2000	2 731	1 759	846	406	988	2 158	363	496	275	10 022
2001	2 688	1 793	838	403	995	2 220	396	509	265	10 108
2002	2 717	1 792	853	419	1 002	2 329	416	517	277	10 323
2003	2 747	1 836	855	425	1 041	2 543	420	542	279	10 689
2004	2 806	1 858	879	443	1 058	2 806	440	571	304	11 166
2005	2 830	1 867	878	456	1 060	3 002	476	590	318	11 478
2006	2 818	1 884	888	471	1 090	3 215	503	606	335	11 812
2007	2 859	1 859	896	494	1 100	3 416	530	629	351	12 133
2008	2 794	1 857	888	509	1 122	3 519	575	656	353	12 274
2009	2 668	1 761	869	494	1 034	3 723	598	673	337	12 156
2010	2 720	1 835	917	543	1 112	4 034	626	688	359	12 833
2011	2 708	1 771	891	545	1 148	4 253	640	716	364	13 035
2012	2 678	1 768	883	563	1 142	4 407	674	732	350	13 197
2013	2 733	1 755	886	586	1 113	4 540	679	747	352	13 391
2014	2 759	1 689	875	590	1 085	4 700	723	784	364	13 569
2015	2 731	1 716	874	586	1 048	4 733	738	778	382	13 586
2016	2 723	1 730	879	571	1 080	4 769	756	800	395	13 702
2017	2 722	1 761	883	572	1 098	4 954	779	811	415	13 994
2018	2 790	1 746	877	554	1 167	5 188	784	821	424	14 351
2019	2 794	1 716	865	554	1 163	5 368	789	847	423	14 519
2020	2 581	1 607	833	519	1 133	5 391	771	830	297	13 963

注）1971 年より後に OECD に加盟した国も全期間で加盟国に分類．
IEA：World Energy Balances（2022）.

日本の一次エネルギー供給量に占める石油の比率（石油依存度）は 1960 年に 34% であったが，第一次石油危機が発生した 1973 年には 78% に達した．それ以降は，天然ガスや原子力などの多様化を進め，1986 年には石油依存度が 56% まで低下した．しかし 2011 年の福島原子力発電所事故の影響により原子力の稼働が低下し，2012 年から 2017 年にかけて再び石油を含む化石燃料比率が 90% 台に上昇した．2018 年に 9 基の原子力発電所が再稼働したこともあり，2020 年の化石燃料依存度は 89% となっている．日本においても総発電電力量に占める再生可能エネルギーの比率は増大しており，2021 年では 25% となっている．

日本の一次エネルギー供給量（燃料種別）

（単位：石油換算 100 万 t）

年	石 炭	石 油	天然ガス	原子力	水 力	バイオ燃料廃棄物	地熱太陽光風力その他	合 計
1970	62	184	3	1	6	0	0	257
1971	56	199	3	2	7	0	0	268
1972	55	218	3	2	7	0	0	286
1973	58	249	5	3	6	0	0	320
1974	62	242	7	5	7	0	0	322
1975	57	226	8	7	7	0	0	305
1976	56	243	9	9	7	0	0	324
1977	53	251	11	8	6	0	0	330
1978	47	249	16	15	6	0	1	333
1979	51	257	19	18	7	0	1	353
1980	60	234	21	22	8	0	1	345
1981*	66	217	22	23	8	0	1	337
1982*	64	211	23	27	7	4	1	336
1983	62	209	24	30	7	4	1	337
1984	69	213	33	35	6	4	1	362
1985	73	201	35	42	7	5	1	363
1986	69	206	36	44	7	5	1	367
1987	67	207	36	49	6	5	1	372
1988	75	224	38	47	8	5	1	398
1989	75	235	41	48	8	5	1	413
1990	77	249	44	53	8	4	3	437
1991	79	245	46	56	8	4	3	441
1992	76	255	48	58	7	4	3	451
1993	77	249	49	65	8	4	3	454
1994	81	263	52	70	6	4	3	479
1995	84	263	53	76	7	4	4	491
1996	86	265	56	79	7	5	5	502
1997	89	260	59	83	7	5	5	507
1998	83	251	60	87	8	5	4	498
1999	89	255	63	82	7	5	4	506
2000	97	253	66	84	7	5	4	516
2001	99	243	66	83	7	5	4	507
2002	103	245	66	77	7	6	4	509
2003	106	247	71	63	8	6	4	505
2004	116	243	71	74	8	7	4	522
2005	110	241	71	79	7	8	4	520
2006	112	232	77	79	8	8	4	520
2007	117	227	83	69	6	9	4	515
2008	114	212	83	67	7	9	3	495
2009	102	199	82	73	7	9	4	475
2010	115	201	86	75	7	11	3	500
2011	108	206	100	27	7	12	4	463
2012	113	208	104	4	7	12	4	451
2013	122	201	105	2	7	13	4	455
2014	118	191	106	0	7	12	5	439
2015	119	184	100	2	7	13	6	432
2016	116	177	103	5	7	13	7	429
2017	116	177	100	9	7	15	8	431
2018	114	166	96	17	7	16	9	424
2019	112	161	92	17	7	16	9	413
2020	102	148	92	10	7	15	10	385
2021	104	156	90	18	7	16	11	402

* 1981 年までと 1982 年以降は統計上の手法変更に伴いバイオ燃料・廃棄物で不連続となっている．
IEA：World Energy Balances（2022）.

10

産業・生活環境

世界の発電電力量（電源別）　　〔単位：10億 kWh（発電端）〕

年	石　炭	石　油	天然ガス	原子力	水　力	バイオ燃料廃棄物	太陽光	風　力	地熱その他	合　計
1971	2 100	1 108	696	111	1 205	31	0	0	5	5 256
1972	2 184	1 319	737	152	1 267	31	0	0	6	5 697
1973	2 339	1 523	742	203	1 283	32	0	0	7	6 130
1974	2 292	1 477	781	273	1 422	33	0	0	8	6 286
1975	2 377	1 462	806	384	1 445	36	0	0	9	6 518
1976	2 600	1 631	827	441	1 433	38	0	0	9	6 979
1977	2 697	1 684	857	537	1 481	39	0	0	9	7 304
1978	2 769	1 760	889	626	1 601	40	0	0	9	7 693
1979	2 947	1 728	962	649	1 685	42	0	0	11	8 024
1980	3 134	1 661	998	713	1 717	44	0	0	14	8 282
1981	3 178	1 588	1 026	842	1 758	45	0	0	16	8 453
1982	3 261	1 449	1 052	910	1 798	52	0	0	17	8 539
1983	3 429	1 405	1 079	1 035	1 879	53	0	0	19	8 898
1984	3 575	1 337	1 210	1 255	1 942	56	0	0	21	9 396
1985	3 801	1 190	1 253	1 492	1 973	57	0	0	24	9 790
1986	3 907	1 211	1 274	1 601	2 008	58	0	0	26	10 087
1987	4 142	1 198	1 377	1 738	2 015	59	0	0	29	10 556
1988	4 287	1 256	1 411	1 891	2 084	62	0	0	29	11 020
1989	4 446	1 344	1 607	1 939	2 072	116	1	3	34	11 562
1990	4 415	1 338	1 748	2 013	2 140	130	1	4	57	11 844
1991	4 524	1 334	1 776	2 106	2 206	102	1	4	58	12 112
1992	4 608	1 312	1 790	2 124	2 207	118	1	5	60	12 225
1993	4 709	1 248	1 845	2 191	2 335	115	1	6	62	12 512
1994	4 845	1 264	1 917	2 242	2 356	123	1	7	64	12 819
1995	4 985	1 238	2 018	2 332	2 474	130	1	8	64	13 251
1996	5 228	1 225	2 086	2 417	2 507	133	1	9	67	13 673
1997	5 345	1 225	2 242	2 393	2 538	141	1	12	67	13 964
1998	5 448	1 270	2 381	2 445	2 550	145	1	16	67	14 323
1999	5 577	1 238	2 583	2 531	2 560	152	1	22	70	14 734
2000	5 988	1 195	2 771	2 591	2 613	162	1	31	74	15 428
2001	6 006	1 148	2 917	2 638	2 556	167	2	38	74	15 547
2002	6 291	1 147	3 120	2 661	2 628	181	2	53	75	16 159
2003	6 704	1 157	3 279	2 635	2 642	187	2	65	80	16 751
2004	6 931	1 154	3 512	2 738	2 810	204	3	85	84	17 522
2005	7 316	1 138	3 701	2 768	2 933	228	4	104	90	18 285
2006	7 726	1 053	3 919	2 791	3 039	245	6	134	88	19 003
2007	8 185	1 089	4 226	2 719	3 082	264	8	171	90	19 837
2008	8 247	1 046	4 384	2 733	3 208	285	13	222	90	20 228
2009	8 094	973	4 428	2 696	3 265	312	21	278	94	20 162
2010	8 659	980	4 856	2 756	3 449	362	34	342	100	21 539
2011	9 142	1 066	4 931	2 583	3 510	386	67	437	102	22 225
2012	9 186	1 143	5 134	2 460	3 674	415	104	526	103	22 744
2013	9 624	1 095	5 076	2 479	3 806	449	145	648	106	23 433
2014	9 819	1 066	5 176	2 535	3 888	485	193	722	111	23 998
2015	9 528	1 029	5 550	2 570	3 893	509	254	834	115	24 287
2016	9 566	952	5 832	2 608	4 033	555	331	963	117	24 961
2017	9 928	855	5 918	2 636	4 075	589	442	1 135	121	25 701
2018	10 143	778	6 179	2 709	4 203	623	565	1 276	134	26 613
2019	9 937	727	6 350	2 789	4 236	652	697	1 429	137	26 958
2020	9 450	670	6 335	2 674	4 341	685	837	1 598	126	26 721

IEA：World Energy Balances（2022）.

世界の発電電力量（地域別）　〔単位：10億 kWh（発電端）〕

年	OECD 加盟国			OECD 非加盟国					合　計
	北中南アメリカ	ヨーロッパ	アジア太平洋	北中南アメリカ	ヨーロッパユーラシア	アジア	中　東	アフリカ	
1971	1 975	1 403	470	125	893	280	20	92	5 256
1972	2 151	1 499	519	137	959	307	23	102	5 697
1973	2 293	1 618	572	151	1 021	336	28	111	6 130
1974	2 304	1 659	571	162	1 090	345	32	122	6 286
1975	2 354	1 673	597	173	1 161	391	37	132	6 518
1976	2 507	1 794	638	191	1 245	419	43	142	6 979
1977	2 632	1 847	671	211	1 292	452	50	150	7 304
1978	2 746	1 935	709	229	1 353	507	58	156	7 693
1979	2 813	2 023	746	255	1 395	548	73	170	8 024
1980	2 902	2 049	740	278	1 461	585	83	184	8 282
1981	2 936	2 062	759	285	1 499	612	95	205	8 453
1982	2 881	2 071	765	299	1 544	650	114	215	8 539
1983	2 977	2 139	810	319	1 603	702	127	221	8 898
1984	3 129	2 237	851	343	1 687	763	147	240	9 396
1985	3 218	2 342	888	363	1 738	825	160	257	9 790
1986	3 252	2 395	905	391	1 802	902	172	268	10 087
1987	3 368	2 482	964	410	1 870	995	188	279	10 556
1988	3 527	2 542	1 020	428	1 916	1 093	201	293	11 020
1989	3 801	2 601	1 086	437	1 933	1 186	212	305	11 562
1990	3 859	2 696	1 175	449	1 856	1 270	224	316	11 844
1991	3 953	2 741	1 211	470	1 805	1 383	225	324	12 112
1992	3 984	2 747	1 235	486	1 682	1 508	255	327	12 225
1993	4 127	2 759	1 265	511	1 584	1 644	283	339	12 512
1994	4 226	2 804	1 349	535	1 459	1 793	301	351	12 819
1995	4 346	2 884	1 397	563	1 431	1 951	315	363	13 251
1996	4 461	2 964	1 446	593	1 408	2 084	334	384	13 673
1997	4 497	3 002	1 497	627	1 380	2 206	355	400	13 964
1998	4 634	3 083	1 503	655	1 360	2 297	384	406	14 323
1999	4 731	3 135	1 552	680	1 373	2 437	407	419	14 734
2000	4 927	3 238	1 635	713	1 415	2 627	430	442	15 428
2001	4 735	3 297	1 655	697	1 441	2 807	456	459	15 547
2002	4 942	3 328	1 701	720	1 445	3 047	488	488	16 159
2003	4 981	3 407	1 701	754	1 493	3 389	516	509	16 751
2004	5 095	3 484	1 764	791	1 528	3 770	550	540	17 522
2005	5 251	3 533	1 807	826	1 562	4 147	597	561	18 285
2006	5 260	3 577	1 833	864	1 626	4 617	639	587	19 003
2007	5 340	3 633	1 898	905	1 645	5 124	679	613	19 837
2008	5 371	3 649	1 890	939	1 681	5 353	722	623	20 228
2009	5 169	3 481	1 884	943	1 599	5 700	758	628	20 162
2010	5 363	3 624	2 017	999	1 689	6 329	829	687	21 539
2011	5 400	3 587	1 982	1 029	1 715	6 964	857	691	22 225
2012	5 354	3 621	1 981	1 071	1 734	7 353	914	719	22 747
2013	5 399	3 586	1 991	1 103	1 739	7 924	951	739	23 433
2014	5 433	3 517	1 971	1 102	1 730	8 460	1 021	764	23 998
2015	5 430	3 575	1 964	1 130	1 719	8 611	1 069	789	24 287
2016	5 453	3 612	1 991	1 130	1 748	9 123	1 105	799	24 961
2017	5 419	3 666	2 006	1 113	1 749	9 768	1 157	822	25 701
2018	5 624	3 653	2 022	1 128	1 801	10 371	1 170	845	26 613
2019	5 544	3 609	1 992	1 128	1 792	10 837	1 196	859	26 958
2020	5 381	3 499	1 966	1 101	1 752	10 982	1 203	836	26 721

注）1971 年より後に OECD に加盟した国も全期間で加盟国に分類.

IEA：World Energy Balances（2022）.

10

産業・生活環境

日本の発電電力量（電源別）　〔単位：10億kWh（発電端）〕

年	石　炭	石　油	天然ガス	原子力	水　力	バイオ燃料廃棄物	太陽光	風　力	地熱その他	合　計
1970	60	210	5	5	75	0	0	0	0	355
1971	45	240	6	8	84	0	0	0	0	383
1972	42	284	6	10	85	0	0	0	0	426
1973	37	341	11	10	67	0	0	0	0	465
1974	40	299	15	20	83	0	0	0	0	457
1975	42	302	20	25	83	0	0	0	0	473
1976	44	321	24	34	84	0	0	0	0	507
1977	47	341	36	32	73	0	0	0	0	529
1978	47	326	54	59	70	0	0	0	1	558
1979	50	310	73	70	81	0	0	0	1	585
1980	55	265	81	83	88	0	0	0	1	573
1981	63	263	79	88	88	0	0	0	1	580
1982	67	238	79	102	82	9	0	0	1	579
1983	78	236	91	114	84	10	0	0	1	614
1984	91	211	123	134	72	11	0	0	1	643
1985	99	184	128	160	83	12	0	0	1	667
1986	98	180	130	168	81	13	0	0	1	671
1987	108	192	135	188	75	14	0	0	1	713
1988	111	211	140	179	90	15	0	0	1	748
1989	118	233	150	183	92	17	0	0	1	794
1990	125	250	168	202	88	8	0	0	21	862
1991	132	236	180	213	95	8	0	0	22	887
1992	139	241	179	223	81	8	0	0	22	894
1993	148	199	178	249	93	8	0	0	22	898
1994	162	237	192	269	65	9	0	0	24	957
1995	173	203	196	291	79	9	0	0	26	977
1996	183	192	209	302	76	9	0	0	27	997
1997	194	166	219	319	85	10	0	0	27	1 019
1998	189	148	227	332	88	9	0	0	23	1 016
1999	208	148	246	317	83	10	0	0	24	1 036
2000	228	133	255	322	84	9	0	0	23	1 055
2001	244	105	254	320	81	9	1	0	24	1 038
2002	262	127	258	295	81	9	1	0	24	1 057
2003	278	133	268	240	95	10	1	1	25	1 049
2004	287	123	257	282	93	10	1	1	24	1 079
2005	300	134	243	305	77	14	1	2	24	1 099
2006	291	111	268	303	89	14	2	2	24	1 104
2007	305	152	293	264	74	14	2	3	24	1 131
2008	300	130	293	258	77	16	2	3	22	1 102
2009	295	86	299	280	79	18	3	4	22	1 085
2010	317	91	332	288	84	21	4	4	23	1 164
2011	303	150	410	102	85	22	5	5	24	1 104
2012	331	181	430	16	77	23	7	5	23	1 092
2013	354	148	442	9	79	24	13	5	25	1 099
2014	351	107	454	0	84	25	23	5	24	1 073
2015	353	91	424	9	87	25	35	6	24	1 055
2016	345	74	439	18	79	34	46	6	23	1 065
2017	349	61	425	33	84	37	55	6	23	1 074
2018	333	46	406	65	81	39	63	7	22	1 061
2019	327	35	386	64	80	42	69	8	22	1 033
2020	311	32	395	39	79	46	79	9	20	1 009
2021	307	30	346	71	79	47	89	10	21	1 000

IEA：World Energy Balances（2022）.

　最終エネルギー消費部門は，大きく分けて，産業（製造業・建設業・鉱業），運輸，家庭，業務，その他（農業・林業・漁業を含む），非エネルギーの各部門から構成される．世界の最終エネルギー消費量を部門別にみると，その他を除き増加傾向にある．新興国の経済成長により，産業，運輸，業務部門は 2000 年以降の増加が著しい．

世界の最終エネルギー消費量（部門別）　(単位：石油換算 100 万 t)

年	製造業建設業鉱業	運輸	家庭	業務	農林漁その他	非エネルギー利用	合計
1971	1 398	965	1 019	331	274	236	4 222
1972	1 450	1 022	1 057	353	283	259	4 424
1973	1 534	1 081	1 073	366	297	286	4 638
1974	1 547	1 072	1 066	360	301	286	4 632
1975	1 505	1 101	1 147	376	268	277	4 675
1976	1 590	1 146	1 157	398	290	301	4 882
1977	1 670	1 187	1 174	401	299	323	5 054
1978	1 710	1 238	1 206	419	309	354	5 237
1979	1 789	1 260	1 221	423	329	370	5 392
1980	1 761	1 246	1 254	417	307	358	5 343
1981	1 729	1 242	1 259	411	313	358	5 311
1982	1 672	1 233	1 280	413	313	343	5 255
1983	1 665	1 245	1 299	418	322	356	5 304
1984	1 741	1 282	1 357	438	313	374	5 504
1985	1 722	1 309	1 419	436	314	388	5 589
1986	1 744	1 358	1 438	443	325	411	5 719
1987	1 796	1 406	1 471	453	337	433	5 897
1988	1 851	1 473	1 500	474	337	459	6 094
1989	1 822	1 515	1 518	479	334	468	6 135
1990	1 795	1 577	1 514	446	427	477	6 236
1991	1 787	1 589	1 542	459	434	492	6 303
1992	1 752	1 623	1 546	446	413	501	6 281
1993	1 733	1 639	1 691	472	296	490	6 321
1994	1 730	1 672	1 672	484	287	507	6 353
1995	1 786	1 717	1 709	497	266	528	6 504
1996	1 769	1 785	1 741	526	245	547	6 613
1997	1 787	1 810	1 742	527	256	577	6 699
1998	1 787	1 853	1 727	528	250	569	6 715
1999	1 786	1 906	1 759	551	254	587	6 843
2000	1 869	1 964	1 784	552	230	615	7 014
2001	1 868	1 975	1 795	561	232	619	7 050
2002	1 872	2 029	1 806	571	251	641	7 169
2003	1 950	2 073	1 849	597	259	662	7 391
2004	2 099	2 169	1 865	619	271	700	7 723
2005	2 237	2 220	1 873	640	279	710	7 959
2006	2 346	2 275	1 880	650	287	730	8 169
2007	2 438	2 353	1 888	675	290	750	8 393
2008	2 465	2 367	1 910	698	290	729	8 459
2009	2 404	2 326	1 905	693	286	743	8 356
2010	2 639	2 430	1 956	715	297	784	8 820
2011	2 725	2 471	1 941	711	304	785	8 936
2012	2 764	2 498	1 931	718	315	816	9 041
2013	2 784	2 569	1 980	745	321	816	9 214
2014	2 825	2 614	1 973	742	328	851	9 333
2015	2 780	2 696	1 981	753	336	860	9 407
2016	2 779	2 751	2 004	768	348	881	9 530
2017	2 804	2 821	2 042	780	361	910	9 718
2018	2 864	2 895	2 101	798	374	926	9 957
2019	2 875	2 904	2 098	803	374	954	10 008
2020	2 873	2 507	2 114	758	376	946	9 573

注）最終エネルギー消費量とは，エネルギーの最終消費者が直接利用したエネルギーの総量のこと．具体的には石油製品（ガソリン，軽油，灯油，重油など），都市ガス，電力などの消費量．石油精製や発電の過程でエネルギーロスが生じる．そのため一般に最終エネルギー消費量は，一次エネルギー供給量よりも小さい．

IEA：World Energy Balances（2022）.

　日本の最終エネルギー消費量は緩やかに増加してきたものの，近年はやや低下傾向にある．産業部門（製造業・建設業・鉱業）では，石油危機（1970年代）以降，省エネルギーの進展などにより，エネルギー消費量は低下したものの，エネルギー価格低下が明らかになった1986年から増加傾向に転じ，90年代にピークを迎える．2000年以降の産業部門のエネルギー消費量は，低下または頭打ちの傾向である．一貫して増加してきた運輸，家庭，業務部門においても，近年は頭打ちの傾向となっている．

日本の最終エネルギー消費量（部門別）　　（単位：石油換算100万t）

年	製造業建設業鉱業	運　輸	家　庭	業　務	農林漁その他	非エネルギー利用	合　計
1970	87	33	18	13	7	28	185
1971	91	36	17	16	8	31	199
1972	96	37	18	18	9	34	213
1973	105	41	21	20	10	37	234
1974	103	41	21	20	10	35	230
1975	95	43	22	20	10	28	219
1976	99	46	24	21	10	32	231
1977	97	48	25	21	11	35	236
1978	94	51	26	22	12	37	242
1979	97	53	27	21	13	39	250
1980	91	54	26	20	12	32	236
1981	87	53	27	21	12	30	230
1982	87	51	30	24	7	27	226
1983	86	53	32	26	7	27	231
1984	91	54	34	27	8	29	244
1985	91	55	34	27	8	30	244
1986	88	57	35	28	8	31	247
1987	90	59	36	28	9	32	254
1988	93	62	39	31	10	35	269
1989	97	66	39	31	10	36	279
1990	108	72	38	34	6	33	291
1991	108	76	39	35	6	33	297
1992	106	77	41	37	6	33	300
1993	105	79	42	39	6	32	303
1994	107	83	43	40	6	34	313
1995	108	86	45	43	6	36	324
1996	109	88	46	43	7	37	329
1997	107	89	45	45	7	37	330
1998	100	88	46	48	6	35	324
1999	102	89	47	51	6	37	332
2000	103	89	49	52	7	36	336
2001	100	90	48	53	7	34	332
2002	102	88	49	55	7	36	337
2003	100	88	48	55	7	37	334
2004	101	88	49	57	7	38	339
2005	102	87	50	57	7	37	340
2006	102	86	48	58	6	37	338
2007	102	83	49	59	7	37	336
2008	92	80	47	57	6	31	313
2009	88	78	47	53	7	35	307
2010	92	79	50	53	6	35	314
2011	92	77	48	52	6	33	308
2012	90	76	48	50	6	34	304
2013	90	75	47	53	5	35	305
2014	88	73	45	52	5	33	296
2015	85	73	44	51	5	36	293
2016	83	72	44	49	6	34	288
2017	83	71	46	50	6	36	292
2018	83	71	42	50	5	33	285
2019	80	69	42	49	5	34	279
2020	75	62	44	47	5	30	263

IEA：World Energy Balances（2022）.

<<< **Topic** <<<<<<<<<<<<<<<<<<<<<<<<<<<<<

長期エネルギー需給見通し（2030年のエネルギーミックス）

　日本政府は，2021年10月に第6次エネルギー基本計画を閣議決定した．引き続き，「安全性（Safety）を前提としたうえで，エネルギーの安定供給（Energy Security）を第一とし，経済効率性の向上（Economic Efficiency）による低コストでのエネルギー供給を実現し，同時に，環境への適合（Environment）を図る」という基本方針（S＋3E）を掲げている．

　一方，第6次エネルギー基本計画の策定に先立って，2050年カーボンニュートラル（温室効果ガス排出の実質ゼロ），2030年には2013年度比で46%排出削減，また50%削減の高みに向けて挑戦する，という温室効果ガス排出目標が掲げられた．

　第6次エネルギー基本計画においては，2050年カーボンニュートラルの実現に向け，省エネルギー，再生可能エネルギー，原子力，二酸化炭素回収・利用・貯留技術（CCUS），二酸化炭素除去技術（CDR），水素系エネルギー等，「あらゆる選択肢を追求」するとされた．

　2030年のエネルギーミックスは，2015年の第4次エネルギー基本計画策定において提示され，その後の2018年の第5次エネルギー基本計画でもそれが踏襲されていた．

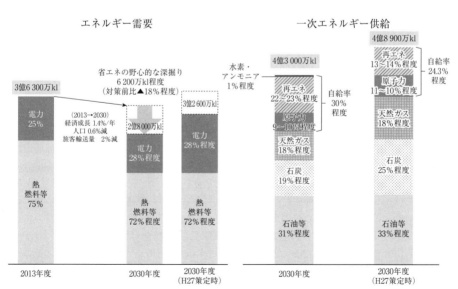

図1　2030年のエネルギー需要と一次エネルギー供給[1]

---

*　原子力を準国産エネルギーとして，エネルギー自給率に含む．

10

産業・生活環境

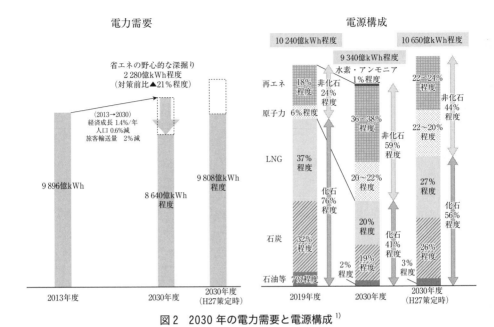

図2　2030年の電力需要と電源構成 [1]

これは，2013年度比26%排出削減と整合的な目標であったが，46%削減への深堀にあわせて，2030年のエネルギーミックスの見通しも改定された．

第6次エネルギー基本計画における，2030年のエネルギーミックスでは，最終エネルギー消費で6200万kL程度の省エネルギーの実施を見込み，2030年度のエネルギー需要は2億8000万kL程度とされた．このエネルギー需要を満たす一次エネルギー供給としては，4億3000万kL程度とされた．

電力の需給構造については，経済成長や電化率の向上等による電力需要の増加要因が予想されるが，徹底した省エネルギーの推進により，2030年度の電力需要は8640億kWh程度，総発電電力量は9340億kWh程度と見込まれた．その上で，電力供給部門については，S+3Eの原則を大前提に，徹底した省エネの推進，また再エネの最大限導入に向け，再エネ最優先の原則での取り組み，安定供給を大前提にできる限りの化石電源比率の引き下げと火力発電の脱炭素化，原発依存度を可能な限り低減するとした．そして，原子力比率は20〜22%，再エネ比率は38〜36%，また水素・アンモニア発電も1%程度を見込んだ．　　　　　　　　　　　　　　　【秋元圭吾】

【参考文献】　1) 経済産業省：第6次エネルギー基本計画（2021）.

10.2　温室効果ガス排出量

世界の CO_2 排出量（1901年以降）

年	総CO_2排出量	天然ガス	石油	石炭	セメント製造	ガスフレアリング	1人当りのCO_2排出量	年	総CO_2排出量	天然ガス	石油	石炭	セメント製造	ガスフレアリング	1人当りのCO_2排出量
1904	624	4	23	597	0	0	0	1961	2 580	240	904	1 349	45	42	0.83
1905	663	5	23	636	0	0	0	1962	2 686	263	980	1 351	49	44	0.85
1906	707	5	23	680	0	0	0	1963	2 833	286	1 052	1 396	51	47	0.88
1907	784	5	28	750	0	0	0	1964	2 995	316	1 137	1 435	57	51	0.91
1908	750	5	30	714	0	0	0	1965	3 130	337	1 219	1 460	59	55	0.94
1909	785	6	32	747	0	0	0	1966	3 288	364	1 323	1 478	63	60	0.96
1910	819	7	34	778	0	0	0	1967	3 393	392	1 423	1 448	65	66	0.98
1911	836	7	36	792	0	0	0	1968	3 566	424	1 551	1 448	70	73	1
1912	879	8	37	834	0	0	0	1969	3 780	467	1 673	1 486	74	80	1.04
1913	943	8	41	895	0	0	0	1970	4 053	493	1 839	1 556	78	87	1.1
1914	850	8	42	800	0	0	0	1971	4 208	530	1 947	1 559	84	88	1.11
1915	838	9	45	784	0	0	0	1972	4 376	560	2 057	1 576	89	95	1.14
1916	901	10	48	842	0	0	0	1973	4 614	588	2 241	1 581	95	110	1.17
1917	955	11	54	891	0	0	0	1974	4 623	597	2 245	1 579	96	107	1.15
1918	936	10	53	873	0	0	0	1975	4 596	604	2 132	1 673	95	92	1.13
1919	806	10	61	735	0	0	0	1976	4 864	630	2 314	1 710	103	108	1.17
1920	932	11	78	843	0	0	0	1977	5 016	650	2 398	1 756	108	104	1.19
1921	803	10	84	709	0	0	0	1978	5 074	680	2 392	1 780	116	106	1.18
1922	845	11	94	740	0	0	0	1979	5 357	721	2 544	1 875	119	98	1.22
1923	970	14	111	845	0	0	0	1980	5 301	737	2 422	1 935	120	86	1.19
1924	963	16	110	836	0	0	0	1981	5 138	755	2 289	1 908	121	65	1.13
1925	975	17	116	842	0	0	0	1982	5 094	738	2 196	1 976	121	64	1.1
1926	983	19	119	846	0	0	0	1983	5 075	739	2 176	1 977	125	58	1.08
1927	1 062	21	136	905	0	0	0	1984	5 258	807	2 199	2 074	128	51	1.1
1928	1 065	23	143	890	10	0	0	1985	5 417	835	2 186	2 216	131	49	1.11
1929	1 145	28	160	947	10	0	0	1986	5 583	830	2 293	2 277	137	46	1.13
1930	1 053	28	152	862	10	0	0	1987	5 725	892	2 306	2 339	143	44	1.13
1931	940	25	147	759	8	0	0	1988	5 936	935	2 412	2 387	152	50	1.15
1932	847	24	141	675	7	0	0	1989	6 066	982	2 459	2 428	156	41	1.16
1933	893	25	154	708	7	0	0	1990	6 051	1 026	2 492	2 359	135	40	1.14
1934	973	28	162	775	8	0	0	1991	6 119	1 051	2 601	2 284	138	45	1.13
1935	1 027	30	176	811	9	0	0	1992	6 039	1 082	2 498	2 279	144	36	1.1
1936	1 130	34	192	893	11	0	0	1993	6 092	1 114	2 516	2 275	150	37	1.08
1937	1 209	38	219	941	11	0	0	1994	6 138	1 115	2 531	2 293	160	39	1.09
1938	1 142	37	214	880	12	0	0	1995	6 273	1 145	2 565	2 355	169	39	1.09
1939	1 192	38	222	918	13	0	0	1996	6 431	1 187	2 617	2 414	173	40	1.1
1940	1 299	42	229	1 017	11	0	0	1997	6 501	1 198	2 685	2 401	176	40	1.1
1941	1 334	42	236	1 043	12	0	0	1998	6 494	1 211	2 734	2 338	175	36	1.09
1942	1 342	45	222	1 063	11	0	0	1999	6 587	1 265	2 779	2 328	181	35	1.08
1943	1 391	50	239	1 092	10	0	0	2000	6 763	1 300	2 829	2 400	188	46	1.09
1944	1 383	54	275	1 047	7	0	0	2001	6 802	1 305	2 835	2 418	197	47	1.1
1945	1 160	59	275	820	7	0	0	2002	6 963	1 339	2 843	2 524	208	49	1.1
1946	1 238	61	292	875	10	0	0	2003	7 342	1 390	2 948	2 731	225	48	1.15
1947	1 392	67	322	992	12	0	0	2004	7 675	1 437	3 033	2 910	241	54	1.19
1948	1 469	76	364	1 015	14	0	0	2005	7 989	1 489	3 062	3 116	261	60	1.22
1949	1 419	81	362	960	16	0	0	2006	8 248	1 513	3 085	3 307	282	60	1.25
1950	1 630	97	423	1 070	18	23	0.64	2007	8 463	1 565	3 080	3 454	301	64	1.26
1951	1 767	115	479	1 129	20	24	0.68	2008	8 662	1 613	3 079	3 597	304	69	1.28
1952	1 795	124	504	1 119	22	26	0.68	2009	8 530	1 575	3 038	3 539	312	66	1.25
1953	1 841	131	533	1 125	24	27	0.69	2010	8 992	1 702	3 095	3 805	323	67	1.29
1954	1 865	138	557	1 116	27	27	0.68	2011	9 277	1 741	3 130	3 985	357	64	1.33
1955	2 042	150	625	1 208	30	31	0.74	2012	9 478	1 781	3 203	4 056	374	65	1.33
1956	2 177	161	679	1 273	32	32	0.77	2013	9 568	1 808	3 233	4 086	377	63	1.33
1957	2 270	178	714	1 309	34	35	0.79	2014	9 595	1 816	3 269	4 060	385	65	1.32
1958	2 330	192	731	1 336	36	35	0.8	2015	9 623	1 851	3 339	3 985	383	65	1.31
1959	2 454	206	789	1 382	40	36	0.82	2016	9 674	1 899	3 400	3 915	390	69	1.28
1960	2 569	227	849	1 410	43	39	0.85	2017	9 790	1 958	3 429	3 944	384	76	1.29

単位：炭素換算100万t．1人あたりのCO_2排出量：炭素換算t／人．

Gilfillan D；Marland G；Boden T；Andres R（2020）: Global, Regional, and National Fossil-Fuel CO2 Emissions: 1751-2017. CDIAC-FF, Research Institute for Environment, Energy, and Economics, Appalachian State University, ESS-DIVE repository. Dataset. doi:10.15485/1712447

10

産業・生活環境

日本の温室効果ガスの総排出量（100万 t CO₂ 換算）

	GWP*1	京都議定書の基準年*2	1995	1996	1997	1998	1999	2000	2001	2002	2003	2004	2005	2006
合　計	—	1 275	1 379	1 393	1 385	1 336	1 359	1 379	1 353	1 376	1 383	1 374	1 382	1 361
二酸化炭素（CO_2）	1	1 164	1 245	1 257	1 250	1 209	1 246	1 269	1 254	1 283	1 291	1 286	1 294	1 271
エネルギー起源	1	1 068	1 142	1 154	1 147	1 113	1 149	1 170	1 157	1 189	1 197	1 193	1 201	1 179
非エネルギー起源	1	96.1	103	104	103	96.3	96.6	98.6	96.5	94.0	93.8	93.0	93.3	92.1
メタン（CH_4）	25	44.1	41.7	40.5	40.1	38.5	38.2	37.6	36.5	35.8	34.9	34.7	34.7	34.2
一酸化二窒素（N_2O）	298	32.4	33.6	34.7	35.5	33.9	27.8	30.3	26.7	26.1	26.0	25.8	25.5	25.4
代替フロン等4ガス	—	35.4	59.5	60.1	59.2	53.8	47.0	42.1	35.7	31.6	30.9	27.4	27.9	30.2
ハイドロフルオロカーボン類(HFCs)	HFC-134a: 1430 など	15.9	25.2	24.6	24.4	23.7	24.4	22.9	19.5	16.2	16.2	12.4	12.8	14.6
パーフルオロカーボン類(PFCs)	PFC-14: 7390 など	6.5	17.7	18.3	20.0	16.6	13.1	11.9	9.9	9.2	8.9	9.2	8.6	9.0
六フッ化硫黄（SF_6）	22 800	12.9	16.4	17.0	14.5	13.2	9.2	7.0	6.1	5.7	5.4	5.3	5.0	5.2
三フッ化窒素（NF_3）	17 200	0.03	0.20	0.19	0.17	0.19	0.32	0.29	0.29	0.37	0.42	0.49	1.5	1.4

	2007	2008	2009	2010	2011	2012	2013	2014	2015	2016	2017	2018	2019	2020
合　計	1 396	1 323	1 250	1 304	1 355	1 397	1 409	1 360	1 322	1 305	1 292	1 248	1 212	1 150
二酸化炭素（CO_2）	1 306	1 235	1 166	1 218	1 267	1 308	1 318	1 267	1 226	1 206	1 191	1 146	1 108	1 044
エネルギー起源	1 214	1 147	1 087	1 137	1 188	1 227	1 235	1 186	1 146	1 126	1 110	1 065	1 029	967
非エネルギー起源	91.9	88.3	78.8	80.5	79.4	81.2	82.5	81.0	79.9	79.6	80.4	80.4	79.5	76.8
メタン（CH_4）	33.7	32.9	32.4	32.0	30.8	30.1	30.1	29.6	29.3	29.2	29.0	28.7	28.5	28.4
一酸化二窒素（N_2O）	24.8	23.9	23.3	22.8	22.5	22.1	22.0	21.6	21.3	20.8	21.1	20.6	20.3	20.0
代替フロン等4ガス	30.9	30.7	28.8	31.5	33.9	36.5	39.1	42.3	45.2	48.8	51.0	52.9	55.4	57.5
ハイドロフルオロカーボン類(HFCs)	16.7	19.3	20.9	23.3	26.1	29.4	32.1	35.8	39.3	42.6	45.0	47.0	49.7	51.7
パーフルオロカーボン類(PFCs)	7.9	5.8	4.1	4.3	3.8	3.4	3.4	3.4	3.3	3.4	3.5	3.5	3.4	3.5
六フッ化硫黄（SF_6）	4.7	4.2	2.4	2.4	2.2	2.2	2.1	2.0	2.1	2.2	2.1	2.1	2.0	2.0
三フッ化窒素（NF_3）	1.6	1.5	1.4	1.5	1.8	1.5	1.6	1.1	0.57	0.63	0.45	0.28	0.26	0.29

単位：100万 t CO₂ 換算

＊1　地球温暖化係数（京都議定書第二約束期間における値）

＊2　1990 年（CO₂, CH₄, N₂O）, 1995 年（HFCs, PFCs, SF₆）

環境省：“2020年度（令和2年度）の温室効果ガス排出量（確報値）について”（2022）.

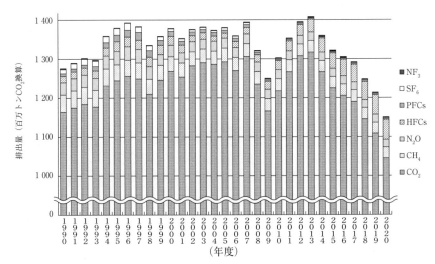

図1　日本の温室効果ガスの総排出量

環境省：“2020年度（令和2年度）の温室効果ガス排出量（確報値）について”（2022）.

10.3　新たに製造・輸入される化学物質

　現代の社会においては，様々な産業活動や日常生活の中で数万種にのぼるといわれる多種多様な化学物質が利用され，われわれの生活に利便を提供している．しかし，化学物質の中には，その製造，流通，使用，廃棄の各段階で適切な管理が行われない場合に環境汚染を引き起こし，人の健康や生態系に有害な影響を及ぼすものもある．日本においては，「化学物質の審査及び製造等の規制に関する法律」（化審法）に基づき，新たな工業用化学物質（新規化学物質）の有害性を事前に審査するとともに，化学物質の有害性の程度に応じ，製造・輸入などについて必要な規制などの措置が取られている．

化審法に基づく新規化学物質届出状況

（単位：件）

西暦（暦年）	1974	1995	2000	2005	2010	2011	2012	2013
通常新規	210	296	373	349	297	341	461	312
低生産量新規				94	283	343	241	240
合計	210	296	373	443	580	684	702	552

西暦（暦年）	2014	2015	2016	2017	2018	2019	2020	2021
通常新規	380	357	324	284	335	224	217	186
低生産量新規	244	221	273	233	239	133	214	136
合計	624	578	597	517	574	357	431	322

注）2011 年まで暦年，2012 以降は年度．
経済産業省製造産業局化学物質管理課化学物質安全室

化審法に基づく低生産量新規化学物質の確認件数

年度	2005	2006	2007	2008	2009	2010	2011	2012	2013	2014
件数	227	371	515	727	871	1 023	1 175	1 316	1 421	1 573

年度	2015	2016	2017	2018	2019	2020	2021
件数	1 648	1 677	1 773	1 837	1 745	1 858	1 803

注）「低生産量新規化学物質の確認件数」とは，低生産量の数量確認を受けるために，申出者が国に申出書を提出した件数（化審法第 5 条第 4 項に基づき，国に申出書が提出された件数）．
経済産業省製造産業局化学物質管理課化学物質安全室

化審法に基づく少量新規化学物質の申出件数

年度	1980	1985	1990	1995	2000	2005	2008	2009	2010	2011
合計	1 833	3 893	6 848	8 050	10 032	15 923	21 355	22 827	25 815	28 519

年度	2012	2013	2014	2015	2016	2017	2018	2019	2020	2021
合計	31 672	33 766	36 052	35 360	35 848	35 781	36 254	25 801	26 977	26 739

注）同一物質の申出を含む．
経済産業省製造産業局化学物質管理課化学物質安全室

10.3.1　化審法に基づく規制対象物質（2023年5月現在）

第一種特定化学物質[*1]

No.	CAS	官報告示名	指定年月日	過去の用途例
1		ポリ塩化ビフェニル	1974/ 6/ 7	絶縁油等
2[*5]	2050-69-3 2198-75-6 1825-31-6 1825-30-5 2050-72-8 2050-73-9 2050-74-0 2050-75-1 2065-70-5 2198-77-8 28699-88-9	ポリ塩化ナフタレン （塩素数が2以上のものに限る.）	1979/ 8/14 （塩素数が3以上のもの） 2016/ 4/ 1 （塩素数が2のもの）	機械油等
3	118-74-1	ヘキサクロロベンゼン	1979/ 8/14	殺虫剤等原料
4	309-00-2	1, 2, 3, 4, 10, 10-ヘキサクロロ-1, 4, 4a, 5, 8, 8a-ヘキサヒドロ-エキソ-1, 4-エンド-5, 8-ジメタノナフタレン（別名：アルドリン）	1981/10/ 2	殺虫剤
5	60-57-1	1, 2, 3, 4, 10, 10-ヘキサクロロ-6, 7-エポキシ-1, 4, 4a, 5, 6, 7, 8, 8a-オクタヒドロ-エキソ-1, 4-エンド-5, 8-ジメタノナフタレン（別名：ディルドリン）	1981/10/ 2	殺虫剤
6	72-20-8	1, 2, 3, 4, 10, 10-ヘキサクロロ-6, 7-エポキシ-1, 4, 4a, 5, 6, 7, 8, 8a-オクタヒドロ-エンド-1, 4-エンド-5, 8-ジメタノナフタレン（別名：エンドリン）	1981/10/ 2	殺虫剤
7	50-29-3	1, 1, 1-トリクロロ-2, 2-ビス（4-クロロフェニル）エタン（別名：DDT）	1981/10/ 2	殺虫剤
8		1, 2, 4, 5, 6, 7, 8, 8-オクタクロロ-2, 3, 3a, 4, 7, 7a-ヘキサヒドロ-4, 7-メタノ-1H-インデン, 1, 4, 5, 6, 7, 8, 8-ヘプタクロロ-3a, 4, 7, 7a-テトラヒドロ-4, 7-メタノ-1H-インデン及びこれらの類縁化合物の混合物（別名：クロルデン又はヘプタクロル）	1986/ 9/17	白アリ駆除剤等
9	56-35-9	ビス（トリブチルスズ）＝オキシド	1989/12/27	漁網防汚剤，船底塗料等
10		N, N′-ジトリル-パラ-フェニレンジアミン，N-トリル-N′-キシリル-パラ-フェニレンジアミン又はN, N′-ジキシリル-パラ-フェニレンジアミン	2000/12/27	ゴム老化防止剤，スチレンブタジエンゴム
11	732-26-3	2, 4, 6-トリ-tert-ブチルフェノール	2000/12/27	酸化防止剤その他の調製添加剤（潤滑油用または燃料油用のものに限る），潤滑油
12	8001-35-2	ポリクロロ-2, 2-ジメチル-3-メチリデンビシクロ［2.2.1］ヘプタン（別名：トキサフェン）	2002/ 9/ 4	殺虫剤, 殺ダニ剤（農業用および畜産用）
13	2385-85-5	ドデカクロロペンタシクロ［5.3.0.0[2,6].0[3,9].0[4,8]］デカン（別名：マイレックス）	2002/ 9/ 4	樹脂，ゴム，塗料，紙，織物，電気製品等の難燃剤，殺虫剤・殺蟻剤
14	115-32-2	2, 2, 2-トリクロロ-1-（2-クロロフェニル）-1-（4-クロロフェニル）エタノール又は2, 2, 2-トリクロロ-1, 1-ビス（4-クロロフェニル）エタノール（別名：ケルセン又はジコホル）	2005/ 4/ 1	防ダニ剤
15	87-68-3	ヘキサクロロブタ-1, 3-ジエン	2005/ 4/ 1	溶媒
16	3846-71-7	2-（2H-1, 2, 3-ベンゾトリアゾール-2-イル）-4, 6-ジ-tert-ブチルフェノール	2007/10/31	紫外線吸収剤
17	1763-23-1 2795-39-3[*2] 4021-47-0[*2] 29457-72-5[*2] 29081-56-9[*2] 70225-14-8[*2] 56773-42-3[*2] 251099-16-8[*2]	ペルフルオロ（オクタン-1-スルホン酸）（別名：PFOS）又はその塩	2010/ 4/ 1	撥水撥油剤，界面活性剤
18	307-35-7	ペルフルオロ（オクタン-1-スルホニル）＝フルオリド（別名：PFOSF）	2010/ 4/ 1	PFOSの原料

（続き）

No.	CAS	官報告示名	指定年月日	過去の用途例
19	608-93-5	ペンタクロロベンゼン	2010/ 4/ 1	農薬，副生成物
20	319-84-6	r-1, c-2, t-3, c-4, t-5, t-6-ヘキサクロロシクロヘキサン（別名：$α$-ヘキサクロロシクロヘキサン）	2010/ 4/ 1	No.22 の副生成物
21	319-85-7	r-1, t-2, c-3, t-4, c-5, t-6-ヘキサクロロシクロヘキサン（別名：$β$-ヘキサクロロシクロヘキサン）	2010/ 4/ 1	No.22 の副生成物
22	58-89-9	r-1, c-2, t-3, c-4, t-5, t-6-ヘキサクロロシクロヘキサン（別名：$γ$-ヘキサクロロシクロヘキサン又はリンデン）	2010/ 4/ 1	農薬，殺虫剤
23	143-50-0	デカクロロペンタシクロ〔5.3.0.0²·⁶, 0³·⁹, 0⁴·⁸〕デカン-5-オン（別名：クロルデコン）	2010/ 4/ 1	農薬，殺虫剤
24	36355-01-8	ヘキサブロモビフェニル	2010/ 4/ 1	難燃剤
25	40088-47-9[*3]	テトラブロモ（フェノキシベンゼン）（別名：テトラブロモジフェニルエーテル）	2010/ 4/ 1	難燃剤
26	32534-81-9[*3]	ペンタブロモ（フェノキシベンゼン）（別名：ペンタブロモジフェニルエーテル）	2010/ 4/ 1	難燃剤
27	68631-49-2[*4] 207122-15-4[*4]	ヘキサブロモ（フェノキシベンゼン）（別名：ヘキサブロモジフェニルエーテル）	2010/ 4/ 1	難燃剤
28	446255-22-7[*4] 207122-16-5[*4]	ヘプタブロモ（フェノキシベンゼン）（別名：ヘプタブロモジフェニルエーテル）	2010/ 4/ 1	難燃剤
29	115-29-7 959-98-8 33213-65-9	6, 7, 3, 9, 10, 10-ヘキサクロロ-1, 5, 5a, 6, 9, 9a-ヘキサヒドロ-6, 9-メタノ-2, 4, 3-ベンゾジオキサチエピン=3-オキシド類（別名：エンドスルファン又はベンゾエピン）	2014/ 5/ 1	農業
30	25637-99-4 3194-55-6 4736-49-6 65701-47-5 134237-50-6 134237-51-7 134237-52-8 138257-17-7 138257-18-8 138257-19-9 169102-57-2 678970-15-5 678970-16-6 678970-17-7	ヘキサブロモシクロドデカン	2014/ 5/ 1	難燃剤
31[*5]	87-86-5 131-52-2 27735-64-4 3772-94-9	ペンタクロロフェノール又はその塩もしくはエステル	2016/ 4/ 1	
32		ポリ塩化直鎖パラフィン（炭素数が 10 から 13 までのものであって，塩素の含有量が全重量の 48％を超えるものに限る.）	2018/ 4/ 1	
33	1163-19-5	1, 1'-オキシビス (2, 3, 4, 5, 6-ペンタブロモベンゼン)（別名：デカブロモジフェニルエーテル）	2018/ 4/ 1	難燃剤
34	335-67-1 3825-26-1 335-95-5 2395-00-8 335-93-3	ペルフルオロオクタン酸（別名：PFOA）又はその塩	2021/10/22	防汚，撥水，ツヤだし

＊1　第一種特定化学物質については，製造または輸入の許可，使用の制限，政令指定製品の輸入制限，物質指定等の際の回収等措置命令等が規定されている．
＊2　ペルフルオロオクタンスルホン酸塩の例
＊3　商業用ペンタブロモジフェニルエーテルに含まれる代表的な異性体
＊4　商業用オクタブロモジフェニルエーテルに含まれる代表的な異性体
＊5　CAS番号が付与されていないものであっても，名称に含まれる化学物質は対象となる．
環境省：化学物質審査規制法ホームページ

第二種特定化学物質*

No.	CAS	官報告示名	指定年月日	過去の用途例
1	79-01-6	トリクロロエチレン	1989/ 3/29	金属洗浄用溶剤等
2	127-18-4	テトラクロロエチレン	1989/ 3/29	フロン原料，金属，繊維洗浄用溶剤等
3	56-23-5	四塩化炭素	1989/ 3/29	フロン原料，反応抽出溶剤等
4	1803-02-9	トリフェニルスズ=N,N-ジメチルジチオカルバマート	1989/12/27	漁網防汚剤船底塗料等
5	379-52-2	トリフェニルスズ=フルオリド	1989/12/27	漁網防汚剤船底塗料等
6	900-95-8	トリフェニルスズ=アセタート	1989/12/27	漁網防汚剤船底塗料等
7	639-58-7	トリフェニルスズ=クロリド	1989/12/27	漁網防汚剤船底塗料等
8	76-87-9	トリフェニルスズ=ヒドロキシド	1989/12/27	漁網防汚剤船底塗料等
9		トリフェニルスズ脂肪酸塩（脂肪酸の炭素数が9，10又は11のものに限る.)	1989/12/27	漁網防汚剤船底塗料等
10	7094-94-2	トリフェニルスズ=クロロアセタート	1989/12/27	漁網防汚剤船底塗料等
11	2155-70-6	トリブチルスズ=メタクリラート	1990/ 9/12	漁網防汚剤船底塗料等
12	6454-35-9	ビス(トリブチルスズ)=フマラート	1990/ 9/12	漁網防汚剤船底塗料等
13	1983-10-4	トリブチルスズ=フルオリド	1990/ 9/12	漁網防汚剤船底塗料等
14	31732-71-5	ビス(トリブチルスズ)=2,3-ジブロモスクシナート	1990/ 9/12	漁網防汚剤船底塗料等
15	56-36-0	トリブチルスズ=アセタート	1990/ 9/12	漁網防汚剤船底塗料等
16	3090-36-6	トリブチルスズ=ラウラート	1990/ 9/12	漁網防汚剤船底塗料等
17	4782-29-0	ビス(トリブチルスズ)=フタラート	1990/ 9/12	漁網防汚剤船底塗料等
18	67772-01-4	アルキル=アクリラート・メチル=メタクリラート・トリブチルスズ=メタクリラート共重合物（アルキル=アクリラートのアルキル基の炭素数が8のものに限る.)	1990/ 9/12	漁網防汚剤船底塗料等
19	6517-25-5	トリブチルスズ=スルファマート	1990/ 9/12	漁網防汚剤船底塗料等
20	14275-57-1	ビス(トリブチルスズ)=マレアート	1990/ 9/12	漁網防汚剤船底塗料等
21	1461-22-9 7342-38-3	トリブチルスズ=クロリド	1990/ 9/12	漁網防汚剤船底塗料等
22	85409-17-2	トリブチルスズ=シクロペンタンカルボキシラート及びこの類縁化合物の混合物（トリブチルスズ=ナフテナート）	1990/ 9/12	漁網防汚剤船底塗料等
23	26239-64-5	トリブチルスズ=1,2,3,4,4a,4b,5,6,10,10a-デカヒドロ-7-イソプロピル-1,4a-ジメチル-1-フェナントレンカルボキシラート及びこの類縁化合物の混合物(トリブチルスズロジン塩)	1990/ 9/12	漁網防汚剤船底塗料等

* 第二種特定化学物質については，製造，輸入の予定及び実績数量の国への報告，製造又は輸入予定数量の変更命令，環境汚染を防止するためにとるべき措置に関する技術上の指針の公表，表示の義務付け等，環境中への残留の程度を軽減するための措置が規定されている.
環境省：化学物質審査規制法ホームページ

監視化学物質（平成 21 年改正前の第一種監視化学物質）*

No.	官報公示整理番号	官報公示名	指定年月日
1	1-436	酸化水銀（Ⅱ）	2004/ 9/22
2	3-430	1-tert-ブチル-3,5-ジメチル-2,4,6-トリニトロベンゼン	2004/ 9/22
3	3-2239	シクロドデカ-1,5,9-トリエン	2004/ 9/22
4	3-2240	シクロドデカン	2004/ 9/22
6	3-2341	1,1-ビス(tert-ブチルジオキシ)-3,3,5-トリメチルシクロヘキサン	2004/ 9/22
7	3-2572	テトラフェニルスズ	2004/ 9/22
8	3-2855	1,3,5-トリブロモ-2-(2,3-ジブロモ-2-メチルプロポキシ）ベンゼン	2004/ 9/22
9	3-3371	o-(2,4-ジクロロフェニル)=o-エチル=フェニルホスホノチオアート	2004/ 9/22
10	3-3427	1,3,5-トリ-tert-ブチルベンゼン	2004/ 9/22
11	4-18	ポリブロモビフェニル（臭素数が2から5のものに限る）	2004/ 9/22
12	4-67	ジペンテンダイマーまたはその水素添加物	2004/ 9/22
13	4-577	2-イソプロピルビシクロ[4.4.0]デカンまたは3-イソプロピルビシクロ[4.4.0]デカン	2004/ 9/22
14	4-821	2,6-ジ-tert-ブチル-4-フェニルフェノール	2004/ 9/22
15	4-961	ジイソプロピルナフタレン	2004/ 9/22
16	4-961	トリイソプロピルナフタレン	2004/ 9/22
18	5-3581 5-3605	2,4-ジ-tert-ブチル-6-(5-クロロ-2H-1,2,3-ベンゾトリアゾール-2-イル）フェノール	2004/ 9/22
20	4-16	ジエチルビフェニル	2005/ 2/23
21	4-41	水素化テルフェニル	2005/ 2/23
22	4-638	ジベンジルトルエン	2005/ 2/23
23	4-16	トリエチルビフェニル	2006/ 1/13
24	5-256	N,N-ジシクロヘキシル-1,3-ベンゾチアゾール-2-スルフェンアミド	2006/ 1/13
25	5-3604	2-(2H-1,2,3-ベンゾトリアゾール-2-イル)-6-sec-ブチル-4-tert-ブチルフェノール	2006/ 1/13
26	3-2835	2,4-ジ-tert-ブチル-6-[(2-ニトロフェニル)ジアゼニル]フェノール	2007/ 1/29
27	3-3247	ペルフルオロ(1,2-ジメチルシクロヘキサン)	2007/ 1/29
28	4-39	2,2′,6,6′-テトラ-tert-ブチル-4,4′-メチレンジフェノール	2007/ 1/29
29	2-2658 2-2659	ペルフルオロドデカン酸	2007/ 5/31
30	2-2658 2-2659	ペルフルオロトリデカン酸	2007/ 5/31
31	2-2658	ペルフルオロテトラデカン酸	2007/ 5/31
32	2-2658	ペルフルオロペンタデカン酸	2007/ 5/31
33	2-2658	ペルフルオロヘキサデカン酸	2007/ 5/31
34	2-2366	ペルフルオロヘプタン	2007/ 5/31
35	2-2366	ペルフルオロオクタン	2007/ 5/31
36	5-71	2,2,3,3,4,4,5-ヘプタフルオロ-5-(ペルフルオロブチル)オキソランまたは2,2,3,3,4,5,5-ヘプタフルオロ-4-(ペルフルオロブチル)オキソラン	2007/ 5/31
37	3-540	4-sec-ブチル-2,6-ジ-tert-ブチルフェノール	2008/10/ 1
38	4-1263 5-5112	1,4-ビス(イソプロピルアミノ)-9,10-アントラキノン	2010/ 3/19
39	6-1849	a-(ジフルオロメチル)-ω-(ジフルオロメトキシ)ポリ[オキシ(ジフルオロメチレン)/オキシ(テトラフルオロエチレン)]（分子量が500以上700以下のものに限る）	2012/ 3/22
40	7-475	2,2,4,4,6,6,8,8-オクタメチル-1,3,5,7,2,4,6,8-テトラオキサテトラシロカ	2018/ 4/ 2
41	7-475	2,2,4,4,6,6,8,8,10,10,12,12-ドデカメチル-1,3,5,7,9,11-ヘキサオキサ-2,4,6,8,10,12-ヘキサシラシクロドデカン	2018/ 4/ 2

*　その他，優先評価化学物質として 140 物質が指定されており，製造・輸入実績数量の報告義務といった監視措置が講じられている.
環境省：化学物質審査規制法ホームページ
監視化学物質および優先評価物質については，二次元コードのリンク先を参照.

10.4　環境中の化学物質濃度

10.4.1　残留性有機汚染物質（POPs）/ 化学物質環境実態調査

　環境中での残留性が高い PCB, DDT, ダイオキシン等の POPs（Persistent Organic Pollutants, 残留性有機汚染物質）については, 一部の国々の取組みのみでは地球環境汚染の防止には不十分であり, 国際的に協調して POPs の廃絶, 削減等を行う必要から, 2001 年 5 月,「残留性有機汚染物質に関するストックホルム条約」（POPs 条約）が採択された. 日本は, 2002 年 8 月に条約を締結しており, 条件は 2004 年 5 月に発効した.

　その後, 残留性有機汚染物質検討委員会（POPRC）における専門家による検討を経て, 締約国会議において新たに POPs に指定された物質が随時追加されている.

　POPs 条約では, 各締約国は, ① 意図的な POPs の製造・使用の原則禁止または原則制限, ② 非意図的に生成される POPs の排出削減, ③ POPs を含む在庫および廃棄物の適正管理および処理, ④ 条約の義務を履行するための国内実施計画の策定および実施, ⑤ その他（新規 POPs の製造・使用を予防するための措置, POPs に関する調査研究・モニタリング・情報提供・教育等, 途上国に対する技術・資金援助の実施）を講ずることとされている.

POPs 条約対象物質（2022 年 11 月現在）

附属書 A　（廃絶）
アルドリン
α-ヘキサクロロシクロヘキサン（α-HCH）
β-ヘキサクロロシクロヘキサン（β-HCH）
クロルデン
クロルデコン
デカブロモジフェニルエーテル
ディルドリン
エンドスルファン
エンドリン
ヘプタクロル
ヘキサブロモビフェニル
ヘキサブロモシクロドデカン
ヘキサブロモジフェニルエーテル（ヘキサ BDE）・ヘプタブロモジフェニルエーテル（ヘプタ BDE）
ヘキサクロロベンゼン（HCB）
ヘキサクロロブタジエン（HCBD）
リンデン
マイレックス
ペンタクロロベンゼン（PeCB）
ペンタクロロフェノール（PCP）, その塩及びエステル類
ポリ塩化ビフェニル（PCB）
ポリ塩化ナフタレン（塩素数 2～8 のものを含む）（PCN）
短鎖塩素化パラフィン（SCCP）
エンドスルファン
テトラブロモジフェニルエーテル（テトラ BDE）・ペンタブロモジフェニルエーテル（ペンタ BDE）
トキサフェン
ジコホル
ペルフルオロヘキサンスルホン酸（PFH$_X$S）とその塩及び PFH$_X$S 関連物質

附属書 B　（制限）
1, 1, 1-トリクロロ-2, 2-ビス（4-クロロフェニル）エタン（DDT）
ペルフルオロオクタンスルホン酸（PFOS）とその塩, ペルフルオロオクタンスルホニルフオリド（PFOSF）
（PFOS については半導体用途や写真フィルム用途等における製造・使用等の禁止の除外を規定）

附属書 C　（非意図的生成物）
ヘキサクロロベンゼン（HCB）
ヘキサクロロブタジエン（HCBD）
ペンタクロロベンゼン（PeCB）
ポリ塩化ビフェニル（PCB）
ポリ塩化ジベンゾ-p-ジオキシン（PCDD）
ポリ塩化ジベンゾフラン（PCDF）
ポリ塩化ナフタレン（塩素数 2～8 のものを含む）（PCN）
※HCB, HCBD, PeCB, PCB, PCN は附属書 A と重複

経済産業省：POPs 条約

　現在，以下の30物質がPOPs条約の対象となっている．POPs条約では，テトラBDEおよびペンタBDE，ヘキサBDEおよびヘプタBDEの組み合わせで2物質としている．また，ポリ塩化ナフタレン（PCN），ヘキサクロロブタジエン（HCBD），ペンタクロロフェノール（PCP）またはその塩もしくはエステルの3物質群は，2016年12月に追加されたものである．ジコホル，ペルフルオロオクタン酸（PFOA）とその塩及びPFOA関連物質は2019年4月～5月に追加され，2020年12月に発効となっている．

　POPs条約第16条に，条約の有効性の評価のために，長期継続的なモニタリングの実施と解析・評価を行うことが規定されている．この対応として，POPs条約対象物質のうち，別途詳細なモニタリングが行われているダイオキシン類以外の物質について，その汚染実態を把握するために，国内における大気，水質，底質，生物等の残留実態調査を実施している．

生物濃縮と濃縮係数

　生物体内に蓄積している有害物質が周りの環境（たとえば，水や堆積物）あるいは餌生物中の有害物質より高い濃度を示す現象を生物濃縮という．生物濃縮係数とは，生物体内の有害物質濃度を環境または餌生物中の有害物質濃度で除した値を指す．すなわち「目的とする生物が周りの環境あるいは餌の何倍有害物質を体内に取り込んでいるか」ということを理解する「物差し」が生物濃縮係数である．魚類のような鰓（エラ）呼吸生物は水と餌の両方から有害物質を体内に取り込み濃縮するが，哺乳動物や鳥類のように鰓をもたない長寿命生物は摂餌を通して長期間有害物質を体内に取り込み蓄積する．鰓呼吸生物では，一時的に餌から高濃度の有害物質を体内に取り込むことがあるが，PCBやDDTなどの脂溶性有害物質の場合，体内と水の間の濃度が平衡状態に達するまで鰓を通して体内から水へ排泄される．すなわち鰓呼吸生物における脂溶性有害物質の体内濃度は，水の汚染を反映することになる．

2020年度 POPs モニタリング調査結果

調査対象物質	水質 (pg/L) 範囲 (検出頻度)	底質 (pg/g-dry) 範囲 (検出頻度)	生物 (pg/g-wet) 貝類 範囲 (検出頻度)	魚類 範囲 (検出頻度)	鳥類 範囲 (検出頻度)	大気 (pg/m³) 温暖期 範囲 (検出頻度)
総 PCB	nd～8 000 (43/46)	30～400 000 (58/58)	470～9 900 (3/3)	690～85 000 (18/18)	74 000 (1/1)	21～360 (37/37)
HCB	2.7～630 (46/46)	3.9～98 00 (58/58)	tr(2)～30 (3/3)	15～1 100 (18/18)	2 900 (1/1)	63～370 (37/37)
アルドリン	—	—	—	—	—	—
ディルドリン	—	—	—	—	—	—
エンドリン	—	—	—	—	—	—
DDT 類						
p, p'-DDT	—	—	—	—	—	—
p, p'-DDE	—	—	—	—	—	—
p, p'-DDD	—	—	—	—	—	—
o, p'-DDT	—	—	—	—	—	—
o, p'-DDE	—	—	—	—	—	—
o, p'-DDD	—	—	—	—	—	—
クロルデン類						
cis-クロルデン	tr(2)～120 (46/46)	tr(1.1)～4 200 (58/58)	41～590 (3/3)	39～2 200 (18/18)	83 (1/1)	1.5～200 (37/37)
trans-クロルデン	th(3)～98 (46/46)	1.4～4 500 (58/58)	25～430 (3/3)	11～780 (18/18)	34 (1/1)	1.5～230 (37/37)
オキシクロルデン	nd～8 (21/46)	nd～39 (34/58)	5～59 (3/3)	24～2 100 (18/18)	820 (1/1)	0.15～2.6 (37/37)
cis-ノナクロル	th(0.6)～39 (46/46)	tr(0.7)～2 100 (58/58)	20～200 (3/3)	26～1 600 (18/18)	480 (1/1)	0.13～24 (37/37)
trans-ノナクロル	nd～95 (45/46)	1.9～3 800 (58/58)	47～480 (3/3)	95～5 700 (18/18)	81 (1/1)	1.0～140 (37/37)
ヘプタクロル類						
ヘプタクロル	nd～tr(2) (5/46)	nd～52 (43/58)	nd～tr(2) (1/3)	nd～6 (6/18)	nd (0/1)	0.69～35 (37/37)
cis-ヘプタクロルエポキシド	nd～36 (44/46)	nd～110 (40/58)	5～96 (3/3)	tr(2)～320 (18/18)	270 (1/1)	0.23～2.9 (37/37)
trans-ヘプタクロルエポキシド	nd (0/46)	nd～1.4 (1/58)	nd (0/3)	nd (0/18)	nd (0/1)	nd (0/37)
トキサフェン類						
Parlar-26	—	—	—	—	—	—
Parlar-50	—	—	—	—	—	—
Parlar-62	—	—	—	—	—	—
マイレックス	—	—	—	—	—	—
HCH 類						
α-HCH	—	—	—	—	—	—
β-HCH	—	—	—	—	—	—
γ-HCH （別名：リンデン）	—	—	—	—	—	—
δ-HCH	—	—	—	—	—	—
クロルデコン	—	—	—	—	—	—
ヘキサブロモビフェニル類	—	—	—	—	—	—
ポリブロモジフェニルエーテル類 （臭素数が 4 から 10 までのもの）						
テトラブロモジフェニルエーテル類	—	—	—	—	—	—
ペンタブロモジフェニルエーテル類	—	—	—	—	—	—
ヘキサブロモジフェニルエーテル類	—	—	—	—	—	—
ヘプタブロモジフェニルエーテル類	—	—	—	—	—	—
オクタブロモジフェニルエーテル類	—	—	—	—	—	—

（続き）

調査対象物質	水質 (pg/L) 範囲 (検出頻度)	底質 (pg/g-dry) 範囲 (検出頻度)	生物 (pg/g-wet) 貝類 範囲 (検出頻度)	魚類 範囲 (検出頻度)	鳥類 範囲 (検出頻度)	大気 (pg/m³) 温暖期 範囲 (検出頻度)
ノナブロモジフェニルエーテル類	—	—	—	—	—	—
デカブロモジフェニルエーテル	—	—	—	—	—	—
ペルフルオロオクタンスルホン酸 (PFOS)	tr(52)〜3 700 (46/46)	tr(3)〜450 (58/58)	tr(4)〜130 (3/3)	5〜3 000 (18/18)	8 500 (1/1)	1.1〜7.2 (37/37)
ペルフルオロオクタン酸 (PFOA)	220〜16 000 (46/46)	nd〜190 (57/58)	tr(3)〜14 (3/3)	nd〜49 (12/18)	280 (1/1)	4.9〜55 (37/37)
ペンタクロロベンゼン	tr(2)〜500 (46/46)	1.8〜2 900 (58/58)	8〜9 (3/3)	nd〜120 (14/18)	390 (1/1)	35〜180 (37/37)
エンドスルファン類						
α-エンドスルファン	—	—	—	—	—	—
β-エンドスルファン	—	—	—	—	—	—
1,2,5,6,9,10-ヘキサブロモシクロドデカン類						
α-1,2,5,6,9,10-ヘキサブロモシクロドデカン	—	—	—	—	—	—
β-1,2,5,6,9,10-ヘキサブロモシクロドデカン	—	—	—	—	—	—
γ-1,2,5,6,9,10-ヘキサブロモシクロドデカン	—	—	—	—	—	—
δ-1,2,5,6,9,10-ヘキサブロモシクロドデカン	—	—	—	—	—	—
ε-1,2,5,6,9,10-ヘキサブロモシクロドデカン	—	—	—	—	—	—
総ポリ塩化ナフタレン	—	—	—	—	—	—
ヘキサクロロブタ-1,3-ジエン	nd〜490 (1/46)	nd〜180 (2/58)	nd〜tr(7) (1/3)	nd〜19 (8/18)	nd (0/1)	1 500〜9 800 (37/37)
ペンタクロロフェノール並びにその塩及びエステル類ペンタクロロフェノール						
ペンタクロロフェノール	—	—	—	—	—	—
ペンタクロロアニソール	—	—	—	—	—	—
短鎖塩素化パラフィン類						
塩素化デカン類	nd〜1 800 (16/46)	nd〜6 000 (21/58)	nd〜tr(700) (2/3)	nd〜tr(500) (3/18)	nd (0/1)	tr(60)〜560 (37/37)
塩素化ウンデカン類	nd〜2 400 (4/46)	nd〜6 900 (25/58)	nd〜1 800 (2/3)	nd〜1 400 (4/18)	1 100 (1/1)	tr(50)〜1 900 (37/37)
塩素化ドデカン類	nd〜2 600 (4/46)	nd〜18 000 (31/58)	nd〜700 (2/3)	nd〜1 400 (2/18)	nd (0/1)	nd〜640 (29/37)
塩素化トリデカン類	nd〜2 000 (8/46)	nd〜26 000 (40/58)	nd〜1 700 (2/3)	nd〜1 900 (2/18)	tr(300) (1/1)	nd〜360 (23/37)
ジコホル	nd〜30 (1/46)	nd〜77 (23/58)	nd〜tr(20) (1/3)	nd〜330 (8/18)	nd (0/1)	nd〜tr(0.3) (3/37)
ペルフルオロヘキサンスルホン酸 (PFHxS)	nd〜1 500 (44/46)	nd〜10 (13/58)	nd〜tr(3) (2/3)	nd〜18 (10/18)	190 (1/1)	0.7〜6.1 (37/37)

注）1．nd（検出下限値未満）は検出下限値の 1/2 として算出した．
　　2．—は調査対象外であることを意味する．
　　3．tr(X)は，X の値が定量下限値未満，検出下限値以上であることを意味する.
　　4．範囲はすべての検体における最小値から最大値の範囲で示し，検出頻度は全測定地点に対して検出した地点数で示したため，全地点において検出されても範囲が nd〜となる場合がある．

環境省環境保健部環境安全課：“2021 年度版　化学物質と環境”（2022）

2021年度POPsモニタリング調査結果

調査対象物質	水質 (pg/L) 範囲 (検出頻度)	底質 (pg/g-dry) 範囲 (検出頻度)	生物 (pg/g-wet) 貝類 範囲 (検出頻度)	魚類 範囲 (検出頻度)	鳥類 範囲 (検出頻度)	大気 (pg/m³) 温暖期 範囲 (検出頻度)
総PCB	nd〜5 900 (45/47)	33〜450 000 (60/60)	490〜7 200 (3/3)	800〜130 000 (18/18)	110 000〜210 000 (2/2)	17〜340 (35/35)
HCB	1.6〜180 (47/47)	2.5〜12 000 (60/60)	tr(2)〜26 (3/3)	24〜950 (18/18)	2 800〜4 200 (2/2)	66〜140 (35/35)
アルドリン	—	—	—	—	—	—
ディルドリン	—	—	—	—	—	—
エンドリン	—	—	—	—	—	—
DDT類						
p,p'-DDT	nd〜190 (42/47)	3.8〜17 000 (60/60)	28〜420 (3/3)	nd〜1 500 (17/18)	29〜120 (2/2)	0.16〜6.3 (35/35)
p,p'-DDE	0.9〜170 (47/47)	8.7〜25 000 (60/60)	88〜960 (3/3)	230〜8 500 (18/18)	64 000〜100 000 (2/2)	0.43〜21 (35/35)
p,p'-DDD	0.9〜87 (47/47)	1.9〜8 600 (60/60)	5.2〜840 (3/3)	26〜2 700 (18/18)	120〜140 (2/2)	nd〜0.18 (18/35)
o,p'-DDT	nd〜33 (30/47)	nd〜3 200 (58/60)	8〜93 (3/3)	tr(1)〜70 (18/18)	tr(1)〜3 (2/2)	0.11〜3.0 (35/35)
o,p'-DDE	nd〜92 (32/47)	nd16 000 (59/60)	tr(2)〜110 (3/3)	nd〜1 600 (17/18)	tr(1) (2/2)	nd〜0.55(34/35)
o,p'-DDD	tr(0.3)〜54 (47/47)	0.4〜2 500 (60/60)	tr(2)〜760 (3/3)	nd〜380 (17/18)	trtr(4)〜8 (2/2)	nd〜0.16 (27/35)
クロルデン類	—	—	—	—	—	—
cis-クロルデン	—	—	—	—	—	—
trans-クロルデン	—	—	—	—	—	—
オキシクロルデン	—	—	—	—	—	—
cis-ノナクロル	—	—	—	—	—	—
trans-ノナクロル	—	—	—	—	—	—
ヘプタクロル類						
ヘプタクロル	—	—	—	—	—	—
cis-ヘプタクロルエポキシド	—	—	—	—	—	—
trans-ヘプタクロルエポキシド	—	—	—	—	—	—
トキサフェン類						
Parlar-26	—	—	—	—	—	—
Parlar-50	—	—	—	—	—	—
Parlar-62	—	—	—	—	—	—
マイレックス	—	—	—	—	—	—
HCH類						
α-HCH	—	—	—	—	—	—
β-HCH	—	—	—	—	—	—
γ-HCH（別名：リンデン）	—	—	—	—	—	—
δ-HCH	—	—	—	—	—	—
クロルデコン	—	—	—	—	—	—
ヘキサブロモビフェニル類	—	—	—	—	—	—
ポリブロモジフェニルエーテル類（臭素数が4から10までのもの）						
テトラブロモジフェニルエーテル類	—	—	—	—	—	—
ペンタブロモジフェニルエーテル類	—	—	—	—	—	—

（続き）

調査対象物質	水質 (pg/L) 範囲 (検出頻度)	底質 (pg/g-dry) 範囲 (検出頻度)	生物 (pg/g-wet) 貝類 範囲 (検出頻度)	魚類 範囲 (検出頻度)	鳥類 範囲 (検出頻度)	大気 (pg/m³) 温暖期 範囲 (検出頻度)
ヘキサブロモジフェニルエーテル類	—	—	—	—	—	—
ヘプタブロモジフェニルエーテル類	—	—	—	—	—	—
オクタブロモジフェニルエーテル類	—	—	—	—	—	—
ノナブロモジフェニルエーテル類	—	—	—	—	—	—
デカブロモジフェニルエーテル	—	—	—	—	—	—
ペルフルオロオクタンスルホン酸(PFOS)	tr(30)〜3 700 (47/47)	tr(5)〜620 (60/60)	tr(2)〜250 (3/3)	tr(2)〜4 500 (18/18)	590〜15 000 (2/2)	0.70〜6.5 (35/35)
ペルフルオロオクタン酸(PFOA)	230〜23 000 (47/47)	nd〜260 (58/60)	nd〜16 (2/3)	nd〜40 (14/18)	46〜410 (2/2)	2.6〜42 (35/35)
ペンタクロロベンゼン	1.2〜140 (47/47)	tr(0.8)〜2 300 (60/60)	4〜15 (3/3)	nd〜150 (16/18)	300〜470 (2/2)	36〜130 (35/35)
エンドスルファン類						
α-エンドスルファン	nd〜580 (17/47)	nd〜53 (50/60)	nd (0/3)	nd (0/18)	nd (0/2)	0.4〜6.0 (35/35)
β-エンドスルファン	nd〜250 (11/47)	nd〜57 (12/60)	nd (0/3)	nd (0/18)	nd (0/2)	nd〜tr(0.5) (5/35)
1,2,5,6,9,10-ヘキサブロモシクロドデカン類						
α-1,2,5,6,9,10-ヘキサブロモシクロドデカン	—	—	—	—	—	—
β-1,2,5,6,9,10-ヘキサブロモシクロドデカン	—	—	—	—	—	—
γ-1,2,5,6,9,10-ヘキサブロモシクロドデカン	—	—	—	—	—	—
δ-1,2,5,6,9,10-ヘキサブロモシクロドデカン	—	—	—	—	—	—
ε-1,2,5,6,9,10-ヘキサブロモシクロドデカン	—	—	—	—	—	—
総ポリ塩化ナフタレン	nd〜170 (29/47)	nd〜14 000 (59/60)	nd〜600 (2/3)	tr(14)〜360 (18/18)	250〜330 (2/2)	5.3〜1000 (35/35)
ヘキサクロロブタ-1,3-ジエン	nd (0/47)	nd〜170 (3/60)	nd〜tr(5) (1/3)	nd〜24 (14/18)	nd (0/2)	1 400〜11 000 (35/35)
ペンタクロロフェノール並びにその塩及びエステル類ペンタクロロフェノール						
ペンタクロロフェノール	—	—	—	—	—	—
ペンタクロロアニソール	—	—	—	—	—	—
短鎖塩素化パラフィン類						
塩素化デカン類	nd〜1 100 (42/47)	nd〜4 300 (30/60)	nd〜tr(500) (2/3)	nd〜700 (4/18)	tr(300)〜600 (2/2)	tr(100)〜900 (35/35)
塩素化ウンデカン類	nd〜1 200 (26/47)	nd〜7 000 (28/60)	nd〜800 (1/3)	nd〜1 000 (4/18)	tr(400)〜2 300 (2/2)	nd〜850 (34/35)
塩素化ドデカン類	nd〜4 900 (13/47)	nd〜12 000 (44/60)	nd〜400 (1/3)	nd〜tr(300) (3/18)	nd〜1 000 (1/2)	nd〜370 (27/35)
塩素化トリデカン類	nd〜8 600 (8/46)	nd〜31 000 (47/60)	nd〜900 (1/3)	nd〜7 000 (2/18)	500〜900 (2/2)	nd〜tr(200) (26/35)
ジコホル	—	—	—	—	—	—
ペルフルオロヘキサンスルホン酸(PFHxS)	nd〜2 300 (44/47)	nd〜15 (19/60)	nd〜tr(3) (1/3)	nd〜16 (7/18)	10〜40 (2/2)	0.46〜6.6 (35/35)

注）1. nd（検出下限値未満）は検出下限値の1/2として算出した.
　　2. —は調査対象外であることを意味する.
　　3. tr(X)は，Xの値が定量下限値未満，検出下限値以上であることを意味する.
　　4. 範囲はすべての検体における最小値から最大値の範囲で示し，検出頻度は全測定地点に対して検出した地点数で示したため，全地点において検出されても範囲がnd〜となる場合がある.

環境省環境保健部環境安全課："令和4年度版　化学物質と環境"（2022）

10.4.2　アジア沿岸域の有機汚染物質濃度

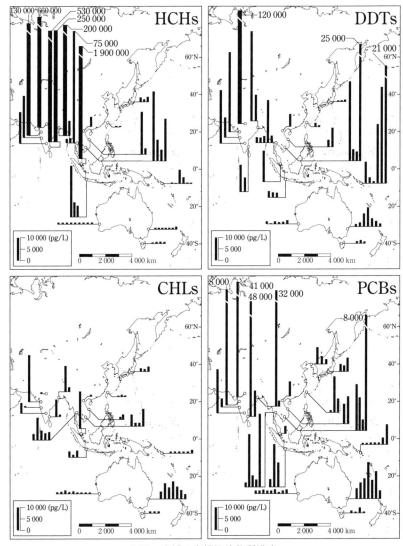

図1　水域の有機汚染物質濃度

　PCB（ポリ塩化ビフェニル）および有機塩素系殺虫剤によるアジア沿岸域の水質汚染．一部の途上国では これらの物質を使用したため，水質汚染が顕在化した．
　HCH：ヘキサクロロシクロヘキサン，CHL：クロルデン，DDT：ジクロロジフェニルトリクロロエタン．
　岩田ほか．1994, Environmental Pollution, **85**, 15.

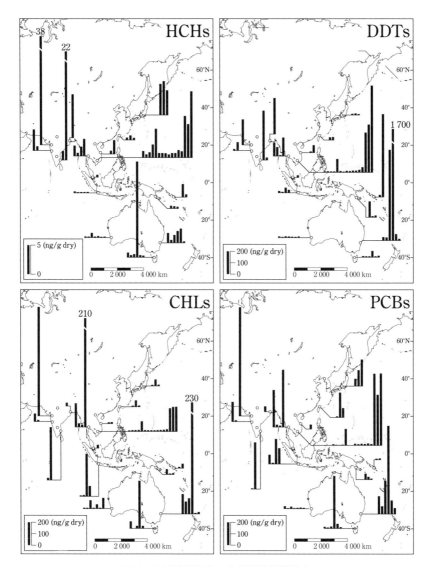

図2 水域堆積物中の有機汚染物質濃度

PCB（ポリ塩化ビフェニル）および有機塩素系殺虫剤によるアジア沿岸域の堆積物汚染．図に示した水質同様，途上国の汚染が顕在化した．

岩田ほか．1994, Environmental Pollution, **85**, 15.

10.4.3　ダイオキシン類

　ダイオキシンは，廃棄物の焼却などにより生成される有機塩素系化合物で，毒性が高く発がん性，生殖毒性，催奇形性などを有する．

　ポリ塩化ジベンゾ-p-ジオキシン（PCDD：polychlorinated dibenzo-p-dioxin）とポリ塩化ジベンゾフラン（PCDF：polychlorinated dibenzofuran）をダイオキシン類と呼ぶ．また，ダイオキシン類と同様な毒性を示す物質，コプラナーポリ塩化ビフェニル（コプラナーPCB，Co-planerPCB またはダイオキシン様 PCB）をダイオキシン類似化合物と呼んでいる．「ダイオキシン類対策特別措置法」（1999 年 7 月 16 日に公布）では，PCDD，PCDF，コプラナーPCB を含めてダイオキシン類と定義している．

ダイオキシンの特性

　ダイオキシン類の構造：ダイオキシン類は，ベンゼン環が 2 つ，酸素で結合し，それに塩素が付いた構造をもつ（図 3）．図 3 の 1〜9 および 2′〜6′ の位置には，塩素または水素が付くが，塩素数や付く位置によって形が変わるので，PCDD には 75 種，PCDF には 135 種，コプラナーPCB には十数種の異性体がある．これらのうち毒性があるのは 29 種類である．

　ダイオキシンの毒性：ダイオキシンの毒性は強さが異なり，PCDD のうち 2, 3, 7, 8 の位置に塩素の付いた 2, 3, 7, 8-TeCDD（2, 3, 7, 8-テトラクロロジベンゾ-p-ジオキシン，2, 3, 7, 8-tetrachlorodibenzo-p-dioxin）が最も毒性が強い．この 2, 3, 7, 8-TeCDD の毒性を 1 として，他のダイオキシン類の強さを換算した係数（毒性等価係数，TEF：toxic equivalency factor）が用いられる．この毒性等価係数を用いてダイオキシン類の毒性を足した値を毒性等量（TEQ：toxic equivalent）が用いられる．

　ダイオキシン類の安全性評価：ダイオキシン類の安全性評価においては，耐容 1 日摂取量（TDI：tolerable daily intake）が用いられる．TDI は，ヒトが長期にわたり体内に取り込むことにより健康影響が懸念される物質の，その量まではヒトが一生涯にわたり摂取しても健康に対する有害な影響が現れないと判断される 1 日体重 1 kg あたりの摂取量である．日本では，ダイオキシン類の TDI は 4 pg-TEQ と設定されている．

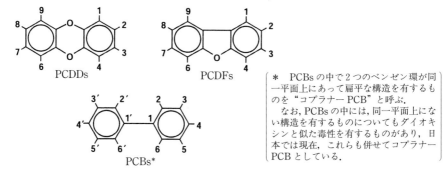

＊　PCBs の中で 2 つのベンゼン環が同一平面上にあって扁平な構造を有するものを"コプラナー PCB"と呼ぶ．
　なお，PCBs の中には，同一平面上にない構造を有するものについてもダイオキシンと似た毒性を有するものがあり，日本では現在，これらも併せてコプラナーPCB としている．

図 3　ダイオキシン類の構造

関係省庁共通パンフレット "ダイオキシン類"（2012）.

ダイオキシン類の排出量の目録（排出インベントリー）

発生源	排出量（g-TEQ/年）											
	2010	2011	2012	2013	2014	2015	2016	2017	2018	2019	2020	2021
1 廃棄物処理分野	94〜95	84	80	73	68	65	65	57	56	56	58	52
水	1	0	1	0	0	0	0	0	0	0	0	0
一般廃棄物焼却施設	33	32	31	30	27	24	24	22	20	20	22	19
産業廃棄物焼却施設	29	27	27	19	19	19	20	15	18	17	17	13
小型廃棄物焼却炉等（法規制対象）	19	16	14	14	13	13	11.2	10.2	9.6	10.2	10	11
小型廃棄物焼却炉（法規制対象外）	13〜14	8.5	8.6	9.0	9.2	9.5	9.8	9.1	8.5	9.0	8.7	8.8
2 産業分野	62	55	53	54	51	50	47	47	58	45	37	44
水	0.6	0.6	0.6	0.3	0.3	0.3	0.5	0.5	0.8	0.8	0.8	0.8
製鋼用電気炉	30.9	22.7	21.4	23.7	23.9	26.6	17.9	20.8	28.7	18.6	15.7	23.8
鉄鋼業焼結施設	10.9	11.9	14.1	12.0	10.6	7.1	8.6	9.2	11.5	9.0	5.4	4.9
亜鉛回収施設	2.3	2.5	0.9	3.2	2.9	3.2	2.9	1.7	1.7	1.2	1.2	1.2
アルミニウム合金製造施設	8.7	9.0	8.2	8.4	8.2	8.1	10.4	8.5	9.7	9.6	7.9	7.5
その他の施設	8.8	8.7	8.7	6.8	6.8	6.4	6.7	6.7	6.8	6.3	6.3	6.3
3 その他	2.7〜4.5	3.4〜5.2	2.6〜4.4	2.7〜4.6	2.7〜4.6	2.7〜4.6	2.8〜4.7	2.6〜4.5	2.6〜4.6	2.5〜4.5	2.4〜3.4	2.5〜4.6
水	0.2	0.5	0.1	0.2	0.2	0.2	0.2	0.1	0.1	0.1	0.6	0.1
下水道終末処理施設	0.2	0.5	0.1	0.2	0.2	0.2	0.2	0.1	0.1	0.1	0.6	0.0
最終処分場	0.0	0.0	0.0	0.0	0.0	0.0	0.0	0.0	0.0	0.0	0.0	0.0
火葬場	1.2〜3.0	1.3〜3.1	1.3〜3.1	1.3〜3.2	1.3〜3.2	1.3〜3.2	1.4〜3.3	1.4〜3.3	1.4〜3.4	1.4〜3.4	1.4〜3.4	1.5〜3.6
たばこの煙	0.1	0.1	0.1	0.1	0.1	0.1	0.1	0.1	0.1	0.1	0.1	0.1
自動車排出ガス	1.0	1.0	1.0	0.9	0.9	0.9	0.9	0.9	0.9	0.9	0.9	0.9
合計	159〜161	142〜144	136〜138	129〜131	123〜125	119〜121	114〜116	106〜108	117〜119	103〜105	98〜100	98〜100
水	2	1	1	1	1	1	1	1	1	1	2	1

注）1. 排出量は可能な範囲で WHO-TEF（2006）を用いた値で表示した.
　　2. 表中「水」は, 水への排出（内数）を表す.
　　3. 表中の0は小数点以下第1位を四捨五入し g-TEQ 単位にそろえた結果, 値が0となったものである.

環境省：ダイオキシン類の排出量の目録（排出インベントリー）（概要）2023 より作成.

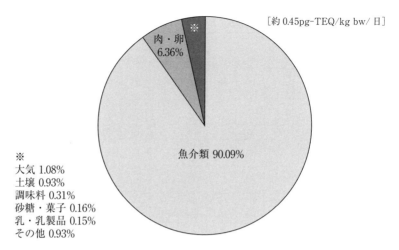

［約 0.45pg-TEQ/kg bw/ 日］

肉・卵
6.36%

魚介類 90.09%

※
大気 1.08%
土壌 0.93%
調味料 0.31%
砂糖・菓子 0.16%
乳・乳製品 0.15%
その他 0.93%

図4 日本におけるダイオキシン類の１人１日摂取量（2021 年度）

資料：厚生労働省、環境省資料より環境省作成

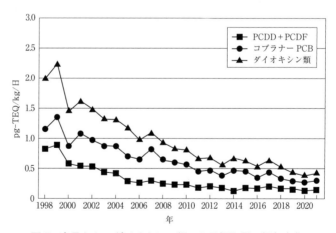

図5 食品からのダイオキシン類の１日摂取量の経年変化

厚生労働省「食品からのダイオキシン類一日摂取量調査」

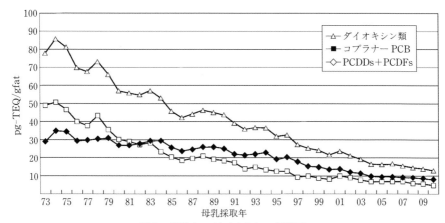

図6 母乳中のダイオキシン類濃度

平成22年度厚生労働科学研究：“母乳のダイオキシン類汚染の実態調査と乳幼児の発達への影響に関する研究”.

ダイオキシン類年度別調査地点数および濃度

環境媒体	調査の種類または地域分類（水域群）		年度	2013	2014	2015	2016	2017	2018	2019	2020	2021
大気*1	全体		平均値	0.023	0.021	0.021	0.018	0.019	0.018	0.017	0.017	0.015
			濃度範囲	0.0029~0.20	0.0036~0.42	0.0042~0.49	0.0034~0.27	0.0033~0.32	0.0032~0.17	0.0025~0.24	0.0025~0.33	0.0022~0.25
			地点数	666	645	660	642	(629)	(619)	(621)	(614)	(584)
		一般環境	平均値	0.022	0.020	0.019	0.017	0.018	0.018	0.016	0.017	0.014
			地点数	508	497	497	493	(481)	(471)	(469)	(465)	(450)
		発生源周辺	平均値	0.027	0.022	0.028	0.021	0.022	0.018	0.019	0.018	0.017
			地点数	135	122	137	125	(124)	(122)	(128)	(121)	(109)
		沿道	平均値	0.025	0.025	0.019	0.019	0.018	0.015	0.014	0.017	0.012
			地点数	23	26	26	24	(24)	(26)	(24)	(28)	(25)
公共用水域*2	水質	全体	平均値	0.19	0.18	0.18	0.18	0.17	0.18	0.19	0.18	0.18
			濃度範囲	0.013~3.2	0.012~2.1	0.011~4.9	0.011~2.4	0.011~1.7	0.0084~4.1	0.013~3.6	0.013~3.6	0.012~3.1
			地点数	(1 537)	(1 480)	(1 491)	(1 459)	(1 442)	(1 431)	(1 411)	(1 411)	(1 382)
		河川	平均値	0.2	0.20	0.21	0.21	0.20	0.20	0.21	0.2	0.2
			地点数	(1 189)	(1 149)	(1 147)	(1 132)	(1 122)	(1 106)	(1 088)	(1 107)	(1 066)
		湖沼	平均値	0.19	0.20	0.15	0.19	0.16	0.18	0.16	0.22	0.17
			地点数	83	75	93	82	(78)	(90)	(87)	(74)	(92)
		海域	平均値	0.070	0.070	0.069	0.068	0.074	0.077	0.068	0.067	0.068
			地点数	265	256	251	245	(242)	(235)	(236)	(230)	(224)
	底質	全体	平均値	6.7	6.4	7.1	6.8	6.7	5.9	6.4	6.5	5.9
			濃度範囲	0.056~640	0.068~660	0.059~1 100	0.053~510	0.043~610	0.0083~430	0.014~520	0.04~530	0.058~430
			地点数	(1 247)	(1 197)	(1 232)	(1 202)	(1 205)	(1 187)	(1 179)	(1 178)	(1 147)
		河川	平均値	6.1	5.7	6.6	6.4	6.1	5.1	5.8	5.9	5.4
			地点数	948	921	942	917	(928)	(903)	(901)	(918)	(868)
		湖沼	平均値	8.5	8.9	8.2	7.7	8.1	7.9	8.5	8.3	7.1
			地点数	73	64	86	76	(70)	(83)	(79)	(65)	(84)
		海域	平均値	8.6	8.7	9.1	8.4	8.7	8.8	7.8	8.7	7.4
			地点数	226	212	204	209	(207)	(201)	(199)	(195)	(195)
地下水質*2			平均値	0.26	0.050	0.042	0.055	0.049	0.044	0.047	0.054	0.053
			濃度範囲	0.011~1.0	0.012~1.0	0.0036~0.48	0.0073~3.7	0.0071~0.66	0.0072~0.36	0.0085~0.51	0.0087~1.7	0.00028~0.67
			地点数	556	530	515	513	(498)	(511)	(498)	(493)	(467)
土壌*3	合計		平均値	3.6	2.3	2.6	3.2	3.4	2.5	3.0	3.8	3.4
			濃度範囲	0~230	0~100	0~100	0~210	0~150	0~150	0~210	0~960	0.00006~200
			地点数	921	872	852	833	(835)	(818)	(825)	(773)	(760)
		一般環境	平均値	2.2	1.6	1.8	2.0	1.7	1.4	1.8	1.9	2.5
			地点数	647	603	599	577	(583)	(559)	(547)	(530)	(513)
		発生源周辺	平均値	7.0	4.0	4.4	5.9	7.2	4.7	5.3	8	5.4
			地点数	274	269	253	256	(252)	(259)	(278)	(243)	(247)

平均値，濃度範囲の単位は，大気：pg-TEQ/m³，水質：pg-TEQ/L，底質：pg-TEQ/g，土壌：pg-TEQ/g

＊1 大気について
　毒性等量の算出には，WHO-TEF（2006）を用いている．各異性体の測定濃度が定量下限未満で検出下限以上の場合はそのままの値を用い，検出下限未満の場合は検出下限の1/2の値を用いて毒性等量を算出している．

＊2 公共用水域，地下水質について
　毒性等量の算出には，WHO-TEF（2006）を用いている．各異性体の測定濃度が定量下限未満で検出下限以上の場合はそのままの値を用い，検出下限未満の場合は検出下限の1/2の値を用いて毒性等量を算出している．

＊3 土壌について
　毒性等量の算出には，WHO-TEF（2006）を用いている．各異性体の測定濃度が定量下限未満の場合は0として毒性等量を算出している．簡易測定法による地点は，平均値，濃度範囲等が算定できないため，上記表には含めていない．地方自治体が年次計画を定めて管内の地域を調査することとしているため，調査地点は毎年異なる．

環境省：“令和4年度ダイオキシン類に係る環境調査結果”（2022）より作成．

10.4.4　その他の化学物質等

化学物質環境実態調査

　化学物質環境実態調査は，環境リスクの削減に資するために，曝露量評価の前提となるデータ整備の根幹を担う調査として，1974年から環境リスクの評価が必要な化学物質の環境中における残留実態の把握を目的に実施されている.

　2021年度までに水質，底質，生物，大気等の一般環境媒体について1511物質を調査し，うち930物質が何らかの媒体から検出されている.

　調査結果は，化学物質審査規制法，化学物質排出把握管理促進法における対象物質の選定等，広く化学物質対策関連施策の策定時に，基礎データとして活用されている.

2020年度初期環境調査　検出状況・検出下限値一覧表

物質調査番号	調査対象物質	水質(ng/L) 範囲(検出頻度)	水質(ng/L) 検出下限値	大気(ng/m³) 範囲(検出頻度)	大気(ng/m³) 検出下限値
[1]	アンビシリン※	nd〜1.4 4/22	0.12		
[2]	イマザリル※	nd 0/21	3.9		
[3]	クロフィブラート及びその代謝物※				
	[3-1] クロフィブラート	nd 0/23	28		
	[3-2] クロフィブリン酸	nd 0/23	33		
[4]	ヘキサクロロエタン※	nd 0/22	0.55		
[5]	ベンゾフェノン-4 （別名：2-ヒドロキシ-4-メトキシベンゾフェノン-5-スルホン酸）※	nd〜150 6/21	16		
[6]	ベンラファキシン及びその代謝物※				
	[6-1] ベンラファキシン	nd〜53 19/23	0.24		
	[6-2] O-デスメチルベンラファキシン	nd〜190 6/21	6		
[7]	トリエチレンテトラミン※	nd 0/26	12		
[8]	1,3,5-トリス(2,3-エポキシプロピル)-1,3,5-トリアジン-2,4,6(1H,3H,5H)-トリオン（別名：1,3,5-トリスグリシジル-イソシアヌル酸）			nd〜0.11 1/20	0.039
[9]	メタクリル酸 2-エチルヘキシル	nd 0/25	12		
[10]	りん酸ジメチル＝2,2-ジクロロビニル（別名：ジクロルボス）※	nd〜33 2/27	0.43	nd〜2.3 6/21	0.63

環境省環境保健部環境安全課："2021年度版 化学物質と環境"（2022）

注）1. 検出頻度は検出地点数/調査地点数（測定値が得られなかった地点数および検出下限値を統一したことで集計の対象から除外された地点数は含まない）を示す. 1地点につき複数の検体を測定した場合において，1検体でも検出されたとき，その地点は「検出地点」となる.
　　2. 範囲はすべての検体における最小値から最大値の範囲で示した. そのため，全地点において検出されても範囲がnd〜となることがある.
　　3. □は調査対象外の媒体であることを意味する.
　　4. ※は排出に関する情報を考慮した地点も含めて調査した物質であることを意味する.

2021 年度初期環境調査　検出状況・検出下限値一覧表

物質調査番号	調査対象物質	水質(ng/L) 範囲 検出頻度	水質(ng/L) 検出下限値	底質(ng/g-dry) 範囲 検出頻度	底質(ng/g-dry) 検出下限値	大気(ng/m³) 範囲 検出頻度	大気(ng/m³) 検出下限値
[1]	アミオダロン※	nd 0/30	3.5				
[2]	イベルメクチン類※						
	[2-1] イベルメクチン B1a	nd～4.6 15/35	0.015				
	[2-2] イベルメクチン B1b	nd～0.079 1/35	0.013				
[3]	1.3 ジオキソラン※	nd 0/21	2 400				
[4]	シクロヘキシルアミン※	nd～8.5 17/32	220				
[5]	N-(2,3-ジメチルフェニル)アントラニル酸 (別名：メフェナム酸)※	nd～8.5 17/35	0.16				
[6]	ストレプトマイシン※	nd～2.3 7/35	1.1				
[7]	6-ニトロクリセン※	nd 0/44	1	nd 0/39	8.2	nd 0/23	0.019
[8]	2-ヒドロキシー4-メトキシベンゾフェノン (別名：ベンゾフェノン-3)	nd～4.4 11/26	0.67				
[9]	フラン※					5.5～180 20/20	0.89
[10]	ヘキサクロロシクロペンタジエン※	nd 0/13	0.15				
[11]	p-メトキシケイ皮酸 2-エチルヘキシル	nd～43 13/24	3.5				

環境省環境保健部環境安全課："令和4年度版　化学物質環境実態調査―化学物質と環境―"(2021)

注)　1. 検出頻度は検出地点数/調査地点数(測定値が得られなかった地点数および検出下限値を統一したことで集計の対象から除外された地点数は含まない)を示す．1地点につき複数の検体を測定した場合において，1検体でも検出されたとき，その地点は「検出地点」となる．
　　2. 範囲はすべての検体における最小値から最大値の範囲で示した．そのため，全地点において検出されても範囲が nd～となることがある．
　　3. □は調査対象外の媒体であることを意味する．
　　4. ※は排出に関する情報を考慮した地点も含めて調査した物質であることを意味する．

2020 年度詳細環境調査検出状況・検出下限値一覧表

物質調査番号	調査対象物質	水質(ng/L) 範囲 検出頻度	検出下限値	底質(ng/g-dry) 範囲 検出頻度	検出下限値	生物(ng/g-wet) 範囲 検出頻度	検出下限値
[1]	アニリン※	nd～38 000 23/31	14				
[2]	[(3-アルカンアミドプロピル)(ジメチル)アンモニオ]アセタート類(アルカンアミドの炭素数が 10, 12, 14, 16 又は 18 で, 直鎖型型のもの)及び(Z)-[[3-(オクタデカ-9-エンアミド)プロピル](ジメチル)アンモニオ]アセタート※						
	[2-1][(3-デカンアミドプロピル)(ジメチル)アンモニオ]アセタート	nd～12 16/31	0.35	nd 0/31	0.24		
	[2-2][(3-ドデカンアミドプロピル)(ジメチル)アンモニオ]アセタート	nd～140 24/31	2.6	nd 0/31	5		
	[2-3][(3-テトラデカンアミドプロピル)(ジメチル)アンモニオ]アセタート	nd～26 18/31	2.8	nd～1.1 1/31	0.94		
	[2-4][(3-ヘキサデカンアミドプロピル)(ジメチル)アンモニオ]アセタート	nd～9.3 18/31	0.76	nd～0.39 6/31	0.19		
	[2-5][(3-オクタデカンアミドプロピル)(ジメチル)アンモニオ]アセタート	nd～9.2 27/31	0.24	nd～0.28 9/31	0.095		
	[2-6](Z)-[[3-(オクタデカ -9-エンアミド)プロピル](ジメチル)アンモニオ]アセタート※	nd～0.40 6/31	0.091	nd～0.16 13/31	0.02		
[3]	環状ポリジメチルシロキサン類※						
	[3-1]オクタメチルシクロテトラシロキサン	nd～14 19/26	2.7			nd～65 8/12	0.79
	[3-2]デカメチルシクロペンタシロキサン	nd～120 16/26	4.3			nd～780 12/12	1.3
	[3-3]ドデカメチルシクロヘキサシロキサン	nd～12 15/26	2.3			nd～7.5 7/12	0.78
[4]	二硫化炭素※	nd～420 31/32	4.2				
[5]	ビス(N, N-ジメチルジチオカルバミン酸)N, N'-エチレンビス(チオカルバモイルチオ亜鉛)(別名：ポリカーバメート)						
	[5-1]N, N'-エチレンビス(ジチオカルバミン酸)			nd～0.48 2/28	0.34		
	[5-2]N, N-ジメチルジチオカルバミン酸			nd 0/28	1.3		
[6]	フタル酸エステル類						
	[6-1]フタル酸ジメチル(別名：ジメチル＝フタラート)	nd～120 5/34	11				
	[6-2]フタル酸ジエチル(別名：ジエチル＝フタラート)	nd～48 5/34	23				
	[6-3]フタル酸ジイソブチル(別名：ジイソブチル＝フタラート)	nd～150 2/34	26				
	[6-4]フタル酸ジ -n-ブチル(別名：ジブタン -1-イル＝フタラート)※	nd～120 7/34	18				
	[6-5]フタル酸ジ -n-ヘキシル(別名：ジヘキサン -1-イル＝フタラート)	nd 0/34	6.3				
	[6-6]フタル酸ジオクチル類(別名：ジオクタン＝フタラート類)	nd～590 8/34	130				
[6]	[6-6-1]フタル酸ジ -n- オクチル(別名：ジオクタン 1-イル＝フタラート)	nd 0/34	7.9				
	[6-6-2]フタル酸ジ(2- エチルヘキシル)(別名：フタル酸ビス(2-エチルヘキシル)又はジ(2-エチルヘキサン -1-イル)＝フタラート)	nd～2 900 10/34	190				
	[6-7]フタル酸ジノニル類(別名：ジノニル＝フタラート類)	nd～840 5/34	82				
	[6-8]フタル酸ジデシル類(別名：ジデシル＝フタラート類)	nd～330 7/34	27				
	[6-9]フタル酸ジウンデシル類(別名：ジウンデシル＝フタラート類)	nd～31 2/34	13				
[7]	N-メチルカルバミン酸 2-sec-ブチルフェニル(別名：フェノブカルブ又は BPMC)	nd～4.2 25/32	0.052				

注) 1. 検出頻度は検出地点数/調査地点数(測定値が得られなかった地点数および検出下限値を統一したことで集計の対象から除外された地点数は含まない)を示す. 1 地点につき複数の検体を測定した場合において, 1 検体でも検出されたとき, その地点は「検出地点」となる.
2. 範囲はすべての検体における最小値から最大値の範囲で示した. そのため, 全地点において検出されても範囲が nd～となることがある.
3. ▨は調査対象外の媒体であることを意味する.
4. ※は排出に関する情報を考慮した地点も含めて調査した物質である.

環境省環境保健部環境安全課：“2021 年度版 化学物質と環境”(2022)

2021年度詳細環境調査検出状況・検出下限値一覧表

物質調査番号	調査対象物質	水質(ng/L) 範囲 検出頻度	水質(ng/L) 検出下限値	底質(ng/g-dry) 範囲 検出頻度	底質(ng/g-dry) 検出下限値	生物(ng/g-wet) 範囲 検出頻度	生物(ng/g-wet) 検出下限値	大気(ng/m³) 範囲 検出頻度	大気(ng/m³) 検出下限値
	環状ポリジメチルシロキサン類※								
[1]	[1-1]オクタメチルシクロテトラシロキサン	nd～82 19/38	2.8			nd～15 6/10	2.4		
	[1-2]デカメチルシクロペンタシロキサン	nd～190 36/42	4.7			nd～540 9/10	2.3		
	[1-3]ドデカメチルシクロヘキサシロキサン	nd～24 29/44	2.9			nd～10 5/10	1.1		
	テトラアルキルアンモニウムの塩類※								
[2]	[2-1]ヘキサデシル（トリメチル）アンモニウムの塩	nd～12 30/42	1.3						
	[2-2]トリメチル（オクタデシル）アンモニウムの塩	nd～170 31/42	3.3						
	[2-3]ジデシル（ジメチル）アンモニウムの塩	nd～17 33/42	0.97						
[3]	テトラメチルアンモニウム＝ヒドロキシド※	nd～350 1/23	120						
[4]	トリオクチルアミン	nd 0/19	0.26						
[5]	2-ベンジリデンオクタナール※	nd 0/44	15	nd～72 36/40	0.13				
[6]	メチルアミン※							nd 0/23	79

注） 1. 検出頻度は検出地点数/調査地点数（測定値が得られなかった地点数および検出下限値を統一したことで集計の対象から除外された地点数は含まない）を示す．1地点につき複数の検体を測定した場合において，1検体でも検出されたとき，その地点は「検出地点」となる．
　　 2. 範囲はすべての検体における最小値から最大値の範囲で示した．そのため，全地点において検出されても範囲がnd～となることがある．
　　 3. ▨は調査対象外の媒体であることを意味する．
　　 4. ※は排出に関する情報を考慮した地点も含めて調査した物質である．
　　 5. テトラアルキルアンモニウムの塩類の濃度は，検出された物質が全て塩化物であるとして換算した値である．
環境省環境保健部環境安全課：”2021年度版 化学物質と環境”（2022）

水　　質

　水質環境基準には人の健康の保護に関する項目（健康項目）と生活環境の保全に関する項目（生活環境項目）があり，このうち，以下に掲載する健康項目については，測定が開始された1971年度の8項目から順次追加設定され，現在は27項目となっている．これらの項目は原則として全公共用水域に適用される．2021年度の達成状況は99.1%で，ほとんどの地点で達成している．一部超過の見られた項目の原因は自然由来が最も多く，ヒ素，フッ素ではこれが主たる原因となっている．このほか休廃止鉱山排水，農業肥料および家畜排泄物等が原因となっている．

水質汚濁に係る健康項目に関する環境基準

項　　　　　目	基　準　値
カドミウム	0.003　mg/L 以下
全シアン	検出されないこと
鉛	0.01　　mg/L 以下
六価クロム	0.05　　mg/L 以下
ヒ　　素	0.01　　mg/L 以下
総　水　銀	0.0005 mg/L 以下
アルキル水銀	検出されないこと
PCB	検出されないこと
ジクロロメタン	0.02　　mg/L 以下
四塩化炭素	0.002　mg/L 以下
1,2-ジクロロエタン	0.004　mg/L 以下
1,1-ジクロロエチレン	0.1　　　mg/L 以下
cis-1,2-ジクロロエチレン	0.04　　mg/L 以下
1,1,1-トリクロロエタン	1　　　　mg/L 以下
1,1,2-トリクロロエタン	0.006　mg/L 以下
トリクロロエチレン	0.01　　mg/L 以下
テトラクロロエチレン	0.01　　mg/L 以下
1,3-ジクロロプロペン	0.002　mg/L 以下
チウラム	0.006　mg/L 以下
シマジン	0.003　mg/L 以下
チオベンカルブ	0.02　　mg/L 以下
ベンゼン	0.01　　mg/L 以下
セ　レ　ン	0.01　　mg/L 以下
硝酸性窒素および亜硝酸性窒素	10　　　mg/L 以下
フッ　素	0.8　　　mg/L 以下
ホ　ウ　素	1　　　　mg/L 以下
1,4-ジオキサン	0.05　　mg/L 以下

　注）1. 基準値は年間平均値とする．ただし全シアンに係る基準値については，最高値とする．
　　　2.「検出されないこと」とは，別に定める方法により測定した場合において，その結果が当該方法の定量限界を下回ることをいう．
　　　3. 海域については，フッ素およびホウ素の基準値は適用しない．

環境省水・大気環境局：“令和元年度公共用水域水質測定結果”(2020).

健康項目の環境基準達成状況

測定項目	2020 年度								
	河 川		湖 沼		海 域		全 体		
	a:超過地点数	b:調査地点数	a:超過地点数	b:調査地点数	a:超過地点数	b:調査地点数	a:超過地点数	b:調査地点数	a/b (%)
カドミウム	3	3 027	0	265	0	781	3	4 073	0.07
全シアン	0	2 745	0	227	0	682	0	3 654	0
鉛	4	3 139	0	265	0	801	4	4 205	0.1
六価クロム	0	2 813	0	240	0	748	0	3 801	0
ヒ　素	19	3 129	2	267	0	797	21	4 193	0.5
総 水 銀	0	2 896	0	249	0	791	0	3 936	0
アルキル水銀	0	509	0	59	0	162	0	730	0
PCB	0	1 727	0	129	0	414	0	2 270	0
ジクロロメタン	0	2 626	0	206	0	542	0	3 374	0
四塩化炭素	0	2 603	0	204	0	518	0	3 325	0
1,2-ジクロロエタン	1	2 635	0	206	0	541	1	3 382	0.03
1,1-ジクロロエチレン	0	2 624	0	205	0	540	0	3 369	0
cis-1,2-ジクロロエチレン	0	2 609	0	205	0	540	0	3 354	0
1,1,1-トリクロロエタン	0	2 625	0	211	0	548	0	3 384	0
1,1,2-トリクロロエタン	0	2 609	0	205	0	540	0	3 354	0
トリクロロエチレン	0	2 656	0	217	0	554	1	3 427	0
テトラクロロエチレン	0	2 659	0	217	0	554	0	3 430	0
1,3-ジクロロプロペン	0	2 610	0	212	0	509	0	3 331	0
チウラム	0	2 555	0	217	0	503	0	3 275	0
シマジン	0	2 555	0	216	0	490	0	3 261	0
チオベンカルブ	0	2 531	0	216	0	489	0	3 236	0
ベンゼン	0	2 592	0	207	0	548	0	3 347	0
セ レ ン	0	2 610	0	209	0	549	0	3 368	0
硝酸性窒素および亜硝酸性窒素	2	3 093	0	380	0	773	2	4 246	0.05
フ ッ 素	16 (25)	2 612 \ 2 621	1 (1)	228 \ 228	0	0 (22)	17 (26)	2 840 \ 2 814	0.6
ホ ウ 素	0 (71)	2 504 \ 2 575	0 (4)	218 \ 222	0	0 (17)	0 (75)	2 722 \ 2 814	0
1,4-ジオキサン	0	2 525	0	214	0	587	0	3 326	0
合　計（のべ地点数）	42 ⟨45⟩	3 822	3 ⟨3⟩	404	0 ⟨0⟩	1 050	45 ⟨48⟩	5 276	0.85

（続き）

| 測定項目 | 2021年度 | | | | | | | | |
| | 河　川 | | 湖　沼 | | 海　域 | | 全　体 | | |
	a:超過地点数	b:調査地点数	a:超過地点数	b:調査地点数	a:超過地点数	b:調査地点数	a:超過地点数	b:調査地点数	a/b (%)
カドミウム	3	2 975	0	249	0	779	3	4 003	0.07
全シアン	0	2 665	0	222	0	671	0	3 558	0
鉛	3	3 093	0	250	0	795	3	4 138	0.07
六価クロム	0	2 718	0	226	0	733	0	3 677	0
ヒ　素	22	3 082	2	254	0	814	24	4 150	0.58
総水銀	1	2 831	0	236	0	777	1	3 844	0.03
アルキル水銀	0	525	0	60	0	168	0	753	0
PCB	0	1 792	0	158	0	426	0	2 376	0
ジクロロメタン	0	2 567	0	204	0	545	0	3 316	0
四塩化炭素	0	2 544	0	204	0	528	0	3 276	0
1, 2-ジクロロエタン	1	2 558	0	202	0	555	1	3 315	0.03
1, 1-ジクロロエチレン	0	2 568	0	203	0	551	0	3 322	0
cis-1, 2-ジクロロエチレン	0	2 586	0	203	0	543	0	3 332	0
1, 1, 1-トリクロロエタン	0	2 588	0	209	0	543	0	3 340	0
1, 1, 2-トリクロロエタン	0	2 587	0	203	0	544	0	3 334	0
トリクロロエチレン	0	2 603	0	213	0	557	0	3 373	0
テトラクロロエチレン	0	2 605	0	213	0	557	0	3 375	0
1, 3-ジクロロプロペン	0	2 593	0	207	0	531	0	3 331	0
チウラム	0	2 530	0	203	0	518	0	3 251	0
シマジン	0	2 559	0	204	0	526	0	3 289	0
チオベンカルブ	0	2 576	0	204	0	517	0	3 297	0
ベンゼン	0	2 544	0	204	0	551	0	3 299	0
セレン	0	2 556	0	196	0	554	0	3 306	0
硝酸性窒素および亜硝酸性窒素	2	3 106	0	377	0	782	2	4 265	0.05
フ　ッ　素	15 (25)	2 591 2 601	1 (2)	223 (224)	0	0 (26)	16 (27)	2 814 2 851	0.57
ホ　ウ　素	0 (64)	2 477 2 541	0 (3)	214 217	0	0 (21)	0 (67)	2 691 2 779	0
1, 4-ジオキサン	0	2 519	0	203	0	601	0	3 323	0
合　計 (のべ地点数)	45 〈47〉	3 806	3 〈3〉	401	0 〈0〉	1 061	48 〈50〉	5 268	0.91

注）1.　硝酸性窒素および亜硝酸性窒素，フッ素，ホウ素は1999年度から全国的に水質測定を開始している．
　　2.　フッ素およびホウ素の環境基準は，海域には適用されない．これら2項目に係る海域の測定地点数は，（　）内に参考までに記載したが，環境基準の評価からは除外し，合計欄にも含まれない．また，河川および湖沼においても，海水の影響により環境基準を超過した地点を除いた地点数を記載しているが，下段（　）内には，これらを含めた地点数を参考までに記載した．
　　3.　合計欄の上段には重複のない地点数を記載しているが，下段〈　〉内には，同一地点において複数の項目が環境基準を超えた場合でも，それぞれの項目において超過地点数を1として集計した，のべ地点数を記載した．なお，非達成率の計算には，複数の項目で超過した地点の重複分を差し引いた超過地点数45により算出した．

環境省水・大気環境局：“令和2年度公共用水域水質測定結果”（2022）．

地 下 水

地下水の環境基準は，1997年から設定され，現在は28項目である．この基準はすべての地下水に適用される．2021年度の環境基準超過率は5.1%で，硝酸性窒素および亜硝酸性窒素を中心として，一部の井戸で超過している．

地下水質（概況調査）の環境基準達成状況

項　　目	2018年度			2019年度			2020年度			2021年度		
	調査数(本)	超過数(本)	超過率(%)	調査数(本)	超過数(本)	超過率(%)	調査数(本)	超過数(本)	超過率(%)	調査数(本)	超過数(本)	超過率(%)
カドミウム	2 602	0	0	2 613	0	0	2 586	0	0	2 504	0	0
全シアン	2 418	0	0	2 440	0	0	2 404	0	0	2 334	0	0
鉛	2 726	10	0.4	2 786	12	0.4	2 692	6	0.2	2 613	10	0.4
六価クロム	2 664	0	0	2 640	0	0	2 609	0	0	2 552	0	0
砒　素	2 757	54	2.0	2 822	58	2.1	2 724	57	2.1	2 654	63	2.4
総 水 銀	2 592	0	0	2 605	0	0	2 577	1	0.0	2 495	2	0.1
アルキル水銀	571	0	0	617	0	0	494	0	0	653	0	0
PCB	1 935	0	0	1 929	0	0	1 943	0	0	1 879	0	0
ジクロロメタン	2 680	0	0	2 647	0	0	2 636	0	0	2 564	0	0
四塩化炭素	2 592	0	0	2 567	3	0.1	2 554	0	0	2 481	0	0
クロロエチレン（別名塩化ビニルまたは塩化ビニルモノマー）	2 390	1	0.0	2 379	1	0.0	2 385	1	0.0	2 337	4	0.2
1, 2-ジクロロエタン	2 585	0	0	2 567	0	0	2 544	0	0	2 468	0	0
1, 1-ジクロロエチレン	2 560	0	0	2 530	0	0	2 513	0	0	2 444	0	0
1, 2-ジクロロエチレン	2 686	0	0	2 662	1	0.0	2 651	3	0.1	2 575	2	0.1
1, 1, 1-トリクロロエタン	2 698	0	0	2 664	0	0	2 649	0	0	2 573	0	0
1, 1, 2-トリクロロエタン	2 458	0	0	2 437	0	0	2 414	0	0	2 341	0	0
トリクロロエチレン	2 767	3	0.1	2 734	4	0.1	2 722	4	0.1	2 644	2	0.1
テトラクロロエチレン	2 762	6	0.2	2 727	6	0.2	2 716	5	0.2	2 638	2	0.1
1, 3-ジクロロプロペン	2 257	0	0	2 243	0	0	2 199	0	0	2 169	0	0
チウラム	2 190	0	0	2 189	0	0	2 135	0	0	2 105	0	0
シマジン	2 188	0	0	2 184	0	0	2 132	0	0	2 103	0	0
チオベンカルブ	2 188	0	0	2 183	0	0	2 132	0	0	2 103	0	0
ベンゼン	2 612	0	0	2 595	0	0	2 573	0	0	2 518	0	0
セレン	2 432	0	0	2 447	0	0	2 419	0	0	2 346	0	0
硝酸性窒素および亜硝酸性窒素	2 954	85	2.9	2 957	88	3.0	2 871	94	3.3	2 773	56	2.0
ふっ素	2 725	22	0.8	2 733	26	1.0	2 635	21	0.8	2 589	18	0.7
ほう素	2 570	9	0.4	2 590	5	0.2	2 562	7	0.3	2 500	4	0.2
1, 4-ジオキサン	2 405	0	0	2 400	1	0.0	2 382	0	0	2 320	0	0
全　体（井戸実数）	3 206	181	5.6	3 191	191	6.0	3 103	184	5.9	2 995	153	5.1

注) 1. 超過数とは環境基準を超過した井戸の数，超過率とは調査数に対する超過数の割合である．環境基準超過の評価は年間平均値による．ただし，全シアンについては最高値とする．

2. 全体とは全調査井戸の結果で，全体の超過数とはいずれかの項目で環境基準超過があった井戸の数であり，全体の超過率とは全調査数に対するいずれかの項目で環境基準超過があった井戸の数の割合である．

環境省 水・大気環境局：“地下水質測定結果（平成30〜令和3年度）”（2020〜2023）．二次元コードより上から2020，2021，2022，2023の資料にアクセスできる．

有害大気汚染物質モニタリング調査

　大気中の濃度が低濃度であっても人が長期的に曝露された場合には健康影響が懸念される有害大気汚染物質については，環境庁（現環境省）において優先取組物質としてベンゼン等22物質が選定され，このうち分析方法の確立した19物質について，1998年度から国および地方公共団体において本格的にモニタリング調査が行われている．現在では21物質の調査が測定地点や地点属性の改良を経て継続されている．優先取組物質の大気中濃度は，近年概ね横ばいまたは低下傾向にある．

継続測定地点における平均値

物　質　名	継続地点数	単位	平　均　値										環境基準	指針値
			2012	2013	2014	2015	2016	2017	2018	2019	2020	2021		
ベンゼン	255	µg/m³	1.2	1.1	1.1	1.1	0.95	0.94	0.94	0.85	0.83	0.85	3	
トリクロロエチレン	212	µg/m³	0.52	0.52	0.46	0.49	0.43	0.44	0.48	0.38	0.33	0.39	130*	
テトラクロロエチレン	224	µg/m³	0.170	0.150	0.140	0.140	0.120	0.110	0.100	0.100	0.086	0.095	200	
ジクロロメタン	202	µg/m³	1.7	1.5	1.5	1.6	1.3	1.4	1.5	1.4	1.2	1.5	150	
アクリロニトリル	205	µg/m³	0.080	0.085	0.074	0.079	0.071	0.071	0.070	0.066	0.054	0.070		2
塩化ビニルモノマー	201	µg/m³	0.047	0.035	0.052	0.044	0.033	0.055	0.044	0.044	0.047	0.042		10
クロロホルム	203	µg/m³	0.20	0.20	0.22	0.26	0.24	0.26	0.27	0.22	0.33	0.30		18
1,2-ジクロロエタン	210	µg/m³	0.17	0.17	0.17	0.16	0.18	0.16	0.18	0.15	0.16	0.14		1.6
水銀およびその化合物	160	ngHg/m³	2.1	2.0	2.0	2.0	1.9	1.8	1.9	1.8	1.7	1.7		40
ニッケル化合物	176	ngNi/m³	4.3	4.6	4.3	3.7	3.3	3.4	3.7	3.3	2.6	2.5		25
ヒ素およびその化合物	180	ngAs/m³	1.5	1.4	1.4	1.3	1.2	1.1	1.3	1.1	1.1	1.0		6
1,3-ブタジエン	227	µg/m³	0.15	0.13	0.11	0.12	0.11	0.10	0.089	0.086	0.088	0.084		2.5
マンガンおよびその化合物	167	ngMn/m³	27	27	26	26	21	23	25	23	21	21		140
アセトアルデヒド	181	µg/m³	2.1	2.2	2.1	2.3	2.1	2.3	2.4	2.3	2.1	2.2		120
塩化メチル	180	µg/m³	1.6	1.5	1.8	2.0	2.0	1.5	1.5	1.4	1.4	1.4		94
クロムおよびその化合物	162	ngCr/m³	5.7	5.7	5.4	4.9	4.6	4.7	5.1	5.1	4.2	4.4		
酸化エチレン	143	µg/m³	0.091	0.089	0.085	0.081	0.070	0.082	0.085	0.080	0.075	0.069		
トルエン	189	µg/m³	8.4	8.1	7.3	8.4	6.7	6.7	7.3	6.3	6.1	5.9		
ベリリウムおよびその化合物	159	ng/m³	0.026	0.023	0.022	0.023	0.017	0.018	0.021	0.016	0.017	0.014		
ベンゾ[a]ピレン	187	µg/m³	0.23	0.26	0.20	0.20	0.20	0.15	0.18	0.18	0.18	0.15		
ホルムアルデヒド	186	µg/m³	2.6	2.6	2.7	2.6	2.6	2.6	2.6	2.7	2.5	2.6		

注) 1. 月1回以上の頻度で1年間にわたって測定を実施した地点に限る．
　　 2. 平均値は測定地点ごとの年平均値を算術平均した数値．
　　 3. 環境基準：環境基本法に基づき設定される，人の健康を保護し，および生活環境を保全するうえで維持されることが望ましい基準．
　　 4. 指針値：環境中の有害大気汚染物質による健康リスクの低減を図るための指針となる数値．
＊　トリクロロエチレンの環境基準は2018年11月18日まで200µg/m³

環境省：“令和3年度大気汚染状況について”（2023）．

金 属 類

金属類の中には，動植物などの自然生態系，人の健康にとって有害なものがあり，食物・大気・水を通じて環境や人体に影響する．また，化合物の種類によっても毒性が異なる．

こうした有害性等に応じ，いくつかの金属や金属化合物の環境濃度や，製造・輸入等が規制されている．このうち，水銀については，大気中長距離移動，生物への蓄積，製品の貿易に伴う移動等により，北極圏や途上国での環境汚染が国際的に問題となっており，国連環境計画（UNEP）は 2001 年に地球規模の水銀汚染に係る活動を開始し，翌 2002 年に人への影響や汚染実態をまとめた報告書（世界水銀アセスメント）を公表した．2009 年には第 25 回 UNEP 管理理事会（GC25）において，水銀によるリスク削減のための法的拘束力のある文書（条約）を制定することが合意され，これを受けて 2010 年に政府間交渉委員会（INC）が設置された．その後 5 回の政府間交渉委員会を経て，2013 年 1 月に条約条文案が合意され，同年 10 月熊本市・水俣市で開催された水銀に関する水俣条約外交会議において「水銀に関する水俣条約」が全会一致で採択された．その後，2017 年 5 月 18 日付で締結国が日本を含めて 50 ヵ国に達し，規定の発効要件が満たされたため，2017 年 8 月 16 日に発効することになった．

2005 年よりカドミウムおよび鉛に関しても，UNEP で検討が開始された．とくに塗料に含まれる鉛に関しては，2009 年の国際会議（第 2 回国際化学物質管理会議）で取り上げられたことを受け，UNEP と世界保健機関（WHO）により「塗料中鉛の廃絶のための国際アライアンス」が設置された．船底防汚剤等として用いられてきた有機スズ化合物については，海洋生物への影響等が問題となり，「2001 年の船舶の有害な防汚方法の規制に関する国際条約」による国際的な規制が始まった．有機スズ化合物としては従前は TBT（トリブチルスズ）が使われてきたが，その影響の強さから使用が禁止され，現在では TPT（トリフェニルスズ類）が使用されている．TBT 化合物および TPT 化合物は，「化学物質審査規制法」でそれぞれ第一種，第二種特定化学物質に指定されている．

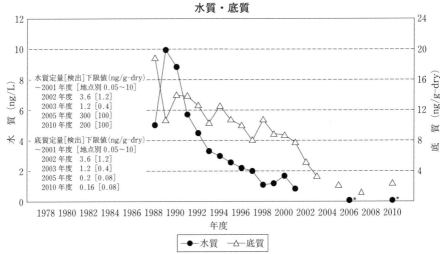

環境省環境保健部環境安全課："平成 16，23 年度版　化学物質と環境"（2005，2012）のデータをもとに作図.

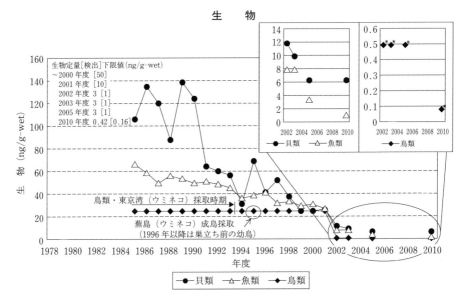

図 7　TBT の経年変化（幾何平均値）

鳥類（ウミネコ）の採取地点は 1993 年までは東京湾，1995 年以降は蕪島へ変更されている.
各地点における算術平均値を求め，その算術平均値から全地点の幾何平均値を求めた.
＊は nd を示す．幾何平均算出に際し，nd は検出下限値の 1/2 とした.
環境省環境保健部環境安全課："平成 23 年度版　化学物質と環境"（2012）.

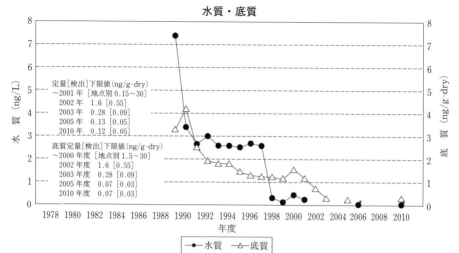

水質・底質

定量[検出]下限値(ng/g-dry)
~2001 年 [地点別 0.15~30]
2002 年　1.6 [0.55]
2003 年　0.28 [0.09]
2005 年　0.13 [0.05]
2010 年　0.12 [0.05]

底質定量[検出]下限値(ng/g-dry)
~2000 年度 [地点別 1.5~30]
2002 年度　1.6 [0.55]
2003 年度　0.28 [0.09]
2005 年度　0.07 [0.03]
2010 年度　0.07 [0.03]

━●━水質　━△━底質

環境省環境保健部環境安全課："平成 16，23 年度版　化学物質と環境"（2005，2012）のデータをもとに作図.

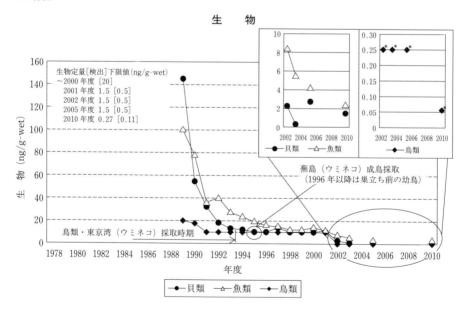

生　物

生物定量[検出]下限値(ng/g-wet)
~2000 年度 [20]
2001 年度　1.5 [0.5]
2002 年度　1.5 [0.5]
2005 年度　1.5 [0.5]
2010 年度　0.27 [0.11]

鳥類・東京湾（ウミネコ）採取時期

蕪島（ウミネコ）成鳥採取
（1996 年以降は巣立ち前の幼鳥）

━●━貝類　━△━魚類　━◆━鳥類

図8　TPT の経年変化（幾何平均値）

鳥類（ウミネコ）の採取地点は 1993 年までは東京湾，1995 年以降は蕪島へ変更されている.
各地点における算術平均値を求め，その算術平均値から全地点の幾何平均値を求めた.
*は nd を示す. 幾何平均算出に際し，nd は検出下限値の 1/2 とした.
環境省環境保健部環境安全課："平成 23 年度版　化学物質と環境"（2012）.

辺戸岬（沖縄）における水銀濃度の調査結果

調査時期 （年度）	大気中水銀濃度（ngHg/m³)			降水中水銀濃度（ng/L)			湿性沈着量（ng/m²/週)		
	平均値	最小値	最大値	平均値	最小値	最大値	平均値	最小値	最大値
2011	2.1	1.1	4.7	3.0	0.6	10.9	83	0	1 205
2012	2.0	1.3	7.3	1.9	0.7	10.1	75	0	384
2013	1.7	0.9	4.8	2.2	0.5	12.3	67	0	511
2014	1.7	1.2	3.9	1.4	0.2	3.8	69	0	468
2015	1.7	1.0	3.4	2.0	0.6	5.2	104	0	748
2016	1.7	1.2	3.5	6.6	2.7	19.4	220	0	1 304
2017	1.6	1.0	3.6	4.8	1.1	20.4	208	0	1 667
2018	1.6	1.1	3.4	3.9	1.2	14.8	247	0	1 786
2019	1.7	—	—	5.6	—	—	327	0	1 472
2020	1.7	—	—	5.0	—	—	259	0	904
2021	1.7	—	—	5.3	—	—	371	0	1 305

注)　降水中水銀濃度については，2016 年より新しい手法を用いて測定している．この手法を用いると，従来の測定手法による測定値の 1.53 倍になっている．

（参考）有害大気汚染物質モニタリング調査結果との比較

　環境省が取りまとめている「有害大気汚染物質モニタリング調査」における 2013 年度の水銀およびその化合物についての調査結果と，本調査における形態別水銀濃度の合計を比較したところ，概ね同程度であった．

区　分	調査項目	年　度	年平均値　（ngHg/m³)	備　考
本　調　査	形態別水銀 濃度の合計	2015	1.7	—
		2016	1.7	—
		2017	1.6	—
		2018	1.6	—
有害大気汚染物質 モニタリング調査	水銀および その化合物	2015	1.9	・一般環境 202 地点の平均値 ・指針値超過地点なし
		2016	1.9	・一般環境 214 地点の平均値 ・指針値超過地点なし
		2017	1.9	・一般環境 217 地点の平均値 ・指針値超過地点なし
指　針　値*			40	

＊　環境中の有害大気汚染物質による健康リスクの低減を図るための指針となる数値．
環境省環境保健部：“2016 年度大気中水銀バックグラウンド濃度等のモニタリング調査結果について”（2017).

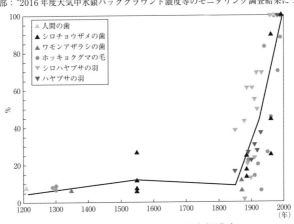

凡例：
- 人間の歯
- シロチョウザメの歯
- ワモンアザラシの歯
- ホッキョクグマの毛
- シロハヤブサの羽
- ハヤブサの羽

図 9　動物に取り込まれた水銀濃度

2000 年を 100% としたときの割合を示している．
United Nations Environment Programme（UNEP）：“Global Mercury Assessment 2013”.
日本語訳は環境省：“水銀大気排出対策小委員会議事録”による．

10.5 化学物質の有害性およびリスク評価

10.5.1 (化学物質の) 有害性評価

化学物質の中には，環境汚染を通じて人の健康や生態系に好ましくない影響を与えるおそれがあるものが存在し，これらについて有害性評価を行う必要がある．有害性評価にあたっては，急性毒性，中・長期毒性，生殖発生毒性，遺伝毒性，発がん性等が考慮される．

化学物質の内分泌かく乱作用について

内分泌系に影響を及ぼすことにより，生体に障害や有害な影響を引き起こす「内分泌かく乱作用」は，野生生物における異変の報告を発端に，新たな有害性の概念として注目された．現在，作用メカニズムや生態系影響に着目した基盤的研究が進められている．また，総合的な化学物質対策の中で，内分泌かく乱作用に関するデータも含めた有害性評価が行われている．

Japan チャレンジプログラムについて

わが国において製造・輸入が行われる化学物質のうち，1973 年に化学物質の審査及び規制等に関する法律（化審法）が制定されてから上市された化学物質（新規化学物質）については，製造・輸入前に安全性審査（事前審査）が行われている．一方，法律制定以前から製造・輸入が行われていた化学物質（既存化学物質）については，事前審査制度はなく，これまでは国が中心となって安全性情報の収集を行ってきた．世界的にみても，市場において広く使われている化学物質の多くが既存化学物質であることから，90 年代前半より OECD が中心となって安全性情報を収集する国際的な取組みが進められてきており，政府および産業界も積極的に協力してきた．近年，欧米においては既存化学物質の安全性情報の収集をさらに促進する国内プログラムの検討，立ち上げが進められており，わが国においても，2003 年の化審法改正に際し，厚生労働省，経済産業省，環境省の三省合同審議会により，既存化学物質の安全性点検については産業界と国が連携して実施すべきであるとの提言が行われ，改正法案の国会審議に際し，既存化学物質の安全性点検については，産業界と国の連携により計画的推進を図ることとする付帯決議が行われた．

これらを受け，産業界と国は既存化学物質の安全性情報の収集を加速し，広く国民に情報発信を行う方策について検討を進め，「官民連携既存化学物質安全性情報収集・発信プログラム」（通称：「Japan チャレンジプログラム」）を提案された．

Japan チャレンジプログラムでは，事業者が情報収集を行うことが期待された化学物質は 131 物質あったが，そのうち 67 物質について，事業者の自発的な取組により，試験を含む安全性情報の収集が行われ，J-CHECK（Japan Chemicals Collaborative Knowledge Database）において公表されている．事業者側の多大なコスト負担にもかかわらず，多くの事業者が Japan チャレンジプログラムの主旨に理解・賛同し，スポンサーとして長期間にわたる試験等の取組を完遂し，60 以上もの化学物質の安全性情

報が事業者の負担により取得され，それが公表に至った．Japan チャレンジプログラム
の特徴の1つは，従来国が行っていた安全性情報の収集・情報発信を，「官民連携」と
いう仕掛けの下，加速することをねらいとしたことであろう．多くの事業者による協力
を得て，当初選定した優先情報収集対象物質645物質とそれに加えてスポンサー登録
のあった6物質のうち，全体の約7割にあたる446物質について安全性情報が収集さ
れた．このように，Japan チャレンジプログラムによって，わが国における既存化学物
質の安全性情報の収集・情報発信が着実に前進したといえる．これらの情報は，SDS
（安全性データシート）等を通じて事業者における化学物質の適切な管理に活用される
とともに，消費者等への情報提供にも活用されると期待される．

10.5.2　環境リスク初期評価について

　世界で約10万種，わが国で約5万種流通しているといわれる化学物質の中には，人
の健康および生態系に対する有害性をもつものが多数存在しており，適正に取り扱われ
なければ，環境汚染を通じて人の健康や生態系に好ましくない影響を与えるおそれがあ
る．このような影響の発生を未然に防止するためには，化学物質の「潜在的に人の健康
や生態系に有害な影響を及ぼす可能性のある化学物質が，大気，水質，土壌等の環境媒
体を経由して環境の保全上の支障を生じさせるおそれ」（環境リスク）について，科学
的な観点から定量的な評価を行い，その結果に基づいて，必要に応じ，環境リスクの低
減対策を進めていく必要がある．このため環境省では，多数の化学物質の中から相対的
に環境リスクが高い可能性のある物質を科学的な知見に基づいてスクリーニング（抽
出）するための「環境リスク初期評価」を1997年度より実施しており，これまでに16
次にわたり結果を取りまとめてきた．この中で「詳細な評価を行う候補」および「関連
情報の収集が必要」と評された化学物質については，関係部局等との連携のもと，必要
に応じ行政的な対応が図られる．
　環境リスク初期評価（第1次〜第21次取りまとめ）に関しては環境省のウェブサイト
で公開している．

10.6 化学物質の管理

10.6.1 化学物質審査規制法

　化学物質審査規制法は，難分解性で，かつ人または動植物への毒性を有する化学物質による環境汚染を防止するため，新たな工業用化学物質（新規化学物質）の有害性を製造・輸入前に審査するとともに，化学物質の有害性の程度に応じて製造，輸入，使用などについて必要な規制等を行うものである．

図1　「化学物質の審査及び製造等の規制に関する法律」の概要（1）

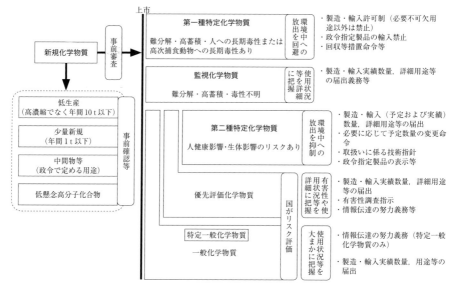

図1 「化学物質の審査及び製造等の規制に関する法律」の概要 (2)

注) 1. 本図において，リスクとは，第二種特定化学物質の要件である，「人への長期毒性又は生活環境
動植物への生態毒性」および「被害のおそれが認められる環境残留」に該当するおそれのことを
指す．
2. 第二種および第三種監視化学物質は廃止される．これらに指定されていた物質について，製
造・輸入数量，用途等を勘案して，必要に応じて優先評価化学物質に指定される．
3. 有害性情報を新たに得た場合の報告義務あり（第一種特定化学物質を除く）．
4. 必要に応じ，取扱方法に関する指導・助言あり（第二種特定化学物質，監視化学物質，優先評
価化学物質）．

同法は，2003年5月に改正され，環境中の動植物への影響に着目した審査・規制制
度，環境中への放出可能性を考慮した審査の特例等が2004年4月より導入された．
2010年からは，化学物質包括的な化学物質管理の実施によって，有害化学物質による
人や動植物への悪影響を防止するため，国際的動向を踏まえた規制合理化のための措置
等を講じている．
　厚生労働省，経済産業省および環境省の「化学物質の審査及び製造等の規制に関する
法律」に関わる化学物質の安全性情報の発信基盤の充実・強化を目指して，化審法データ
ベース（J-CHECK）において化学物質の安全性情報を広く国民に発信している．

10.6.2　化学物質排出把握管理促進法

　化学物質排出把握管理促進法に基づく化学物質排出移動量届出制度（PRTR 制度）は，人の健康や動植物の生息・生育に影響を及ぼすおそれのある 462 種類の化学物質（第一種指定化学物質）について，事業者は環境への排出量や廃棄物に含まれての移動量の届出を行い，国はその集計結果および届出対象外の排出量の推計値の集計結果を公表することとされている．また，個別事業所のデータについても国に請求することで開示される．

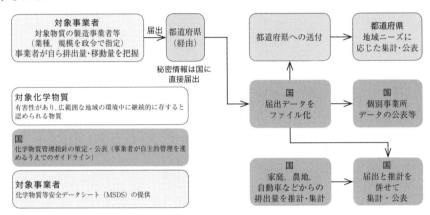

図2　PRTR データのフロー

経済産業省："PRTR 排出量等算出マニュアル"（2001）．

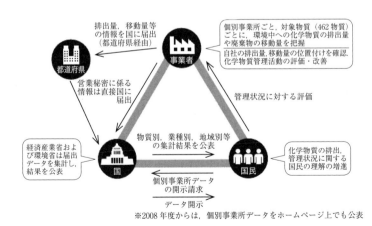

図3　PRTR 制度の仕組み

経済産業省：PRTR 制度

PRTR の届出に関する届出書の作成方法や提出方法については，二次元コードのリンク先を参照．

2021 年度 PRTR データの概要

1．排出量・移動量の届出状況

　2021 年度に事業者が把握した排出量・移動量について，全国で 32 729 の事業所から届出があった．

　業種別および都道府県別にみた届出状況は以下のとおり．データはすべて環境省："令和 3 年度 PRTR データの概要等について―化学物質の排出量・移動量の集計結果等―"（2023）による．

業種別にみた届出状況

業　種	届出事業所数	届出物質種類数	業　種	届出事業所数	届出物質種類数
金属鉱業	20	37	武器製造業	4	14
原油・天然ガス鉱業	18	36	その他の製造業	91	46
食料品製造業	407	48	電気業	191	68
飲料・たばこ・飼料製造業	140	33	ガス業	18	5
繊維工業	153	64	熱供給業	7	7
衣服・その他の繊維製品製造業	24	20	下水道業	2 010	35
木材・木製品製造業	171	30	鉄道業	44	16
家具・装備品製造業	77	25	倉庫業	102	74
パルプ・紙・紙加工品製造業	389	94	石油卸売業	439	16
出版・印刷・同関連産業	284	41	鉄スクラップ卸売業	5	6
化学工業	2 299	426	自動車卸売業	4	7
石油製品・石炭製品製造業	565	115	燃料小売業	14 552	12
プラスチック製品製造業	1 017	137	洗濯業	119	10
ゴム製品製造業	285	96	写真業	1	1
なめし革・同製品・毛皮製造業	17	17	自動車整備業	102	10
窯業・土石製品製造業	556	121	機械修理業	16	22
鉄鋼業	358	89	商品検査業	29	10
非鉄金属製造業	509	101	計量証明業	28	21
金属製品製造業	1 764	92	一般廃棄物処理業	1 667	40
一般機械器具製造業	764	83	産業廃棄物処分業	446	60
電気機械器具製造業	1 198	123	医療業	102	11
輸送用機械器具製造業	1 106	109	高等教育機関	134	16
精密機械器具製造業	242	58	自然科学研究所	255	58
			合計	32 729	432

都道府県別にみた届出状況

都道府県	届出事業所数	届出物質種類数	都道府県	届出事業所数	届出物質種類数	都道府県	届出事業所数	届出物質種類数
北海道	1 816	153	石川県	411	146	岡山県	762	210
青森県	412	86	福井県	327	164	広島県	774	212
岩手県	499	94	山梨県	291	91	山口県	518	246
宮城県	717	137	長野県	1 085	116	徳島県	247	110
秋田県	449	84	岐阜県	831	157	香川県	358	107
山形県	452	119	静岡県	1 326	217	愛媛県	456	152
福島県	901	224	愛知県	1 905	222	高知県	177	53
茨城県	1 061	229	三重県	726	215	福岡県	1 118	178
栃木県	708	167	滋賀県	595	174	佐賀県	285	119
群馬県	750	157	京都府	522	149	長崎県	313	54
埼玉県	1 396	225	大阪府	1 418	220	熊本県	512	105
千葉県	1 201	218	兵庫県	1 439	259	大分県	381	149
東京都	1 004	125	奈良県	263	102	宮崎県	326	114
神奈川県	1 222	217	和歌山県	257	172	鹿児島県	437	84
新潟県	916	169	鳥取県	227	58	沖縄県	205	43
富山県	482	142	島根県	251	79	合計	32 729	432

2．集計結果の概要

（1）　届出排出量・移動量の集計結果

1）　全国・全物質の届出排出量・移動量

事業者から届出のあった排出量・移動量の全体の内訳は，総届出排出量・移動量384 000 t に対して総届出排出量 125 000 t，総届出移動量 259 000 t となっている．

総届出排出量の内訳は，大気への排出 113 000 t（総届出排出量比：91%），公共用水域への排出 6 800 t（同：5.4%），事業所内の土壌への排出 1.3 t（同：0.0010%），事業所内での埋立処分 5 000 t（同：4.0%）となっている．また，総届出移動量の内訳は，事業所外への廃棄物としての移動 258 000 t（総届出移動量比：99.6%），下水道への移動 930 t（同：0.36%）となっている．

2）　全国の届出排出量・移動量の多い物質

届出排出量・移動量の多い上位 10 物質の合計は 285 000 t で，総届出排出量・移動量 384 000 t の 74% にあたる．

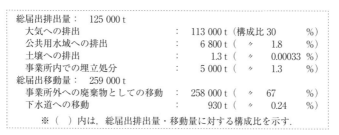

```
総届出排出量：　125 000 t
　大気への排出　　　　　　　　：　113 000 t（構成比 30　　　 %）
　公共用水域への排出　　　　　：　　6 800 t（　〃　　 1.8　　 %）
　土壌への排出　　　　　　　　：　　　　1.3 t（　〃　　 0.00033 %）
　事業所内での埋立処分　　　　：　　5 000 t（　〃　　 1.3　　 %）
総届出移動量：　259 000 t
　事業所外への廃棄物としての移動：258 000 t（　〃　　 67　　　 %）
　下水道への移動　　　　　　　：　　　930 t（　〃　　 0.24　 %）
　　　　※（　）内は，総届出排出量・移動量に対する構成比を示す．
```

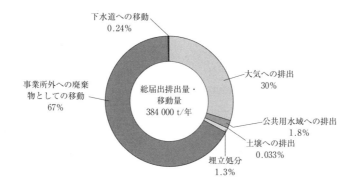

図 4　総届出排出量・移動量

上位5物質は，以下の順となっている．
① トルエン : 89 333 t（構成比 23 ％）
② マンガンおよびその化合物 : 66 841 t（ 〃 17 ％）
③ キシレン : 27 283 t（ 〃 7.1 ％）
④ クロムおよび三価クロム化合物 : 26 530 t（ 〃 6.9 ％）
⑤ エチルベンゼン : 17 760 t（ 〃 4.6 ％）
※（　）内は，総届出排出量・移動量に対する構成比を示す．

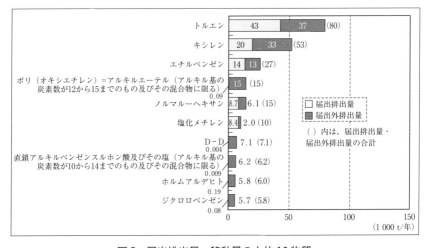

図5　届出排出量・移動量の上位10物質

3)　業種別の届出排出量・移動量

製造業・非製造業を併せた全46業種のうち，製造業（23業種）における届出
排出量・移動量の合計は370 000 tで，総届出排出量・移動量384 000 tの96%
を占める．

また，届出排出量・移動量の多い上位10業種の合計は341 000 tで，総届出
排出量・移動量の89%にあたる．

上位10業種は，以下の順となっている．
① 化学工業 : 117 000 t（構成比 30 ％）
② 鉄鋼業 : 78 000 t（ 〃 20 ％）
③ 輸送用機械器具製造業 : 40 000 t（ 〃 10 ％）
④ プラスチック製品製造業 : 25 000 t（ 〃 6.6 ％）
⑤ 金属製品製造業 : 21 000 t（ 〃 5.6 ％）
⑥ 電気機械器具製造業 : 16 000 t（ 〃 4.1 ％）
⑦ 非鉄金属製造業 : 15 000 t（ 〃 4.0 ％）
⑧ 窯業・土石製品製造業 : 11 000 t（ 〃 2.9 ％）
⑨ 一般機械器具製造業 : 9 400 t（ 〃 2.5 ％）
⑩ 出版・印刷・同関連産業 : 7 600 t（ 〃 2.0 ％）
※（　）内は，総届出排出量・移動量に対する構成比を示す．

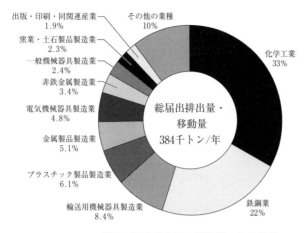

図6 届出排出量・移動量の上位業種

(2) 届出外排出量の集計結果

1) 全国・全物質の届出外排出量

経済産業省および環境省が推計を行った2021年度の全国の届出外排出量の合計は，188 000 t.

その内訳は，以下のとおり．
- 対象業種からの届出外排出量* ： 40 000 t（構成比 21%）
- 非対象業種からの排出量 ： 61 000 t（ 〃 33%）
- 家庭からの排出量 ： 32 000 t（ 〃 17%）
- 移動体からの排出量 ： 54 000 t（ 〃 29%）
* 対象業種に属する事業を営む事業者からの排出量であるが，従業員数，年間取扱量その他の要件を満たさないため届出対象とならないもの．
　　※（ ）内は，届出外排出量の合計に対する構成比を示す．

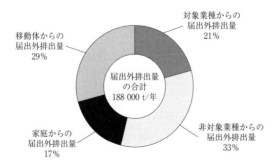

図7 届出外排出量の構成

(3)   届出排出量と届出外排出量の合計
1)   全国の届出排出量と届出外排出量の合計
　　全国の届出排出量（140 000 t）と届出外排出量（346 000 t）の合計は，398 000 t.
　　都道府県別の概観は以下のとおり．

図 8   都道府県別の届出排出量・届出外排出量

2)   届出排出量と届出外排出量の合計の多い物質
　　届出排出量と届出外排出量の合計の多い上位 10 物質の合計は 224 000 t で，全体の 72 % にあたる．

　　上位 5 物質は，以下の順となっている．
　　①   トルエン   ：   80 000 t（構成比 25　%）
　　②   キシレン   ：   53 000 t（　〃　　17　%）
　　③   エチルベンゼン   ：   27 000 t（　〃　　8.5%）
　　④   ポリ(オキシエチレン)＝アルキルエーテル
　　　　　　　　　　　　　　　　　　　：   15 000 t（　〃　　4.7%）
　　⑤   n-ヘキサン   ：   15 000 t（　〃　　4.7%）
　　　　※（　）内は，届出排出量と届出外排出量の合計に対する構成比を示す．

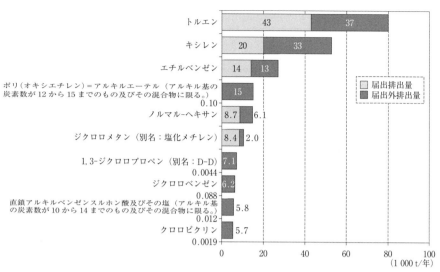

図9 届出排出量・届出外排出量の上位10物質

3) 追加対象化学物質の届出排出量・移動量の集計結果

2008年11月の政令改正により，2010年度以降に第一種指定化学物質として新たに追加された186物質（以下「追加対象化学物質」）のうち届出があった物質の集計結果を示す．

事業者から届出のあった追加対象化学物質の総届出排出量・移動量は40 000 tであり，その内訳は総届出排出量14 000 t，総移動量27 000 tとなっている．

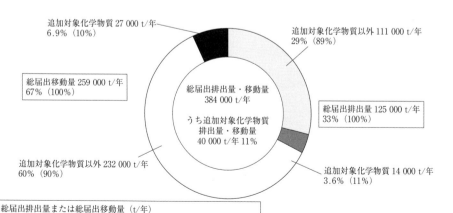

図10 総届出排出量・移動量の構成（追加対象化学物質）

追加対象化学物質の届出排出量・移動量の上位 10 物質

対象化学物質		追加対象化学物質の届出排出量・移動量合計 (t/年)					追加対象化学物質の総届出排出量・移動量比率 (%)	届出対象化学物質の総届出排出量・移動量比率 (%)
物質番号	物質名	2017 年度	2018 年度	2019 年度	2020 年度	2021 年度		
392	*n*-ヘキサン	13 939	14 382	14 424	12 942	13 870	34	3.9
71	塩化第二鉄	8 278	7 283	7 230	7 516	8 082	20	2.3
213	*N,N*-ジメチルアセトアミド	3 969	3 965	3 696	4 178	6 145	15	1.7
296	1,2,4-トリメチルベンゼン	3 545	3 613	3 533	3 185	3 171	7.9	0.90
384	1-ブロモプロパン	1 733	1 709	1 537	1 365	1 496	3.7	0.42
6	アクリル酸 2-ヒドロキシエチル	1 103	933	946	914	1 004	2.5	0.28
277	トリエチルアミン	738	672	708	751	794	2.0	0.22
448	メチレンビス(4,1-フェニレン)＝ジイソシアネート	743	772	899	580	517	1.3	0.15
368	4-ターシャリ-ブチルフェノール	338	374	356	271	319	0.79	0.090
83	クメン	389	698	385	703	225	0.56	0.064
上位 10 物質の合計		34 388	33 703	33 330	31 700	35 398	88	10
その他の追加対象化学物質の合計		5 500	5 784	4 912	4 928	4 876	12	1.3
追加対象化学物質の合計		39 888	39 487	38 242	36 628	40 275	100	—
全届出対象化学物質の合計		389 072	393 642	385 141	353 725	383 660	—	100

10.6.3 化管法 SDS 制度

化管法 SDS（Safety Data Sheet：安全データシート）制度とは，事業者による化学物質の適切な管理の改善を促進するため，化管法で指定された「化学物質又はそれを含有する製品」（以下，「化学品」）を他の事業者に譲渡または提供する際に，化管法 SDS（安全データシート）により，その化学品の特性および取扱いに関する情報を事前に提供することを義務づけるとともに，ラベルによる表示を推奨する制度である．SDS は，国内では平成 23 年度までは一般的に「MSDS（Material Safety Data Sheet：化学物質等安全データシート）」と呼ばれていたが，国際整合の観点から，「化学品の分類および表示に関する世界調和システム」（The Globally Harmonized System of Classification and Labelling of Chemicals：GHS）で定義されている「SDS」に統一された．また，GHS に基づく情報伝達に関する共通プラットフォームとして整備した日本産業規格 JIS Z7253 においても，「SDS」とされている．

事業者が自ら取り扱う化学品の適切な管理を行うためには，取り扱う原材料や資材等

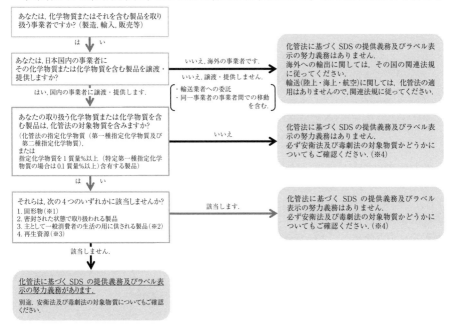

※1：固形物とは，「事業者による取扱いの過程において固体以外の状態にならず，かつ，粉状又は粒状にならない製品」です．
　　事業者の取扱いの過程において，溶融などの加工又は切断・研磨等を行って切削屑などが発生するような製品の場合には，化管法上，SDS の提供義務及びラベルによる表示の努力義務の対象となります．
※2：専ら家庭生活に使用されるものとして，容器などに包装された状態で流通し，かつ，小売店等で主として一般消費者を対象に販売されているものを指します．ただし，専ら業務用として販売していることが明らかな場合には，化管法上，SDS の提供義務及びラベル表示の努力義務の対象となります．
※3：再生資源に該当するか否かについては，「資源の有効な利用の促進に関する法律」第 2 条第 4 項（再生資源の定義）をご確認ください．
※4：化管法は，任意の SDS 提供を行うことを妨げるものではありません．ビジネス上，取引先との関係で SDS を提供する場合には，SDS の提供等は取引先の事業者とご相談ください．

図 11　化管法に基づく SDS 制度対象事業者 判定フロー

の有害性や取扱い上の注意等について把握しておく必要がある．化管法 SDS 制度では，フロー図（図 11）に従って，化管法に基づく SDS の提供義務およびラベル表示の努力義務があるかどうかを判断する．

　義務を遵守しない事業者には，経済産業大臣による勧告および公表措置が行われる場合がある．なお，化管法 SDS は事業者間での取引において提供されるものであり，提供先はあくまで事業者となるため，一般消費者は提供の対象ではない．参考までに PRTR 制度との違いを下表にまとめた．PRTR 制度と異なり，化管法 SDS 制度には業種の指定，常用雇用者数および年間取扱量の要件はない．経済産業省では，化管法 SDS 制度の定着を図るため，相談や意見等を受け付ける窓口として「化管法 SDS 目安箱」を設置している．また，化管法に関する GHS の問い合わせ窓口として「化管法に関する GHS 目安箱」を設置している．

対象事業者の要件比較

	化管法 SDS 制度	（参考）PRTR 制度
対象業種	すべての業種が対象	政令で指定する対象業種 （24 業種）
事業者規模	常用雇用者数に関わらず対象 （小規模事業者も対象）	常用雇用者数 21 人以上の事業者が対象
年間取扱量	年間取扱量に関わらず対象	1 トン以上が対象 （特定第一種は 0.5 トン以上）

経済産業省：化管法 SDS 制度

　化管法 SDS 制度の指定化学物質の見直し等を内容とした改正政令の公布（2021 年 10 月 20 日）により，化管法 PRTR 制度及び SDS 制度の指定化学物質が，2023 年 4 月 1 日から切り替えられた．これにより，PRTR 制度と SDS 制度の対象となる第一種指定化学物質数は 462 物質から 515 物質に，SDS 制度のみの対象となる第二種指定化学物質数は 100 物質から 134 物質となった（図 12）．新規指定化学物質のリストは経済産業省のウェブサイトで確認できる．

　1)　化管法の政令改正に伴う指定化学物質の切り替えの流れ

　　政令改正に伴い，2023 年 4 月 1 日以降の指定化学物質の扱いは以下のとおりとなる（図 13）．

　　①　改正後に指定化学物質ではなくなる物質：化管法における情報提供の義務はない．

　　②　改正前も改正後も指定化学物質である物質：引き続き情報提供する．

　　③　改正後に新たに指定化学物質となる物質：化管法の規定による情報提供が必要．

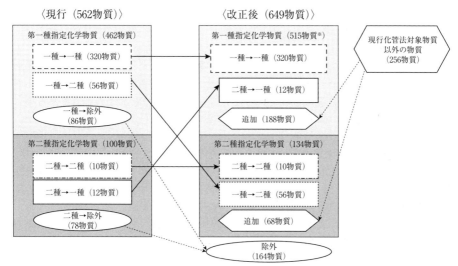

〈現行（562物質）〉

第一種指定化学物質（462物質）
- 一種→一種（320物質）
- 一種→二種（56物質）
- 一種→除外（86物質）

第二種指定化学物質（100物質）
- 二種→二種（10物質）
- 二種→一種（12物質）
- 二種→除外（78物質）

〈改正後（649物質）〉

第一種指定化学物質（515物質※）
- 一種→一種（320物質）
- 二種→一種（12物質）
- 追加（188物質）

第二種指定化学物質（134物質）
- 二種→二種（10物質）
- 一種→二種（56物質）
- 追加（68物質）

現行化管法対象物質以外の物質（256物質）

除外（164物質）

※：構造が類似する物質等の統合、「有機スズ化合物」の分離により、最終的に515物質となる。

図12　現行と政令改正後の指定化学物質数の概況

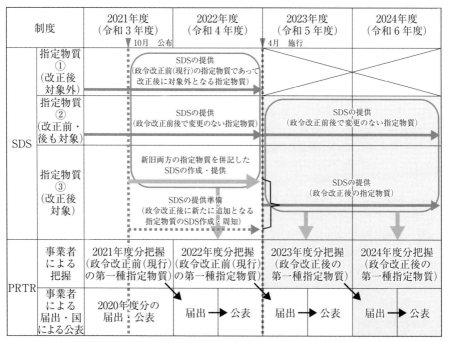

制度		2021年度（令和3年度）10月　公布	2022年度（令和4年度）	2023年度（令和5年度）4月　施行	2024年度（令和6年度）
SDS	指定物質①（改正後対象外）	SDSの提供（政令改正前（現行）の指定物質であって改正後に対象外となる指定物質）			
	指定物質②（改正前・後も対象）	SDSの提供（政令改正前後で変更のない指定物質）		SDSの提供（政令改正前後で変更のない指定物質）	
	指定物質③（改正後対象）	新旧両方の指定物質を併記したSDSの作成・提供 / SDSの提供準備（政令改正後に新たに追加となる指定物質のSDS作成・周知）		SDSの提供（政令改正後の指定物質）	
PRTR	事業者による把握	2021年度分把握（政令改正前（現行）の第一種指定物質）	2022年度分把握（政令改正前（現行）の第一種指定物質）	2023年度分把握（政令改正後の第一種指定物質）	2024年度分把握（政令改正後の第一種指定物質）
	事業者による届出・国による公表	2020年度分の届出・公表	届出→公表	届出→公表	届出→公表

図13　化管法の政令改正に伴う指定化学物質の切り替えの流れとSDS提供時期

　2)　SDS の記載・提供について

　　　製品（混合物等）を取り扱う事業者は，当該製品自体の SDS を作成する際，製品に含有されるすべての新規指定化学物質の SDS を入手しなければならない．サプライチェーン全体で SDS 制度の施行に対応するためには，サプライチェーンの各段階の事業者は取り扱う化学物質の情報を前もって把握する必要がある．また，SDS に記載されている成分情報等は，PRTR 制度の対象である第一種指定化学物質の排出・移動量の把握に必要となる．

10.6.4　化学物質による労働災害防止のための新たな規制

　国内で輸入，製造，使用されている化学物質は数万種類にのぼり，その中には，危険性や有害性が不明な物質が多く含まれる．化学物質を原因とする労働災害（がん等の遅発性疾病を除く）は年間 450 件程度で推移しており，がん等の遅発性疾病も後を絶たない．これらを踏まえ，新たな化学物質規制の制度（図 14）が導入された．本改正の主なポイントは以下の通りである．

1．労働安全衛生規則関係

(1)　リスクアセスメントが義務付けられている化学物質（以下「リスクアセスメント対象物」という）の製造，取扱いまたは譲渡提供を行う事業場ごとに，化学物質管理者を選任し，化学物質の管理に係る技術的事項を担当させる等の事業場における化学物質に関する管理体制の強化

(2)　化学物質の SDS（安全データシート）等による情報伝達について，通知事項である「人体に及ぼす作用」の内容の定期的な確認・見直しや，通知事項の拡充等による化学物質の危険性・有害性に関する情報の伝達の強化

(3)　事業者が自ら選択して講ずるばく露措置により，労働者がリスクアセスメント対象物にばく露される程度を最小限度にすること（加えて，一部物質については厚生労働大臣が定める濃度基準以下とすること）や，皮膚または眼に障害を与える化学物質を取り扱う際に労働者に適切な保護具を使用させること等の化学物質の自律的な管理体制の整備

(4)　衛生委員会において化学物質の自律的な管理の実施状況の調査審議を行うことを義務付ける等の化学物質の管理状況に関する労使等のモニタリングの強化

(5)　雇入れ時等の教育について，特定の業種で一部免除が認められていた教育項目について，全業種での実施を義務とする（教育の対象業種の拡大／教育の拡充）を全業種に拡大

2．有機溶剤中毒予防規則，鉛中毒予防規則，四アルキル鉛中毒予防規則，特定化学物質障害予防規則，粉じん障害防止規則関係

(1)　化学物質管理の水準が一定以上の事業場に対する個別規制の適用除外

(2) 作業環境測定結果が第三管理区分の事業場に対する作業環境の改善措置の強化
(3) 作業環境管理やばく露防止対策等が適切に実施されている場合における有機溶剤，鉛，四アルキル鉛，特定化学物質（特別管理物質等を除く）に関する特殊健康診断の実施頻度の緩和

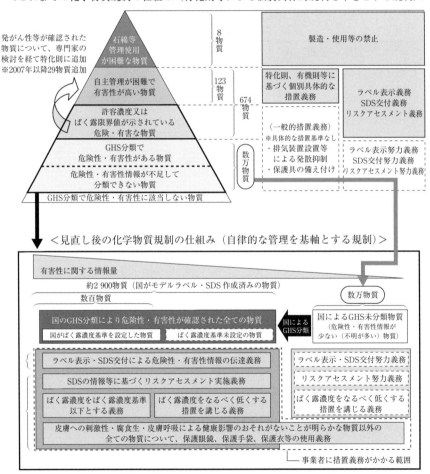

図14 労働安全衛生法施行令の一部を改正する政令等の概要

10.7　騒音・振動・悪臭

騒音，振動，悪臭は，1993 年 11 月に制定された環境基本法で定義される典型七公害に含まれ，とくに感覚公害と呼ばれている．

騒音および振動は，それぞれ騒音規制法，振動規制法において，地域住民の生活環境を保全するため規制基準が定められている．

悪臭は，その不快なにおいにより生活環境を損ない，おもに感覚的・心理的な被害を与えるものであり，住民の苦情や陳情で顕在化する．悪臭防止法では，「不快なにおいの原因となり，生活環境を損なうおそれのある物質」として，現在 22 種類の化学物質を特定悪臭物質として規制している．

騒音・振動・悪臭に関する苦情件数

年　度	1974	1975	1976	1977	1978	1979	1980	1981	1982	1983	1984	1985
騒　音	20 972	20 100	20 904	21 038	22 886	22 686	22 571	22 103	22 322	21 781	22 894	20 171
振　動	4 095	3 635	3 536	3 823	4 033	3 914	3 766	3 737	3 067	3 103	3 131	3 118
悪　臭	16 268	18 143	15 996	16 676	16 742	15 499	13 439	13 541	13 395	12 741	13 529	13 070

年　度	1986	1987	1988	1989	1990	1991	1992	1993	1994	1995	1996	1997
騒　音	19 937	22 120	20 746	19 479	19 018	16 800	15 539	15 094	15 986	14 359	15 059	14 011
振　動	3 058	3 109	3 279	2 921	2 795	2 207	2 193	2 083	2 547	2 742	2 662	2 257
悪　臭	12 705	12 488	11 932	11 717	11 666	10 616	10 753	9 972	11 946	11 276	11 942	14 554

年　度	1998	1999	2000	2001	2002	2003	2004	2005	2006	2007	2008	2009
騒　音	12 685	12 452	14 066	14 547	15 461	15 928	16 215	16 470	17 192	16 434	15 558	15 101
振　動	2 124	2 084	2 264	2 480	2 614	2 608	3 289	3 599	3 615	3 384	2 941	2 540
悪　臭	20 092	18 732	21 205	23 776	23 519	24 587	18 836	17 553	17 305	15 873	14 769	14 852

年　度	2010	2011	2012	2013	2014	2015	2016	2017	2018	2019	2020	2021
騒　音	15 849	15 944	16 518	16 717	17 110	16 490	16 264	16 115	16 165	15 726	20 804	19 700
振　動	2 882	3 222	3 254	3 351	3 180	3 011	3 252	3 229	3 399	3 179	4 061	4 207
悪　臭	14 150	13 426	13 252	12 567	11 955	11 802	11 416	10 824	11 324	12 020	15 438	12 950

1971～1974 年度は公害等調整委員会調べ．

環境省："環境白書（令和 4 年版）"．

10.8 国レベルの物質収支

10.8.1 日本の物質フロー

（単位：億 t）

年　度			1990	1995	2000	2005	2006	2007	2008	2009	2010	2011
入　口	輸　入　量	製　品	0.41	0.49	0.48	0.56	0.57	0.57	0.57	0.45	0.55	0.60
		資　源	6.61	7.09	7.48	7.59	7.56	7.68	7.52	6.58	7.27	7.21
	国内資源量		14.79	12.53	11.25	8.31	7.78	7.33	6.83	6.04	5.82	5.52
	含　水　等*		3.01	3.10	2.99	2.89	2.90	2.89	2.77	2.73	2.67	2.62
出　口	輸　出　量		0.77	1.10	1.20	1.59	1.70	1.78	1.81	1.67	1.84	1.75
	蓄積純増量		14.16	12.00	11.10	8.15	7.57	7.06	6.59	5.37	5.43	5.11
	エネルギー消費および工業プロセス排出量		4.55	4.88	5.00	4.98	4.94	5.10	4.87	4.43	4.80	4.86
	食料消費量		1.04	1.03	0.97	0.95	0.92	0.91	0.91	0.87	0.88	0.88
	施　肥　量		0.17	0.17	0.16	0.16	0.17	0.18	0.18	0.15	0.14	0.14
	廃棄物等の発生量	自然還元量	0.96	0.92	0.85	0.83	0.83	0.83	0.86	0.89	0.83	0.82
		減量化量	2.07	2.30	2.41	2.38	2.41	2.37	2.25	2.23	2.19	2.20
		最終処分量	1.09	0.82	0.56	0.31	0.28	0.27	0.22	0.19	0.19	0.17
循　環	循環利用量		1.75	1.93	2.13	2.29	2.33	2.44	2.45	2.29	2.46	2.38

年　度			2012	2013	2014	2015	2016	2017	2018	2019	2020
入　口	輸　入　量	製　品	0.60	0.59	0.63	0.60	0.61	0.64	0.64	0.68	0.57
		資　源	7.41	7.57	7.35	7.21	7.10	7.07	6.92	6.75	6.04
	国内資源量		5.61	5.88	5.91	5.78	5.48	5.82	5.55	5.25	4.86
	含　水　等*		2.60	2.58	2.58	2.60	2.57	2.59	2.58	2.62	2.55
出　口	輸　出　量		1.79	1.82	1.76	1.84	1.85	1.82	1.81	1.79	1.62
	蓄積純増量		5.29	5.15	5.26	4.97	4.73	5.06	4.86	4.54	3.93
	エネルギー消費および工業プロセス排出量		5.04	5.53	5.33	5.24	5.11	5.10	4.93	4.77	4.41
	食料消費量		0.86	0.85	0.86	0.85	0.83	0.86	0.85	0.86	0.85
	施　肥　量		0.14	0.13	0.14	0.14	0.13	0.17	0.17	0.17	0.17
	廃棄物等の発生量	自然還元量	0.82	0.81	0.78	0.76	0.76	0.76	0.76	0.76	0.77
		減量化量	2.09	2.18	2.22	2.23	2.21	2.22	2.19	2.22	2.13
		最終処分量	0.18	0.16	0.15	0.14	0.14	0.14	0.13	0.13	0.13
循　環	循環利用量		2.44	2.69	2.61	2.51	2.40	2.37	2.38	2.35	2.16

* 廃棄物等の含水等（汚泥，家畜ふん尿，し尿，廃酸，廃アルカリ）および経済活動に伴う土砂等の随伴投入（鉱業，建設業，上水道業の汚泥および鉱業の鉱さい）
2014 年以前 環境省："環境統計集".
2015 年以降 環境省："環境・循環型社会・生物多様性白書".

10.8.2　資源生産性，循環利用率，最終処分量

年度	GDP 実質国内総生産 連鎖方式2000年基準(兆円)	連鎖方式2011年基準(兆円)	連鎖方式2015年基準(兆円)	DMI 天然資源等投入量(直接物質投入量)(100万t)	国内資源採取(100万t)	輸入(100万t)	輸出(100万t)	GDP/DMI 資源生産性*(万円/t) a	b	c	循環利用量(100万t)	循環利用率(%)	隠れたフロー 国内(100万t)	国外(100万t)	関与物質総量(100万t)	最終処分量(100万t)
1975	—	—		1 607	1 057	550	66	—	—	—	—	—	1 035	1 541	4 183	—
1980	287.4	—	—	1 889	1 272	605	81	15.2	—	—	170	8.3	928	1 645	4 462	88
1984	334.1	—	—	1 762	1 151	597	86	19.0	—	—	158	8.2	854	1 951	4 567	
1985	355.1	—	—	1 738	1 128	594	90	20.4	—	—	155	8.2	858	1 856	4 452	107
1986	361.8	—	—	1 746	1 154	580	78	20.7	—	—	160	8.4	881	2 122	4 749	
1987	383.9	—	—	1 820	1 204	596	71	21.1	—	—	165	8.3	908	2 172	4 900	
1988	408.4	—	—	1 944	1 274	653	66	21.0	—	—	170	8.0	966	2 261	5 171	
1989	427.1	—	—	2 050	1 358	680	67	20.8	—	—	175	7.9	1 017	2 291	5 358	
1990	453.6	—	—	2 181	1 479	702	77	20.8	—	—	175	7.4	1 084	2 426	5 691	109
1991	464.2	—	—	2 140	1 429	711	85	21.7	—	—	171	7.4	1 143	2 439	5 722	109
1992	467.5	—	—	2 035	1 336	699	95	23.0	—	—	177	8.0	1 179	2 321	5 535	107
1993	465.3	—	—	1 992	1 290	702	105	23.4	—	—	170	7.9	1 219	2 392	5 603	102
1994	472.2	426.9	447.9	2 018	1 279	739	109	23.4	21.2	22.2	180	8.2	1 216	2 466	5 700	96
1995	483.0	441.0	462.2	2 011	1 253	758	110	24.0	21.9	23.0	193	8.7	1 146	2 527	5 683	82
1996	496.9	453.7	475.8	2 024	1 265	759	106	24.6	22.4	23.5	196	8.8	1 130	2 531	5 686	81
1997	496.8	453.8	475.2	1 967	1 190	777	117	25.3	23.1	24.2	192	8.9	1 037	2 613	5 617	81
1998	489.5	449.8	470.5	1 822	1 089	733	118	26.9	24.7	25.8	188	9.4	980	2 488	5 289	70
1999	493.0	452.9	473.3	1 829	1 078	751	122	27.0	24.8	25.9	195	9.6	875	2 609	5 312	62
2000	505.6	464.2	485.6	1 921	1 125	796	120	26.3	24.1	25.3	213	10.0	808	2 829	5 562	56
2001	501.6	461.7	482.1	1 939	1 171	768	124	25.9	23.8	24.9	207	9.6	751	2 858	5 548	52
2002	507.0	465.8	486.5	1 870	1 090	780	138	27.1	24.9	26.0	212	10.2	740	2 876	5 486	48
2003	517.7	474.9	495.9	1 764	967	797	139	29.3	26.9	28.1	223	11.2	655	2 941	5 360	38
2004	528.0	483.0	504.3	1 709	891	818	150	30.9	28.3	29.5	228	11.8	636	3 027	5 372	34
2005	540.0	492.5	515.1	1 646	831	815	159	32.8	29.9	31.3	229	12.2	—	—		31
2006	552.5	499.4	521.8	1 591	778	813	170	34.7	31.4	32.8	233	12.8	—	—		28
2007	562.5	505.4	527.3	1 558	733	825	178	36.1	32.4	33.8	244	13.5	—	—		27
2008	539.5	488.1	508.3	1 492	683	809	181	36.2	32.7	34.1	245	14.1	—	—		22
2009	526.7	477.4	495.9	1 307	604	703	167	40.3	36.5	37.9	229	14.9	—	—		19
2010	—	493.0	512.1	1 364	582	782	184	—	36.1	37.5	246	15.3	—	—		19
2011	—	495.3	514.7	1 333	552	781	175	—	37.2	38.6	238	15.2	—	—		17
2012	—	499.3	517.9	1 362	561	801	179	—	36.7	38.0	244	15.2	—	—		18
2013	—	512.5	532.1	1 404	588	816	182	—	36.5	37.9	269	16.1	—	—		16
2014	—	510.7	530.2	1 389	591	798	176	—	36.8	38.2	261	15.8	—	—		15
2015	—	517.2	539.4	1 359	578	781	184	—	38.1	39.7	251	15.6%	—	—		14
2016	—	522.0	543.5	1 319	548	771	185	—	39.6	41.2	240	15.4%	—	—		14
2017	—	532.0	553.2	1 353	582	771	182	—	39.3	40.9	237	14.9%	—	—		14
2018	—	533.7	554.5	1 311	555	756	181	—	40.7	42.3	238	15.4%	—	—		13
2019	—	—	550.1	1 263	525	738	179	—	—	43.6	235	15.7%	—	—		13
2020	—	—	527.4	1 146	486	660	162	—	—	46.0	216	15.9%	—	—		13

GDP：内閣府　国民経済計算
DMI, 国内資源採取，輸入，輸出：1975年～1989年 Resource Flows, 2000年～環境統計集，環境・循環型社会・生物多様性白書
資源生産性：GDP/DMI として計算
資源生産性a：GDP として固定基準年方式（1990年基準）を使用
資源生産性b：GDP として連鎖方式（2000年基準）を使用
資源生産性c：GDP として連鎖方式（2005年基準）を使用
資源生産性d：GDP として連鎖方式（2011年基準）を使用
資源生産性e：GDP として連鎖方式（2015年基準）を使用
循環利用量，循環利用率：1980年～1989年 環境省資料，1990年～1994年 環境統計集（2008年度版），1995年～　環境統計集（2017年度版），2015～　環境・循環型社会・生物多様性白書（～R3年度版）
国内の隠れたフロー，国外の隠れたフロー：1975年～1994年 Resource Flows, 1995年～2004年 環境統計集（2008年度発行版）
関与物質総量：DMI＋国内の隠れたフロー＋国外の隠れたフロー として計算.
最終処分量：一般廃棄物最終処分量（10.10.3参照）＋産業廃棄物最終処分量（10.10.7参照）

10.9　各種製品群のリサイクル

10.9.1　古紙利用率

年	紙・板紙国内消費(t/年)	古紙回収量(t/年)	古紙回収率(%)	古紙輸入(t/年)	古紙輸出(t/年)	国内古紙消費(t/年)			製紙用繊維原料消費(t/年)			古紙利用率(%)		
						紙用	板紙用	合計	紙用	板紙用	合計	紙用	板紙用	合計
1984						3 029 342	6 752 290	9 781 632	11 772 178	8 717 342	20 489 520	25.7	77.5	47.7
1985						3 060 674	7 466 522	10 527 196	11 933 765	9 409 338	21 343 103	25.6	79.4	49.3
1986						3 145 452	7 672 601	10 818 053	12 392 857	9 491 079	21 883 936	25.4	80.8	49.4
1987						3 203 150	8 481 476	11 684 626	12 953 705	10 393 425	23 347 130	24.7	81.6	50.0
1988						3 427 463	8 996 769	12 424 232	14 215 653	10 924 293	25 139 946	24.1	82.4	49.4
1989						3 640 520	9 852 486	13 493 006	15 305 814	11 739 316	27 045 130	23.8	83.9	49.9
1990	28 226 860	14 021 471	49.7	634 254	21 858	4 056 311	10 556 384	14 612 695	16 092 277	12 307 102	28 399 379	25.2	85.8	51.5
1991	28 868 069	14 667 253	50.8	851 146	2 642	4 299 154	11 002 131	15 301 285	16 516 467	12 787 125	29 303 592	26.0	86.0	52.2
1992	28 338 955	14 465 613	51.0	444 274	35 945	4 207 515	10 716 033	14 923 548	16 029 565	12 412 600	28 442 165	26.2	86.3	52.5
1993	28 124 302	14 385 968	51.2	417 205	46 380	4 156 382	10 684 694	14 841 076	15 689 214	12 321 725	28 010 939	26.5	86.7	53.0
1994	28 841 016	14 908 328	51.7	404 405	73 358	4 256 440	10 993 857	15 250 297	15 948 970	12 668 687	28 617 657	26.7	86.8	53.3
1995	30 021 610	15 474 771	51.5	478 723	41 519	4 427 916	11 375 949	15 803 865	16 613 682	12 978 821	29 592 503	26.7	87.7	53.4
1996	30 755 938	15 766 747	51.3	430 658	21 167	4 605 406	11 443 297	16 048 703	16 909 763	13 033 409	29 943 172	27.2	87.8	53.6
1997	31 189 847	16 543 666	53.0	361 830	311 768	4 686 803	11 941 494	16 628 297	17 284 115	13 530 225	30 814 340	27.1	88.3	54.0
1998	29 983 078	16 565 006	55.2	294 054	561 149	4 954 814	113 88 872	16 343 686	16 958 235	12 803 083	29 761 318	29.2	89.0	54.9
1999	30 622 715	17 060 565	55.7	300 321	288 459	5 293 804	11 754 224	17 048 028	17 229 227	13 165 246	30 394 473	30.7	89.3	56.1
2000	31 758 493	18 332 115	57.7	278 084	372 182	5 740 318	12 314 411	18 054 729	17 891 967	13 756 344	31 648 311	32.1	89.5	57.0
2001	31 071 938	19 122 161	61.5	213 628	1 466 182	5 967 955	11 960 904	17 928 859	17 666 864	13 242 788	30 909 652	33.8	90.3	58.0
2002	30 646 441	20 046 152	65.4	143 621	1 897 116	6 390 301	11 943 034	18 323 125	17 644 033	13 107 668	30 737 122	36.2	91.1	59.6
2003	30 929 580	20 442 613	66.1	117 680	1 970 607	6 418 277	11 989 172	18 407 449	17 565 160	12 994 895	30 560 055	36.5	92.3	60.2
2004	31 377 146	21 506 994	68.5	80 548	2 835 392	6 670 651	12 025 041	18 695 692	17 948 930	13 007 905	30 956 835	37.2	92.4	60.4
2005	31 382 489	22 319 746	71.1	77 445	3 710 482	6 808 622	11 934 028	18 742 650	18 163 689	12 893 043	31 056 732	37.5	92.6	60.3
2006	31 541 001	22 825 329	72.4	71 722	3 886 905	6 989 559	11 942 592	18 932 151	18 337 089	12 887 922	31 225 011	38.1	92.7	60.6
2007	31 303 797	23 324 641	74.5	66 537	3 843 931	7 521 847	11 923 737	19 445 584	18 744 092	12 906 761	31 650 853	40.1	92.4	61.4
2008	30 303 211	22 752 247	75.1	61 480	3 490 786	7 425 127	11 720 288	19 145 415	18 324 610	12 629 827	30 954 437	40.5	92.8	61.9
2009	27 194 127	21 663 919	79.7	43 958	4 914 123	6 611 410	10 303 712	16 915 122	15 689 104	11 108 030	26 797 134	42.1	92.8	63.1
2010	27 751 876	21 715 031	78.2	43 870	4 373 578	6 518 954	10 892 927	17 411 881	16 110 510	11 739 724	27 850 234	40.5	92.8	62.5
2011	27 662 943	21 552 578	77.9	42 190	4 432 132	6 021 800	11 045 409	17 067 209	15 205 890	11 899 841	27 105 731	39.6	92.8	63.0
2012	27 230 249	21 751 622	79.9	27 600	4 929 315	6 134 117	10 742 006	16 876 123	14 942 558	11 558 610	26 501 168	41.1	92.9	63.7
2013	27 202 870	21 864 266	80.4	30 076	4 889 715	6 135 606	10 902 064	17 037 670	14 975 279	11 686 199	26 661 478	41.0	93.3	63.9
2014	26 916 751	21 749 508	80.8	34 143	4 618 628	6 025 061	11 166 727	17 191 788	14 938 635	11 979 455	26 918 090	40.3	93.2	63.9
2015	26 313 574	21 400 940	81.3	34 909	4 261 372	5 849 708	11 242 069	17 091 777	14 567 259	12 021 866	26 589 125	40.2	93.5	64.3
2016	26 131 677	21 233 289	81.3	43 419	4 137 944	5 653 473	11 506 273	17 159 746	14 440 523	12 271 110	26 711 633	39.2	93.8	64.2
2017	26 026 929	21 052 631	80.9	46 490	3 733 964	5 406 829	11 823 763	17 230 592	14 258 984	12 604 926	26 863 910	37.9	93.8	64.1
2018	25 331 923	20 673 299	81.6	42 000	3 778 903	51 229 70	11 921 714	17 044 684	13 752 104	12 759 979	26 512 083	37.3	93.4	64.3
2019	24 900 712	19 794 252	79.5	47 297	3 141 113	48 471 44	11 765 974	16 613 118	13 238 184	12 585 196	25 823 380	36.6	93.5	64.3
2020	22 223 809	18 878 576	84.9	30 221	3 187 763	41 844 40	11 614 085	15 798 525	11 185 543	12 331 923	23 517 466	37.4	94.2	67.2
2021	22 752 138	18 455 532	81.1	16 108	2 365 473	4 002 705	12 132 203	16 134 908	11 520 648	12 935 505	24 456 153	34.7	93.8	66.0
2022	22 502 262	17 886 179	79.5	17 323	1 832 878	3 805 549	12 234 156	16 039 705	11 145 270	13 055 278	24 200 548	34.1	93.7	66.3

古紙回収率 ＝ 古紙回収量 ÷ 紙・板紙国内消費

古紙利用率 ＝ 国内古紙消費 ÷ 製紙用繊維原料消費合計

「国内古紙消費」は「古紙回収量 ＋ 古紙輸入 － 古紙輸出」にほぼ等しいが，在庫変動などのため一致しない．

財団法人古紙再生促進センター：“古紙需給統計”（各年度版）．

10.9.2　カレット利用率

年	ガラスびん生産量 (1 000 t)	総溶解量 (1 000 t)	カレット使用量 (1 000 t)	カレット利用率 (%)	年	ガラスびん生産量 (1 000 t)	総溶解量 (1 000 t)	カレット使用量 (1 000 t)	カレット利用率 (%)
1990	2 610		1 251	47.9	2008	1 387	1 812	1 343	74.2
1994	2 440		1 357	55.6	2009	1 330	1 747	1 297	74.2
1995	2 233		1 369	61.3	2010	1 337	1 763	1 295	73.4
1996	2 210		1 436	65.0	2011	1 342	1 751	1 284	73.3
1997	2 160		1 456	67.4	2012	1 281	1 693	1 285	75.9
1998	1 975		1 459	73.9	2013	1 287	1 702	1 274	74.8
1999	1 906		1 498	78.6	2014	1 257	1 652	1 230	74.4
2000	1 820		1 416	77.8	2015	1 246	1 618	1 228	75.9
2001	1 738		1 425	82.0	2016	1 237	1 606	1 211	75.4
2002	1 689		1 408	83.3	2017	1 195	1 583	1 189	75.1
2003	1 561		1 410	90.3	2018	1 156	1 553	1 160	74.7
2004	1 554		1 409	90.7	2019	1 075	1 465	1 103	75.3
2005	1 501		1 370	91.3	2020	961	1 349	1 051	77.9
2006	1 472	1 935	1 383	71.4	2021	1 000	1 363	1 025	75.2
2007	1 433	1 882	1 368	72.7	2022	1 018	1 367	1 015	74.3

「カレット」とはびんなどを細かく砕いたもの.
総溶解量：ガラスびん生産のために溶解されたガラスびん原料（バージン原料＋カレット）の総量
カレット利用率 ＝ カレット使用量 ÷ ガラスびん生産量
　ガラスびん3R促進協議会：“ガラスびん生産量・カレット利用量の推移”“総溶解量，カレット使用量とカレット利用率の推移”.

10.9.3　スチール缶リサイクル率

　スチール缶には，飲料用のみならず缶詰用なども含む．ただし，塗料用の缶などリサイクルに不適なものは含まない．出荷から回収まで約3ヵ月かかると想定し，生産重量・消費重量は暦年の値，缶屑使用重量・再資源化重量は年度の値が用いられている．

年	消費重量 (生産重量) (1 000 t)	再資源化重量 (缶屑使用重量) (1 000 t)	リサイクル率 (%)	年	消費重量 (生産重量) (1 000 t)	再資源化重量 (缶屑使用重量) (1 000 t)	リサイクル率 (%)
1990	1 459	654	44.8	2007	834	710	85.1
1993	1 360	829	61.0	2008	772	683	88.5
1994	1 476	1 030	69.8	2009	699	623	89.1
1995	1 421	1 048	73.8	2010	684	612	89.4
1996	1 422	1 100	77.3	2011	682	617	90.4
1997	1 351	1 075	79.6	2012	664	603	90.8
1998	1 285	1 060	82.5	2013	611	567	92.9
1999	1 269	1 051	82.9	2014	571	525	92.0
2000	1 215	1 023	84.2	2015	486	451	92.9
2001	1 055	899	85.2	2016	463	435	93.9
2002	949	817	86.1	2017	451	422	93.4
2003	911	797	87.5	2018	433	403	93.2
2004	908	791	87.1	2019	427	398	93.3
2005	868	770	88.7	2020	393	369	94.0
2006	832	732	88.1	2021	390	363	93.1

　（1998年以前）リサイクル率 ＝ スチール缶屑使用重量 ÷ スチール缶生産重量
　（1999年以降）リサイクル率 ＝ スチール缶再資源化重量 ÷ スチール缶消費重量
　＊　2001年以降，消費重量についてペットフード缶の輸出入を考慮し，再資源化重量についてスチール缶スクラップに含まれる水分等の異物を除外している点で従来の算定方式と異なる．なお，従来の定義においても，スチール缶スクラップに含まれている飲料缶用アルミふたの重量は除かれている．
　＊　2008年より，再資源化重量にはシュレッダー処理された量の一部を含む．
　スチール缶リサイクル協会：“スチール缶リサイクル率の推移”.

10.9.4 アルミ缶の再生資源への利用率

　アルミ缶の再生資源への利用率は，消費されたアルミ缶のうち，アルミ缶材や自動車部品，製鋼用脱酸素剤等に再生利用されたアルミ缶スクラップの割合を示す．アルミ缶スクラップの輸出は含まない．CAN TO CAN 率は，再生利用されたアルミ缶スクラップのうち，アルミ缶材に利用された割合を示す．
　アルミ缶消費重量は，国産アルミ缶出荷重量＋輸入アルミ缶重量－輸出アルミ缶重量として算出されている．出荷から回収まで約3ヵ月かかると想定し，消費重量は暦年の値，再生利用量は年度の値が用いられている．

年	消費重量（暦年）		再生利用量（年度）				1缶あたり平均重量（g/缶）	リサイクル率		CAN TO CAN率（％）
	缶数（100万缶）	重量（t）	国内循環量		輸出量			a（％）	b（％）	
			缶数（100万缶）	重量（t）	缶数（100万缶）	重量（t）				
1990	9 150	161 185	3 900	68 612			17.6		42.6	
1995	15 920	264 655	10 470	173 802			16.6		65.7	45.6
2000	16 750	265 541	13 500	214 107			15.9		80.6	74.5
2005	18 430	301 558	16 860	276 427			16.4		91.7	57.3
2006	18 360	298 641	16 650	271 387			16.3		90.9	62.1
2007	18 520	301 451	17 140	279 406			16.3		92.7	62.7
2008	18 434	299 319	16 303	261 338			16.3		87.3	66.8
2009	18 244	292 897	16 999	273 691			16.1		93.4	62.5
2010	18 562	296 058	17 130	274 242			16.0		92.6	68.3
2011	18 808	298 224	17 310	275 715			15.9		92.5	64.5
2012	19 121	301 234	18 018	285 401			15.84		94.7	66.7
2013	19 396	303 830	16 159	254 509			15.75		83.8	68.4
2014	20 157	312 950	17 531	273 491			15.60		87.4	63.4
2015	22 200	331 500	17 068	255 684	2 881	43 151	14.98	90.1	77.1	74.7
2016	22 380	341 015	16 980	259 559	3 620	55 406	15.29	92.4	76.1	62.8
2017	21 930	335 573	16 420	251 979	3 810	58 424	15.35	92.5	75.1	67.3
2018	21 660	330 664	15 630	239 245	4 580	70 198	15.31	93.6	72.4	71.4
2019	21 730	330 418	15 570	236 745	5 710	86 855	15.24	97.9	71.7	66.9
2020	21 790	331 178	14 810	225 553	5 620	85 590	15.23	94.0	68.1	71.0
2021	21 780	330 596	16 100	245 262	4 860	73 953	15.23	96.6	74.2	67.0
2022	21 530	326 808	16 290	248 325	3 840	58 471	15.24	93.9	76.0	70.9

リサイクル率：消費されたアルミ缶のうち，アルミ缶材や自動車部品，製鋼用脱酸素剤等に再生利用されたアルミ缶スクラップの割合．a では，アルミ缶スクラップの輸出を含み，b では，アルミ缶スクラップの輸出を含まない．
CAN TO CAN 率：再生利用されたアルミ缶スクラップのうち，アルミ缶材に利用された割合．
1缶あたり平均重量は，国産アルミ缶平均重量を記載．（輸入缶，輸出缶は別途平均重量を設定して計算している）
アルミ缶リサイクル協会："飲料用アルミ缶リサイクル率について"．

10.9.5 PETボトルの回収率・リサイクル率

年	生産量・販売量（1 000 t）	市町村分別収集量（1 000 t）	事業系回収量（1 000 t）	回収量合計（1 000 t）	国内再資源化量（1 000 t）	海外再資源化量（1 000 t）	回収率（％）	リサイクル率（％）
1995	142.1	2.6		2.6				1.8
2000	369.1	124.9		124.9				34.5
2003	436.6	211.8	54.7	266.4			61.0	
2004	513.7	238.5	81.4	319.9			62.3	
2005	529.8	252.0	74.8	326.7			61.7	
2006	543.8	268.2	92.3	360.5	234	175	66.3	75.1
2007	572.2	283.4	113.1	396.5	235	229	69.3	81.2
2008	573.1	283.9	161.6	445.5	233	238	77.7	82.2
2009	564.7	287.3	150.0	437.4	245	263	77.4	89.9
2010	596.1	296.8	133.6	430.4	242	256	72.2	83.5
2011	604.0	297.8	183.1	480.9	265	253	79.6	85.8
2012	582.9	299.2	228.0	527.2	254	241	90.5	85.0
2013	578.7	301.8	226.8	528.5	258	239	91.3	85.8
2014	569.3	292.5	239.9	532.0	271	199	93.5	82.6
2015	563.0	292.9	220.0	520.1	262	227	91.1	86.9
2016	596.1	298.5	230.9	529.4	279	222	88.8	83.9
2017	587.4	302.2	239.0	541.2	298	201	92.2	84.8
2018	625.5	282.3	289.9	572.2	334	195	91.5	84.6
2019	593.4	285.2	267.1	552.4	328	182	93.1	85.9
2020	551.2	297.1	237.6	534.7	345	144	97.0	88.8
2021	580.9	306.2	240.1	546.3	377	122	94.0	86.0

生産量・販売量：2004年度までは，生産量，2005年度以降は，販売量．
　　生産量：指定表示製品〔しょうゆ，酒類，清涼飲料（乳飲料を含む）〕向けの PET 樹脂需要量．調味料・化粧品など向けは含まない．
　　販売量：生産量にボトル製造時の成型ロスを除き，輸入製品販売量を加えた量．
リサイクル率＝（国内再資源化量 ＋ 海外再資源化量）÷指定 PET ボトル販売量
PET ボトルリサイクル推進協議会：統計データ．

10.10　廃棄物の発生と処理処分

10.10.1　一般廃棄物の排出量と排出原単位

年度	ごみ総排出量・発生量の推移（1 000 t/年）							1人1日あたりのごみ排出量推移（g/人・日）
	自家処理量	集団回収量	市町村等による収集量	事業者等による搬入量	生活系	事業系	総排出量	
1975	3 987		27 916	10 262			42 165	1 029
1976	3 556		28 347	8 727			40 630	984
1977	2 877		30 077	8 574			41 528	997
1978	2 663		31 322	9 207			43 192	1 027
1979	2 469		32 574	9 574			44 617	1 049
1980	2 425		32 015	9 496			43 936	1 028
1981	2 412		33 145	7 081			42 638	991
1982	2 409		34 029	8 040			44 478	1 026
1983	2 149		33 773	6 733			42 655	975
1984	1 944		34 580	6 515			43 039	980
1985	1 919	564	35 383	6 147			44 013	996
1986	1 790	438	36 288	6 670			45 186	1 018
1987	1 535	566	38 164	6 767			47 032	1 051
1988	1 448	553	39 723	7 221			48 945	1 092
1989	1 317	693	41 602	7 054			50 666	1 127
1990	1 171	986	42 495	6 776			51 428	1 140
1991	1 047	1 412	42 074	7 646			52 179	1 149
1992	1 091	1 796	42 134	6 973			51 994	1 144
1993	957	1 920	42 997	6 350			52 224	1 145
1994	872	2 135	43 816	5 849			52 672	1 152
1995	788	2 318	44 100	5 806			53 012	1 153
1996	716	2 470	44 516	5 922			53 624	1 167
1997	617	2 515	44 872	5 711	37 126	15 972	53 715	1 167
1998	511	2 521	44 771	6 313	35 994	17 612	54 116	1 173
1999	352	2 604	45 736	5 359	36 220	17 478	54 051	1 167
2000	293	2 765	46 695	5 373	36 844	17 990	55 126	1 192
2001	253	2 837	46 528	5 316	37 381	17 300	54 934	1 185
2002	218	2 807	46 202	5 190	37 118	17 081	54 417	1 171
2003	165	2 829	46 044	5 398	37 321	16 950	54 436	1 166
2004	130	2 919	45 114	5 343	36 838	16 538	53 506	1 149
2005	92	2 996	44 633	5 090	36 471	16 249	52 811	1 133
2006	74	3 058	44 155	4 810	36 220	15 816	52 097	1 117
2007	56	3 049	42 629	5 138	35 724	15 092	50 872	1 090
2008	45	2 926	40 946	4 234	34 104	14 003	48 151	1 034
2009	31	2 792	39 616	3 845	32 974	13 278	46 284	995
2010	28	2 729	38 827	3 803	32 385	12 974	45 387	977
2011	37	2 682	39 025	3 724	32 385	13 045	45 468	977
2012	21	2 646	38 890	3 697	32 137	13 097	45 254	964
2013	19	2 583	38 546	3 745	31 757	13 117	44 893	958
2014	36	2 503	38 095	3 718	31 242	13 075	44 352	948
2015	22	2 394	37 867	3 720	30 935	13 046	44 003	939
2016	28	2 270	37 245	3 654	30 182	12 988	43 197	925
2017	13	2 172	37 092	3 630	29 880	13 014	42 907	920
2018	25	2 056	36 929	3 743	29 684	13 043	42 753	919
2019	8	1 909	37 020	3 808	29 714	13 022	42 745	918
2020	8	1 643	36 160	3 866	30 016	11 653	41 677	901
2021	6	1 593	35 658	3 702	29 246	11 706	40 959	890

総排出量 = 自家処理量 + 集団回収量 + 市町村等による収集量 + 事業者等による搬入量

　なお, 廃棄物処理法に基づく「廃棄物の減量その他その適正な処理に関する施策の総合的かつ計画的な推進を図るための基本的な方針」における「一般廃棄物の排出量」は,「計画収集量 + 直接搬入量 + 資源ごみの集団回収量」とされており, 自家処理量を含まない.

　「生活系」ごみ排出量には集団回収量を含む.

　1人1日あたりのごみ排出量 = 総排出量 ÷ 総人口 ÷ 365（または366）

　2011年度以降のデータは, 注記がない限り災害廃棄物処理に係るものを除く値である. 2010年度以前については, 災害廃棄物処理に係るものを含む.

　2010年度データは, 南三陸町（宮城県）を除く市区町村の集計値である.

　2012年度データ以降は, 総人口に外国人人口を含む.

　厚生省・環境省:“日本の廃棄物処理”（各年版）.

10.10.2　一般廃棄物の組成

京都市（燃やすごみ）の湿重量比率（％）

種　類	1985	1990	1995	1996	1997	1998	1999	2000	2001	2002	2003	2004	2005	2006
紙　類	24.0	26.8	29.5	30.7	28.6	29.5	33.5	30.2	35.1	36.3	34.1	31.5	31.0	31.3
プラスチック類	11.6	11.1	11.9	13.3	12.1	10.7	12.1	12.3	11.5	11.8	12.1	13.0	12.4	12.8
繊維類	3.0	5.1	3.8	2.8	4.3	4.3	5.0	3.2	3.4	3.4	4.8	3.4	3.5	4.6
ゴム・皮革類	0.6	1.1	0.7	0.8	0.8	1.4	0.8	0.6	0.7	0.5	0.8	0.9	0.6	0.3
ガラス類	4.7	3.7	4.4	5.3	2.5	1.9	1.3	1.7	2.8	1.2	1.5	0.9	1.3	1.2
金属類	3.5	3.0	2.2	2.3	2.3	2.1	2.1	1.7	3.4	1.9	2.6	2.4	2.6	2.1
厨芥類	46.3	41.4	42.1	37.6	42.8	41.0	39.7	41.3	37.4	35.9	37.6	40.4	41.3	39.2
その他（雑草類・木片・陶器・土砂・流出水）	6.3	7.8	5.4	7.2	6.6	9.1	5.5	9.0	5.7	9.0	6.5	7.5	7.3	8.5

種　類	2007	2008	2009	2010	2011	2012	2013	2014	2015	2016	2017	2018	2019	2020
紙　類	33.5	36.3	34.2	34.0	35.1	32.2	30.0	31.1	28.0	32.2	31.2	31.9	31.6	28.5
プラスチック類	8.4	8.6	9.5	10.0	9.5	9.7	10.8	10.3	10.2	11.1	10.6	10.5	11.5	11.9
繊維類	4.2	4.4	4.6	5.0	5.0	6.4	8.3	8.2	5.7	6.3	4.7	6.3	6.1	7.4
ゴム・皮革類	0.3	0.6	1.0	0.8	0.6	0.7	0.7	0.7	0.6	0.7	0.7	0.7	1.5	0.7
ガラス類	0.6	0.9	0.9	1.0	0.7	0.9	0.8	1.3	1.0	0.7	1.2	0.9	0.8	0.9
金属類	2.1	1.4	2.3	1.6	2.1	2.0	1.6	2.6	2.3	2.0	2.19	2.3	2.6	2.9
厨芥類	42.4	38.8	39.8	38.9	38.0	37.2	40.5	39.1	43.5	40.2	38.7	38.3	38.2	40.2
その他（雑草類・木片・陶器・土砂・流出水）	8.5	9.1	7.6	8.7	8.9	11.0	7.3	6.7	8.7	6.8	10.7	9.1	7.7	7.5

京都市ごみ細組成調査．資源ごみ，粗大ごみは含まない．1987年から一部で空き缶分別回収開始（1992年全市導入）．1996年から空きびん分別回収を全市導入，1997年からPETボトル分別回収を全市導入．2007年からその他プラスチック製容器包装分別回収を全市導入．

京都市（燃やすごみ）の由来別容積比率（％）

種　類	1985	1990	1995	1996	1997	1998	1999	2000	2001	2002	2003	2004	2005	2006
商　品	11.6	10.3	9.7	8.0	8.1	8.9	8.8	7.1	10.4	7.0	9.7	8.5	9.7	8.9
使い捨て商品	4.4	5.1	7.6	5.5	6.2	7.5	6.8	8.8	8.1	9.6	6.9	6.3	7.4	8.6
PRに使用されたもの	3.0	3.6	4.4	3.9	4.2	5.1	4.4	5.0	4.6	5.8	6.1	5.7	3.7	3.5
容器・包装材	58.5	55.9	58.9	65.5	62.5	60.3	64.0	61.6	60.2	61.6	59.7	61.9	65.0	58.8
事業所で使用されたもの	0.9	2.6	1.9	1.3	3.1	1.1	3.1	1.6	1.7	1.4	0.6	1.0	0.5	3.6
食料品	12.4	13.3	9.9	7.3	9.4	8.0	7.6	7.5	9.2	7.8	8.2	10.4	9.3	10.1
その他（雑草類・木片・陶器・土砂・流出水）	9.2	9.2	7.6	8.5	6.5	9.1	5.3	8.4	5.8	6.8	8.8	6.2	4.4	6.5

種　類	2007	2008	2009	2010	2011	2012	2013	2014	2015	2016	2017	2018	2019	2020
商　品	10.8	12.0	13.5	12.2	13.1	13.6	14.1	15.5	14.2	12.8	11.4	12.0	12.5	17.2
使い捨て商品	12.4	13.4	14.9	12.2	12.7	12.4	11.3	15.0	13.9	15.1	14.7	16.5	15.6	14.2
PRに使用されたもの	5.6	5.7	5.4	5.3	5.1	4.1	4.6	4.4	3.6	3.8	4.1	2.8	4.0	2.9
容器・包装材	49.1	50.1	48.1	50.3	49.6	50.2	49.4	47.1	44.4	48.6	52.6	47.0	48.8	49.1
事業所で使用されたもの	2.1	0.6	0.5	0.8	1.2	1.7	2.6	1.1	1.4	2.5	1.0	1.6	1.8	1.0
食料品	13.2	12.0	12.7	12.6	12.0	12.2	12.5	11.3	14.7	11.8	11.0	12.4	10.6	10.1
その他（雑草類・木片・陶器・土砂・流出水）	6.8	6.2	4.9	6.7	6.4	5.9	5.5	5.6	7.8	5.4	5.2	7.7	6.7	5.5

京都市ごみ細組成調査．資源ごみ，粗大ごみは含まない．

10.10.3　一般廃棄物の再生利用量, 中間処理減量, 最終処分量

年度	直接最終処分量	直接焼却量	直接資源化量	その他中間処理量	処理残渣焼却量	処理後再生利用量	処理後最終処分量	最終処分量*1	資源化量*2	焼却処理量*3
1975	17 676	19 939	—	564	—	—	3 341	21 017	—	19 939
1980	15 381	25 090	—	1 040	—	—	4 334	19 715	—	25 090
1985	10 953	29 335	—	1 243	—	1 055	5 095	16 048	1 619	29 335
1990	10 044	36 676	—	2 561	—	1 683	6 765	16 809	2 669	36 676
1995	5 721	38 048	—	6 132	1 447	2 782	7 881	13 602	5 100	39 495
2000	3 084	40 304	2 224	6 479	1 845	2 871	7 430	10 514	7 860	42 149
2004	1 774	39 142	2 327	7 270	1 844	4 154	6 319	8 093	9 400	40 986
2005	1 444	38 486	2 541	7 283	1 781	4 488	5 884	7 328	10 025	40 267
2006	1 201	38 067	2 569	7 167	1 847	4 577	5 608	6 809	10 204	39 914
2007	1 177	37 011	2 635	6 901	1 726	4 620	5 172	6 349	10 304	38 737
2008	821	35 742	2 341	6 232	1 491	4 509	4 710	5 531	9 776	37 233
2009	717	34 517	2 238	6 162	1 472	4 472	4 355	5 072	9 502	35 989
2010	662	33 799	2 170	6 161	1 455	4 547	4 175	4 837	9 446	35 254
2011a*4	593	34 002	2 145	6 113	1 430	4 548	4 228	4 821	9 375	35 432
2011b*5	916	34 327	4 101	7 866	1 441	6 010	4 365	5 281	12 793	35 768
2012a*4	567	33 991	2 118	5 939	1 416	4 499	4 080	4 648	9 263	35 407
2012b*5	944	35 312	5 283	13 169	1 416	11 448	4 198	5 141	19 377	36 728
2013a*4	574	33 729	2 120	5 948	1 417	4 566	3 964	4 538	9 269	35 146
2013b*5	1 172	34 731	6 217	14 374	1 417	13 201	4 095	5 267	22 001	36 148
2014a*4	525	33 470	2 076	5 770	1 389	4 550	3 778	4 302	9 129	34 859
2014b*5	710	33 533	2 933	5 968	1 391	4 727	3 785	4 495	10 163	34 924
2015a*4	468	33 423	2 031	5 777	1 390	4 576	3 697	4 165	9 001	34 813
2015b*5	470	33 490	2 526	6 325	1 391	5 121	3 710	4 180	10 041	34 881
2016a*4	426	32 935	1 964	5 685	1 358	4 558	3 554	3 980	8 792	34 293
2016b*5	627	33 073	3 140	6 441	1 358	5 370	3 558	4 185	10 780	34 431
2017a*4	419	32 804	1 941	5 687	1 377	4 570	3 440	3 859	8 683	34 181
2017b*5	615	32 871	2 922	6 506	1 377	5 432	3 441	4 056	10 526	34 248
2018a*4	439	32 654	1 888	5 796	1 430	4 593	3 400	3 840	8 525	34 084
2018b*5	751	32 730	2 013	5 985	1 438	4 802	3 408	4 159	8 859	34 168
2019a*4	398	32 947	1 884	5 721	1 481	4 605	3 401	3 798	8 398	34 428
2019b*5	640	33 144	2 086	6 147	1 485	4 978	3 430	4 070	8 973	34 629
2020a*4	367	31 873	1 923	5 923	1 595	4 760	3 271	3 638	8 326	33 467
2020b*5	465	31 971	2 002	6 282	1 595	5 102	3 275	3 740	8 747	33 568
2021a*4	340	31 491	1 891	5 700	1 508	4 673	3 084	3 424	8 157	32 999
2021b*5	387	31 514	2 070	5 821	1 528	4 793	3 087	3 474	8 456	33 042

単位：1 000 t／年
＊1　最終処分量 ＝ 直接最終処分量 ＋ 処理後最終処分量
＊2　資源化量 ＝ 集団回収量 ＋ 直接資源化量 ＋ 処理後再生利用量
＊3　焼却処理量 ＝ 直接焼却量 ＋ 処理残渣焼却量
＊4　a：災害廃棄物を除く値　　＊5　b：災害廃棄物を含む値
　1990 年以前の調査では，「粗大ごみ破砕施設→埋立」の一部および「粗大ごみ破砕施設→焼却」の全部は，「その他中間処理量」ではなく，「直接最終処分量」および「（直接）焼却量」に含まれる．このため，1990 年以前と 1991 年以降とで，「直接最終処分量」「（直接）焼却量」「その他中間処理量」は不連続となっている．
　「直接資源化量」は，1998 年以降の調査で新たに設定された項目であり，1997 年以前においては「中間処理後再生利用量」として計上されていたと推定される．
　厚生省・環境省："日本の廃棄物処理"（各年版）．L. A. Fahm："The waste of nations"（1980）．

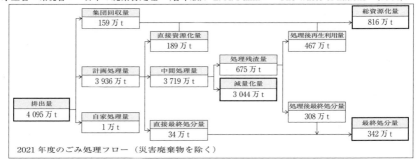

2021 年度のごみ処理フロー（災害廃棄物を除く）

10.10.4　一般廃棄物の焼却施設数，焼却能力，発電能力

年度*	全連続式		准連続式		機械化バッチ式		固定バッチ式		合　計		ごみ発電	
	施設数	処理能力 （t／日）	施設数	処理能力 （t／日）	施設数	処理能力 （t／日）	施設数	処理能力 （t／日）	施設数	処理能力 （t／日）	施設数	発電能力 (1 000 kW)
1975	286	73 160	22	1 485	975	29 743	681	9 767	1 964	114 155	13	44
1980	357	98 914	142	10 492	1 085	31 379	415	6 109	1 999	146 894	37	
1985	403	113 453	207	15 747	1 000	28 260	290	3 393	1 900	160 853	65	193
1990	426	123 616	293	22 680	905	24 330	249	2 281	1 873	172 907	101	
1991	435	127 512	324	25 188	875	22 748	207	2 129	1 841	177 577	112	
1992	438	133 294	335	26 329	877	22 889	214	1 549	1 864	184 061	118	
1993	433	128 911	324	25 344	866	22 418	231	1 434	1 854	178 106	127	398
1994	440	134 402	365	28 674	844	21 503	238	1 538	1 887	186 117	135	
1995	445	137 072	379	30 438	813	20 009	243	1 326	1 880	188 844	149	557
1996	449	140 134	383	30 664	783	19 172	257	1 269	1 872	191 239	158	635
1997	460	142 011	377	30 630	759	18 423	247	1 180	1 843	192 243	176	717
1998	474	144 184	378	30 297	753	16 935	164	1 202	1 769	192 618	201	960
1999	498	149 327	365	28 794	705	15 799	149	1 204	1 717	195 125	215	1 060
2000	534	156 934	362	28 337	672	15 006	147	1 280	1 715	201 557	233	1 192
2001	549	159 252	359	28 167	629	14 137	143	1 177	1 680	202 733	236	1 246
2002	579	160 591	321	25 262	513	11 731	77	1 291	1 490	198 874	263	1 365
2003	588	159 537	300	23 573	447	10 289	61	458	1 396	193 856	271	1 441
2004	612	163 615	286	22 123	422	9 806	54	408	1 374	195 952	281	1 491
2005	618	160 186	269	19 961	380	8 899	51	412	1 318	189 458	286	1 512
2006	627	162 149	256	18 849	370	8 606	48	412	1 301	190 015	293	1 590
2007	642	162 733	245	17 931	353	8 151	45	329	1 285	189 144	298	1 604
2008	642	161 305	245	17 533	337	8 145	45	320	1 269	187 303	300	1 615
2009	644	162 024	235	16 824	317	7 035	47	323	1 243	186 205	304	1 673
2010	648	161 832	228	16 501	305	6 728	40	312	1 221	185 372	306	1 700
2011	658	163 574	221	15 889	296	6 574	36	219	1 211	186 255	314	1 740
2012	655	162 334	218	15 556	281	6 316	35	220	1 189	184 426	318	1 754
2013	652	161 044	220	15 518	267	5 919	33	202	1 172	182 683	328	1 770
2014	662	162 480	207	14 775	258	5 640	34	217	1 161	183 111	338	1 907
2015	674	162 745	192	13 471	245	5 489	30	186	1 141	181 891	348	1 934
2016	679	162 512	184	12 833	229	4 997	28	154	1 120	180 497	358	1 981
2017	686	163 760	170	11 822	220	4 738	27	151	1 103	180 471	376	2 089
2018	687	162 858	162	10 803	210	4 553	23	123	1 082	178 336	379	2 069
2019	685	161 761	161	10 669	203	4 451	21	121	1 070	177 001	385	2 079
2020	685	161 386	159	10 409	191	4 286	21	121	1 056	176 202	387	2 079
2021	683	162 019	145	9 519	181	4 088	19	112	1 028	175 737	396	2 149

＊　各年度末（翌年3月末）の統計量．たとえば，2000年のデータは2001年3月末時点の値となる．
　市町村・事務組合が設置した施設で民間の施設を含まない．
　厚生省・環境省：“日本の廃棄物処理”（各年版）．

10.10.5　一般廃棄物の埋立処分場数

年*	処分場数	最終処分場 残余容量 （100万 m³）	残余年数 （年）	年*	処分場数	最終処分場 残余容量 （100万 m³）	残余年数 （年）
1980	2 482	192		2006	1 853	130	15.6
1985	2 431	196		2007	1 831	122	15.7
1990	2 336	157		2008	1 823	122	18.0
1993	2 321	149		2009	1 800	116	18.7
1994	2 392	151		2010	1 775	114	19.3
1995	2 361	142		2011	1 772	111	18.9
1996	2 388	151		2012	1 742	112	19.7
1997	2 266	172	11.7	2013	1 723	107	19.3
1998	2 128	178	12.8	2014	1 698	106	20.1
1999	2 065	172	12.9	2015	1 677	104	20.4
2000	2 077	165	12.8	2016	1 661	100	20.5
2001	2 059	160	13.2	2017	1 651	103	21.8
2002	2 047	153	13.8	2018	1 639	101	21.6
2003	2 039	145	14.0	2019	1 623	100	21.4
2004	2 009	138	14.0	2020	1 602	100	22.4
2005	1 843	133	14.8	2021	1 572	98	23.5

＊　各年度末（翌年3月末）の統計量．たとえば，2000年のデータは2001年3月末時点の値となる．
　厚生省・環境省：“日本の廃棄物処理”（各年版）．

10.10.6　産業廃棄物の発生量

(単位：1 000 t／年)

種類 ＼ 年度	1980	1985	1990	1995	2000	2005	2007	2008	2009	2010
燃え殻	1 797	2 409	2 678	3 258	1 892	1 857	2 028	2 053	1 821	1 835
汚泥	88 190	112 821	171 450	185 508	189 181	187 688	185 305	176 114	173 629	169 885
廃油	2 419	3 672	3 471	3 173	3 248	3 471	3 610	3 617	3 048	3 251
廃酸	10 219	4 320	2 674	4 441	2 938	2 477	5 662	2 721	2 542	2 483
廃アルカリ	6 090	923	1 547	2 020	1 563	2 079	2 777	2 648	1 867	2 563
廃プラスチック類	2 232	2 816	4 334	6 253	5 790	6 052	6 428	6 445	5 665	6 185
紙くず	1 624	1 472	1 193	1 897	2 156	1 748	1 466	1 383	1 265	1 153
木くず	6 628	8 058	6 573	7 161	5 511	5 951	5 971	6 262	6 295	6 121
繊維くず	101	98	99	84	76	93	79	74	69	79
動植物性残渣	4 323	2 207	3 543	3 961	4 052	3 117	3 066	3 194	2 888	2 902
動物系固形不要物	—	—	—	—	—	97	78	124	113	126
ゴムくず	92	78	94	87	44	55	62	41	27	32
金属くず	13 111	8 877	8 533	6 482	8 096	10 947	11 461	8 766	7 830	7 246
ガラスくず,コンクリートくずおよび陶磁器くず	2 297	3 910	5 295	6 067	4 797	4 555	5 183	6 174	5 411	6 031
鉱さい	60 567	41 649	42 507	24 242	16 448	26 186	20 715	18 440	14 109	16 006
がれき類(建設廃材)	30 007	48 948	54 798	58 460	58 829	60 562	60 900	61 189	58 921	58 264
動物のふん尿	49 629	62 462	77 208	72 996	90 489	87 204	87 476	87 698	88 162	84 847
動物の死体	62	96	28	145	163	196	197	168	161	156
ばいじん	11 731	6 224	7 491	7 578	10 765	17 342	16 964	16 550	15 923	16 823
その他	1 199	1 230	1 228							
合計	292 000	312 000	395 000	394 000	406 000	422 000	419 000	404 000	390 000	386 000

種類 ＼ 年度	2011	2012	2013	2014	2015	2016	2017	2018	2019	2020
燃え殻	1 836	1 869	1 833	2 046	1 912	1 967	1 876	2 456	2 199	2 059
汚泥	166 152	164 638	164 169	168 821	169 318	167 316	170 695	167 378	170 841	163 648
廃油	3 118	3 212	2 912	3 044	2 953	3 049	2 869	3 081	3 120	2 906
廃酸	2 752	2 595	2 778	3 191	2 826	2 740	2 609	2 752	2 989	2 971
廃アルカリ	1 889	1 778	2 243	2 306	2 677	2 348	2 392	2 262	2 779	2 435
廃プラスチック類	5 710	5 691	6 120	6 509	6 823	6 836	6 456	7 064	7 537	6 938
紙くず	1 118	1 020	896	985	938	988	935	1 094	906	856
木くず	6 233	6 229	6 991	7 487	7 248	7 098	7 413	7 532	7 955	7 790
繊維くず	79	68	89	103	90	120	88	72	79	88
動植物性残渣	2 754	2 572	2 603	2 706	2 557	2 604	2 429	2 407	2 332	2 377
動物系固形不要物	84	70	97	83	92	81	59	66	70	102
ゴムくず	32	34	26	28	23	36	16	16	17	17
金属くず	7 242	7 267	7 815	9 284	8 647	8 221	8 008	7 435	6 796	6 150
ガラスくず,コンクリートくずおよび陶磁器くず	6 361	6 083	6 468	8 267	7 348	8 002	8 109	8 856	8 417	7 832
鉱さい	15 493	16 398	16 761	14 563	15 161	14 089	15 011	13 660	13 807	10 778
がれき類(建設廃材)	59 839	58 887	63 233	64 394	64 212	63 587	59 773	56 278	58 930	59 713
動物のふん尿	84 459	85 434	82 626	81 416	80 512	80 465	77 894	80 509	80 788	81 855
動物の死体	172	153	125	126	112	114	124	123	164	166
ばいじん	15 903	15 138	16 911	17 479	17 736	17 373	16 788	15 791	16 232	15 136
その他										
合計	381 000	379 000	385 000	393 000	391 000	387 000	384 000	379 000	386 000	374 000

厚生省・環境省：“産業廃棄物の排出及び処理状況等について”（各年版）.

10.10.7　産業廃棄物の再生利用量, 中間処理減量, 最終処分量

(単位：100 万 t／年)

年度	再生利用量	減量化量	最終処分量	総排出量	年度	再生利用量	減量化量	最終処分量	総排出量
1980	124	100	68	292	2010	205	167	14	386
1985	129	92	91	312	2011	200	169	12	381
1990	151	155	89	395	2012	208	158	13	379
1995	147	178	69	394	2013	205	168	12	385
1996	150	187	68	405	2014	210	172	10	393
1996*	181	185	60	426	2015	208	174	10	391
2000	184	177	45	406	2016	204	173	10	387
2005	219	179	24	422	2017	200	174	10	384
2006	215	182	22	418	2018	199	171	9	379
2007	219	180	20	419	2019	204	173	9	386
2008	217	170	17	404	2020	199	166	9	374
2009	207	169	14	390					

＊　ダイオキシン対策基本方針（ダイオキシン対策関係閣僚会議決定）に基づき，政府が2010年度を目標水準として設定した“廃棄物の減量化の目標量”（1999年9月28日政府決定）における1996年度の排出量を示す．1997年度以降の排出量は＊と同様の算出条件を用いている．
厚生省・環境省：“産業廃棄物の排出及び処理状況等について”（各年版）.

10.10.8　産業廃棄物の種類別処理内訳

年度		合計	動物のふん尿	金属くず	がれき類	鉱さい	動物系固形不要物	動物の死体	動植物性残渣	紙くず	ばいじん	燃え殻	ガラスくずおよび陶磁器くず	廃油	廃酸	木くず	廃プラスチック類	廃アルカリ	ゴムくず	繊維くず	汚泥
1995	再生利用率	37	73	78	70	79	—	28	60	47	57	29	36	31	22	24	24	5	15	21	7
	減量化率	45	22	3	1	0	—	13	27	44	27	16	1	60	52	62	28	87	17	55	78
	最終処分率	18	5	19	29	21	—	59	13	8	15	55	63	9	26	14	48	7	69	24	16
2000	再生利用率	45	95	83	82	77	—	80	31	50	57	33	41	26	24	37	25	28	16	12	8
	減量化率	44	4	1	1	2	—	7	62	42	8	22	2	69	70	53	31	67	20	63	83
	最終処分率	11	1	16	17	21	—	13	7	9	35	45	56	5	5	10	45	6	64	25	9
2005	再生利用率	52	95	93	94	91	52	63	54	64	72	67	62	38	39	63	38	22	35	32	9
	減量化率	42	4	1	1	1	42	22	42	30	13	15	5	59	53	29	30	70	21	44	86
	最終処分率	6	2	6	5	9	6	15	3	6	16	19	33	3	7	8	32	8	44	23	5
2010	再生利用率	53	96	96	95	90	70	55	60	64	71	67	70	37	30	79	54	23	58	61	9
	減量化率	43	4	2	1	3	24	42	38	33	15	8	9	60	68	16	27	75	19	28	88
	最終処分率	4	0	2	4	7	5	3	2	4	14	26	21	3	2	5	19	2	22	10	3
2011	再生利用率	52	96	96	96	92	71	49	66	66	74	67	67	39	32	79	54	22	54	54	6
	減量化率	44	4	2	3	1	25	49	32	29	13	7	9	57	65	17	27	76	24	30	92
	最終処分率	3	0	2	3	8	4	3	2	4	13	27	23	4	3	5	20	2	22	16	2
2012	再生利用率	55	95	97	96	91	82	47	65	55	70	73	71	39	39	79	55	17	64	54	11
	減量化率	42	5	1	1	4	16	40	32	41	16	4	5	59	60	17	28	81	12	34	86
	最終処分率	3	0	2	3	5	2	13	3	4	14	23	25	2	1	3	17	2	24	12	3
2013	再生利用率	53	95	94	95	91	84	51	66	72	73	65	74	41	30	78	55	19	75	54	7
	減量化率	44	5	3	2	3	14	47	32	26	13	4	6	57	68	18	28	79	7	36	91
	最終処分率	3	0	3	3	6	1	2	2	2	14	30	21	1	2	3	17	2	19	9	2
2014	再生利用率	53	95	94	96	89	85	47	69	73	76	74	76	37	36	83	59	17	64	52	7
	減量化率	44	5	4	2	5	14	49	30	24	13	7	9	61	62	14	24	81	18	36	91
	最終処分率	3	0	2	2	4	1	4	2	2	11	20	15	2	3	2	16	2	17	12	1
2015	再生利用率	53	95	95	96	93	81	36	65	75	76	71	74	43	30	83	58	20	70	58	7
	減量化率	44	5	4	2	1	17	63	33	23	15	8	9	55	67	14	26	77	13	29	92
	最終処分率	3	0	2	2	6	2	1	1	2	9	21	17	2	3	3	15	3	16	14	1
2016	再生利用率	53	95	92	97	90	76	42	68	77	73	69	71	38	27	83	59	19	60	61	7
	減量化率	45	5	6	1	4	21	57	30	21	16	9	12	60	70	14	25	77	20	28	92
	最終処分率	2	0	2	2	6	2	1	2	2	10	22	16	2	3	3	16	4	19	11	1
2017	再生利用率	52	95	94	96	92	76	52	71	76	78	60	72	40	35	81	57	20	42	57	7
	減量化率	45	4	5	2	1	22	47	27	23	12	13	10	58	63	16	28	77	23	31	92
	最終処分率	3	0	2	2	6	2	1	2	2	10	27	18	2	2	4	15	4	35	13	1
2018	再生利用率	53	95	96	96	93	69	45	64	77	84	75	73	42	30	82	59	22	53	60	7
	減量化率	45	5	2	2	2	28	53	35	20	9	8	11	56	68	15	26	75	10	28	92
	最終処分率	2	0	2	2	5	3	2	2	3	7	17	16	2	2	3	15	3	37	13	1
2019	再生利用率	53	95	96	96	94	78	35	60	81	84	71	79	45	34	84	60	18	63	57	7
	減量化率	45	5	1	0	1	19	62	38	15	10	6	6	54	64	13	25	80	19	27	92
	最終処分率	2	0	3	3	6	3	3	2	3	7	23	16	1	1	3	15	2	18	15	1
2020	再生利用率	53	95	96	96	93	85	48	65	80	85	72	77	44	29	84	62	18	64	54	7
	減量化率	44	5	1	1	2	13	49	33	16	8	6	7	54	69	12	23	80	17	32	92
	最終処分率	2	0	3	3	3	3	3	2	4	7	22	16	2	2	3	15	2	19	13	1

処理内訳は％で示す.
厚生省・環境省：“産業廃棄物の排出及び処理状況等について”（各年版）.

10.10.9　産業廃棄物の最終処分場数，残存容量，残余年数

年	遮断型処分場		安定型処分場		管理型処分場		合　　計		残余年数(年)
	施設数	残存容量*(万 m³)	施設数	残存容量*(万 m³)	施設数	残存容量*(万 m³)	施設数	残存容量*(万 m³)	
1990	39	1.68	1 464	5 615	1 096	9 867	2 599	15 484	1.7
1991	37	3.05	1 490	6 257	1 003	11 312	2 530	17 572	1.9
1992	37	2.03	1 609	7 194	990	12 869	2 636	20 065	2.3
1993	37	1.37	1 639	8 020	1 011	13 050	2 687	21 071	2.5
1994	40	2.08	1 676	7 955	1 004	13 272	2 720	21 229	2.7
1995	44	3.86	1 688	8 403	1 072	12 577	2 804	20 984	3.0
1996	44	4.34	1 776	8 665	1 100	12 098	2 920	20 767	3.1
1997	45	3.95	1 805	8 355	1 101	12 747	2 951	21 106	3.1
1998	43	3.50	1 834	8 412	1 095	10 616	2 972	19 031	3.3
1999	41	3.37	1 669	8 205	1 039	10 186	2 749	18 394	3.7
2000	41	2.78	1 674	8 088	1 035	9 518	2 750	17 609	3.9
2001	41	2.95	1 651	7 610	1 019	10 328	2 711	17 941	4.3
2002	39	2.88	1 632	7 309	970	10 866	2 655	18 178	4.5
2003	35	3.12	1 494	6 910	961	11 504	2 490	18 418	6.1
2004	33	2.32	1 484	7 289	961	11 192	2 478	18 483	7.2
2005	33	1.98	1 413	7 649	889	10 974	2 335	18 625	7.7
2006	33	1.91	1 382	7 722	880	10 126	2 295	17 850	8.2
2007	32	1.84	1 361	7 567	860	9 646	2 253	17 215	8.5
2008	32	1.61	1 326	7 544	841	10 093	2 199	17 639	10.6
2009	32	1.25	1 283	7 543	842	10 460	2 157	18 003	13.2
2010	25	1.18	1 244	6 934	778	12 518	2 047	19 453	13.6
2011	25	1.07	1 201	6 869	764	11 737	1 990	18 606	14.9
2012	25	1.00	1 164	7 064	753	11 207	1 942	18 271	13.9
2013	24	0.99	1 120	6 710	736	10 470	1 880	17 181	14.7
2014	24	1.00	1 073	6 014	730	10 589	1 827	16 604	16.0
2015	24	3.11	1 053	6 087	726	10 645	1 803	16 735	16.6
2016	24	2.96	1 040	6 065	719	10 708	1 783	16 776	16.8
2017	23	2.89	998	5 795	629	10 128	1 650	15 925	16.4
2018	23	2.98	981	5 734	627	10 128	1 631	15 865	17.4
2019	23	2.75	952	5 499	628	9 895	1 603	15 397	16.8
2020	23	2.67	946	5 391	631	10 314	1 600	15 707	17.3

＊　年度末の値.

厚生省・環境省："産業廃棄物の排出及び処理状況等について"（各年版).

環境省："産業廃棄物処理施設の設置，産業廃棄物処理業の許可等に関する状況"（各年版).

10.11　循環廃棄過程における化学物質

10.11.1　廃棄物処理過程等のダイオキシン発生量

（単位：g-TEQ/年）

年　度	2000	2005	2009	2010	2011	2012
大気への排出						
一般廃棄物焼却施設	1 018	62	36	33	32	31
産業廃棄物焼却施設	555	73	33	28	27	26
小型廃棄物焼却炉等	544～675	78～101	32～33	32～33	24.5	22.6
その他*	268～271	112～116	53～54	64～65	57～59	55～57
小　計	2 385～2 519	325～352	154～156	157～159	140～142	135～137
水への排出						
一般廃棄物焼却施設	0.035	0.001	0.001	0.002 1	0.000 69	0.001
産業廃棄物焼却施設	2.47	0.361	0.60	0.71	0.35	0.64
最終処分場	0.056	0.012	0.006	0.006	0.007	0.007
その他*	6.1	1.4	0.49	0.78	1.0	0.65
小　計	8.7	1.8	1.1	1.5	1.4	1.3
合　計	2 385～2 519	329～356	155～157	159～161	142～144	136～138

年　度	2013	2014	2015	2016	2017	2018
大気への排出						
一般廃棄物焼却施設	30	27	24	24	22	20
産業廃棄物焼却施設	19	19	19	20	15	18
小型廃棄物焼却炉等	23	22.2	22.5	20.8	19.1	18.1
その他*	55～57	52～54	52～54	48～50	49～50	60～62
小　計	127～129	120～122	117～119	113～115	105～106	116～118
水への排出						
一般廃棄物焼却施設	0.000 62	0.000 75	0.003 2	0.001 1	0.000 21	0.000 2
産業廃棄物焼却施設	0.48	0.29	0.32	0.37	0.31	0.37
最終処分場	0.006	0.006	0.004	0.005	0.005	0.006
その他*	0.51	0.50	0.47	0.62	0.58	0.72
小　計	1.0	0.8	0.8	1.0	0.9	1.1
合　計	129～131	123～125	119～121	115～116	106～108	117～119

年　度	2019	2020	2021
大気への排出			
一般廃棄物焼却施設	20	22	19
産業廃棄物焼却施設	17	17	13
小型廃棄物焼却炉等	19	18.7	19.8
その他*	46～48	38～40	45～47
小　計	102～104	96～98	97～99
水への排出			
一般廃棄物焼却施設	0.000 33	0.000 12	0.000 11
産業廃棄物焼却施設	0.28	0.36	0.35
最終処分場	0.004	0.004	0.007
その他*	0.82	1.34	0.84
小　計	1.1	1.7	1.2
合　計	103～105	98～100	98～100

*　その他には廃棄物処理過程以外のプロセス（アルミニウム合金製造等）を含む.

環境省：“ダイオキシン類の排出量の目録”（各年版）.

10.11.2　廃PCB, PCB汚染物の保管量と使用量

PCB 廃棄物の保管状況

廃棄物の種類	単位	2018年度末				2019年度末			
		高濃度	低濃度	濃度不明	合計	高濃度	低濃度	濃度不明	合計
変圧器（トランス）	台	1 800	50 000	1 900	53 700	1 100	43 000	1 800	45 900
コンデンサー（3 kg 以上）	台	47 000	23 000	4 000	74 000	33 000	21 000	2 600	56 600
コンデンサー（3 kg 未満）	台	1 300 000	110 000	13 000	1 423 000	880 000	100 000	14 000	994 000
柱上変圧器（柱上トランス）	台	—	220 000	3 000	223 000	—	170 000	600	170 600
安定器	個	2 900 000	64 000	58 000	3 022 000	2 100 000	65 000	51 000	2 216 000
PCB を含む油	t	810	17 000	170	17 980	440	14 000	13	14 453
感圧複写紙	t	120	100	410	630	38	160	850	1 048
ウエス	t	260	320	23	603	120	270	30	420
OF ケーブル	t	—	1 500		1 500	—	1 300		1 300
汚泥	t	440	9 000	820	10 260	530	5 900	320	6 750
塗膜	t	20	4 300	11	4 331	5	4 300		4 305
その他の機器	台	41 116	34 500	2 123	77 739	37 957	20 391	619	58 967
その他	t	989	13 191	381	14 561	967	13 684	266	14 917

廃棄物の種類	単位	2020年度末				2021年度末			
		高濃度	低濃度	濃度不明	合計	高濃度	低濃度	濃度不明	合計
変圧器（トランス）	台	840	48 000	270	49 110	360	35 000	1 300	36 660
コンデンサー（3 kg 以上）	台	18 000	18 000	2 200	38 200	7 000	17 000	2 400	26 400
コンデンサー（3 kg 未満）	台	670 000	76 000	16 000	762 000	440 000	73 000	16 000	529 000
柱上変圧器（柱上トランス）	台	—	150 000	610	150 610	—	97 000	32	97 032
安定器	個	1 500 000	44 000	38 000	1 582 000	820 000	35 000	33 000	888 000
PCB を含む油	t	310	9 200	12	9 522	100	8 300	10	8 410
感圧複写紙	t	7	240	650	897	3	360	0	363
ウエス	t	120	310	21	451	99	180	5	284
OF ケーブル	t	—	2 100	0	2 100	—	1 100	0	1 100
汚泥	t	360	3 400	380	4 140	150	17 000	240	17 390
塗膜	t	1	1 000	0	1 001	3	1 400	0.21	1 403
その他の機器	台	25 000	17 000	490	42 490	18 000	13 000	320	31 320
その他	t	880	14 000	150	15 030	630	9 400	65	10 095

PCB 使用製品の所有状況

廃棄物の種類	単位	2018年度末				2019年度末			
		高濃度	低濃度	濃度不明	合計	高濃度	低濃度	濃度不明	合計
変圧器（トランス）	台	230	40 000	4 600	44 830	120	39 000	4 500	43 620
コンデンサー（3 kg 以上）	台	2 100	3 500	3 600	9 200	1 600	5 300	3 800	10 700
コンデンサー（3 kg 未満）	台	12 000	23 000	1 500	36 500	4 300	8 400	1 200	13 900
柱上変圧器（柱上トランス）	台	—	36 000	51	36 051	—	11 000	9	11 009
安定器	個	110 000	—	13 000	123 000	69 000	—	11 000	80 000
PCB を含む油	kg	—	260 000		260 000	2	270 000	22	270 024
感圧複写紙	kg								
ウエス	kg	30	4 000	3	4 033	11	4 000	—	4 011
OF ケーブル	kg	—	360 000		360 000	—	430 000		430 000
汚泥	kg					23	11 000	—	11 023
塗膜	kg	100 000	41 000		141 000	—	710 000		710 000
その他の機器	台	87	8 134	758	8 979	95	6 849	646	7 590
その他	kg	2 230	1 091 663	7 668	1 101 561	2 375	1 799 149	4 309	1 805 833

廃棄物の種類	単位	2020年度末				2021年度末			
		高濃度	低濃度	濃度不明	合計	高濃度	低濃度	濃度不明	合計
変圧器（トランス）	台	82	36 000	3 900	39 982	16	40 000	3 200	43 216
コンデンサー（3 kg 以上）	台	920	5 500	3 500	9 920	440	5 500	3 300	9 240
コンデンサー（3 kg 未満）	台	3 800	11 000	1 500	16 300	4 500	5 500	1 800	11 800
柱上変圧器（柱上トランス）	台	—	6 100	8	6 108	—	4 300	8	4 308
安定器	個	40 000	—	6 800	46 800	22 000	—	2 000	24 000
PCB を含む油	kg	1	260 000	350	260 351	3	210 000	350	210 353
感圧複写紙	kg	0	0	0	0	120	0	0	120
ウエス	kg	0	0	0	0	120	0	0	120
OF ケーブル	kg	—	400 000	0	400 000	—	330 000	0	330 000
汚泥	kg	0	1	0	0	0	0.06	0	0
塗膜	kg	0	660 000	0	660 000	0	810 000	0	810 000
その他の機器	台	77	6 800	840	7 717	46	6 200	580	6 826
その他	kg	1 200	2 600 000	3 100	2 604 300	2 000	5 800 000	2 000	5 804 000

注）1.「その他の機器」とは，変圧器やコンデンサー，安定器以外の機器である.
　　2.「その他」は，「その他の機器」等を含むすべての廃棄物・製品の種類に分類できない物，または複合汚染物である.

環境省：“PCB 廃棄物の保管等の届出の全国集計結果について”（各年版）.

10.11.3　日本の難燃剤需要量

（単位：t/年）

	1990	1995	1999	2000	2001	2002	2003	2004	2005	2006	2007	2008
臭 素 系												
TBBP-A	23 000	30 000	31 000	32 300	27 300	31 000	32 000	35 000	30 000	29 000	25 000	22 500
D10BDE	10 000	4 900	3 800	2 800	2 500	2 200	2 200	2 000	1 800	1 700	1 700	1 600
O8BDE	1 100	200	20	12	4	3	—	—	—	—	—	—
T4BDE	1 000	—	—	—	—	—	—	—	—	—	—	—
HBCD	700	1 800	1 950	2 000	2 200	2 300	2 400	2 600	2 600	2 600	3 000	3 000
Bis(tetrabromophtalimido)ethane	1 000	2 500	2 000	2 000	1 750	1 500	1 500	1 500	1 500	1 500	1 500	1 300
Tribromophenol	450	4 000	4 300	4 300	3 600	3 800	4 150	4 150	4 150	4 000	3 500	3 150
Bis(tribromophenoxy)ethane	400	750	250	—	—	—	—	—	—	—	—	—
TBBP-A polycarbonateoligomer	—	2 750	2 800	2 900	1 800	2 500	3 000	3 000	3 000	3 000	3 000	3 000
Brominatedpolystyrene	—	1 500	3 500	3 300	2 500	2 800	3 000	5 100	6 000	7 500	7 500	7 000
TBBP-A epoxyoligomer	3 000	7 450	8 500	8 500	8 500	8 500	9 000	12 000	12 000	12 000	10 000	9 000
Bis(pentabromophenyl)ethane	—	2 600	5 000	5 000	4 500	5 000	5 000	5 000	5 000	6 000	6 000	5 500
TBBP-A-bis(dibromopropylether)	—	—	1 750	2 000	1 000	1 350	1 200	1 000	900	800	800	700
Poly(dibromophenyleneoxide)	—	200	—	—	—	—	—	—	—	—	—	—
Hexabromobenzene	—	350	350	350	350	350	350	350	350	350	350	350
そ の 他	—	—	800	1 800	1 550	2 000	1 900	2 200	2 200	3 200	3 400	3 400
臭素系合計	40 650	59 100	66 075	67 250	57 550	63 303	65 700	73 900	69 500	71 650	65 750	60 500
塩 素 系												
Chlorinatedparaffins	4 500	4 300	4 300	4 300	4 300	4 300	4 300	4 300	4 300	4 300	4 300	4 300
そ の 他	700	900	900	900	900	900	900	600	600	600	600	600
塩素系合計	5 200	5 200	5 200	5 200	5 200	5 200	5 200	4 900	4 900	4 900	4 900	4 900
リ ン 系												
Halogenatedester	3 000	3 100	4 000	4 000	4 000	4 000	4 000	4 000	4 000	4 000	4 000	4 000
Non-halogenatedester	4 400	4 000	22 000	22 000	20 000	20 000	20 000	24 000	24 000	24 000	25 000	20 000
そ の 他	1 750	3 310	2 500	2 500	2 500	2 500	2 500	2 500	2 500	2 500	4 500	4 500
リン系合計	9 150	10 410	28 500	28 500	26 500	26 500	26 500	30 500	30 500	30 500	33 500	28 500
無 機 系												
Antimonyoxide	16 000	17 000	16 000	16 000	14 000	14 000	14 000	17 000	15 000	15 000	14 700	11 000
Hydratedaluminum	37 000	42 000	42 000	42 000	42 000	42 000	42 000	42 000	42 000	42 000	42 000	42 000
そ の 他	8 400	9 000	10 000	10 500	11 000	13 000	14 000	20 000	20 000	20 000	20 000	18 500
無機系合計	61 400	68 000	68 000	68 500	67 000	69 000	67 000	79 000	77 000	77 000	76 700	71 500
合　　計	116 400	142 710	167 775	169 450	156 250	164 003	164 400	188 300	181 900	184 050	180 850	165 400

＊　TBBPA は他の TBBPA 系難燃剤（TBBPA ポリカーボネートオリゴマーなど）の原料としても使用されるため，TBBPA の需要量には，TBBPA 系難燃剤の原料分が含まれ，合計の需要量はその分ダブルカウントされている．

（続き）　　　　　　　　　　　　　　　　　　　　　　　　　　　　　　　　　　　（単位：t/年）

	2009	2010	2011	2012	2013	2014	2015	2016	2017	2018	2019	2020	2021
臭素系													
TBBP-A	17 000	18 000	16 200	15 000	14 000	14 000	14 000	11 000	12 000	12 000	10 000	9 000	12 000
D10BDE	1 300	1 100	990	990	900	800	700	500	100	0	0	0	0
O8BDE	—	—	—	—	—	—	—	—	—	—	—	—	—
T4BDE	—	—	—	—	—	—	—	—	—	—	—	—	—
HBCD	2 300	2 800	2 800	2 600	1 500	0	0	0	0	0	0	0	0
Bis(tetrabromophtalimido)ethane	1 000	1 000	1 000	900	900	900	900	900	900	900	900	850	600
Tribromophenol	2 600	2 700	2 400	2 000	2 000	2 000	2 000	2 000	2 400	2 500	2 400	2 400	3 000
Bis(tribromophenoxy)ethane	—	—	—	—	—	—	—	—	—	—	—	—	—
TBBP-A polycarbonateoligomer	3 000	3 000	3 000	2 500	2 500	2 500	2 500	2 000	2 200	2 200	2 000	1 800	2 200
Brominatedpolystyrene	5 000	7 000	7 000	6 000	6 000	6 500	4 000	4 000	4 400	4 400	4 400	4 000	4 000
TBBP-A epoxyoligomer	6 000	7 000	6 200	5 400	5 000	5 000	5 000	4 000	4 200	4 200	4 000	3 600	4 000
Bis(pentabromophenyl)ethane	6 000	7 000	6 700	5 500	5 900	6 000	6 000	6 500	7 000	7 200	7 200	6 500	5 000
TBBP-A-bis(dibromopropylether)	490	490	490	1 000	1 500	1 500	1 500	1 200	1 300	1 300	1 200	1 100	1 100
Poly(dibromophenyleneoxide)	—	—	—	—	—	—	—	—	—	—	—	—	—
Hexabromobenzene	350	350	350	350	350	350	350	350	350	350	350	350	350
その　他	3 480	3 250	2 700	2 080	2 280	2 300	4 300	3 800	3 600	3 600	3 500	3 500	3 500
臭素系合計	48 520	53 690	49 830	44 320	42 830	41 850	41 250	36 250	38 450	38 650	35 950	33 100	35 750
塩素系													
Chlorinatedparaffins	4 000	4 000	4 000	4 000	4 000	4 000	4 000	3 500	3 500	—	—	—	—
その　他	600	600	600	600	600	600	600	600	600	—	—	—	—
塩素系合計	4 600	4 600	4 600	4 600	4 600	4 600	4 600	4 100	4 100	—	—	—	—
リン系													
Halogenatedester	2 500	2 500	2 500	2 500	2 500	2 500	2 500	2 500	2 500	2 500	2 500	2 500	2 500
Non-halogenatedester	19 000	20 000	20 000	20 000	20 000	20 000	19 000	19 000	19 000	19 000	19 000	19 000	19 000
その　他	6 000	6 000	7 000	6 500	6 500	6 000	6 500	6 200	6 200	6 200	6 200	6 200	6 200
リン系合計	27 500	28 500	29 500	29 000	29 000	28 500	28 000	27 700	27 700	27 700	27 700	27 700	27 700
無機系													
Antimonyoxide	7 900	9 500	9 540	8 830	8 380	9 137	6 400	8 500	9 400	8 900	7 800	7 000	8 700
Hydratedaluminum	42 000	42 000	42 000	42 000	42 000	42 000	42 000	—	10 000	10 000	10 000	10 000	10 000
その　他	15 700	15 700	16 000	16 700	16 700	16 700	16 700	16 700	11 000	10 000	10 000	10 000	10 000
無機系合計	65 600	67 200	67 540	67 530	67 080	67 837	67 100	25 200	30 400	28 900	27 800	27 000	28 700
合　　計	146 220	153 990	151 470	145 450	143 510	142 787	140 950	93 250	100 650	95 250	91 450	87 800	92 150

＊　TBBPA は他の TBBPA 系難燃剤（TBBPA ポリカーボネートオリゴマーなど）の原料としても使用されるため，TBBPA の需要量には，TBBPA 系難燃剤の原料分が含まれ，合計の需要量はその分ダブルカウントされている．

環境省：臭素系ダイオキシン類排出実態等調査結果報告書（2023）.

10.12 放射能

図1～14は，日本各地で測定された様々な試料1kgあたりに含まれる放射性ストロンチウム90（⁹⁰Sr）と放射性セシウム137（¹³⁷Cs）の量について，1974年度以降の変化を表している．生は湿重量，乾は乾燥重量を指す．

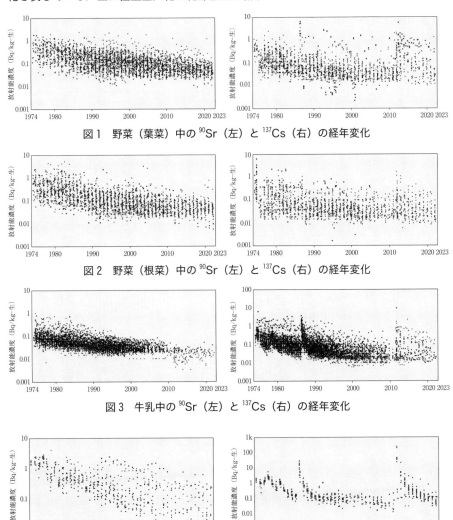

図1 野菜（葉菜）中の⁹⁰Sr（左）と¹³⁷Cs（右）の経年変化

図2 野菜（根菜）中の⁹⁰Sr（左）と¹³⁷Cs（右）の経年変化

図3 牛乳中の⁹⁰Sr（左）と¹³⁷Cs（右）の経年変化

図4 茶葉（乾）中の⁹⁰Sr（左）と¹³⁷Cs（右）の経年変化

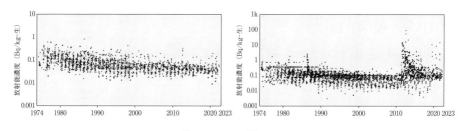

図5　海藻中の ^{90}Sr（左）と ^{137}Cs（右）の経年変化

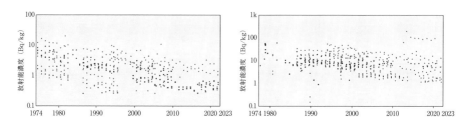

図6　土壌（畑地）中の ^{90}Sr（左）と ^{137}Cs（右）の経年変化

土壌中の ^{90}Sr 濃度は，土壌の種類によって大きく変化する．

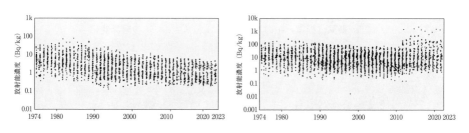

図7　土壌（草地）中の ^{90}Sr（左）と ^{137}Cs（右）の経年変化

土壌中の ^{90}Sr 濃度は，土壌の種類によって大きく変化する．

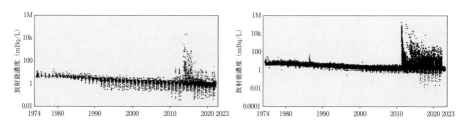

図8　海水中の ^{90}Sr（左）と ^{137}Cs（右）の経年変化

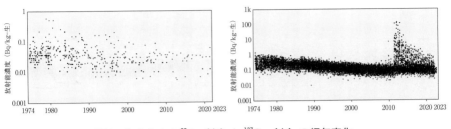

図9　海水魚中の ^{90}Sr（左）と ^{137}Cs（右）の経年変化

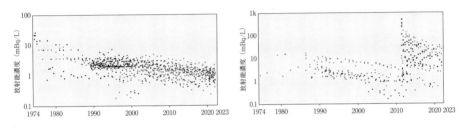

図10　河川水・湖沼水などの ^{90}Sr（左）と ^{137}Cs（右）の経年変化

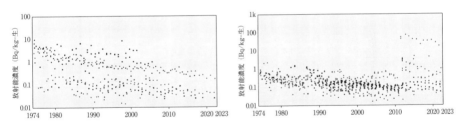

図11　淡水魚中の ^{90}Sr（左）と ^{137}Cs（右）の経年変化

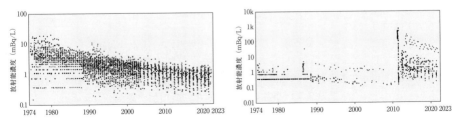

図12　水道水などの ^{90}Sr（左）と ^{137}Cs（右）の経年変化

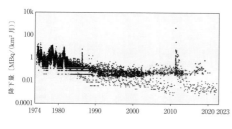
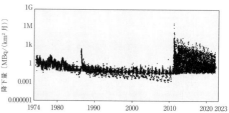

図13　雨水・ちり中の ^{90}Sr（左）と ^{137}Cs（右）の経年変化

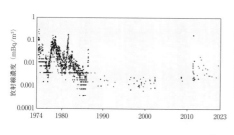
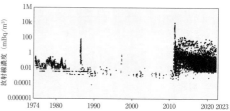

図14　大気浮遊じん中の ^{90}Sr（左）と ^{137}Cs（右）の経年変化

注）^{137}Cs 濃度：2011年以前については日本分析センターが実施した放射化学分析による調査結果，2012年度以降については，都道府県が実施したゲルマニウム半導体検出器による調査結果をもとに作成されている.
原子力規制庁・日本分析センター：「日本の環境放射能と放射線」.
1974～1981年度：環境及び各種食品等に関する放射能調査結果報告書.
1982～1989年度：環境及び各種食品等に関する放射能測定調査結果報告書.
1990～2017年度：放射能測定結果報告書.

　海水中の ^{90}Sr の量は，2013年3月以降，福島第一原子力発電所事故の影響とみられる増加が観測された. 雨水・ちり, 大気浮遊じん中では，1981年以降，大気圏内核実験が停止されたため，^{90}Sr 濃度は減少していたが，1986年のチョルノービリ（チェルノブイリ）原子力発電所事故の影響により一時的に増加した. これらに加えて，野菜（葉菜, 根菜），土壌中でも，2013年3月以降，福島第一原子力発電所の影響とみられる増加が観測された.

　牛乳, 茶葉, 海藻, 海水, 海水魚, 河川水・湖沼水, 淡水魚, 水道水, 雨水・ちり, 大気浮遊じん中の ^{137}Cs の量は，1986年のチョルノービリ原子力発電所事故の影響により一時的に増加した. これらに加えて，野菜（葉菜, 根菜），土壌中でも，2013年3月以降，福島第一原子力発電所事故の影響とみられる増加が観測された.

<<< **Topic** <<<<<<<<<<<<<<<<<<<<<<<<<<<<<

宇宙デブリ問題の現状

　1957年に当時のソ連がスプートニク1号を打ち上げて以来，人類は多くの人工物を宇宙空間に放出してきた．また，それ以降，宇宙開発は米ソの冷戦を経て著しく発展し，人工衛星を利用した天気予報，衛星放送，通信，金融取引，カーナビ等のサービスは深くわれわれの日常生活に浸透し，なくてはならない存在になっている．じつはそれらのサービスがある日突然利用できなくなる可能性があることをご存知だろうか？「宇宙デブリ問題」である．宇宙デブリは読者の皆様もテレビやネット等で一度は耳にしたことがあるかと思う．人類がこれまでに宇宙空間に放出してきた人工衛星やロケットまた，それらから生成された大量の破片のことである．宇宙デブリは以下の3点において大きな影響を宇宙空間に与える．①高速であること：宇宙デブリが人工衛星に衝突する際の相対速度は平均15 km/sec 程度でありこれはライフル銃の速度の15倍程度である．このような高速のものが衝突すればたとえ1 mm程度のサイズの宇宙デブリでも機能を喪失させる場合があり，1 cmのものであれば人工衛星は完全に破壊されるであろう．②観測が困難であること：現在，宇宙デブリの監視は米国の宇宙監視網によって実施されているが正確な位置がわかっているものは10 cm程度までである．③除去が困難であること：宇宙デブリは地上のゴミのように簡単に回収することはできない．軌道高度600 km以下であれば大気抵抗の影響で，数十年で大気圏に突入し燃え尽きるが（じつは大きなものは燃え尽きず，地上まで到達するものもある．これはこれで問題である），高度800 kmになると数百年宇宙空間に滞在し，静止軌道では永久に留まることになる．つまり，なにもせずに宇宙開発を継続して人工衛星を打ち上げ続ければ宇宙空間は超高速で飛び回る宇宙デブリだらけになってしまい，宇宙開発どころではなくなってしまう．これまでの宇宙開発で長年放置してきたものに宇宙開発が阻害されるというなんとも皮肉な状況である．図は，軌道がよく把握されている宇宙物体の数の経年変化を表している．このうち運用中の衛星は6%程度であるからほとんどが宇宙デブリである考えてよい．また，これは観測可能なおよそ10 cm以上の宇宙物体であり，1 cm以上で50万個以上，1 mm以上では1億個以上あるといわれている．2007年に4 000個程度に急激に個数が増加していることが確認できる．これは中国による衛星破壊実験によるものである．また，2009年の2 000個程度の増加はアメリカのイリジウム衛星とロシアのコスモス衛星の衝突により発生した破片である．1回の実験や衝突で膨大は破片が発生し宇宙環境を著しく悪化させることがわかる．また，近年はメガコンステレーションといって低軌道に多数の小型衛星を打ち上げて，全地球規模で通信や地球観測サービスを提供しようとするビジネスが隆盛を極めつつある（One web, Starlink 等）．図の細線（宇宙機），2010年代後半からの立ち上がりがそれに相当する．このように悪化する宇宙環境を改善するにはどのようなことをすればよいであろうか．まずは宇宙環境がどのようになっているかを正確に把握する必要がある．そのためには宇宙デブリを

観測する技術の向上が欠かせない．現在，アメリカのレーダー監視網で正確な軌道がわかっているのは 10 cm 程度までであるから，これより小さなサイズの物体の観測能力の技術開発が望まれる．また，将来宇宙デブリがどのように分布するかを予測するモデル技術も必要である．どの程度の宇宙活動が許容されるか，どのような対策が必要か（ミッション終了後にある期間内に衛星を運用軌道から離脱させる等）などの指針を決めることができるからである．また，宇宙機を宇宙デブリか防護する技術も欠かせない．防護材やバンパー等の開発は宇宙機自身を守るだけでなく，宇宙機が機能不全になり新たな宇宙デブリとなることも防ぐことができるからである．軌道上に廃棄されている大型のロケットや人工衛星を，宇宙デブリの衝突，破砕により大量の宇宙デブリを発生させる前に積極的に除去することも大変有効である．混雑している軌道から年間 5〜10 個，大型の宇宙デブリを除去すると，現状とほぼ同様の軌道環境が維持されることが予測されている．ただし，全く制御されていない数トンもある大型の宇宙デブリ（回転していることもある）を捕獲して軌道から除去するには非常に高度な技術を要する．宇宙航空研究開発機構（JAXA）では世界初の大型宇宙デブリ除去実証に向けた研究開発を鋭意進めているが実現にはもう少し時間がかかりそうである．宇宙デブリを増やさないようにするための国際的なルールや枠組みづくりも大変重要である．1993 年，宇宙デブリ問題に関連する活動の世界的調整のために IADC（国際機関間宇宙デブリ調整会議）が設立された．現在は加盟 13 か国（日本含む）で加盟宇宙機関間での宇宙デブリ研究活動に関する情報交換，宇宙デブリ研究の協力の機会の提供，宇宙デブリ低減策の識別等を行っている．COPUOS（国連宇宙空間平和利用委員会）は宇宙空間の研究に対する援助，情報の交換，宇宙空間の平和利用のための実際的方法および法律問題の検討を行い，これらの活動報告を国連総会に提出している．　　　　【柳沢俊史】

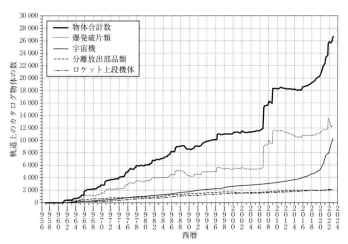

図　宇宙物体の数の経年変化

出典：NASA The Orbital Debris Quarterly News 27-1（2023）

11 環境保全に関する国際条約・国際会議

環境に関するおもな国際条約

大気，大気汚染

国際条約名	採択年	発効年	署名 (日本)	批准 (日本)	締約国数
オゾン層の保護のためのウィーン条約（ウィーン条約） 〔Vienna Convention for the Protection of the Ozone Layer （Vienna Convention）〕	1985	1988		1988 (加入)	197ヵ国＋EU (2023 現在)
⇒ オゾン層を破壊する物質に関するモントリオール議定書 （モントリオール議定書） 〔Montreal Protocol on Substances that Deplete the Ozone Layer（Montreal Protocol）〕	1987	1989	1987	1988 (受諾)	197ヵ国＋EU (2023 現在)
⇒ モントリオール議定書 （ロンドン改正）	1990	1992		1991 (受諾)	196ヵ国＋EU (2023 現在)
⇒ モントリオール議定書 （コペンハーゲン改正）	1992	1994		1994 (受諾)	196ヵ国＋EU (2023 現在)
⇒ モントリオール議定書 （モントリオール改正）	1997	1999		2002 (受諾)	196ヵ国＋EU (2023 現在)
⇒ モントリオール議定書 （北京改正）	1999	2002		2002 (受諾)	196ヵ国＋EU (2023 現在)
国際気候変動枠組条約 〔United Nations Framework Convention on Climate Change（UNFCCC）〕	1992	1994	1992	1993 (受諾)	197ヵ国＋EU (2023 現在)
⇒ 京都議定書 （Kyoto Protocol）	1997	2005	1998	2002 (受諾)	191ヵ国＋EU (2023 現在)
パリ協定 （Paris Agreement）	2015	2016	2016	2016	194ヵ国＋EU (2023 現在)
長距離越境大気汚染条約（LRTAP 条約） 〔Convention on Long-Range Transboundary Air Pollution（LRTAP）〕	1979	1983			50ヵ国＋EU (2023 現在)
⇒ 欧州監視評価計画議定書（EMEP 議定書） 〔The 1984 Geneva Protocol on Long-term Financing of the Cooperative Programme for Monitoring and Evaluation of the Long-range Transmission of Air Pollutants in Europe （EMEP）〕	1984	1988			46ヵ国＋EU (2023 現在)
⇒ 硫黄酸化物排出量削減に関するヘルシンキ議定書 （ヘルシンキ議定書） 〔The 1985 Helsinki Protocol on the Reduction of Sulphur Emissions or their Transboundary Fluxes by at least 30 percent（First Sulphur Protocol）〕	1985	1987			25ヵ国 (2023 現在)
⇒ 窒素酸化物排出規制とその越境移動に関するソフィア議 定書（ソフィア議定書） 〔The 1988 Sofia Protocol concerning the Control of Nitrogen Oxides or their Transboundary Fluxes（NO$_x$ Protocol）〕	1988	1991			34ヵ国＋EU (2023 現在)
⇒ 揮発性有機化合物の排出規制とその越境移動に関する ジュネーブ議定書（ジュネーブ議定書） 〔The 1991 Geneva Protocol concerning the Control of Emissions of Volatile Organic Compounds or their Transboundary Fluxes（VOCs Protocol）〕	1991	1997			24ヵ国 (2023 現在)

（続き）

国際条約名	採択年	発効年	署名 (日本)	批准 (日本)	締約国数
⇒ 硫黄酸化物排出量のさらなる削減に関するオスロ議定書 （オスロ議定書） 〔The 1994 Oslo Protocol on Further Reduction of Sulphur Emissions（Second Sulphur Protocol）〕	1994	1998			28ヵ国＋EU （2023 現在）
⇒ 重金属類に関するオーフス議定書 （The 1998 Aarhus Protocol on Heavy Metals）	1998	2003			34ヵ国＋EU （2023 現在）
⇒ 残留性有機汚染物質（POPs）に関する議定書 〔The 1998 Aarhus Protocol on Persistent Organic Pollutants（POPs）〕	1998	2003			33ヵ国＋EU （2023 現在）
⇒ 酸性化，富栄養化，地上オゾン緩和に関する議定書 （ヨーテボリ議定書） 〔The 1999 Gothenburg Protocol to Abate Acidification, Eutrophication and Ground-level Ozone（Gothenburg Protocol）〕	1999	2005			30ヵ国＋EU （2023 現在）

海洋，海洋資源，海洋汚染

国際条約名	採択年	発効年	署名 (日本)	批准 (日本)	締約国数
国連海洋法条約 〔United Nations Conventuon on the Law of the Sea （UNCLOS）〕	1982	1994	1983	1996	167ヵ国＋EU （2023 現在）
国際捕鯨取締条約 〔International Convention for the Regulation of Whaling （ICRW）〕	1946	1948		1951 （加入）	88ヵ国 （2023 現在）
バルト海及び北海の小型鯨類の保全に関する協定 〔Agreement on the Conservation of Small Cetaceans of the Baltic and North Seas（ASCOBANS）〕	1991	1994			10ヵ国 （2023 現在）
黒海，地中海及び（ジブラルタル海峡以西の）大西洋の接続 水域の鯨類の保全に関する協定 〔Agreement on the Conservation of Cetaceans of the Black Sea, Mediterranean Sea and Contiguous Atlantic Area （ACCOBAMS）〕	1996	2001			24ヵ国 （2023 現在）
南極あざらしの保存に関する条約 〔Convention for the Conservation of Antarctic Seals(CCAS)〕	1972	1978	1972	1980 （加盟）	17ヵ国 （2023 現在）
全米熱帯まぐろ類委員会強化条約 （Convention between the United States of America and the Republic of Costa Rica for the Establishment of an Inter-American Tropical Tuna Commission）	1949	1950	1970	1970	19ヵ国＋EU＋ 台湾 （2023 現在）
大西洋のまぐろ類の保存のための国際条約 （International Convention for the Conservation of Atlantic Tunas）	1966	1969	1966	1967	51ヵ国＋EU （2023 現在）
みなみまぐろの保存のための条約 （Convention for the Conservation of Southern Bluefin Tuna）	1993	1994	1993	1993	6ヵ国＋EU＋ 台湾 （2023 現在）
インド洋まぐろ類委員会設置協定 〔Agreement for the Establishment of the Indian Ocean Tuna Commission（IOTC）〕	1993	1996	1996	1996	29ヵ国＋EU （2023 現在）

（続き）

国際条約名	採択年	発効年	署名 （日本）	批准 （日本）	締約国数
地中海漁業一般委員会協定（FAO 憲章第 14 条に基づく国際条約） （Agreement for the Establishment of a General Fisheries Commission for the Mediterranean）	1949	1952		1997	22 ヵ国 + EU （2023 現在）
北西大西洋の漁業についての今後の多数国間の協力に関する条約 （Convention on Future Multilateral Cooperation in the Northwest Atlantic Fisheies）	1978	1979		1980 （加盟）	12 ヵ国 + EU （2023 現在）
南極の海洋生物資源の保存に関する条約 （Convention on the Conservation of Antarctic Marine Living Resouces）	1980	1982	1980	1981	36 ヵ国 + EC （2023 現在）
中央ベーリング海におけるすけとうだら資源の保存及び管理に関する条約 （Convention on the Conservation and Management of Pollock Resources in the Central Bering Sea）	1994	1995	1994	1995	6 ヵ国 （2023 現在）
北太平洋における溯河性魚類の系群の保存のための条約 （Convention for the Conservation of Anadromous Stocks in the North Pacific Ocean）	1992	1993	1992	1992	5 ヵ国 （2023 現在）
1973 年の船舶による汚染防止のための国際条約に関する 1978 年の議定書（MARPOL 73/78 条約） 〔International Convention for the Prevention of Pollution from Ships, 1973 as modified by the Protocol of 1978 relating thereto（MARPOL）〕	1973/ 1978	1983		1983 （加入）	161 ヵ国 （Annex I & Annex II 2023 現在）
石油汚染災害時における公海への干渉に関連する国際条約 〔International Convention Relating to Intervention on the High Seas in Cases of Oil Pollution Casualties（Intervention Convention）〕	1969	1975		1971 （受諾）	90 ヵ国 （2023 現在）
油濁事故対策協力（OPRC）条約 （International Convention on Oil Pollution Preparedness, Response and Cooperation, 1990）	1990	1990		1995 （加入）	117 ヵ国 （2023 現在）

自然保護

国際条約名	採択年	発効年	署名 （日本）	批准 （日本）	締約国数
南極条約 （The Antarctic Treaty）	1959	1961	1959	1960 （批准）	56 ヵ国 （2023 現在）
⇒ 環境保護に関する南極条約議定書（マドリード議定書） 〔Protocol to the Antarctic Treaty on Environmental Protection（Madrid Protocol）〕	1991	1998	1992	1997 （受諾）	42 ヵ国 （2023 現在）
とくに水鳥の生息地として国際的に重要な湿地に関する条約（ラムサール条約） 〔Convention on Wetlands of International Importance especially as Waterfowl Habitat（Ramsar Convention）〕	1971	1975	—	1980 （加入）	172 ヵ国 （2023 現在）
世界の文化遺産及び自然遺産の保護に関する条約（世界遺産条約） （Convention Concerning the Protection of the World Cultural and Natural Heritage）	1972	1975		1992	194 ヵ国 （2023 現在）

（続き）

国際条約名	採択年	発効年	署名 (日本)	批准 (日本)	締約国数
絶滅のおそれのある野生動植物の種の国際取引に関する条約 （ワシントン条約） 〔Convention on International Trade in Endangered Species of Fauna and Flora（CITES）〕	1973	1975	1973	1980 （受諾）	183ヵ国＋EU （2023 現在）
移住性野生生物保護条約（ボン条約） 〔Convention on Migratory of Wild Animals（CMS）〕	1979	1983			132ヵ国＋EU （2023 現在）
欧州の野生生物と自然の生育地・生息地の保全に関する条約 （ベルン条約） 〔Convention on the Conservation of European Wildlife and Natural Habitats（Bern Convention）〕	1979	1982			50ヵ国＋EU （2023 現在）
コウモリの保全に関する協定 （Agreement on the Conservation of Populations of European Bats）	1991	1994			38ヵ国 （2023 現在）
アフリカ・ユーラシア渡り性水鳥の保全に関する協定 〔Agreement on the Conservation of African-Eurasian Migratory Waterbirds（AEWA）〕	1995	1999			82ヵ国＋EU （2023 現在）
生物多様性条約 〔Convention on Biological Diversity（CBD）〕	1992	1993	1992	1993 （受諾）	195ヵ国＋EU （2023 現在）
⇒ バイオセーフティに関するカルタヘナ議定書（カルタヘナ議定書） （Cartagena Protocol on Biosafety）	2000	2003	—	2003 （受諾）	172ヵ国＋EU （2023 現在）
遺伝資源へのアクセスと利益配分に関する名古屋議定書 （Nagoya Protocol on Access and Benefit-sharing）	2010	2014	2011	2017	139ヵ国＋EU （2023 現在）
国連砂漠化対処条約 〔United Nations Convention to Combat Desertification（UNCCD）〕	1994	1996	1994	1998 （受諾）	196ヵ国＋EU （2023 現在）
1994 年国際熱帯木材協定（1994 年 ITTA） 〔International Tropical Timber Agreement, 1994（ITTA, 1994）〕	1994	1997/ 2001		1985/ 1995	74ヵ国＋EU （2023 現在）

廃棄物，化学物質

国際条約名	採択年	発効年	署名 (日本)	批准 (日本)	締約国数
廃棄物その他の物の投棄による海洋汚染の防止に関する条約 （ロンドン条約） （Convention on the Prevention and of Marine Pollution by Dumping of Wastes and Other Matter）	1972	1975		1980	87ヵ国 （2023 現在）
⇒ 1972 年廃棄物その他の物の投棄による海洋汚染の防止に関する条約の 1996 年議定書 （1996 Protocol to the Convention on the Prevention of Marine Pollution by Dumping of Wastes and Other Matter, 1972）	1996	2006		2007 （加入）	53ヵ国 （2023 現在）
有害廃棄物の国境を越える移動及びその処分の規制に関するバーゼル条約（バーゼル条約） （Basel Convention on the Control of Transboundary Movements of Hazardous Wastes and their Disposal）	1989	1992	—	1993 （加入）	189ヵ国＋EU （2023 現在）

（続き）

国際条約名	採択年	発効年	署名 (日本)	批准 (日本)	締約国数
バーゼル条約（95年改定） 〔Basel Convention on the Control of Transboundary Movements of Hazardous Wastes and their Disposal〕	1995	2019		未締結	102ヵ国＋EU （2023現在）
有害化学物質等の輸入入の事前同意手続に関するロッテルダ ム条約（ロッテルダム条約） 〔The Rotterdam Convention on the Prior Informed Consent Procedure for Certain Hazardous Chemicals and Pesticides in International Trade（Rotterdam Convention）〕	1998	2004	1999	2004 （受諾）	164ヵ国＋EU （2023現在）
残留性有機汚染物質規制条約（ストックホルム条約） 〔Stockholm Convention on Persistent Organic Pollutants (POPs)〕	2001	2004	―	2002 （加入）	185ヵ国＋EU （2023現在）

原 子 力

国際条約名	採択年	発効年	署名 (日本)	批准 (日本)	締約国数
原子力事故又は放射線緊急事態の場合における援助に関する 条約 〔Convention on Assistance in the Case of a Nuclear Accident or Radiological Emergency（Assistance Convention）〕	1986	1987	1987	1987 （受諾）	123ヵ国・機関 （2023現在）
原子力事故の早期通報に関する条約 〔Convention on Early Notification of a Nuclear Accident (Notification Convention)〕	1986	1986	1987	1987 （受諾）	128ヵ国・機関 （2023現在）
原子力の安全に関する条約（原子力安全条約） (Convention on Nuclear Safety)	1994	1996	1994	1995	90ヵ国・機関 （2023現在）

二国間条約

国際会議・条約名	発効年	署名 (日本)	締約国数
渡り鳥及び絶滅のおそれのある鳥類並びにその環境の保護に関す る条約	1974	1972	日・米
渡り鳥及び絶滅のおそれのある鳥類並びにその環境の保護に関す る協定	1981	1974	日・豪
渡り鳥及びその生息環境の保護に関する協定	1981	1981	日・中
渡り鳥及び絶滅のおそれのある鳥類並びにその生息環境の保護に 関する条約	1988	1973	日・ソ
環境の保護の分野における協力に関する協定	1975	1975	日・米
環境の保護の分野における協力に関する協定	1991	1991	日・ソ
環境の保護の分野における協力に関する協定	1993	1993	日・韓
環境の保護の分野における協力に関する協定	1994	1994	日・中
環境の保護の分野における協力に関する協定	1997	1997	日・独

11

環境保全に関する
国際条約・国際会議

国連気候変動枠組条約と生物多様性条約に関するおもな国際会議

会　議　名	開催年
フィラハ会議「気候変動に関する科学的知見整理のための国際会議」	1985
トロント会議	1988
気候変動に関する政府間パネル〔Intergovernmental Panel on Climate Change（IPCC）〕設立	1988
IPCC 第 1 次評価報告書発表	1990
国連環境開発会議（地球サミット）（ブラジル・リオデジャネイロ），国連気候変動枠組条約の署名開始（155 ヵ国が署名）	1992
第 1 回生物多様性条約締約国会議（CBD-COP1）（バハマ・ナッソー）	1994
第 2 回生物多様性条約締約国会議（CBD-COP2）（インドネシア・ジャカルタ）	1995
第 1 回国連気候変動枠組条約締約国会議（COP1）（ドイツ・ベルリン）	1995
IPCC 第 2 次評価報告書発表	1995
第 3 回生物多様性条約締約国会議（CBD-COP3）（アルゼンチン・ブエノスアイレス）	1996
第 2 回国連気候変動枠組条約締約国会議（COP2）（スイス・ジュネーブ）	1996
第 3 回国連気候変動枠組条約締約国会議（COP3）（日本・京都），「京都議定書」を採択	1997
第 4 回生物多様性条約締約国会議（CBD-COP4）（スロバキア・ブラティスラバ）	1998
第 4 回国連気候変動枠組条約締約国会議（COP4）（アルゼンチン・ブエノスアイレス），ブエノスアイレス行動計画採択	1998
第 5 回国連気候変動枠組条約締約国会議（COP5）（ドイツ・ボン）	1999
生物多様性条約特別締約国会議（ExCOP）（カナダ・モントリオール），「カルタヘナ議定書」を採択	2000
第 5 回生物多様性条約締約国会議（CBD-COP5）（ケニア・ナイロビ）	2000
第 6 回国連気候変動枠組条約締約国会議（COP6）（オランダ・ハーグ），「京都議定書」の運用ルールに合意できず	2000
IPCC 第 3 次評価報告書発表	2001
第 6 回国連気候変動枠組条約締約国会議（COP6）再開会合（ドイツ・ボン），ボン合意	2001
第 7 回国連気候変動枠組条約締約国会議（COP7）（モロッコ・マラケシュ），「京都議定書」の運用ルール合意	2001
第 6 回生物多様性条約締約国会議（CBD-COP6）（オランダ・ハーグ）	2002
持続可能な開発に関する世界首脳会議（リオ＋10）（南アフリカ・ヨハネスブルク）	2002
第 8 回国連気候変動枠組条約締約国会議（COP8）（インド・ニューデリー）	2002
第 9 回国連気候変動枠組条約締約国会議（COP9）（イタリア・ミラノ）	2003
第 7 回生物多様性条約締約国会議（CBD-COP7）/カルタヘナ議定書第 1 回締約国会合（COP-MOP1）（マレーシア・クアラルンプール）	2004
第 10 回国連気候変動枠組条約締約国会議（COP10）（アルゼンチン・ブエノスアイレス）	2004
京都議定書発効（2005 年 2 月 16 日）	2005
カルタヘナ議定書第 2 回締約国会合（COP-MOP2）（カナダ・モントリオール）	2005
第 11 回国連気候変動枠組条約締約国会議（COP11）/京都議定書第 1 回締約国会合（CMP1）（カナダ・モントリオール）	2005
第 8 回生物多様性条約締約国会議（CBD-COP8）/カルタヘナ議定書第 3 回締約国会合（COP-MOP3）（ブラジル・クリチバ）	2006

（続き）

会　議　名	開催年
第12回国連気候変動枠組条約締約国会議（COP12）/京都議定書第2回締約国会合（CMP2）（ケニア・ナイロビ）	2006
IPCC第4次評価報告書発表	2007
第13回国連気候変動枠組条約締約国会議（COP13）/京都議定書第3回締約国会合（CMP3）（インドネシア・バリ）バリロードマップ	2007
第9回生物多様性条約締約国会議（CBD-COP9）/カルタヘナ議定書第4回締約国会合（COP-MOP4）（ドイツ・ボン）	2008
第14回国連気候変動枠組条約締約国会議（COP14）/京都議定書第4回締約国会合（CMP4）（ポーランド・ポズナン）	2008
第15回国連気候変動枠組条約締約国会議（COP15）/京都議定書第5回締約国会合（CMP5）（デンマーク・コペンハーゲン）	2009
第10回生物多様性条約締約国会議（CBD-COP10）/カルタヘナ議定書第5回締約国会合（COP-MOP5）（日本・名古屋），「名古屋議定書」を採択	2010
第16回国連気候変動枠組条約締約国会議（COP16）/京都議定書第6回締約国会合（CMP6）（メキシコ・カンクン）	2010
第17回国連気候変動枠組条約締約国会議（COP17）/京都議定書第7回締約国会合（CMP7）（南アフリカ・ダーバン）	2011
第11回生物多様性条約締約国会議（CBD-COP11）/カルタヘナ議定書第6回締約国会合（COP-MOP6）（インド・ハイデラバード）	2012
国連持続可能な開発会議（リオ＋20）（ブラジル・リオデジャネイロ）	2012
第18回国連気候変動枠組条約締約国会議（COP18）/京都議定書第8回締約国会合（CMP8）（カタール・ドーハ）	2012
IPCC第5次評価報告書発表	2013-2014
第19回国連気候変動枠組条約締約国会議（COP19）/京都議定書第9回締約国会合（CMP9）（ポーランド・ワルシャワ）	2013
第12回生物多様性条約締約国会議（CBD-COP12）/カルタヘナ議定書第7回締約国会合（COP-MOP7）/名古屋議定書第1回締約国会合（NP-MOP1）（韓国・ピョンチャン）	2014
第20回国連気候変動枠組条約締約国会議（COP20）/京都議定書第10回締約国会合（CMP10）（ペルー・リマ）	2014
国連持続可能な開発サミット（アメリカ・ニューヨーク），持続可能な開発目標を含む「持続可能な開発のための2030アジェンダ」を採択	2015
第21回国連気候変動枠組条約締約国会議（COP21）/京都議定書第11回締約国会合（CMP11）（フランス・パリ），「パリ協定」を採択	2015
第22回国連気候変動枠組条約締約国会議（COP22）/京都議定書第12回締約国会合（CMP12）/パリ協定第1回締約国会合（CMA1）（モロッコ・マラケシュ）	2016
第13回生物多様性条約締約国会議（COP13）/カルタヘナ議定書第8回締約国会合（COP-MOP8）/名古屋議定書第2回締約国会合（NP-MOP2）（メキシコ・カンクン）	2016
第23回国連気候変動枠組条約締約国会議（COP23）/京都議定書第13回締約国会合（CMP13）/パリ協定第1回締約国会合第2部（CMA1.2）〔ドイツ・ボン（ただし議長国はフィジー）〕	2017
第14回生物多様性条約締約国会議（COP14）/カルタヘナ議定書第9回締約国会合（COP-MOP9）/名古屋議定書第3回締約国会合（NP-MOP3）（エジプト・シャルムエルシェイク）	2018

（続き）

会　議　名	開催年
第 24 回国連気候変動枠組条約締約国会議（COP24）/京都議定書第 14 回締約国会合（CMP14）/パリ協定第 1 回締約国会合 3 部（CMA1.3）（ポーランド・カトヴィツェ）	2018
第 25 回国連気候変動枠組条約締約国会議（COP25）/京都議定書第 15 回締約国会合（CMP15）/パリ協定第 2 回締約国会合（CMA2）〔スペイン・マドリード（ただし議長国はチリ）〕	2019
IPCC 第 6 次評価報告書発表	2021-2023
第 15 回生物多様性条約締約国会議（COP15）第 1 部/カルタヘナ議定書第 10 回締約国会合（COP-MOP10）第 1 部/名古屋議定書第 4 回締約国会合（NP-MOP4）第 1 部（中国・昆明）	2021
第 26 回国連気候変動枠組条約締約国会議（COP26）/京都議定書第 16 回締約国会合（CMP16）/パリ協定第 3 回締約国会合（CMA3）（イギリス・グラスゴー）	2021
第 27 回国連気候変動枠組条約締約国会議（COP27）/京都議定書第 17 回締約国会合（CMP17）/パリ協定第 4 回締約国会合（CMA4）（エジプト・シャルム・エル・シェイク）	2022
第 15 回生物多様性条約締約国会議（COP15）第 2 部/カルタヘナ議定書第 10 回締約国会合（COP-MOP10）第 2 部/名古屋議定書第 4 回締約国会合（NP-MOP4）第 2 部〔カナダ・モントリオール（ただし議長国は中国）〕，「昆明・モントリオール生物多様性枠組」を採択	2022

<<< *Topic* <<<<<<<<<<<<<<<<<<<<<<<<<<<<<<<<<

気候変動対処に向けた国際的取り組みの経緯

　気候変動（地球温暖化）問題は，1980年代から国際社会の中でも優先的に取り組むべき地球規模の脅威として位置付けられてきた．しかし，国際社会の足並みがそろわず，十分な対策が取られない状態が続いてきた．1992年に気候変動枠組条約，1997年に京都議定書が採択され，後者では，おもな温室効果ガス排出源であった先進国の排出量だけに削減義務が課せられた．しかし，その後，当時最大の排出国だった米国は京都議定書への不参加を表明．また，2000年代に入り中国など一部の新興国の排出量が急増し，京都議定書の実効性が減退したことから，京都議定書に代わる新たな国際枠組みが求められた．

　交渉は難航したが，2015年のCOP21（国連気候変動枠組条約第21回締約国会議）にて，パリ協定が採択された．パリ協定の概要は，以下のとおりである．

(1) 長期的に産業革命前と比べて2℃以内の気温上昇を目指し1.5℃以内の抑制に向けて努力を払うこと，また，この目標達成のために，今世紀末までに温室効果ガスの人為的な排出と吸収との均衡（実質ゼロ）を目指すこと．
(2) 各国は，自国で決定した排出量目標を公表し，その目標達成に必要な政策を講じなくてはならない．また，この目標は5年ごとに更新するが，新しい目標は前期の目標よりも進捗が見られているべきである．
(3) 各国は適応策に関して計画を策定し，実施しなくてはならない．
(4) 各国は気候変動の悪影響に伴う損失・損害を回避し，これに対処することの重要性を認める．
(5) 先進国は途上国の対策を支援するための資金を提供しなくてはならない．先進国以外の国も自発的に支援することが推奨される．2025年までにそれ以降の資金供給量に関する具体的な数値目標を1000億ドル以上で定めることとする．

　先進国に対して具体的な排出削減目標への達成を法的義務としていた京都議定書と比べて，パリ協定では，目標水準の決定を各国の判断に任せることにより，すべての国の参加を得ることには成功したが，すべての国の排出量目標を合計しても，長期的に2℃目標達成にはきわめて不十分だった．つまり，パリ協定で決められたことを守っていれば気候変動は緩和されるということではなく，パリ協定という制度的基盤を活用し，さらなる排出削減に向けた方策を検討しなくてはならないということである．

　2018年に気候変動に関する政府間パネル（IPCC）から公表された1.5℃特別報告書により，産業革命前からの気温上昇幅を2℃ではなく1.5℃以下に抑えることで，深刻な悪影響を回避できる可能性が高まるが，そのためには，2050年前後までに世界全体の二酸化炭素排出量を実質ゼロにしなくてはならないことが明らかとなった．これ以

11
環境保全に関する
国際条約・国際会議

降，目標を2℃ではなく1.5℃とし，2050年排出量実質ゼロを掲げる国が増えた．2050年目標を確実に達成するためには2030年時点で約半減できていなければならないとも指摘されていたため，2030年目標を見直す国も増えた．

米国でも，2021年に発足したバイデン政権が2050年実質ゼロ，2030年50〜52%削減を掲げた．日本も2020年秋に2050年カーボンニュートラル宣言を出し，それと整合性をもつよう2030年目標を2013年比で46%削減，さらに50%削減の高みを目指す，という水準に改定した．

このように気候変動問題に対する世界の認識が変化した背景として，世界各地で異常気象が確実に増加し，深刻な被害を受ける人や地域が増えたことと，温室効果ガス排出量削減を新たなビジネスチャンスとして認識できる企業が増えている点が挙げられる．

2021年に開催されたCOP26（条約第26回締約国会議）では，1.5℃目標を目指すことの重要性が確認され，2030年目標のさらなる見直しが求められた．また，石炭火力発電全廃やクリーンな自動車の普及，ネットゼロ金融等，1.5℃達成に必要な取り組みごとに，国だけでなく企業も参加する自発的なアライアンス（連盟）が多数誕生した．また，2022年のCOP27では，途上国で生じた被害を補填する仕組みとして，損失・損害基金の設立が合意された．なお，排出量削減にあたっては，生態系に十分配慮すべきということ（Nature-based Solutions, NbS）も指摘されている．たとえば森林保全は，二酸化炭素の吸収量増大に加えて生態系保全の観点からも利する気候変動対策である．持続可能な開発目標（SDGs）の他のゴールとも整合性を図りつつ，気候変動対策を進めていくことが望まれる．

このように気候変動問題に対する世界の認識が変化した背景として，2つの大きな変化が指摘できる．第一には，世界各地で異常気象が確実に増加し，深刻な被害を受ける人や地域が増えたことである．10年前まではほとんど観測されてこなかったような深刻な熱波や干ばつ，集中豪雨，洪水などが世界各地でみられるようになった．異常気象の増加が肌で感じられるようになるほど増加すると，漠然と不安になる人も増える．第二には，温室効果ガス排出量削減を新たなビジネスチャンスとして認識できる企業が増えていることである．再生可能エネルギーや電気自動車など，排出量削減に貢献する技術の価格がかつては高かったが，現在では大幅に安くなった．選択肢が増えることで，社会全体が積極的に対策を取れるようになった．　　　　　　　　　【亀山康子】

索　引

自然科学研究機構　国立天文台
https://www.nao.ac.jp/

『環境年表　2023-2024』サポートページ
https://www.maruzen-publishing.co.jp/contents/kankyo_
nenpyo/2023_2024/index.html
【ID：Kankyo23　　パスワード：CHENTA23】

環境年表活用ワークシートサイト
https://www.maruzen-publishing.co.jp/contents/kankyo_nenpyo/
worksheet.html

理科年表オフィシャルサイト
https://official.rikanenpyo.jp/
環境年表・理科年表へのご意見・ご要望はこちらにお寄せください.

理科年表シリーズ
環境年表　2023-2024

令和5年11月30日　発　行

編 纂 者　　自然科学研究機構　国立天文台
　　　　　　代表者 台長　常田　佐久

発 行 者　　池　田　和　博

発 行 所　　丸善出版株式会社
　　　　　　〒101-0051 東京都千代田区神田神保町二丁目17番
　　　　　　編集：電話 (03)3512-3265／FAX (03)3512-3272
　　　　　　営業：電話 (03)3512-3256／FAX (03)3512-3270
　　　　　　https://www.maruzen-publishing.co.jp

© National Astronomical Observatory of Japan, 2023

組版・株式会社 新後閑／印刷 製本・大日本印刷株式会社
ISBN 978-4-621-30844-8　C 3040　　　Printed in Japan

本書の無断複写は著作権法上での例外を除き禁じられています.